Springer-Lehrbuch

Springer
Berlin
Heidelberg
New York
Hongkong
London
Mailand
Paris
Tokio

Udo Koppelmann

Beschaffungsmarketing

Vierte, neu bearbeitete Auflage
mit 267 Abbildungen

Springer

Professor Dr. Udo Koppelmann
Universität zu Köln
Seminar für Allgemeine Betriebswirtschaftslehre
Beschaffung und Produktpolitik
Albertus-Magnus-Platz 1
50923 Köln
koppelmann@uni-koeln.de

ISBN 3-540-40706-5 4. Auflage
Springer-Verlag Berlin Heidelberg New York

ISBN 3-540-66271-5 3. Auflage
Springer-Verlag Berlin Heidelberg New York

Bibliografische Information Der Deutschen Bibliothek
Die Deutsche Bibliothek verzeichnet diese Publikation in der Deutschen Nationalbibliografie; detaillierte bibliografische Daten sind im Internet über *http://dnb.ddb.de* abrufbar.

Springer-Verlag Berlin Heidelberg New York
ein Unternehmen der BertelsmannSpringer Science + Business Media GmbH

http://www.springer.de

Printed in Italy

Umschlaggestaltung: design & production GmbH, Heidelberg

SPIN 10951477 42/3130 – 5 4 3 2 1 0 – Gedruckt auf säurefreiem Papier

Vorwort zur 4. Auflage

Was kann einem Autor besseres passieren, als daß der Verlag mahnend das Manuskript für die Neuauflage anfordert? Soweit – so gut! Man benötigt schließlich Ideen und Zeit für die Umsetzung. An Ideen mangelt es nicht. Kenner der 3. Auflage werden das feststellen. Aber die Zeit! Wenn man neben den eigenen Lehrstuhlaufgaben auch noch an der einen oder anderen Stelle im Wissenschaftsmanagement mitwirkt, gerät man schnell an Grenzen der Zeitkapazität. Und dann ist die Vorlage für die Neuauflage dann doch noch unter Stöhnen rechtzeitig fertiggeworden. Den Mitarbeitern, die geholfen haben, danke ich.

Neben Aktualisierungen und Verbesserungen sind einige neue Überlegungen eingebaut bzw. hinzugefügt worden. Wenige Hinweise mögen genügen. Im 1. Abschnitt ist das Ergebnis einer vergleichenden internationalen Bestandsaufnahme zum Beschaffungsmanagement hinzugefügt worden. In die Verhandlungsphase wurden Überlegungen aus der entstehenden Dissertation von Frau Stephany (Köln 2004) über das Verhandlungsmanagement integriert. Hinzugefügt wurde ein Abschnitt über das Risikomanagement, dem Vorarbeiten der Dissertation von Herrn Schubert zugrunde liegen (Köln 2004). In einem weiteren Abschnitt finden sich Ausführungen zur Beschaffungsorganisation und zum Personalmanagement. Hier haben Überlegungen aus der Habilitation von Frau Dr. Fröhlich Pate gestanden (Köln 2004).

Damit rundet sich das Bild eines entscheidungsorientierten Beschaffungsmarketing. Möge es dem Leser nützen!

Köln, August 2003 U. Koppelmann

Vorwort zur 1. Auflage

Manchmal hat auch ein von Vorlesungs- und Verwaltungsaufgaben befreites Semester ("Freisemester") seine positiven Züge. Ohne diese Vergrößerung des Freiraumes wäre es mir nicht gelungen, dieses schon länger drängende Projekt zu realisieren.

Auf Anregung des viel zu früh verstorbenen Kollegen Grochla befasse ich mich seit Ende der 70er Jahre mit Beschaffungsproblemen aus betriebswirtschaftlicher Sicht. Dabei läßt sich die Herkunft aus dem Absatzmarketing nicht leugnen (→ Produktmarketing). Was in einem Unternehmen organisatorisch getrennt sein mag (z.B. Verkauf und Einkauf), das trifft sich bei Verhandlungen. Sollten diese Verhandlungen zügig zu einem befriedigenden Ergebnis führen, muß man über die eigenen Vorstellungen und die des jeweiligen Partners gut informiert sein. Strukturen, Methoden und Instrumente sind dabei sehr ähnlich, so daß es naheliegt, das theoretische und inhaltliche Fundament der Beschaffung durch Analogien aus dem Absatz tragfähiger zu gestalten. So ist Beschaffungsmarketing etwas anderes als Materialwirtschaft, es ist kein alter Wein in neuen Schläuchen.

Das Ergebnis der hier vorgetragenen Gedanken ruht auf mehreren Pfeilern. Zuerst sind es eigene Veröffentlichungen zu diesem Thema, welche die Grundlage für eine Dissertationsserie (inzwischen sind 10 Bände veröffentlicht: Beiträge zum Beschaffungsmarketing) bilden. Dann spielen sicherlich auch Vorlesungserfahrungen im Grund- und Hauptstudium zu diesem Thema eine Rolle. Wie eine empirische Erhebung bei Professoren der Betriebswirtschaft ergab, scheint dabei mein Bemühen um die inhaltliche Facettierung nur wenig geteilt zu werden, meist benutzt man bekannte materialwirtschaftliche Inhalte, um an ihnen Methoden zu demonstrieren.

Und schließlich hat der Kontakt zur Praxis sein Übriges getan. So fügte es zum Schluß ein glücklicher Zufall, daß wir die hier vorgestellten Gedanken in einem bekannten Unternehmen testen konnten. Theorie hat hier also etwas mit Praxis zu tun!

Beim Übertragen des Manuskriptes in die hier vorgelegte Form haben meine Sekretärin, Frau Roscher, und alle Studentischen Hilfskräfte (Frau Bauffe, Behrens, Bürgers, Dusella, Illing, Mechtersheimer, Riemer und Herr Lieb) mächtig geholfen. Besonders bedanken möchte ich mich bei Frau Dusella und Herrn Lieb, die auch den formalen Schliff des Umbruchs fanden. So kann das Buch schneller und preisgünstiger veröffentlicht werden.

Kritische Diskussionspartner, vor allem bei der Durchsicht des Manuskriptes, waren die Wissenschaftlichen Mitarbeiter, Frau Dipl.-Kff. Glantschnig, Gladbach, Bremm, Akademischer Rat Dr. Küthe, Herr Dipl.-Kfm. Ernst, Reinmöller und Welbers. Allen gilt mein besonderer Dank.

In der Praxis ist man sich zumindest in Diskussionen über die Erfolgspotentiale der Beschaffung klargeworden. Die entwickelten Konzepte machen noch einen eher handgestrickten Eindruck. Schön wäre es, wenn das vorgelegte Buch ein Schritt zu mehr theoriegeleiteter Professionalität wäre. Aus der Wechselwirkung mit der Praxis werden sich dann hoffentlich Verbesserungen für die nächste Auflage ergeben.

Köln, im September 1993 Udo Koppelmann

Inhaltsverzeichnis

1 Zum Problemfeld 1

1.1 Worüber reden wir? 1

1.2 Einige Unternehmensprobleme als Hintergrund 6

1.21 Kostenprobleme 6

1.22 Erlösprobleme 8

1.23 Zeitprobleme 9

1.24 Ideenprobleme 9

1.25 Akzeptanzprobleme 10

1.3 Beschaffungsrealität – einige empirische Ergebnisse 11

1.4 Wegmarken der Problembewältigung 16

1.41 Die Verhaltensperspektive 17

1.411 Modelle des Beschaffungsverhaltens 18

1.412 Der Beschaffer als Agent 28

1.42 Strategieperspektive 33

1.43 Prozeßorientierung 35

1.431 Ein Beschaffungsprozeßmodell 35

1.432 Zur Prozeßvernetzung 43

1.44 Entscheidungsorientierung 45

1.441 Allgemeine Aspekte 46

1.442 Entscheidungsmerkmale 48

1.45 Methodenorientierung 54

1.46 Anreiz-Beitragsperspektive 59

2 Theoretische Bezüge (Grundlagen einer Beschaffungstheorie) 65

2.1 Koalitionstheorie 65

2.2 Netzwerktheorie 68

2.3 Theorien der Informationsasymmetrie 70

3 Beschaffung als Marketingfeld 77

4 Der Beschaffungsmarketingprozeß 83

4.1 Zur Integration des Phasenmodells 83

4.2 Situationsanalyse 85

4.21 Beschaffungskonstellationen bestimmen den Handlungsrahmen ... 85
4.211 Zur Struktur der Beschaffungskonstellationen ... 87
4.212 Konstellationsauswirkungen ... 93
4.213 Handlungskonsequenzen ... 96
4.214 Methoden in der Konstellationsanalyse ... 99
4.22 Ziele leiten das Beschaffungshandeln ... 103
4.221 Allgemeine Zielaspekte ... 103
4.222 Ziele in der Beschaffungsliteratur ... 107
4.223 Ein operationales Zielinhaltssystem ... 108
4.223.1 Basisziele ... 109
4.223.2 Beschaffungsfunktionsziele ... 111
4.223.3 Beschaffungsinstrumentalziele ... 121
4.223.4 Beschaffungsstrategien ... 123
4.224 Ziel- und Strategiekompatibilitäten ... 132
4.23 Potentiale begrenzen das Beschaffungshandeln ... 141
4.231 Der Potentialanalyseprozeß ... 142
4.232 Methoden der Potentialanalyse ... 145
4.233 Potentialabhängigkeiten ... 150
4.3 Bedarfsanalyse ... 152
4.31 Einige allgemeine Überlegungen ... 152
4.32 Bedarfszusammenhänge ... 155
4.33 Bedarfsanforderungen ... 158
4.331 Ein Bedarfsanforderungspool ... 160
4.332 Spezifizierung der generellen Anforderungen ... 170
4.333 Auswahlentscheidungen ... 174
4.34 Beschafferleistungen ... 177
4.341 Ein Leistungspool ... 178
4.342 Auswahlentscheidungen ... 180
4.35 Methoden in der Bedarfsanalyse ... 181
4.36 Einige rechtliche Aspekte ... 195
4.37 Outsourcing ... 197
4.371 Die Problemlage ... 197
4.372 Outsourcing – warum? ... 198
4.373 Outsourcingprobleme ... 200
4.374 Outsourcingbereiche ... 202
4.4 Marktanalyse und –auswahl ... 204
4.41 Beschaffungsmärkte in der Literatur ... 205
4.42 Ein Analyse- und Auswahlprozeß ... 210
4.421 Kriterien der Marktanalyse ... 211
4.422 Zum Prozeß der Auswahlentscheidung ... 215
4.43 Global Sourcing ... 223

4.431 Globalität ... 223
4.432 Organisationsintegration ... 225
4.433 Lieferantenintegration ... 226
4.434 Standardisierung ... 228
4.435 Nutzenaspekte ... 229
4.44 Marktbegrenzungen ... 229
4.45 Methoden in der Marktanalyse ... 230
4.5 Lieferantenanalyse und –auswahl ... 234
4.51 Der Lieferantenauswahlprozeß ... 234
4.511 Lieferantenidentifikation ... 235
4.512 Lieferanteneingrenzung ... 236
4.512.1 Zur Struktur der Selbstauskunft ... 237
4.512.2 Lieferanteneingrenzung durch Selbstauskunft ... 240
4.513 Lieferantenauswahlentscheidungen ... 242
4.513.1 Lieferantenpositionierung ... 242
4.513.2 Prüfung der Leistungseignung ... 243
4.513.3 Prüfung und Gewichtung der Liefereranforderungen ... 248
4.52 Lieferantenbeziehungen ... 252
4.521 Anhaltspunkte zur Pflegenotwendigkeit ... 252
4.522 Pflegemaßnahmen ... 255
4.53 Methoden der Lieferantenanalyse ... 260
4.6 Lieferantenverhandlung ... 270
4.61 Zur Instrumentalentwicklung ... 271
4.611 Anforderungen an die Instrumentalentwicklung ... 271
4.612 Zum Entwicklungsprozeß ... 272
4.613 Die Instrumente und ihre Ausprägungen ... 275
4.613.1 Produktpolitik ... 276
4.613.2 Servicepolitik ... 281
4.613.3 Bezugspolitik ... 285
4.613.4 Entgeltpolitik ... 292
4.613.5 Kommunikationspolitik ... 296
4.614 Die Instrumentenkombination (Instrumentalmix) ... 300
4.614.1 Struktur und Prozeß des Mixentscheidungsproblems ... 303
4.614.2 Auswahl und Gewichtung der Variablenausprägungen ... 305
4.614.3 Zuordnung an einem Beispiel ... 312
4.615 Beschaffungspolitische Instrumente und Machtkonstellation ... 314
4.615.1 Zur Machtidentifikation ... 315
4.615.2 Maßnahmen ... 316

4.62 Der Verhandlungsprozeß 319
4.621 Vorbereitungsphase 319
4.622 Durchführungsphase 327
4.623 Nachbereitungsphase 329
4.7 Beschaffungsabwicklung 331
4.71 Bestellung 331
4.711 Vertragsarten 332
4.712 Vertragsinhalte 333
4.72 Beschaffungsüberwachung 334
4.73 Entsorgung 335
4.8 Support 338
4.81 Beschaffungsmarktforschung 339
4.811 Zur Struktur der Beschaffungsmarktforschung 339
4.812 Marktforschungswürdige Beschaffungsobjekte 343
4.813 Zur Auswahl geeigneter Beschaffungsmarkt-informationen 347
4.813.1 Informationsgehalte 347
4.813.2 Informationsfilter 354
4.814 Gewinnung benötigter Beschaffungsmarktinformationen 357
4.814.1 Methoden und Quellen 357
4.814.2 Informationsgehalte und Datenquellen 359
4.814.3 Eignungsaspekte 364
4.815 Verarbeitungs- und Darstellungsverfahren 365
4.82 Früherkennung 368
4.821 Zur Charakterisierung 368
4.822 Zum Prozeß der Früherkennung 371
4.823 Methoden und Quellen in der Früherkennung 374
4.83 Beschaffungskontrolle 377
4.831 Theoretische Vorüberlegungen 377
4.832 Der Kontrollprozeß 379
4.833 Kontrollinhalte 381
4.834 Kontrollmethoden 381
4.835 Kontrollkennzahlen 385
4.84 Benchmarking 391
4.841 Der Benchmarkingprozeß 391
4.842 Zur Entwicklung 400

5 Aspekte des Risikomanagements 403
5.1 Allgemeine Literaturbeiträge 403
5.2 Risikomanagement als Prozeß 405
5.21 Risikoidentifikation 406
5.22 Risikoanalyse und –bewertung 410

5.23 Zielbildung 412
5.24 Risikobewältigung 412
5.25 Risikosteuerung 414
5.25 Installation 415

6 Beschaffungsorganisation und Personalkonsequenzen 417
6.1 Organisationsstrukturen 417
6.2 Personalkonsequenzen 421

Abbildungsverzeichnis 425

Anhang 433

Literaturverzeichnis 455

Index 473

1 Zum Problemfeld

1.1 Worüber reden wir?

Begriffe sind Instrumente des Informationsaustausches. Insofern sind sie weder richtig noch falsch, sie sind allenfalls zweckmäßig. Man kann den Informationsaustausch dadurch erleichtern, daß man Begriffe wählt, die von allen am Kommunikationsprozeß Beteiligten in gleicher Weise verstanden werden. Weil dies nur schwerlich zu erreichen ist, werden wir nicht umhin kommen, einige für dieses Buch bedeutsame Begriffe durch Umschreibung festzulegen, um die Lektüre zu erleichtern. Dies ist angesichts des Umbruchs im betrieblichen Versorgungsmanagement alleine schon wegen der vielfältigen neuen Begriffe nötig.

Wir wollen unsere Sichtweise auf die Tätigkeit von *Unternehmen* konzentrieren. Unternehmen decken Fremdbedarfe, um damit eigene Ziele zu verwirklichen. Man kann von Output-/Inputprozessen sprechen:

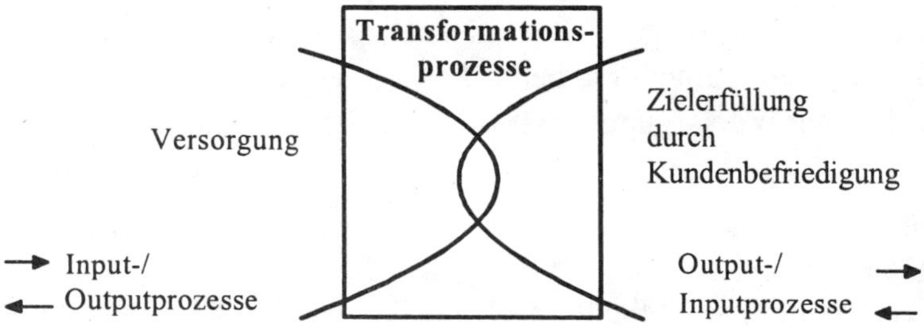

Abb. 1. Beziehungsgefüge eines Unternehmens

Das Absatzmarketing erkennt Probleme auf dem Absatzmarkt. Gemeinsam mit anderen Funktionsträgern wird überlegt, wie man für diese Probleme Lösungen finden kann, die chancenreich für die eigene Zielerfüllung (z.B. Gewinn) sind. Die Überlegungen münden ein in *Transformationsprozesse.*

Das kann u. a. die Produktion eines Autos sein. In einem Handelsunternehmen kann das die Zurverfügungstellung von Verkaufsfläche, Verkaufsregalen, Verkaufspersonal und Abrechnungstechnik bedeuten. Im Rahmen internationaler oder globaler Arbeitsteilung verlieren die Transformationsprozesse im selben Unternehmen an Bedeutung, in zunehmendem Maße wird die Produktion outgesourct, die eigenen Herstellungskosten sinken. Umgekehrt wächst die Bedeutung der Versorgung. Die verbleibenden Transformationsprozesse müssen gespeist werden von Vorhandenem oder zu Beschaffendem: Die Prozeßkette muß gespeist werden. Bezogen auf die *materialen* Prozesse haben wir somit die Reihenfolge:

Input → Transformation → Output

Bezogen auf den Planungsprozeß ergibt sich eine umgekehrte Reihenfolge, weil hier das Ausgleichsgesetz der Planung (Gutenberg 1983, S. 163 ff.) gilt, demzufolge die Planung am Engpaß der Beeinflußbarkeit ansetzt. Und das ist in wettbewerbsorientierten Marktwirtschaften eben der Absatzmarkt, der Kunde. Als Gegenleistung für den Output auf der Absatzseite erhält man im Regelfall Geld, bei Kompensationsgeschäften auch Sachprodukte oder Dienstleistungen und Rechte. Den Input bezahlt man mit Geld, Sachprodukten oder Dienstleistungen. Der *Planung*sprozeß hat damit diese Reihenfolge:

Input ← Transformation ← Output

Offenkundig konzentrieren sich die hier zu erörternden Prozesse auf den Inputbereich der Versorgung. Daraus leiten sich zwei Fragen ab:

- Sollen alle Inputfaktoren behandelt werden?
- Sollen alle Versorgungsprozesse behandelt werden?

Zum besseren Verständnis der Antwort auf die erste Frage mag die nachfolgende Übersicht 2 dienen.
Die Versorgung mit Sachgütern erfolgt im Regelfall bei herkömmlicher Betrachtung in der *Materialwirtschaft*, mit Geld in der *Finanz*wirtschaft, mit Personal in der *Personal*wirtschaft. Der Kauf von Immobilien und Unternehmen erfolgt in der Unternehmensleitung unter Hinzuziehung fachspezifischen Funktionswissens und der Kauf von Dienstleistungen, Rechten, Informationen meist von den jeweiligen Bedarfsträgern und nicht immer unter Nutzung des spezifischen Versorgungswissens anderer.

Nun gibt es den ernstzunehmenden Vorschlag (Grochla u. Schönbohm 1980, S. 16 ff.), den gesamten Inputbereich gemeinsam zu behandeln. Das hieße, z.B. die Personal-, Finanz- und Produktbeschaffung zusammenzulegen. Insbesondere in größeren Unternehmen wird bereits heute der Produktbegriff extensiv interpretiert (Sachgüter, Dienstleistungen, Rechte, Immobilien, Unternehmen).

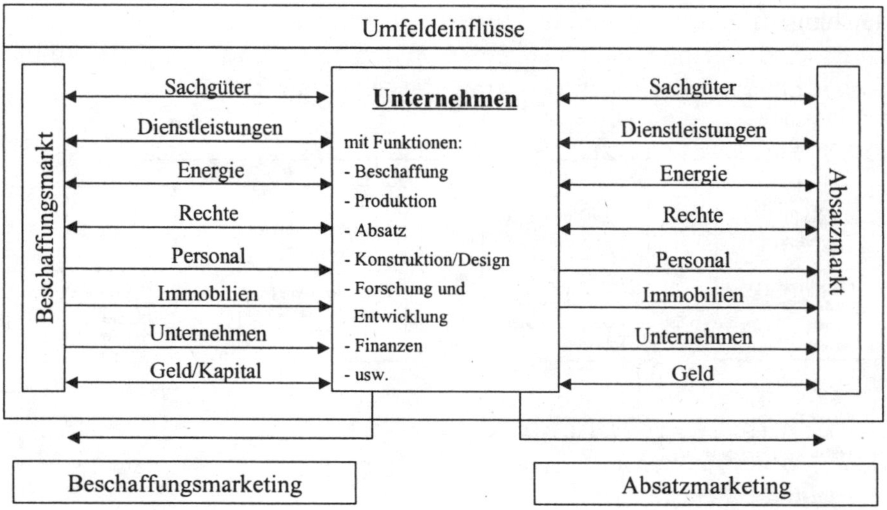

Abb. 2. Das Unternehmen im Markt

Dafür spricht, daß aufgrund ähnlichen Prozeßdenkens sicherlich Synergien möglich wären. Daß das Prozeßdenken ähnlich ist, wird sich zeigen. Dagegen steht allerdings die Realität in Unternehmen. Käme man dem prinzipiell faszinierenden Vorschlag nach, dürfte man sich nicht sehr wundern, wenn die geäußerten Überlegungen im Unternehmen keinen Widerhall fänden. Das Abstraktionsniveau müßte beträchtlich erhöht werden, der unmittelbare Realitätsbezug ginge weitgehend verloren und besondere Bedingungen der Personal- und Finanzwirtschaft fänden zuwenig Beachtung.. Auch aus der Innovationsforschung wissen wir, daß ein Zuviel an Neuem zu Reaktanzen führt. Und weil wir schon zufrieden sind, wenn einige der im folgenden erarbeiteten Vorschläge Eingang in praktisches Handeln fänden, wollen wir uns hier mit einer Reduktion des Inputumfangs begnügen.

Weiter als vielfach in der *Material*wirtschaft gebräuchlich, wollen wir die folgenden Inputobjekte in unsere Überlegungen einbeziehen. Wir bezeichnen Produkte als Faktorkombinationen (Gutenberg 1983, S. 299).

Die Sachprodukte stehen als materielles Ergebnis durchgeführter Faktorkombinationen im Mittelpunkt der heute noch häufig so bezeichneten *Materialwirtschaft*.

Ebenso wie Dienstleistungen verkauft werden, sind sie auch Gegenstand der Unternehmensversorgung. Im Prinzip benötigen alle Funktionsbereiche externe Dienstleistungen, weil sich die Frage des make-or-buy grundsätzlich immer stellen läßt (z.B. Beschaffung von Absatzmarketingdienstleistungen).

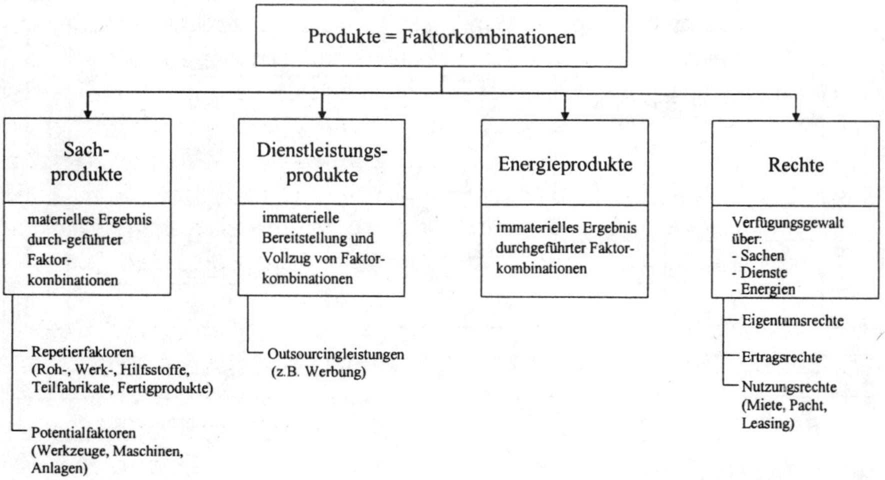

Abb. 3. Produktkategorien der Beschaffung

Wenn eine Werbeagentur eine Präsentation gewonnen hat, wird z.B. in Verhandlungen im einzelnen zu klären sein, was zu welchen Bedingungen von wem zu realisieren ist. Das kann zu einer Auftragssplittung, zum Weglassen spezifischer Aufgaben, zu Änderungen usw. führen. Die funktionsbereichsübergreifende Kosten-Leistungs-Prüfung aller Dienstleistungen kann Normalfall werden. Für das Verlagern bisher selbst erbrachter Leistungen nach außen hat sich der Begriff „outsourcing" eingebürgert. Diese Objekteinteilung findet sich auch an anderen Stellen (z.B. Scheuing 1989, S. 5).

Wieder üblicher ist die Versorgung mit Energieprodukten (z.B. Elektrizität) durch den Beschaffungsbereich. Seltener dagegen befaßt sich dieser Bereich mit der Versorgung von Rechten (Patente, Lizenzen, Importrechte, Produktionsrechte usw.). Auch dies kann ökonomisch sinnvoll nur gemeinsam mit den für den juristischen Inhalt Verantwortlichen abgewickelt werden.

Folgt man den Personalanzeigen für den Beschaffungsbereich, dann findet man vielfältige Hinweise auf diesen Objektbereich.

Damit wäre der erste Fragenkomplex behandelt. Der zweite sucht Antworten darauf, ob der *gesamte* Versorgungsprozeß behandelt werden soll.

Schaut man sich die Literatur zur Materialwirtschaft an (z.B. Arnolds, Heege, Tussing 1998, S. 274 ff.; Dobler, Lee, Burt 1984, S. 235 ff.), so findet man auch die Behandlung logistischer Prozesse. Wenn man das Bemühen um Realitätsnähe bereits zu Anfang nicht ganz aufgeben will, dann muß man zur Kenntnis nehmen, daß die Transport-, Lagerungs- und die sie begleitenden Informationsprozesse ein hohes Maß an Funktionseigenständigkeit erreicht haben, das, gekoppelt mit den anderen logistischen Prozessen (Produktions- und Distributionslogistik), zu einer Paralleltätigkeit zur Beschaffung geführt hat. So spricht vieles dafür, den Fokus bei der Beschaffung auf die Aktivitäten *bis* zum Vertragsabschluß zu legen, während die Versorgungslogistik die Abwicklung und die darauf aufbauende Steuerung (Disposition) übernimmt. Neueren Datums sind in der deutschsprachigen Literatur die Begriffe „supply management" und „supply-chain-management".

Mit Fragen der *Logistik* wollen wir uns nur insoweit auseinandersetzen, als sie Objekte des Beschaffungsdenkens und Handelns sind (z.B. In-/Outsourcing; Einkauf von logistischen Leistungen). In zunehmendem Maße bemüht man sich darum, die Tätigkeiten, die sich an den Einkaufsabschluß anschließen (→ Abwicklungsaktivitäten), die man auch als „Materialdisposition" bezeichnet, der Logistik zuzuweisen, um Tätigkeitsdopplungen zu vermeiden. Auf den Begriff *Materialwirtschaft* wollen wir im folgenden verzichten, weil mit ihm meist ein enges Objektverständnis, eine eher operative Sicht und ein stark adaptives Verhalten (ausführend/befehlsempfangend) verbunden sind.

Somit können wir *Beschaffung* als Teil der Unternehmensfremdversorgung verstehen. Sie konzentriert sich auf die Versorgung mit Sach-, Dienstleistungs-, Energieprodukten und Rechten. Ihre Hauptaufgabe liegt in der zielgerichteten Planung und Realisation von Vertragsabschlüssen mit Lieferanten.

Nach dieser kurzen Beschreibung des Tätigkeitsfeldes stellt sich die Frage nach dem Wie. Dafür findet sich die Bezeichnung *Beschaffungsmanagement* (Arnold 1997). Es geht um die Suche nach Antworten auf die Frage, wie man die gestellte Versorgungsaufgabe zu lösen gedenkt. Entsprechend den Hauptaufgaben betriebswirtschaftlichen Handelns (Planung, Realisation, Kontrolle), wie sie von Kosiol formuliert wurden (1966, S. 87 ff.), muß versucht werden, zielorientiert und mit anderen Funktionsbereichen integriert die bestmögliche Versorgungslösung zu finden.

Bei dieser Tätigkeitsüberschrift könnte man es belassen. Dem wollen wir jedoch nicht folgen, weil sie die notwendige Konsequenz vermissen läßt. Die Beschaffungsaufgabe wurde als auf den Versorgungsmarkt gerichtete Tätigkeit umschrieben. Heute (Meffert 1998, S. 5) wird *Marketing* als ein marktorientiertes interaktionales Führungskonzept verstanden. Wir wollen die Beschaffungsaufgabe als ein auf den Versorgungsmarkt gerichtetes Führungskonzept des Unternehmens betrachten, das sich auf die Interaktionen zum Lieferanten hin und vom Lieferanten her zum eigenen Unternehmen bezieht und wählen deshalb die Bezeichnung *Beschaffungsmarketing* (umfangreicher s. Kapitel 3). Dem entspricht dann der Begriff *procurement marketing* (Koppelmann 1998).

1.2 Einige Unternehmensprobleme als Hintergrund

Vor nicht allzu langer Zeit widmete man der Beschaffung nur begrenzte Aufmerksamkeit. Die Beschaffung galt selten als Karrierebeschleuniger. Man gab möglichst genau an, was man benötigte und erwartete möglichst schnellen und problemlosen Vollzug. Die Beschaffungsmitarbeiter galten als Befehlsempfänger mit geringen Freiheitsgraden der Optimierung. Hier hat sich inzwischen einiges verändert. Einige wichtige Faktoren seien erwähnt.

1.21 Kostenprobleme

Durch die Zunahme von Wettbewerbern und die größer gewordenen Märkte (→ Globalisierung) ist der Wettbewerbsdruck gewaltig gestiegen. Das wirkt sich in sinkenden Preisen aus und dadurch erhöht sich der Druck auf die Kosten.

Wissenstransfer in die Schwellenländer läßt starke Preiskonkurrenten aufgrund niedrigerer Arbeitskosten erwachsen. Die Globalisierungstendenz großer Marken führte zur Produktion an kostengünstigen Standorten. Aggressive Preispolitik war nun möglich. Neben hohen Anstrengungen in der Produktionsrationalisierung zur Steigerung der Produktivität wandte man sich vermehrt auch der Frage der Beschaffungskostensenkung zu. In den letzten Jahren ist der Anteil der Beschaffungskosten am Umsatz bei den meisten Unternehmen beträchtlich gestiegen. Dazu hat die Diskussion um das Outsourcing beigetragen. Die eigene Wertschöpfung ist gesunken. Lediglich bei einigen wenigen Spezialisten, die ihr besonderes Fertigungs-Know-how nicht aus der Hand geben wollen, hat sich wenig verändert. Durch ihre monopolähnliche Marktstellung sind sie dem Preiskampf weniger ausgeliefert. Selbst wenn man konzediert, daß deutliche Unterschiede im Beschaffungskostenanteil am Umsatz von Branche zu Branche, von Unternehmen zu Unternehmen vorliegen, so erntet man in der Praxis wenig Widerspruch, wenn man von einem durchschnittlichen Beschaffungskostenanteil am Umsatz von ca. 50 % (bzw. mehr) ausgeht, wobei als Beschaffungskosten die des Beschaffungsobjektes und die des Beschaffungsprozesses betrachtet werden müssen.

Wenn man auf dieser Überlegung aufbauend eine Vergleichsrechnung entwickelt, wieviel eine Kostenreduktion in der Beschaffung als Äquivalent zu einer Umsatzsteigerung bewirkt, dann sind die Ergebnisse auf den ersten Blick für manche überraschend:

$$G_B = \frac{B*K}{UR}$$

G_B	=	Gewinnbeteiligung der Beschaffung, ausgewiesen als vergleichbare Umsatzsteigerung
B	=	Beschaffungskosten in % vom Umsatz
UR	=	Umsatzrendite
K	=	Kostensenkungsziel in % der Beschaffungskosten

Unterstellt wird B mit 50 %, K mit 1 % und UR mit 5 %. Das führt zu folgendem Ergebnis:

$$\frac{50*1}{5} = 10$$

Lediglich 1 % Beschaffungskostensenkung hat demnach bei dieser vereinfachten Rechnung die gleiche Gewinnwirkung wie 10 % Umsatzsteigerung. Wie stolz ist ein Unternehmen bei gesättigten Märkten, wenn es 10 % Umsatzsteigerung bei gleichen Preisen erzielt hat! Demgegenüber gilt 1 % Beschaffungskostensenkung als nicht der Erwähnung wert. 1 % Beschaffungskostensenkung gilt nicht einmal als besonders schwer erreichbares Ziel.

Diese Berechnung soll nur als Indiz für mögliche Hebelwirkungen auf den Unternehmenserfolg (Erfolgspotentialfaktor) dienen. Zum einen sind hier dynamische Veränderungsprozesse zu beachten. So werden in der Automobilindustrie mit den Lieferanten Verträge über längere Zeiträume abgeschlossen, die Preissenkungen aufgrund von Rationalisierungserfolgen beim Lieferanten beinhalten. Und zum anderen wird man bei einer integrativen Prozeßbehandlung derjenigen, die im eigenen Unternehmen und beim Lieferanten an der Optimierung des zu Beschaffenden mitwirken, zu wesentlichen Kostensenkungen kommen können. So berichtete Mercedes bei der Vorstellung der neuen V-Motorengeneration stolz von einer 30%-igen Kostensenkung allein aufgrund der Tatsache, daß Konstruktion/Entwicklung und Produktion gemeinsam nach Lösungen Ausschau gehalten hätten. Die Hebelwirkung der Beschaffung auf der Kostenseite läßt mit zunehmender Rationalisierung nach. Mengensteigerungen müssen zu keinen Kostsenkungen mehr führen, optimierte Prozesse verlangen Prozeßkonstanz, Qualitätsreduktionen können zu Rückrufaktionen führen. Es ist wichtig, darauf zu achten, daß zwischen Rationalisierungserfolgen und -kosten eine positive Differenz erzielt wird. Zu den Kosten zählen auch Restriktionen in der Anpassungsfähigkeit bei Marktveränderungen (z.B. Lieferkettenstarrheit).

1.22 Erlösprobleme

Aus dem Absatzmarketing wissen wir, daß die Käufer preisempfindlicher geworden sind. Dies gilt nicht nur für die gewerblichen Käufer, sondern auch für die Konsumenten (→ hybrides Kaufverhalten, smart shopper). Das und das zumeist nach unten gerichtete Preisverhalten der Konkurrenz führt vielfach zur eigenen Erlöserosion, Stückerlöse sinken.

Und was hat das mit der Beschaffung zu tun? Zum einen versucht man, diesem Problem durch kürzere Produktlebenszyklen zu begegnen. Die Aktualisierung der Produkte soll den Preisdruck vermindern. Produktaktualisierung schlägt unmittelbar auf das Beschaffungsverhalten durch. Wenn es gelingt, mit leistungsstarken und flexiblen Lieferanten in kurzer Zeit das bessere Neue fließend und ohne Störungen in den eigenen Produktionsprozeß zu integrieren, dann leistet damit die Beschaffung einen wesentlichen Beitrag zur Erlösstabilisierung.

Und zum anderen besteht die Möglichkeit, ein bestehendes Produkt aufzuwerten. Gemeinsam mit der Produktentwicklung (F+E, Konstruktion, Design) kann die Beschaffung nach Ansatzpunkten der Produktaufwertung suchen, um dann bereits frühzeitig mit Lieferanten deren Umsetzung zu prüfen. Auch der umgekehrte Weg ist denkbar. Lieferanten verfügen bereits über Aufwertungsmöglichkeiten, sie sind jedoch im eigenen Unternehmen unbekannt. Hier liegt die Aufgabe der Beschaffung darin, Informationen aufzubereiten und zur Prüfung anzuregen.

Was zunächst als Hauptproblem des Absatzmarketing erschien, entwickelt sich bei dieser integrierten Betrachtung auch zu einem Beschaffungsproblem. Die Aufgabe der Beschaffung, Bedarfsdiskussionen anzuregen, wird deutlich.

1.23 Zeitprobleme

Produktentwicklungszeiten bis zu 10 Jahren wird man sich nur in Ausnahmefällen in Zukunft noch leisten können. Die Volatilität des Konsumentenverhaltens wächst. Was heute als modern gilt, wird bereits morgen als überholt bewertet. Die Floprate nimmt zu, kurzum: Die Sicherheit gestern richtiger Entscheidungen schwindet oder: Die Schnellen fressen die Langsamen. Das hat Konsequenzen für innen und außen. Um die verrinnende Zeit bestmöglich zu nutzen, müssen unternehmensintern zumindest zwei Konsequenzen gezogen werden. Die erste bezieht sich auf die Vernetzung der Arbeit. Statt wie an einer Perlenkette sequentiell zu arbeiten, muß versucht werden, soweit wie möglich gleichzeitig, simultan zu handeln. Bei diesem Arbeiten steht die Idee der Wertkette (Porter 1986) im Mittelpunkt. Nur die Arbeiten, die zur Wertsteigerung beitragen, sind verantwortbar. Und sie werden entsprechend dem Wertschöpfungsprozeß miteinander verbunden. Das Arbeiten in Teams, die sich ständig in Meetings über die zu lösenden Probleme Gedanken machen, verändert die Arbeit beträchtlich. Diese Teamarbeit führt zu durchschnittlich besseren Arbeitsergebnissen, weil mit zunehmender Erfahrung vernetzt gedacht wird. Und es wird, weil die Beteiligten gleichzeitig involviert sind, Zeit gespart. Dazu gehört auch die vollverantwortliche Integration der Beschaffung. So können ständig rekursive Prozesse vermieden werden.

Und die zweite interne Konsequenz bezieht sich auf die Reduktion der Hierarchie. Stark hierarchische Entscheidungsprozesse kosten Zeit, absicherndes und wenig unternehmerisches Verhalten dominieren. Gut ausgebildete Mitarbeiter und moderne Kommunikationssysteme erleichtern die Hierarchiereduktion. Im Rahmen des business reengineering und lean management ist bereits manches geschehen.

Daran hängt auch die Frage, was zentral und was dezentral abgewickelt werden soll, wie Größenvorteile zustande kommen können, um dann dezentrale Routinisierung zu erlauben.

1.24 Ideenprobl[illegible]

Den weltweiten K[illegible] „richtige“ Idee hat und s[illegible]zt. Die weltweite Ideenko[illegible]e Züge trug, wird künftig e[illegible]

Mit moderner [illegible]rd das Such- und Austaus[illegible]atentrecherche möglich. Und über Internet sind auch weltweit Lieferanten auffindbar, deren Ideen in die eigenen Planungen integrierbar erscheinen.

Von der Aufbauorganisation und der Unternehmenskultur hängt es ab, wie weit neuen Ideen Raum gegeben wird, wer sie beflügelt, wer sie torpediert. Bei stark hierarchischer und risikoscheuer Unternehmensführung werden neue revolutionäre Beschaffungsideen (z.B. Outsourcing von Produktionsbereichen) kaum Widerhall finden. Auch eine wenig kritische Einschätzung der Stärken und Schwächen kann dazu führen, daß man die Fähigkeiten anderer im falschen Licht sieht und damit wenig Bereitschaft zur Entwicklungskooperation mit den Lieferanten zeigt (z.B. simultaneous engineering). Man möchte sein Wissen geheim halten, nichts preisgeben. Know-How-Transfer kann so nicht stattfinden.

Viele Vorläufer, häufig auch die Ideen selbst, wurden in hiesigen Unternehmen geboren. Es fand sich allerdings kein energischer Promotor. Ideenmanagement muß bei der herrschenden Konkurrenzintensität mit Nachdruck betrieben werden, es darf nicht in den „Lehmschichten" der Unternehmensorganisation hängen bleiben. Damit neue Ideen beurteilt werden können, muß man auf ein gut aufgebautes Informationsmanagement zurückgreifen können. Dem Vorschlag, den Lieferanten X wegen seines besonderen Preis-Leistungs-Verhältnisses im Land Y auszuwählen, kann man nur näher treten, wenn man auch über das Land Y ausreichende Informationen über Chancen und Risiken besitzt. „Lemminge"-Entscheidungen geben den Skeptikern da häufig im falschen Kontext Recht.

1.25 Akzeptanzprobleme

Die Kontroverse über den Shareholder-value- oder den Stakeholder-value-Ansatz zeigt, daß das Unternehmen nicht losgelöst von seiner Umwelt agiert. Das Ansehen (good will), das positive Image eines Unternehmens kann nicht nur auf dem Absatzmarkt erfolgreiches Arbeiten wesentlich vereinfachen. Unternehmen mit gefährlichen und umweltbelastenden Produktionsprozessen tun gut daran, das Vertrauen in ihre Arbeit in der Öffentlichkeit zu stärken. Wer mit den regulatorischen Gruppen (s. Koalitionstheorie, Abschnitt 2.1) harsch umgeht, darf sich nicht wundern, wenn seine Wünsche (z.B. Betriebserweiterung, neue Produktionstechnik) abgelehnt werden.

Und wenn ein Unternehmen in einer Krisensituation einseitig die in Verträgen mit Lieferanten vereinbarten Preise um 10 % kürzt, dann mag das im Augenblick aufgrund der Machtdifferenz zwar größtenteils durchsetzbar sein - und die Folgen? In neue Verhandlungen wird der Lieferant nicht vertrauensvoll, sondern skeptisch, absichernd, wenn möglich gar nicht eintreten. Gemeinsames Suchen nach optimalen Preis-Leistungsverhältnissen bleibt auf der Strecke. Die leistungsbesten Lieferanten werden versuchen, ihre Kapazitäten mit Aufträgen anderer Kunden auszulasten, auf deren Vertragseinhaltung sie sich verlassen können. Die schlechten Lieferanten bleiben übrig, für deren späteres Ausscheiden aus dem Markt als Grenzanbieter der Beschaffer dann auch noch verantwortlich gemacht wird.

Positiv formuliert kann ein bei den stake-holdern gepflegtes Image dazu führen, daß man als Referenzadresse gesucht wird, daß der Lieferant bereit ist, gemeinsam mit dem Beschaffer Risiken einzugehen, weil er in der gemeinsamen Arbeit neben Risiken auch Chancen erblickt.

1.3 Beschaffungsrealität – einige empirische Ergebnisse

Gemeinsam mit dem Beratungsunternehmen Masai Deutschland GmbH haben wir 2002 eine vergleichende Studie über die Beschaffungsrealität in Spanien, Frankreich und Deutschland durchgeführt. Einige interessante Ergebnisse der Befragung seien hier wiedergegeben.

(1) Einkaufsentscheidungen
Eher selten fällt ein Funktionsbereich seine Entscheidungen allein. Umgekehrt passiert es im Beschaffungsbereich jedoch häufiger, daß Entscheidungen über die Austauschobjekte in der Entwicklungsabteilung (F+E, Konstruktion, Design) gefällt werden, um sie dann unverändert umzusetzen. Die folgenden 3 Länderübersichten zeigen, welche Funktionsbereiche in welcher Intensität mitwirken (vgl Abb. 4 bis 6).

Die Tendenz ist deutlich. Die Bedeutung des Einkaufs bei der Entscheidungsfindung hat gegenüber der Vergangenheit deutlich in allen Ländern zugenommen. Faßt man die getrennt ausgewiesenen Werte für „immer" und „häufig" zusammen, so ist der Einkauf in Deutschland in 95 %, in Frankreich in 98 % und in Spanien in 80 % der Fälle an den Entscheidungen beteiligt. Der Funktionsbereich Produktion wirkt in Deutschland mit 57 %, in Frankreich mit 69 % und in Spanien mit 66 % mit; stärker ist die Ausprägung bei der Entwicklung mit 64 % in Deutschland und mit 71 % in Frankreich, deutlich geringer mit 54 % in Spanien – hier ist der Einfluß der Technik nicht mehr so ausgeprägt. Besonders niedrig ist die intensive Beteiligung des Absatzmarketing in Deutschland (22 %), etwas höher (30 %) in Spanien und deutlich höher (39 %) in Frankreich. Geht man von der optimierenden Leitidee des vernetzenden Denkens aus, dann wird auch dieser

Bereich an Bedeutung zunehmen. Dem Vernetzungsgedanken werden wir besonderes Augenmerk schenken müssen.

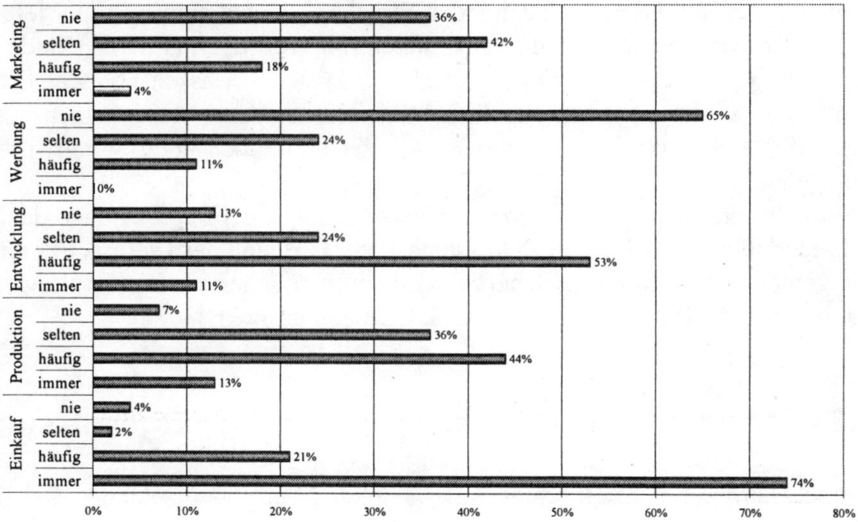

Abb. 4. Einkaufsentscheidungen in Deutschland

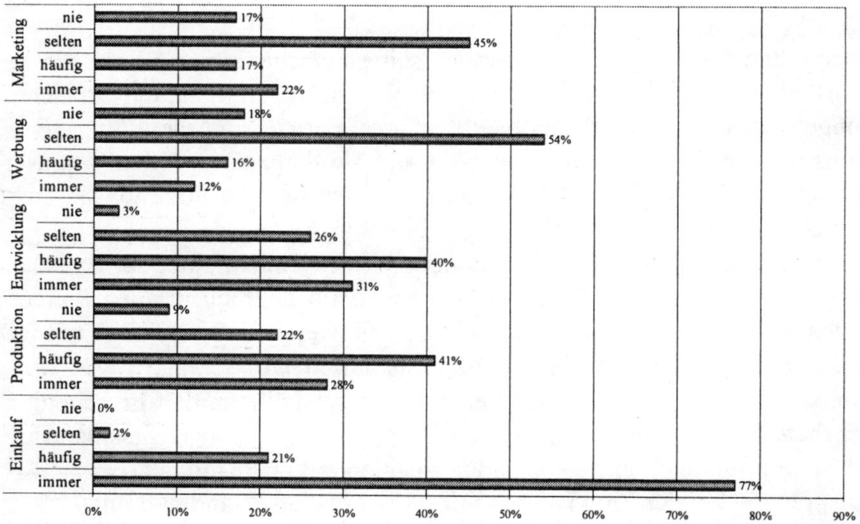

Abb. 5. Einkaufsentscheidungen in Frankreich

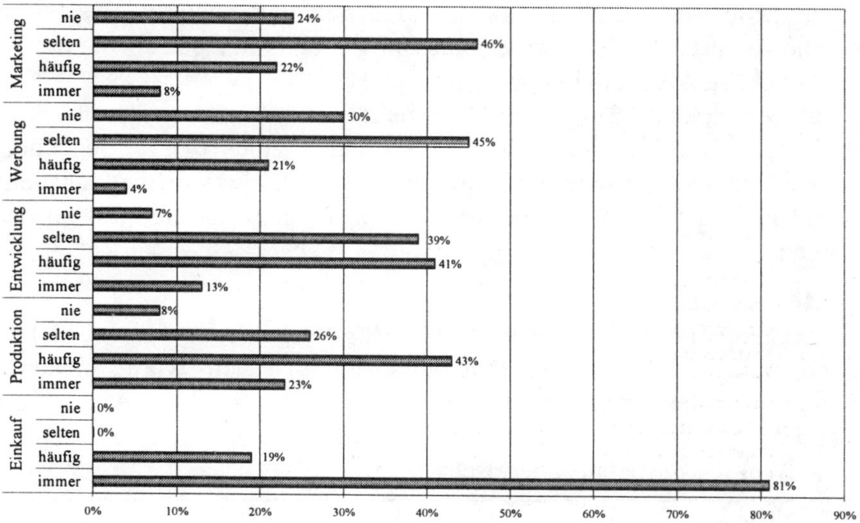

Abb. 6. Einkaufsentscheidungen in Spanien

(2) Informationsquellen

Nicht ganz uninteressant sind Antworten auf die Frage, welcher Informationsquellen man sich im Einkauf bedient:

Informationsquellen		Deutschland	Frankreich	Spanien
persönlicher Kontakt	immer	4%	6%	7%
	häufig	16%	45%	56%
	selten	69%	42%	35%
	nie	11%	6%	2%
Lieferanteninitiative	immer	2%	2%	2%
	häufig	40%	23%	22%
	selten	54%	71%	73%
	nie	4%	5%	4%
Werbung	immer	4%	2%	0%
	häufig	65%	31%	18%
	selten	27%	58%	63%
	nie	4%	9%	20%
Internet	immer	4%	7%	0%
	häufig	42%	34%	29%
	selten	38%	43%	61%
	nie	16%	15%	11%

Abb. 7. Informationsquellen des Einkaufs

Der persönliche Kontakt spielt in Spanien (56 %), gefolgt von Frankreich (45 %) eine wesentli1ch größere Rolle als in Deutschland (16 %). Umgekehrt haben von Lieferanten ausgehende Initiativen in Deutschland nahezu die doppelte Bedeutung gegenüber Frankreich und Spanien. Ebenso erstaunlich ist der hohe Nennungsanteil von Werbung in Deutschland (65 %) gegenüber Frankreich (31 %) und Spanien (18 %).

Auf der gleichen Linie personengebundener Informationsquellen liegt der höhere Anteil in Frankreich (51 %) und Spanien (43 %) gegenüber Deutschland (33 %). Die Nutzung des Internet als Informationsquelle kommt in Deutschland häufiger (42 %) vor als in Frankreich (34 %) und Spanien (29 %).

(3) Analysemethoden

Die Leistungsstärke eines Funktionsbereichs spiegelt sich auch im Methodenreichtum und der Methodenqualität wider. Deshalb wurde in den 3 Ländern nach der Nutzung (ja/nein) eher technischer Analysemethoden gefragt (Wertanalyse, Funktionsanalyse, Resign-to-Cost-Analyse, Zielkostenanalyse). Das Ergebnis überrascht:

Methoden	**Deutschland**	**Frankreich**	**Spanien**
Nutzung	83%	29%	60%
keine Nutzung	17%	71%	40%

Abb. 8. Nutzung von Analysemethoden

Vergleicht man das deutsche Ergebnis mit einer von nur 7 Jahre vorher durchgeführten Erhebung (s. Koppelmann 2000, S. 15), dann wird der methodische Fortschritt deutlich.

(4) E-Purchasing

Eine kurze Zeit erschien das E-Purchasing als der Problemlöser schlechthin. Wer nicht mitmachte, drohte heillos ins Hintertreffen zu geraten. Inzwischen ist Ernüchterung eingekehrt. Stärken und Schwächen werden abgewogen. Im Mittelpunkt der Überlegungen stehen Prozeßüberlegungen, insbesondere Bemühungen um die Abwicklungserleichterung. Dennoch ist die unterschiedliche Akzeptanz eines globalen Mediums erstaunlich:

E-Purchasing	**Deutschland**	**Frankreich**	**Spanien**
ja	82%	61%	93%
nein	18%	39%	7%

Abb. 9. E-Purchasing

Ein Grund für die starke Verbreitung in Spanien dürfte im hohen Anteil von second-tier-Lieferanten bei den Befragten liegen.

(5) Beschaffung im Low-Cost-Countries
Ein wichtiger Grund, im Ausland einzukaufen, liegt in den erhofften niedrigen Kosten, meist konzentriert sich die Argumentation auf die niedrigen Lohnstückkosten. Das Ergebnis sieht so aus:

Beschaffung in Low-Cost-Countries	**Deutschland**	**Frankreich**	**Spanien**
< 5%	79%	40%	83%
5 - 10 %	21%	34%	10%
10 - 20 %	0%	22%	5%
>20%	0%	4%	2%

Abb. 10. Beschaffung in Low-Cost-Countries

Während bemerkenswerte Anteile (> 10 %) in Deutschland gar nicht vorkommen, legt man in Frankreich darauf wesentlich größeren Wert. Ein Grund für die geringe Bedeutung in Deutschland könnte in der höheren Komplexität der beschafften Inputobjekte, in der geringen eigenen Wertschöpfungstöpfe liegen.

(6) Einkaufsleistung
Die Frage, ob der Einkauf aktiv zur Reduzierung der Kosten und zur Verbesserung der Wettbewerbsfähigkeit beiträgt, soll das Selbstimage des eigenen Tätigkeitsfeldes erfassen. Leider bot der Adressenpool nicht die Möglichkeit, das Fremdimage (Meinung anderer Funktionsträger über den Einkauf) zu erfragen. Das Ergebnis überrascht nicht:

Erfolgspotentialsteigerung	**Deutschland**	**Frankreich**	**Spanien**
starke Übereinstimmung	63	85	75
Übereinstimmung	35	14	25
trifft kaum zu	2	1	0
trifft nicht zu	0	0	0

Abb. 11. Erfolgspotentialsteigerungen

In Frankreich, gefolgt von Spanien, hat man ein besseres Bild über die eigene Arbeit.

(7) Ausbildungsniveau
Kompetenz und Kompetenzimage erleichtern die erfolgspotentialsteigernde Zusammenarbeit mit anderen Funktionsträgern im und zwischen Unternehmen. Die Hochschulausbildung kann ein Gradmesser sein (s. Abb. 12):

Anteil	Deutschland	Frankreich	Spanien
> 75%	4%	30%	13%
50-75%	15%	37%	33%
25-50%	20%	12%	38%
<25%	62%	25%	16%

Abb. 12. Ausbildungsniveau

Nur eine kurze Lesehilfe: Der Anteil deutscher Unternehmungen, bei denen mehr als 75% ihrer Beschäftigten einen Hochschulabschluß aufweisen, beträgt 4%.

Auf den ersten Blick ist das geringere Ausbildungsniveau in Deutschland gegenüber Frankreich und Spanien erstaunlich. In Deutschland hat sich auf dem Universitätsniveau im Beschaffungsbereich in den letzten 10 Jahren wenig verändert, das Problembewußtsein ist kaum gestiegen. Dies sieht im Bereich der Logistik anders aus. Ausweitungen hat es lediglich in den Fachhochschulen gegeben. Um das Interesse des Nachwuchses an Beschaffungsthemen zu wecken, werden Preise ausgelobt: Für Dissertationen (Hans Ovelgönne-Preis des Bundesverbandes Materialwirtschaft, Einkauf und Logistik) und für Diplomarbeiten (Henkel-BME-Hochschulpreis). Sie werden jährlich vergeben.

1.4 Wegmarken der Problembewältigung

Bemüht man sich um die Entwicklung eines neuen Modells des Beschaffungshandelns und –denkens in Unternehmen, dann empfiehlt es sich, einige Meilensteine zu erörtern, die den gewählten Weg kennzeichnen, die ihm die Richtung geben. Gleichsam „vor Klammer gezogen“, sollen sie deutlich machen, warum in den späteren Kapiteln die Schwerpunkte so und nicht anders gesetzt werden. Man kann auch von einer Begründungsperspektive sprechen. Natürlich wäre es möglich, jeweils im Einzelfall zu erläutern, warum man diesen oder jenen Schwerpunkt setzt. Darauf sei zwar im folgenden nicht ganz verzichtet – wir wollen nur, so weit es geht, Wiederholungen sparen. Die folgenden Schwerpunkte prägen die Modellierung (s. Abb. 13).

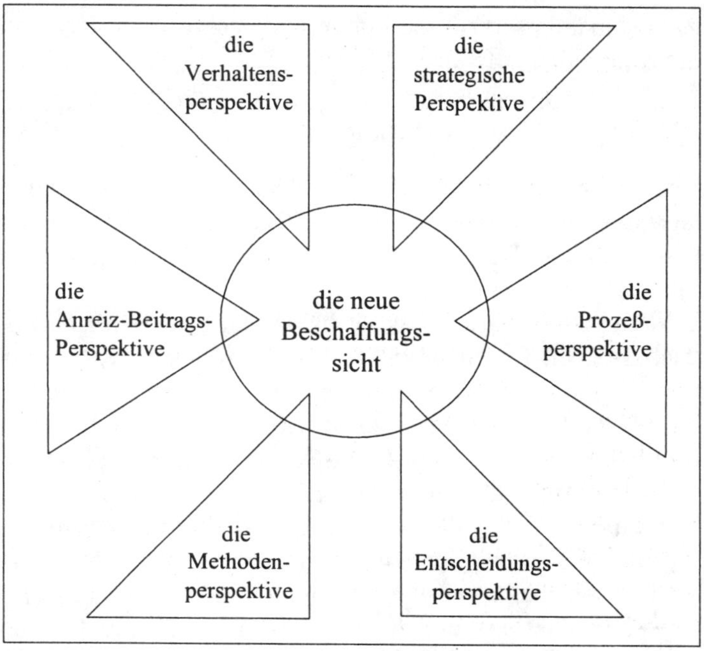

Abb. 13. Bestimmungsfaktoren der Beschaffungsmodellbildung

1.41 Die Verhaltensperspektive

Je schneller Entscheidungen herbeigeführt werden müssen und je komplexer sie werden, um so notwendiger wird die projektorientierte Zusammenarbeit verschiedener Funktionsträger. Fragmentiertes Funktionsbereichsdenken, das dann in einem hierarchischen Abstimmungsprozeß koordiniert wird, ist zu zeitintensiv und führt auch nur in Ausnahmefällen zu befriedigenden Integrationsergebnissen. Eine intensive Zusammenarbeit verschieden ausgebildeter und mit unterschiedlichen Zielsetzungen agierender Personen ist somit notwendig. Aufgrund der intensionalen und selektiven Wahrnehmung der Personen gibt es allerdings Probleme bei der Zusammenarbeit. Sie zu fordern ist das Eine, sie erfolgreich zu realisieren das Andere. Daraus folgt, daß man um einer guten Zusammenarbeit willen nicht umhinkommt, sich mit Grundlagen erfolgreichen Verhaltens zu beschäftigen.

Für weite Bereiche des Absatzmarketing ist es inzwischen selbstverständlich, Modellvorstellungen über das Verhalten der beteiligten Personen zu entwickeln, dies empfiehlt sich auch für die Beschaffung. Zunächst wollen wir uns mit einigen Modellen des *organisationalen* Beschaffungsverhaltens auseinandersetzen, die einige Unterschiede zu den Konsumentenverhaltensmodellen aufweisen.

1.411 Modelle des Beschaffungsverhaltens

Die Diskussion über das Beschaffungsverhalten findet vorwiegend im Industriegütermarketing statt (Backhaus 1997, S. 49 ff.; Scheuch 1975, S. 55 ff.; eine andere Darstellungsform wählen Homburg/Werner 1998, S. 979 ff.).

Den Autoren geht es darum, das Verhalten der Personen zu erklären, die in der beschaffenden Organisation an Beschaffungsprozessen mitwirken, um daraus Schlüsse für die Beeinflussungsmöglichkeiten des verkaufenden Unternehmens zu ziehen. Mit unseren Überlegungen befinden wir uns zwar auch im Bereich des *business-to-business-Marketing*, wir wechseln jedoch die Sichtweise. Wir wollen das *Selling*-Team beeinflussen. Deshalb könnte man zum Schluß gelangen, diese Verhaltensüberlegungen wären für uns ungeeignet. Dem wollen wir aus mehreren Gründen nicht folgen:

Der Beschaffungsmanager hat eine Agentenfunktion; er kauft nur selten für den eigenen Funktionsbereich ein, er ist Dienstleister für andere. Er beeinflußt damit nicht nur Lieferanten, sondern auch die „internen" Kunden, die Bedarfsträger. Da ist es schon wichtig zu wissen, wie andere und man selbst im Konzert mit den anderen reagieren. Wenn es allgemeine Erkenntnisse über das Beschaffungsverhalten in Organisationen gibt, dann kann man daraus Schlüsse für das eigene Verhalten bezüglich des Fremdverhaltens ziehen. Das kann sich in spezifischen Formen der Darstellung, Argumentation, Vorgehensweise niederschlagen. Neben der fachlichen Kompetenz entscheidet auch die soziale Kompetenz über den Erfolg im Miteinander. Hier gilt der Spruch: „Wie man in den Wald hineinruft, so schallt es auch zurück." In der sozialen Inkompetenz der Mitwirkenden können die häufig sehr langen Abstimmungsprozesse bei der Fixierung der Bedarfsanforderungen begründet sein.

Auch das Verkäuferverhalten findet in diesem Bereich des Marketing in Organisationen statt. Es wird zu überlegen sein, ob Analogieschlüsse aus dem Bereich des organisationalen Absatzverhaltens auf das organisationale Beschaffungsverhalten möglich sind. Dies gilt insbesondere für die Schaffung von Beeinflussungsinstrumenten.

Eines der bekanntesten *Totalmodelle* stammt von Webster/Wind (1972), hier in der Übersetzung von Backhaus (1997, S. 99). Es handelt sich um ein Strukturmodell, in dem versucht wird, die Einflußfaktoren in einen systematischen Zusammenhang zu bringen. Für unsere Fragestellung ist insbesondere das Buying Center interessant, wie aus Abb. 14 hervorgeht.

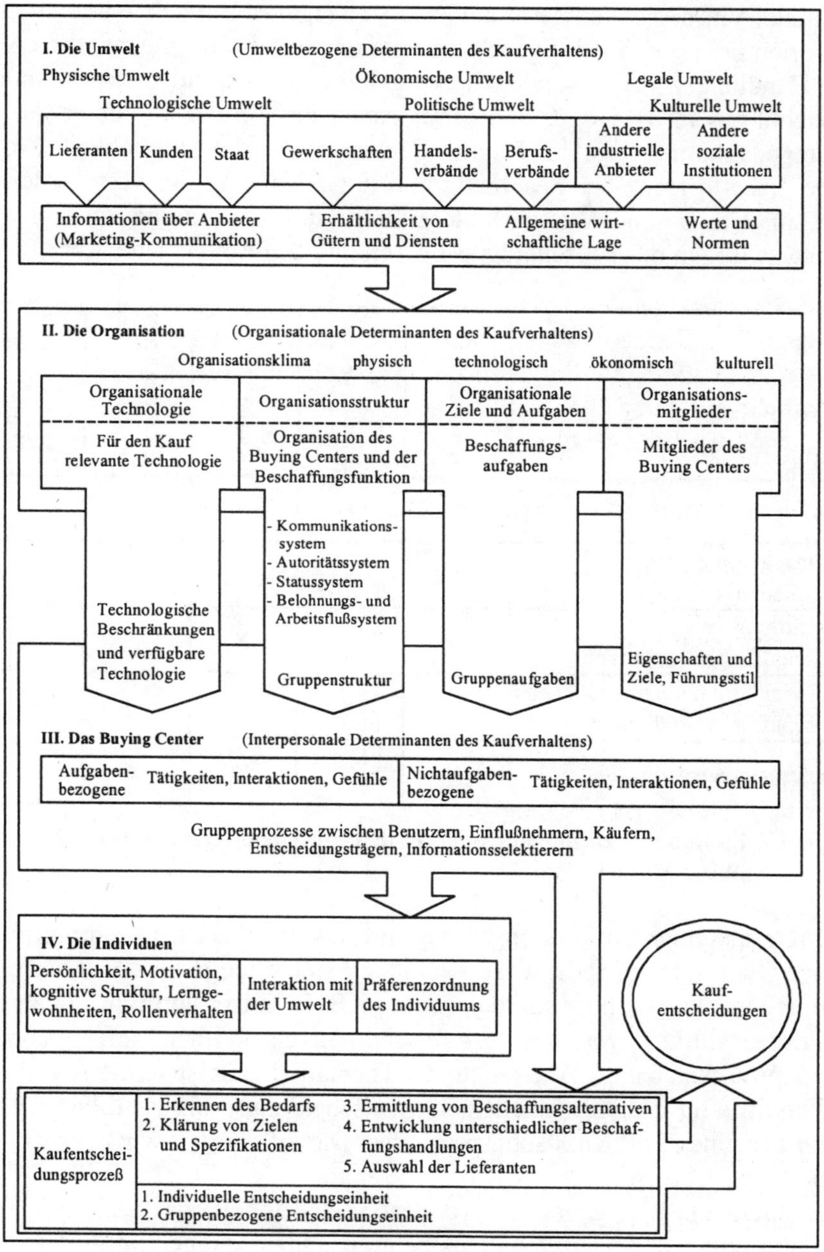

Abb. 14. Das Webster/Wind-Modell (in Anlehnung an Backhaus 1997, S. 99)

Die Autoren zeigen, welche Einflußbereiche mit abnehmender Abstraktion die Beschaffungsentscheidung determinieren. Die Einflußgrößen wurden deskriptiv strukturiert. Beschaffungshandeln ist in starkem Maße auf die Umwelt ausgerichtet. Insbesondere die Lieferanten beeinflussen das eigene

Handeln. Vor diesem Hintergrund kann sich eigenes Handeln entfalten, die Zielorientierung und der eigene organisationale Rahmen grenzen die eigenen Handlungen ein. Besonders hervorgehoben wurden die interpersonalen Beziehungen im Buying Center. Hier ist im Prinzip der bereits erwähnte Teamgedanke angelegt. Im Buying Center besteht die Möglichkeit, Probleme „face-to-face" bei Beachtung und unter Nutzung der verschiedenen Persönlichkeits- und Wissenshintergründe zu lösen. Einige Zusammenhänge zwischen den Entscheidungsphasen und den Rollen zeigt Abb. 15.

Rollen / Entscheidungsphase	Benutzer	Einflußnehmer	Käufer	Entscheidungsträger	Informationsgeber
Bedarfserkennung	x	x			
Klärung von Zielen und Spezifikationen	x	x	x	x	
Ermittlung von Beschaffungsalternativen	x	x	x		x
Entwicklung unterschiedlicher Beschaffungshandlungen	x	x	x		
Lieferantenauswahl	x	x	x	x	

Abb. 15. Einfluß der einzelnen Rollen in den Entscheidungsphasen im Webster/Wind-Modell

Mehr als einen Diskussionsbeitrag mit aus der Sicht der Autoren plausiblen Zuordnungen stellt diese Abbildung sicherlich nicht dar. Man mag nämlich mit Fug darüber streiten, warum z.B. Benutzer und Einflußnehmer bei der Ermittlung von Beschaffungsalternativen und der Lieferantenauswahl mitwirken sollen. Aber allein die Thematisierung ist verdienstvoll.

Die Struktur der individuellen Kaufentscheidungsprozesse folgt weitgehend der eines Problemlösungsprozesses. Darauf werden wir noch eingehen.

Ebenfalls häufig genannt wird das *Sheth*-Modell, das sich um eine Strukturierung des Kaufverhaltens bemüht, indem einige Einflußfaktoren genannt werden, allerdings ohne hohen Erklärungswert der genannten Größen. Siehe dazu Abb. 16.

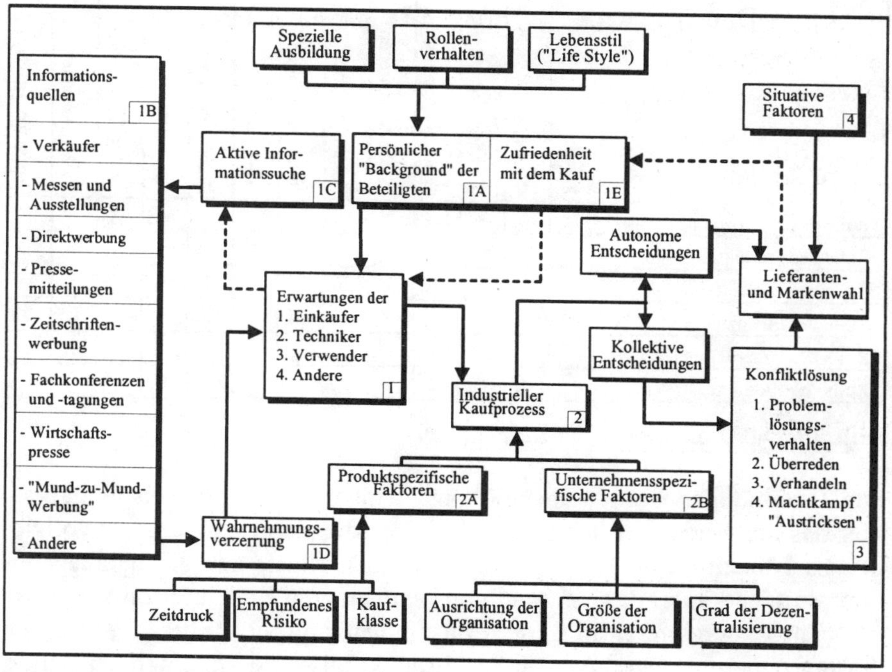

Abb. 16. Das Kaufverhaltensmodell von Sheth

Für das interne Agentenhandeln wäre es von großem Interesse, die Erwartungen (z.B. Ziele) der im Buying Center Tätigen in Abhängigkeit von ihrer Ausbildung (z.B. Design, Konstruktion, Produktion, Logistik, Finanzen, Unternehmensleitung), ihrer organisatorischen Stellung und ihrem Lebensstil (z.B. groß-/kleinbürgerlich; karriere-orientiert/zufrieden mit dem Erreichten) kennenzulernen. Bezogen auf das Rollenkonstrukt hat Murzin (1990) anhand von Personalanzeigen und Befragungen von Personalberatern auch Verhaltensschwerpunkte bei Berufsrollen festgestellt, strukturiert und diskutiert. Sie ist zu folgenden Dimensionsschwerpunkten bei verschiedenen Berufsrollen gekommen, die sich aus Abb. 17 ergeben.

Dimensionen / Berufsrollen	Introversion	Extraversion	Entschlußfreudigkeit	Sicherheitsstreben	kreativ-flexibel	rational-sachlich	technisch	kaufmännisch	sozial-verantwortlich	ausführend-formal	hohes Ansehen	geringes Ansehen
Rolle des Einkäufers				X				X		X		X
Rolle des Produktionsleiters				X		X	X		X		X	
Rolle des Verkäufers		X	X		X	X		X			X	
Rolle des Finanziers	X			X		X		X		X		X
Rolle des Unternehmensleiters		X	X	X	X	X		X	X		X	
Rolle des Produktgestalters	X				X							

Abb. 17. Die Dimensionen der Berufsrollen

Die Zuordnungen wurden über Rollenstatements getroffen. Beispielhaft sei hier das der Verkäufer herausgegriffen, um die Zuordnungen nachvollziehen zu können (Abb. 18). Die Verkäuferrolle wurde deshalb herausgehoben, weil Verkäufer das Verhandlungspendant zum Einkäufer bilden.

Ebenso interessieren in diesem Zusammenhang die Rollen der internen Austauschpartner (Produktgestalter, Produktions- und Unternehmensleiter, Finanzier). Diese Zuordnungen sind nicht zeitinvariant. Ihre vor 13 Jahren durchgeführte Erhebung könnte heute zu anderen Ergebnissen führen. Derartige Rollenzuschreibungen zeigen lediglich, daß in Gesprächen mit den jeweiligen Rolleninhabern Unterschiedliches erwartet wird, unterschiedlich argumentiert wird usw. Darauf kann man sich einstellen.

Die rollenspezifischen Verhaltensdimensionen können nun zu Interessenschwerpunkten vor allem bei der *Bedarfsanalyse* führen. Wenn man diese, und sei es auch nur grob, kennt, ist eine Prognose der wahrscheinlich eher geäußerten Anforderungen leicht. Murzin (S. 292) hat aus einem großen Anforderungspool (Ansprüche) Zuordnungen zu den jeweiligen Rollen vorgenommen (Abb. 19).

Rollenstatements – Die Rolle des Verkäufers ist gekennzeichnet durch: / Dimensionen	Introversion	Extraversion	Entschlußfreudigkeit	Sicherheitsstreben	kreativ-flexibel	rational-sachlich	technisch	kaufmännisch	sozial-verantwortlich	ausführend-formal	hohes Ansehen	geringes Ansehen
eine herausragende Eloquenz		X										
ein gutes Verhandlungsgeschick		X	X					X			X	
eine ausgeprägte Kontaktfreudigkeit		X										
eine gute Menschenkenntnis											X	
ein hohes emotionales Engagement		X			X							
eine gute Überzeugungskraft											X	
entschlußfreudiges Handeln			X									
ein starkes Selbstbewußtsein		X										
die Koordination der Auslieferungstermine								X				
einen stark extrovertierten Charakter		X										
die Repräsentation des Unternehmens nach außen hin		X									X	
die ständige Suche nach Informationen						X						
Flexibilität auf sich ändernde Marktgegebenheiten					X							
ein gutes Gespür für Trends					X							
ein gewieftes Auftreten		X				X						
ein Streben nach hohen Verkaufsmengen								X				
einen ausgeprägten Hang zur Geselligkeit		X										

Abb. 18. Die Rolle des Verkäufers

Sach-, Gegenstands- und Vermarktungsansprüche / Berufsrollen	Rolle des Einkäufers	Rolle des Produktionsleiters	Rolle des Verkäufers	Rolle des Finanziers	Rolle des Unternehmsleiters	Rolle des Produktgestalters
Bereitstellungsansprüche	xxx			(x)		
Anwendungsansprüche		xxx	xx	(x)	xx	x
Erhaltungsansprüche	xx		(x)	x	xxx	
Sicherheitsansprüche	xxx	xxx	x	xxx	xxx	xx
Wirtschaftlichkeitsansprüche	xx	xx	xx	xxx	xxx	
Bequemlichkeitsansprüche	xxx			xxx		
Einfachheitsansprüche	xxx			xx		
Zuverlässigkeitsansprüche	xxx	xxx	x	xx	xxx	
beschäftigungsphysiologische Ansprüche		xxx			xx	
technische Einzelproduktansprüche		xxx	xxx	x	xxx	
technische Produkt-Produktansprüche		xxx	xxx	x	xxx	
technische Produkt-Umweltansprüche		xxx	xxx	x	xxx	
Normungsansprüche	xxx	xxx		x	x	
Ansprüche an neue Gestaltungsmittel			x		xx	xxx
Ansprüche an konventionelle Gestaltungsmittel	xxx	xxx		(x)	(x)	
Ansprüche an dissonanzreduzierende Informationen	xxx			xxx		
Ansprüche an umfassende Informationen	xxx	xxx		xxx	xx	
Ansprüche an kurze Informationen			xx		xx	
Preisansprüche: preiswert	xxx		xxx	xxx	xxx	
Ansprüche an gute Koordination	xxx		xxx	xxx	xxx	
Ansprüche an Konditionenkonstanz	xxx			xxx		
Garantieansprüche	xxx	xxx	(x)	xx	xxx	
Kundendienstansprüche	xxx	xxx		xx	xx	
Erhältlichkeitsansprüche: Ubiquität			xx		xx	

Abb. 19. Anspruchsschwerpunkte von Berufsrollen

Diese Zuordnungen sollten nicht überinterpretiert werden. Erstens sind sie vor über 13 Jahren ermittelt worden und zweitens geht es mehr um das Strukturverständnis. Es ist plausibel, daß Einkaufsentscheidungen von den Interessen (Erwartungen) der Teilnehmer des Buying- und Selling-Teams abhängen. Nur wird man sich, wenn man beispielsweise das Rollenverhalten erwähnt, der Mühe kaum entziehen können, systematisch zu prüfen, wo denn Unterschiede vorhanden sind. Wenn man das Sheth-Modell von der Ebene der Deskription auf die der Präskription heben wollte, müßte neben der Prüfung, ob nicht auch noch andere Bausteine eine Rolle spielen, jeder Baustein inhaltlich so differenziert werden, daß damit ein Großteil der entscheidungsdeterminierenden Faktoren auch abgebildet würde. Daß dieses Rollenkonstrukt tragfähig für Handlungserklärungen ist, zeigt die Beobachtung, daß in Gruppengesprächen zwischen Teilnehmern aus dem Selling- und Buying-Team häufig über die Unternehmensgrenzen hinweg gleiche Funktionsträger ähnlich argumentieren. Ob die Kollektiventscheidungen in dem dort dargestellten Rahmen stattfinden, bedarf weiterer Klärung. Wir werden uns im weiteren auf das Problemlösungsverhalten in Verhandlungsoptionen konzentrieren.

Auf diesen beiden Modellen baut ein neueres von Johnston/Lewin (1996, S. 3) auf, hier wiederum in der Übersetzung und Interpretation nach Backhaus (S. 110 ff.). Dieses Modell zeichnet sich nicht nur durch eine größere Spezifik sondern auch durch die Betonung der Unsicherheit aus, die dann bei Entscheidungen zu beachten ist (Abb. 20).

Für unsere Zwecke der externen und internen Beeinflussung sind die Interaktionsansätze interessanter. Es geht um die Beeinflussung im eigenen *Buying Center* und des *Lieferanten*, und bei diesem zum einen seines Selling Centers sowie der jeweiligen einzelnen Ansprechpartner (bis zum key-account-manager), die für die Durchführung zuständig sind (→ Lieferantenpflege). Als ein Ansatz mag das folgende Interaktionsmodell der IMP-Group als Netzwerkkonzept dienen (umfassender Backhaus, S. 128 ff., dort auch weitere Literatur). Es baut auf dem Modell von Kirsch/Kutschker (1978) auf (Abb. 21).

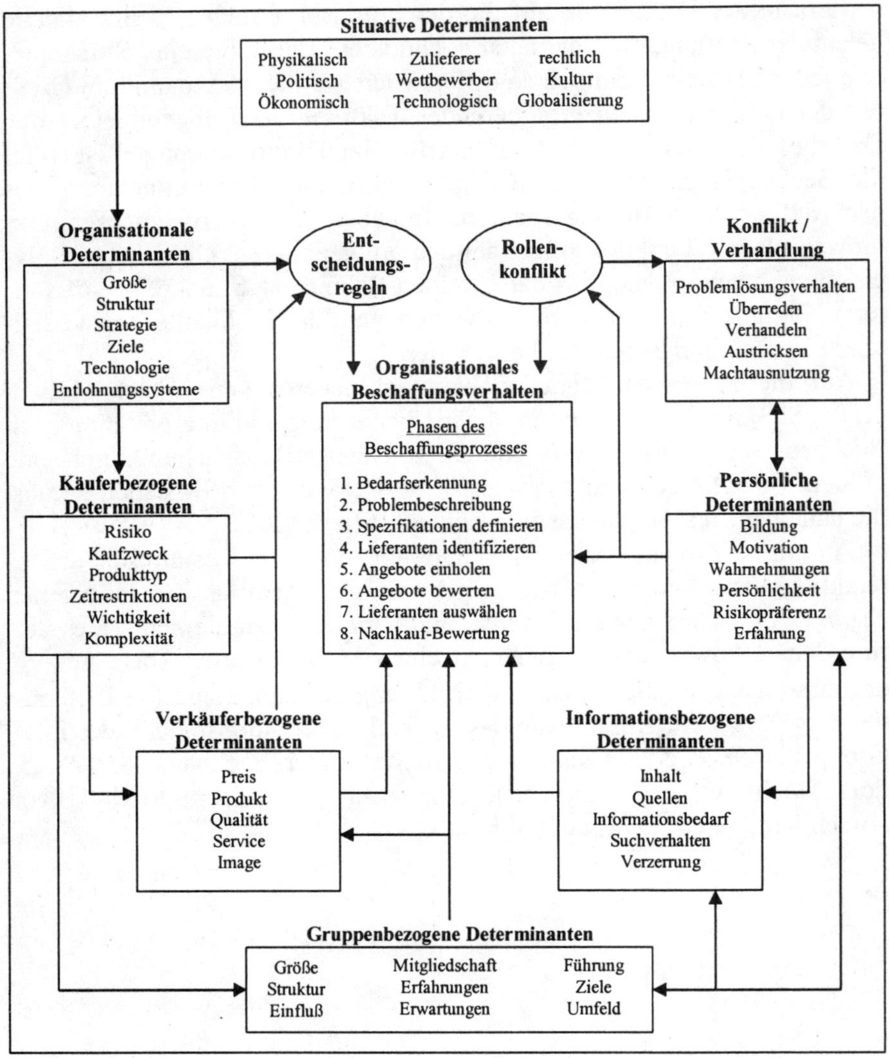

Abb. 20. Das integrierte Modell von Johnston/Lewin zum organisationalen Beschaffungsverhalten

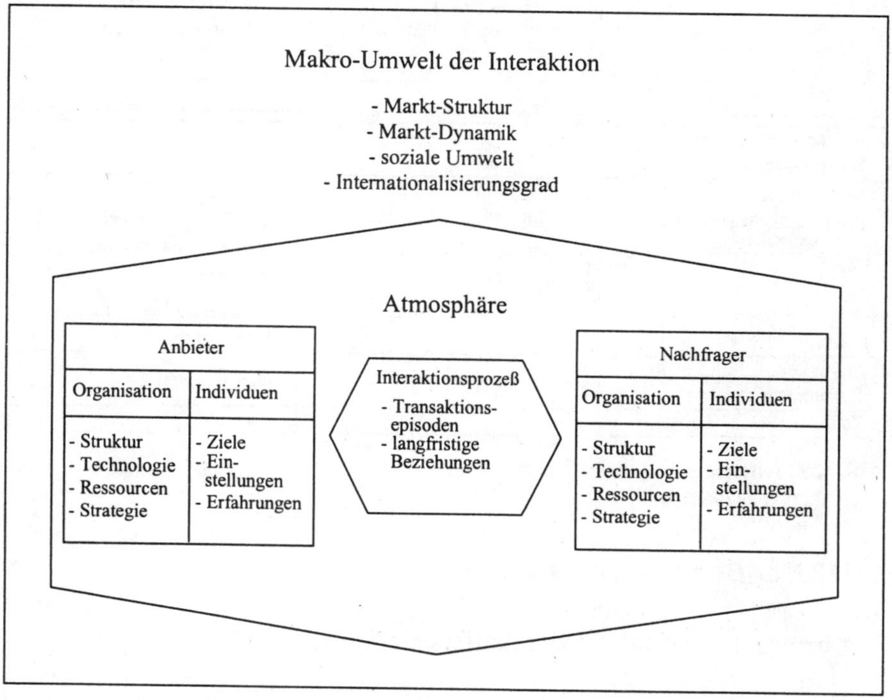

Abb. 21. Das Interaktionsmodell der IMP-Group

Im Mittelpunkt der Überlegungen steht der Interaktionsprozeß, den die Interaktionspartner in einer spezifischen Atmosphäre pflegen. Dieser Interaktionsprozeß ist eingebettet in eine Makroumwelt. Besonders erwähnenswert scheinen die den Interaktionsprozeß prägenden langfristigen Beziehungen zu sein, auf die wir noch unter verschiedenen Gesichtspunkten näher eingehen werden.

Eine eher instrumentalorientierte Differenzierung der Verhaltensweisen nehmen Homburg/Werner (1998, S. 992) bei ihrer Trennung in *Spot*-Beschaffung und *relationale* Beschaffung vor (Abb. 22).

Nicht ganz unproblematisch ist die Bezeichnung „Spot-Beschaffung", da bei ihr – denkt man an die Beschaffung von commodities –durchaus langjährige Beziehungen zugrunde liegen können. Im übrigen wollen wir die weiteren Überlegungen auf den Bereich der *relationalen Beschaffung* fokussieren.

Aspekt	Diskreter Austausch "Spot-Beschaffung"	Relationaler Austausch "Relationale Beschaffung"
Ausmaß spezifischer Investitionen	eher gering	eher hoch
Bereitschaft zur Informationsweitergabe	geringe Intensität der Informationsweitergabe vornehmlich formelle Information geringer Anteil sensibler Information	hohe Intensität der Informationsweitergabe formelle und informelle Information sensible und vetrauliche Information
Fristigkeit rechtlicher Regelungen	eher kurzfristig	eher langfristig
Zahl der Lieferanten	eher hoch	eher gering

Abb. 22. Alternative Beschaffungsverhaltensweisen

1.412 Der Beschaffer als Agent

Wir benutzen das Bild des Beschaffers als Agent.

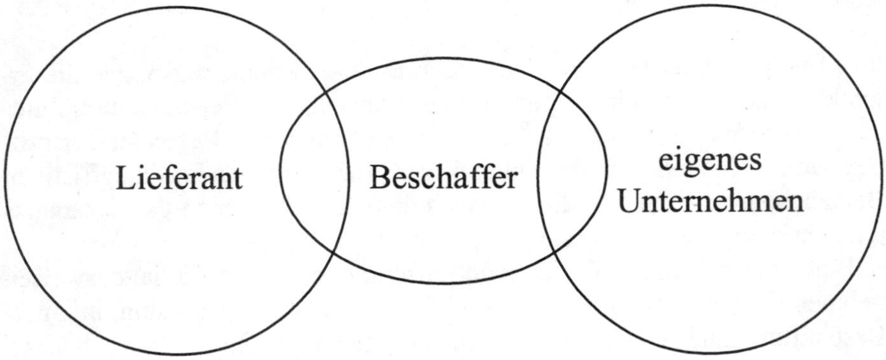

Abb. 23. Der Beschaffer als Agent

Die primäre Aufgabe des Beschaffers ist es, das eigene Unternehmen so zu versorgen, daß es im Wettbewerb lebensfähig bleibt (Überschüsse erwirtschaftet usw.). Damit dies gelingen kann, müssen mehrere Voraussetzungen erfüllt werden:

- Der Bedarf muß intern möglichst genau nach dem Minimalprinzip (gegebenes Ziel mit möglichst geringen Kosten) definiert werden.
- Es muß zumindest ein Lieferant gefunden werden, der in der Lage ist, das gegebene Ziel zu erfüllen, d. h. die geforderte Leistung zu erbringen.
- Neben der technischen Leistungsfähigkeit muß auch die ökonomische vorhanden sein, einen Austausch vorzunehmen.
- Liegt Austauschunwilligkeit vor, muß über die Veränderung der Konditionen intern und extern verhandelt werden.

Diese trivial erscheinenden Voraussetzungen für Austauschprozesse haben nun beträchtliche Konsequenzen. Beginnen wir mit den *internen* Konsequenzen. Wie unter dem Problemaspekt Beschaffung schon angedeutet, gehen wir davon aus, daß der Bedarf, der für das eigene Unternehmen zur Fremdbedarfsdeckung nach dem ökonomischen Prinzip nötig ist, im Team gesamtverantwortlich erarbeitet wird. Im Mittelpunkt steht das Marktproblem. Darauf aufbauend muß geprüft werden, wie die Problemlösung aussehen soll. Gespiegelt an Zielen und Potentialen wird festgelegt, was aus welcher Funktionssicht zur Verwirklichung dieser Problemlösung nötig ist.

Verhaltensrelevant ist die *Interessenslage* der Teammitglieder als Funktionsträger. Sie haben Unterschiedliches gelernt, in ihrem unterschiedlichen Können liegt ihr Leistungsbeitrag. Für eine zügige Bedarfsfeststellung ist eine Prognose der funktionsspezifischen Anforderungsschwerpunkte nötig. Einen Weg hatten wir bereits mit dem Hinweis auf das Rollenkonzept von Murzin gegeben. Ein anderer Weg liegt darin, daß wir bei der späteren Bedarfsanalyse (s. Abschn. 4.331) einen umfangreichen Bedarfsanforderungspool entwickeln, der mit hoher Wahrscheinlichkeit die Wünsche der Funktionsträger wiedergibt. Diesen Weg wählen wir hier. Dabei unterstellen wir, daß Funktionen- (Abteilungs-) und Personenkonflikte in einem rationalen Verhandlungsdiskurs gelöst werden. Dies wird in der Anfangsphase der Teamarbeit nicht ganz leicht sein. Je mehr *Vertrauen* im Ringen um die insgesamt beste Lösung entsteht, um so schneller werden persönliche Vorbehalte zurückgestellt. Das gleiche gilt für meist historisch gewachsene Funktionsdominanzen, die durch das Team aufgelöst werden müssen. An dieser Stelle kann die Frage auftauchen, warum nicht aus der Literatur bekannte Rollenkonzepte (z.B. Fach-, Machtpromotoren, Opponentenmodell, Witte 1976) hier herangezogen werden. Im Beschaffungsbereich werden die Teams nach ihrem jeweiligen Leistungsbeitrag zusammengestellt, andere Aspekte werden möglichst vermieden, um gute Gesamtlösungen zu generieren.

Die Feststellung der Anforderungen bildet nur eine Seite der internen Konsequenzen ab. Nach dem Prinzip Leistung-Gegenleistung muß man überlegen, was man dem Lieferanten anbieten kann, damit er die eigenen Anforderungen erfüllt. So benötigt man einen Katalog potentieller *Leistungen*, die man über den Preis hinaus dem Lieferanten anbieten kann. Das zügige Verhandeln wird erleichtert, wenn man nicht erst durch in der Verhandlung geäußerte Lieferantenwünsche veranlaßt nach entsprechenden Gegenleistungen suchen muß, die man anbieten kann und will. Dazu gehört auch, insbesondere mit dem eigenen Rechnungswesen, die Erarbeitung der durch diese Leistungen verursachten *Kosten*. In der Lieferantenverhandlung macht es ja nur Sinn, Gegenleistungen anzubieten, wenn sie das eigene Unternehmen weniger kosten, als damit durch den Lieferanten bewirkt wird (z.B. niedrigerer Preis). Die Verhandlungen werden also beeinflußt durch die Kosten und Leistungen des eigenen *Instrumentenpools*. Obwohl für die folgenden Überlegungen die Teamlösung als Leitbild dient, sei dennoch die *Organisationsstruktur* als verhaltensbeeinflussende Maßnahme erwähnt. Stark zentralistische und hierarchische Entscheidungsprozesse reduzieren die Entscheidungsgeschwindigkeit und führen eher zu sicherndem als innovativem Verhalten. Die Konflikte können auf den verschiedenen Hierarchiestufen wiederholt auftauchen. Die organisatorische Zuordnung (z.B. Beschaffung als Abteilung der Produktion) kann dazu führen, daß durch die Funktionsunterordnung die Beiträge zum Gesamtergebnis geschmälert werden.

Die Wahl des *Beschaffungsprozesses* beeinflußt ebenfalls den Verhaltensspielraum. Von einem Beschaffungsmanager innovative Beiträge zur Zielerfüllung zu erwarten, wenn mit Ausnahme der Zeit eigentlich alles durch andere vorgegeben ist, deutet auf ein geringes Problemverständnis hin. Das Team, das die Entwicklung eines neues Produktes zu lösen hat, wird aus solchen Mitgliedern bestehen müssen, die wesentlich zur Gesamtlösung beitragen können. Gleichgültig, welchen Entwicklungsprozeß man wählt (z.B. Koppelmann 2001, S. 23), der Beschaffungsmanager wird von Anfang an dabei sein müssen, um sich nicht nur am internen Problemlösungszusammenhang zu beteiligen, sondern auch externe Machbarkeits- und Verbesserungsüberlegungen einzubringen. Und dann geht es natürlich auch um den Beschaffungsprozeß selbst. Backhaus (S. 56) erwähnt mehrere Phasenablaufkonzepte. Wir wählen hier einen anderen Weg (s. Abschn. 1.43).

Damit kommen wir zu einigen wichtigen das externe Verhalten determinierenden Aspekten. Die Verhandlungen zwischen Beschaffer und Lieferant werden in der Praxis immer noch mehrheitlich vom *egozentrischen* Zielerfüllungsbemühen geprägt. Obwohl man weiß, daß das eigentlich langfristig nicht gutgehen kann, steht der eigene Vorteil im Mittelpunkt des Denkens und Handelns. Und das wird solange weiter praktiziert, bis der Lieferant als Grenzanbieter vom Markt durch Konkurs verschwindet. Auch die umgekehrte Drangsalierung wird versucht. Selbst der wesentlich umsatzkleinere Anbieter nutzt seine Marktmacht (Marktanteile in Deutschland 80 % → Quasimonopol), um seinen Verhandlungen mit seinem wesentlich größeren Kunden durch Lieferausfall die wünschenswerte Richtung zu geben. Nicht nur dieser Beschaffer reagiert indigniert mit dem Aufbau eines zweiten Lieferanten, andere tun dies auch. Hier entstehen zusätzliche Kosten, die man bei einem anderen Umgangsverständnis (Atmosphäre, Vertrauen) hätte vermeiden können.

Damit sind wir wieder bei dem Verhaltensaspekt des *Vertrauens* bzw. Mißtrauens angelangt. Jetzt interessiert die unternehmensexterne Sicht – das Verhältnis zum Lieferanten. Vertrauen läßt sich hier als Sicherheit (Zuversicht) verstehen, daß der Lieferant verläßlich und integer ist und sich nicht opportunistisch verhält, daß er seine Leistungen also vereinbarungsgemäß erbringt (Buttle 1996, S. 9; Helm 1996, S. 76). Man kann hier zwei Facetten unterscheiden: die sachliche erstreckt sich auf das Vertrauen bezüglich der zu erbringenden Leistungen, und die persönliche auf die Ehrlichkeit und das Wohlwollen des Austauschpartners. Vertrauen reduziert Unsicherheit, ist somit ein Stabilitätsfaktor von Kooperationen. „Reciprocal trust is a prerequisite for long-term relationships, adaptions, and joint investments.“ (Buttle, S. 9)

Vertrauen fördert die Qualität und Intensität der Kommunikation, sie erhöht die Bereitschaft zur Kooperation. Lieferantenwechsel dienen auf der einen Seite dem Wettbewerb, verursachen andererseits aber hohe Prozeßkosten und Risiken. Simultaneous engineering, system sourcing und andere Strategien erfordern intensive Lieferantenbeziehungen, und das ist nur mit wenigen Lieferanten möglich. Nur in einer Vertrauenssituation ist man bereit, eigene Informationsvorsprünge weiterzugeben, um daran gemeinsam zu partizipieren. Mißtrauen als Grundlage oder das Ausspielen einer momentanen Übermachtposition verhindern diese Win-Win-Situation. Das aus dem Absatzbereich bekannte *Relationship-Marketing* kann somit auf den Beschaffungsbereich übertragen werden. Vor allem im Rahmen der Lieferantenpflege gilt es zu prüfen, welche Maßnahmen vertrauensbildend und -stabilisierend wirken und was sie kosten. Einen Instrumentalbereich bildet das ebenfalls aus dem Absatz bekannte *Beschwerdemanagement*. Aus dem Vertrauen kann ein *commitment*, eine innere Verpflichtung, gegenüber dem Lieferanten erwachsen. Man kann auch von Loyalität sprechen (Diller 1995, S. 19). In diese Verpflichtung wird investiert, daraus entstehen langfristige wechselseitige Bindungen, es besteht die Tendenz, Wechselkosten und -risiken zu vermeiden (Preß 1997, S. 70). Diese Überlegungen können auch analog auf den internen Interaktionsprozeß übertragen werden. Zusammengefaßt kann man sagen: „Die Erkenntnis, daß Vertrauen das effizienteste Führungssystem ist, hat sich nicht nur theoretisch durchgesetzt“ (Albach 1997, S. 1276).

Wenn man davon ausgeht, daß Vertrauen eine starke verhaltensprägende Funktion aufweist, dann stellt sich die Frage, wie Vertrauen *entsteht* und wie man es *erhält*. Zu glauben, daß man opportunistischem Verhalten durch rechtliche Vertragsgestaltung begegnen könne, hat sich in der Realität häufig als Wunschdenken entpuppt.

Eine weitere Komponente kann mit Sympathie („gleicher Wellenlänge“ usw.) beschrieben werden. Sympathie verkürzt ganz wesentlich die Zeit des Vertrauensaufbaus.

Eine weitere Komponente dürfte im *Nutzen* für den anderen liegen. Damit hängt die eigene *Kompetenz* zusammen, über Fähigkeiten zu verfügen, die dem anderen Nutzen schaffen können. Daraus folgt wiederum, daß sich Bemühungen um den Vertrauensaufbau erst lohnen, wenn man sich aus der Sicht des Lieferanten ausreichende Kompetenzen geschaffen und ihm das auch mitgeteilt hat.

Eine weitere Komponente liegt in der *Verläßlichkeit* (Zuverlässigkeit). Der Lieferant kann davon ausgehen, daß der Beschaffer nicht nur heute, sondern auch morgen die Vertragsbedingungen einhält, Vertrauen reduziert somit das empfundene Risiko. Vertrauenspflege impliziert die Wiederholung auf dem gewohnten Anspruchsniveau. In Beschaffungsleitlinien können vertrauensschaffende Verhaltensregeln kodifiziert werden.

Die internen und externen Mitwirkenden am Versorgungsprozeß bewegen sich in einem begrenzten Raum. Die Verhaltensgrenzen werden durch *Ziele* und *Potentiale* bestimmt. Zum einen gibt die Organisation vor, was zu tun und was zu unterlassen ist (s. ausführlich den Abschn. 4.22), und zum anderen existieren Allokationsgrenzen. Potentiale sind historisch gewachsen, der jetzige Cash-flow und die Verschuldungsgrenzen bestimmen die Möglichkeiten von Potentialerhalt, -erweiterung und -veränderung.

Man kann den Verhaltensaspekt insgesamt entsprechend Abb. 24 zusammenfassen.

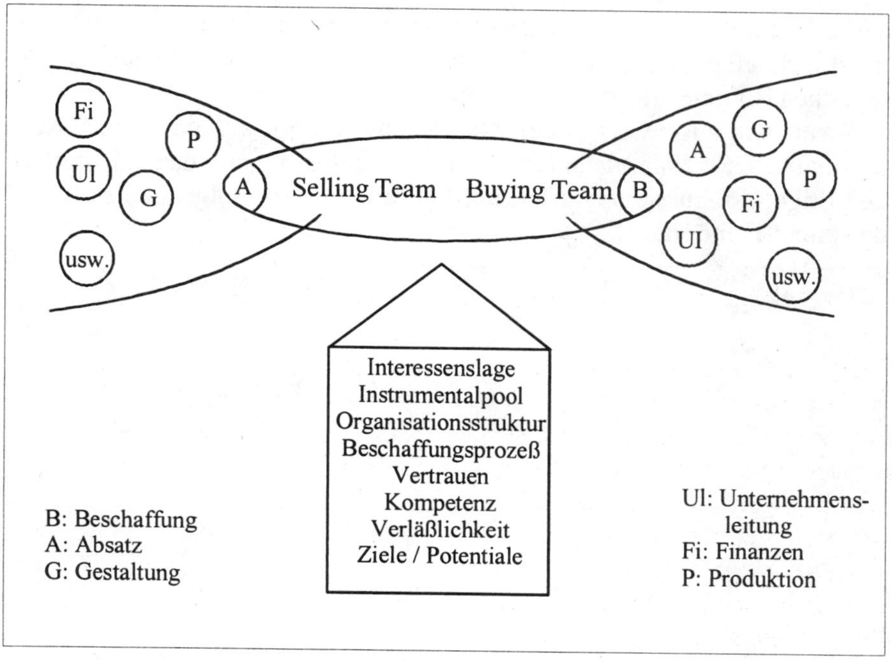

Abb. 24. Das Beschaffungsverhalten bestimmende Größen

1.42 Strategieperspektive

Betriebswirtschaftliches Denken ist dadurch gekennzeichnet, daß man sich auf die Tätigkeiten konzentriert, die einen größeren Erfolgsbeitrag als andere versprechen. Der Hinweis, daß man ja auch das „Tagesgeschäft" – gemeint ist die Tagesroutine – erledigen müsse und deshalb nicht zum „Wichtigen" gekommen sei, befriedigt wenig.

Bereits Grochla/Schönbohm (1980) trennten folgerichtig in Beschaffungspolitik und -disposition. Gegenstand der Beschaffungspolitik sind dort die grundsätzlichen, langfristig orientierten Aufgabenfelder, während in der Beschaffungsdisposition eher die dispositiven, abwicklungsorientierten Aufgaben dargestellt werden. Kirsch (1993, Sp. 4096) empfiehlt, das typisch Strategische über die Schlüsselbegriffe Handlungsmöglichkeiten und Erfolgspotentiale zu erschließen. Er bezeichnet strategisches Handeln als „Umweghandeln", das daraufausgerichtet ist, die Entfaltung von Handlungsmöglichkeiten zu fördern. „Bei dem Strategischen werden die Erfolgspotentiale gerade nicht anhand der gegebenen operativen Erfolgsmaßstäbe beurteilt." (Sp. 4097)

Das Strategische als Feld der Schaffung von Handlungsmöglichkeiten zur Erschließung von Erfolgspotentialen steht somit der Abwicklung der täglichen Routineaufgaben, der Disposition gegenüber.

Wenn wir unsere folgenden Überlegungen stark auf das Strategische konzentrieren wollen, dann benötigen wir ein Instrument, das eine derartige Tätigkeitsfokussierung erleichtert. Dies ist mit der folgenden Entscheidungsmatrix möglich:

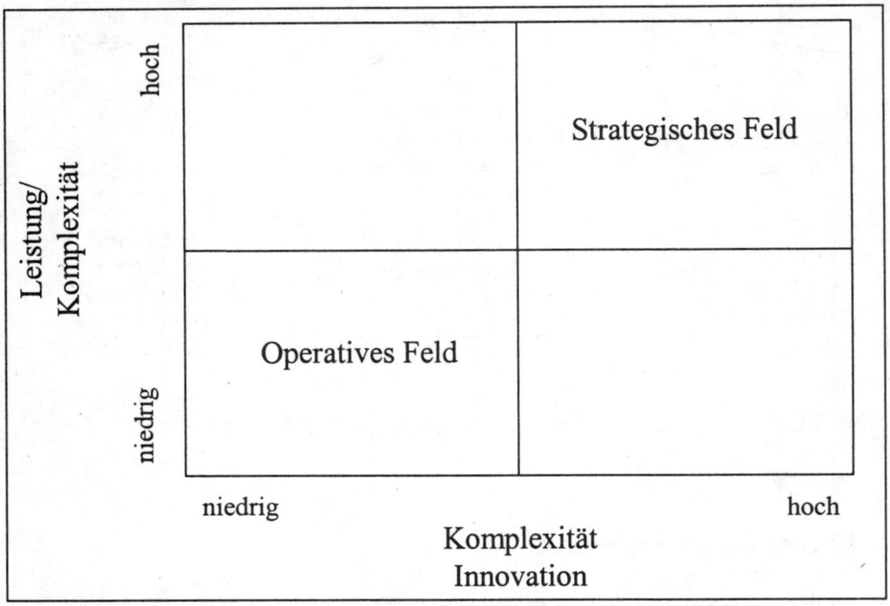

Abb. 25. Zur Identifikation strategischer Arbeitsfelder I

Dort wo hoher Leistungsinput benötigt wird, entstehen in der Regel auch hohe Kosten, das können hohe Stück- oder Gesamtobjektkosten (Menge x Preis) sowie hohe Prozeßkosten sein. Interaktionsobjekte geringerer Komplexität oder Leistung verursachen im Regelfall geringe Objekt- und Prozeßkosten. Sie eignen sich für routinisierte Beschaffungsabwicklungen (z.B. über Marktplattformen). Die Entscheidung für eine Marktplattform usw. stellt dagegen eine strategische Entscheidung dar. Auch in das operative Feld fallen Überlegungen, diese Beschaffungsaufgaben anderen zu übertragen. Die „Anderen“ können intern oder extern angesiedelt sein. Die externe Übertragung fällt in die Rubrik „Outsourcing“. Eine interne Übertragung ist in die Logistik möglich. Im Rahmen der Beschaffungs- und Produktionslogistik müssen die Warenströme einheitlich gesteuert werden, Schnittstellen optimiert und Doppelarbeiten vermieden werden.

Diese Spannweitenbegrenzung der Beschaffung bis zum Abschluß des Liefervertrages findet man bereits in der Praxis. Zu hoffen ist, daß in den beiden anderen Quadranten keine Entscheidungen anstehen.

Die Achsenbezeichnungen können auch anders gewählt werden:

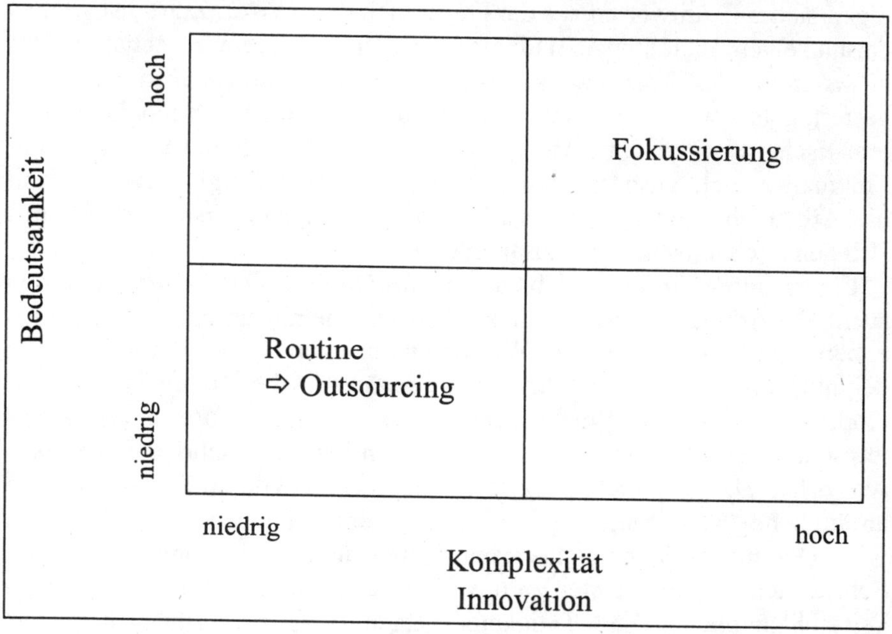

Abb. 26. Zur Identifikation strategischer Arbeitsfelder II

1.43 Prozeßorientierung

Mit der Diskussion um die Wertschöpfung (Porter 1986) hat der Gedanke von Prozessen, Prozeßketten wieder Auftrieb erhalten. In der Handelswissenschaft hatte bereits Seyffert (1931) mit der Handelskettenanalyse ein Instrument zur betriebswirtschaftlichen Wertschöpfungsdiskussion vorgestellt.

1.431 Ein Beschaffungsprozeßmodell

Bei der Suche nach einer geeigneten Prozeßstruktur, stellt sich zunächst die Frage nach dem Warum und Wozu. Wenn man sich die Aufgabe setzt, neben die Deskription auch die Präskription zu stellen, die möglichst handlungsrelevant sein soll, dann wird man bei komplexen Problemen, auf die wir uns hier konzentrieren wollen, versuchen müssen, das Gesamtproblem in Teilprobleme zu zerlegen. Daraus folgt die Suche nach Prozeßstufen oder -phasen. Über Stufenmodelle, über Sinnhaftigkeit und Zweckmäßigkeit, über empirischen Gehalt oder Denkmuster gibt es eine umfangreiche Diskussion (z.B. bei Ernst 1996, S. 90 ff.). Einige Diskussionspunkte erledigen sich mit Antworten auf die Frage nach dem Wozu. Zunächst geht es darum, einen Handlungsleitfaden für das Buying Team zu schaffen, der *Transparenz* des Tuns bewirkt. Es muß deutlich sein, wo man steht, was gestern gelöst wurde und morgen noch zu erledigen ist. Ein möglichst systematischer Plan erlaubt ein systematisches Protokoll. In einem Team kann Fluktuation nicht ausgeschlossen werden; ein neues Mitglied kann sich in die Arbeit über ein systematisches Protokoll leichter einarbeiten als mit Hilfe einer chaotischen Memosammlung.

Ein weiteres Strukturziel bietet die *Rationalität* der Arbeit. Man versucht, die Arbeit in Schrittfolgen zu zerlegen, die hintereinander, aber auch nebeneinander geordnet sind. Wer bereits mit der *Lösung* eines Problems beginnt, weil dies ja sicherlich auch die schönste Arbeit für einen kreativen Kopf darstellt, darf sich nicht wundern, wenn er für den Papierkorb arbeitet, solange er das Problem nicht richtig identifiziert, beschrieben und *analysiert* hat. Dabei ist nicht ganz auszuschließen, daß durch Hinzulernen die anfängliche Problemsicht später noch einmal auf den Prüfstand gestellt wird. Das ändert jedoch nichts grundsätzlich an der Forderung, den fünften Schritt nicht vor dem ersten zu tun. Dies führt dann zur Suche von Tätigkeitsabhängigkeiten und Tätigkeitsbezügen. Was muß zunächst geklärt werden, damit dann entschieden werden kann?

Und schließlich kann man als Ziel der Prozeßstufenbildung die Problemähnlichkeit, die Problemgeschlossenheit ansehen. Damit wird die umfassende Behandlung eines Problems erleichtert, der Problemüberblick wird nicht durch zu viele Randaspekte gestört. Dies kann sogar soweit gehen, daß die Behandlung einer Prozeßstufe als Hauptaufgabe eines Mitarbeiters definiert wird (z.B. Bedarfsanalyse, Lieferantenpflege).

Es wurden vielfältige Vorschläge zu Phasenmodellen gemacht (Ernst, S. 90 ff.). Hahn (1993, Sp. 3185) schlägt folgenden Prozeß vor (Abb. 27).

Auf Kosiol (1966) ist die Einteilung in Planung, Realisation (Steuerung) und Kontrolle zurückzuführen. Die wichtigste Phase ist sicherlich die der Problemstellung, wir wollen von *Problemanalyse* sprechen. Das Problem muß entdeckt, beschrieben und untersucht (analysiert) werden. Entdecken heißt isolieren, begrenzen, von anderen Problemen trennen. Da wir uns mit der Fremdbedarfsdeckung befassen, resultiert das Kernproblem aus nicht gelösten Spannungszuständen auf dem Absatzmarkt. Dazu kann der Beschaffungsbereich beitragen, indem er als Dienstleister die anderen Funktionsträger bei ihrer Suche nach den sich für sie daraus ergebenden Problemlösungen unterstützt. Sie schaffen dann ihrerseits Probleme für den Beschaffungsbereich. Die Beschreibung des Problems soll dazu beitragen, daß man sich im Beschaffungsbereich und dann übergreifend im Team darüber Klarheit verschafft, worüber nachgedacht wird. Hat man das Problem breit genug oder schon zu breit angelegt? Zur Analyse des Problems tragen dann alle Teammitglieder aus ihrem Funktionswissen bei. Das stärkt das *Vernetzungswissen*.

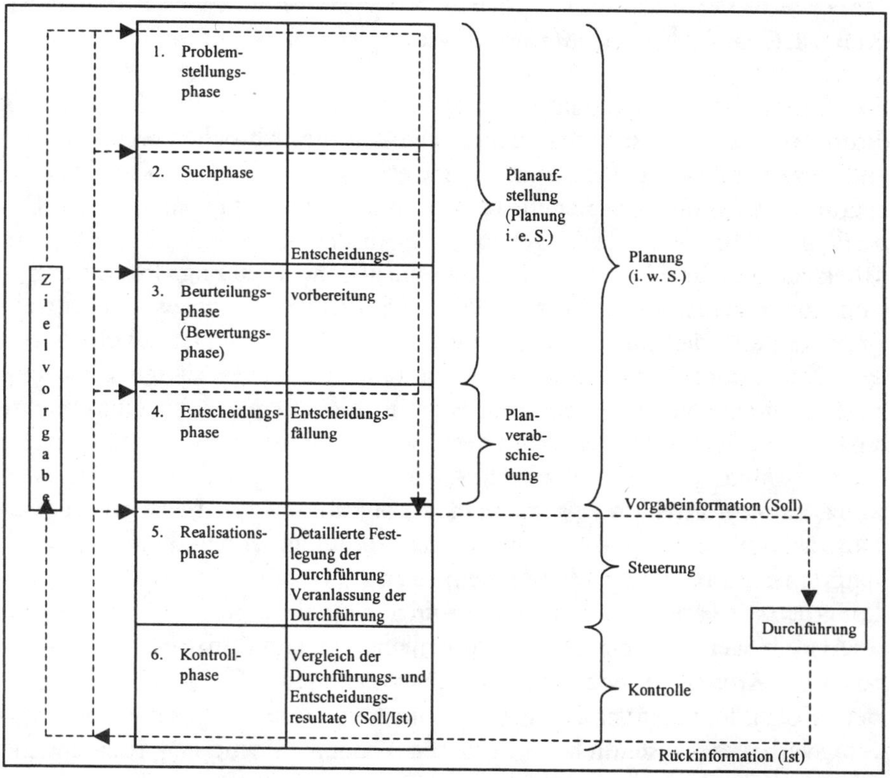

Abb. 27. Planung, Steuerung und Kontrolle als Führungstätigkeiten in der Unternehmung

Neben der Untersuchung der Problemrelevanz muß auch geprüft werden, wie sich die Problembedeutung verändern wird. Hat das identifizierte Problem nur für das eigene Unternehmen und auch nur heute Bedeutung? Oder handelt es sich um ein generelles Problem mit noch wachsender Relevanz?

Damit deutlich wird, daß sich die Problemanalyse am Problemengpaß zu orientieren hat, soll dies bildlich hervorgehoben werden (Abb. 28).

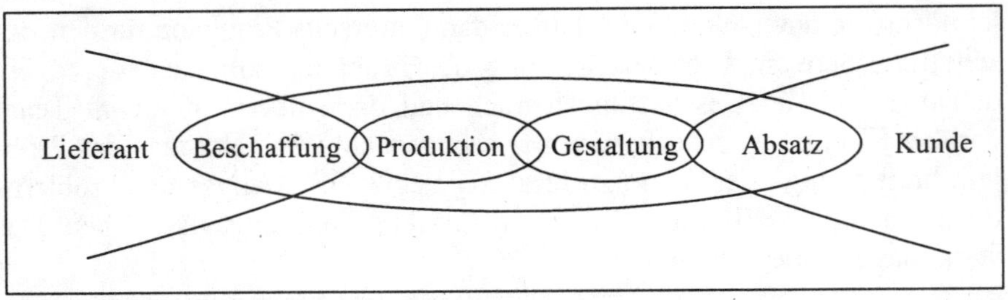

Abb. 28. Engpaßorientierte Problemanalyse

Der Absatzkunde bestimmt letztlich das identifizierte Problem. Dieses Problem muß auf die Funktionsbereiche heruntergebrochen werden. Hier interessiert zunächst das spezifische Beschaffungsproblem. Das identifizierte Problem muß gespiegelt werden an den *Zielen* und *Potentialen*. Die Ziel- und Potentialbrille (s. genauer die Abschn. 4.22 und 4.23) gibt dem Blick auf das Problem eine funktionsspezifische Richtung. In Abhängigkeit von Zielen und Potentialen zeigt sich dann auch, ob es sich um ein gravierendes oder ein Randproblem handelt. Daraus können zwei Überlegungsalternativen resultieren. Es kann sein, daß die gesetzten Ziele und vorhandenen Potentiale verändert werden müssen, um dann eine erneute Problemprüfung vorzunehmen. Dies wird in Wettbewerbswirtschaften der eher gewählte Weg sein. Die andere Alternative wird darin bestehen, nach einer Stop-Information an alle anderen Funktionsträger erneut mit der Suche nach einem lösenswerten Absatzmarktproblem zu beginnen. Das kann dann eine Problemmodifikation sein, wenn dies eine Ziel- und Potentialkongruenz erwarten läßt oder eine Problemneudefinition.

Als ein weiterer Aspekt der Problemanalyse kann im Beschaffungsbereich die *Konstellationsanalyse* (genauer s. Abschn. 4.21) betrachtet werden. Konstellationen sind besondere Umstände, die das gesamte Beschaffungsverhalten wesentlich beeinflussen können. Sie bergen Risiken und Chancen. Sie können problemlösungsfördernd oder -verhindernd wirken. Es sind Umstände, die durch den Markt bedingt sein können. Ebenso können unternehmensinterne Umstände das Handeln beeinflussen. Aufgabe strategischen Handelns muß es daher sein, das Auftreten problemschaffender Konstellationen zu vermeiden.

Als zentraler Aufgabenbereich der Problemanalyse kann die Bedarfsanalyse gelten (genauer s. Abschn. 4.3). Im gemeinsamen Überlegen mit den anderen Funktionsträgern im Team geht es darum zu prüfen, was man unter welchen Bedingungen benötigt. Um zu einem dem bereits erwähnten Minimalprinzip (fixiertes Ergebnis zu geringsten Kosten) entsprechenden Resultat zu gelangen, sind dabei z.B. folgende Fragen relevant:

- Ist das unbedingt nötig?

- Warum kann darauf keinesfalls verzichtet werden?
- Ist auch weniger möglich?
- Honoriert der Kunde diese Anforderungen?

Bezogen auf die Problemanalyse erhalten wir somit aus der Beschaffungssicht folgende Facetten, die es zu prüfen gilt:

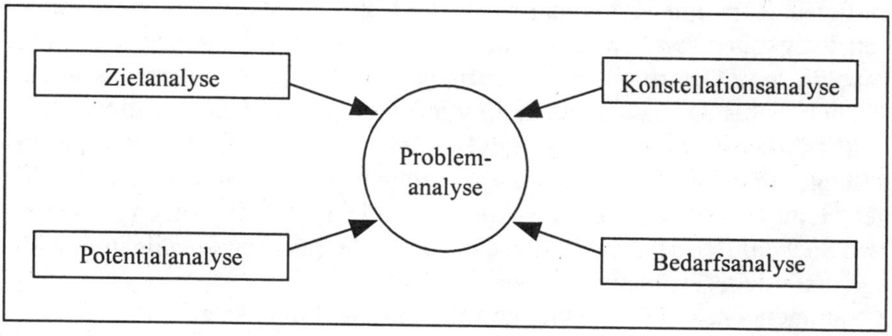

Abb. 29. Facetten der Problemanalyse

Als nächsten Schritt beschreibt Hahn die *Suchphase*, in der Handlungsmöglichkeiten geprüft werden. Wir wollen hier von der *Problemlösungsphase* sprechen, weil das Suchen als eine in allen Phasen auftretende Tätigkeit mißverständlich ist. Nachdem das Problem identifiziert, beschrieben und analysiert wurde, muß im folgenden Schritt überlegt werden, *wie* man das Problem lösen kann. Es geht um die Suche nach geeigneten *Lösungsinstrumenten*. Sie ergeben sich aus den Problemlösungs*feldern*.

Zunächst muß geprüft werden, *wo* man nach Lieferanten Ausschau halten will, die zur Problemlösung beitragen können. Diese Märkte als Lieferantenhintergrund weisen eigene Charakteristika auf, die unabhängig von Lieferanten beachtet werden müssen. Aus der *Markt*analyse ergibt sich, welche Märkte Lösungsmöglichkeiten versprechen. Erst dann kann man nach *Lieferanten* suchen. Sofort mit der Lieferantensuche zu beginnen, hieße auf Suchfelder zu verzichten, und darüber hinaus die Marktabhängigkeiten von Lieferanten zu übersehen. In diesen Bereich gehören auch Überlegungen zum Lieferantenaufbau, zur Lieferantenpflege usw. Als nächster Schritt folgt dann die umfangreiche *Lieferantenverhandlung*. Wir folgen hier nicht der weitverbreiteten Typisierung nach Kaufklassen (Neukauf, Wiederholungskauf, modifizierter Wiederholungskauf), weil wir mit anderen Entscheidungsmerkmalen arbeiten (s. genauer Abschn. 1.442). Vom Ergebnis der Lieferantenverhandlung hängt es nun ab, ob der gemeinsam fixierte Bedarf entsprechend den Zielvorstellungen auch dem eigenen Unternehmen zur Verfügung gestellt wird. Bis hier hat der Planungsaspekt im Vordergrund gestanden. Nicht ganz auszuschließen waren jedoch *Realisationsbezüge*. Für die hier gewählte Prozeßorientierung erweist sich eine Trennung als wenig nützlich, weil in der praktischen Arbeit die gedankliche Trennung in Planung und Realisation bei gleichem Tätigkeitskomplex keine Rolle spielt. Deshalb können wir an dieser Stelle auch den vorwiegend realisationsorientierten Tätigkeitsbereich der *Abwicklung* einfügen. Zum einen kann man dazu alle bisher nicht erwähnten begleitenden Tätigkeiten rechnen. Und zum anderen kann das die Brücke zur Übergabe an die *Disposition* in der Logistik sein. Es spricht allerdings grundsätzlich nichts dagegen, ganz in diesem Kontext darauf zu verzichten.

Mit dieser Zuordnung von Tätigkeitsfeldern haben wir die Such-, Beurteilungs- und Entscheidungsphase zusammengefaßt, um das gesetzte Ziel der Homogenität der Tätigkeitskomplexe nicht aus den Augen zu verlieren. Suchen, Beurteilen und Entscheiden findet nämlich jeweils in den Tätigkeitsfeldern (Problemlösungsfeldern) statt.
Zusammengefaßt sieht die hier gewählte zweite Phase so aus:

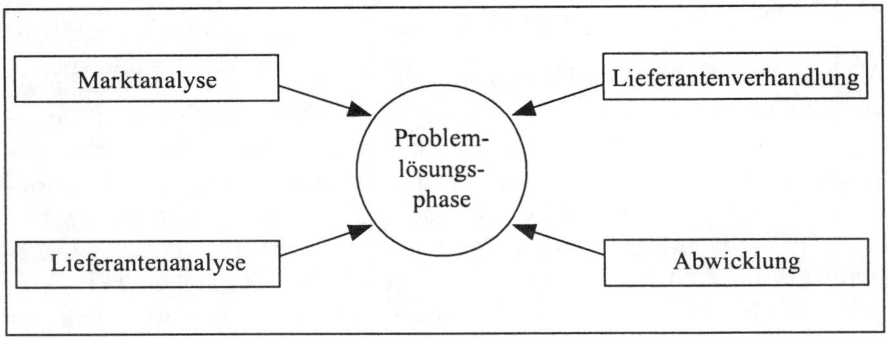

Abb. 30. Facetten der Problemlösungsphase

Anders als in der Literatur wollen wir eine *Supportphase* einbauen. Die bisherigen Problemphasen weisen einen Längsschnittcharakter auf. Die jetzige Supportphase hat einen Querschnittscharakter. Bei allen bisher genannten Tätigkeiten sind *Informationen* notwendig, damit man das „Richtige" identifiziert, richtig beschreibt, analysiert und daraus die richtigen Schlüsse für das Problemlösungshandeln zieht. Wer den Markt nicht „richtig" analysiert, kann auch den „richtigen" Lieferanten allenfalls durch Zufall finden. Und wer nicht über die besonderen Wünsche des Lieferanten und seine Leistungskraft informiert ist, wird Probleme mit dem „richtigen" Abschluß bekommen. Zu den Informationen zählen zum einen die bekannten Aspekte der *Marktforschung*. Wir wollen sie erweitern um Überlegungen zur *Früherkennung*. Üblicherweise findet sich an dieser Stelle in der Literatur der Kontrollaspekt (Soll-Ist-Vergleich). Dazu sind auch Informationen (Kontrollinformationen) nötig. Sie interessieren uns. um daraus Konsequenzen für Entscheidungen in den anderen Handlungsfeldern ziehen zu können. Und schließlich wollen wir auch den Ist-Ist-Vergleich (Benchmarking) behandeln, so daß unsere dritte Phase so aussieht:

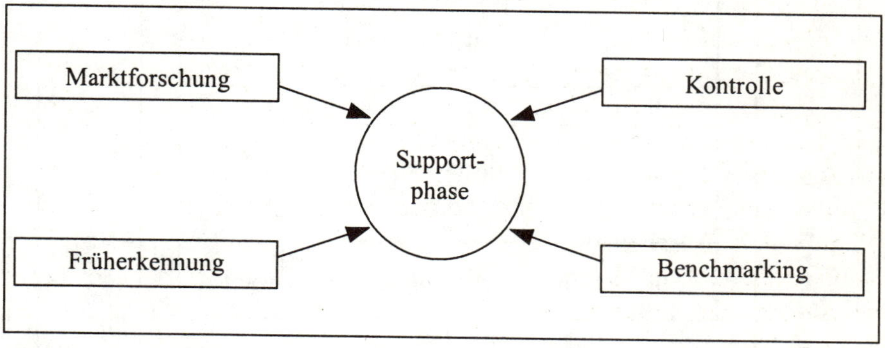

Abb. 31. Facetten der Supportphase

Wenn wir diese Grundstruktur zusammenfassen, dann erhalten wir das folgende Beschaffungsprozeßmodell mit folgender Struktur (vgl. Abb. 32).

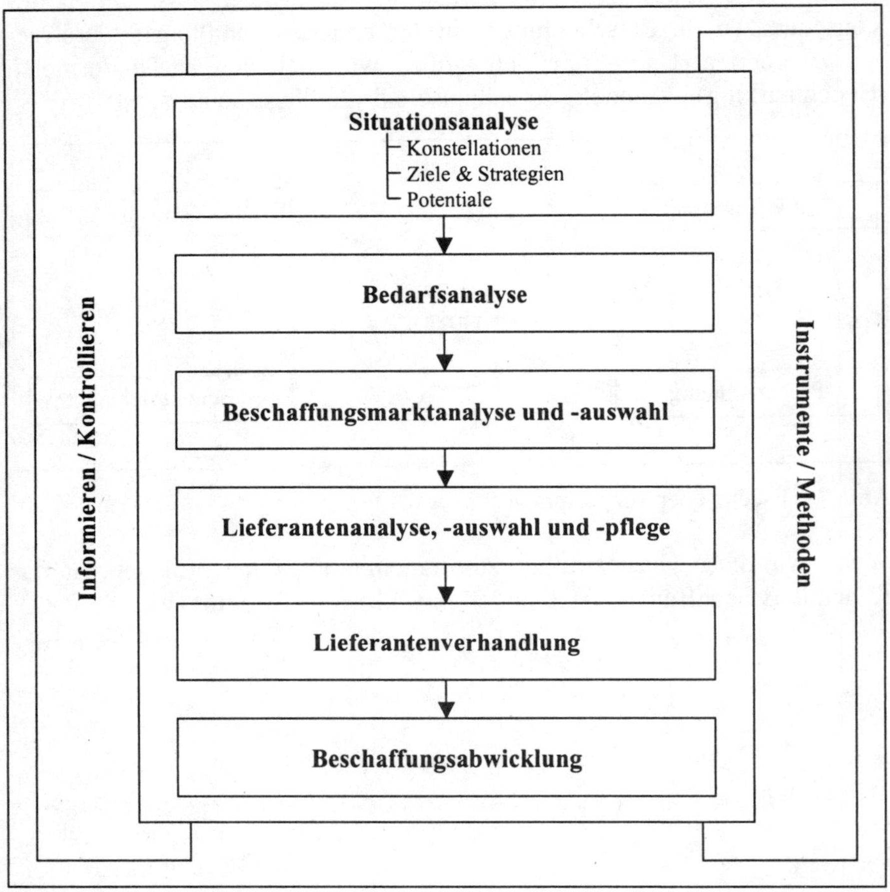

Abb. 32. Ein Beschaffungsprozeßmodell

Diese Abbildung soll zeigen, daß es neben der Reihenfolge inhaltlicher Überlegungen (Phasen) auch Tätigkeiten gibt, die parallel erfolgen (Informationen usw.). Man könnte sie auch als in den jeweiligen Phasen ansiedelbare Mikrophasen einbauen; das würde jedoch teilweise zu Wiederholungen führen und auch der Gesamtüberblick über den Tätigkeitsbereich ginge verloren – wir würden gegen eine eigene Anforderung verstoßen. Anders wollen wir bei der Zuordnung von Instrumenten und Methoden verfahren. Weil das Methodendefizit im Beschaffungsbereich besonders virulent ist, wollen wir in jeder Stufe nach den geeigneten Lösungsinstrumenten und -methoden suchen, um das Handeln zu erleichtern.

1.432 Zur Prozeßvernetzung

Den isolierten Beschaffungsprozeß wollen wir ergänzen um interne und externe Vernetzungsüberlegungen.
Wir gehen davon aus, daß die grobe Phasenstruktur auch auf andere Funktionsbereiche übertragbar ist:

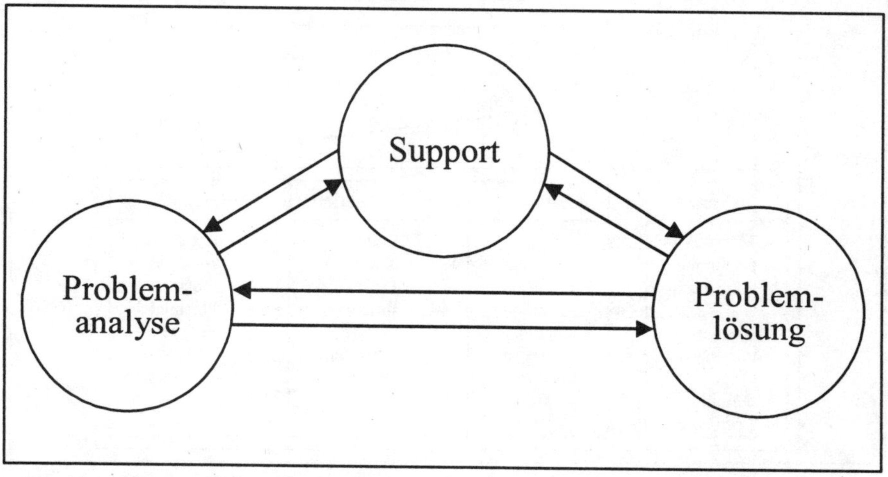

Abb. 33. Der Phasenzusammenhang

Wenn das Buying Team zusammentritt, um eine neue Beschaffungsaufgabe zu lösen, dann ist es sicherlich hilfreich, wenn ähnliche Fragen gestellt werden können, auf die dann die fachspezifischen Antworten gegeben werden. Da die Antworten häufig nicht miteinander harmonieren, muß geprüft werden, ob anhand von Kosten-Leistungskriterien eine Gesamtoptimierung möglich ist. Einige inhaltliche Anhaltspunkte für Fragen gibt die Abb. 34 wieder.

Um Lösungen bei konfligierenden Antworten zu ermöglichen, wird man sich des *Hierarchieprinzips* bedienen müssen. Das bedeutet grundsätzlich, daß das, was der Kunde für wichtig und für vorteilhaft gegenüber dem Konkurrenzangebot hält, die Basis für weitere Problemlösungen bietet. Damit muß der Marketingmanager die zu befriedigenden Ansprüche nicht nur aufzählen, sondern vor allem begründen. Er muß deutlich machen, welche Ansprüche auf jeden Fall und welche mit großer bzw. geringerer Intensität erfüllt werden müssen. Maßstab für die Detaillösung muß der geplante Produkterfolg sein.

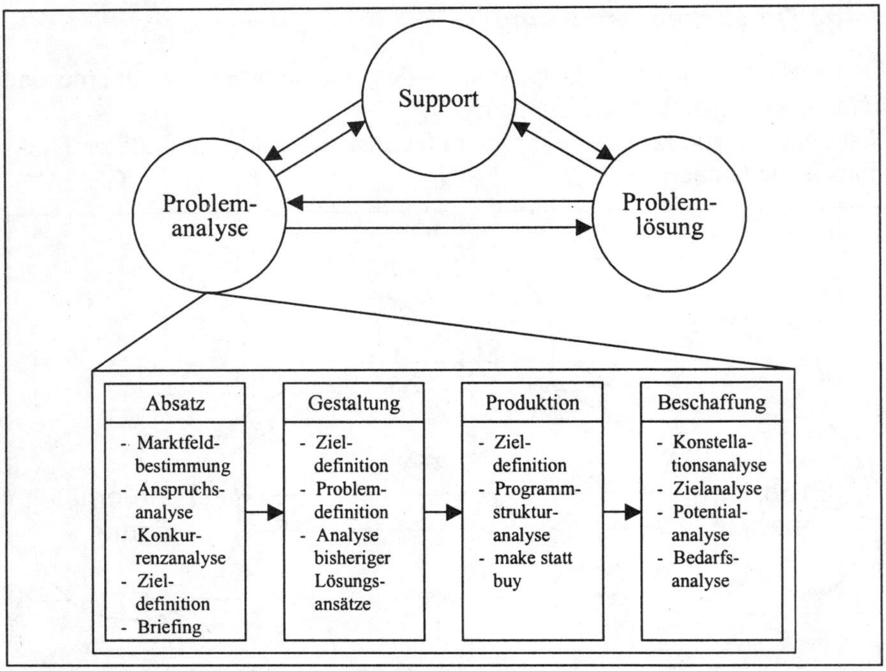

Abb. 34. Zur internen Prozeßvernetzung

Neben der internen Prozeßvernetzung sollte auch die externe geplant werden. Wir können von der folgenden Abb. 35 ausgehen.

Es können Unternehmen auf gleicher (→ horizontale Kooperation) oder ungleicher Wertschöpfungsstufe (→ vertikale Kooperation) zusammenarbeiten. So ist BMW z.B. Motorenlieferant für Opel und Rolls Royce. Schaut man sich die Verflechtungen der Automobilindustrie an, so erkennt man nur wenige horizontal kooperationsfreie Unternehmen. Hier interessiert jedoch mehr die vertikale Kooperation, wie wir sie aus den Strategien des simultaneous engineering und system sourcing kennen. Buying und Selling Team arbeiten gemeinsam an einer für beide Seiten gewinnbringenden Lösung.

In der Versorgungspyramide wird ausgehend vom OEM (Original Equipment Manufacturer) über den first-tier- zum last-tier-Supplier ein integriertes Versorgungskonzept aufgebaut. Bei dieser Kooperation werden Ergebnisse nicht durch Macht (Hierarchie) sondern durch sachrationales Problemlösungsverhalten erzielt. Das führt dazu, daß der Schwerpunkt der Tätigkeit auf der *Problemlösungsphase* liegt.

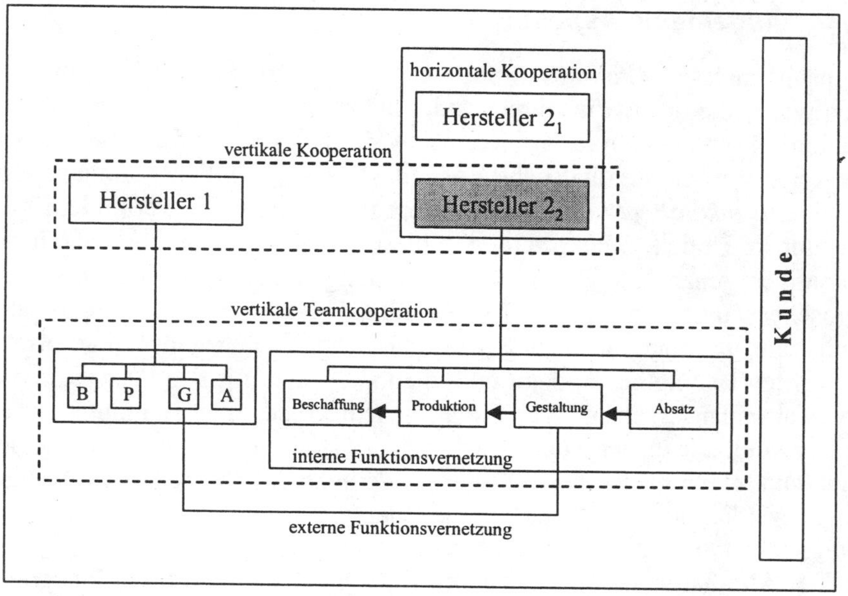

Abb. 35. Zur externen Prozeßvernetzung

Falls man hier zu keinem beidseitig zufriedenstellenden Ergebnis gelangt, kann man den grundsätzlichen Weg mit dem Beginn der *Problemanalyse* einschlagen. Im Regelfall wird die Gesamtarbeit durch den *Support* begleitet.

1.44 Entscheidungsorientierung

Man kann sich betriebswirtschaftlichen Fragestellungen mit unterschiedlichen Schwerpunktbildungen zuwenden. Begonnen wird im Regelfall mit der Wahl eines Realitätsausschnittes, der dann beschrieben wird. Es folgt eine Begründung, weshalb man sich diesem Realitätsausschnitt zuwenden will. Dieser Realitätsausschnitt wird analysiert und es wird nach Erklärungen für das Geschehen gesucht. In der betriebswirtschaftlichen Forschung ist inzwischen auch der nächste Schritt weit verbreitet – die Suche nach dem Nutzen der Erkenntnisse für die Entscheidungen. Dem wollen wir folgen, indem wir das Beschaffungshandeln entscheidungsorientiert aufbereiten. Daraus leiten sich einige Konsequenzen für die weitere Vorgehensweise ab (Kahle 1997; Sieben/Schildbach 1994; Eisenführ/Weber 1994; Bamberg/Coenenberg 1996; Bell 1988).

1.441 Allgemeine Aspekte

Zunächst müssen *Alternativen* vorliegen. Neben grundsätzlichen Alternativen wie make-or-buy, insourcing oder outsourcing können in den Prozeßfeldern (Problemanalyse/Problemlösung/Support) vielfältige Alternativen generiert werden. Realitätsnahe Vorschläge setzen möglichst umfangreiche *Alternativenkataloge* voraus. Nicht geprüfte Alternativen verhindern gute Lösungen. Üblicherweise werden in diesem Zusammenhang *Handlungs*alternativen genannt. Wenn man Entscheidungen als einen Zusammenhang zwischen Handlungs- (Dann-) und Bedingungskomponente (Wenn-) auffaßt, d.h. als eine Zuordnung von Handlungen zu gegebenen/gesetzten/gewollten Bedingungen, dann muß man sich auch mit *Bedingungs*alternativen auseinandersetzen. Weil diese Suche nach besseren Handlungsergebnissen vielfach in der Suche nach neuen Handlungsalternativen mündet, muß zum einen nach einem offenen, erweiterbaren Alternativensystem gesucht werden und zum anderen wird man nicht umhinkommen, eine umfangreiche Alternativentoolbox zu entwickeln.

Der Alternativenraum kann durch Einengung der *Wahlfreiheit* begrenzt sein. Begrenzungen können durch das Umfeld (z.B. rechtlicher Rahmen wie Wettbewerbsrecht), die Lieferanten (z.B. deren Potentiale, Ziele) und eigene Restriktionen (z.B. Begrenzung auf bereits ausgewählte Lieferanten, Instrumente) vorliegen.

Für die Auswahl der Alternativen benötigt man dann *Maßstäbe*. Das sind verschiedene Ziele und sie operationalisierende Kriterien wie Kosten und Leistungen, Chancen und Risiken.

Besondere Probleme bereitet bei Marktentscheidungen die *Ungewißheit*. Ausgehend von der außerordentlich schwierigen Absatzprognose – die vielfältigen Flops zeugen davon – ist es nicht gerade leicht, eine stimmige Bedarfsanalyse vorzunehmen, geschweige denn, dem Lieferanten für den Vertragszeitraum eine gute Bedarfsprognose zukommen zu lassen (Unvollkommenheit der Information). MCC hatte für den Smart eine Absatzprognose von 200 Tsd. Stück/Jahr erarbeitet und daraus für die Systemlieferanten eine entsprechende Bedarfsprognose abgeleitet. Inzwischen hat man die Hälfte erreicht. Ein weiteres Ungewißheitsproblem resultiert aus der *Subjektivität* und *Selektivität* der Wahrnehmung. In den geschilderten Verhaltensmodellen wurde von Wahrnehmungsverzerrung gesprochen. Informationen werden nicht objektiv, auch nicht, wie sie gemeint waren, aufgenommen und verarbeitet, sondern nach Interessenslage, Wissensstand usw. Gerade deshalb wollen wir ja auch versuchen, Verhaltensdimensionen in die Überlegungen einfließen zu lassen. Die vertrauensvolle Zusammenarbeit im Buying- und mit dem Selling-Team kann das Ungewißheitsproblem reduzieren.

Und schließlich bereitet das *Komplexitätsproblem* große Schwierigkeiten beim Finden guter Entscheidungen. Den Aspekt der *Komplexitätsreduktion* durch Prozeßorientierung haben wir bereits in Abschn. 1.43 geschildert. In der Literatur weit verbreitet ist die Reduktion der Komplexität durch Bildung von Entscheidungsfeldtypen (Kauftypen). Dazu gehört auch das Kaufklassenkonzept von Robinson/Faris/Wind, das durch Abb. 36 charakterisiert wird (1967, S. 25):

Dimensionen / Kaufklasse	Neuheit des Problems	Informations-bedarf	Betrachtung neuer Alternativen
Neukauf	Hoch	Maximal	Bedeutend
Modifizierter Wiederkauf	Mittel	Eingeschränkt	Begrenzt
Identischer Wiederkauf	Gering	Minimal	Keine

Abb. 36. Kaufklassen

Trotz umfangreicher Kritik (s. Backhaus, S. 82) taucht dieses Konzept immer wieder auf. Backhaus selbst beschreibt als Kriterien von Kauftypen den Wert des Investitionsobjektes, den Kaufanlaß (Erst-, Ersatz-, Erweiterungsinvestition), den Innovationsgrad (s. Kaufklassenmodell) und die Art der zu beschaffenden Technologie. Mit diesen immer noch sehr groben Merkmalen kann man Entscheidungsverhalten noch nicht einmal hinreichend erklären. Wir wollen einen anderen Zugang wählen.

Weit verbreitet ist die normative Entscheidungstheorie. In ihr werden die logischen Grundlagen der rationalen Entscheidungen untersucht. Ideale Bedingungen werden für Gestaltungsempfehlungen unterstellt. Algorithmen erleichtern das Finden von Lösungen. Die Einflußvariablen sind gut überschaubar, es handelt sich um wohlstrukturierte Probleme. Die Ausführungen zur strategischen Fokussierung haben aber gezeigt, daß wir uns vorrangig mit schlecht strukturierten Problemen befassen wollen. Deshalb müssen wir einen anderen Weg wählen. Entscheidungen finden in der Praxis zuhauf täglich statt. Diese Entscheidungen müssen wir nach ihrem Bedingungsgefüge untersuchen. Fragt man den Beschaffungsmanager, warum er diese oder jene Entscheidung so oder so getroffen habe, verweist er auf die spezifische Bedingungskonstellation (Wenn-Komponente), die ihn in einem hermeneutischen Lernprozeß zu dieser Entscheidung geführt habe. Und diese Entscheidung habe sich bei gleichen Bedingungen wiederholt bewährt. Bei unseren Überlegungen müssen wir uns mit guten Entscheidungen zufrieden geben. Bäuerle (1989, S. 185 ff.) weist darauf hin, daß es für die Konstruktion und Evaluation von Modellen weniger auf die realitätsgetreue Abbildung, die logische Konsistenz und algorithmische Eleganz, sondern ausschließlich auf die praktische Einsetzbarkeit und Lösungsqualität ankomme. Es geht darum, eine *Heuristik* zu entwickeln, die das Fällen von Entscheidungen erleichtert. Dazu untersuchen wir praktisches Verhalten. Wie treffen Beschaffungsmanager Entscheidungen? An was orientieren sie sich beim Fällen von Entscheidungen?

Wir können von folgendem Zusammenhang ausgehen:

Wenn-Komponente → Bedingungskomponente / **Dann-Komponente → Handlungskomponente**	A	B	C
a			
b			
c			

Abb. 37. Eine mögliche Grundform der Entscheidungsmatrix

Entscheidungen stehen in dem Spannungsfeld des „Wenn – Dann". Die Dann-Komponente wird durch den *Alternativenraum* gebildet, den wir bereits erläuterten. Der eine Ast der Realitätsnähe von Entscheidungen liegt in einem möglichst umfangreichen Alternativenpool. Und der andere Ast der Realitätsnähe wird durch die „Wenn-Komponente" erfaßt. Damit bewegen wir uns im Raum einer pragmatisch-präskriptiven Entscheidungstheorie (s. ausführlicher Stüwe 2002, S. 144 ff.).

1.442 Entscheidungsmerkmale

Wovon hängt es ab, daß diese oder jene Alternative geeignet erscheint? Wir müssen mit Hilfe von *Operatoren* die jeweiligen Entscheidungssituationen des Beschaffungsmanagers erfassen. Es reicht nun nicht aus, die verschiedenen Situationen einfach zu beschreiben. Könnte man auf eine problemfeldadäquate *Situationstheorie* zurückgreifen, hätte man Anhaltspunkte für eine geeignete Strukturbeschreibung. Sie liegt jedoch nicht vor. Als Behelf kann ein facettenreicher *Merkmalskatalog* dienen, der situative Teilaspekte erfaßt. Durch Evaluation der Situation anhand dieser auf ihre Beschreibungstauglichkeit geprüften Merkmale läßt sich die Wenn-Bedingung einigermaßen erfassen.

Diese Vorgehensweise ist aus dem Absatzbereich unter dem Stichwort „commodity-approach" bekannt. Aspinwall (1962, S. 633 ff.) schuf verschiedene Gütergruppen anhand der Merkmale Wartezeit, Gesamtspanne, Notwendigkeit der Anpassung, Konsumdauer und Suchzeit. Diesen Gütergruppen ordnete er dann einige Marketinginstrumente zu. Miracle (1965, S. 18 ff.) verfeinerte die Merkmale und Gütergruppen, um diesen auch spezifische Instrumente zuzuweisen. Daraus ergab sich ein gütergruppenspezifisches Marketingmix – eine letztlich deshalb unbefriedigende Lösung, weil Profilierung innerhalb der Gütergruppen und nicht zwischen den Gütergruppen stattfindet. Auf diesem grundsätzlichen Gedanken aufbauend haben wir ein System von Produktausstrahlungseffekten entwickelt, mit dessen Hilfe jedes einzelne Produkt situationsspezifisch erfaßt werden kann (Koppelmann 2001, S. 584 ff.). Jeder einzelne *Produktausstrahlungseffekt* erfordert ganz spezifische Marketinginstrumente. Die Zuordnung wurde in vielen Einzeluntersuchungen und dann auch in Befragungen von Produktmanagern getestet. Die Arbeit hat sich bisher bewährt.

Merkmale und Konsequenzen / Typen	Beschaffungsrisiko	Gewinneinfluß	Aufgabenschwerpunkte	Informationsschwerpunkte
Strategische Produkte	hoch	hoch	Präzise Bedarfsprognose, genaue Marktforschung, Schaffung langfristiger Beziehungen zu Lieferanten, Entscheidungen über Eigenfertigung oder Zukauf, Risikoanalyse, Notfallplanung, Logistik- und Lieferantenkontrolle	sehr detaillierte Marktdaten, Informationen über langfristige Angebots- und Bedarfsentwicklungen, gute Kenntnis des Wettbewerbs, Industrie-Kostenkurven
Engpaß-Produkte	hoch	gering	Mengensicherung (wenn notwendig gegen Aufpreis), Lieferantenkontrolle, Bestandssicherheit, Ausweichpläne	Prognosen über die mittelfristige Entwicklung von Angebot und Nachfrage, sehr gute Marktdaten, Bestandskosten, Erhaltungspläne
Schlüssel-Produkte	gering	hoch	Ausnutzen der vollen Einkaufsmacht, Lieferantenauswahl, Produktsubstitution, gezielte Preis- und Verhandlungsstrategien, Mischung aus Vertragseinkäufen und Einkäufen auf den Spotmärkten, Auftragsmengenoptimierung	Gute Marktdaten, kurz- bis mittelfristige Bedarfsplanung, exakte Lieferantendaten, Prognose von Preisentwicklungen und Frachtraten
Normal-Produkte	gering	gering	Produktstandardisierung, Überwachung und Optimierung der Auftragsmengen, effiziente Bearbeitung, Bestandsoptimierung	Gute Marktübersicht, kurzfristige Bedarfsprognosen, optimale Bestandshöhe für wirtschaftliche Auftragsgrößen

Abb. 38. Beschaffungsobjekttypen

Diesen Gedanken haben wir auf Beschaffungsentscheidungen übertragen (vgl. hierzu auch Scherer 1991). Als einen Vorläufer dieses Weges kann man die Veröffentlichung von Kraljic (1977) betrachten (s. Abb. 38).

Der Autor wählt zwei Produktmerkmale (Risiko und Gewinneinfluß) und kommt durch Kombination dieser Merkmale zu vier Beschaffungsobjekttypen. Wenn ein spezifischer Beschaffungsobjekttyp vorliegt, dann ordnet er dem besondere Aufgabenschwerpunkte, Informationsschwerpunkte usw. zu.

Bei der Gewinnung von Merkmalen, die als Operatoren für die Auswahl von Alternativen geeignet sind, sollten einige wesentliche Anforderungen beachtet werden. Die Entscheidungsmerkmale sollten

- objektübergreifend, also nicht objektklassenspezifisch,
- prozeßübergreifend, also nicht nur für eine Prozeßstufe gültig und
- maßnahmenorientiert sein.

Scherer filtert ca. 130 verschiedene Merkmale aus der Literatur heraus. Durch fortlaufende Überprüfung haben sich als *Zwischenzustand* folgende Merkmale in dieser Struktur herausgebildet (s. Abb. 39).

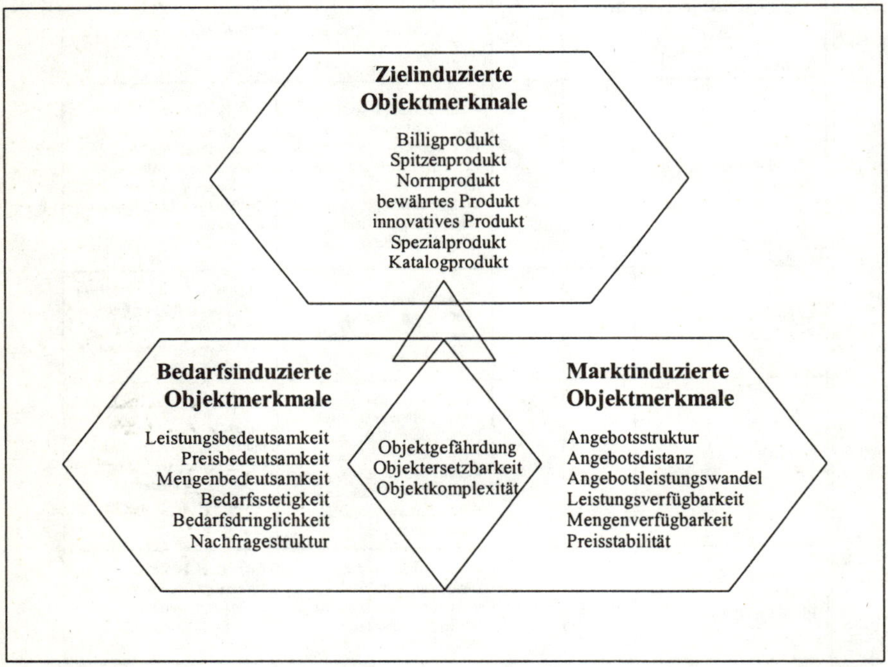

Abb. 39. Entscheidungsbezogene Produktmerkmale

An der Spitze des Dreiecks stehen zielorientierte Merkmale, man kann sie auch als *konstitutive* Merkmale bezeichnen. Jedes Beschaffungsobjekt wird hier eingeordnet („eingenordet") werden müssen. Auch im Absatzbereich kennen wir ähnliche Entscheidungsmerkmale. Als merkmalsbildende Kriterien kann man das *Preisniveau*, das *Leistungsniveau*, den *Neuigkeitsgrad* und den *Standardisierungsgrad* benutzen.

Das *Billigprodukt* ist gekennzeichnet durch die niedrigsten Kosten in den jeweiligen Produktkategorien. Das führt meist zur Erfüllung von

Grenzleistungen, Leistungen darunter würden Funktionsuntauglichkeit nach sich ziehen, darüber würden sie als unnötig erachtet. Bezogen auf Leistungs- und Preisniveau stehen den Billigprodukten die *Spitzenprodukte* gegenüber. Sie sind in der jeweiligen Produktklasse durch höchstes Leistungsniveau gekennzeichnet – das hat auch seinen Preis. Es liegt auf der Hand, daß sie nur dort eingesetzt werden, wo sie für den Absatzmarkt profilbildend sind. Am unteren Ende des Neuigkeitsgrades befinden sich *Normprodukte* (u. a. commodities). Ihre Leistungen und auch häufig Teile der Angebotsmodalität sind genormt. Am anderen Ende befinden sich *innovative* Produkte; neue Gestaltungslösungen bergen Chancen der Profilierung. Ein wesentlich geringeres Risiko geht man bei den *bewährten* Produkten ein. Sie haben ihre technische Leistungsfähigkeit bewiesen, Kostenreduktionen sind im Rahmen der jährlichen Rationalisierungsfortschritte möglich. In Abrufaufträge eingebunden stehen sie nicht unbedingt im Mittelpunkt der Beschaffungsüberlegungen. Gegenüber den Normprodukten setzen die *Spezialprodukte* einen anderen Akzent. Es handelt sich um Auftragsfertigung für den Beschaffer. So wird nur an ihn geliefert. Marktpreise sind nur nach entsprechender Angebotsaufforderung und nachfolgender Verhandlung erhältlich. Dem stehen *Katalogprodukte* gegenüber. Hier werden Produkte aus dem Produkt- bzw. Handelsprogramm des Lieferanten unverändert in den eigenen Transformationsprozeß einbezogen. Hinsichtlich der Polarität Spezifität - Standardisierung nehmen Katalogprodukte eine Mittelposition ein. Standardprodukte/Normprodukte weisen Vereinheitlichungen zwischen verschiedenen Anbietern auf, Katalogprodukte werden von einem Hersteller (Lieferanten) an verschiedene Beschaffer verkauft, Spezialprodukte bilden nur zwischen einem Lieferanten und einem Beschaffer das Austauschobjekt. Katalogprodukte können den Spezialprodukten aus verschiedenen Gründen vorgezogen werden. Sie können billiger, weniger risikoreich, sofort beschaffbar usw. sein. Eine Zusammenfassung zeigt Abb. 40.

Beschaffungsobjektmerkmale \ Beschreibungskriterien	Preisniveau	Leistungsniveau	Neuigkeitsgrad	Standardisierungsgrad
Billigprodukt	n	n	n	h
Spitzenprodukt	h	h		n
Normprodukt	n	m	n	h
bewährtes Produkt	m	m	n	m
innovatives Produkt	h	h	h	n
Spezialprodukt	h	h		n
Katalogprodukt	m	m	m	m

n: niedrig; m: mittel; h: hoch

Abb. 40. Zur Diskriminierung der Beschaffungsobjektmerkmale

Setzt man diese zielorientierten Merkmale mit den verschiedenen *Beschaffungsobjektkategorien* in Beziehung, dann erhält man folgendes Bild:

Beschaffungsobjektmerkmale \ Beschaffungsobjektkategorien	Anlagen	Dienstleistung	Energie	Rohstoffe	Hilfsstoffe	Teilfabrikate	Fertigfabrikate
Billigprodukt	X	X		X	X	X	X
Spitzenprodukt	X	X		X	X	X	X
Normprodukt	X	X	X	X	X	X	X
innovatives Produkt	X	X		X	X	X	X
bewährtes Produkt	X	X	X	X	X	X	X
Spezialprodukt	X	X		X	X	X	X
Katalogprodukt	X	X		X	X	X	X

Abb. 41. Zuordnung von Beschaffungsobjekten zu Beschaffungsobjektmerkmalen

Abb. 41 zeigt eine nicht sehr stark streuende Zutreffenswahrscheinlichkeit. Es wird auch deutlich, daß alle Beschaffungsobjekte durch sie erfaßt werden. Daraus ziehen wir die Konsequenz, daß wir die Entscheidungen nicht nach der Objektart sondern nach den Beschaffungsobjektmerkmalen richten.

Zu diesen Merkmalen können *akzessorische* hinzutreten. Sie bedürfen einer kurzen Erläuterung.

Die Merkmale haben verschiedene Bedeutungsrichtungen; die Bedeutung kann hoch/niedrig, stark/schwach usw. ausgeprägt sein. Wir wählen lediglich jeweils eine Ausprägung. Die Merkmale sollen nun kurz umschrieben werden:

Hohe *Leistungsbedeutung* charakterisiert den starken Einfluß des Beschaffungsobjektes auf die Endleistung des Produktes. Hohe *Preisbedeutung* heißt, daß der Preis des Beschaffungsobjektes den kostenorientierten Endpreis infolge eigener Preishöhe stark beeinflußt. Hohe *Mengenbedeutung* erfaßt den hohen Mengenanteil des Beschaffungsobjektes pro Beschaffungsperiode. Hohe *Bedarfsstetigkeit* rekurriert auf die XYZ-Analyse und erfaßt die kontinuierlich gleichbleibende Menge, die X-Komponente also. Hohe *Bedarfsdringlichkeit* resultiert aus unvorhergesehenen Beschaffungssituationen und den Kosten der Zuspätlieferung. Die *Nachfragestruktur* kann konzentriert (hoher eigener Beschaffungsmarktanteil) oder konkurrent (geringer eigener Beschaffungsmarktanteil) sein. Dem steht die konzentrierte bzw. konkurrente *Angebotsstruktur* gegenüber. Hohe *Angebotsdistanz* meint die große räumliche oder mentale Entfernung zum Lieferanten (internationaler Einkauf). Ein hoher *Angebotsleistungswandel* erstreckt sich auf die schnelle Leistungsänderung der Beschaffungsobjekte. In Abhängigkeit von den geforderten Leistungen ist nicht immer eine hohe *Leistungsverfügbarkeit* zu erwarten. Produktionsengpässe wie auch ein Nachfrageboom können die hohe *Mengenverfügbarkeit* reduzieren. Für die eigene Kostenplanung ist eine hohe *Preisstabilität* nötig, wodurch sie gestört werden kann, ist bekannt.

Zwischen diesen bedarfs- und marktinduzierten Merkmalen liegen die folgenden objektbezogenen Merkmale, die durch die Raute in Abb. 39 gekennzeichnet werden: Die *Objektersetzbarkeit* erfaßt die Substitutionsmöglichkeit eines Beschaffungsobjektes durch ein anderes. Eine hohe *Objektgefährdung* erstreckt sich zum einen auf die Empfindlichkeit und zum anderen auf die Gefährlichkeit des Beschaffungsobjektes. Objektkomplexität weist auf die modulare oder Systemstruktur hin. Diese Merkmale werden im Regelfall kombiniert verwendet. Einem konstitutiven Merkmal können mehrere akzessorische zugeordnet werden. Um Entscheidungskonflikte zu vermeiden, wird eine Bedeutungsrangfolge der Merkmale gebildet, d. h. es werden der zunächst wichtigsten Wenn-Bedingung die passenden Handlungsalternativen zugeordnet, dann werden nur noch die dazu passenden Handlungsalternativen des zweitwichtigsten Merkmals hinzugefügt usw. (→ Konfliktlösung durch Bedeutungshierarchisierung).

Zwischen diesen als Operatoren verstandenen „Wenn-Bedingungen" und den auszuwählenden Handlungsalternativen („Dann-Maßnahmen") bestehen Wirkungszusammenhänge.

Die in die jeweilige heuristische Lösungsstruktur eingehenden Wenn-Dann-Zuordnungen haben sich in der Vergangenheit als zweckmäßige Lösungen herausgestellt. Durch Beobachtung und Beschreibung konkreter Einzelfälle haben wir Bestätigungen für die vorläufige Richtigkeit erhalten. Damit stellt sich zum einen das Problem des induktiven Fehlschlusses. Das bedeutet, daß eine zu geringe Beobachtungsbreite und -tiefe bessere Lösungsvorschläge verhindern kann. Da das Problem der umfassenden Realitätswiedergabe nicht lösbar ist, müssen wir uns mit dem Behelf der vorläufigen Richtigkeit der Aussagen begnügen. Wir können nicht nur durch bessere Beobachtungen klüger werden, wir müssen auch an dynamische Entwicklungen denken. Was früher richtig war, muß morgen nicht unbedingt noch gelten. Auch tritt bei derartiger vergangenheitsgestützter Vorgehensweise das kreative Element zugunsten des systematischen Procederes in den Hintergrund.

Heuristiken müssen auch kreative Lösungen zulassen. Durch divergentes Nachdenken über systematisch deduzierte Lösungen ist dies möglich. Nur sollte man diesen Aspekt nicht überschätzen, da „wirkliche" Neuerungen relativ selten zu beobachten sind.

Die entwickelten situationsbeschreibenden Merkmale und die ihnen zugeordneten Maßnahmen gewinnen somit einen qualitativen Lösungscharakter.

1.45 Methodenorientierung

Der Methodenreichtum einer Disziplin kennzeichnet ihren Reifezustand. Im Beschaffungsbereich befinden wir uns da noch im Knospenzustand. Dies betrifft sowohl das *Methodenverständnis* als auch das benutzte *Methodenarsenal*. Diese offenkundige Lücke muß geschlossen werden.

In der Wissenschaftstheorie versteht man den Weg des wissenschaftlichen Vorgehens als Methode (Seiffert 1989, S. 215). Diesem allgemeinen Verständnis folgend bezeichnet man in der Betriebswirtschaftslehre „planmäßige Verfahren ... zur Lösung eines Problems" (Sandig 1960, Sp. 3961), „Systematische Verfahren der Erkenntnisgewinnung bzw. Problemlösung" (Wild 1975, Sp. 2654) oder Vorgehensweisen „zur Erreichung bestimmter Ziele bzw. Lösung bestimmter Probleme" (Raffée 1992, S. 11) als Methoden.

Zwei konstitutive Elemente lassen sich aus diesen und anderen Beschreibungen über das Wesen von Methoden extrahieren. Das *modale* Element macht eine Aussage über das „Wie" der Vorgehensweise; diese muß planmäßig und systematisch sein, d. h. einem einheitlichen, nach formalen Grundsätzen geregelten Ablaufmuster folgen. Durch derart genau definierte Verfahrensregeln soll die grundsätzliche Wiederholbarkeit sowie die Subjektinvarianz der Methodenanwendung gewährleistet werden. Dagegen beantwortet das *finale* Element die Frage nach dem „Warum", also nach dem Anwendungs- bzw. Zielbezug. Methoden werden nicht um ihrer selbst willen benutzt, sondern um mit ihrer Hilfe Probleme zu lösen. Es ist daher unabdingbar, jeweils nur solche Methoden anzuwenden, die der jeweiligen Aufgaben- bzw. Problemstellung gerecht werden (v. Beckerath/Kloten/Kuhn 1965, S. 306; Wild 1975, Sp. 2656). Diese Vorgehensweise ist nötig, um dem Entscheidenden die Situation zu ersparen, in der er sich einem „Methodenzaren" gegenübersieht, der die Methoden, die er kennt, mit dem jeweils spezifischen Sachverhalt belegt. Hier wackelt der Schwanz mit dem Hund, das Problem richtet sich nach der Methode. Dieser nicht nur in der Praxis anzutreffende Zustand muß vermieden werden.

Wenn also Methoden dazu dienen, Probleme systematisch zu lösen, dann erscheint es als sinnvoll, sich den Problemen, die uns im Beschaffungsmarketing begegnen, zuzuwenden. Diese Zuwendung kann in zweifacher Weise erfolgen. Einerseits ist es möglich, in jeder Phase des Beschaffungsmarketingprozesses nach jeweils spezifischen Problemen Ausschau zu halten und genau auf dieses spezifisch „materiale" Problem zugeschnittene Methoden zur Problemlösung anzuwenden. Schaut man sich die Literatur zum Themenbereich Beschaffung bzw. Materialwirtschaft an, so zeigt sich, daß diese Vorgehensweise fast immer gewählt wird: Zur Bestimmung des zukünftigen quantitativen Bedarfs an Verbrauchsfaktoren (Bedarfsanalyse) werden stochastische Bedarfsermittlungsverfahren auf der Grundlage mathematischer Trendextrapolationen eingesetzt, mögliche qualitative Bedarfsanforderungen werden durch Einsatz der Wertanalyse evaluiert und bewertet, Lieferanten werden (Lieferantenanalyse und -auswahl) mittels Scoring-Verfahren bewertet und ausgewählt usw. Diese Vorgehensweise gewährleistet, daß solche Methoden, die sich bei der jeweiligen Problemlösung als besonders schlüssig und effizient herausgestellt haben, im Problemzusammenhang vorgestellt werden. Aus diesem Grunde wird auch hier an vielen Stellen diese Vorgehensweise gewählt. Diese Behandlung von Problem und Problemlösungsmechanismus uno actu hat allerdings auch einige Nachteile. Erstens wird dadurch die Sicht verstellt für andere – evtl. bessere – mögliche Lösungsverfahren, zweitens wird nur in Ausnahmefällen angedeutet, welche Probleme im Beschaffungsmarketing mit dem vorgestellten Lösungsverfahren sonst noch gelöst werden können (so könnte beispielsweise eine Nutzwertanalyse nicht nur zur Lieferantenbewertung, sondern auch bei Bewertungsproblemen im Zusammenhang mit der Marktwahl, der Instrumentalwahl, der Informationsquellenwahl usw. eingesetzt werden), und drittens bleibt der Beschaffer in neuen, bisher nicht bekannten oder nicht relevanten Problemsituationen ohne systematische (methodische) Problemlösungshilfen zurück und muß sich auf sein intuitives Fingerspitzengefühl verlassen. Gerade dies wollen wir durch die Beschäftigung mit Methoden vermeiden.

Daher ist neben dieser „material“ orientierten Problembetrachtung auch eine andere, eher „formale“ Problemperspektive notwendig, die sich auf einem mittleren Abstraktionsniveau bewegen muß (Ernst 1996).

In der Literatur werden reichhaltige Problemtypen beschrieben. Ernst (1996, S. 106 ff.) schlägt die in Abb. 42 abgebildeten Problemtypen vor.

Die gewählte zweidimensionale Anordnung resultiert daraus, daß die zusätzlichen Probleme als Teilprobleme auch innerhalb der ursprünglichen Probleme vorkommen. Die unter den Teilstrichen aufgeführten Begriffe reflektieren die jeweilige Methodenfassung der Literatur.

ursprüngliches Problem		zusätzliches Problem		
		Informations-gewinnung	**Analyse**	**Prognose**
Problem-stellung	Probleme generieren ... Problemerkenntnis	Probleminforma-tionen gewinnen ... Gewinnung von Anregungsinformationen	Analyse der Probleme ... Problemanalyse	Problemstellungen prognostizieren ... Problemprognose
Alternativen-generierung	Alternativen generieren ... Alternativen erkennen	Alternativeninforma-tionen gewinnen ...	Analyse der Informationen ... Alternativenanalyse	Alternativen prognostizieren ...
Bewertung	Bewerten ...	Bewertungsinforma-tionen gewinnen ...	Analyse der Bewertung ... Bewertungsanalyse	Bewertungen prognostizieren ...
Auswahl	Auswählen ...	Auswahlinforma-tionen gewinnen ...	Analyse der Auswahl ... Sensibilitätsanalyse	Auswahlen prognostizieren ...
Kontrolle	Kontrollieren ... Soll-Ist-Vergleich	Kontrollinforma-tionen gewinnen ... Ist- und Solldaten erheben	Analyse der Kontroll-ergebnisse ... Abweichungsanalyse	Kontrolle prognostizieren ... Wirddaten prognostizieren

Abb. 42. Problemtypen für den Methodeneinsatz

Unsere Aufgabe wird es nun bei der Behandlung der einzelnen Beschaffungsphasen sein, die jeweils dort in Abhängigkeit vom Problemtyp geeigneten Methoden zu erwähnen entsprechend dem folgenden Zusammenhang (Ernst, S. 164):

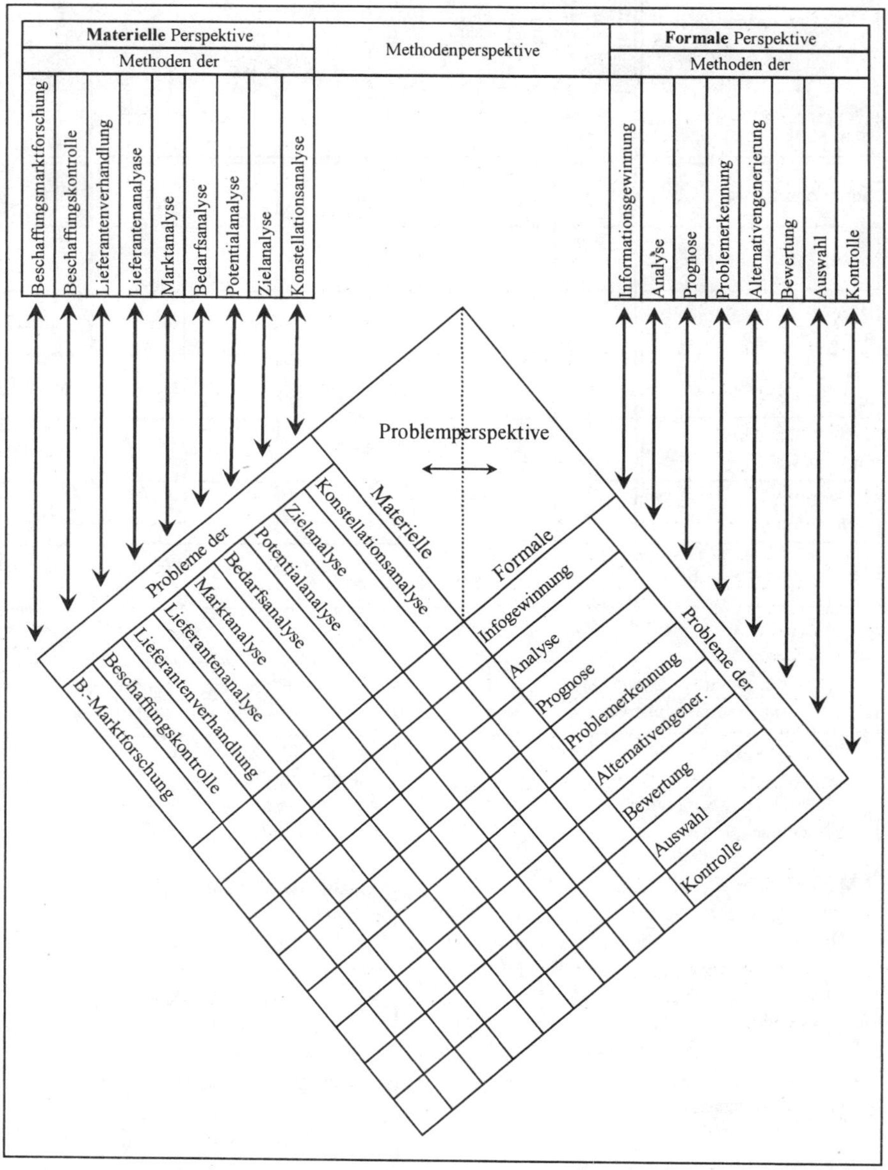

Abb. 43. Zur Ableitung von Handlungsempfehlungen für den Methodeneinsatz im Beschaffungsmarketing

Damit die Methodenwahl nicht im luftleeren Raum stehen bleibt, sei anhand einer weiteren Abbildung (vgl. Abb. 44) die Möglichkeit der Methodenzuordnung gezeigt, die uns später noch begleiten wird.

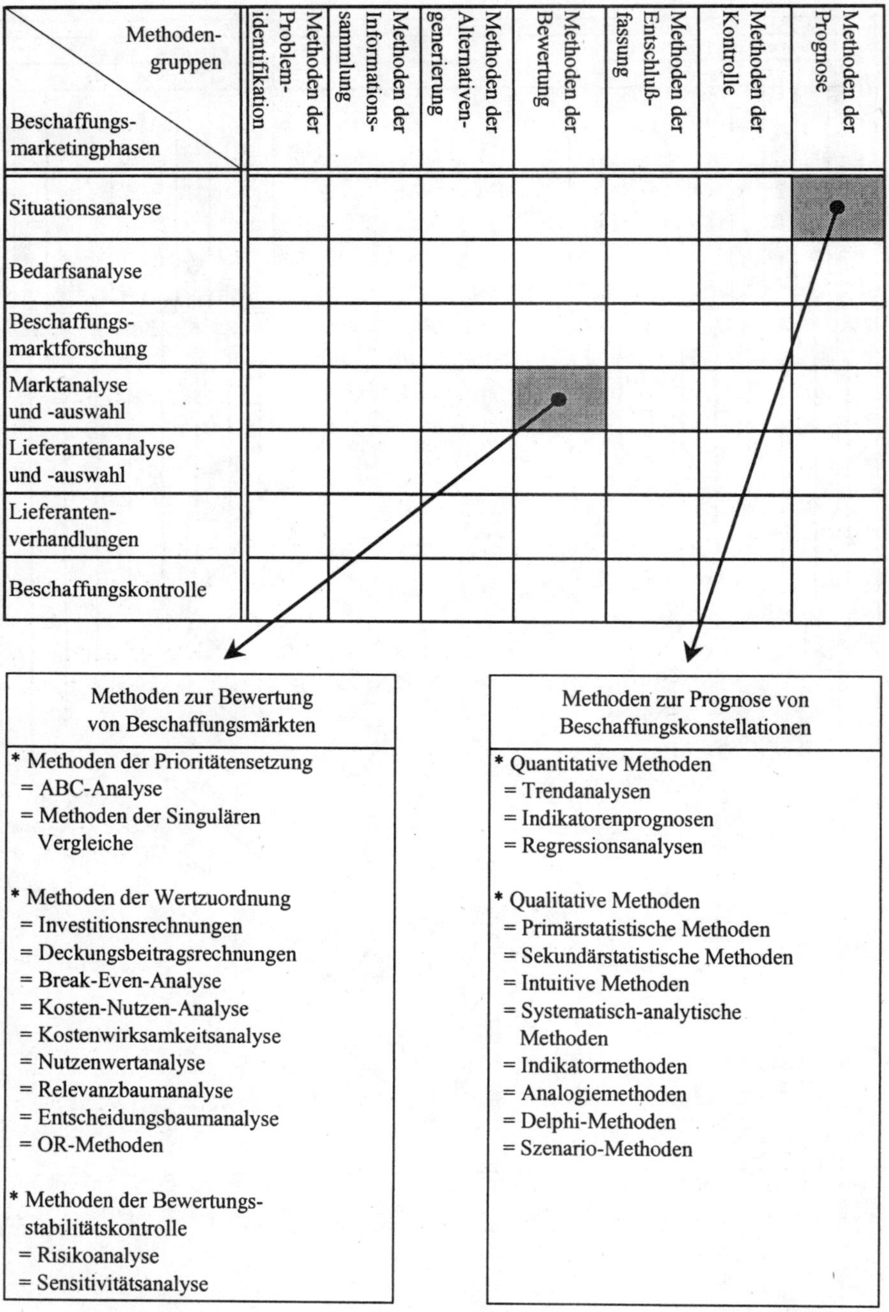

Abb. 44. Struktur der Methodenzuordnung im Beschaffungsmarketing

1.46 Anreiz-Beitragsperspektive

In unternehmensinternen wie auch –externen Verhandlungen ist es nicht unüblich zu überlegen, wie man das, was man erreichen möchte, durch Zugeständnisse realisieren kann. Um die Zugeständnisse aus dem subjektiv-willkürlichen in einen intersubjektiv nachvollziehbaren Rahmen zu stellen, empfiehlt sich dabei die Beachtung des ökonomischen Prinzips. Die eigenen Anreize dürfen nur weniger kosten als die Beiträge bewirken, die man durch sie erhält. Diese anreiz-beitragstheoretische Orientierung zieht sich durch die gesamte Konzeption des hier vorgestellten Beschaffungsmodells. Deshalb wird sie etwas intensiver erläutert.

Fußend auf den Überlegungen von Barnard (1938), der sich mit den Beitritts- und Beitragsentscheidungen von Organisationsteilnehmern auseinandersetzte, entwickelten March/Simon (1976) Bedingungen für organisationale Gleichgewichte:

- Eine Organisation ist ein System von wechselseitig abhängigen Verhaltensweisen einer Anzahl von Personen, die als Organisationsteilnehmer bezeichnet werden.
- Jeder Teilnehmer und jede Gruppe von Teilnehmern erhalten von der Organisation Anreize und leisten dafür Beiträge für die Organisation.
- Jeder Teilnehmer wird seine Mitwirkung in einer Organisation nur solange aufrechterhalten, wie die ihm gewährten Anreize so groß wie oder größer (gemessen im Lichte seiner Wertmaßstäbe und der ihm offenstehenden Alternativen) als die von ihm geforderten Beiträge sind.
- Die Beiträge, die verschiedene Teilnehmergruppen leisten, sind die Quelle, der die Organisation die den Teilnehmern angebotenen Anreize entnimmt.
- Daher ist eine Unternehmung nur solange „solvent" – und damit überlebensfähig – wie die Beiträge in genügendem Maße ausreichen, genügend große Anreize zu gewähren, um diese Beiträge weiter beziehen zu können.

Diese Überlegungen haben die Autoren auch auf die Beziehung zwischen Lieferant und Beschaffer ausgeweitet. Jede dieser beiden Parteien bietet etwas (Anreize) und versucht, Gegenwerte (Forderungen) zu erhalten. Der Lieferant erhält vom Beschaffer Anreize (z.B. langfristige Geschäftsbeziehungen mit Produkten bei auskömmlicher Marge) und bietet im Gegenzug Beiträge (z.B. gute Beschaffungsobjekte zu günstigen Konditionen). Zu einer erfolgreichen Geschäftsbeziehung wird es dann kommen, wenn der Beschaffer mit dem zufrieden ist, was er erhält, und der Lieferant längerfristig keine bessere Möglichkeit sieht, höhere Gegenwerte für seine Leistung zu erhalten. Die Basis für erfolgreiche Anreiz-Beitrags-Beziehungen bilden somit

– subjektive Einschätzungen auf Beschaffer- und Lieferantenseite,
– dynamische, sich ständig den Marktbedingungen anpassende Bewertungen.

Man kann diese interorganisatorischen Beziehungen auch als „faire Partnerschaft" bezeichnen. Sie finden sich in vielen Beschaffungsleitlinien von Unternehmen wieder. Leider werden sie im Regelfall jedoch nur bei Schönwetter auf die Fahnen geschrieben. Befindet sich das Unternehmen in schwierigen wirtschaftlichen Verhältnissen, verfällt man wieder in barbarische Gebräuche und reduziert, ohne darüber zu verhandeln, vereinbarte Preise z.B. um 5 %, nachdem man vorher im Rahmen der Einkaufskostenanalyse den optimalen Preis bereits bestimmt hatte. Und wenn man dann als Außenstehender die Geschäftsführung des so agierenden Unternehmens fragt, ob sie denn wirklich meine, daß der Lieferant bei dieser Verhaltensweise Interesse an diesem Geschäft haben könne, um entsprechend zu investieren, erntet man Schulterzucken, verbunden mit der Bemerkung, das sei nicht das eigene Problem. Über die eigene Strategie wird intensiv nachgedacht, wie man sie langfristig erfolgreich umsetzt allerdings weniger. Diese weit verbreitete Verhaltensweise verdient kaum die Bezeichnung „professionelles Beschaffungsmanagement".

Die *Anreiz-Beitrags-Theorie* benötigt, bevor wir uns mit den Handlungskonsequenzen auseinandersetzen, einige terminologische Klärungen. Wir gehen hier von folgenden Begriffen aus:

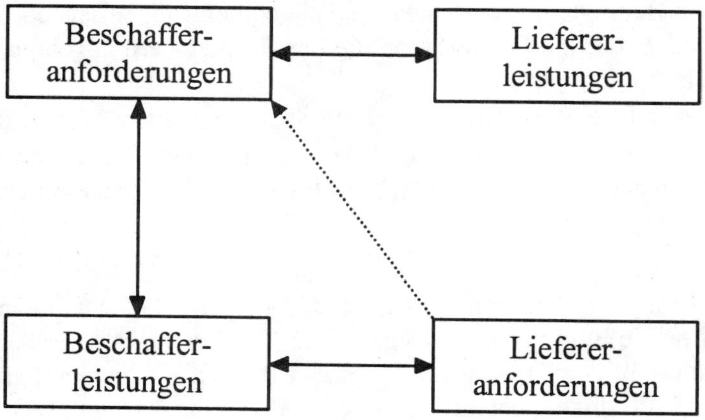

Abb. 45. Das bipolare Beziehungsgefüge zwischen Beschaffer und Lieferer als Bedarfsrealisationsbasis

Entsprechend der an anderer Stelle (Koppelmann 2001, S. 314 ff.) dargestellten Polarität Ansprüche/Leistungen wählen wir die Polarität Anforderungen/Leistungen. Der Beschaffer hat Wünsche (Anforderungen) und bietet dafür etwas (Leistungen). Der Lieferant hat etwas (Leistungen) und will einen ihm angemessenen Gegenwert (Anforderungen) erzielen. Die Leistungen sind die Anreize bzw. Beiträge der verschiedenen Parteien, die Anforderungen die jeweiligen Äquivalente.

Übertragen auf den Verhandlungsprozeß ergibt sich damit Abb. 46. Bereits dieses Bild (Biergans 1984, S. 128) macht die erheblichen praktischen Konsequenzen dieses theoretischen Bezugs deutlich. Entsprechend dem ökonomischen Prinzip geht es darum, die unbedingt notwendigen Forderungen mit solchen Anreizen durchzusetzen, die das beschaffende Unternehmen möglichst wenig kosten; d. h. nicht mit möglichst wenig Anreizen. Die gebotenen Anreize

- müssen den Lieferanten zufriedenstellen,
- müssen als Paket geringstmögliche Kosten verursachen.

Das führt zwangsläufig zur Suche nach Anreizmöglichkeiten, zur Wirkungsprognose (was können sie beim Lieferanten positiv bewirken?) und zur Kostenbewertung im eigenen Unternehmen. Das geht damit wesentlich über den Preis als alleinigem Anreiz hinaus; die Frage ist vielmehr, was es an für das beschaffende Unternehmen möglichst billigen geldwerten Vorteilen für den Lieferanten gibt, ihm die Lieferung interessanter Beschaffungsobjekte zu niedrigen Preisen und Beschaffungskosten (→ total costs of ownership) als ökonomisch sinnvoll erscheinen zu lassen. Die Konsequenzen, die sich hieraus für die Bedarfsermittlung und die Verhandlungsphase ergeben, lassen sich bereits hier im groben erahnen. Die Anreiz-Beitrags-Theorie schafft somit die Basis für das praktische Handeln nach dem *ökonomischen Prinzip.*

Die Anreiz-Beitrags-Theorie kann verhaltenswissenschaftlich durch die *Gratifikationstheorie* und auch durch die *Interaktionstheorie* fundiert werden. Es finden sich auch Zusammenhänge zur Koalitionstheorie (s. Abschn. 2.1). *Gratifikationen* lassen sich als Belohnungen und Bestrafungen verstehen. Sie haben eine motivationale (Belohnungen erzielen, Bestrafungen vermeiden) und eine kognitive Komponente. Bei Tätigkeitswiederholungen möchte man das Negative vermeiden, das Positive wiederholen.

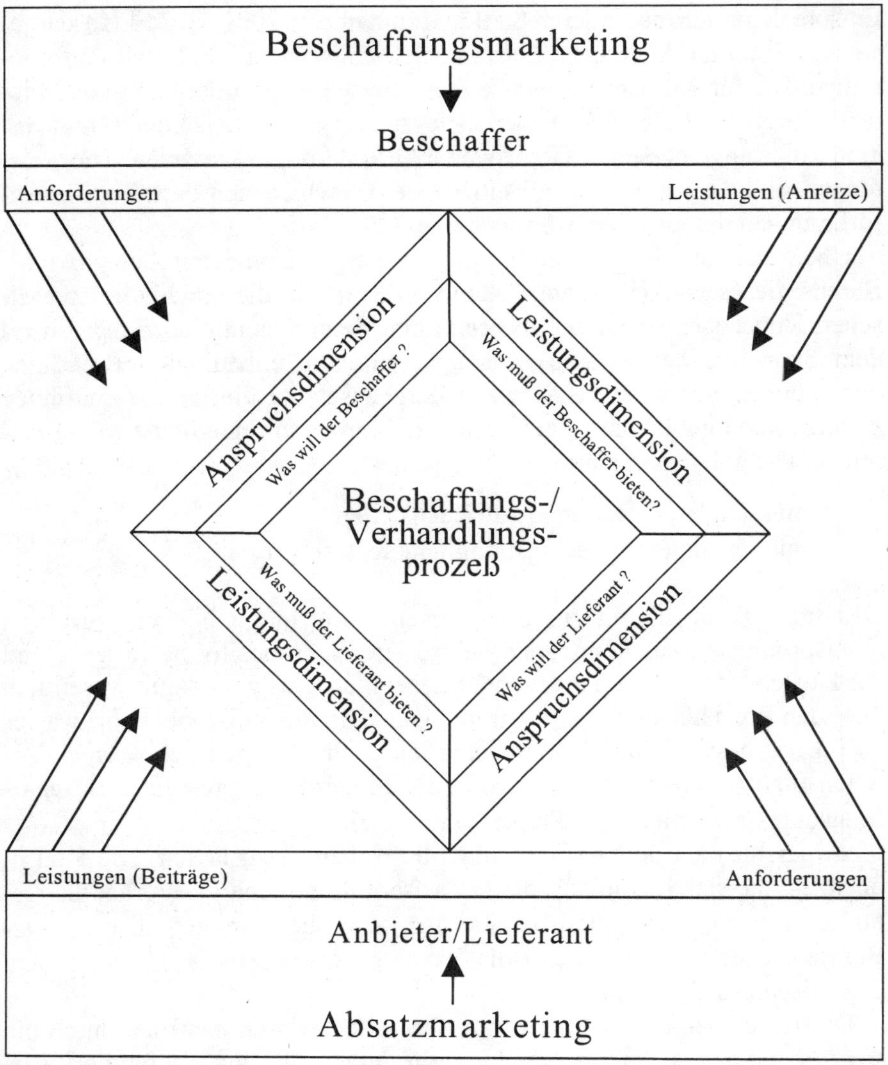

Abb. 46. Beschaffung als Anreiz-Beitrags-Konzept

Lerntheoretisch schlägt sich das im Lernen nach dem Verstärkerprinzip nieder. „Verhalten und Handeln wird ... als Ergebnis des Zusammenspiels von Motivation, Kognition und Vergangenheitserfahrung betrachtet" (Schanz 1977, S. 99).

In der Verhaltenstheorie ist diese Erkenntnis nicht neu. Sie hat in verschiedenen betriebswirtschaftlichen Teilbereichen (z.B. Absatz) ihren Eingang gefunden. Und warum nicht auch in der Beschaffung? Ein Grund könnte darin liegen, daß die falschen Belohnungen (z.B. Zielgrößen) gesetzt wurden und damit keine Anreize gegeben wurden, komplizierte Lösungen zu suchen.

Der Begriff Interaktion ist im soziologischen Sprachgebrauch immer expressiver geworden. Versuchte man ursprünglich, die Grundzüge sozialen Handelns zu klären, wird Interaktion heute als komplexes Wechselspiel situations- und personenspezifischer Determinanten individuellen Verhaltens verstanden. Wir benutzen eine eher enge Definition, wie sie von Parsons (1951) und von Homans (1961) ausgestaltet wurde. Ein erster Grundgedanke besagt, daß menschliches Verhalten untereinander durch den bereits erwähnten Belohnungs-/Bestrafungsaspekt geprägt wird. Eine Austauschbeziehung zwischen Lieferant und Beschaffer ist um so wahrscheinlicher, „je größer deren Fähigkeit ist, sich durch ihr Verhalten gegenseitig zu belohnen und je deutlicher sie diese Möglichkeit wahrnehmen" (Biergans 1984, S. 131). Der zweite Grundgedanke betont die ökonomische Seite. Wählt ein Interaktionspartner (z.B. Lieferant) eine alternative Verhaltensweise (z.B. beliefert ein anderes Unternehmen), dann entstehen Kosten, weil er auf die Belohnung verzichtet, die er dadurch erhalten hätte, daß er mich beliefert hätte. Sein Gewinn errechnet sich somit aus dem Belohnungswert (Belieferung des anderen Unternehmens), vermindert um die Kosten (nicht erlangter Belohnungswert durch mich). Ich kann den Lieferanten nur dadurch zur Lieferung an mich bewegen, daß ich meinen Belohnungswert (Anreiz) steigere und der Lieferant diese Belohnung für sich nachvollzieht.

Man kann dies auch als Partnerschaftsphilosophie bezeichnen; Interaktionen sind so lange erfolgreich, wie beide Partner aus der gegenseitigen Beziehung profitieren. Häufige Praxis ist es allerdings immer noch, daß beschaffende Unternehmen einseitige Vorteile suchen. Das verursacht „Ärger" und zieht Sanktionen des Lieferanten früher oder später nach sich. Abhängig von der Marktposition und der Marktsituation kann es sein, daß sie erst viel später wirksamer werden.

2 Theoretische Bezüge (Grundlagen einer Beschaffungstheorie)

Genauso wenig wie es die betriebswirtschaftliche Theorie als umfassendes allseits akzeptiertes theoretisches Gerüst für das Denken und Handeln gibt, so kennen wir auch keine geschlossene Marketingtheorie, die uns Anregungen für eine Theorie des Beschaffungsmarketing geben könnte. Will man jedoch mehr untersuchen als die ausführende Tätigkeit der Unternehmensversorgung, will man vielmehr das komplizierte Lieferanten-Beschaffer-Geflecht, geleitet vom ökonomischen Prinzip, beeinflussen, dann benötigt man theoretische Grundmuster, um sich im Realitätsgestrüpp nicht zu verheddern. Gerade hier, wo noch wenig theoretisch strukturiert ist, gilt der bekannte Satz: „Nichts ist so gut für die Praxis wie eine gute Theorie“. Dies gilt um so mehr, als das Beschaffungshandeln immer wieder vom Versuch gekennzeichnet ist, Machtpositionen zuungunsten des Lieferanten auszunutzen. Für diejenigen, die sich neuen strategischen Herausforderungen stellen wollen, um ein Mehr als bisher zu erreichen, ist ein „Handlungskorsett“ gleichsam als „Grundgesetz der Beschaffung“ notwendig, das ihnen einen Rückfall in alte Verhaltensweisen erschwert, das ihnen vor allem in neuen Problemsituationen als Handlungsleitlinie dienen kann. So ist es möglich, einige der in Abschn. 1.2 erläuterten Probleme zu bewältigen.

2.1 Koalitionstheorie

In der behavioristischen Theorie der Unternehmung (Simon 1955; March/Simon 1958; Cyert/March 1963) wird die Unternehmung als offenes, soziales System betrachtet. Als Systemmitglieder gelten nicht nur die Mitarbeiter des Unternehmens, sondern auch die Inputlieferanten, die Outputabnehmer und regulatorische Gruppen, wie sich aus der Abb. 47 ergibt.

Dieses System wird als Koalition betrachtet. Sowohl interne wie auch externe Koalitionen gelingen nur, solange die Koalitionsteilnehmer den subjektiven Eindruck haben, daß sie für das, was sie leisten (was sie in den Topf tun), auch einen fairen Gegenwert (das, was sie aus dem Topf erhalten) bekommen. Daß dies nur über Kompromisse möglich ist, liegt auf der Hand. Wird die Leidensbereitschaft eines Koalitionspartners zu stark strapaziert, dann kündigt er. Das kann der Arbeitgeber oder Arbeitnehmer sein. Abrupte Kündigungen sind ebenso möglich wie schleichende (z.B. Nichtbeförderung, „innere" Kündigung).

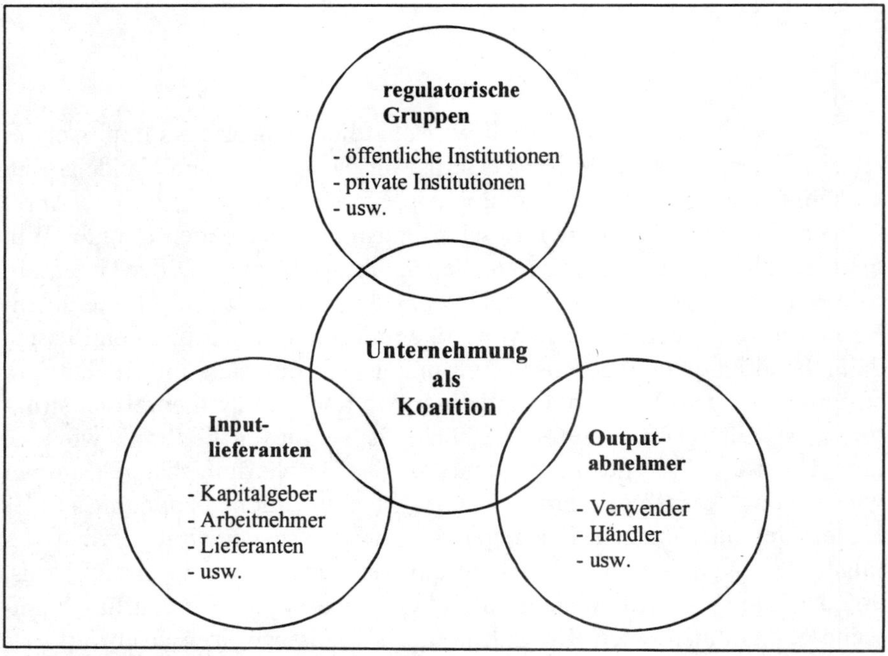

Abb. 47. Die Unternehmung als Koalition

Unternehmensintern kann das Gelingen einer Koalition durch Bemühen um Corporate-Identity und die dazu passenden Bausteine wie Corporate-Culture, Corporate-Communication, Corporate-Design und Corporate-Image gefördert werden. Auf der Funktionsbereichsebene können daraus z.B. *Beschaffungsleitlinien* folgen, Richtlinien mit interner und externer Wirkung. Sie sollen den fairen Umgang mit dem Lieferanten und intern mit den Kollegen regeln. Beschaffungsleitlinien haben einen *Missions*-Charakter. Sie werden in den Unternehmen auf unterschiedlichem Konkretheitsniveau formuliert. Beispielhaft (Henkel KGaA) seien folgende Bereiche von Einkaufsgrundsätzen erwähnt:

- Einkaufsethik
- Qualitätssicherung
- Umweltschutz, Verbraucherschutz und Sicherheit

- Wirtschaftlichkeit
- Gruppenlieferungen
- Gegengeschäfte
- Vertragsbindungen

Zu diesen Grundsätzen finden wir dann Formulierungen, die das Handeln vorschreiben.

Pfeffer/Salancik (1978) untersuchen speziell die Überlebensfähigkeit der Unternehmen in ihrer Einbindung in das Umfeld. Die Unternehmung muß die Bedingungen kennen, unter denen die Koalitionspartner (z.B. die Lieferanten) bereit sind, gewünschte Leistungen zu erbringen.

Auf der Absatzseite bietet die Koalitionstheorie eine gute Erklärung für das Streben nach Kundenbegeisterung (customer delight). Man will Kundenbindungen schaffen, weil es billiger ist, zufriedene (begeisterte) Kunden wieder zu bedienen, als neue Kunden zu gewinnen. Die regulatorischen Gruppen als weitere Stakeholder können das Leben des Unternehmens im Umfeld wesentlich erschweren, wenn man mit ihnen nicht pfleglich umgeht.

Eine Koalition hat solange Bestand und damit das Unternehmen, solange sich die Koalitionsteilnehmer nicht veranlaßt sehen, die Koalition aufzukündigen. Rationale ebenso wie auch emotionale Gründe können aus der Perspektive des Koalitionärs für die Fortsetzung oder für den Abbruch der Koalition sprechen. Die Koalition baut auf *Vertrauen* statt auf Mißtrauen auf - *faire Partnerschaft* ist die Grundlage einer erfolgreichen Koalition. Dabei können gemeinsame Ziele und Wertvorstellungen hilfreich sein. Dem Partner kann sicherlich das eine oder andere zugemutet werden, um Veränderungsprozesse zum gegenseitigen Nutzen in Gang zu setzen. Die Bandbreite zwischen sofortiger Zufriedenheit und einer erst nach längeren Anpassungsprozessen erreichbaren Gewinnsituation ist nicht exakt bestimmbar. Es ist jedoch ein deutlicher Unterschied, ob man mit gegenseitigem Vertrauen in einen Problemlösungsprozeß hineingeht oder ob man sich in „Habacht-Stellung" sorgt, vom anderen zu dessen Gunsten mißbraucht zu werden. Man kann mit einer Schmerzgrenze fertig werden, wenn man unterstellt, daß dies der Heilung dient. Wenn der Lieferant jedoch davon ausgeht, daß der zugeführte Schmerz als externe Infektion die eigene Krankheit verursacht, wird er versuchen, sein „Immunsystem" zu stärken. Das kann von der Ablehnung des Auftrages bis zur schleichenden Schlechterfüllung (Qualitätsverschlechterung, mangelnde Lieferzuverlässigkeit usw.) reichen. Im ersten Fall wird gar nicht der Versuch gewagt, eine für beide Seiten zufriedenstellende Lösung zu finden, im zweiten Fall wird der *Anschein* von Einverständnis erweckt, die Probleme stellen sich nach Vertragsabschluß ein, sie können dann noch gravierender werden,

Maßnahmen der Lieferantenpflege bleiben wirkungslos. Bemerkungen, man habe doch alles versucht, lassen unbeachtet, daß man nichts pflegen kann, wenn das Fundament nicht stimmt.

Die Koalitionstheorie schafft also die Basis für das gemeinsame Handlungsverständnis, die *Handlungsmaxime*. Daraus ergeben sich Fragen, wie Vertrauen gewonnen, aufgebaut werden kann, wie eine Vertrauensbasis gehalten werden kann, wie Vertrauensstörungen vermieden werden können, wie ein gestörtes Vertrauensverhältnis wieder repariert werden kann. Damit wird deutlich, daß exakte Grenzziehungen nie möglich sind, weil es sich um qualitative Verhaltensdispositionen von Menschen in jeweils unterschiedlichen Situationen handelt (z.B. Neulieferant/Stammlieferant, Verhandlungen unter hohem Zeitdruck).

2.2 Netzwerktheorie

Gerade im Beschaffungsbereich wird deutlich, über welche Alternativen von Transaktionen nachgedacht werden muß. Der *hierarchische* Austauschprozeß im Unternehmen steht auf dem Prüfstand. Über die Phasen Eigen- oder Fremdfertigung, buy statt make bis zum outsourcing entwickeln sich Fragen darüber, was man selbst gut beherrscht, was andere besser können (Kernkompetenzproblem), was man selber beherrschen will, wieviel Virtualität man sich leisten zu können meint.

Vielfach führen die Antworten auf diese Fragen zur Zunahme der Beschaffungstätigkeit. Das Einkaufsvolumen am Umsatz steigt, Transaktionen werden über den *Markt* gelöst. Nun hat bereits Coase (1937, S. 386 ff.) darauf hingewiesen, daß sich der Preismechanismus des Marktes nicht kostenlos nutzen läßt. Daß vielmehr Anbahnungs-, Verhandlungs-, Abwicklungs-, Kontroll- und Anpassungskosten (Picot 1993, Sp. 4195 ff.) entstehen. Neben Informationsasymmetrien wird auf die Gefahr *opportunistischen* Verhaltens der Marktbeteiligten hingewiesen. Williamson (1990, S. 54 ff.) spricht von der Verfolgung eigener Interessen unter Zuhilfenahme von List und unvollständiger bzw. verzerrter Weitergabe von Informationen.

Gerade dieses opportunistische Verhalten widerspricht der durch die Koalitionstheorie fundierten *Vertrauen*sbasis. Komplexe interne (→ Bedarfsanforderungen) und externe (→ Lieferantenverhandlung) Optimierungsgespräche werden durch opportunistisches Verhalten gestört; auf dieser Basis ist z.B. simultaneous engineering kaum möglich. An die Stelle der egoistischen muß die *kooperative* Marktbeziehung bzw. *Partnerbeziehung* treten. Die *Netzwerktheorie* liefert Anhaltspunkte. Daneben gibt es andere Begriffe wie z.B. strategische Netze/Gruppen/Allianzen, Wertschöpfungspartnerschaften, multiorganisationale Systeme.

Nach Johannson/Mattson (1987) lassen sich Netzwerke als Zwischenform zwischen preisdeterminierten (Markt) und hierarchischen Austauschbeziehungen begreifen. Es geht darum, bei Austauschverhältnissen mit hoher Ressourcenspezifität und Unsicherheit die Transaktionskosten gering zu halten. Sydow (1992) folgend stellen Netzwerke einen Verbund von selbständigen Unternehmen dar, die Elemente der marktlichen Koordination mit solchen der hierarchischen Koordination verbindet. Netzwerke sind nach ihm lose gekoppelte Systeme. Man kann sie auch als Kooperation auffassen.

Verbreitet ist die Auffassung, daß sich Netzwerke zwischen Markt und Hierarchie befinden. Das zeigt auch die folgende Darstellung von Homburg/Werner (1998, S. 985) – hier wird von Hybridformen gesprochen:

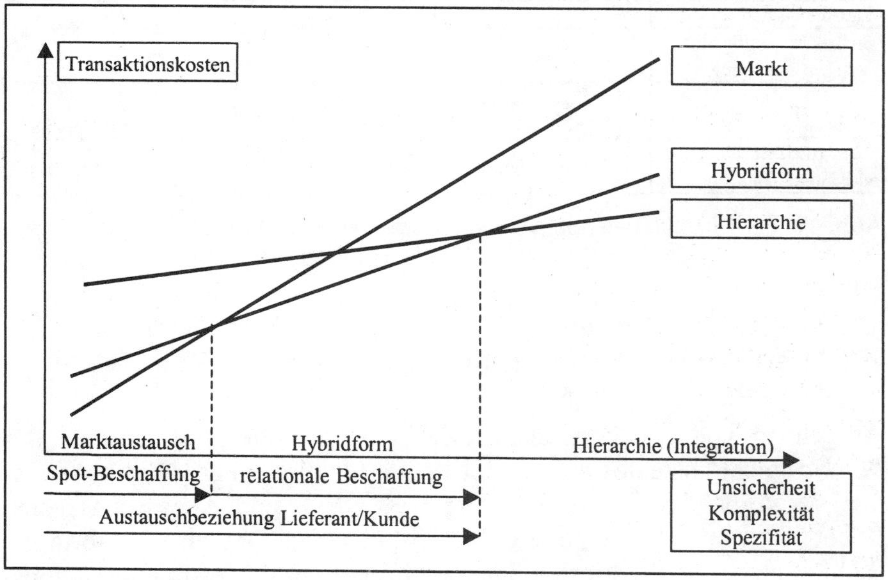

Abb. 48. Netzwerktheorie zwischen Markt und Hierarchie

Trotz weiter Verbreitung dieser Vorstellung sollte die Unternehmensrealität nicht ganz aus den Augen verloren werden. Im Anlagebau schon seit langem, in der Industrie zumindest seit der Outsourcingdiskussion werden hochspezifische, hochkomplexe und „unsichere" Objekte beschafft wenn es kompetentere und kostengünstigere Anbieter gibt. Das Outsourcing der Datenverarbeitung, der Logistik, der Werbegestaltung und -steuerung sind bekannte Beispiele (weitere Bereiche in: Koppelmann 1996).

Im Netzwerk als Organisationsform schlagen sich die in der Anreiz-Beitrags-Theorie angedeuteten Beeinflussungsaspekte nieder. In einer auf Vertrauen gegründeten, auf Gegenseitigkeit erpichten, komplementäre Stärke nutzenden Koalition bildet der langfristige Vorteil beider Koalitionspartner den Kernpunkt der Überlegungen. Einige Merkmale zur Abgrenzung sind der Abb. 49 zu entnehmen. Sie zeigen auch die den bisherigen Überlegungen entsprechenden Schwerpunkte:

	Organisationsformen		
Hauptmerkmale	**Markt**	**Hierarchie**	**Netzwerk**
Normative Basis	Verträge: Eigentumsrechte	Arbeitsverhältnis	Komplementäre Stärken
Kommunikationswege	Preise	Routine	Beziehungen
Methoden der Konfliktbewältigung	Feilschen, Gerichtsverhandlungen	administrativer Befehl und Kontrolle	Norm der Gegenseitigkeit Fragen der Reputation
Flexibilitätsgrad	hoch	niedrig	mittel
Stärke der Verpflichtung zwischen den Partnern	niedrig	mittel	mittel bis hoch
Atmosphäre oder Klima	Genauigkeit und/oder Mißtrauen	formal, bürokratisch	open-ended, gegenseitige Vorteile
Akteurpräferenzen oder Entscheidungen	unabhängig	abhängig	interdependent

Abb. 49. Zur Charakterisierung von Netzwerken (Powell 1996)

2.3 Theorien der Informationsasymmetrie

Ausgehend von der Feststellung, daß sich der Preismechanismus des *Marktes* nicht kostenlos nutzen läßt, sondern die schon erwähnten Anbahnungs-, Verhandlungs-, Abwicklungs-, Kontroll- und Anpassungskosten (Picot 1993, Sp. 4195 ff.) entstehen, wird diejenige Organisationsform gesucht, welche die niedrigsten Transaktionskosten aufweist. Transaktionskosten entstehen auch durch Informationsasymmetrien zwischen den Vertragspartnern. Asymmetrie heißt hier, daß einer der Vertragspartner bezüglich des Kontrollgutes einen Informationsvorsprung hat. Der Vorsprung kann sich auf Sachen (hidden characteristics) oder Personen (hidden information, hidden intention, hidden action) beziehen. Nach Spremann (1990, S. 566) kann man folgende Klassifikation vornehmen:

1. Vorvertragliche Informationsasymmetrie; Qualitätsunsicherheit

2. (hidden information)
3. Vor- und nachvertragliche Informationsasymmetrie; hold up (hidden intention)
4. Nachvertragliche Informationsasymmetrie; Principal-Agent-Beziehung
(hidden action)

Als kurze Beschreibung dieser drei Typen mag die Abb. 50 genügen.

Die Informationsasymmetrie kann zu opportunistischem Verhalten („Verfolgung des Eigeninteresses unter Zuhilfenahme von List", Williamson 1990, S. 54) führen. Opportunistisches Verhalten muß unterbunden werden. Im einzelnen sei nun kurz auf die in der Abbildung erwähnten Informationsasymmetrietypen eingegangen.

(1) *Qualitätsunsicherheit* erstreckt sich darauf, daß der Beschaffer nicht weiß, ob der Lieferant wie gewünscht liefert. Qualität erstreckt sich somit auf die Einhaltung aller Beschafferanforderungen (s. Abschn. 4.33), also nicht nur auf das Was und Wieviel, sondern auch auf die Modalität – genauer würden wir von *Anforderungserfüllungsunsicherheit* sprechen. Dies setzt voraus, daß der Beschaffer selbst weiß, was er benötigt. Das ist nicht immer der Fall. Die Anforderungsfeststellung (-fixierung) gleicht in hochkomplexen Situationen (z.B. bei der Beschaffung einer neuen Software) einem dynamischen Lernprozeß, aus dem eine *doppelte* Informationsasymmetrie folgt. Zum Umgang mit der Informationsasymmetrie empfiehlt die Informationsökonomik die Klassifikation in *Such-, Erfahrungs-* und *Vertrauensgüter* (Darby/Karni 1973, S. 68 f.). Suchgüter sind Beschaffungsobjekte, deren Leistungen (Anforderungen) vor Vertragsabschluß definiert werden können (z.B. Roh-, Hilfs-, Betriebsstoffe, Verpackungsmaterial). Entsprechend dem hier gewählten Entscheidungsansatz würden wir von Billigprodukten, Normprodukten, Katalogprodukten und bewährten Produkten sprechen. Bei *Erfahrungsgütern* handelt es sich meist um komplexe Maschinen, Anlagen, aber auch neue Werkstoffe, deren Beurteilung vor dem Kauf als sehr schwierig angesehen wird. Hierzu würden unsere Entscheidungsmerkmale Spitzenprodukte, innovative Produkte und Spezialprodukte passen. Aufgrund unvollständiger Erfahrungen und Vergleichsmöglichkeiten hat der Beschaffer hier ein Informationsdefizit.

Vertrauensgüter sind vorrangig Dienstleistungen (z.B. Wartungs-, Reparatur-, Entwicklungsarbeiten, Transportleistungen). Es wird angenommen, daß der Beschaffer auch nach Erbringung der Dienstleistungen sie nicht vollständig beurteilen kann. Wegen des Informationsdefizits muß der Beschaffer darauf vertrauen, daß der Lieferant nicht nur fähig zur Dienstleistungserbringung ist, sondern sie auch wie erwünscht erbracht hat. Diese

Vorstellung weicht stark von den Arbeitsergebnissen im Dienstleistungsmarketing ab (z.B. Meffert/Bruhn 1997, S. 205 ff.). Deshalb wollen wir auf diese Kategorie nicht weiter eingehen, so daß für unsere beschaffungsspezifischen Überlegungen nur die Such- und Erfahrungsgüter übrig bleiben. Die Reduktion der Informationsasymmetrie kann durch Beschaffungsmarktforschung erfolgen (s. Abschn. 4.81). Dies wird bei *Suchgütern* der Fall sein. Bei Erfahrungsgütern wird der Beschaffer versuchen, den Lieferanten dazu zu bewegen, seine Leistungen zu offenbaren (self selection z.B. durch Referenzen), oder der Lieferant ergreift selbst die Initiative und teilt dem Beschaffer mit, was er leisten kann (signalling; Spremann, S. 578).

	Qualitätsunsicherheit (hidden information)	**Holdup (Überfall) (hidden intention)**	**Prinicipal-Agent-Beziehung (hidden action)**
Eigenschaft, Verhalten des B	exogen gegeben, wird A ex post bekannt	willensabhängig, wird A ex post bekannt	willensabhängig, bleibt A auch ex post verborgen
Interpretation	B besitzt hidden information bzw. hidden characteristics (bzgl. Sachen die Qualität, bzgl. Personen Begabung, Talent, Qualifikation)	hidden intention: B nutzt den Freiraum und die Situation opportunistisch aus (Fairneß, Entgegenkommen, Kulanz)	A kann exogene Unsicherheit (Umweltzustände) und Verhaltensunsicherheit nicht separieren; B hat diskretionären Handlungsspielraum (Anstrengung, Sorgfalt, Fleiß, illegale Handlungen)
Ursachen	Informationsineffizienz: A muß früh entscheiden/ heterogenes Umfeld/ verrauschte Informationskanäle	A tätigt spezifische Investitionen, die zu sunk costs führen; durch diese Ressourcenspezifität ist A ausbeutbar; Vertrag ist unvollständig, Ansprüche von A oft nur implizit (A ist stakeholder)	A kann vom Ergebnis nicht auf das Verhalten des B schließen, die von B zu verwendenden Ressourcen sind "plastisch"
Beispiele	Markt für Gebrauchtwagen, Arbeitsmarkt, Franchising, Bonität von Kreditnehmern	Zuliefervertrag, Erdölindustrie, spezifisches Humankapital	Versicherungen (moral hazard), alle Arten von Aufgabendelegation
Transaktionsergebnis	Offenbarung (von A initiiert: Selbstwahlschemata; von B initiiert: Signalisieren)	Garantien und Drohungen (Unterpfandmodelle, Sanktionsmöglichkeiten), wechselseitige Vertragsbeziehungen, Autorität (vertikale Integration)	Rahmenbedingungen, die den Agenten motivieren, im Sinne des Principals zu handeln (Anreizsysteme mit Ergebnisbeteiligung, Risikoteilung, Überwachung)

A: Schlechter informierter Vertragspartner (Principal)
B: Besser informierter Vertragspartner (Agent)

Abb. 50. Klassen der Informationsasymmetrie
(Rypar 1999, in Anlehnung an Spremann, 1990)

(2) Bei der *Holdup-Problematik* können drei Fälle unterschieden werden. *Unvollständige Verträge* eröffnen dem Lieferanten Handlungsspielräume ohne juristische Konsequenzen. Das trifft z.B. bei innovativen Produkten, Spitzenprodukten und evtl. auch bei Spezialprodukten zu. Anstatt vollständiger Detailregelungen werden lockere Übereinkünfte getroffen, die auf Vertrauen und Reputation aufbauen. Im zweiten Fall werden transaktionsspezifische *Investitionen* getätigt. Bei Spezialprodukten ist ein Lieferantenwechsel mit hohen Kosten verbunden, die bisherigen Aufwendungen gelten als sunk costs. Wenn nicht nur Beschaffungsobjekte (Sachprodukte) sondern auch Dienstleistungen (z.B. dazu passende Software) gekauft werden und der Lieferant die Fortentwicklung einstellt, befindet sich der Beschaffer in einer ausbeutbaren Position. Als dritter Fall gilt *opportunistisches Verhalten*. Der stärkere Vertragspartner nutzt seine Situation aus, er überrascht seinen Partner mit einem unfairen, vorher nicht praktizierten Verhalten, das der andere nicht erwartet; die verdeckte Absicht (hidden intention) tritt zutage.

Typisch ist somit für die Holdup-Situation, daß beide Vertragspartner jeweils in einer schwächeren Position sein können. Diese Beziehungen kommen in der Beschaffer-Lieferantenbeziehung vor, sobald sich der eine auf den anderen verläßt und der jeweils andere diese Situation mißbraucht. Der Ford-Kiekert-Fall ist dafür ein beredtes Beispiel. Die Kiekert AG gilt als erfolgreicher Spezialist von Türschließsystemen im Automobilbereich; dies zeigt der damalige Marktanteil in Deutschland von 80 %. 1998 brach aufgrund eines elektrizitätsbedingten Computerausfalls die Produktion von Zulieferteilen für die Ford AG zusammen; weil die Produktion für andere Käufer nicht unterbrochen wurde, konnte der Verdacht nicht ausgeräumt werden, daß Kiekert Druck auf laufende Verhandlungen mit Ford ausüben wollte. Statt gemeinsam nach einem beide Seiten zufriedenstellenden Ergebnis (Win-Win-Spiel) zu suchen, setzt der eine den anderen unfair unter Druck, um die eigene Position zu verbessern. Daraus erwächst die Aufgabe, den Lieferanten bezüglich seines zukünftigen Verhaltens genau zu prüfen (Image und Reputation) und eine gemeinsame Vertrauensbasis aufzubauen. Genutzt hat dieses opportunistische Verhalten der Kiekert AG allenfalls temporär. Neben Ford haben auch andere Autohersteller Zweitlieferanten aufgebaut. Der Marktanteil und die Marktmacht der Kiekert AG sind deutlich gesunken.

(3) Und schließlich muß noch die *Principal-Agent-Beziehung* geprüft werden. In der *unternehmensinternen* Principal-Agent-Beziehung fungiert im Hinblick auf die marktlichen Realisationsmöglichkeiten der Beschaffer als Agent; es wird Entscheidungskompetenz unterstellt, dazu gehören auch Delegation und Ermessen (Schanz 1989, S. 465). Bezogen auf spezifisches

Anforderungswissen (z.B. aus Konstruktion, Produktion) kippt die Informationsasymmetrie zugunsten anderer Funktionsträger; der Beschaffer wird Principal. Eine Ursache für die Gefahr der hidden action liegt in der schwierigen Beobachtbarkeit des Agentenhandelns. Durch *Kontroll*maßnahmen (z.B. Kennziffernkontrolle, Profit-Centerbildung) kann der Agent zu größeren Anstrengungen angehalten werden. Und durch *Anreize* (z.B. Prämien) können die Agenten zum sorgfältigen und verantwortungsvollen Arbeiten bewegt werden, wenn es gelingt, erfolgreiches Arbeiten zu identifizieren und zu messen. So wird man einem Beschaffer für innovative Produkte, Spezialprodukte und möglicherweise auch Spitzenprodukte wegen des höheren Risikos höhere Anreize bieten müssen als bei Normprodukten, bewährten Produkten, Katalogprodukten und Billigprodukten. Unternehmensinterne Konflikte können durch Reduktion der Informationsasymmetrie im Team (die notwendigen Informationen stehen allen zur Verfügung, auf sie ist Verlaß) und durch gemeinsame Aufgabenstellung im Team erreicht werden.

Bezogen auf die *externe* Principal-Agent-Beziehung wird davon ausgegangen, daß der Beschaffer als Principal und der Lieferant als Agent auftritt. Die umgekehrte Rollenverteilung kommt auch vor, z.B. wenn der Beschaffer eine fertige Entwicklung in Auftrag gibt oder eine buy- statt make-Entscheidung gefällt wird. Wegen der *nach*vertraglichen hidden action stellen nur wenige Fälle des Beschaffungshandelns eine Principal-Agent-Beziehung dar. Allgemein kann man davon ausgehen, daß die Beschaffung von Spezialprodukten, Spitzenprodukten und innovativen Produkten Principal-Agent-Situationen entstehen lassen können. Die möglichen Konflikte können durch faire Partnerschaft und das Streben nach Win-Win-Situationen vermieden werden. Durch Überwachung und Kontrolle des Lieferanten kann gewünschtes Verhalten ebenso erzeugt werden wie durch Anreize und Risikenteilung. Auch das Vertrauen auf die Reputation des Lieferanten, sich bei anderen Kunden und in anderen Situationen nicht opportunistisch verhalten zu haben, senkt die Verhaltensunsicherheit. Mit diesem begrenzten Überblick über einige wichtige theoretische Bausteine haben wir das Fundament für die folgende inhaltliche Ausgestaltung der Prozeßstufen des Beschaffungsmarketingmodells gelegt. Zusammengefaßt lassen sich folgende Erklärungsakzente in Abhängigkeit von einigen zielbezogenen Entscheidungssituationen herausschälen (s. Abb. 51):

Theorie \ Entscheidungsmerkmale		Billigprodukt	Spitzenprodukt	Normprodukt	Innovatives Produkt	Bewährtes Produkt	Spezialprodukt	Katalogprodukt
Koalitionstheorie		X	X		X	X	X	X
Anreiz-Beitrags-Theorie		X	X		X	X	X	X
Netzwerktheorie			X		X		X	
Theorie der Informations-asymmetrie	- Hidden Information	X	X	X	X	X	X	X
	- Hidden Intention		X		X	X	X	X
	- Hidden Action		X		X		X	

Abb. 51. Theoretische Bezüge von Entscheidungsmerkmalen

3 Beschaffung als Marketingfeld

Eingangs hatten wir betont, daß wir statt der Bezeichnung *Beschaffungsmanagement* die des *Beschaffungsmarketing* für die folgenden Überlegungen vorziehen wollen. Nun muß begründet werden, daß dies mehr als eine andere Bezeichnung ist, vielmehr einen anderen Denk- und Handlungsstil begründet.

In der deutschsprachigen Literatur hat der Marketingbegriff kein hohes Alter. Die ersten drei Auflagen (1968 ff.) des heute noch weitverbreiteten Werkes von Nieschlag/ Dichtl/Hörschgen (19. Aufl. 2002) erschienen unter dem Titel „Einführung in die Lehre von der Absatzwirtschaft". Die Notwendigkeit und Zweckmäßigkeit des Marketingbegriffs wurde in Frage gestellt (Risse 1972). Ursprünglich konzentrierten sich die Marketingüberlegungen somit auf den Absatz. Gutenbergs 2. Band der Grundlagen der Betriebswirtschaftslehre trug bis zur letzten Auflage (17. Aufl. 1984) den Titel „Der Absatz". Absatz und Absatzwirtschaft dokumentieren ein anbieterorientiertes Marktverhalten. Aufgabe des Absatzes war es, vorhandene Produkte, Dienstleistungen zu verkaufen, auf die Produktentwicklung hatte der Absatz nur geringe Einflußmöglichkeiten. Die zunehmende Konkurrenz, die steigende Flopgefahr führte zu einem Paradigmenwechsel. Wenn den Kunden das Produkt einfach nicht gefiel, half auch eine aufwendige Werbung usw. nichts. An die Stelle der Anbieterorientierung trat die *Nachfrageorientierung*. Man bemüht sich nunmehr immer intensiver darum herauszufinden, was den Kunden morgen interessieren könnte, um die Marktarbeit auf einem präsumtiven Interesse aufzubauen, also möglichst keine Widerstände beseitigen zu müssen. Und auch dieser Marketingbegriff erlebt ständig Veränderungen, dies zeigt die Abb. 52 (Meffert 1998, S. 9).

Marketing hat seine wesentlichen Wurzeln im *Konsumgütermarketing* erwerbswirtschaftlich orientierter Unternehmen, also im *absatzgerichteten Produktmarketing*. Schaut man sich die Begriffe in manchen Lehrbüchern an, so findet man diese Vorstellung auch heute noch. Die Nützlichkeit dieses Gedankengutes erkannte man dann auch im Dienstleistungssektor, und hier zuerst im Banken-, dann im Versicherungs- und erst später im Handelsbereich. Daran schließen sich dann Veröffentlichungen über das *In-*

dustriegütermarketing an. Bereits frühzeitig findet sich bei Kotler (1972) der Hinweis, den Marketinggedanken auszuweiten. Sein Konzept des generischen Marketing führt neben dem Non-Profit-Marketing (z.B. Spendenmarketing) eben auch zum *Beschaffungsmarketing* (Buying is marketing too, 1972). Das hat auch in Deutschland Spuren hinterlassen. So betonte Raffée (1979): „Durch Tauschakte (Transaktionen) mit den Marktpartnern auf diesen Märkten (Lieferanten, Stellenbewerber, Geldgeber) sichert sich die Unternehmung die Ressourcen, die für ihre Leistungserstellung und Leistungsverwertung notwendig sind. Da es bei unternehmerischen Beschaffungs- und Absatzaktivitäten eine Reihe ähnlicher Problemstellungen gibt, ist es naheliegend, den Marketinggedanken auch auf die Transaktionen in den jeweiligen Beschaffungsmärkten auszudehnen. Daraus ergeben sich Phänomene wie Beschaffungs-, Personal- und Finanzmarketing."

In jüngerer Zeit gewinnt auch ein in das Unternehmen hineingerichtetes Marketing (Innenmarketing) an Bedeutung, um neue Ideen, Vorhaben schneller umzusetzen

Zeit	Marketing-Definition	Philosophie
1948	Marketing ist die Erfüllung derjenigen Unternehmensfunktionen, die den Fluß von Gütern und Dienstleistungen von Produzenten zum Verbraucher bzw. Verwender lenken (AMA).	Distributionsorientierung des Marketing
1967	Marketing ist die Analyse, Organisation, Planung und Kontrolle der kundenbezogenen Ressourcen, Verhaltensweisen und Aktivitäten einer Firma mit dem Ziel, die Wünsche und Bedürfnisse ausgewählter Kundengruppen gewinnbringend zu befriedigen (Kotler).	Konsumentenorientierung des Marketing (Bedürfnisse)
1977	Marketing ist die Planung, Koordination und Kontrolle aller auf die aktuellen und potentiellen Märkte ausgerichteten Unternehmensaktivitäten. Durch eine dauerhafte Befriedigung der Kundenbedürfnisse sollen die Unternehmsziele im gesamtwirtschaftlichen Güterversorgungsprozeß verwirklicht werden (Meffert).	
1980	Das Marketingkonzept geht davon aus, daß der Schlüssel zur Erreichung der Unternehmensziele in der Bestimmung der Bedürfnisse und Wünsche von Zielmärkten und der Befriedigung dieser Wünsche in einer effektiveren und effizienteren Art und Weise als der Wettbewerb besteht (Kotler).	Wettbewerbsorientierung des Marketing (Wettbewerbsvorteil)
1985	Marketing ist der Prozeß von Planung und Umsetzung der Entwicklung, Preissetzung, Kommunikation und Distribution von Ideen, Gütern und Dienstleistungen zur Ermöglichung von Austauschprozessen, die die individuellen und organisationsbezogenen Zielsetzungen erfüllen (AMA).	Marketing als Management von Austauschprozessen (Transaktionen)
1990	Marketing hat als Unternehmensaufgabe den Aufbau, die Aufrechterhaltung und Verstärkung der Beziehungen zum Kunden, anderen Partnern (Stakeholdern) und gesellschaftlichen Anspruchsgruppen zu gestalten. Mit der Sicherung der Unternehmensziele sollen auch die Bedürfnisse der beteiligten Gruppen befriedigt werden (Grönroos).	Marketing als Management von Beziehungen (Anreiz/Beitragsgleichgewicht)

Abb. 52. Zum Wandel der Marketingbegriffe

Aus diesem allgemeinen (generischen) Marketingkonzept lassen sich nun Spezifizierungen über Analogien ableiten; sie zeigen die Ähnlichkeit der Denkbereiche auch im Beschaffungsmarketing, wie aus Abbildung 53 hervorgeht (Biergans 1984, S. 93). In dieser Quelle finden sich viele weitere Belege für die Übertragbarkeit des Marketinggedankens auf den Beschaffungsbereich.

erwerbswirtschaftliche Konkretisierungen / **generische Marketinggrundsätze (generisches Marketing)**	**unternehmensbezogene Interpretationen**	**absatzwirtschaftliche Interpretationen (Absatzmarketing, klassisches Marketing)**	**beschaffungswirtschaftliche Interpretationen (Beschaffungsmarketing)**
Austauschbeziehungen zwischen mindestens zwei Partnern	Austauschbeziehungen zwischen einem erwerbswirtschaftlichen Unternehmen und seiner marktlichen Umwelt	Austauschbeziehungen zwischen einer Absatzorganisation und einer Nachfrageorganisation	Austauschbeziehungen zwischen einer Beschaffungsorganisation und einer Absatzorganisation
Austausch von mindestens zwei Wertobjekten (Leistungsobjekten)	Austausch von Unternehmensleistungen und Marktgegenleistungen	Austausch von Angebotsleistungen der Absatzorganisation und Gegenleistungen des Absatzmarktes	Austausch von Nachfrageleistungen der Beschaffungsorganisation und Gegenleistungen des Beschaffungsmarktes
Suche der marketingaktiven Partei nach bestimmten Reaktionen der anderen Partei	Suche des marketingaktiven Unternehmens nach einer bestimmten Reaktion der marktlichen Umwelt	Suche der marketingaktiven Absatzorganisation nach einer bestimmten Reaktion des Absatzmarktes	Suche der marketingaktiven Beschaffungsorganisation nach einer bestimmten Reaktion des Beschaffungsmarktes
Unbestimmte Reaktionswahrscheinlichkeit der anderen Partei	unbestimmte Reaktionswahrscheinlichkeit der marktlichen Umwelt	unbestimmte Reaktionswahrscheinlichkeit des Absatzmarktes	unbestimmte Reaktionswahrscheinlichkeit des Beschaffungsmarktes
Versuch der marketingaktiven Partei, eine intendierte Reaktion (Gegenleistung) der anderen Partei durch Schaffen und Anbieten von Werten (Leistungen) zu bewirken	Versuch des marketingaktiven Unternehmens, eine intendierte Reaktion der marktlichen Umwelt (Marktgegenleistung) durch Schaffen und Anbieten von Werten (Unternehmensleistungen) zu bewirken	Versuch der marketingaktiven Absatzorganisation, eine intendierte Reaktion des Absatzmarktes (Absatzmarktgegenleistung) durch Schaffen und Anbieten von Werten (Angebotsleistungen) zu bewirken	Versuch der marketingaktiven Beschaffungsorganisation, eine intendierte Reaktion des Beschaffungsmarktes (Beschaffungsmarktgegenleistung) durch Schaffen/Anbieten von Werten (Nachfrageleistungen) zu bewirken

Abb. 53. Charakterisierung des Marketing

Mann kann dies zusammenfassen:

1. Marketing konzentriert sich auf das Entdecken und Lösen von (Kunden) Problemen, also auf die Probleme anderer.
2. Marketing befaßt sich mit der Lösung der Probleme anderer, um damit die eigenen Ziele zu verwirklichen.

3. Die Zielverwirklichung gelingt um so besser, je mehr man die Probleme anderer in den Mittelpunkt der eigenen Lösungstätigkeit stellt.

Die Marketingplanung zielt darauf ab, durch Problemanalyse, Problemlösung und Problemkontrolle den Interaktionsprozeß mit geeigneten Methoden und Instrumenten günstig zu beeinflussen. Dabei gestaltet sich der Interaktionsbereich für den Beschaffer aufgrund seiner *Agentenfunktion* schwieriger als im Absatzbereich. Dies deutet die Abb. 54 an.

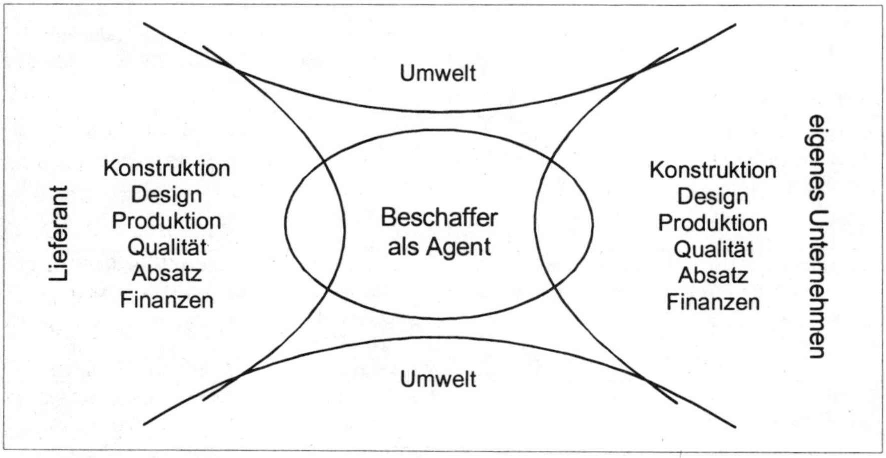

Abb. 54. Zur Komplexität der Agentenfunktion

Der Beschaffer wird mit Forderungen sowohl aus dem eigenen Unternehmen wie auch von denen des Lieferanten konfrontiert. Im Buying Team wird er nach einer funktionsintegrierenden Lösung für das suchen müssen, was das eigene Unternehmen will. Dies gelingt ihm um so eher, als er mit den anderen Lösungen sucht, die von allen gemeinsam getragen werden können. Dieses Denken und Argumentieren gleichsam in der Sprache des anderen erfordert nicht nur die Bereitschaft sondern auch die Fähigkeit, sich in Sprache und Denken mit anderen Funktionsbereichen auseinanderzusetzen. Dies kann man als *internes* Marketingverhalten bezeichnen. Herkömmlicher wird dann wieder die *externe* Lieferanten- als Kundenbetrachtung.

Um eben opportunistisches Lieferantenverhalten zu vermeiden, muß in offenen Verhandlungen ein den Lieferanten zufriedenstellendes Anforderungs- und Anreizbündel (-mix) entwickelt werden, das entsprechend der beiderseitigen Zielvorstellung zu einem Win-Win-Spiel führt. In diesem Interaktionsprozeß wird sich herausstellen, daß aufgrund der jeweils diversen Ausgangssituationen jede Seite Reduktionen bei ihren Forderungen vornehmen und Zugeständnisse bei den Leistungen machen muß.

Den Begriff Beschaffungsmarketing finden wir inzwischen häufiger in der deutschen Literatur (z.B. Hamman/Lohrberg 1986; Berg 1981; Lippmann 1980; Harlander/Platz 1982; Berning 1996; Hansen 1990; Harlander 1996; Menze 1993; Piontek 1993; Schroeder 1992; Demarchi 1974). In der amerikanischen Literatur taucht der Begriff reverse marketing (z.B. Leenders/Blenkhorn 1989) auf. Diese Entwicklung erscheint als nicht nachahmenswert, da reverse ja nicht Beschaffung bedeuten muß.

Zur Rechtfertigung der Benutzung des Marketingbegriffs im Beschaffungsbereich tritt ein weiterer Grund hinzu. Die Absatzperspektive des Marketing hat nicht nur eine längere Forschungstradition, sie ist auch durch vielfältige wissenschaftliche Einbindung (z.B. durch Lehrstühle) etabliert. Da es ökonomisch nicht sonderlich sinnvoll ist, das Rad jeweils neu zu erfinden, steht zu erwarten, daß man aus den Erkenntnissen des Absatzmarketing Analogieschlüsse auf den Beschaffungsbereich ziehen kann. Beziehungsmarketing (Relationship-Marketing) und Beschwerdemanagement werden im Absatzmarketing intensiv diskutiert – warum nicht auch im Beschaffungsbereich? Die absatzpolitischen Instrumente – man spricht meist von Marketinginstrumenten und meint Absatzmarketinginstrumente – sollen den Kunden beeinflussen. Im *Business-to-Business-Marketing* ist der Beschaffer der Kunde. Und wenn nun der Beschaffer den Lieferanten als Kunden betrachtet und ihn zu beeinflussen sucht, dürften die Beeinflussungsinstrumente (beschaffungspolitische Instrumente) nicht grundsätzlich anders ausfallen – mannigfache Analogien sind erwartbar.

Daraus ergibt sich eine weitere Spezifizierung. Industriegütermarketing wird mit Business-to-Business-Marketing gleichgesetzt. Da man mit der Absatzorientierung jedoch nur eine Seite des Beziehungsgefüges erfaßt, folgt daraus, daß Industriegütermarketing als Sonderfall des Business-to-Business-Marketing neben dem Beschaffungsmarketing aufzufassen ist, wie Abb. 55 zeigt:

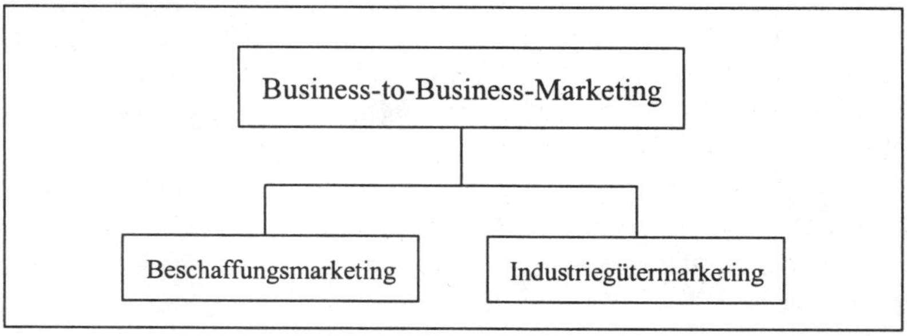

Abb. 55. Beschaffungsmarketing als Teil des Business-Marketing

4 Der Beschaffungsmarketingprozeß

In Abschn. 1.431 haben wir ein allgemeines Prozeßmodell vorgestellt, das auf einem allgemeinen Problemlösungsmodell beruht. Wir wollen im folgenden davon ausgehen, daß dieses Prozeßmodell so allgemein strukturiert ist, daß es sich für Handel und Industrie eignet, also getrennte Entwürfe geringen Erkenntnismehrwert bringen. Allerdings wird die Vernetzung mit den anderen Funktionsbereichen etwas anders aussehen. Deshalb wollen wir einige spezifizierende Hinweise vorschalten.

4.1 Zur Integration des Phasenmodells

Wir hatten bereits darauf hingewiesen, daß nach dem Ausgleichsgesetz der Planung (Gutenberg 1983, S. 163 ff.) in Wettbewerbswirtschaften der Absatzmarkt als Regelfall im Rahmen der Fremdbedarfsdeckung den Ausgangspunkt der Planung bildet. Daraus folgt eine etwas unterschiedliche Einbindung der Beschaffungsaktivitäten von Industrie und Handel in den Gesamtplanungsprozeß. Für den Handel ist das Konstrukt in Abb. 56 denkbar.

Den Ausgangspunkt der Einkaufsüberlegungen bildet der Absatzmarkt. Man muß seinen Kunden kennen, um zu wissen, was man für ihn einkaufen kann, ohne darauf sitzen zu bleiben. Das tut man vor dem Hintergrund der Konkurrenzaktivitäten und eingebettet in den jeweils gewählten Geschäftstyp (z.B. Warenhaus, Spezialgeschäft), die Geschäftslage, die Art, wie man technisch, atmosphärisch und bedienungsmäßig die Ware anbietet sowie dem daraus resultierenden Geschäftsimage. Der Einkäufer ist im Regelfall ausgebildeter Verkäufer.

Mit diesen eingrenzenden Faktoren im Kopf plant der Einkäufer mit dem Verkauf die Sortimente bezüglich Sortimentsniveau (Preis- und Leistungslage), Sortimentsbreite und Sortimentstiefe. Dies ist die Voraussetzung dafür, um nun auf den Weltmärkten, gewappnet mit ausreichenden Informationen, nach geeigneten Lieferanten zu suchen.

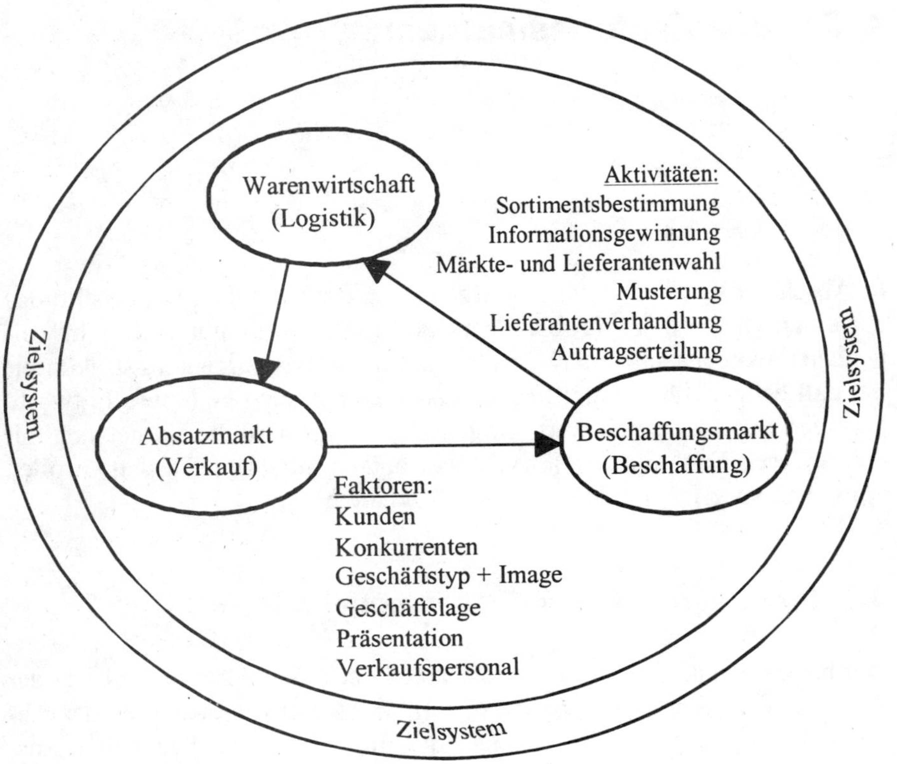

Abb. 56. Beschaffung im Handel

Er kehrt mit Mustern und den möglichen Konditionen dieser Lieferanten zurück. In einer Bemusterung wird gemeinsam mit sorgfältig bestimmten Mitarbeitern des Verkaufs ausgewählt, was Erfolg verspricht, fixiert, welche Mengen man vorordert. Vor diesem Hintergrundwissen führt der Einkäufer die Lieferantenverhandlung zu Ende und erteilt den Auftrag. Die georderte Ware geht dann in die Obhut der Logistik über.

Auch dadurch, daß im Handel prinzipiell keine Transformationsprozesse stattfinden, ist eine enge Verbindung von Verkauf und Einkauf naheliegend. Im industriellen Bereich hat die lange Dominanz der Produktion diese enge Verbindung bisher verhindert. Der bodengewinnende Wertkettengedanke oder die prozeßorientierte Unternehmensführung werden dies nachholen.

Auch die anderen Stufen sind, so unterschiedlich sie auf den ersten Blick auch aussehen mögen, gar nicht so weit voneinander entfernt. Ein einheitliches Zielsystem und die geschilderten Faktoren als Potentiale beeinflussen das Handeln. Die Sortimentsbestimmung entspricht der Bedarfsanalyse. Die Informationsgewinnung (Messebesuche, Reisen) ist im

Handel viel ausgeprägter als in der Industrie. Das gilt auch für die Internationalität der Lieferanten; Muster hier, Nullserien oder Prototypen dort beweisen die Leistungsfähigkeit. Dann folgt die Lieferantenverhandlung, die in der Industrie meist vor den Prototypen abgeschlossen ist, während im Handel erst nach der Musterung zu Hause verhandelt und abgeschlossen wird. Schließlich geht die Ware in beiden Systemen in die Verfügungsgewalt der Logistik über.

Für die *Industrie* integrieren wir das bereits erwähnte Prozeßmodell in ein umfassenderes Modell, das den Prozeß der Entwicklung und Vermarktung eines neuen Produktes zeigt. Damit wird auch an dieser Stelle deutlich, daß wir uns am Absatzmarkt als dem Engpaß bei den weiteren Überlegungen orientieren. Wir wählen die in Abb. 57 dargestellte Modellstruktur.

In den Prozeß der Entwicklung und Vermarktung eines neuen Produktes sind mehrere, meist die erwähnten Funktionsbereiche integriert. Sie beteiligen sich an der Problemlösung je nachdem, wo und wie umfangreich Beiträge von Ihnen erwartet werden. Die Beschaffung ist vorrangig in den Phasen *Markt-*, *Gestaltung*s- und *Anpassung*sanalyse gefordert. In Abstimmung mit den anderen Funktionsbereichen müssen Pläne für eine bestmögliche Versorgung entwickelt werden.

4.2 Situationsanalyse

Vor dem Hintergrund einer mehr oder minder konkreten Aufgabenstellung (z.B. Entwicklung eines neuen Produktes) muß jeder Funktionsbereich seinen eigenen Entscheidungshintergrund untersuchen. Dieser *Entscheidungshintergrund* hat interne und externe Bezüge.

4.21 Beschaffungskonstellationen bestimmen den Handlungsrahmen

Beschaffungskonstellationen sind Gegebenheiten, Zustände, die das Beschaffungshandeln beeinflussen. Diese Zustände können Chancen und vor allem Risiken in sich bergen. Mit diesen Zuständen kann man plötzlich, überraschend konfrontiert werden (z.B. plötzlicher Nachfrageeinbruch), es sind aber auch schleichende, sich langsam abspielende Prozesse denkbar (z.B. Qualitätsverschlechterung des Lieferanten). Neben diesen Zustandsrisiken kennen wir auch Zustandschancen (z.B. plötzliches Marktüberangebot). Den meisten Zuständen kann man sich nur anpassen (z.B. Streik), man muß folglich reaktive Anpassungspläne bereitstellen. Die interessanteren Zustände sind allerdings diejenigen, die man selbst schaffen oder verhindern kann (z.B. präventive Maßnahmen zur Verhinderung von Lieferunwilligkeit).

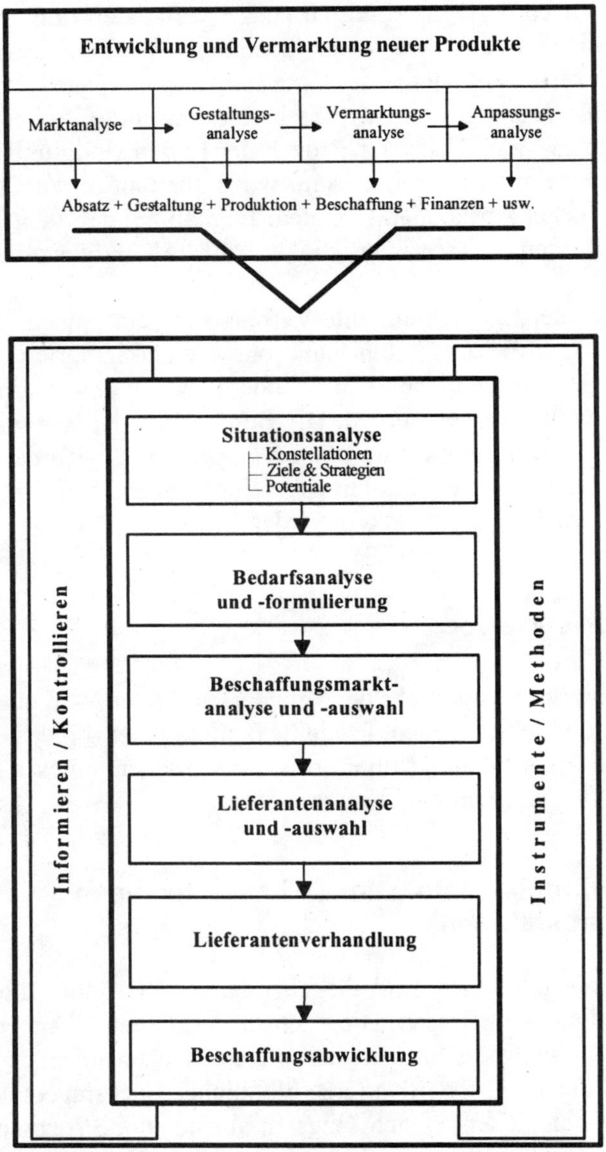

Abb. 57. Der Beschaffungsprozeß als Teil des Entwicklungsprozesses

Systemtheoretisch ausgedrückt heißt dies, daß die durch die Störgröße Beschaffungskonstellation hervorgerufenen Ungleichgewichte durch den Regler Beschaffer mit Hilfe des Einsatzes spezifischer beschaffungspolitischer Instrumente als Stellgröße wiederum in eine neue Stabilität überführt werden.

4.211 Zur Struktur der Beschaffungskonstellationen

Was kann als Leitmodell für eine Struktur von Beschaffungskonstellationen herangezogen werden?

Beschaffungskonstellationen können exogener und endogener Natur sein. Als Leitbild für exogene Beschaffungskonstellationen könnte sich damit beispielsweise die dimensionale Umweltsegmentierung (vgl. Abb. 58) eignen (Schult 1980, S. 167):

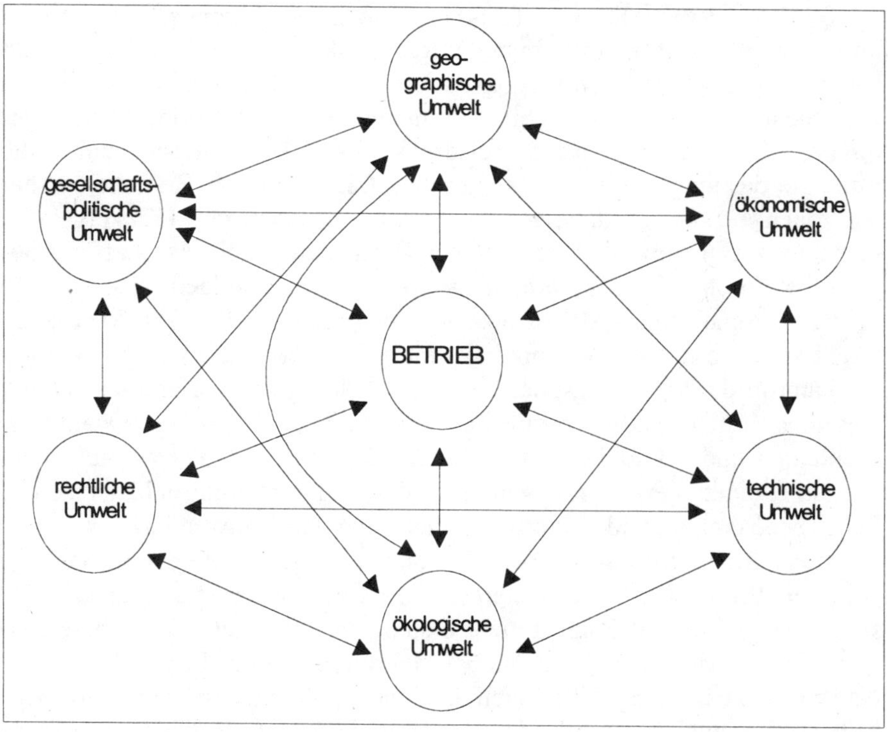

Abb. 58. Beispiel einer dimensionalen Umweltsegmentierung

Eine solche Struktur schärft den Blick; sie zeigt, wo Ursachen für Veränderungen entstehen können. Wir wollen daraus eine beschaffungsorientierte Gliederung ableiten, die allerdings andere Schwerpunkte enthält. Es geht um inhaltliche Aspekte, welche spezifisch für das Beschaffungsdenken und –handeln relevant sein können.

Im Mittelpunkt der Überlegungen stehen die *Beschaffungsmarktkon*stellationen. Sie für das eigene Unternehmen günstig zu beeinflussen und Beschaffungsfehler zu vermeiden, ist eine wichtige Aufgabe der Beschaffung. Umfeldbedingte Einflüsse zu antizipieren, hängt mit dem Agieren auf Beschaffungsmärkten zusammen, ist jedoch nicht allein darauf bezogen. Die absatzmarktbedingten und die anderen durch das Unternehmen selbst verursachten Konstellationen zeigen die Vernetzung des eigenen Planens mit anderen Bereichen auf. Man kann die Beschaffungskonstellationen entsprechend Abb. 59 gliedern.

(1) Für Probleme im *Beschaffungsmarkt* ist das Beschaffungsmarketing mitverantwortlich. Ein möglicher Lieferant, der nicht liefern will, wird seine Gründe haben. Hat er interessantere Kunden gewonnen? Bietet man ihm zu wenig? Hat man ihn in der Vergangenheit verärgert? Diese Fragen lassen sich fortsetzen. Monopolistisches Lieferantenverhalten kann sich verschieden unangenehm äußern. Hat man zu dieser Position selbst beigetragen, z.B. durch aggressive Preisdruckpolitik? Hat man sich durch die Strategie des single sourcing (s. Abschn. 4.223.4) in der Branche zu sehr auf einen besonders tüchtigen Lieferanten konzentriert (Kiekert-Fall)? Kann man Gegenmacht bilden? Oder kann man durch Beschaffungsobjektsubstitution die Marktverhältnisse ändern? Das vielfach, insbesondere in der Automobilindustrie zu beobachtende rigorose Preisdruckverhalten trägt sicherlich mit zur Monopolisierung von Märkten bei. Dieses Verhalten kann in der Übergangsphase zur Schwächung des Lieferanten führen, beginnend mit Liquiditätsproblemen, dann mit Qualitäts- und Quantitätsproblemen und schließlich im Lieferantenkonkurs enden. Das muß nicht nur am eigenen Verhalten liegen, auch der Lieferant kann Fehler machen. Fehlerbeobachtung und Fehlerprophylaxe sind dann notwendig.

Auch auf dem Beschaffungsmarkt können uns Konkurrenten ins Gehege kommen. Sie können für den Lieferanten interessantere Strategien oder Instrumente wählen, sie können mehr bieten oder schneller agieren bzw. reagieren. Dies macht sich vor allem bei Marktverengungen bemerkbar.
Naturprodukte, zu Spekulationen geeignete Warenbörsenprodukte (z.B. Silber), aber auch technische "Jedermannprodukte" (z.B. Chips, Steuerungen) neigen hin und wieder zu solchen Erscheinungen.

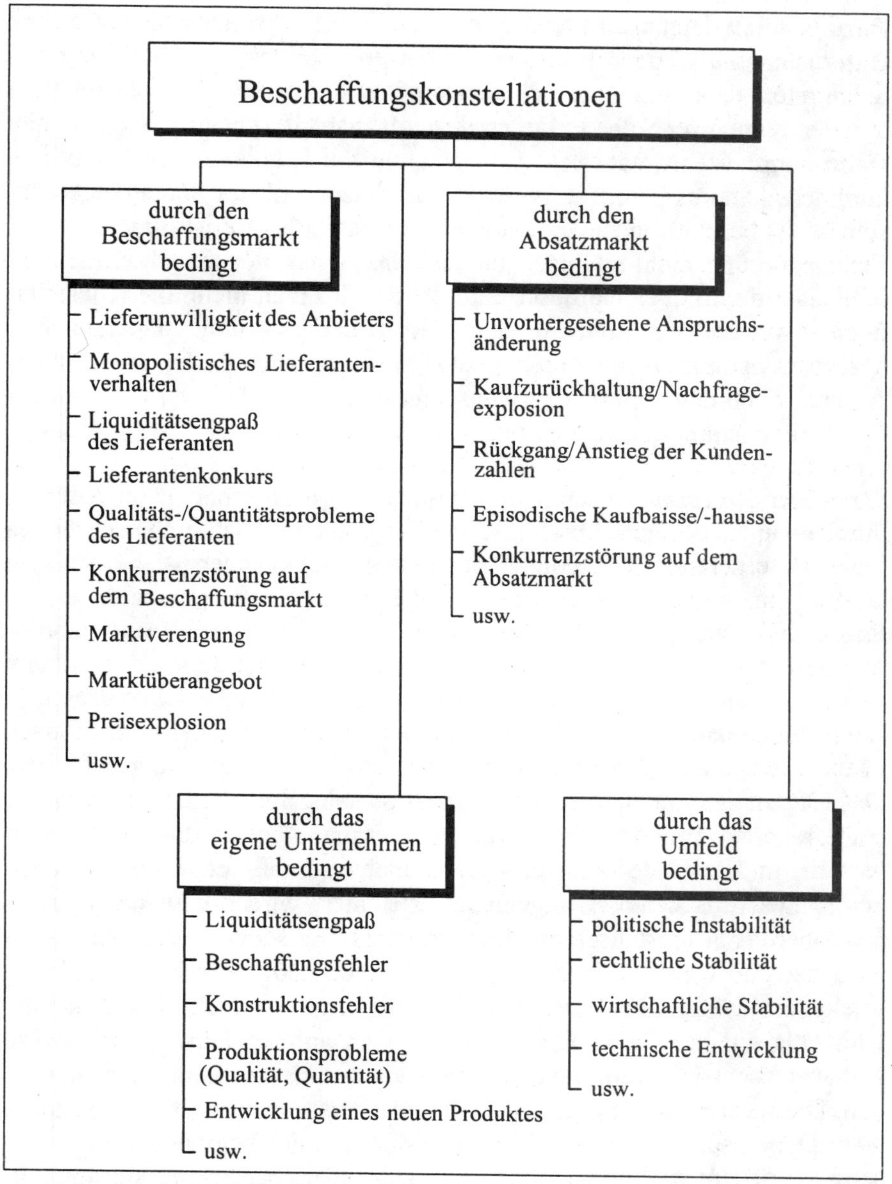

Abb. 59. Beschaffungskonstellation

Dazu gehören dann auch Preisexplosionen. Wenn in einigen für das eigene Unternehmen wichtigen Rohstoffmärkten Preisbaissen durch Überangebote eintreten, dann muß man sich aus dem Blickwinkel der Kostengleichheit mit der Konkurrenz die Frage stellen, ob man die günstige Gelegenheit wahrnimmt. Wenn man sich dann erst um die Erhöhung der Kreditlinie kümmert, kann es bereits zu spät für die Nutzung dieses Sonderangebotes sein. Für beschaffungsmarktbedingte Konstellationen ist das Beschaffungsmarketing nicht allein verantwortlich, es hat hier jedoch eher Möglichkeiten der aktiven Einflußnahme. Zwar wird man nicht alle Konstellationen verhindern können (z.B. Konkurrenzstörung, Überangebot, Marktverengung, Preisexplosion), aber in den anderen Fällen kann kluges Agieren doch den Eintritt unerwünschter Konstellationen verhindern oder die Wirkungsintensität reduzieren.

(2) Der *Absatzmarkt* kann das Beschaffungsgeschehen ganz gewaltig durcheinander bringen. Im Herbst 1993 wie auch 10 Jahre später standen viele Unternehmen vor erheblichen Mengenrückgängen - die Kunden kauften einfach nicht, es herrschte ein schlechtes Konsumklima. Wie man Rationalisierungsfortschritte erzielen soll - dies forderte die Automobilindustrie von ihren Zulieferern verbunden mit einer generellen Preissenkung von 5 % - und gleichzeitig Mengenreduktionen bereits bestellter Beschaffungsobjekte auffangen soll, das bleibt ein betriebswirtschaftliches Rätsel, es sei denn, man hat vorher erhebliche Ressourcenvergeudung betrieben. Das Gegenteil kann die Nachfrageexplosion sein. Binnen kurzem nahm die Nachfrage gewaltig über das hinaus zu, was man geplant hatte. Dies bahnte sich im Herbst 1994 in einigen Branchen an. Beide Konstellationen kennen wir aus der Vergangenheit. Erleichtert wird die Planung, wenn Veränderungen episodisch erfolgen und diese Episoden Regelmäßigkeitstendenzen aufweisen (Nachfragezyklen). Auch dadurch wird die Planung erleichtert, daß die Beschaffung durch integrierte Information und Planung frühzeitig auf sich ändernde Konstellationen aufmerksam gemacht wird. Neben diesem Mengenproblem muß das Leistungsproblem bedacht werden. Die Kunden wollen plötzlich Anderes, Ansprüche an Produkte ändern sich. Die Anspruchsdynamik wird ein Merkmal des beginnenden Jahrtausends sein. Unternehmen werden nur dann überleben, wenn sie im Zeitwettbewerb mit der Konkurrenz schneller auf diesen Anspruchswandel marktgerecht reagieren. Und schließlich kann die Konkurrenz einem das Leben vergällen. Ein besseres Konkurrenzprodukt konzentriert die Nachfrage auf sich. Man hat das falsche, das alte usw. Produkt. Verträge mit Lieferanten verlieren ihren ökonomischen Sinn. Je besser die Absatzprognose und -planung, um so weniger Überraschungen für die Beschaffung. Bereits an dieser Stelle sehen wir die Notwendigkeit prozeßorientierten

Denkens. Es macht wenig Sinn, wenn sich auch die Beschaffung um die Absatzplanung kümmert. Es stellt sich allerdings die Frage, wer die Kostenfolgen der Planung trägt. Erfahrungsgemäß klaffen zwischen der optimistischen und der pessimistischen Schätzung meist nicht unerhebliche Lücken. Der Absatz plant, um alle Marktmöglichkeiten auszuschöpfen, eher optimistisch, und die Beschaffung muß dann die Kosten für die pessimistische Realität verantworten. Wenn es nicht gelingt, funktionsexogene Kriterien zu finden, müßte man Kosten und Erlöse der optimistischen Schätzung und Planung dem Absatzbereich anlasten.

(3) Das *eigene Unternehmen* ist am Eintritt spezifischer Konstellationen nicht unbeteiligt. Unerwünschten Konstellationen liegen Fehler zugrunde. Die Fehler müssen jeweils funktionsspezifisch (abteilungsspezifisch) verantwortet werden. Durch die Entwicklung einer systematischen Entscheidungsheuristik (Entscheidungsunterstützungssystem) soll mit diesem Buch ja gerade der Versuch gewagt werden, Beschaffungsfehler zu reduzieren. Die Teamorganisation und entscheidungsgerechte Informationen können dazu beitragen, daß gemachte Fehler schnell erkannt und ausgemerzt werden. Im Gegensatz zu diesen unerwünschten Konstellationen hat man es bei der Entwicklung neuer Produkte mit Gewolltem zu tun. Diese Konstellation bildet die Grundlage unserer weiteren Überlegungen.

(4) Auch wiederum nur anpassend kann man sich bei *umfeldbedingten* Konstellationen verhalten. Die Zeiten der "Bananenrepubliken" sind weitgehend vorbei. In offenen *politischen* Systemen werden Konflikte eher im Kompromiß gelöst. Veränderungsbegehren zeichnen sich in politischen Diskussionen ab, so daß abrupte Veränderungen für den aufmerksamen Beobachter eher selten vorkommen. Oder umgekehrt: Je geschlossener und intransparenter politische Systeme sind, je weiter die eigene politische Kultur von der eines anderen Landes entfernt ist, um so eher erliegt man der Gefahr, politische Instabilitäten weder zu entdecken noch deren Folgen prognostizieren zu können. So kann manche Planung internationaler Arbeitsteilung (international sourcing, global sourcing) durch Streiks im Produktions- oder Durchgangsland zunichte gemacht werden. Nur selten finden sich in der Kostenrechnung Aufschläge bei den Objekt- oder Prozeßkosten der Beschaffung für streik- oder ähnlich bedingte Risiken. Der im Augenblick vergleichsweise günstige Beschaffungsobjektpreis führt häufig zum Verdrängen der Beschaffungsmarktrisiken. Mit der politischen Stabilität ist die *wirtschaftliche* eng verbunden. Das zeigt das Streikrisiko. Hinzutreten können weitere Aspekte. Rohstoff- und devisenarme Länder gelten als „grippeanfällig“. Steigen diese Rohstoffpreise plötzlich (z.B. erste und zweite Erdölkrise), dann können sich in Schwellenländern (z.B. Türkei) sehr schnell Produktionsengpässe ergeben, die zu Produktionsausfällen führen. Ebenso können Wechselkursveränderungen

die eigenen Planungen umkrempeln. Die Asienkrise (1998) hat allein durch den Währungsverfall einiger Länder die Importpreise für diejenigen wesentlich reduziert, die aus diesen Ländern beschafften. Hinzu gekommen sind noch aggressive Beschaffungsobjektpreise der Anbieter aus diesen Ländern. Dadurch verschob sich das internationale Preisgefüge nicht unbeträchtlich. Neben diesen Verschiebungen im Preisgefüge internationaler Anbieter muß auch das Verhältnis der eigenen Währungen zu anderen, insbesondere unter Import- und Exportaspekten, bedacht werden. So kann die Stärke der eigenen Währung den Import begünstigen, den Export erschweren. Wenn es gelingt, die Import- und Exportvolumina so in Währungen zu fassen, daß sich die jeweiligen Mengen ausgleichen, dann hat man dieses Problem gelöst, solange Ungleichgewichte herrschen. So hat die Airbus GmbH eine Zeit lang sogar die deutschen Lieferanten verpflichtet, in Dollar abzurechnen, weil man selbst in Dollar verkaufte. So leuchtet es ein, wenn die Ford AG englische Lieferanten verpflichtet in Euro zu fakturieren. Auch die Konjunktur kann das Geschäft erschweren. Ein Boom in einem wichtigen Verbraucherland kann sich in weit entfernten Lieferländern als Beschaffungskonkurrenz bemerkbar machen. Das Umfeld schlägt auf den Beschaffungsmarkt durch. Es muß somit an Vernetzungen gedacht werden. Des weiteren ist die *rechtliche* Stabilität von Interesse. So können steuerrechtliche, sozialrechtliche, produktionsrechtliche usw. Veränderungen im eigenen Land oder im Ausland zu beträchtlichen Verwerfungen führen, ursprüngliche Überlegungen gelten nicht mehr. Nicht zuletzt können Veränderungen im Bereich *technischer* Entwicklungen neue Möglichkeiten schaffen. Wie schnell wird sich ein Schwellenland das technische Know-how für die Lieferung innovativer Produkte, von bewährten Produkten usw. erwerben, um dann als Lieferant bei günstiger Kostensituation in Frage zu kommen? Auch hier entsteht wieder das Zeitproblem. Der dritte oder vierte Beschaffer wird möglicherweise mit dem Problem ausgelasteter Kapazitäten konfrontiert.

(5) Diese isolierte Konstellationsstrukturdarstellung muß mit einigen Hinweisen auf die Vernetzung ergänzt werden. Häufig haben wir es nämlich mit *Konstellationskonfigurationen* zu tun. So kann beispielsweise die Kaufzurückhaltung nicht nur bei uns, sondern auch bei Lieferanten zu einem Mengenrückgang und, weil wir ihm keine Reservenbildung erlaubt haben, zu einem Liquiditätsengpaß usw. führen. Vielfältige Konfigurationen sind denkbar, wir wollen uns hier mit diesem Hinweis begnügen.

4.212 Konstellationsauswirkungen

Die geschilderten Konstellationen zwingen zum Nachdenken, Handlungsroutine reicht im ersten Augenblick nicht mehr aus. Da uns hier ja weniger das Beschreiben von Zuständen interessiert, kategoriale Gliederungen nicht für sich schon einen Wert haben, müssen wir nun nach dem *Handlungszusammenhang* suchen. Zwei Wege bieten sich an. Man kann direkte Zusammenhänge zwischen Konstellationen und Handlungen (z.B. Auswahl beschaffungspolitischer Instrumente) aufdecken und daraus ein Handlungsmuster ableiten. Oder man wählt einen indirekten Weg über ein „Bündelungsglied", das Auswirkungen von Konstellationen zusammenfaßt, auf die man dann reagiert. Wir wählen diesen Weg, weil er ein allgemeineres, abstrakteres Handlungsmuster ermöglicht. Wir wollen eine Antwort auf die Frage finden, zu was denn die verschiedenen Konstellationen führen.

In der Mehrzahl der Fälle sind es wohl unerwünschte Auswirkungen (Risiken), aber man sollte auch an positiv zu wertende Änderungen denken (z.B. Preissenkungen).

Um die Auswirkungen zu strukturieren, müssen wir ein höheres Abstraktionsniveau wählen. Was verändert unser Verhalten? Wir wählen folgende Struktur (Abb. 60):

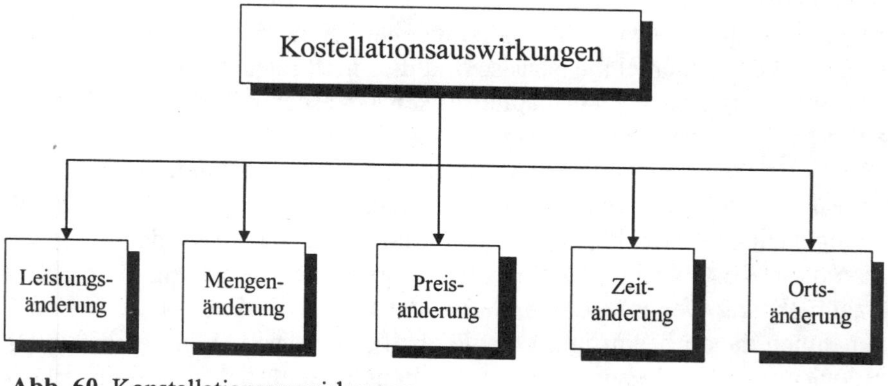

Abb. 60. Konstellationsauswirkungen

(1) *Leistungsänderungen* können in Steigerungen, Reduktionen oder in neuen Leistungen liegen (mehr, weniger, anders). Zu den unerwünschten Fällen gehören die Leistungsreduktionen dann, wenn sie mit den eigenen Forderungen nicht übereinstimmen. Leistungssteigerungen können, wenn sie von allen Unternehmen genutzt werden, zur Anhebung des Leistungsniveaus einer ganzen Branche führen. Der erste, der sie nutzt, kann bei Geschick temporäre Pioniergewinne einstreichen. Neue Leistungen sind

Auswirkungen geänderter Kundenansprüche, die sich in neuen Produkten/Modalitäten niederschlagen. Der Neukauf verursacht den höchsten Beschaffungsaufwand, deshalb stellen wir ihn in den Mittelpunkt unserer Überlegungen.

(2) *Mengenänderungen* zeigen nur die beiden Pole mehr - weniger. Beide Konstellationsauswirkungen können unangenehm sein. Erhält man weniger, als man benötigt, dann kann das zu Produktionsstillständen führen. Partiell läßt sich das mit Nachrüsten auffangen. Je wichtiger das Beschaffungsobjekt jedoch für das Produkt ist, je komplizierter es einbaubar ist, um so weniger hilft dieser Ausweg. Noch schlimmer dürfte es sein, wenn die Menge bei Ausgangsmaterialien (z.B. Blech) nicht ausreicht. Auch in Nachfrageboomzeiten kommt dann die Beschaffung ins Schwitzen. Ähnlich unwohl fühlt sie sich in Umschwungzeiten, wenn der Absatz einbricht, wenn die geplanten Absatzmengen ständig nach unten korrigiert werden müssen. Wenn sich dann der Lieferant beispielsweise auf ein spezifisches Bestellrhythmusverfahren (der Planungszeitraum wird in unterschiedlich lange Phasen eingeteilt und die Mengenplanung zunehmend verbindlicher) eingelassen hat, dann kann er bereits Mengen produziert haben, die man gar nicht mehr benötigt. Hier können sich Lagerreichweiten, bezogen auf die jetzige Bedarfsmenge, von mehreren Jahren "auftürmen". Wer trägt dann die Kosten? Wann wird was bezahlt? Das absatzmarktbedingte Auseinanderklaffen von produzierten und benötigen Mengen sorgt nicht nur für Mißhelligkeiten, sondern auch für Erschütterungen in der Unternehmensbasis. Und dies trifft manchmal gerade die innovativen, aber eben nicht kapitalstarken Unternehmen des Mittelstands, auf die man wegen ihrer Flexibilität so großen Wert legt.

(3) *Preisänderungen* haben ebenfalls nur die beiden Alternativen höher - niedriger. Höhere Preise als Kostenbestandteile müssen nicht automatisch unangenehme Auswirkungen haben. Zum einen hängt das davon ab, ob man diese Kostensteigerung durch eine eigene Preissteigerung ohne Nachfragerückgang weitergeben kann. Zweitens wird die Intensität des Unangenehmen davon beeinflußt, wie plötzlich die Preiserhöhung eintritt - das reduziert den Handlungsraum. Und drittens ist natürlich das Steigerungsmaß entscheidend. Starke Preiserhöhungen (Preisexplosionen) können dazu führen, daß man sich im Falle einer nur mäßigen eigenen Preiserhöhungsmöglichkeit mit diesem Produkt aus dem Markt verabschieden muß. Sinkende Preise werden dagegen eher mit freundlicher Aufmerksamkeit beobachtet. Dies spielt vor allem bei commodities, die man auf Weltmärkten kauft, eine Rolle. Mehreres ist zu bedenken. Der erste, der den niedrigeren Preis verursachungsgerecht in seiner Kalkulation berücksichtigen kann, hat Startvorteile. Ein anderer hat vielleicht noch Bestände und muß diese nach dem Niederstwertprinzip abwerten - er hat also zusätzliche

Kosten. Sehr schnell wird dann im Absatz die Möglichkeit der Preisreduktion genutzt, um den eigenen Marktanteil auszuweiten. Das muß nicht klug sein. Es hängt von der Konkurrenzintensität innerhalb einer Branche ab, wie lange diese Kostenvorteile genutzt werden können. Dann stellt sich die Frage, ob man immer verkaufssynchron beschafft und damit in eine Schieflage bei irgendwann wieder mehr oder minder steil ansteigenden Preisen gerät. Soll man bei Baisse-Preisen ein Vorratslager anlegen? Und wann ist der Tiefpunkt erreicht? Man kann sich natürlich auch um Sicherungen über Termingeschäfte bemühen. Termingeschäfte sind für beide Preisentwicklungen möglich. Hier ist ein spekulatives Element vorhanden. Termingeschäfte sind mit Kosten verbunden.

(4) *Zeitänderungen* interessieren ebenfalls in beiden Richtungen. Dort, wo produktionssynchron oder verkaufssynchron beschafft wird, stören schon geringste Zeitabweichungen. Hier ist frühzeitiges Beliefern ebenso unerwünscht wie verspätetes. Dabei ist es relativ gleichgültig, ob dies durch einen Streik am Brenner, eine verstopfte Autobahn oder einen Bestellfehler geschah.

Nicht immer muß die vorzeitige Lieferung nachteilig sein. Im Anlagenbau, bei der Lieferung von Werkzeugen, Prototypen oder ähnlichem kann dies sogar erwünscht sein, weil die darauf aufbauenden Tätigkeiten vorgezogen werden können.

(5) *Ortsveränderungen* sind eher eine Randerscheinung. Durch politische Veränderungen können Märkte geschlossen werden. Bei international tätigen Lieferanten können die Beschaffungsobjekte von verschiedenen Produktionsstätten kommen, das kann dann zu Leistungs- oder Qualitätsstörungen führen. Ähnlich unliebsam sind Fehlplanungen der Lieferanten oder des Beschaffers hinsichtlich des Lieferortes. Unterschiedliche Lieferorte eines Lieferanten erhöhen die Liefersicherheit. So lassen sich Mengensteigerungen auffangen, streikbedingte Lieferausfälle ausgleichen usw.

Fassen wir diese Konstellationsauswirkungen zusammen, dann können wir versuchen, sie den geschilderten Konstellationen zuzuordnen. Prinzipiell ist es möglich, alle Konstellationen aus allen Obergruppen (Absatzmarkt, Beschaffungsmarkt, eigenes Unternehmen, Umfeld) heranzuziehen. Wir wollen uns hier auf die aus dem Beschaffungsmarkt resultierenden Konstellationen konzentrieren, weil wir sie selbst beeinflussen können. Dies haben wir in Abb. 61 zusammengefaßt. Die Schwerpunkte erscheinen unmittelbar plausibel, so daß auf eine Erläuterung verzichtet werden kann.

Beschaffungs-marktkonstellationen \ Konstellations-auswirkungen	Leistungsänderung	Mengenänderung	Preisänderung	Zeitänderung	Ortsänderung
Lieferunwilligkeit	X	X		X	
monopolistisches Lieferantenverhalten	X	X	X	X	
Liquiditätsengpaß des Lieferanten	X	X	X	X	
Lieferantenkonkurs		X		X	X
Qualitätsproblem des Lieferanten	X				
Quantitätsproblem des Lieferanten		X		X	
Konkurrenzstörung durch Beschaffer		X	X	X	
Marktverengung		X	X		
Marktüberangebot		X	X		
Preisexplosion		X	X		

Abb. 61. Auswirkungen von Beschaffungskonstellationen

4.213 Handlungskonsequenzen

Wie kann man mit den bisherigen Überlegungen umgehen? Wir wollen uns dem Entscheidungsbezug nähern. Die Vorgehensweise ergibt sich aus Abb. 62.

Zunächst geht es darum, mögliche Beschaffungskonstellationen zu identifizieren. Hilfestellung gibt dazu Abb. 59. Fragen nach weiteren Konstellationen sind möglich. Was die Konstellationen für Auswirkungen haben können, wurde bereits geprüft (s. Abb. 61). Im nächsten Schritt muß dann geprüft werden, wann welche dieser Auswirkungen entscheidungsrelevant sind. Einige Hinweise gibt Abb. 63. Zum ersten Mal benutzen wir die erläuterten Entscheidungsmerkmale.

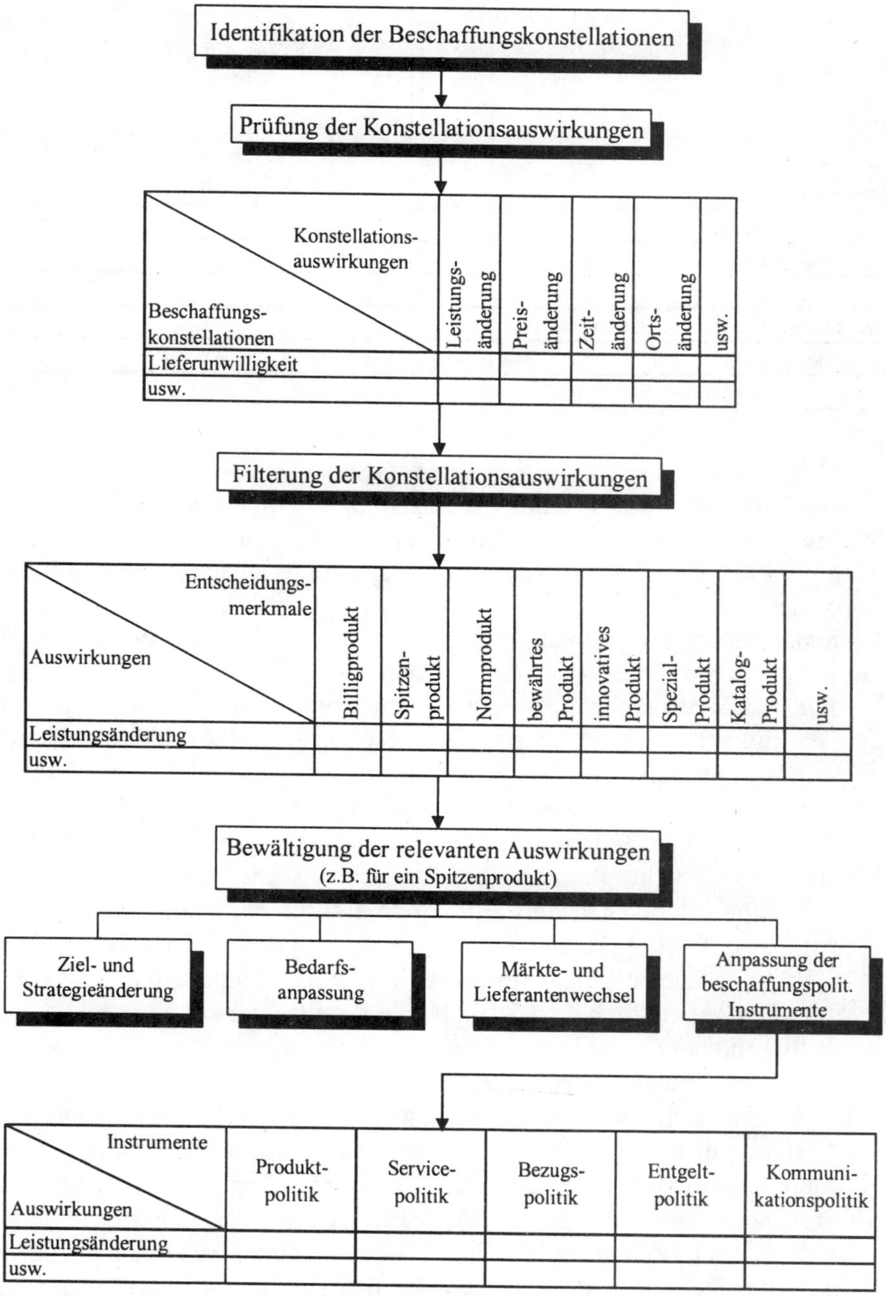

Abb. 62. Zum Umgang mit Beschaffungskonstellationen

Auswirkungen \ Entscheidungsmerkmale	Billigprodukt	Normprodukt	bewährtes Produkt	Spitzenprodukt	innovatives Produkt	Spezialprodukt	Katalogprodukt
Leistungsänderung	(X)			X	X	X	X
Mengenänderung	(X)			X	X	X	(X)
Preisänderung	X		(X)			X	X
Zeitänderung	X	(X)	X	X	X	X	X
Ortsänderung	X	(X)	X	X	X	X	X

Abb. 63. Merkmalsspezifische Konstellationsauswirkungen

Beschränkt man die Auswirkung einer *Leistungsänderung* auf das *Endprodukt*, dann dürfte sie bei einem Spitzen-, innovativen, Spezial- und Katalogprodukt bedeutsam sein. Betont man dagegen den *Produktionsprozeß*, dann wirken auch bei Billigprodukten Leistungsverringerungen möglicherweise verfahrensstörend. Bei Norm- und bewährten Produkten sind Leistungsstörungen sicherlich auch unerwünscht, man kann sich im Regelfall jedoch durch Lieferantenwechsel schnell behelfen.

Mengenänderungen sind eigentlich immer problematisch. Es hängt von der Wertigkeit, der Bedarfsdringlichkeit (Vorrätigkeit oder bedarfssynchrone Belieferung) und der Wahrscheinlichkeit ab, wie schnell unerwünschte Mengenänderungen beseitigt werden können. So sind z.B. proportionale Mengenänderungen bei mengenbedeutsamen Produkten störend, wenn nicht gleichzeitig austauschbare Lieferanten vorhanden sind; der meist hochmechanisierte Produktionsprozeß wird empfindlich gestört. Ist das Billigprodukt integrierter Bestandteil der Fertigprodukte (z.B. Unterlegscheibe), dann stören Fehlmengen, solange keine anderweitige Versorgung möglich ist. Häufig ist die Bereitschaft zur Vorratshaltung bei Billigprodukten allerdings größer. Bei Spitzenprodukten sieht das anders aus – sie sind zu teuer für Vorratslagerungen. Ähnliches gilt für innovative Produkte. Spezialprodukte verhindern kurzfristige Lieferantenwechsel, deshalb gilt es auch bei ihnen, Mengenreduktionen zu vermeiden. Bei Normprodukten kann man dagegen ausweichen, lediglich bei ihnen sind Mengenänderungen auch kurzfristig beherrschbare Konstellationen. Tendenziell Ähnliches kann für bewährte Produkte gelten, wenn sich auch bei ihnen ein größerer Markt herausgebildet hat, auf den man zurückgreifen kann. Bei Katalogprodukten kann man zwar nicht auf andere Lieferanten zurückgreifen, dafür aber eher in Abhängigkeit von der jeweiligen Branche auf Lagerbestände des Lieferanten.

Preisänderungen machen sich aufgrund des Mengeneffekts bei mengenbedeutsamen Produkten besonders bemerkbar. Bei Billigprodukten kann der Preis – möglicherweise mit der Menge gekoppelt – bedeutsam für die Stückkosten sein. Bei Spitzenprodukten und abgeschwächt auch bei innovativen liegt das Interesse auf der besonderen Leistung, man hat gelernt, daß damit ein höherer Preis einhergeht. Auch bei Normprodukten steht der Preis nicht im Vordergrund des Interesses, bei Preiserhöhungen des Lieferanten kann man in der Regel auf andere Lieferanten ausweichen. Im Gegensatz dazu ist man bei Spezialprodukten eher lieferantentreu, Preiserhöhungen kann man nur langfristig allerdings verbunden mit Qualitätsrisiken begegnen. Bei bewährten Produkten können Preiserhöhungen Probleme verursachen, wenn sie kostenentscheidend (z.B. bei Mengenbedeutsamkeit) sind. Ähnliches gilt für Katalogprodukte.

Die übrigen Auswirkungen gelten immer als störend, wobei die Störintensität bei Normprodukten wegen der einfachen Störungsbeseitigung am geringsten ist. Insgesamt zeigt sich, daß bei Normprodukten der Konstellationsaspekt eher eine geringe Rolle spielt, in den anderen Fällen aber spezifische Überlegungen nötig sind.

Auf diese Auswirkungen können wir nun unterschiedlich reagieren. Wir können unsere *Ziele* und *Strategien* ändern. Wir können unseren *Bedarf* der neuen Situation anpassen: Möglich ist es auch, nach neuen *Märkten* und *Lieferanten* Ausschau zu halten. Und letztlich wird man sich mit der Wahl der *Beschaffungsinstrumente* der neuen Konstellation anpassen. Als Beispiel haben wir in der Abb. 62 die Beschaffungsinstrumente zugeordnet. An dieser Stelle können wir noch keine zur Vermeidung bzw. Bewältigung geeigneten Instrumente erwähnen, da wir sie erst in Abschn. 4.613 erarbeiten werden.

4.214 Methoden in der Konstellationsanalyse

Welche Methoden eignen sich zur Konstellationsanalyse? Wir greifen zurück auf Abschn. 1.45, insbesondere auf Abb. 44.

Abb. 64 zeigt, welche Methoden in dieser Prozeßstufe geeignet erscheinen:

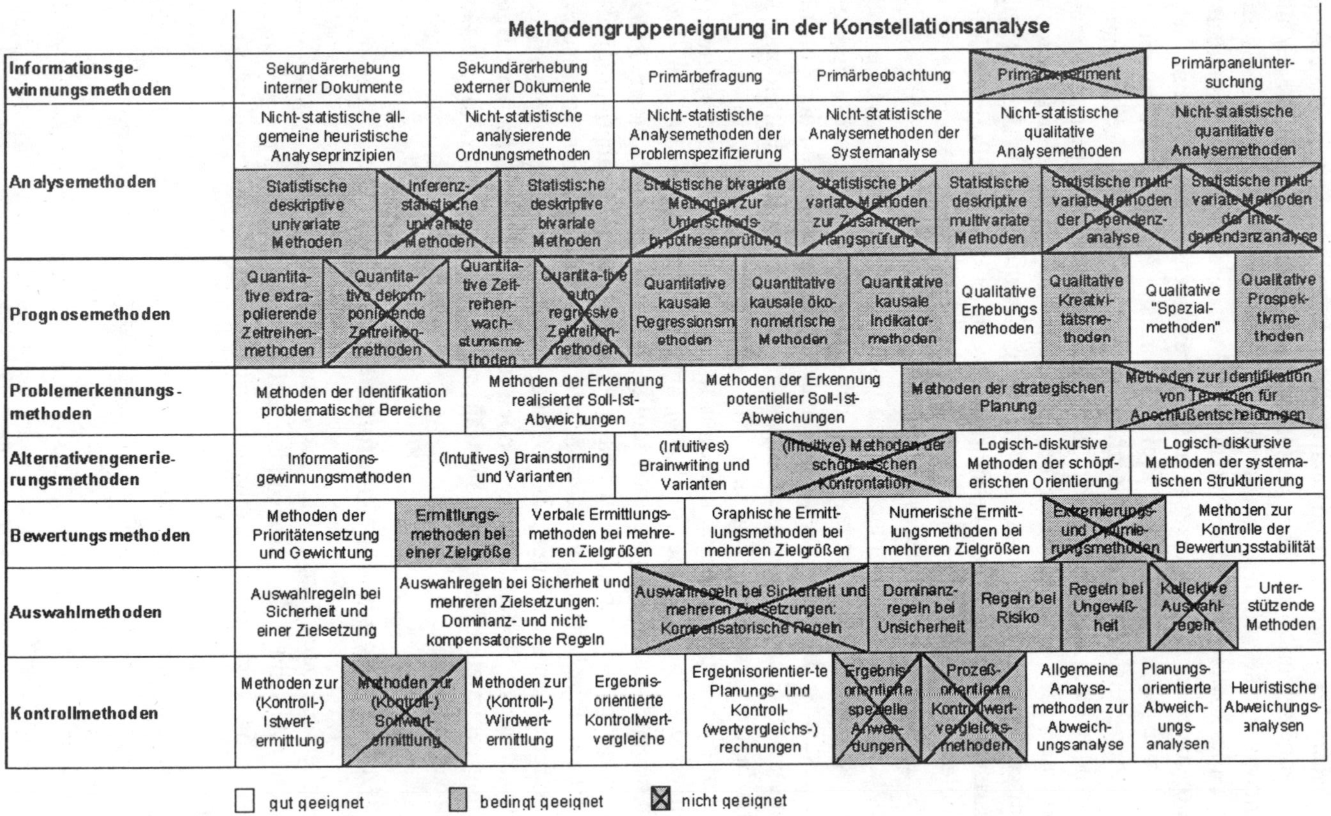

Abb. 64. Methodeneignung in der Konstellationsanalyse

Eine Begründung würde den gewählten Rahmen sprengen, sie erscheint auch deshalb verzichtbar, weil sie bei Ernst (1996, insb. S. 169 ff.) gegeben wurde. Statt dessen wollen wir ein besonders wichtiges Anwendungsfeld herausgreifen – die *Konstellationsprognose*; das frühzeitige Erkennen von Konstellationsveränderungen schafft Zeit für Vorbereitungs- bzw. Anpassungsmaßnahmen.

Selbst wenn sich die eine oder andere Konstellation in ihrer Entwicklung frühzeitig ankündigt, muß man den Blick für das Bemerken der Indizien schärfen, es ist also eine kontinuierliche *Indizienbeobachtung* notwendig. Darüber hinaus gibt es Konstellationen, die eher plötzlich eintreten, hier gibt es Entwicklungsbrüche. Vor allem in diesem Fall wird man sich mit qualitativen Erhebungsverfahren befassen müssen.

Aufgabe des Absatzmarketingbereichs ist es, gute Absatzprognosen zu entwickeln. Daraus ergeben sich Hinweise auf die absatzmarktbedingten Konstellationen. Gleichgültig, welche Organisationsform vorliegt, es muß z.B. durch Arbeitsplatzbeschreibung sichergestellt werden, daß die jeweils aktuellsten Absatzprognosen automatisch und sofort auch in den Beschaffungsbereich gelangen. Das ist nicht nur für die Konstellationsprognose, sondern, wie wir noch sehen werden, auch für andere Stellen im Beschaffungsprozeß unverzichtbar.

Ureigenes Gebiet des Beschaffungsmarketing ist die Prognose des eigenen Marktgeschehens. Die derzeitige und zukünftig wahrscheinliche Kapazitätsauslastung der Lieferanten, die eigene Position sowie die Stärke der Beschaffungskonkurrenten geben Hinweise auf die Lieferbereitschaft, die natürlich in Lieferantenverhandlungen durch den Einsatz der beschaffungspolitischen Instrumente gesteigert werden kann. Vergangenheitserfahrungen mit dem Verhalten eines Monopolisten und die eigene Stellung signalisieren, ob und wieweit der monopolistische Lieferant seine Position ausreizen wird. Ein Liquiditätsengpaß des Lieferanten kann plötzlich (z.B. Ausfall an Kundenforderungen) oder schleichend eintreten. Will man einen Systemlieferanten für einen längeren Zeitraum finden, dann wird man nicht umhin kommen, von ihm genaue und kontinuierliche Finanzinformationen zu fordern (Kundengröße, Kundensolvenz, Sicherheit des Marktgebietes, eigene Kapitalausstattung, Gewinn- und Liquiditätslage). Geht ein Lieferant Konkurs, dann heißt das entweder, daß er unbedeutend und sofort ersetzbar ist, oder, daß man geschlafen hat, weil man es soweit hat kommen lassen.

Qualitäts- und Quantitätsprobleme des Lieferanten können sich schleichend ankündigen, aber auch Einbrüche sind denkbar. Die neuen Überlegungen zum Total-Quality-Management, zur Null-Fehler-Qualität, zum ständigen Verbessern, dem Kaizen (Imai 1993, S. 23), integriert in den Wertkettengedanken, der dann ja konsequenterweise auch den Lieferanten einschließt, führen zu frühzeitigen institutionalisierten Signalen. Diese müssen automatisch weitergegeben werden; nur Nichtvorhandensein dieser Daten oder ihre Verheimlichung führen dann zu der hier angenommenen Konstellation.

Seltener werden Konkurrenzstörungen vorkommen. Sie sind möglich, wenn der Beschaffungskonkurrent ähnliche Produkte, ähnliche Maschinenkapazitäten benötigt und höhere Anreize bieten kann. Es ist also durchaus sinnvoll, daran zu denken, wer sonst noch Ähnliches benötigt (Produktstromketten) und wer einem deshalb in die Quere kommen kann. Marktverengungen haben eine Angebots- und eine Nachfrageseite. Das Angebot kann aus klimatischen Gründen (z.B. Naturkatastrophe) oder aus ökonomischen Gründen zusammenbrechen, weil es sich bei den gegenwärtigen Preisen nicht mehr lohnt. Aber auch ein Nachfrageboom (z.B. Acetat-Welle) kann bei mengenunflexibler Kapazität zu einer Verengung führen. Diese Bedingungen müssen deshalb, wenn dies im eigenen Versorgungsbereich vorkommt, beobachtet werden. Mengenverengungen können natürlich zu Preisexplosionen führen. Darüber hinaus wird man bei einigen warenbörslich gehandelten Waren auch mit Spekulationen (z.B. Silberspekulation) rechnen müssen. Dort, wo mit begrenzten Mengen deutliche Preissprünge möglich sind, wird dies häufiger vorkommen.

Marktüberangebote sind nicht unbedingt auf commodities beschränkt. Erdölüberangebote können auf den Spotmärkten zu drastischen Preisabschlägen führen, aber auch PC-Angebotsschwemmen sind zu beobachten. Sinken die Preise weiter? Lohnt sich der Kauf einer größeren als der gerade benötigten Menge? Im eigenen Unternehmen können Planungs- und Realisationsfehler zu unangenehmen Konstellationen führen. Je weniger vertuscht und an Verantwortung verschoben wird, je schneller Fehler erkannt werden, um so eher kann gegengesteuert werden, um so weniger liegt die "Kind-im-Brunnen-Situation" vor.

Auch für einige umweltbedingte Konstellationen gibt es Prognoseindikatoren. Politische Instabilitäten zeigen sich meist nicht erst heute. Politische und religiöse Systeme sind unterschiedlich stabilitätsgefährdet. Diktatorische Systeme in Entwicklungs- oder Schwellenländern mögen zwar im Augenblick Ruhe versprechen, langfristig muß hier jedoch mit Konflikten gerechnet werden. Erfahrene und hochsensible Landesbeobachter können Indizien für Veränderungen geben. Streiks zeichnen sich, sieht man von spontanen Arbeitsniederlegungen ab, im Regelfall durch längerfristige Entwicklungen ab. Es gibt streikbereitere Gewerkschaften, Landstriche usw. Es gibt Flaschenhälse im Transport (z.B. Brennerpaß), durch die sich konzentriert manches lahmlegen läßt. Das sind die Achilles-Fersen bei der just-in-time-Beschaffung. Lieferantenortdifferenzierung und Vorratshaltung können die Konsequenzen sein.

Mit Quantitätsrestriktionen (Importkontingente) muß man rechnen, wenn die heimische Industrie notleidend ist (Textilindustrie usw.). Bei Fertigprodukten trifft das den Handel. In der Zuliefererindustrie ist das noch kein Thema, das muß aber so nicht bleiben.

Ein ebenso ernstes Problem bilden die schwankenden Wechselkurse. Spekulative Währungsturbulenzen haben ihre Ursachen in Leistungsbilanzungleichgewichten; das sagt aber noch nichts darüber, wann sie ausbrechen. Eine Zeitlang kann man sich zwar durch Devisentermingeschäfte absichern, aber das kostet auch Geld. Ausgeglichene Warenströme sind da eine bessere Hilfe. Und dies kann dann wiederum ein Grund für einen verstärkten internationalen Einkauf sein.

Die verschiedensten Auflagen kündigen sich insbesondere in offenen politischen Systemen der westlichen Welt langfristig an. Über die eigene Verbandslobby nimmt man Einfluß, man kann also erfahren, was sich abzeichnet.

4.22 Ziele leiten das Beschaffungshandeln

4.221 Allgemeine Zielaspekte

Mit Zielen werden zukünftige Realitätszustände beschrieben, die man durch Aktionen erreichen, erhalten oder verhindern möchte. Sie zeigen die Richtung für die Maßnahmenplanung an und dienen gleichzeitig als Führungsgröße in spezialisierten organisatorischen Gebilden (Oertel 1982, S. 124).

Unter dem hier gewählten Entscheidungsaspekt kommen Zielen mehrere Funktionen zu (Klein/Wahl 1970, S. 147; Simon 1964, S. 1 ff.; Szyperski 1971, S. 649 ff.):

- Identifikationsfunktion
- Selektionsfunktion
- Deskriptionsfunktion
- Bewertungsfunktion.

Zur Prozeßstruktur von Entscheidungen gehört die Problemerkennung. Dies ist jedoch nur möglich, wenn man Differenzen zwischen Soll- und Ist-Zustand feststellt (Identifikationsfunktion). Ebenfalls gehört zur Entscheidungsstruktur das Vorhandensein von Alternativen. Ziele dienen dann dazu, den Alternativenraum zu begrenzen; es werden nur die Maßnahmen ergriffen, die zur Zielerreichung dienen (Selektionsfunktion). Die Auswirkungen von Maßnahmen müssen beschrieben werden. Dazu benötigt man

Kriterien. Sie lassen sich aus Zielen ableiten (Deskriptionsfunktion). Nachdem Maßnahmen ergriffen wurden, muß man sie bezüglich ihrer Wirkungen kontrollieren. Als Maßstab dienen dazu wiederum die gesetzten Ziele (Bewertungsfunktion).

Damit Ziele diese Aufgaben erfüllen können, müssen sie so formuliert werden, daß sie mehreren Kriterien entsprechen. Es sind dies vor allem die Kriterien der

- Zieldimensionalität
- Zieloperationalität
  (hierzu ausführlicher z.B. Bidlingmaier 1964, 1968; Bidlingmaier/Schneider 1976, Sp. 4731; Hauschildt 1977; Heinen 1971, 1976; Magyar 1969; Schmidt- Sudhoff 1967; Berthel 1975).

Als beachtenswerte Zieldimensionen gelten:

- der Zielinhalt
- das Zielausmaß
- der zeitliche Bezug.

Mit dem *Zielinhalt* legt man fest, was man eigentlich erreichen möchte (z.B. Wachstum). Dieses Was beinhaltet zwei Aspekte, die Sachziel- und die Formalzielkomponente. Mit dem Sachziel wird fixiert, welche Produkte man auf dem Markt anbieten bzw. beschaffen möchte, und mit dem Formalziel legt man fest, zu welchem Zweck man dies tun will. Die folgenden Überlegungen werden vorrangig um Formalzielinhalte kreisen. Mit Zielausmaß ist das Wieviel gemeint (z.B. Wachstum von 5 %). Und mit dem Aspekt des zeitlichen Bezuges wird schließlich festgelegt, innerhalb welcher Zeitspanne das Ziel erreicht werden soll (z.B. im kommenden Jahr). Ziele können kurz-, mittel- und langfristige Gültigkeit haben.

Als Kriterien der *Zieloperationalität* sind wichtig:

- Meßbarkeit
- Entscheidungsbereichsadäquanz
- Kompatibilität
- Hierarchisierbarkeit.

Um später kontrollieren zu können, ob das, was man erreicht hat, mit dem übereinstimmt, was man erreichen wollte, empfiehlt sich die Vorgabe solcher Größen, die man befolgen kann. So ist das Wachstumsziel als Umsatzgröße einfach meßbar. Schwieriger wird es, wenn man ein qualitatives Wachstum vorgibt. Dann muß man sagen, worauf sich das erstrecken soll (z.B. höherer Umsatzanteil der höher rentierlichen Produkte). Gesetzte Ziele sind Vorgaben für die in einem Unternehmen Tätigen. Sollen sie zur Zielerreichung beitragen, müssen die Ziele so formuliert werden, daß die

Erreichung im wesentlichen auch von ihnen beeinflußt werden kann. Dies gilt vor allem für Ziele, die in abgrenzbaren Funktionsbereichen erfüllt werden sollen. So ist das Ziel "Gewinnsteigerung um 5 % im nächsten Jahr" für den Beschaffungsbereich so nicht hilfreich, weil dazu auch andere Abteilungen beitragen können. Genauere, auf Detailaspekte heruntergebrochene Formulierungen helfen da weiter!

Erst seit den 70er Jahren des 20. Jahrhunderts hat man die Prämisse der eindimensionalen Zielbetrachtung (Gewinnmaximierung) aufgegeben. Zum einen gibt es neben diesem Ziel eine Fülle weiterer. Und zum anderen ist die betriebliche Praxis durch ein hohes Maß meist heterogen strukturierter Zielvorstellungen gekennzeichnet. Wenn es nun mehrere Ziele gibt, muß geprüft werden, welche Ziele zueinander passen (kompatibel sind → Zielkompatibilität), welche Ziele sich nicht gegenseitig beeinflussen (→ Zielneutralität) und welche Ziele sich untereinander konfliktär (→ Zielkonflikt) verhalten. Diese Überprüfung gilt einmal für den Tatbestand, daß mehrere Ziele z.B. in einem Funktionsbereich gleichzeitig verfolgt werden sollen (→ Prüfung der Einebenenkompatibilität). Und sie ist auch für den Fall vorzunehmen, daß aus Oberzielen Unterziele usw. abgeleitet werden (→ Prüfung der Mehrebenenkompatibilität). Damit sind wir bereits beim letzten Aspekt: Liegen mehrere Ziele vor, muß analysiert werden, ob aus ihnen eine Zielhierarchie geschaffen werden kann. Man muß wissen, welches Ziel als Oberziel gelten soll und durch welche Unterziele, Detailziele usw. es verwirklicht werden soll. Unterzielen kommt hier bereits ein Mittelcharakter zu.

Mit der Kompatibilitätsprüfung und Hierarchiebildung von Zielen hat man sicherlich die wichtigsten Möglichkeiten der Zielkonfliktlösung vor Augen. Neben anderen Möglichkeiten hat Schweitzer (1967) die der Zieldominanz und der Zielüberführung erwähnt. Aus konfliktären Unterzielen kann ein gemeinsames abstraktes Oberziel gewonnen werden (→ Überführung), aus dem man dann wieder nicht-konfliktäre Unterziele ableitet. Oder die Bestimmung eines Zieles aus mehreren konfliktären Zielen als dominantes Ziel führt dazu, daß die anderen als Nebenbedingungen insoweit hinzutreten, als sie die Erfüllung des Hauptzieles nicht stören.

Bevor wir uns der Darstellung von Zielinhalten zuwenden, erscheint noch eine begriffliche Klärung nötig zu sein. Kurz sei der Zusammenhang von Zielen, Strategien und Maßnahmen angedeutet. Dabei wollen wir von Abb. 65 ausgehen:

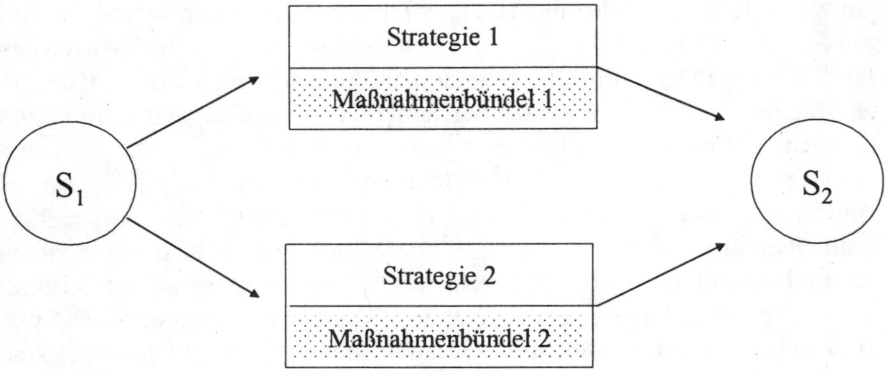

Abb. 65. Zum Zusammenhang zwischen Zielen, Strategien und Maßnahmen

Ausgehend von einer unternehmensspezifischen Situation S_1, beschrieben durch Konstellationen und Potentiale, soll ein bestimmtes Ziel Z_1 (z.B. Kostensenkung) erreicht werden. Man kann nun verschiedene Wege beschreiten, um zu diesem Ziel zu gelangen. Während die Strategie 1 z.B. als „global sourcing" definiert werden kann, mag die Strategie 2 als modular sourcing überschrieben sein. Die Strategie gibt den grundsätzlichen Tätigkeitsschwerpunkt an, der das Handeln als Klammer, als verbindendes Glied bestimmen soll. Diese Strategie muß nun inhaltlich so ausgefüllt werden, daß man mit ihr auch das Ziel erreicht. Dies geschieht durch die Auswahl und Kombination strategieadäquater Maßnahmen zu einem spezifischen Maßnahmenbündel (z.B. Beschaffungsmarketing-Mix).

Maßnahmen und die sie verbindenden Strategien verhalten sich somit zu Zielen wie Mittel zum Zweck. Da Unterziele sich zu Oberzielen ebenso verhalten, wird der Unterschied zwischen Zielen und Strategien häufig verwischt. So kann das Teilziel Lieferantenentwicklung eine Maßnahme sein, um die Strategie der Entwicklungsbeschleunigung (simultaneous engineering) zu realisieren, die ihrerseits wiederum dem Ziel der Gewinnsteigerung dienen soll. Es wechseln also die Ebenen der Betrachtung. Um den jeweiligen Aspekt der Betrachtung richtig zu betonen, wird man bei Zielen den Endpunkt, bei Strategien den maßnahmenspezifischen Weg dorthin vor Augen haben, der immer durch mehrere Maßnahmen bestimmt wird. Die gedankliche Reihenfolge ist dabei:

Ziele → Strategien → Maßnahmen

Bevor wir uns nun den Zielen im Detail zuwenden, sei noch ein weiterer Aspekt erwähnt. Die Diskussion um die *Corporate Identity* mit ihren verschiedenen Facetten hat in einigen, vor allem größeren Unternehmen Spuren hinterlassen. Als ein „Fußabdruck" können *Beschaffungsleitlinien, Beschaffungsgrundsätze* aufgefaßt werden. Sie bilden das Grundverständnis für das Beschaffungshandeln, die Leitlinien überlagern die Zielüberlegungen. Da wir später nicht mehr näher auf sie eingehen wollen, mögen einige Ausführungen hier genügen. Was kann Gegenstand der Beschaffungsgrundsätze sein?

- Es wird geklärt, wie man mit den Lieferanten umgehen will/soll (z.B. faire Partnerschaft).
- Es wird fixiert, wie man sich den Wettbewerb auf dem Beschaffungsmarkt vorstellt (Wettbewerbsnutzung/Wettbewerbspflege).
- Es wird formuliert, wie Beschaffungsfragen unternehmensintern grundsätzlich gelöst werden sollen. Dazu gehört auch die unternehmensinterne Beschaffungs-/ Lieferungskonkurrenz.

4.222 Ziele in der Beschaffungsliteratur

In Theorie und Praxis weit verbreitet ist das sogenannte "materialwirtschaftliche Optimum" (Arnold 1997, S. 18 ff.). Das richtige Beschaffungsobjekt soll zum richtigen Zeitpunkt, in richtiger Menge, am richtigen Ort, in richtiger Qualität und zum günstigsten Preis vorhanden sein - eine Ansammlung von Selbstverständlichkeiten -, oder sollte jemand das falsche Objekt, zum falschen Zeitpunkt ... usw. haben wollen? Auch der spätere Hinweis (Grochla/Schönbohm 1980, S. 36) auf die kurzfristig statische Behandlung führt kaum weiter.

Obzwar möglich, wollen wir auch einer Unterteilung in operative Ziele (richtige Menge, Zeit, Qualität, Ort) und strategische Ziele (Innovationsfähigkeit, Integrationsfähigkeit, horizontale und vertikale Verbundeffekte) von Arnold (1997, S. 66) nicht folgen, weil dies eher Grenzen verwischt als schafft.

Wenn wir uns der Zielproblematik unter Beachtung unseres Entscheidungsbezugs nähern wollen, dann müssen wir nach Zielalternativen suchen. Im Rahmen eines hermeneutischen Prozesses (Literaturanalyse, Praxisbeobachtung) konnte folgende Gruppierung herausdestilliert werden:

- Kostensenkungsziele
- Leistungssteigerungsziele (Qualitätsziele)
- Sicherheitsziele
- Flexibilitäts-/Unabhängigkeitsziele

Darauf aufbauend hat Meyer (1986, S. 85 ff.) eine umfangreiche Literaturanalyse vorgenommen, auf deren Wiedergabe hier allerdings verzichtet werden soll.

In der amerikanischen Literatur finden wir eher handlungsorientierte Formulierungen. Leenders/Fearon/England (1989, S. 25-27) erwähnen neun Aspekte (ähnlich auch Dobler/Lee/Burt 1984, S. 15/16):

- Provide an uninterrupted flow of materials, supplies, and services required to operate the organization.
- Keep inventory investment and loss at a minimum.
- Maintain adequate quality standards.
- Find or develop competent vendors.
- Standardize, where possible, the items bought.
- Purchase required items and services at lowest ultimate price.
- Improve the organization`s competitive position.
- Achieve harmonious, productive working relationships with other departments within the organization.
- Accomplish the purchasing objectives at the lowest possible level of administrative costs.

Es handelt sich um handlungskonkrete Zielsetzungen.

Erstaunlich ist, daß jüngere Literaturquellen zum Beschaffungsthema sich nicht oder fast nicht mehr der Zielproblematik widmen. Die in der Literatur vorfindbaren Ziele befriedigen insofern kaum, als hier die vertikalen Zielbeziehungen selten, Bemühungen um Zieloperationalisierung fast gar nicht beobachtet werden können. Der Überblick zeigt deutlich, daß Kosten- und Sicherheitsziele fast immer, Flexibilitäts- und Qualitätsziele seltener genannt werden. Hin und wieder wird auf die Art der Lieferantenbeziehungen hingewiesen.

4.223 Ein operationales Zielinhaltssystem

Die Vielfalt von Zielen und deren hierarchische Schichtung können wir hier nicht darstellen. Wir wollen lediglich ein Raster entwickeln, das in der konkreten Situation erweitert oder komprimiert werden kann. Das Zielsystem soll dazu zwingen, die jeweiligen Entscheidungsbedingungen zu prüfen. Wir wollen von einem dreistufigen Zielsystem ausgehen.

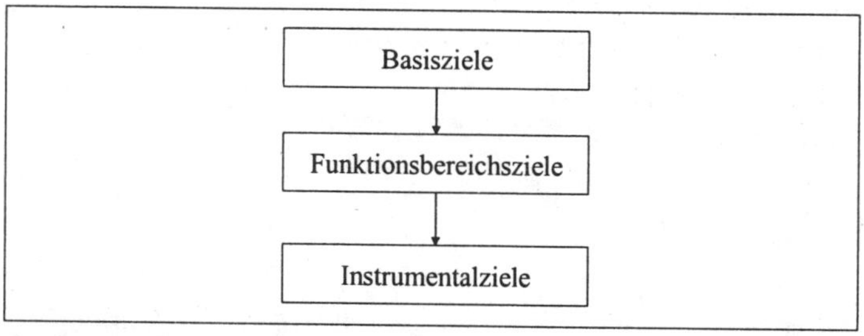

Abb. 66. Ein dreistufiges Zielinhaltesystem

4.223.1 Basisziele

Mit den Basiszielen wollen wir die *Unternehmensziele* erfassen, welche die Gesamtheit unternehmerischen Handelns bestimmen sollen. Sie haben grundsätzliche Bedeutung. Sie sind Vorgaben für alle Funktionsbereiche im Unternehmen. Sie liegen allen Plänen zugrunde. Basisziele haben meist langfristige Gültigkeit. Es ist kaum möglich, sie ständig zu ändern, da sich aus ihnen ja die verschiedenen Ziele auf den nachfolgenden Ebenen ableiten. Ein ständiger Wechsel würde die Unternehmensplanung und die darauf aufbauende Teilplanung überfordern und das Hauptaugenmerk auf die Zielanpassung statt auf die Zielverwirklichung richten. Wir gehen von den in Abb. 67 gruppierten Basiszielen aus (Meyer 1986, S. 64 ff., Abb. 63). Im Mittelpunkt der *erwerbswirtschaftlichen Ziele* steht nach wie vor das Gewinnziel. Es ist das typische Ziel erwerbswirtschaftlichen Strebens (Eucken 1950, S. 206 ff.). Das Ziel kann absolut (z.B. Erzielung eines bestimmten Mindestgewinns/eines maximal möglichen Gewinns) oder relativ formuliert werden (z.B. Kapitalrentabilität, Umsatzrentabilität).

Obwohl meist nicht losgelöst von Gewinnzielen, kann sich das Streben nach Umsatzsteigerung, Umsatzerhaltung zumindest für begrenzte Zeiträume verselbständigen. Wenn z.B. japanische Fotokopiergeräteproduzenten versuchen, den deutschen Markt zu erschließen, so kommt dem Umsatzziel in den ersten Jahren primäre Bedeutung zu. Der Umsatz ist hier die Schlüsselgröße, ohne daß unbedingt Gewinnaspekte während dieses Zeitraums dahinter stehen müssen. Es können auch Zwänge der Kapazitätsnutzung sein, was dann den Vorwurf der Konkurrenz provoziert, hier handele es sich um Dumping. Wenn die Umsatzdominanz über längere Zeiträume so stark im Vordergrund betrieblichen Handelns steht, scheint es gerechtfertigt zu sein, dieses Ziel an dieser Stelle zu erwähnen. Für die Fälle, in denen dieses Ziel deutlichen Mittelcharakter pro Planperiode hat (z.B. zur Sicherstellung von Gewinnen), werden wir dieses Ziel in einer tieferen Ebene (z.B. Erlössteigerung) ansiedeln müssen.

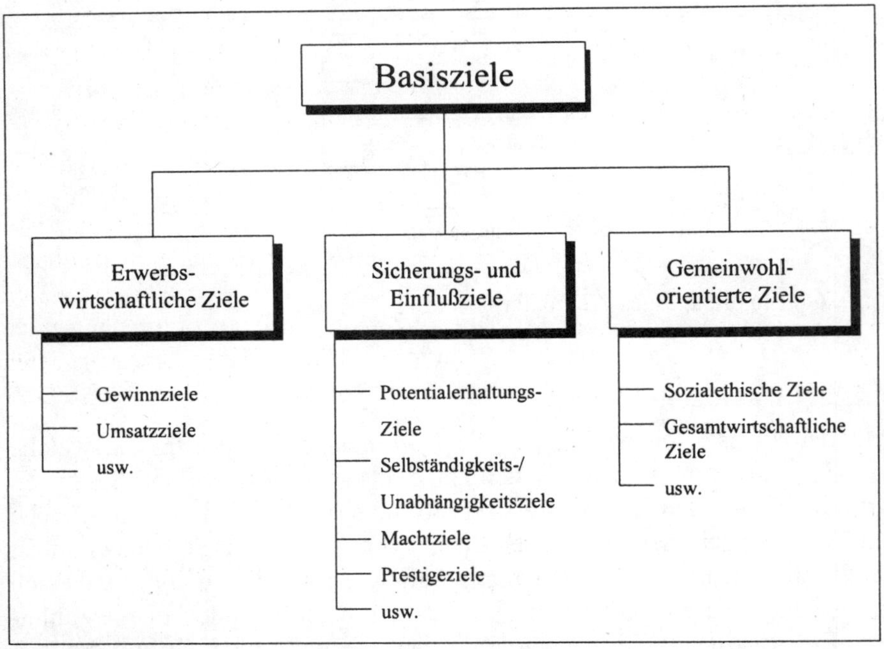

Abb. 67. Einige wichtige Basisiziele

Nicht nur oder nicht nur vorrangig spielt der Einkommenserwerb eine Rolle. Die Erhaltung der Vermögenswerte und der Leistungskraft des Unternehmens können als ebenso bedeutungsvoll eingeschätzt werden *(Sicherungs- und Einflußziele).*

Das Streben nach Potentialerhaltung soll durch Erhaltung der betrieblichen Wirtschaftskraft die Existenz des Unternehmens sichern (Sandig 1953, S. 78). Dazu werden natürlich Gewinne benötigt. Hier soll jedoch der Sicherheitsaspekt betont werden. So wird beispielsweise aus Sicherheitsgründen eine höhere Liquiditätsreserve gehalten, als sie nach dem Plan der Zahlungsströme nötig wäre, um für unvorhergesehene Situationen (z.B. Forderungsausfall) gewappnet zu sein; das reduziert jedoch den Gewinn. Riskante Investitionen mit großen Gewinnchancen werden zugunsten weniger riskanter bei reduzierten Gewinnmöglichkeiten zurückgestellt. Zur Potentialerhaltung kann auch die Erhaltung von Know-how, technischer Fähigkeit usw. zählen. Das Selbständigkeits- und Unabhängigkeitsziel findet man häufig im Mittelstand. Neben der Durchsetzung des eigenen Willens kann auch die Familientradition eine Rolle spielen. Hier wird das Problem der Operationalität besonders deutlich: Unabhängig von wem (Personal, Markt, Kapitalgeber, Öffentlichkeit) und in welcher Intensität? Das Unabhängigkeitsstreben kann zum Verzicht auf eine erfolgversprechende Investition führen, wenn damit eine selbst gesetzte Fremdverschuldungsgrenze überschritten würde. Im Gegensatz zu diesem Ziel, bei dem die Abwehr von Einflußmaßnahmen des Umfeldes deutlich wird, will man beim Machtziel selber Einfluß ausüben. So kann über den Aufbau von Marktmacht versucht werden, eigene Standards (z.B. VHS-Videorecordersystem, Microsoft-Software) durchzusetzen, um damit langfristig wieder die Gewinnposition zu verbessern. Daß auch das Gewinnen von Ansehen, Prestige in der Öffentlichkeit eine Leitmaxime unternehmerischen Handelns sein kann, hat Kreikebaum nachgewiesen (Kreikebaum 1961, S. 31 ff.). *Gemeinwohlorientierte Ziele* orientieren sich nicht an den eigenen Unternehmensinteressen, sondern am Wohl einer übergeordneten Gesamtheit. Bei den sozialethischen Zielen können weltanschauliche Ziele (z.B. keine Herkunfts-, Geschlechts-, Minderheitendiskriminierung oder bewußte Bevorzugung), ökologische Ziele (Beschaffung, Produktion und Absatz umweltverträglicher Produkte) und interaktionsbezogene Ziele eine Rolle spielen (z.B. Humanisierung der Arbeitsplätze, keine Geschäfte mit totalitären Regimen, Bevorzugung von Behindertenwerkstätten bei der Beschaffung). Die gesamtwirtschaftlichen Ziele findet man vorrangig bei Unternehmen des öffentlichen Sektors. Dazu zählen bedarfsdeckende Ziele (z.B. flächendeckende Versorgung eines Landes mit Brief- und Paketdiensten → bedarfsgerechte Versorgung, Berücksichtigung von Verbraucherinteressen), Beschäftigungsziele (z.B. Arbeitsplatzerhaltung in strukturschwachen Gebieten), Strukturerhaltungsziele (z.B. Beschaffung bei mittelständischen Unternehmen) und Preisniveauziele (Beeinflussung des Preisniveaus durch antizyklische Auftragsvergabe).

4.223.2 Beschaffungsfunktionsziele

Die Basisziele dienen als Leitlinie für die Ziele, die sich daraus in den jeweiligen Funktionsbereichen ergeben. Nun kann man die verschiedensten Funktionsziele zusammenstellen, die Literatur ist hilfreich. Da uns aber weniger die Nennung von Zielen, sondern mehr der entscheidungsbezogene Umgang damit interessiert, müssen wir bei der Zielformulierung Wert auf ein möglichst homogenes Abstraktionsniveau legen. Dies erleichtert uns dann sowohl die intra- wie auch die interfunktionale Kompatibilitätsprüfung; Konflikte müssen sowohl beschaffungsintern wie auch mit anderen Funktionsbereichen harmonisch lösbar sein. Wenn beispielsweise die eigenen Produkte im Vergleich zu ähnlich guten Konkurrenzprodukten zu teuer sind, dann kann man sich Gedanken darüber machen, ob man in allen Funktionsbereichen die Kosten senkt, ob man durch Leistungssteigerung und damit verbunden durch Kostensteigerung in einem Bereich (z.B. Beschaffung) eine insgesamt größere Kostensenkung in einem anderen Bereich (z.B. Produktion) erzielt oder ob man eine deutlich bemerkbare Steigerung der Absatzqualität bei nur geringfügigem Kostenanstieg erreicht unter gleichzeitiger Realisierbarkeit einer überproportionalen Preissteigerung.

Wir wollen von folgender durchgängiger Funktionszielstruktur ausgehen:

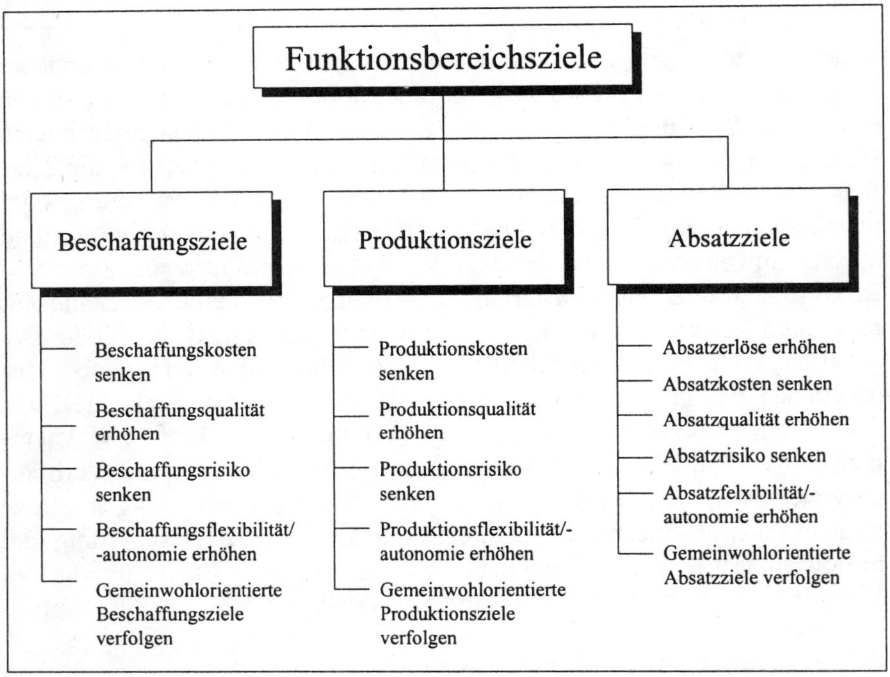

Abb. 68. Einige Funktionsbereichsziele

Es zeigt sich, daß diese allgemeinen betriebswirtschaftlichen Grundtatbestände durchgängig als Zielgrößen geeignet sind. Und beim näheren Hinsehen stellt man auch zeitbezogene Zielakzentuierungen fest (lean management - Flexibilität, Kosten).

(1) Beschaffungskostensenkung

Bezogen auf die gesamte Beschaffungsarbeit, aber auch lediglich bezogen auf ein einzelnes Beschaffungsobjekt kann das Bemühen um Kostensenkung für die nächste Planperiode im Mittelpunkt des Handelns stehen. Dabei muß immer erneut der Zusammenhang zu anderen Zielen bedacht werden. So kann eine Kostensenkung zu einer Risikosteigerung, zu einer Qualitätsminderung usw. führen - Kompatibilitätsfragen wollen wir später wieder aufnehmen. Dennoch - soviel sei bereits hier vorausgeschickt: Wer meint, er könne die Kosten senken und gleichzeitig die Qualität erhöhen, muß entweder die Bedingungen (z.B. Verfahren) ändern, oder er hat vorher etwas falsch gemacht.

Worauf kann sich die Kostensenkung erstrecken? Es liegt nahe, zu unterscheiden zwischen

- Beschaffungsobjektkosten,
- Beschaffungsprozeßkosten und
- anderen Prozeßkosten.

Vielfach konzentriert man sich allein auf die Beschaffungsobjektkosten. Je nachdem, welche Incoterms z.B. zugrunde gelegt werden, kann der Preis des Beschaffungsobjektes Unterschiedliches enthalten. Das bezieht sich auf Versicherungs- und Transportkosten. Auf die kostensenkenden Einflüsse von Rabatten und Subventionen sollte man achten. Sowohl kostenreduzierend als auch -steigernd kann die Weiterverwertung wirken, je nachdem, ob man Geld erhält oder zahlt. Dieser Kreislaufaspekt kann bisherige Kalkulationen über den Haufen werfen. Öffentliche Abgaben und Mindermengenzuschläge können zu Kostensteigerungen führen. Nicht ganz unwichtig ist, wie die Verpackungen und Transporthilfsmittel in Rechnung gestellt werden.

Die *Beschaffungsprozeßkosten* (-funktionskosten) erfassen die Einzel- und Gemeinkosten, die im Beschaffungsbereich entstehen durch die Inanspruchnahme der Dienstleistungen aus dem Beschaffungsbereich. Als inhaltliche Gliederung können wir die Prozeßstufen des Beschaffungsmarketingmodells heranziehen, von der Situationsanalyse über die Bedarfs-, Markt-, Lieferantenanalyse, Lieferantenverhandlung bis zur Abwicklung und begleitet von Informations- und Kontrollarbeiten. Greift man Standardarbeiten heraus, sich häufig bei einem Beschaffungsvorgang wiederholende Tätigkeiten, so erhält man typische Beschaffungsprozeßkosten pro Beschaffungsakt, die unabhängig vom Beschaffungsvolumen anfallen. In der Praxis werden Kosten pro Beschaffungsvorgang bei C-Produkten (s. genauer Abschn. 4.35) in der Spannweite zwischen 100 € und 200 € genannt. Bei geringvolumigen Beschaffungsvorgängen (s. Abb. 26) liegt es aus Kostenreduktionsgründen nahe, über das *Outsourcing* der Beschaffung dieser Beschaffungsobjekte nachzudenken.

Im Rahmen der *anderen* Prozeßkosten gilt es zu prüfen, in welchem Funktionsbereich bei welcher Entscheidungsalternative zusätzliche Kosten entstehen oder welche wegfallen. So können Logistikkosten beim Konsignationsbezug (s. genauer Abschn. 4.613.3) wegfallen, bei der Beschaffung von Katalogprodukten sind die Gestaltungskosten niedriger als bei Spezialprodukten, bei der verarbeitungsgerechten Anlieferung werden Umrüstkosten in der Produktion gespart usw. Auch Fehlmengenkosten, bedingt durch Nicht- oder Zuspätlieferung oder durch eigene Produktionsschwierigkeiten, können an dieser Stelle erwähnt werden. Durch flexible und zuverlässige Lieferanten kann Abhilfe geschaffen werden. Daß Lieferanten wegen nicht kostendeckender Preise in Konkurs gehen, die Qualität reduzieren, sich lieferunwillig verhalten usw. und dann neue Lieferanten gesucht, aufgebaut, geschult werden müssen, ist kein theoretisches Märchen. Die hier zusätzlich entstehenden Kosten werden jedoch nur selten den ersparten Kosten gegenübergestellt. Diese Kostenblindheit muß vermieden werden. Entsprechend dem hier zugrunde gelegten Gedanken der Vernetzung ist es bei allen Entscheidungen notwendig zu überlegen, welche Auswirkungen auf die jeweiligen anderen Bereiche damit verknüpft sind.

(2) Beschaffungsqualität steigern
Qualität heißt hier vergleichende Beurteilung von Anforderungen und Leistungen. Es wird beurteilt, inwieweit die erbrachten Leistungen den gestellten Anforderungen entsprechen.

Die Anforderungen der verschiedenen Funktionsbereiche (interner Bedarf) sollten durch adäquate Leistungen gedeckt werden. Anforderungsänderungen (andere, höhere, niedrigere) schlagen sich in Leistungsänderungen nieder. Bei Handelswaren, Ersatzteilen, Zubehör, Fertigteilprodukten können direkte Marktanforderungsänderungen (Anforderungsänderungen der Kunden) zu Leistungsänderungen führen.

In der Praxis haben wir es häufig aber auch lediglich mit dem Leistungsaspekt zu tun, ohne daß die Anforderungsdimension thematisiert würde. Wir wollen beide Aspekte trotz inhaltlicher Differenzen der praktischen Kommunikation halber gemeinsam behandeln.

Die Qualitätssteigerungen können sich auf zwei unterschiedliche Aspekte beziehen:

- Die Qualitätssteigerung kann in der höheren *Leistungskonstanz* in der Zeit liegen. Eine vereinbarte Leistung weist im Zeitablauf weniger Schwankungen auf. Je nach Toleranzgrenze wird dann Null-Fehler-Qualität im Zeitraum angestrebt.
- Die Qualitätssteigerung kann aber auch eine *Leistungssteigerung* bedeuten. Nicht das Gleiche, sondern ein Mehr wird angestrebt. Das Mehr kann in einer Steigerung der Intensität einer Leistung aber auch in einer anderen besseren Leistung liegen. Das kann bis zur Beschaffungobjektsubstitution oder zum Lieferantenwechsel führen.

Worauf erstrecken sich die Qualitätssteigerungsabsichten? Die Abb. 69 gibt hierzu Anhaltspunkte.

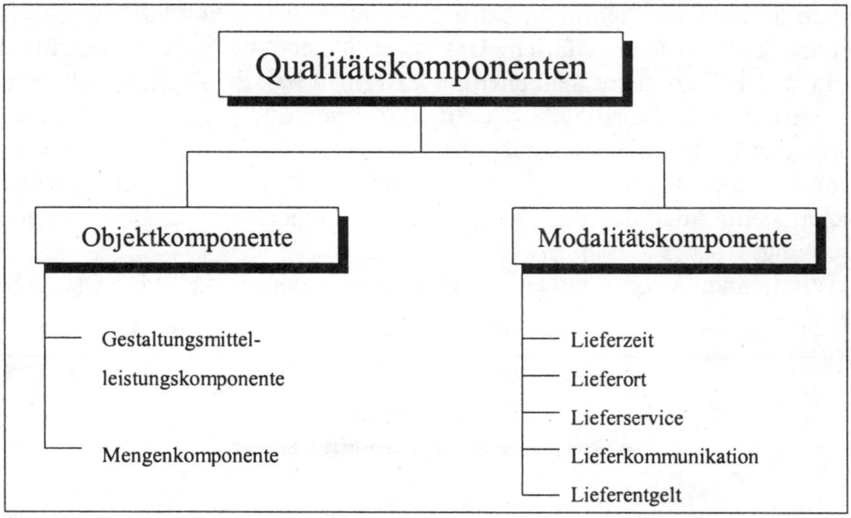

Abb. 69. Qualitätsaspekte der Beschaffung

Was besser oder gleichbleibender werden soll, bezieht sich zum einen auf das *Beschaffungsobjekt* und zum anderen auf die *Beschaffungsbedingungen* (Modalität). Die Leistungen des Beschaffungsobjektes werden durch die Gestaltungsmittel festgezurrt (Material, Formgebung, Funktionsprinzip usw.). Ob die Einhaltung der vereinbarten Menge eher als Objektkomponente oder eher als Modalitätskomponente aufzufassen ist, darüber kann man streiten; wichtiger ist, daß die Qualität auch durch die Menge bestimmt wird. Unstreitig dürften die Inhalte der Modalitätskomponente sein. Die Lieferzeit kann Zeiteinhaltung, frühere oder spätere bedeuten. Lieferort heißt lediglich Einhaltung, während der Lieferservice differenzierter zu sehen ist. Er kann sich auf mehr, andere, schnellere und kompetentere Hilfen erstrecken. Auch die Kommunikation beinhaltet bessere, schnellere und eventuell andere Informationen; man könnte auch von Kommunikationsbereitschaft, Kommunikationsfähigkeit und problemgerechtem Wissen sprechen. Und schließlich geht es um die Einhaltung von Preisen und Konditionen, die unterproportionale Anpassung an Marktpreissteigerungen und die möglichst überproportionale Senkung der Preise bei Marktpreisreduktionen.

(3) Beschaffungsrisikosenkung

Der Übergang vom Qualitäts- zum Risikoziel ist inhaltlich fließend - dies wird schon durch die Wortwahl "Qualitätsrisiko" deutlich. Die Ziele werden trennschärfer, wenn wir die Leistungskonstanz in der Zeit, das Einhalten der vereinbarten Bedingungen nicht dem Qualitätsbereich zugeordnet hätten und uns hier lediglich auf das Abweichen von vereinbarten Bedingungen konzentrieren würden. Das spiegelt aber die Sprache der Praxis nicht wider. Hier meint man eher den extremen Fall der *Nichterhältlichkeit* der vereinbarten Leistungen. Das Risiko beschreibt die Möglichkeit, daß durch den Eintritt eines ungeplanten Ereignisses (s. Abb. 57) die Entscheidung für eine Alternative nicht mehr optimal in bezug zu den gesetzten Zielen steht. Auch das Ziel der Versorgungssicherung zeigt in die gleiche Richtung.

Wir können wieder von einer gleichstrukturierten Abbildung (s. Abb. 69) ausgehen:

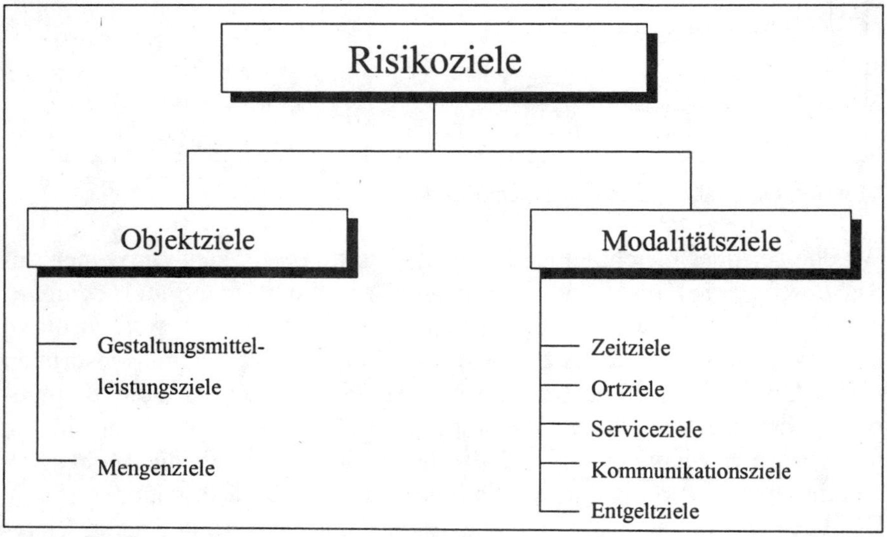

Abb. 70. Risikoaspekte der Beschaffung

Das Risiko der Nichterhältlichkeit erstreckt sich wie auch bei der Qualitätsbetrachtung auf das Beschaffungsobjekt (Gestaltungsmittelleistungsausfall und Mengenausfall) und auf die Modalitäten. Das Lieferortrisiko hat zwei Gesichter. Entweder kann aus dem Lieferland nicht exportiert werden (z.B. aufgrund eines politisch motivierten Exportverbots) oder es darf nicht in unser Land importiert werden. Das Lieferzeitrisiko wird von ähnlichen Unwägbarkeiten geprägt. Die Beschaffungsobjekte sind zwar in ausreichender Menge produziert worden, aber ein nicht enden wollender Zöllnerstreik am Brenner verhindert die rechtzeitige Lieferung. Das Risiko des Serviceausfalls bei bereits gekauften Maschinen hängt von der Solidität der Liefer-/Servicefirma ab. Ein Lieferant im Konkurs kann da Probleme bereiten. Dies wie auch der Kommunikationsausfall tritt jedoch hinter die anderen Risiken zurück. Das Entgeltrisiko, insbesondere das Preisrisiko, wird durch spekulative oder natürliche Verknappungserscheinungen bei geringen Substitutionsmöglichkeiten auf den Märkten hervorgerufen. Dies kann insbesondere Nahrungsmittelhersteller und Stahlhersteller (→ Legierungsmetalle) treffen.

Diese Risiken können partiell (z.B. Lieferzeit) oder total (z.B. keine Lieferung nach Deutschland) wirken. Sie werden durch die beschriebenen Konstellationen geprägt (s. hierzu Abb. 71). Störende Einflüsse aus dem Absatzmarkt, dem Beschaffungsmarkt, dem eigenem Unternehmen sowie der Umwelt können zum täglichen Geschäft gehören, dann gebietet sich zielkonformes Verhalten. Dies trifft auch zu, wenn ein Risiko besonders intensiv auf das unternehmerische Handeln, insbesondere das Beschaffungshandeln durchschlägt. Kommt dies nur sehr selten vor und bringt dies auch nur wenig durcheinander, dann wird man kaum mit prophylaktischen Maßnahmen arbeiten müssen.

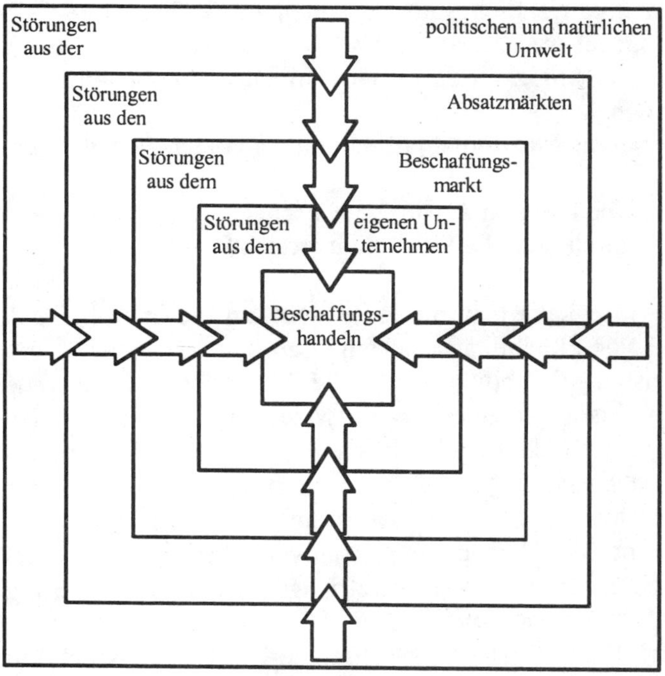

Abb. 71. Risikoaspekte der Beschaffung

(4) Beschaffungsflexibilitätssteigerung

Je weniger zukünftige Ereignisse sicher vorhersehbar sind, um so flexibler muß die Planung sein. Es besteht ein enger Zusammenhang zum Risikoziel; "Risikoziele bewerten jedoch die Handlungsmöglichkeiten nach der Wahrscheinlichkeit und dem Umfang der Planabweichung, die eine geringere Zielerfüllung auslöst. Das Risikoziel setzt daher schon vor dem Eintritt von Störungen an. Unter Flexibilitätsgesichtspunkten werden dagegen die Alternativen gewählt, die nach Eintritt von ungeplanten Ereignissen dem Entscheidungsträger einen möglichst großen Handlungsspielraum zur Anpassung an die veränderte Datenkonstellation belassen" (Meyer 1986, S. 144). Beide Ziele können sich in ihren Auswirkungen kontrovers verhalten. Maßnahmen der Bezugsquellensicherung oder langfristige Lieferverträge mit Festpreisbindung erhöhen zwar die Sicherheit, verringern aber die Möglichkeit, auf neue Situationen flexibel zu reagieren (z.B. Gelegenheitskauf, Nachfragerückgang). Auch das Kostenziel verhält sich zum Flexibilitätsziel konfliktär, was sich allein schon durch Wechselkosten begründen läßt.

Beschaffungsflexibilität soll hier als Wirkung einer Handlung verstanden werden, die aufgrund ihres weiten Spielraums zukünftig möglichst viele alternative Handlungsmöglichkeiten zuläßt (Meyer 1986, S. 146 und die dort angegebene Literatur). Als ein besonderer Aspekt der Flexibilität kann die Unabhängigkeit oder Autonomie des Unternehmens selbst angesehen werden.

Wenn man die Flexibilität prüfen will, kann man sich zwei Fragekreisen zuwenden:

- Welche Flexibilität wird gewünscht?
- Wodurch wird die Flexibilität erreicht?

Die erste Frage kann man mit Antworten auf die in Abb. 72 dargestellte Systematik von Flexibilitätsaspekten lösen.

Die Leistungsflexibilität erfaßt die Möglichkeiten, entweder die gewünschten Leistungen zu erhöhen bzw. zu verringern oder andere Leistungen in einem Produkt zu realisieren. Die Mengenflexibilität soll dem Wunsch Rechnung tragen, Mengen zu steigern oder zu verringern, um Nachfrageschwankungen problemlos auffangen zu können. Die Zeitflexibilität betont die Veränderungsgeschwindigkeit. In der Ortsflexibilität schlägt sich der Wunsch nach kurzfristiger Lieferortveränderung bei mehreren Produktionsstandorten nieder. Die Serviceflexibilität erstreckt sich auf die Erfüllung kurzfristig wechselnder Servicewünsche. Mit der Entgeltflexibilität wird die Möglichkeit schneller Entgeltanpassung an veränderte Marktbedingungen erfaßt. Und Kommunikationsflexibilität meint die schnelle Erfüllung von Informationswünschen.

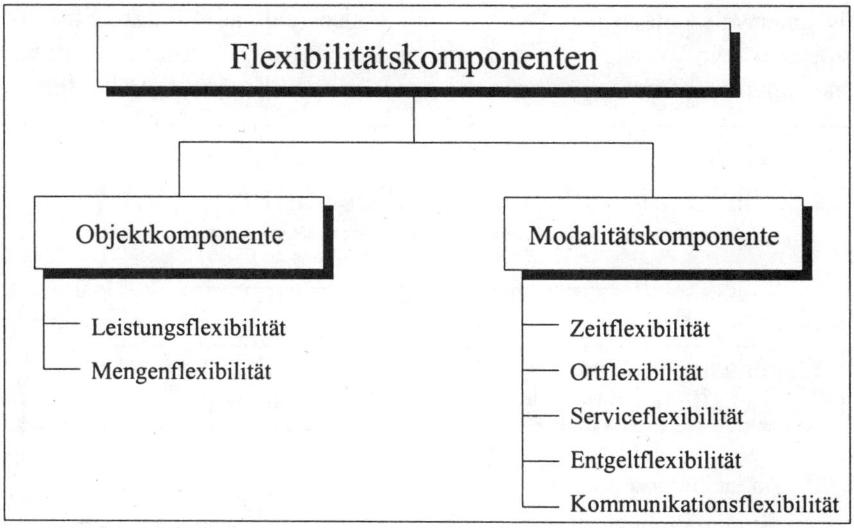

Abb. 72. Flexibilitätsziele

Antworten auf die Frage, wodurch die Flexibilität erreicht werden kann, prinzipiell somit das Problem der Flexibilitätsprognose, erhält man durch die Analyse des Flexibilitätspotentials. Dies hängt vom Marktumfeld (z.B. Konjunkturlage → Kapazitätsreserve), von der Konkurrenzsituation (z.B. Lieferantenalternativen, Beschafferkonkurrenten) und vom einzelnen Lieferanten ab (z.B. Mitarbeiter-, Sach-, Finanzpotential; Flexiblitätswille).

(5) Gemeinwohlorientierte Beschaffungsziele

Sicherlich werden bei Unternehmen diese Ziele nicht dominant sein, aber nimmt man z.B. das Grundgesetz auch in Unternehmen ernst, dann können daraus bei aktiver Marktbeeinflussung Konsequenzen folgen, die man als Nebenziele zu bedenken hat. Aber auch bei reaktiver Betrachtung sind diese Ziele interessant. Hat sich nämlich erst einmal das Image eines Tropenholzverarbeiters usw. gefestigt, dürften die Kosten erheblich sein, die entstehen, um den dadurch bedingten Absatzeinbruch wieder wettzumachen. Die Umwelteinbindung verpflichtet Unternehmen geradezu, sich über die Wirkungen ihres Handelns bei anderen Gedanken zu machen, und dann können Gemeinwohlaspekte durchaus eine ökonomisch relevante Rolle spielen (Stake-holder-Perspektive). Die Koalitionstheorie hat uns ja auf diese Fährte geleitet. Einige Beispiele hat Meyer (1986, S. 170 ff.) beschrieben.

Konjunkturbezogen kann beispielsweise das antizyklische Beschaffen und Ersetzen von Maschinen, Geräten usw. sein. Damit kann auch die Erfüllung des Kostensenkungsziels verbunden sein, weil man in der Flaute möglicherweise niedrigere Beschaffungspreise realisieren kann. Strukturbezogen ist die Vorgabe, ein bestimmtes Beschaffungsvolumen bei mittelständischen Lieferanten oder in strukturschwachen Regionen zu kaufen.

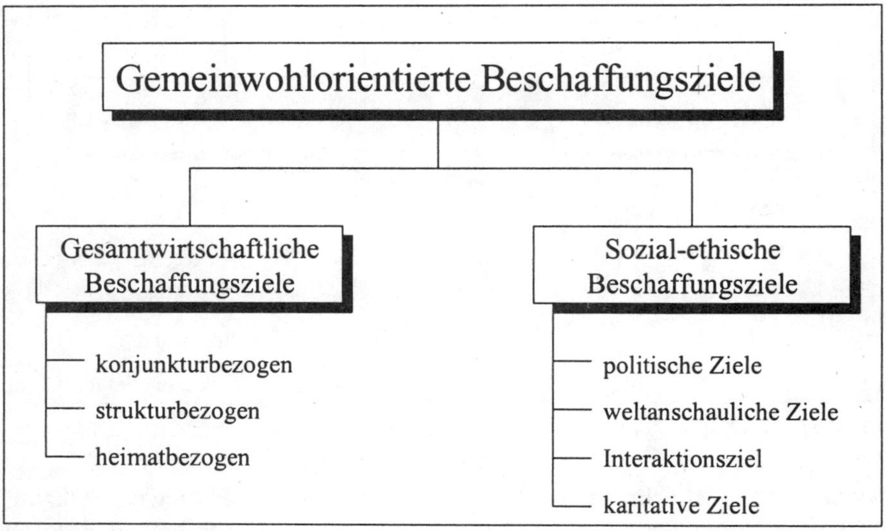

Abb. 73. Gemeinwohlorientierte Ziele

Heimatbezogene Forderungen münden z.B. in der inländischen Beschaffungsortpräferenz (z.B. buy British). Politische Ziele können sich in der Förderung oder im Boykott spezifischer Länder oder Unternehmen niederschlagen. Weltanschaulich motiviert sein kann die Präferenz ökologisch orientierten Handelns. Man ist zutiefst überzeugt, aus Verantwortung vor dem Morgen heute so handeln zu sollen, ohne daß man dies ökonomisch im Augenblick rechtfertigen könnte. Ebenfalls nur begrenzt beweisbar sind interaktionsbezogene Beschaffungsziele, die wir aus der Anreiz-Beitrags-Theorie ableiten: gute Lieferantenbeziehungen, faires Beschaffungsverhalten, ethische Beschaffungsprinzipien. Und schließlich kann man karitative Beschaffungsziele nennen, indem man beispielsweise fordert, bei der Beschaffung Behindertenwerkstätten zu berücksichtigen. Auch für dieses Ziel lassen sich ökonomische Begründungen anführen (z.B. Beschaffungsobjektpreis, hohe Lieferflexibilität).

Diese Beschaffungsfunktionsziele können für das gesamte Handeln der im Beschaffungsbereich Tätigen gelten. Wahrscheinlicher ist die auf eine konkrete Aufgabenerledigung (Projekt A) zugeschnittene Zielsetzung. Für die Beschaffung des Objektes A gilt primär die Zielsetzung 1 mit den Nebenbedingungen a, b, c; für die Beschaffung des Objektes B die Zielsetzung 2 usw.

4.223.3 Beschaffungsinstrumentalziele

Aus dem Absatzmarketing wissen wir, daß die funktionsspezifischen Vorgaben auf einzelne Handlungsvorgaben „heruntergebrochen“ werden müssen. Es muß die Frage beantwortet werden, mit welcher Zielsetzung man aus dem „Werkzeugkasten“ der Maßnahmen Instrumente auswählt, um damit das gesetzte Beschaffungsfunktionsziel zu verwirklichen. Hier wird die Über-Unterordnung besonders deutlich. Damit wenden wir uns konkreteren Handlungsvorgaben für die Beschaffungsmitarbeiter zu.
Wir können von der in Abb. 74 enthaltenen Struktur ausgehen.

Bei der Gliederung dieser Ziele steht die später zu erläuternde Gruppierung der beschaffungspolitischen Instrumente (s. Abschn. 4.613) Pate. Die Produktziele wurden bereits in Abschn. 1.442 erläutert.

(1) Bezugsziele
Im Gegensatz zur Zielsetzung, auf allen interessanten Märkten gegenwärtig zu sein, um überall mitmischen zu können, kann man sich auch entschließen, aus Kostengründen sich auf die wichtigsten Märkte zu konzentrieren. Der Absatzbereich kann aus Gründen der Alleinstellung fordern, bei kaufentscheidenden Produktteilen den Exklusivbezug zu erhöhen. Aus Risikogründen kann es sinnvoll sein, sich um die Steigerung des Bahntransportes zu kümmern.

(2) Kommunikationsziele
Je mehr vernetzt gearbeitet wird, um so wichtiger wird die Kommunikationskompetenz (Wissen, Bereitschaft zum Informationsaustausch, Verläßlichkeit usw.). Die Kommunikationspartner müssen darauf vertrauen können, daß mit den Informationen sorgsam umgegangen wird (z.B. geheimhalten gegenüber Beschaffungskonkurrenten). Zur Kommunikationsvereinfachung können gleiche Standards, geringere Sprachbarrieren usw. beitragen.

(3) Serviceziele
Je mehr nachfrageorientiert produziert wird, um so wichtiger wird das Bemühen, den eigenen Servicegrad zu erhöhen, um Zeit zu sparen, Kundenverluste zu vermeiden. Einen anderen Aspekt betont die Lieferzuverlässigkeit, um die Planungssicherheit zu erhöhen. Sowohl im eigenen Unternehmen als auch beim Kunden kann die Verbesserung der Ersatzteilversorgung angestrebt werden. Je komplexer das Recycling wird, um so wünschenswerter kann die Übernahme durch andere (z.B. Lieferant) werden.

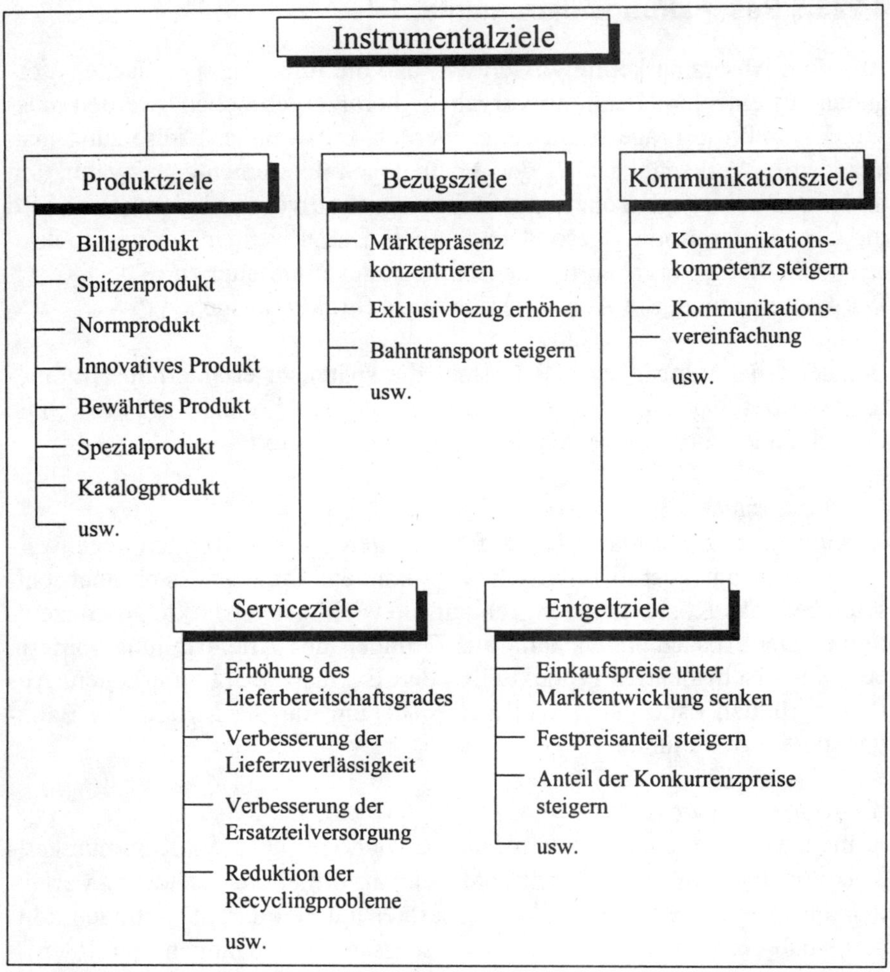

Abb. 74. Einige Instrumentalziele der Beschaffung

(4) Entgeltziele

Wenig überraschend ist die Zielsetzung, die selbst beeinflußbaren Preise unterhalb der jeweiligen Marktpreisentwicklung zu halten. Für den Fall, daß man die eigenen Absatzpreise für einen längeren Zeitraum stabil halten muß (z.B. im Anlagenbau), kann man sich um einen hohen Festpreisanteil kümmern. Bei langjährigen Lieferantenbeziehungen kann man sich um eine Akzeptanzerhöhung des Anteils von Konkurrenzpreisen bemühen.

4.223.4 Beschaffungsstrategien

Wir verstehen Beschaffungsstrategien als durch eine inhaltliche Klammer zusammengehaltene Bündel von Beschaffungsmaßnahmen. Die inhaltliche Klammer soll eine synergetische Wirkung der Maßnahmen erzeugen (1+1=3). Sie dient auch dazu, Denk- und Handlungsvorgänge zu rationalisieren, indem das gewählte Denkmuster gleichsam als Denkkorsett das Denkfeld begrenzt.

Den Beschaffungsstrategien kann man sich unterschiedlich nähern. Arnold beschreibt Sourcingkonzepte als Kern einer Beschaffungsstrategie. Er differenziert nach folgenden Merkmalsdimensionen (1997, S. 93 ff.):

- Träger der Wertschöpfung (Eigenfertigung oder Fremdbezug)
- Anzahl der Bezugsquellen (Lieferantenkonzepte)
- Komplexität des Inputfaktors (Objektkonzepte)
- Art der Bereitstellung (Zeitkonzepte)
- Größe des Marktraumes (Arealkonzepte)
- Struktur der beschaffenden Organisation (Subjektkonzepte)
- Ort der Wertschöpfung (Wertschöpfungskonzepte)

Meyer (1986, S. 198 ff.) wählt einen anderen Weg. Er trennt in Formalstrategien (hoher/geringer Zentralisierungsgrad/ Formalisierungsgrad/ Kontrollintensität) und in Sachstrategien (Einkaufs-, Lager-, Transport-, Entsorgungsstrategien). Auch diesen Weg wollen wir nicht wählen.

Wir wollen statt dessen der bereits gewählten Systematik der Beschaffungsinstrumentalziele folgen, da dies der Logik unserer Einteilung Ziele-Strategien-Instrumente folgt. Wir gehen von folgenden beobachtbaren Beschaffungsstrategien aus (s. Abb 75).

(1) Produktstrategien

Wenn man schneller und durch Nutzung der Spezialisierungsvorteile des Lieferanten kostengünstiger ans Ziel gelangen will, so scheint die *Entwicklungskooperation* vorteilhaft zu sein. Man bleibt durch das „Mitmachen" selbst „am Ball", verliert also nicht das Entwicklungs-Know-how, und kann dennoch Kostenziele verfolgen. Man kann dies auch mit dem Schlagwort simultaneous engineering erfassen. Statt funktions- und unternehmenssequenzieller Entwicklung werden im eigenen und im Lieferunternehmen parallel gemeinsam Produkte und Prozesse entwickelt. Das setzt Vernetzung der Prozesse und Teamarbeit voraus. Und ohne partnerschaftliches Problemlösungsverständnis dürften die Arbeitsergebnisse sicherlich überschaubar bleiben.

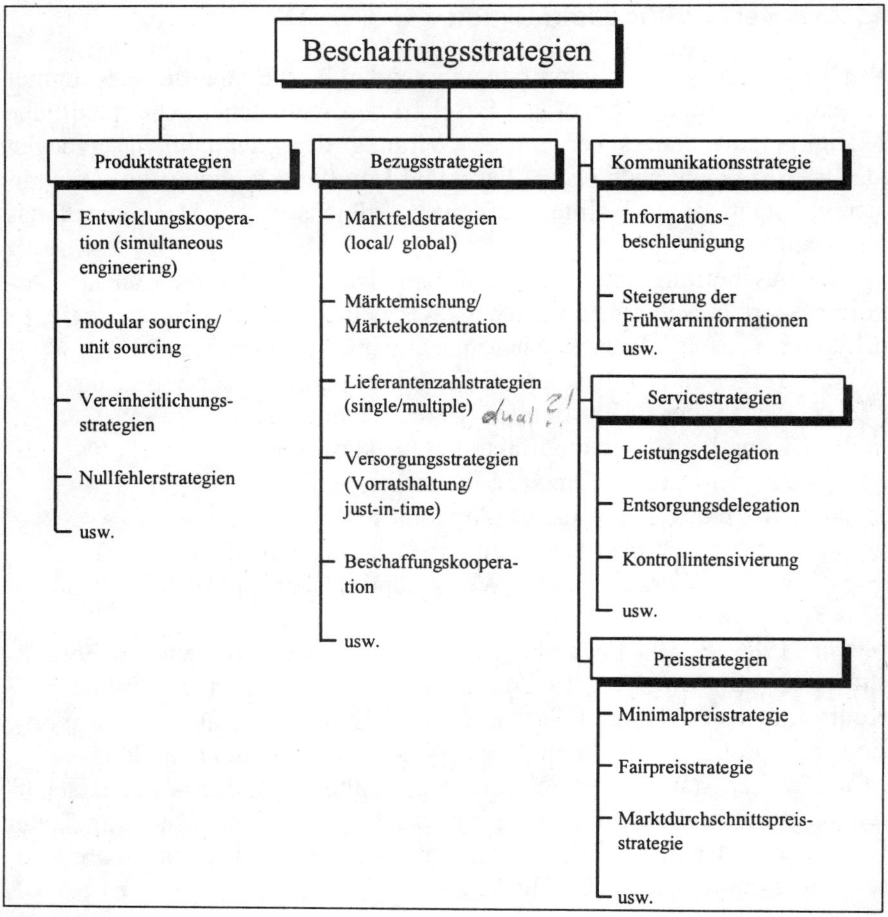

Abb. 75. Beschaffungsstrategien

Dem früheren *unit sourcing* (Einzelteilbeschaffung) steht heute verstärkt das *modular sourcing* (system sourcing) gegenüber (Arnold 1997, S. 100). Es handelt sich um den Übergang zu größerer Komplexität. Statt viele Teile von vielen Lieferanten zu beschaffen, verbunden mit hohem Informations- und Steuerungsaufwand, bemüht man sich um nur wenige Lieferanten, die komplexe Komponenten (Module, Systeme) liefern. Die frühere horizontale Lieferantenstruktur wird durch einen pyramidenähnlichen Aufbau ersetzt. Nur mit den wenigen an der Spitze der Pyramide stehenden Lieferanten schließt man Verträge. In der Übergangsphase kann sich der Beschaffer auch in die Auswahl der Vorlieferanten (Unterlieferanten) einschalten. Im modular sourcing wird die Lieferantenkomplexität durch die Beschaffungsobjektkomplexität ersetzt. Hier widerlegt die Praxis die

Aussage der *Transaktionskostentheorie*, daß hierarchische Koordination bei hoher Komplexität (Spezifität) erfolge (s. Homburg/Werner 1998, S. 985). Dieses Verhalten ist aus dem Anlagenbau und der Großprodukterzeugung (z.B. Triebwerke für Flugzeuge) seit langem bekannt. Heute hat die Automobilindustrie dieses Thema belegt. Das beschaffende Unternehmen konzentriert sich stark auf die Montage. Die Outsourcing-Diskussion und die daraus im Unternehmen gezogenen Konsequenzen scheinen in der theoretischen Diskussion der *Transaktionskostentheorie* wenig wahrgenommen worden zu sein.

Ein anderer Akzent liegt dem Bemühen um *Vereinheitlichung* zugrunde. Damit soll der Spagat zwischen Kleinserienprodukt und economies of scale realisiert werden. Die Vereinheitlichungsbemühungen können sich unterschiedlich niederschlagen. Auf der elementaren Ebene kann es sich um die Normung des Beschaffungsobjektes (Gleichteile, gleiche Roh-, Hilfs- und Betriebsstoffe) handeln. Je nach Branche kann auch das Streben nach *Handelsüblichkeit* ausreichen, ohne daß Normen verabredet worden wären. Allein die Marktgängigkeit kann über Größenvorteile zu Preisreduktionen führen. Wenn man weniger das einzelne Beschaffungsobjekt und nur das System betrachtet, kann auch von der Beschaffung die Forderung nach aufeinander abgestimmten *Baukastensystemen* erhoben werden. Durch die Abstimmung von Bauteilen (-elementen), Baugruppen und Baukastensystemen sind durch die Verwendbarkeit in verschiedenen Zusammenhängen insgesamt Mengensteigerungen möglich. Das kann auch die Flexibilität bei Nachfrageschwankungen steigern. Eine Variante gleichbleibender Baugruppen stellt die *Plattformstrategie* dar. So wird auf der A-Plattform bei VW der Golf, Bora, Variant, Cabrio, New Beetle, Audi A3, Audi TT, Seat Cordoba und Toledo, Skoda Octavia hergestellt. Ähnliches gilt für die Produktion inzwischen von Handies. Nach dem Prinzip Kern-Hülle werden wesentliche Kernelemente konstant gehalten, während die Hülle deutlich differenziert wird. Das ermöglicht Nischenprodukte in begrenzter Stückzahl zu relativ niedrigen Kosten. Und für die Beschaffung folgt daraus die Versorgung mit großen Mengen gleicher Bauelemente, -systeme, -gruppen.

Eher unmittelbar beschaffungsbezogen ist das *„A-Komponenten-Sourcing"*. Hier werden wichtige, bereits fertige und im Lieferunternehmen eingesetzte Produkte (z.B. Motoren) eingekauft (z.B. 12-Zylinder-Motor von BMW bei Rolls Royce; BMW 6-Zylinder-Diesel → Opel-Omega; VW 2,5 TDI → Volvo). Hier liegt eine Nähe zum system sourcing vor; es geht hier allerdings um den Kauf exzellent geeigneter, bereits fertiger Produkte (ingredient branding) und weniger um die Reduktion der Lieferantenanzahl. Entwicklung und Produktion werden vielmehr outgesourct.

Eine andere Variante der Vereinheitlichungstendenz ist mit der Strategie des *badge-engineering* (Dudenhöfer 1997, S. 244 ff.) verbunden. Nahezu gleiche Produkte für unterschiedliche Marken (z.B. Bosch-Siemens-Hausgeräte; Ford-VW/Portugal: Sharan/Galaxy; Citroen Evasion/Peugeot 806/Fiat Ulysse/Lancia Zeta) reduzieren die Differenzen auf wenige markentypische Hüllenzeichen und erlauben so erhebliche Kostendegressionseffekte. Das gilt dann auch für die Beschaffungsobjekt- und -funktionskosten. Hier sind die Stückkosten ähnlich niedrig wie bei einem sogenannten „Volumenmodell“. Im wesentlichen dieser Gestaltungsidee hat Bosch-Siemens-Hausgeräte seine derzeitige Weltmarktposition zu verdanken.

Das Strategiefeld „Vereinheitlichung“ mit seinen verschiedenen Strategieakzenten bestimmt seit einigen Jahren intensiv auch das Beschaffungshandeln. Abgenommen hat dagegen die Diskussion um total quality management, weil hier weitreichende Erfolge bereits erzielt wurden. Total quality management beginnt bei der Erstellung des Lastenheftes, setzt sich in der Konstruktion fort usw. Das gezielte Denken in *Nullfehler-Konzeptionen* führt zur Verringerung von Kontrollen, von Sicherheitsbeständen und über die Steigerung der Selbstverantwortlichkeit auch zur Qualitätssteigerung der Beschaffungsobjekte.

(2) Bezugsstrategien

Ein weiteres großes Strategiefeld liegt in der Beziehung Beschaffer-Lieferant. Hier lassen sich mehrere Schwerpunkte identifizieren.

Zunächst wollen wir uns den *Marktfeldstrategien* zuwenden. Arnold (1997, S. 111 f.) beschreibt sie als Arealkonzepte. Nicht alles spricht gegen die bewährte Strategie des *local sourcing*. Die früher weitverbreitete Beschaffung in der unmittelbaren Nachbarschaft gründete auf Kenntnis und Vertrauen. Je geringer die Marktkenntnis, um so höher war die Wahrscheinlichkeit, den Lieferanten in unmittelbarer Nähe zu suchen. Auch die eher begrenzten Kommunikationsmöglichkeiten sprachen stärker für örtliche Nähe. Das alles ist heute nicht mehr der ausschlaggebende Beweggrund. Und dennoch wird bei der Wahl neuer Produktionsstandorte Wert auf die Möglichkeit der Lieferantenintegration gelegt (z.B. Ford/Saarlouis/Köln, MCC/Hambach). Verbunden mit der just-in-time-Strategie will man jegliche logistische Störung vermeiden. Und es ist auch nicht ganz von der Hand zu weisen, daß die Verantwortung als eine Vertrauenskomponente mit der Entfernung schwächer wird, weil der soziale Druck abnimmt.

Dem lokalen Bezug steht die weite Welt gegenüber; das domestic sourcing (Arnold 1997, S. 111) erscheint eher als Sonderfall des local sourcing. Hier interessieren zwei unterschiedliche Varianten. Beim *international sourcing* weitet sich das Marktfeld, Marktgrenzen werden übersprungen. International sourcing kann sich eher auf eine Hemisphäre (z.B. Europa) konzentrieren; das kommt häufiger vor. Bei der Wahl dieser Strategie spielen vor allem Risikoüberlegungen eine Rolle. Das world sourcing – die Suche nach dem entsprechend der Zielsetzung günstigsten Markt – kennt keine Grenzen mehr. Komplizierter wird die Marktfeldbearbeitung beim *global sourcing* (s. Abschn. 4.43). Man verfügt über Produktionsstätten in der Welt. Diese können, wie bereits erläutert, versorgt werden. Beim global sourcing tritt nun die Vernetzung von Produktionsstätten und Versorgung hinzu. Der Lieferant im Land A versorgt nicht nur die Produktionsstätte dort, sondern auch im Land B usw. Er kann auch Niederlassungen in den jeweiligen Ländern gründen. Wichtig ist die Abstimmung der Produktion und Versorgung, um die gewünschten Leistungen und Mengen ohne Störungen kostenminimal zur Verfügung zu stellen. So können Streiks eher von ihrem Schrecken verlieren, ein Nachfrageboom kann aufgefangen werden usw. Andererseits müssen aber auch die Störeinflüsse bedacht werden, die aus anderen Märkten drohen. Dabei muß man nicht nur an den Liefermarkt sondern auch an das Transitland denken. Eine günstige weltweit geeignete Versorgungsposition (z.B. Spanien) nutzt dem deutschen Produktionsstandort wenig, wenn die Landlogistik durch einen Lkw-Fahrerstreik in Frankreich unterbrochen wird.

Einen anderen Strategieschwerpunkt bildet die Alternative *Märktemischung* versus *Märktekonzentration*. Sich auf einen Versorgungsmarkt zu konzentrieren, bedeutet Chancen- und Risikenkonzentration. Durch intensive Marktforschung kennt man für das Beschaffungsobjekt den derzeitig günstigsten Markt und will hier die gewünschten Leistungen mit möglichst geringen Kosten beschaffen. Solange sich diese Bedingungen nicht ändern, erscheint das Handeln sinnvoll. In der Lebensmittelindustrie ist man da vorsichtiger. Ernten sind klimaabhängig, deshalb ist hier die Mischungsstrategie üblich. Aber auch wenn China für Sportartikel im Augenblick besonders günstig erscheint, wird man überlegen dürfen, bevor man sich auf China konzentriert, was bei politischen Querelen, Lohnkostensprüngen usw. passieren soll. Wenn man dann in der Karawane der Auftraggeber in das nächstbeste Land zieht, muß man damit rechnen, daß einige Klügere schon da sind und Kapazitäten besetzt haben.

Einen wiederum anderen Strategieschwerpunkt kann man in der Lieferantenzahlentscheidung sehen: *single-, dual-, multiple-sourcing*. Sicherlich auch dadurch bedingt, daß diese Strategiealternativen in der Praxis kontrovers bewertet werden, findet man auch in der Literatur einige Hinweise. (Arnold 1997, S. 99).

Auf die Frage, in welchen Beschaffungssituationen sich eher single oder multiple sourcing eignet, wird in dieser Quelle mit dem Hinweis auf Spezifität und Komplexität geantwortet; wir sagen, daß sich Spitzenprodukte, Spezialprodukte, Katalogprodukte, innovative und partiell auch bewährte Produkte für das single sourcing eher und Billig- sowie Normprodukte e-her für muliple sourcing eignen. Es gibt auch Fälle, in denen hochkomplexe Produkte, die exakt leistungsdefiniert sind, bei mehreren Lieferanten gekauft werden (Düsentriebwerke). Das kann durch Kundenwünsche initiiert worden sein.

Vor einer eigenen Darstellung sei noch einmal auf eine empirische Erhebung von Homburg (1995, S. 813 ff.) eingegangen. Der Autor entwickelt Hypothesen:

- Je höher die Komplexität der Beschaffungssituation, desto geringer die Lieferantenzahl.
- Je höher die wirtschaftliche Bedeutung des Beschaffungsobjektes, desto größer die Lieferantenzahl.
- Je höher die Zahl der Anbieter des Beschaffungsobjektes, desto höher die Lieferantenzahl.
- Je höher die Zahl potentieller Kunden des Beschaffungsobjektes, desto höher die Lieferantenzahl.

Die Hypothesen wurden getestet. Auf die Testergebnisse wollen wir deshalb nicht eingehen, weil sie lediglich etwas über die Einsatzrealität bei 165 Unternehmen zum Zeitpunkt der Erhebung in einer Zeit des strategischen Umbruchs, wenig jedoch über die Eignung im allgemeinen aussagen. Kurzum: Die Nutzung problembehafteter Strategien rechtfertigt durch die Nutzung allein nicht ihre Wahl, zeigt eher eine Lücke im Problembewußtsein.

Die Auswahl einer Lieferantenzahlstrategie hängt ab von

- Kosten-,
- Leistungs-,
- Risikoeinflüssen.

Die Konzentration der Gesamtmenge eines Beschaffungsobjektes auf einen Lieferanten führt zur Kostendegression z.B. bei den Transaktions- (Anbahnungs-, Vereinbarungs-, Abwicklungs-, Kontroll-, Anpassungskosten) und den Produktionskosten. Von der Gesamtnachfragemenge des Beschaffers hängt es jedoch ab, in welchem Bereich der Stückkostenkurve man sich befindet (starke/schwache Neigung). Im asymptotischen Kurvenstück sind Mengenüberlegungen weniger relevant. Es gibt Beschaffer, deren Beschaffungsmenge so groß ist, daß Mengensteigerungen kaum zu Produktionskostenreduktionen führen. Es kann auch sein, daß die benötigten Mengen so groß sind, daß man für die Gesamtmenge gar keinen Lieferanten findet. Mehrere Lieferanten erhöhen allerdings die jeweiligen Transaktionskosten – die Lieferantenkomplexität nimmt zu. Konzentrieren sich mehrere Beschaffer auf einen Lieferanten, weil dieser gut und günstig liefert, besteht die Gefahr der Monopolbildung, die der Lieferant dann durch opportunistisches Verhalten mißbrauchen kann.

Die Konzentration auf einen Lieferanten kann neben den Kosten- auch Leistungsvorteile erbringen. Der Beschaffer gewinnt für den Lieferanten an Gewicht. Der eigene Vorteil wächst und damit auch die Chance des Vorteilsgewinns für den Lieferanten. Je komplexer die Lieferanten-Beschaffer-Beziehungen werden, um so eher wird man sich auf einen Lieferanten konzentrieren. Simultaneous engineering, modular sourcing und auch just-in-time-Belieferung mit mehreren Lieferanten des gleichen Beschaffungsobjektes versprechen wenig Erfolg. Auf der anderen Seite stellt sich jedoch das Wettbewerbsproblem. Wie kann man es bei einer Kooperation schaffen, daß der Lieferant das anfängliche Kosten- und Leistungsniveau im Verhältnis zur Konkurrenz beibehält? Hier zeigt sich die Bedeutung des bereits mehrfach erwähnten Vertrauensaspektes. In einer Mißtrauenssituation neigt man zum dual-sourcing, um z.B. den Hauptlieferanten durch einen Nebenlieferanten zu noch besseren Leistungen anzuspornen. Den Maßstab kann auch die eigene Produktion bilden, wenn man nur einen Teil fremdversorgt. In einer Vertrauenssituation kann man versuchen, durch gemeinsame Kosten- und Leistungsverbesserungsabsprachen (Ziele) die anfängliche „Bestposition" zu erhalten.

Single sourcing zeichnet sich durch eine spezifische Risikoposition aus. Aufgrund der hohen gegenseitigen Abhängigkeiten steht und fällt man mit dem Erfolg des jeweiligen Partners. Ein Lieferausfall führt zum Produktionsausfall; bereits hier seien einige Hinweise zum Vorbeugen angedeutet: Der Lieferausfall kann im Marktumfeld liegen (s. hierzu Abschn. 4.42), das der Lieferant nicht zu verantworten hat (z.B. Lieferant aus Spanien, Streik in Frankreich). Ein Lieferant mit mehreren Produktionsstandorten und möglichst geringen Logistikstörpotentialen hat Vorzüge. Ein auf Gegenseitigkeit aufgebautes Frühwarnsystem weist auf entstehende Probleme hin, die man im frühen Stadium noch beheben kann.

Ein weiterer Strategieschwerpunkt wird mit der Versorgungsart abgedeckt: *Vorratshaltung* (stock-sourcing) oder *just-in-time-Versorgung*. Die Grenzen der just-in-time-Strategie werden durch den drohenden Verkehrsinfarkt deutlich. Natürlich leuchtet es ein, daß nur soviel und gerade das produziert wird, was man benötigt. Man senkt die Kapitalbindungs- und Lagerkosten. Man paßt sich flexibel der jeweiligen Marktsituation an. Wenn das Verkehrssystem dann zum Nadelöhr wird, erzwingt das Betriebsstätten der Lieferanten in der Nähe des Beschaffers. Es ist sogar möglich, daß die beschafften Mengen eines Werkes zur Ausnutzung der

Kostendegressionsvorteile ausreichen. Meist sind aber die Kosten der Betriebsstättenschließung, wenn der Vertrag nicht erneuert wird, nicht in der Kalkulation enthalten. Der Lieferant begibt sich in eine hohe Abhängigkeit vom Beschaffer oder umgekehrt wird vom Beschaffer eine hohe Fairneß erwartet, wenn man sich auf diese Strategie einigt.

Den prinzipiellen Gegenpol dazu bildet die Strategie der *Vorratshaltung*. Alle wahrscheinlichen inner- und außerbetrieblichen Risiken berücksichtigend, plant man ein Lagervolumen, dessen Kosten man sich dann zu minimieren bemüht. Eine Realisierungstechnik ist das Bestellrhythmusverfahren (z.B. Rahmenvertrag für 12 Monate, Lieferplan mit verbindlichen Mengen, Feinplanung mit genauen Mengen- und Terminvorgaben).

Und ein letzter strategischer Schwerpunkt sei erläutert: Will man die Versorgung allein (alone-sourcing) oder mit anderen zusammen (*Beschaffungskooperation*) durchführen? Die alone-Strategie ist Normalfall, deshalb muß man darüber lediglich als Alternative zur Kooperation nachdenken. Beschaffungskooperationen sind im Handel gang und gäbe, in der Industrie eher die Ausnahme. Es ist die Sorge weitverbreitet, den Beschaffungskonkurrenten durch die eigenen Aktivitäten zu stärken. Im Gefolge der Überlegungen zur Transaktionskostentheorie muß jedoch überlegt werden, wie man die Anbahnungs-, Vereinbarungs-, Abwicklungs-, Kontroll- und Anpassungskosten möglichst niedrig hält. Wenn nun mehrere Unternehmen das gleiche Beschaffungsobjekt benötigen, kann man überlegen, ob der Koordinierungsaufwand niedriger ist als die Ersparnis des gemeinsamen Einkaufs. Die Kooperation kann verschieden intensiv ausfallen. Sie kann von der gemeinsamen Nutzung von Ressourcen (z.B. Marktinformationen, Einkaufsniederlassungen) bis zum gemeinsamen Vertragsabschluß und zur gemeinsamen Vertragsabwicklung reichen. In diesem Kontext ist auch die gemeinsame Nutzung einer Marktplattform über das Internet zu erwähnen (z.B. chemplorer). Wichtig ist dabei, daß die Preise von den Kooperationspartnern, die sich in einem Konkurrenzverhältnis befinden, selbst ausgehandelt werden, denn man will den Konkurrenten ja nicht gerade stärken.

Und wann empfiehlt sich die Kooperationsstrategie? Wir können von folgenden Entscheidungsfeldern ausgehen (s. Abb. 76).

Kosten \ Profilierungsleistung	hoch	niedrig
hoch	1	2
niedrig	3	4

Abb. 76. Eine Auswahlmatrix

Als typisches Entscheidungsfeld wird man Feld 2 betrachten können; die hohen Kosten bei begrenzter Profilierungswirkung lassen hohe Kooperationsgewinne erwarten. Das Feld 4 spricht eher für outsourcing. Dagegen wird man bei hoher Profilierungswirkung, vor allem bei hohen Kosten eher die alone-Strategie wählen.

Gegenüber den bisher erwähnten Strategien treten die im folgenden erwähnten deutlich zurück.

Einen konsequenten Schritt weiter kann man mit der *Ausgründung* der Beschaffung gehen. Die Verselbständigung der Beschaffung (z.B. als Einkaufshandelshaus) ermöglicht zum einen, ohne organisatorische Barrieren auch für andere Kunden (→ externe Kunden) einzukaufen. Und es wird auch einfacher, den Beschaffungserfolg zu messen. Das Handelshaus kann seine Existenzberechtigung nur dadurch nachweisen, daß es günstiger als die dezentralen Stellen (Werke, Tochter-, Schwesterunternehmen usw.) einkauft.

(3) Kommunikationsstrategien

Im Rahmen der Kommunikation ist die Informationsbeschleunigungsstrategie zu erwähnen. Wenn der Austausch mit Lieferanten intensiviert wird, wenn man sich darum bemüht, schneller und flexibler zu arbeiten, dann müssen die benötigten Informationen schneller ausgetauscht werden und zielpersonengerecht ankommen. Man braucht dazu gleiche Informationstechniken und -systeme.

Einen anderen Schwerpunkt setzt die Strategie der Steigerung von Frühwarninformationen über den Lieferanten. Früh entdeckte Probleme lassen sich besser bewältigen.

(4) Servicestrategien

Im Rahmen des outsourcing hat die Strategie der Leistungsdelegation an Bedeutung gewonnen. Dennoch trifft man auf Widerstände. Man scheut den Konflikt, das eigene Transportwesen stillzulegen, zu verkaufen; man hat doch die entsprechende Lagerkapazität und auf den eigenen Kundendienst will man, weil man ihn zuverlässig steuern kann, nicht verzichten. Beispiele gibt es in Hülle und Fülle. Historische Entscheidungen blockieren die gegenwärtig bestmögliche Zielverwirklichung.

Ein Sonderfall, der meist keine so starken historischen Vorgaben aufweist, ist die Delegation der Entsorgungsarbeiten. Je problematischer die Entsorgung ist, je mehr Spezialwissen und Technologie benötigt wird, um so eher sollte man auf Entsorgungsspezialisten zurückgreifen.

Je neuer das Arbeitsfeld (Beschaffungsobjekt, Markt, Lieferant) ist, um so mehr wird man sich in der Anfangsphase um die Kontrollintensivierung kümmern müssen, um Abweichungen vom Vereinbarten zu vermeiden, um möglichst frühzeitig Maßnahmen der Gegensteuerung zu ergreifen.

(5) Preisstrategien

Üblich als Preisstrategie ist die des Minimalpreises. Man versucht, so viele Leistungen wie möglich zu einem möglichst geringen Preis zu erhalten. Stillschweigend unterstellt man, daß der Gewinn des Lieferanten eigentlich immer zu hoch ist. Es kann auch sein, daß es einem gleichgültig ist, ob und welchen Gewinn der Lieferant macht – Hauptsache man erhält das Benötigte billiger als der Konkurrent. Diese Form der Marktinfantilität schwindet allerdings in den offiziellen Bekundungen der Beschaffungsverantwortlichen. Wie will man nämlich gemeinsam eine Einkaufskostenanalyse durchführen, wenn der Lieferant befürchten muß, daß er durch Offenlegen seiner Kalkulation „bis aufs Hemd ausgezogen“ wird?

Langfristig wird die Fairpreisstrategie kaum zu vermeiden sein, wenn man sich leistungsfähige und zur Leistungsverbesserung motivierte Lieferanten erhalten will. Nicht Preisdiktate sondern Preisverhandlungen, die beiden Partnern im Sinne der Koalitionstheorie nützen, dürften hilfreich sein. Der Lieferant muß Gewinn erzielen, um Desinvestitionen zu vermeiden. Produkt-, produktions- oder organisatonsbedingte Rationalisierungsvorteile können je nach Beitrag des Partners aufgeteilt werden.

Dort, wo Marktpreise bekannt sind (z.B. bei commodities), kann es auch sinnvoll sein, daß man mit Marktdurchschnittspreisen zufrieden ist. Der Verhandlungsaufwand hält sich in Grenzen. Und bei Produkten, die den Endpreis nicht wesentlich beeinflussen, wird es kaum gewinnentscheidend sein, wenn der Konkurrent vielleicht einmal etwas günstiger eingekauft hat.

4.224 Ziel- und Strategiekompatibilitäten

Die Entwicklung von Ziel- und Strategiekategorien ist zwar nicht unwichtig, in unserem Kontext werden die Ziel- bzw. Strategiekategorien aber erst sinnvoll, wenn wir Handlungszusammenhänge zeigen können, wenn sich Handlungskonsequenzen ergeben.

Wir können uns über die horizontale (Einebenen-) oder vertikale (Mehrebenen-) Kompatibilität Gedanken machen. Wir wollen hier aus der Vielzahl der Möglichkeiten nur einige Kompatibilitätsaspekte herausgreifen, die exemplarisch die Denkweise zeigen. Diese „Wenn-Dann"-Überprüfungen dienen der Kontrolle.

(1) Kompatibilitätsüberlegungen zu Beschaffungsfunktions- und –produktzielen

Hier handelt es sich um eine Mehrebenenkompatibilitätsfrage, also darum, was von unten nach oben bzw. umgekehrt zueinander paßt. Daraus erwächst die Frage, was als „Wenn"- und was als „Dann"-Konstrukt zu betrachten ist. In der folgenden Abb. greifen wir auf die generelle Entscheidungsmatrix (Abb. 37) zurück und wählen die top-down-Betrachtung. Wir fragen also, welche Produktziele als Dann-Alternative gewählt werden können, wenn man welches Beschaffungsfunktionsziel wählt:

Funktionsbereichsziele / Instrumentalziele	Kosten senken	Leistung steigern	Risiko senken	Flexibilität steigern
Billigprodukt	X			
Normprodukt	X			X
bewährtes Produkt	X		X	
Spitzenprodukt		X	X	
innovatives Produkt		X		
Spezialprodukt		X		
Katalogprodukt	X		X	X

Abb. 77. Funktionsbereichsziele determinieren Produktziele

Wenn man also vorrangig das Kostensenkungsziel verfolgt, dann dürften sich offenkundig das Billigprodukt, Normprodukt, bewährtes und Katalogprodukt eignen. Das Leistungssteigerungsziel wird eher mit dem Spitzenprodukt, dem Spezialprodukt, dem innovativen und möglicherweise auch dem leistungsbedeutsamen Katalogprodukt erreicht werden können. Für das Risikoreduktionsziel eignen sich vorhandene Lösungen wie das Norm-, Katalog- und das bewährte Produkt. Die Flexibilitätssteigerung kann mit dem auf dem Markt vorhandenen, also dem Norm- und Katalogprodukt umgesetzt werden.

Würden wir eine bottom-up-Betrachtung wählen, dann würden wir die Produktziele als Wenn-Bedingung und die Beschaffungsfunktionsziele als

Alternativen betrachten. Dann würde der Kontrollaspekt im Mittelpunkt der Überlegungen stehen.

(2) Kompatibilitätsüberlegungen zu Beschaffungsobjektzielen als Instrumentalziele und Beschaffungsstrategien

Entsprechend dem zunehmenden Konkretisierungsniveau gilt es nun zu prüfen, welche Zusammenhänge zwischen Instrumentalzielen und Strategien existieren. Dazu wollen wir uns wieder auf die Beschaffungsobjektziele konzentrieren.

Instrumentalziele / Beschaffungsstrategien	Billigprodukt	Normprodukt	bewährtes Produkt	Spitzenprodukt	innovatives Produkt	Spezialprodukt	Katalogprodukt
Entwicklungskooperation				X	X	X	
Modular Sourcing				X	X	X	
Objektnormung	X					X	
Baukastensystem			X			X	
Plattform						X	
Komponentensourcing							X
Badgeengineering			X				
Nullfehlerkonzeption			X	X	X	X	X
local sourcing			X			X	
global sourcing				X	X		
Märktemischung	X	X					X
Märktekonzentration				X	X	X	
single sourcing				X	X	X	X
multiple sourcing	X	X	(X)				
Vorratshaltung	X			X		X	
just-in-time			X		X	X	X
Beschaffungskooperation	X	X					X
Informationsbeschleunigung				X	X	X	
Know-how-Transfer				X	X	X	
Leistungsdelegation			X	X	X	X	
Entsorgungsdelegation	X	X	X	X	X	X	X
Kontrollintensivierung	X	X	X	X	X	X	X
Minimalpreisstrategie	X	X					
Fairpreisstrategie				X	X	X	
Marktdurchschnittspreisstrategie	X	X	X				X

Abb. 78. Zur situationsabhängigen Auswahl von Beschaffungsstrategien

Dieser mühselige Weg der Konkretisierung hat für den Praktiker den Vorteil, daß er die hier vollzogenen Aussagen an seinen Erfahrungen spiegeln kann und sich insbesondere dann mit dieser entscheidungsbezogenen Wenn-Dann-Betrachtung auseinandersetzen kann, wenn diese Hinweise im Widerspruch zu seinen Überlegungen stehen. Und zum anderen wird für Studenten des Faches die Realitätsnähe gesteigert.

Die in der Abb. 78 aufgeführten Zusammenhänge sind möglich. Aus Platzgründen müssen wir auf eine Kommentierung leider verzichten, die Zuordnung dürfte auch selbsterklärlich sein.

(3) Kompatibilitäsüberlegungen zwischen Beschaffungsfunktionszielen und Beschaffungsstrategien

Beschaffungs-funktionsziele / Beschaffungs-strategien	Kosten-senkung	Leistungs-steigerung	Risiko-senkung	Flexibilitäts-steigerung
Entwicklungskooperation	X	X	X	
modular sourcing	X	X		
Objektnormierung	X		X	X
Baukastensystem	X		X	X
Plattform	X		X	X
Komponentensourcing	X	X	X	X
Badgeengineering	X			X
Nullfehlerkonzeption	X	X	X	
local sourcing			X	
international sourcing	X	X	X	X
global sourcing	X	X	X	X
Märktemischung			X	X
Märktekonzentration	X			
single sourcing	X	X		
dual sourcing			X	X
multiple sourcing			X	X
Vorratshaltung			X	X
Just-in-Time	X			
Beschaffungskooperation	X			
Informationsbeschleunigung	X	X	X	X
Know-How-Transfer		X		
Leistungsdelegation	X			
Entsorgungsdelegation			X	
Kontrollintensivierung	X		X	
Minimalpreisstrategie	X			
Fairpreisstrategie		X	X	X
Marktdurchschnittspreisstrategien			X	

Abb. 79. Funktionsbereichsziele determinieren Beschaffungsstrategien

Zum einen ist es möglich, daß man noch einen Kontrollschritt zwischen Funktionszielen und Strategien tun möchte, zum anderen sind Entscheidungssituationen denkbar, die den Zwischenschritt über die Instrumentenebene entbehrlich erscheinen lassen, so daß die vorangehende Zuordnung ausreicht (s. Abb. 79).

Wenn wir die Beschaffungsfunktionsziele als gegeben annehmen und fragen, welche Beschafftungsstrategien dazu passen, dann eigenen sich z. B. für die Leistungssteigerung die Entwicklungskooperationen, weil so die Entwicklungsfähigkeiten mehrerer gebündelt werden können, das Modular Sourcing, weil durch die verantwortliche Kooperation des Lieferanten mit leistungsstarken Vorlieferanten die eigene Produktionskomplexität reduziert wird, das Komponentensourcing, weil so leistungsbekannte Objekte eingesetzt werden können, die Nullfehlerkonzeption, weil z. B. durch Total-Quality-Managementmaßnahmen Leistungsausreißer vermieden werden, das international und global sourcing, weil auf den Weltmärkten nach den besten Lieferanten gesucht werden kann, das single sourcing, weil der ausgewählte Lieferant sich wegen der auch für ihn bedeutsamen Beziehung zum Beschaffer besondere Mühe geben wird, die Informationsbeschleunigung und der Know-how-Transfer, weil dadurch frühzeitig wichtige Informationen dem jeweils anderen Partner zur Leistungsstabilisierung bzw. -steigerung weitergegeben werden, die Leistungsdelegation, weil andere die bisher selbst erbrachte Leistung besser ausführen können, und die Fairpreisstrategie, weil der Lieferant nicht aus Kostengründen zur Qualitätsreduktion gedrängt wird.

(4) Kompatibilitätsüberlegungen zu Produktabsatz- und –beschaffungszielen

Um den Prozeß- oder Wertkettengedanken wieder aufzugreifen, soll an dieser Stelle auf den Zusammenhang zwischen Produktabsatzzielen und Beschaffungsobjektzielen hingewiesen werden (s. Abb. 80).

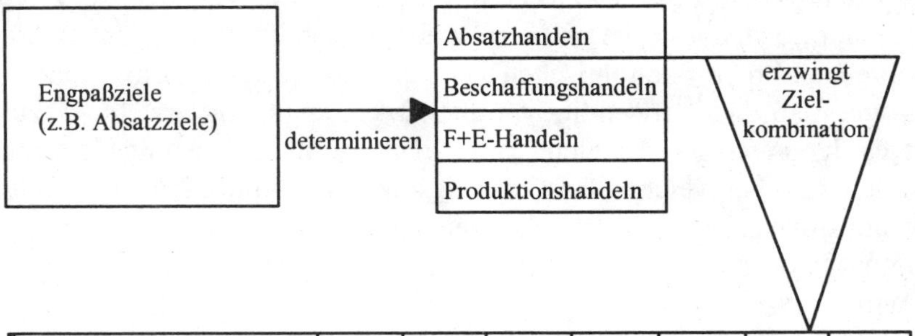

Produktbeschaffungsziele / Produktabsatzziele	Katalog-produkte	Billig-produkte	Norm-produkte	bewährte Produkte	Spitzen-produkte	innovative Produkte	Spezial-produkte
billige Massenprodukte							
Standardprodukte							
solide Produkte							
exklusive Spitzenprodukte							
intelligente Spitzenprodukte							
Pionierprodukte							
Me-too-Produkte							
designorientierte Produkte							
Spezialprodukte							

Abb. 80. Zusammenhang zwischen Produktabsatz- und -beschaffungszielen

Ausgehend von den engpaßbetonten Absatzzielen, die das Handeln in den jeweiligen Funktionsbereichen beeinflussen, soll hier versucht werden, die notwendige Handlungsdifferenzierung deutlich zu machen. Dazu ist es nötig, das Produkt einer Zielkategorie z.B. nach dem Stücklistenverfahren in seine Bestandteile zu zerlegen. Dann gilt es, diese Bestandteile im einzelnen nach dem passenden Beschaffungsobjektziel „einzunorden“. Das bedeutet dann keinesfalls automatisch, daß ein exklusives Produkt zwangsläufig nur leistungsstarke oder spezielle Beschaffungsobjekte erfordert. Entsprechend dem ökonomischen Prinzip muß man vielmehr danach fragen, wie man das Notwendige möglichst kostengünstig ersteht. Dazu bedarf es der Festlegung, welche Beschaffungsobjekte leistungsdeterminierend sind und bei welchen Beschaffungsobjekten ein mittleres oder unteres Leistungsniveau ausreicht. So können z.B. als Hilfs- oder Betriebsstoffe Billigprodukte dienen, wenn dadurch die Leistungsfähigkeit nicht gefährdet wird.

(5) Strategievernetzungen

Neben den vertikalen Kompatibilitätsüberlegungen sind auch *horizontale* möglich. Dies läßt sich an der Bildung von *Strategieketten* gut darstellen. *Modular sourcing* erfordert wegen des komplexen Abstimmungsbedarfes mit anderen Modulen im Regelfalle die *Entwicklungskooperation* (simultaneous engineering). Bei der Verwirklichung eines Moduls wird man im Regelfall großen Wert auf *Nullfehlerkonzeptionen* legen. In neueren Produktionskonzepten bemüht man sich um geringe Transportwege (*local*) und geringe Lagerhaltung (→ just-in-time). Internationale Lieferanten werden akzeptiert. Sollten diese Lieferanten keine Produktionsstätte „vor Ort“ aufbauen wollen, ist zur Vermeidung von Produktionsstörungen *Vorratshaltung* unumgänglich. *Know-how-Transfer* ist unabdingbar. Und damit für beide Vertragspartner während der Vertragszeit eine Win-Win-Situation entsteht, ist eine *Fairpreisstrategie* vonnöten.

Neben diesen inhaltlichen Kompatibilitäten müssen auch Entscheidungsaspekte beachtet werden. Dabei ist folgende Vorgehensweise denkbar:

Festlegung der dominanten Strategie

↓

Hinzufügung weiterer geeigneter Strategien

↓

Zuordnung beschaffungspolitischer Instrumente zu Strategien

Jeder einzelnen Strategie kann man direkt verschiedene Maßnahmen zuordnen. Wir haben hier aus Gründen größerer Realitätsnähe den Gedanken einer „Strategiekaskade“ hinzugefügt. Im Regelfall hat man es nämlich mit mehreren Strategien zu tun. Dabei ist zu klären, welche Strategie als dominant und welche als akzessorisch zu betrachten ist (→ Hierarchieprüfung). Denkbar ist folgende Strategiekaskade:

dominante Strategie:
simultaneous engineering

↓

akzessorische Strategien:
single sourcing
Leistungsdelegation
Know-how-Tansfer
Fairpreis

↓

Maßnahmen

Die Maßnahmenzuordnung erfolgt nun so, daß zuerst nach Maßnahmen geordnet wird, die sich für das simultaneous engineering eignen, und dann geprüft wird, welche weiteren Maßnahmen sich aus den nachfolgenden Strategien ableiten und den erstgenannten harmonisch hinzufügen lassen. Der Vorschlag kann wie in Abb. 81 dargestellt aussehen (die Zahlen der rechten Spalte geben dabei die Bedeutsamkeit der Maßnahmen wieder; 1 = sehr wichtig, 2 = bedeutsam, 3 = wünschenswert. Dabei verweisen wir auf die erst in Abschn. 4.613 erläuterten Maßnahmen):

Produkt-politik	Partnerentwicklung	1
	Lieferantenentwicklung	2
	Neuentwicklung	2
	Leistungsvorschriften	1
Service-politik	F+E Hilfen	2
	Gestaltungshilfen	2
	Lieferzuverlässigkeit	2
	Abnahmezuverlässigkeit	2
	Lieferqualitätseinhaltung	1
	Garantieumfang	2
	Garantiedauer	2
	TQM	1
Bezugs-politik	Bestellmengeneinhaltung	2
	Zentraleinkauf	1
	Einkaufskooperation	3
	Exklusivbezug	2
	Rahmenauftrag	2
	Kapazitätsreservierung	3
Entgelt-politik	Leistungspolitik	1
	Festpreispolitik	2
	Zeitprämie	2
	Lieferanten-Kreditgewährung	3
	Zahlungsterminpolitik	3
Kommunikations-politik	Kontaktbereitschaft	1
	Personenadäquanz	1
	Medienadäquanz	1
	Problemaustausch	1
	Geheimhaltung	2
	Marktinformation	2

Abb. 81. Zur dominanten Strategie "simultaneous engineering“ und einigen akzessorischen Strategien passende beschaffungspolitische Maßnahmen

4.23 Potentiale begrenzen das Beschaffungshandeln

Gleichgültig, ob man kurz- oder langfristig plant, man muß wissen, auf welcher Basis man dies tut. Kurzfristig limitieren nicht vorhandene Potentiale die Entfaltung; es kommt auch vor, daß bereits vorhandene Potentiale, die man mitnutzen kann, das Handeln wesentlich erleichtern. Langfristig stellt sich die Frage, ob es möglich ist, noch nicht vorhandene Potentiale aufzubauen, was dies kostet und was dies nützt. Neben dem *Potentialaufbau* muß auch die Möglichkeit des *Potentialabbaus* bedacht werden. Dies sei hier lediglich wegen des systematischen Zusammenhangs erwähnt; nach der hier gewählten Prozeßstruktur kann dieses Problem eigentlich erst später behandelt werden. Wird über den Zeitraum X (→ Retrospektive) und für zukünftiges Handeln ein bestimmtes Potential nicht benötigt, muß der Potentialabbau geklärt werden. Dies spielt vor allem bei *outsourcing*-Überlegungen eine Rolle, die den Beschaffungsbereich betreffen (z.B. outsourcing von C-Teilen).

Des weiteren kann der *Potentialumbau* notwendig werden. Mit der zunehmenden strategischen Bedeutung der Beschaffung kann sich beispielsweise die Notwendigkeit des Personalumbaus ergeben: Statt des operativen Taktikers gewinnt der strategische Planer an Bedeutung.

Die Potentialanalyse liefert die Basisinformationen über „*Stärken*" und „*Schwächen*" eines Unternehmens, um strategische Entscheidungsprozesse zu fundieren (Hammer 1982, S. 30). Ähnlich formuliert Kreikebaum, wenn er die Potentialanalyse als „Analyse der Ressourcen eines Unternehmens unter dem Gesichtspunkt ihrer Verfügbarkeit für strategische Entscheidungen" (1981, S. 50) umschreibt. Die Potentialanalyse liefert die inhaltliche Basis für das theoretische Konzept den „resource-based-view" (Barney/Arikan 2001, 124 ff.).

Eine derartige Schwächen-Stärken-Analyse ist tendenziell subjektiv. Neben der Faktenauflistung (z.B. Mitarbeiterzahl) geht es um die Faktenbewertung (z.B. Mitarbeiterwissen, -motivation). Dazu braucht man Maßstäbe. Soll man diese absolut setzen (unsere Mitarbeiter sind immer auf dem neuesten Wissensstand)? Soll man sie konkreter auf die gestellte Aufgabe beziehen? Oder soll man dies noch weicher z.B. in Relation zur Konkurrenz formulieren (z.B. unsere Mitarbeiter sind besser motiviert als die unseres nächstbesten Konkurrenten)?

Neben der Ist-Aufnahme geht es auch um die „*Informationspflege*". Eine drei Jahre alte Potentialanalyse kann nur noch historischen Wert haben. So können wichtige, potentialbestimmende Mitarbeiter gekündigt haben oder neue hinzugekommen sein. Dann stellt sich die Frage des *Detaillierungsgrades*. Soll man das Mitarbeiterpotential einer ganzen Abteilung insgesamt gewichten oder soll man beispielsweise die einzelnen Personen betrachten? Wenn man den zweiten Weg wählt, stellt sich die Frage, wie man dann Aggregierungen vornehmen soll. Gleicht ein guter, wichtiger Mitarbeiter zwei schlechte, weniger wichtige Mitarbeiter aus? Kann man die Aufgabe eines guten Mitarbeiters auf einen weniger guten übertragen, um den guten für neue Aufgaben freizustellen?

Und schließlich muß entschieden werden, wer die Bewertungen vornimmt. Auch bewertende Personen tun dies nicht ohne eigene Zielverfolgung. Ein neuer Abteilungsleiter kann bei Arbeitsbeginn eine „Schlechtbewertung" versuchen, um auf einer möglichst niedrigeren Ausgangslage Verbesserungen als seine Leistungen deklarieren zu können. Ohne Mitarbeiterwechsel sei es ihm in zwei Jahren gelungen, durch ständige eigene Schulung Wissen und Motivation seiner Mitarbeiter zu steigern. Prinzipiell kann für die Bewertung gelten, daß man das Potential der Einheiten mißt, die am konkreten Beschaffungsakt beteiligt sind.

4.231 Der Potentialanalyseprozeß

Man kann nun das gesamte Unternehmen auf seine Potentiale (Stärken/Schwächen) abklopfen. Als Strukturgröße können die verschiedenen Funktionsbereiche des Unternehmens dienen. Wohlwissend, daß sich das gesamte Unternehmenspotential nicht allein durch Addition der Potentiale der Funktionsbereiche ergibt (→ Prinzip der Ganzheit/Übersummativität), wollen wir uns dennoch hier auf den Beschaffungsbereich konzentrieren. Den Überlegungen wollen wir die in Abb. 82 enthaltene Struktur voranstellen.

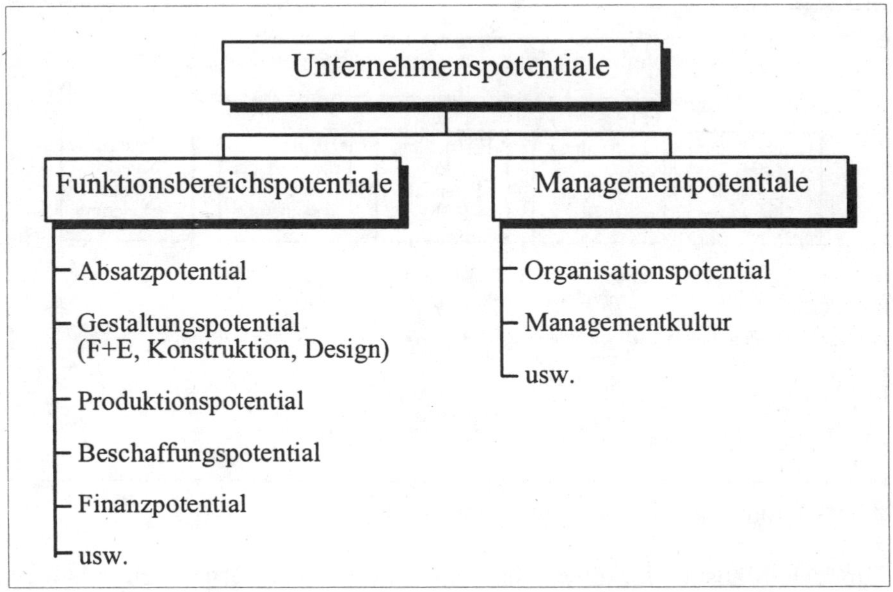

Abb. 82. Unternehmenspotentiale

Es ist sicherlich richtig, daß das hier interessierende Beschaffungspotential auch von anderen Potentialbereichen mitgeprägt wird. Wenn man eine integrierte Planung statt einer sukzessiven unterstellt, dann kann die Beschaffungsplanung wesentlich von der Güte der Absatzplanung usw. abhängen. Fällt es dem Absatzbereich schwer, die marktrelevanten Leistungen und Mengen realitätsnah zu planen, dann kann daraus auch nur eine schlechte Bedarfsmengen- und -leistungsplanung folgen. Ähnliche Überlegungen gelten für die Produktionsplanung. Auch wird sich ein Lieferant eher auf einen ihn langfristig auch in den Konditionen bindenden Rahmenvertrag einlassen, wenn er sich der Zahlung aufgrund des vorhandenen Finanzpotentials relativ sicher sein kann. Mit diesen Hinweisen soll immer wieder deutlich werden, daß isolierte Funktionsbetrachtungen wenig zur Problemlösung taugen.

Alle Funktionsbereiche werden darüber hinaus durch das jeweils unternehmensspezifische Managementpotential beeinflußt. Dazu gehört das aus der Organisationsstruktur folgende Organisationspotential. Zentralität oder Dezentralität, Hierarchie oder Eigenverantwortung sind Stichworte, die man bei der Analyse des Beschaffungspotentials berücksichtigen muß. Dazu gehört auch die jeweilige Managementkultur.

Damit können wir uns dem Analyseprozeß nähern (s. Abb. 83).

Abb. 83. Ein möglicher Potentialanalyseprozeß

Um den Maßstab für diese Stärken-/Schwächenbewertung zu erlangen, empfiehlt sich die Beschreibung der jeweiligen Ausgangslage, die den Hintergrund der Bewertung bildet. Damit unterstellen wir, daß es keine absolute Bewertung, sondern vorrangig nur eine an der Situation orientierte relative Bewertung gibt.

Vor diesem Hintergrund also erfolgt die Aufnahme und Bewertung des Potential-Ist. Verschiedene Potentiale lassen sich kategorial hervorheben. Das Personalpotential erfaßt als Variable die Mitarbeiterzahl, das Mitarbeiterwissen, die Mitarbeitermotivation, die Belastbarkeit usw. Mit dem Personalpotential hängt das Organisationspotential eng zusammen. So mag man über für die jeweilige Aufgabe gute Mitarbeiter verfügen, wenn man ihnen jedoch keine Entfaltungsmöglichkeiten gibt, dann wird das Koalitionsgleichgewicht gestört. Oder man könnte geringer qualifizierte und damit billigere Mitarbeiter wählen. Die bereits geschilderte Team- oder Projektorganisation ermöglicht eine bessere Entfaltung vorhandener Personalpotentiale. Als Sachpotential wollen wir die Ausstattung mit Geräten (z.B. EDV-Ausstattung), Instrumenten (z.B. Datenbänke), Anlagen (z.B. Lager und Transportanlagen) erfassen. Das Finanzpotential begrenzt oder erweitert die zahlungsverpflichtenden Handlungsspielräume. Das Imagepotential beschreibt das Ansehen, das der Beschaffer auf dem Beschaffungsmarkt genießt. Das Image besitzt mehrere Facetten. Es kann durch das Ansehen gespeist werden, das aus den abgesetzten Produkten resultiert. Die Marktgröße kann bedeutsam sein. Der Verläßlichkeits- oder Soliditätseindruck als Partner gewinnt zunehmend an Bedeutung. Bei einem "Axt-im-Walde-Image" wird man mit der Forderung nach einer kooperativen Einkaufskostenanalyse wohl kaum durchkommen. Und schließlich sollte man auch im Beschaffungsbereich das aus dem Absatzbereich resultierende marktbezogene Planungspotential erwähnen. Eine schlechte Absatzplanung kann nur unter hohem Aufwand durch Beschaffungsmaßnahmen (z.B. Stornierungskosten, Eilbestellungen) aufgefangen werden. Diese Kosten müssen dem Absatzbereich angelastet werden, um ihn zu unternehmensoptimalen Planungen zu zwingen.

Das Potential-Soll listet nun das für die Planungsphase Wünschenswerte auf. Dies ergibt sich aus der Zielsetzung. Mit der Methode des Zero-Base-Budgeting ist eine prioritätsorientierte Neufestlegung des Kostenbudgets möglich. Wir gehen davon aus, daß entsprechend dem geschilderten Ausgleichsgesetz der Planung (Gutenberg 1983, S. 163 ff.) der Engpaß definiert und dies dann auf Maßnahmenkonsequenzen heruntergebrochen wurde. Diese zielbedingten "Solls" können sich in Quantitäts- und/oder Qualitätsänderungen niederschlagen. Änderungen bedeuten hierbei nicht unbedingt ein Mehr; auch ein Weniger, ebenso etwas anderes ist möglich.

Eng mit der zielorientierten Ableitung von "Solls" ist die Wirkungsprognose der Potentialveränderung verbunden. Diese Wirkungsprognose enthält zwei Facetten. Zum einen muß eine Input-Prognose erstellt werden. Was kostet die Potentialveränderung? Und zum anderen interessiert die Output-Prognose. Was bewirkt diese Potentialveränderung an Qualitäts- oder Quantitätssteigerung, an Flexibilitätszunahme, an Risiko- und an Kostenreduktion? Insgesamt müssen diese Antworten das Lohnende der Potentialänderung deutlich machen. Diese Wirkungsprognose kann nicht allein mit dem bekannten Verfahren der Investitionsrechnung erstellt werden, weil in vielen Fällen die Wirkung „weicher" Maßnahmen vorhergesagt werden müssen. Man wird sich mit Prognosen auf Plausibilitätsniveau begnügen müssen. Wird dies auf hohem Kenntnisniveau (Erfahrungsniveau) realisiert, gewinnt die Prognose an Validität.

Daraus können sich dann die einzelnen Maßnahmen ergeben. Im Rahmen der Personalpotentialsteigerung kann dies z.B. bedeuten, daß man neue, besser qualifizierte Mitarbeiter einstellt, daß man Mitarbeiterschulungen durchführt, daß man über einen Führungsstilwechsel zu vermehrter Mitarbeitermotivation beiträgt. Diese Überlegungen gelten für alle geschilderten "Potential-Ists", soweit Veränderungen für notwendig erachtet werden.

4.232 Methoden der Potentialanalyse

Den methodischen Überlegungen wollen wir wiederum ein allgemeines Tableau geeigneter Methoden voranstellen (s. Abb. 80/Ernst 1996):

Methodengruppeneignung in der Potentialanalyse

Informationsgewinnungsmethoden	Sekundärerhebung interner Dokumente	Sekundärerhebung externer Dokumente	Primärbefragung	Primärbeobachtung	Primärexperiment	Primärpaneluntersuchung					
Analysemethoden	Nicht-statistische allgemeine heuristische Analyseprinzipien	Nicht-statistische analysierende Ordnungsmethoden	Nicht-statistische Analysemethoden der Problemspezifizierung	Nicht-statistische Analysemethoden der Systemanalyse	Nicht-statistische qualitative Analysemethoden	Nicht-statistische quantitative Analysemethoden					
	Statistische deskriptive univariate Methoden	Inferenzstatistische univariate Methoden	Statistische deskriptive bivariate Methoden	Statistische bivariate Methoden zur Unterschiedshypothesenprüfung	Statistische bivariate Methoden zur Zusammenhangsprüfung	Statistische deskriptive multivariate Methoden	Statistische multivariate Methoden der Dependenzanalyse	Statistische multivariate Methoden der Interdependenzanalyse			
Prognosemethoden	Quantitative extrapolierende Zeitreihenmethoden	Quantitative dekomponierende Zeitreihenmethoden	Quantitative Zeitreihenwachstumsmethoden	Quantitative autoregressive Zeitreihenmethoden	Quantitative kausale Regressionsmethoden	Quantitative kausale ökonometrische Methoden	Quantitative kausale Indikatormethoden	Qualitative Erhebungsmethoden	Qualitative Kreativitätsmethoden	Qualitative "Spezialmethoden"	Qualitative Prospektivmethoden
Problemerkennungsmethoden	Methoden der Identifikation problematischer Bereiche	Methoden der Erkennung realisierter Soll-Ist-Abweichungen	Methoden der Erkennung potentieller Soll-Ist-Abweichungen	Methoden der strategischen Planung	Methoden zur Identifikation von Terminen für Anschlußentscheidungen						
Alternativengenerierungsmethoden	Informationsgewinnungsmethoden	(Intuitives) Brainstorming und Varianten	(Intuitives) Brainwriting und Varianten	(Intuitive) Methoden der schöpferischen Konfrontation	Logisch-diskursive Methoden der schöpferischen Orientierung	Logisch-diskursive Methoden der systematischen Strukturierung					
Bewertungsmethoden	Methoden der Prioritätensetzung u. Gewichtung	Ermittlungsmethoden bei einer Zielgröße	Verbale Ermittlungsmethoden bei mehreren Zielgrößen	Graphische Ermittlungsmethoden bei mehreren Zielgrößen	Numerische Ermittlungsmethoden bei mehreren Zielgrößen	Extremierungs- und Optimierungsmethoden	Methoden zur Kontrolle der Bewertungsstabilität				
Auswahlmethoden	Auswahlregeln bei Sicherheit und einer Zielsetzung	Auswahlregeln bei Sicherheit und mehreren Zielsetzungen: Dominanz- und nicht-kompensatorische Regeln	Auswahlregeln bei Sicherheit und mehreren Zielsetzungen: Kompensatorische Regeln	Dominanzregeln bei Unsicherheit	Regeln bei Risiko	Regeln bei Ungewißheit	Kollektive Auswahlregeln	Unterstützende Methoden			
Kontrollmethoden	Methoden zur (Kontroll-) Istwertermittlung	Methoden zur (Kontroll-) Sollwertermittlung	Methoden zur (Kontroll-) Wirdwertermittlung	Ergebnisorientierte Kontrollwertvergleiche	Ergebnisorientierte Planungs- und Kontroll-(wertvergleichs-)rechnungen	Ergebnisorientierte spezielle Anwendungen	Prozeßorientierte Kontrollwertvergleichsmethoden	Allgemeine Analysemethoden zur Abweichungsanalyse	Planungsorientierte Abweichungsanalysen	Heuristische Abweichungsanalysen	

☐: gut geeignet ▒: bedingt geeignet ☒: nicht geeignet

Abb. 84. Methoden in der Potentialanalyse

Da Potentialanalysen im Beschaffungsbereich eher selten sind, empfiehlt sich ein kurzer Überblick über einige ausgewählte Methoden. Wir wollen einige *numerische* und *graphische* Ermittlungsmethoden darstellen.

(1) Numerische Bewertungsmethoden
Wir wollen Checklisten, Benotungs- und Punktbewertungsverfahren herausstellen. Eine Checkliste ist eine Prüfliste, welche die Prüfinhalte, die man für wichtig hält, auflistet. Eine bewertende Checkliste kann so aussehen:

Bewertung / Kriterium	gut	mittel	schlecht
Personalpotential			
.....	X		
.....			X
Organisationspotential			
.....	X		
.....		X	
Sachpotential			
.....	X		
.....			X
usw.			

Abb. 85. Eine mehrstufige Checkliste

Diese Checkliste kann in der Bewertung differenziert werden. Beim Benotungsverfahren kann man beispielsweise Schulnoten (1 = sehr gut ... 5 = mangelhaft) vergeben. Berücksichtigt man die Zielsetzung, dann lassen sich auch Grenzwerte fixieren, an denen man Potentialveränderungen vornehmen muß.

Noch weiter läßt sich die Vorgehensweise mit Hilfe von Punktbewertungsverfahren (Scoring-Modellen) verfeinern. Die Kriterien werden unter Beachtung der Zielsetzung teilgewichtet. Anschließend bewertet man die Ausprägungen der Kriterien. Durch Multiplikation von Teilgewichten mit dem Kriteriumswert erhält man einen spezifischen Punktwert. Die Addition der Punktwerte der Teilkriterien führt dann zum Gesamtwert eines Kriteriums (z.B. Personalpotential), wie dies beispielhaft in Abb. 86 dargestellt wird. Die aufgelisteten Teilkriterien spezifizieren die bereits in Abb. 83 erwähnten Potentialaspekte.

Obwohl dies immer wieder geschieht, erscheint es als wenig sinnvoll, auch noch alle Kriterienwerte zu addieren – man addiert nämlich Äpfel und Tafelkreide. Dieses Verfahren schafft Bewertungstransparenz, Kollege A kann feststellen, weshalb Kollege B zu einem positiveren Ergebnis als er selbst gelangt ist. Nicht übersehen werden sollte auch, daß man hier auch mit Scheingenauigkeiten operiert – die Multiplikation und Addition subjektiver Bewertungen führt nicht zu einem objektiven Urteil.

Kriterium \ Bewertung	Teilgewicht z.B.	Einzelgewicht z.B.	Einzelwert 5: sehr gut 1: schlecht	gewichtete Einzelwerte	mit Teilgewicht bewertet	Gesamtwert
Personalpotential	3					
* Zahl der Mitarbeiter		2	2	4	12	
* Mitarbeiterwissen		3	3	9	27	93
* Mitarbeitermotivation		3	4	12	36	
* Mitarbeiterflexibilität		2	3	6	18	
* usw.						
Organisationspotential	2					
* Entscheidungsfreiraum		5	1	5	10	30
* Teamorientierung		5	2	10	20	
* usw.						
Sachpotential	1					
* Geräteausstattung		4	2	8	8	
* Instrumentenausstattung		4	2	8	8	24
* Lagerpotential		2	4	8	8	
* usw.						
Finanzpotential	1					
* Cash-flow		3	4	12	12	
* Gewinnsituation		4	3	12	12	36
* Verschuldungsfähigkeit		3	4	12	12	
* usw.						
Imagepotential	1					
* Absatzimage		4	4	16	16	
* Soliditätsimage		3	4	12	12	37
* Größenimage		3	3	9	9	
* usw.						
Planungspotential	2					
* Absatzplanungsgüte		6	1	6	12	28
* Produktionsplanungsgüte		4	2	8	16	
* usw.						

Abb. 86. Ein Scoring-Modell

(2) Graphische Bewertungsmethoden

Verschiedene Formen von Profildarstellungen und Portfolio-Matrizen eignen sich zur Visualisierung der vorgenommenen Bewertungen. Wir wollen uns hier mit dem *Polaritätsprofil* und dem Polarprofil begnügen.

Die Form eines Polaritätsprofils weist das in Abb. 87 dargestellte Stärken-Schwächenprofil auf:

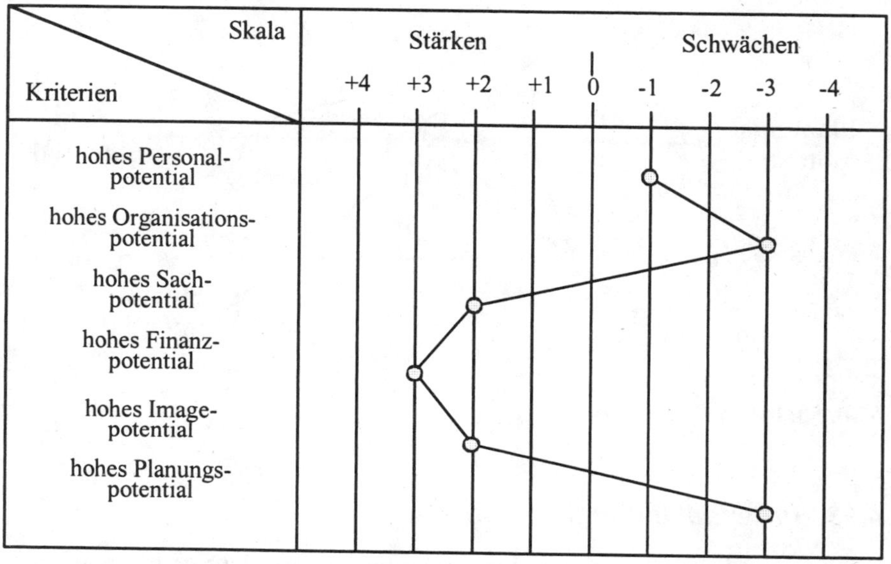

Abb. 87. Ein mögliches Potentialprofil als Polaritätsprofil

Diese Bewertung kann sich aus dem Vergleich des gedachten Solls mit dem erlebten Ist ergeben. Hier hat man das Soll selbst gesetzt. Es ist auch möglich, das Soll einer neuen Aufgabenbewältigung am Besten der Branche oder dem Besten, den man kennt (→ best practice), zu spiegeln. Statt der Oberbegriffe, die hier Bewertungsgesamteinheiten ergeben, ist es auch möglich, die Teilaspekte aus Abb. 86 aufzulisten und sie zu bewerten.

Beim *Polarprofil* werden die einzelnen Kriterien strahlenförmig von einem Punkt aus geordnet und die Bewertungen von diesem gemeinsamen Koordinatenursprung aus aufgetragen.

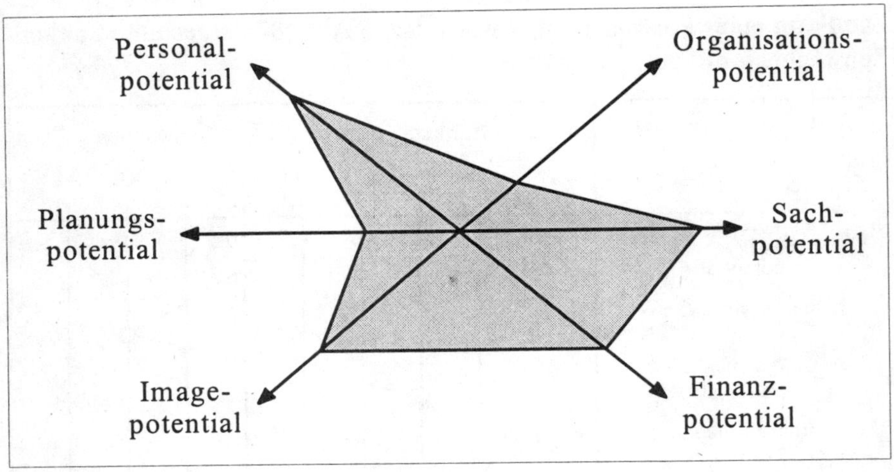

Abb. 88. Ein mögliches Polarprofil

4.233 Potentialabhängigkeiten

Entsprechend dem gewählten Entscheidungsbezug reicht es nicht aus, die einzelnen Potentialinhalte zu kategorisieren; wir wollen auch fragen, wann denn welche Potentiale bedeutsam sind. Dazu greifen wir auf die schon erläuterten Beschaffungsobjektziele zurück. Diese Wenn-Bedingungen können um weitere Beschaffungsobjektmerkmale ergänzt werden.

Bedingungen / Potentiale	Billigprodukt	Normprodukt	bewährtes Produkt	Spitzenprodukt	innovatives Produkt	Spezialprodukt	Katalogprodukt	usw.
Personalpotential	X	(X)	X	X	X	X	X	
Organisationspotential				X	X	X		
Sachpotential				X	X	X		
Finanzpotential				X		X		
Imagepotential				X		X		
Planungspotential				X		X		

Abb. 89. Potentialabhängigkeiten

Personalpotential, wenn auch in unterschiedlicher Intensität und mit unterschiedlichem Wissensschwerpunkt, benötigt man bei den verschiedensten Bedingungen; bei Normprodukten kann es vielleicht am geringsten ausgeprägt sein. Ein besonderes *Organisationspotential* wird bei Billigprodukten, bei Normprodukten, bei Katalogprodukten und bewährten Produkten weniger als in den anderen Fällen erforderlich sein, weil hier die Erfolgssteigerungspotentiale am geringsten sind. Bei Spitzen-, innovativen und Spezialprodukten benötigt man Geräte und Instrumente (*Sachpotential*). Das *Finanzpotential* ist zum einen mengenbezogen (z.B. Vorratskäufe) und zum anderen bei Spezial- und Spitzenprodukten notwendig, um die Lieferanten zum Fertigen zu bewegen. Ähnliches gilt für das *Imagepotential*. Man tritt leichter in Lieferantenverhandlungen bei Spitzen-, innovativen und Spezialprodukten, wenn man über ein ausgezeichnetes Image (z.B. Absatzimage) verfügt. Das absatzbezogene *Planungspotential* ist schließlich bei Spitzen- und Spezialprodukten besonders wichtig, um die Planungsarbeit des Lieferanten zu erleichtern.

In der konkreten Situation ist es nun möglich, ein produktzielspezifisches *Normprofil* zu erstellen, dieses mit dem Ist-Profil zu vergleichen, um dann Änderungsmaßnahmen zu planen und einzuleiten. Die Abb. 90 zeigt als Beispiel ein derartiges Normprofil:

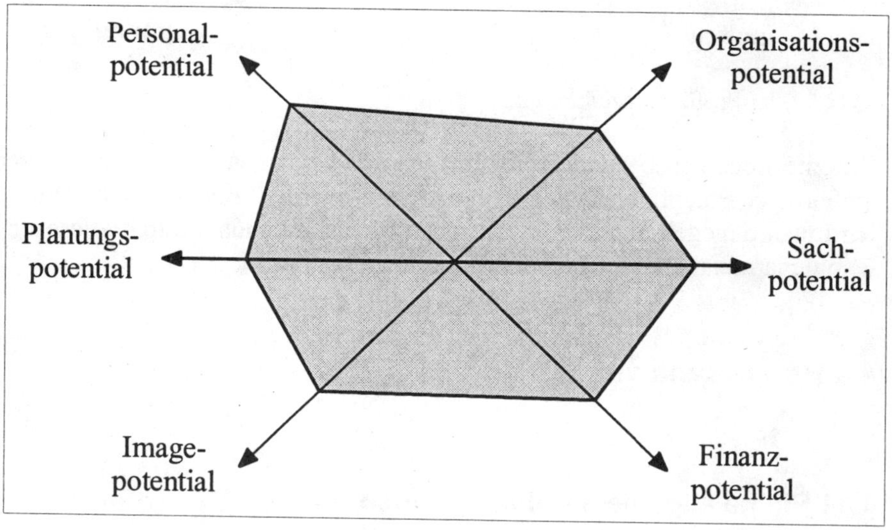

Abb. 90. Normprofil „Spezialprodukt“

Das hypothetische Ist-Profil könnte so aussehen:

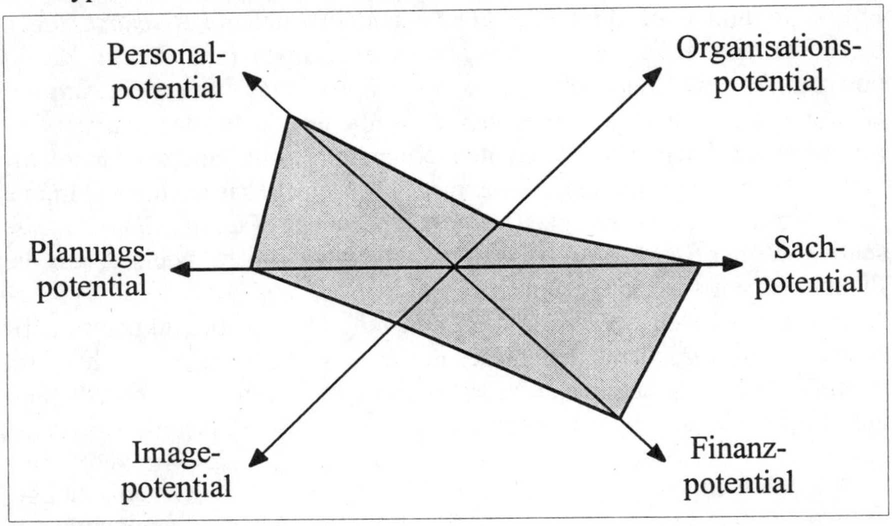

Abb. 91. Ist-Profil „Spezialprodukt“

Defizite liegen insbesondere im Image- und Organisationspotential. Hier muß an der Potentialverbesserung gearbeitet werden. Potentialüberschüsse wird man dagegen nur in den seltensten Fällen abbauen, da man diese Potentiale ja meist auch in anderen Situationen benötigt.

4.3 Bedarfsanalyse

4.31 Einige allgemeine Überlegungen

Üblicherweise beginnt das Beschaffungsdenken und –handeln in Unternehmen mit der Feststellung des Geforderten. Wird dann auch das von anderen Abteilungen (z.B. Konstruktion) Geforderte „fotographisch“ in eine „1:1- Bestellung“ transponiert, dann stellt sich die Frage, ob man die Beschaffung überhaupt benötigt. Zielabstimmungsprozesse finden nicht statt, Konstruktions-, Produktions- oder andere Ziele werden hier einfach übernommen. Die Beschaffungsabteilung degeneriert zur Bestellschreibabteilung. Das kann an der Beschaffungsabteilung (→ Organisationsproblem) oder an der Dummheit der Mitarbeiter (→ Kompetenzproblem) liegen. Es ist nicht ganz auszuschließen, daß das eine vom anderen abhängt. Aber selbst dann, wenn kompetente Mitarbeiter etwas bewegen wollen, sie allerdings am bequemlichkeitsbedingten Widerstand der Konstruktionsabteilung scheitern, stellt sich die Frage nach dem Nutzen der Beschaffung. Wenn der Konstrukteur eines Anlagenbauers in seine Planung den Motor eines Lieferanten ohne Änderungsmöglichkeit einplant, dann kann der Einkäufer sich mit dem Lieferanten allenfalls über Mengen und Termine unterhalten; der Verkäufer, der meist die Planung auch kennt, lehnt sich gemütlich zurück, wenn der Einkäufer auf das Preisthema kommt und winkt ab usw. Aus dem Absatzmarketing ist es ja durchaus bekannt, daß man Gatekeeper, Beeinflusser usw. anspricht, damit diese ihren Einfluß auf die Auswahl geltend machen. Diesem organisatorisch bedingten Verschenken von Erfolgspotentialen muß ein Riegel durch Alternativentransparenz und Erfolgsverantwortlichkeit vorgeschoben werden.

Mehr Verantwortung erhält die Beschaffung, wenn man sie in der Funktion des *Konkretisierers* benutzt. Aufgabe der Beschaffung ist es dann, grobe Vorgaben umzusetzen. Auch dieses Arbeitsverständnis ist nicht ganz unproblematisch. Was bei der Beschaffung von Schreibgeräten noch angehen mag, versagt bei komplexeren Beschaffungsobjekten. Zum einen setzt dies fundiertes technisches Wissen des Beschaffers auf ähnlichem Niveau wie das des Konstrukteurs usw. voraus, und zum anderen wird auch hier das Denken in Alternativen deshalb wenig gefördert, weil der Einkäufer nicht in den Entwicklungsprozeß integriert wurde.

Will man also das gesamte mögliche Erfolgspotential, das in der Unternehmensversorgung liegt, nutzen, dann kommt man kaum an einer *teamorientierten* Bedarfsgenerierung vorbei. Die Beteiligung der Beschaffung am Entwicklungsprozeß von Anfang an eröffnet die Möglichkeit, durch Prüfung der möglichen Alternativen Lösungen entsprechend dem ökonomischen Prinzip zu finden.

Bei der Bedarfsanalyse gemachte Fehler ziehen sich durch das gesamte Beschaffungshandeln, noch so fein gesponnene Anreiz-Beitragsmaßnahmen bei den Lieferantenverhandlungen können falsche Bedarfsfixierungen nicht mehr rückgängig machen. Deshalb müssen wir uns diesem Bereich intensiv zuwenden. Es wird sich zeigen, daß die in diesem Abschnitt zu entwickelnden Bedarfsanforderungen den gesamten weiteren Prozeß des Entscheidungsunterstützungssystems beeinflussen. Insofern bildet die Bedarfsanalyse den zentralen Punkt des gesamten Beschaffungsprozesses.

Die Denkweise folgt dem in Abb. 92 angedeuteten Ablaufmuster.

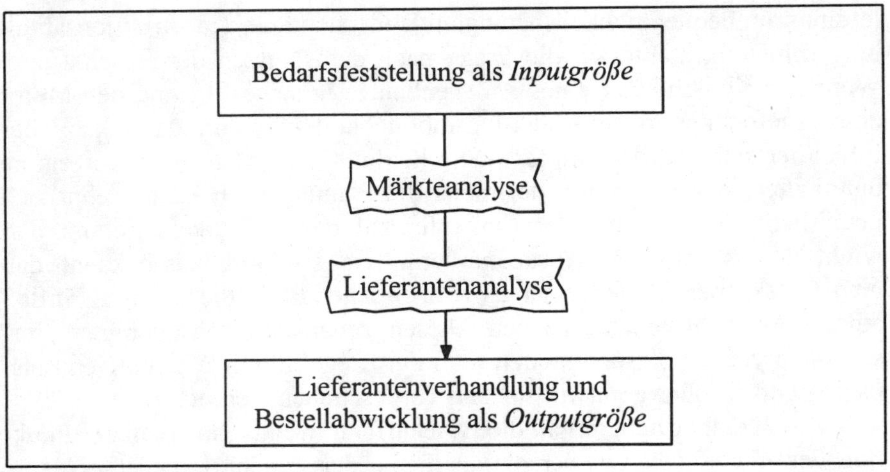

Abb. 92. Beschaffung als Input-Outputprozeß

Ein falscher Input kann allenfalls zufällig vernünftigen Output ermöglichen. Um so erstaunlicher ist die Tatsache, daß man sich in der Literatur eher stiefmütterlich um die Bedarfsanalyse kümmert.

Spezifischeren Fragen seien einige allgemeine vorangestellt. Wir können uns auf vier große Fragenkomplexe konzentrieren:

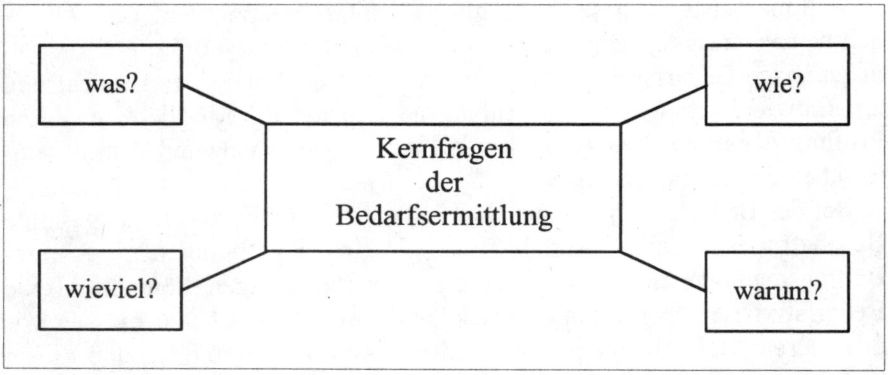

Abb. 93. Kernfrage der Bedarfsermittlung

Die Antworten, die auf diese Fragen gegeben werden, gleichen häufig Leerformeln. Deshalb seien einige grundsätzliche Fragen hinzugefügt, gleichsam um sie im Hinterkopf bei der weiteren Bedarfsklärung zu behalten:

- Die Notwendigkeitsfrage
  - ist das überhaupt nötig?
  - ist nicht auch weniger möglich?
  - warum kann darauf nicht verzichtet werden?
- Die Alternativenfrage
  - was kann man anders machen?
  - was hat das Andersmachen für Auswirkungen?
  - sind die Auswirkungen gewünscht?
- Die Kundenfrage
  - nimmt der Kunde die Erfüllung der Bedarfsanforderungen überhaupt wahr?
  - ist die Bedarfsanforderung für den Kunden wichtig?
  - wird der Kunde die Realisierung der Bedarfsanforderungen auch honorieren?

Wenn wir nochmals die Aufgabe der Fremdbedarfsdeckung hervorheben und darauf hinweisen, daß sie unter Beachtung des ökonomischen Prinzips zu erfolgen hat, dann wird man diese Frage bei jeder Einzelfallentscheidung prüfen müssen.

4.32 Bedarfszusammenhänge

Basierend auf dem Modell der Anreiz-Beitrags-Theorie greifen wir auf die Grundpfeiler des Beziehungsgefüges zwischen Beschaffer und Lieferant zurück, wie aus Abb. 94 hervorgeht.

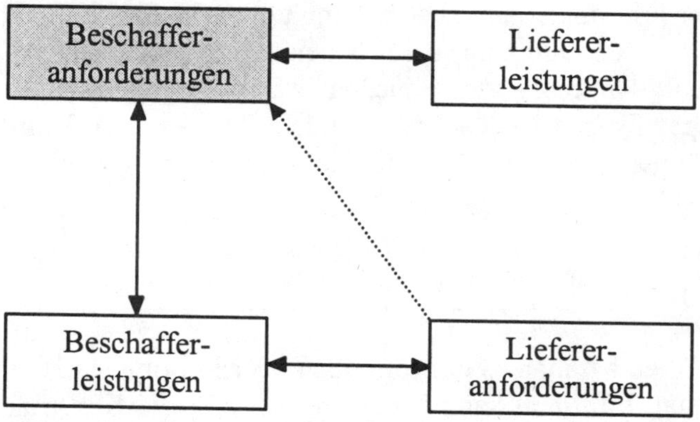

Abb. 94. Das bipolare Beziehungsgefüge zwischen Beschaffer und Lieferer als Bedarfsrealisationsbasis

Primär geht es um die Ermittlung der Beschafferanforderungen. Um dies entsprechend dem ökonomischen *Minimalprinzip* (gewünschtes Ergebnis mit geringstmöglichem Input) zu realisieren, müssen wir den Blick weiten. In der *Interaktionsbeziehung* lieferndes-beschaffendes Unternehmen fungiert der Beschaffer als Bedarfsagent. Dies soll die Abb. 95 ausdrücken:

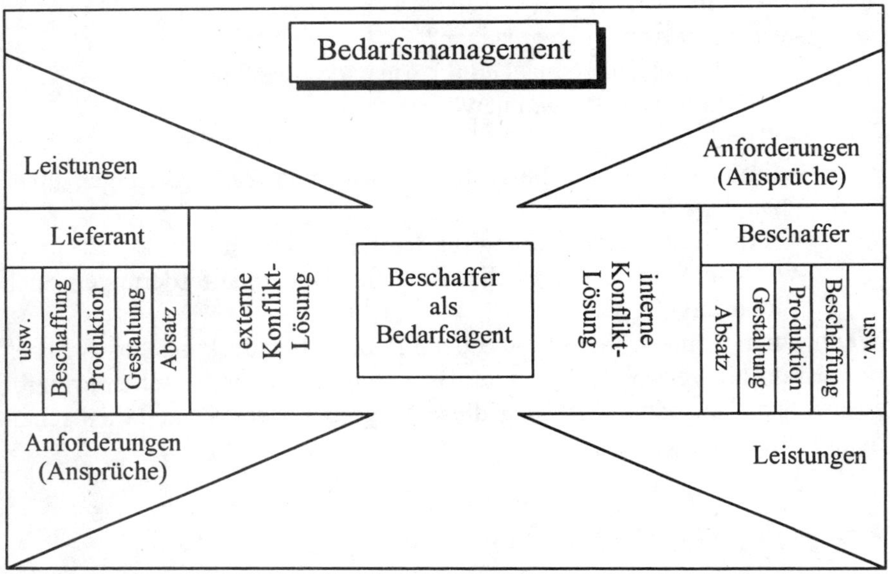

Abb. 95. Bedarfsmanagement als Agententätigkeit

An der Formulierung der Anforderungen (Ansprüche) sind in Abhängigkeit von der jeweiligen Aufgabenstellung unterschiedliche Funktionsbereiche beteiligt. Jeder Funktionsbereich neigt dazu, nach seinem funktionsspezifischen Optimum zu suchen. Das ergibt sich aus dem funktionsspezifischen Denken und Handeln. Das kann zu Konflikten führen. Wir können dabei von folgender Konfliktkette ausgehen:

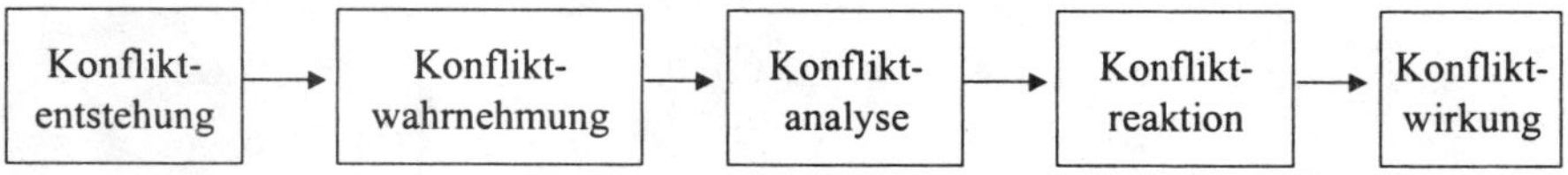

In vielen Fällen hat man es mit formellen oder informellen Hierarchiekonflikten zu tun. Informell kann bedeuten, daß z.B. die Konstruktionsabteilung wegen ihrer historischen Bedeutung meint, sich jeweils kompromißlos durchsetzen zu müssen. Auf die Lösung dieses Konfliktes durch Team- oder Projektmanagement wurde bereits verwiesen. Möglicherweise transparenter ist die Analyse und Lösung von Sachkonflikten, die sich aus unterschiedlichen Sichtweisen, Zielen und Instrumenten ergeben können.

Auch hier trägt wieder das Lernen im Team zu besseren Konfliktlösungen im Zeitablauf bei. Es kann sich hierbei um Einfach- oder Mehrfachkonflikte handeln. Abb. 96 zeigt ein funktionsbezogenes Strukturgitter möglicher Konfliktbeziehungen:

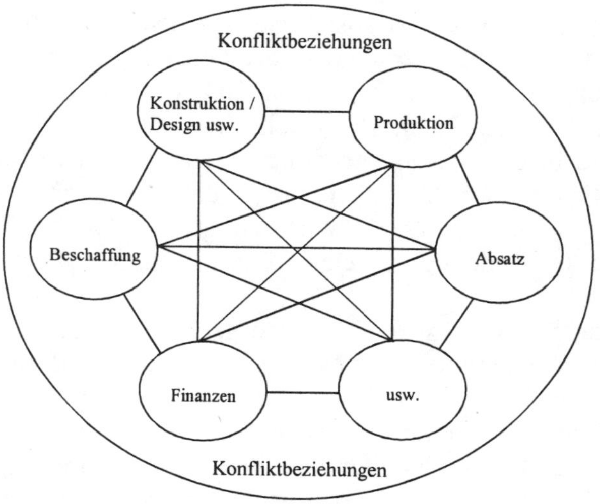

Abb. 96. Funktionenkonflikte

Wir werden uns später im Detail über die inhaltliche Konfliktlösung Gedanken machen müssen.

Den gemeinsam ermittelten *Anforderungen* stehen die möglichen *Leistungen* des Lieferanten gegenüber. Eine Hauptaufgabe des Bedarfsagenten besteht darin, die Realisationsmöglichkeit nicht ganz aus dem Auge zu verlieren. Der Pfad restriktiver Einflußnahme ist schmal. Allzuschnell wird auf die Unmöglichkeit der Anforderungsrealisierung verwiesen, weil es dies oder jenes noch nicht gibt. So sind Innovationen durch Verweis auf das Vorhandene kaum möglich. Hier spielen neben der Erfahrung des Bedarfsagenten auch seine Informationen über das Vorhandene eine Rolle – sie kann er in die Diskussion mit einbringen, so daß gemeinsam Realisationsschwierigkeiten oder -möglichkeiten erörtert werden können. Wichtig ist somit, daß lieferantenbedingte Chancen und Risiken der Realisation in die Diskussion eingebracht werden.

Die *Anforderungs-Leistungs*betrachtung wird unterlegt durch eine *Leistungs-Anforderungs*betrachtung. Zum einen kann es sich an dieser Stelle um die interne Erhebung der eigenen Leistungen handeln, die man dem Lieferanten anbieten muß/kann/will. Sie ergeben sich zunächst aus den vorhandenen *Potentialen*. Dabei interessieren nicht nur die Beschaffungspotentiale, sondern alle Potentialbereiche des Unternehmens. Neben der

Feststellung, was man anbieten *kann*, interessiert des weiteren, was man aus diesen Potentialen anbieten *will*. Zum einen spielt die eigene Nutzung eine Rolle. Sind Kapazitäten frei? Wenn dies nicht der Fall ist, will man sie für die Lieferantenverhandlung freimachen? So können alle Funktionsbereiche als Profit-Center für sich und andere aktiv werden. Dazu muß man wissen, was die Leistung kostet und was sie bewirkt. An dieser Stelle interessieren zunächst die *Kosten* der Leistungen. In den späteren Lieferantenverhandlungen wird dann zu prüfen sein, was die Leistungszurverfügungstellung *bewirken* kann, ob es sich vielleicht lohnt, die eigene Leistungsinanspruchnahme zugunsten der Lieferantenzurverfügungstellung zurückzustellen. Diesem Gedanken wird in den wenigsten Fällen systematisch in der unternehmerischen Praxis gefolgt. Und damit fehlt ein großer Baustein im Gebäude des anreiz-beitragsorientierten Beschaffungshandelns.

Die Wirkungen des Angebots werden geprägt von den *Anforderungen* des Lieferanten. Zum einen geht es um die evidenten Anforderungen, also um das, was der Lieferant in der späteren Verhandlung wünscht. Darüber hinaus sollte man auch an latente Anforderungen denken, also daran, was der Lieferant bei umfassender Analyse seines Unternehmens und in Anbetracht der Beschafferanforderungen eigentlich wünschen könnte. Auch hier können wir es ja mit Informationsasymmetrien zu tun haben. Die Anforderungen des Lieferanten wollen wir an dieser Stelle noch nicht untersuchen. Auf sie werden wir im Rahmen der Lieferantenanalyse eingehen (s. Abschn. 4.513.3).

4.33 Bedarfsanforderungen

Wie die Arbeit von Schlesinger (1991) zeigt, führt der Blick in die deutsche Literatur nur zu enttäuschenden Ergebnissen. Auch die jüngere Literatur (z.B. Arnold 1997, S. 133 ff.) fällt in Anbetracht der Bedeutung dieses Entscheidungsbereichs erstaunlich begrenzt aus. Ebenso gibt das häufiger erwähnte „Materialwirtschaftliche Optimum" („richtige" Qualität, Menge, Ort, Zeit, Preis) allenfalls Anhaltspunkte, in welchen Bereichen sich Bedarfsanforderungen konkretisieren lassen, ansonsten tendiert der Aussagewert gegen Null, wenn man den Entscheidungsbezug in den Mittelpunkt stellt. Im Gegensatz dazu ist die englischsprachige Literatur gehaltvoller (Ammer 1980; Baily/Farmer 1979; Colton/Rohrs 1985; Dobler/Lee/Burt 1984; Heinritz/Farrell 1981; Westing/Fine/Zenz 1976).

Für die komplizierte Bedarfsfindung empfiehlt sich wieder eine spezifische Prozeßstruktur. Der Vorteil einer solchen Prozeßstruktur liegt offenkundig in der Entzerrung von Sachverhalten, die miteinander verwoben sind, aber eben nacheinander geprüft und entschieden werden sollten. Hier wie auch an anderen Stellen soll zudem wieder deutlich werden, daß ein allgemeiner Rahmen dazu dient, um sich innerhalb dessen in der konkreten unternehmensspezifischen Situation bewegen zu können. Die Prozess-struktur ist in Abb. 97 abgebildet.

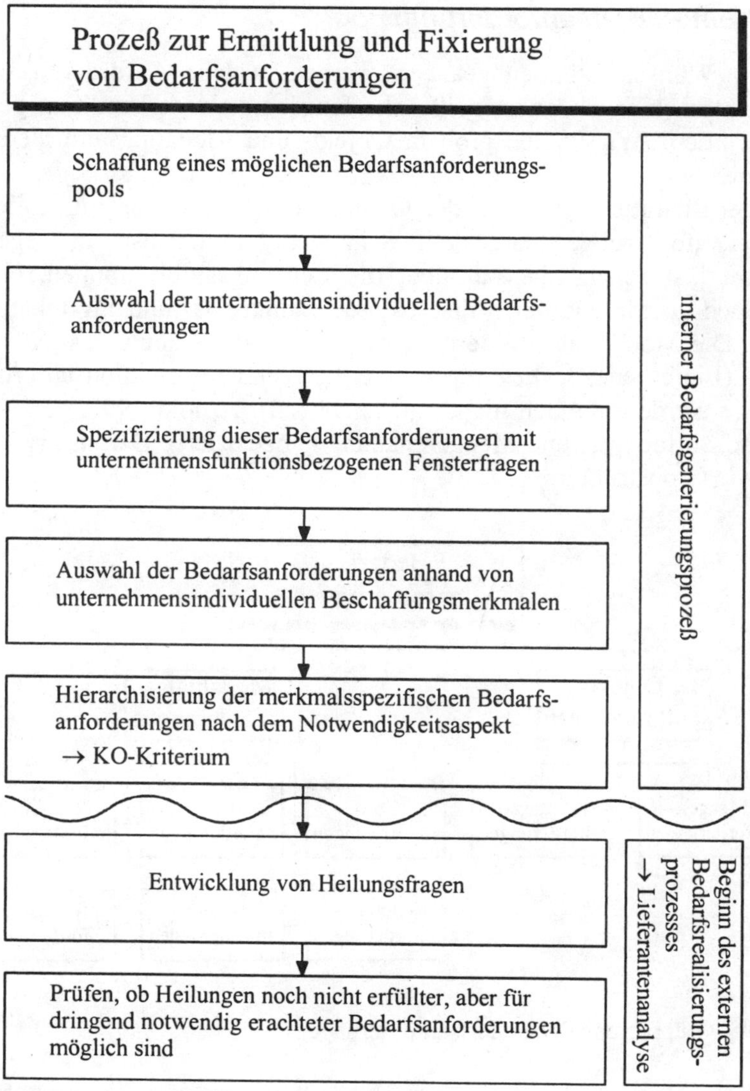

Abb. 97. Bedarfsanforderungsgewinnungsprozeß

Den Prozeß zur Gewinnung von Bedarfsanforderungen haben wir in zwei Stufen eingeteilt: Der *interne* Bedarfsgenerierungsprozeß erfaßt das „Sichdarüber-klar-werden", was man benötigt; dann beginnen in einem gleitenden Übergang bereits Fragen, die sich mit der externen Konfliktlösung befassen, ohne daß dies schon unmittelbar in Lieferantenverhandlungen mündet. Sie leiten unmittelbar in die Lieferantenanalyse über.

4.331 Ein Bedarfsanforderungspool

Welche Wünsche können geäußert werden, welche Anforderungen aus dem Unternehmen können im Beschaffungsbereich Verhandlungsgegenstand werden? Wir wollen grob in Objekt- und Modalitätsanforderungen trennen.

In der Literatur werden bei den Objektanforderungen fast ausschließlich Mengenanforderungen dargestellt. Sehr wenig findet man im Gegensatz zur amerikanischen Literatur über die Leistungsanforderungen, obwohl sich doch gerade aus ihnen die spätere Produktions- und Produktqualität ergibt. Die Modalitätsanforderungen erfassen das „Wann", das „Wo", das „Wie" (Lieferbedarf), die Entgelt-, Service- und Informationsanforderungen. Sie werden vielfach nicht untersucht (z.B. Arnold 1997, S. 133, der sich auf Sortiments- und Mengenplanung konzentriert). Daraus ergibt sich folgende Grobstruktur:

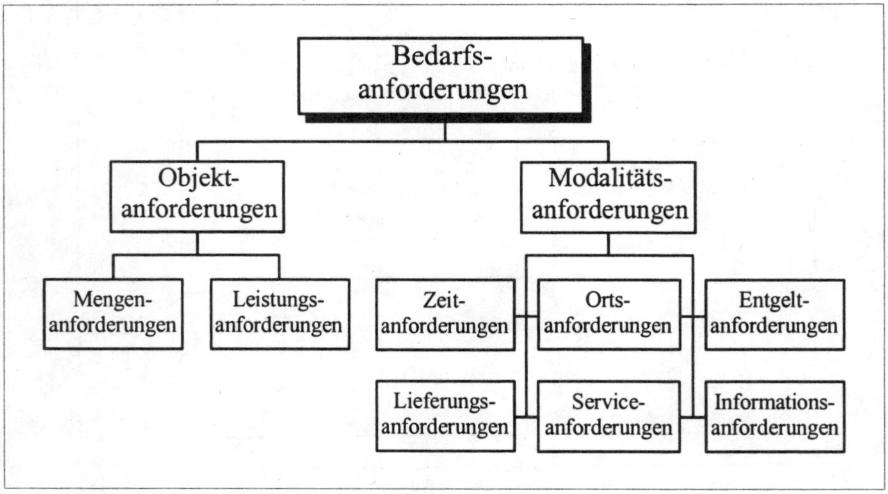

Abb. 98. Gruppierung der Bedarfsanforderungen

Zur ersten Orientierung mag eine solche Einteilung ja ganz nützlich sein, für praktisches Arbeiten reicht sie bei weitem nicht aus. Das gilt insbesondere dann, wenn man beabsichtigt, die Grundlagen für ein Entscheidungsunterstützungssystem zu schaffen.

Die Fixierung der Bedarfsanforderungen bildet für das Beschaffungshandeln den zentralen Ausgangspunkt. Wenn hier „geschludert“ wird, sind die späteren Reparaturen teuer. Eine sorgfältige, zwischen den verschiedenen Abteilungen gut abgestimmte Bedarfsanalyse reduziert nicht nur den späteren Korrekturaufwand, sie fördert auch die vertrauensvolle Zusammenarbeit im Team. Konflikte lassen sich lösen, Entscheidungen im Prinzip schneller fällen. Die im Beschaffungsbereich Tätigen lernen die Anforderungszusammenhänge der anderen Abteilungen in der Diskussion kennen, ihre Marktblicke werden zielgerichteter, sie bringen bessere Marktinformationen in das Team hinein. Und die anderen Mitglieder lernen Prinzipielles aus dem Beschaffungsdenken. Ihre Beiträge werden mit zunehmender Erfahrung konsensorientierter. Nur so ist prozeßorientiertes Teamarbeiten möglich.

Wir gehen nach einem Trichtermodell vor, wenn wir fragen, was man denn benötigen könnte. Hierzu hat Schlesinger in ihrer Dissertation wichtige Vorarbeiten geleistet (1991, S. 61 ff.). Bevor wir mit der Darstellung der einzelnen Anforderungsaspekte beginnen, sei noch auf das *Begrifflichkeitsproblem* hingewiesen. Viele der hier gewählten Begriffe sind auch für die Praxis neu. Das steigert den Erläuterungsbedarf. Außerdem hat man in der Beschaffung zulange die an anderer Stelle geäußerten Bedarfe einfach weitergegeben, ohne sie bezüglich ihrer Notwendigkeit vernetzt zu diskutieren. Deshalb besteht hier auch inhaltlicher Nachholbedarf. Nach den bisherigen Praxistests findet man in den hier gewählten Begriffen das in der Realität Erlebte wieder. Dennoch müssen wir für mehr Bekanntheit des Begrifflichen sorgen.

(1) Mengenanforderungen

Mengen können unterschiedlich festgelegt werden (Stück, Gewicht, Fläche, Volumen, Länge, usw.). Anforderungen erstrecken sich auf den *Mengenumfang* und die *Mengenveränderbarkeit*. Gewünscht werden können eine *große* Menge (kontinuierlich, diskontinuierlich, einmalig) ebenso wie eine *kleine* Menge. Kapazitätsengpässe beim Lieferanten können große Mengen verhindern, kleine Mengen können seinen Produktionsablauf usw. stören.

Die Mengenveränderbarkeit kann bedeuten

- *hohe Mengenflexibilität*; je nach Marktlage, die sich schnell ändern kann, werden Mengensteigerungen oder Mengenreduktionen gewünscht. Hat man ein sehr flexibles Bestellrhythmusverfahren eingeführt, dann ist diese Anforderung unverzichtbar. Handelt es sich um Spezialprodukte, die man nur von einem Lieferanten (single sourcing) beschafft, dann kann man einen Nachfragezuwachs nur bei Realisierung dieser Anforderungen erfüllen. Umgekehrtes gilt für eine Nachfrageschwäche. Wenn dann der Lieferant zu einseitig auf einen Beschaffer fixiert ist und er deshalb in Liquiditätsschwierigkeiten usw. gerät, dann sind die strategischen Optimierungsüberlegungen hinfällig.

- *hohe Mengenkonstanz*; nicht unbedingt als Alternative zur Mengenflexibilität steht die Mengenkonstanz (keine Mengenabweichungen). Hier wird gefordert, daß die vereinbarte Menge konstant eingehalten wird.

(2) Leistungsanforderungen

Sehr viel schwieriger als Überlegungen zu den Mengen sind die zu den Leistungsanforderungen deshalb, weil wir hier „im Neuland pflügen". Leistungsanforderungen an das Beschaffungsobjekt deuten das an, was das Beschaffungsobjekt können soll. Dafür wird auch der Begriff Qualität (Beschaffungsobjektqualität) benutzt - man könnte im Prinzip also auch von Qualitätsanforderungen sprechen. In der Praxis wäre dies sicherlich schnell geläufig. Dennoch wollen wir beim Leistungsbegriff bleiben, weil Qualität ja auch die Adäquanz von Leistungen und Ansprüchen meint, also den Bewertungsaspekt beinhaltet, wie bereits dargestellt wurde. Zuzugeben ist, daß diese Aspekte nicht immer sauber zu trennen sind.

Aus der Konstruktion (F + E, Design usw.) kann die Forderung nach Wahl und Einhaltung spezifischer Gestaltungsmittel gestellt werden. In der Konstruktionszeichnung sind nicht nur Maße, sondern auch Materialien, Farben, Konstruktionsprinzipien, Teile usw. angegeben. Die sollen eingehalten werden. Diese Forderung wollen wir Gestaltungsmittelakzeptanz nennen, sie sind enthalten im Pflichtenheft (VDI-Richtlinie 2519).

Hält man die Entwicklungsabteilung des Lieferanten für kompetenter als die eigene, dann kann man sich auf die Nennung der Leistungen beschränken, die erfüllt sein müssen, ohne daß man die konkrete Lösung vorgibt. Das kann man als Gestaltungsleistungsakzeptanz bezeichnen, sie sind enthalten im Lastenheft (VDI-Richtlinie 2519). Während im ersten Fall die Inputgröße betont wird, liegt hier das Gewicht auf der Outputgröße.

Gestaltungslösungen werden meist nicht für alle Ewigkeit gewählt. Deshalb können wir die beiden genannten Anforderungen auch unter dem Aspekt der Veränderbarkeit erweitern. Gestaltungsmittelveränderbarkeit meint dann, daß das Beschaffungsobjekt so gestaltet wird, daß im Zeitablauf Veränderungen der Gestaltungsmittel möglich sind (Veränderung des Inputs). Und Leistungsveränderbarkeit hebt lediglich die Möglichkeit der Veränderung des Leistungsoutputs hervor. Man kann dies auch als Leistungsflexibilität bezeichnen. Diese Forderungen werden im Zuge der eigenen Produktpflege aus Absatzsicht in Zukunft eine größere Rolle spielen.

Als Leistungspersistenz oder besser als Langlebigkeit kann man die Forderung an ein Beschaffungsobjekt beschreiben, möglichst lange die geforderten Leistungen zu erbringen.

Eine andere Facette bildet die Leistungskonstanz ab, wenn Wert auf eine immer gleich bleibende Leistungshöhe der Beschaffungsobjekte im Zeitablauf gelegt wird. Alle an die Beschaffungsobjekte gestellten Anforderungen müssen konstant erbracht werden. Man kann die Leistungskonstanz auch noch genauer eingrenzen, indem man zusätzlich eine sehr geringe Leistungstolerenz fordert, um die Grenzen der Qualitätsschwankungen festzulegen, die man noch für zulässig hält. Meist wird diese Anforderung wohl verzichtbar sein.

Einen Sonderfall der Leistungsveränderbarkeit bildet die Einsatzvariabilität. Das Beschaffungsobjekt soll für verschiedene Endprodukte geeignet sein, um die Teilevielfalt zu senken und um Kostendegressionseffekte ausnutzen zu können.

Einige Beschaffungsobjekte sind für den späteren Nutzer sichtbar. Hier kann auch derjenige interessant sein, der die Wartung durchführt, weil er Kaufempfehlungen ausspricht. Sie sollen so gestaltet werden, daß die Leistungskraft (z.B. Solidität) durch die Gestaltung sichtbar wird. Diese Anforderung nennen wir Leistungssichtbarkeit.

Nicht immer ist klar, wie das Beschaffungsobjekt im Detail aussieht oder gestaltet sein wird, welchen Veränderungen es im Zeitablauf unterliegt. Um für Zukünftiges in der Durchführung gerüstet zu sein, kann ein hoher Technologiestand gefordert werden. Man wünscht eine moderne Ausstattung des Lieferanten mit technischen Hilfsmitteln (z.B. CAD, CAM).

Eine weitere Bedingung kann gewünscht werden: die Werkzeugherstellungs- und -instandhaltungsfähigkeit. Den Gegenpol dazu kann dann die Anforderung darstellen, daß der Lieferant akzeptiert, Materialien oder Werkzeuge vom beschaffenden Unternehmen beigestellt zu bekommen (Werkzeug- und Materialbeistellungsakzeptanz).

Bereits bei diesen Leistungsanforderungen wird die funktionale Spannweite der Anforderungsherkunft deutlich (Konstruktion, Produktion, Absatz, Beschaffung). Diese Anforderungen lassen sich weiter spezifizieren.

(3) Zeitanforderungen

Insbesondere bei der Planung neuer Produkte kann die kurze Entwicklungszeit von großem Interesse sein. Der Lieferant muß zur schnellen Entwicklung des neuen Produktteils (Werkstoffes usw.) fähig sein. Neben der Entwicklungszeit interessiert die Produktionszeit (Durchlaufzeit). Der Lieferant muß zur schnellen Herstellung des gewünschten Beschaffungsobjektes in der Lage sein. Es schließt sich die Lieferzeit an. Durch geeignete Maßnahmen (z.B. Pufferlager, schneller Transport) muß der Lieferant die schnelle Verfügbarkeit des Beschaffungsobjektes garantieren. Weniger zeitraumbezogen sondern eher exakt zeitpunktbezogen ist der Wunsch, entweder einen vereinbarten Bereitstellungszeitpunkt (ex Werk) oder einen Lieferzeitpunkt einzuhalten; dies spielt bei der just-in-time-Strategie eine große Rolle. Im Handel kommt der Fixhandelsbezug vor.

Auf der anderen Seite kann eine flexible Termingestaltung (Terminvariabilität) gewünscht werden, indem der Lieferant sich der Terminplanung des Beschaffers anpaßt. Dies spielt vor allem dann eine Rolle, wenn die Prognose der Absatzmenge schwierig ist und verkaufsorientiert produziert wird.

(4) Ortsanforderungen

Wie kommt man an das Beschaffungsobjekt? Leichte *Lagerzugänglichkeit* erlaubt es dem Beschaffer, selbständig Beschaffungsobjekte aus dem Lager des Lieferanten zu entnehmen. Im Rahmen des Werksverkehrs wird auf dem Rückweg das Beschaffungsobjekt beim Lieferanten abgeholt. Oder man besteht auf einem im eigenen Unternehmen befindlichen Konsignationslager.

Eine günstige *Transportmittelanbindung* soll eine aus Beschaffersicht zeit- und kostengünstige sowie sichere Transportmittelwahl erlauben.

Die *Lieferortakzeptanz* kann eine Lieferung an die Produktionsstätte oder in fixierte Beschafferstandorte (z.B. Fremdläger, Niederlassung) bedeuten. Neben der zentralen Ortsbelieferung kommt bei mehreren Produktionsstandorten (Distributionsstandorten) auch die dezentrale Ortsbelieferung in Frage. Eine besondere Ausprägung kann die *Lieferortvariabilität* sein. Bei flexibler Produktion an mehreren Standorten wünscht der Beschaffer, daß der Lieferant kurzfristig Lieferortveränderungen akzeptiert. Damit ist es dann auch möglich, unerwünschte Beschaffungskonstellationen (z.B. durch Streik) zu vermeiden.

(5) Informationsanforderungen

Je mehr Unternehmen zum Outsourcing übergehen, je mehr die Beschaffung an Bedeutung gewinnt, je komplexer die Lieferanten-Beschafferbeziehungen werden, um so notwendiger wird der Informationsaustausch.

Eine wichtige Forderung wird die Informationskompetenz sein. Im Prinzip wünscht man, daß der Lieferant mehr weiß als man selbst. Die Nutzung der Spezialisierungsvorteile ist nur möglich, wenn auch das Spezialisierungswissen vorhanden ist.

Vorhandenes Wissen reicht aber nicht aus. Es muß auch die Bereitschaft bestehen, es weiterzugeben, auszutauschen. Die Informationsbereitschaft ist nicht nur an Unternehmen als Institution, sondern auch an die dort handelnden Personen gebunden. "Informationsmaurer" können die beste

Kompetenz zunichte machen. Aus Informationskompetenz und Informationsbereitschaft kann sich der Know-how-Transfer ergeben. Die Zurverfügungstellung von Informationen, vielleicht sogar geheimen Wissens, kann zur Zeit- und Kostenreduktion beitragen.

Aus der Informationsbereitschaft kann sich als Dialogbereitschaft die Problemlösungsbereitschaft (Kooperationsbereitschaft) entwickeln. Dies ist nur im gemeinsamen Bemühen umsetzbar; Projekt- oder Teammanagement, die eigene Unternehmensgrenzen überschreiten, erleichtern dieses Bemühen.

Mit der Problemlösungsbereitschaft verbunden sein kann der Geheimhaltungswunsch. Er gilt für beide Partner jeweils aus der Sicht des Gebenden. Der informationsgebende Lieferant wünscht das von seinem Kunden, ebenso wie dieser bei seinem Lieferanten sicherstellen will, daß eigene Entwicklungen usw. nicht als Wissen bei der Konkurrenz landen. Das kann auch soweit gehen, daß der gesamte Entwicklungskontext (z.B. Produktneuentwicklung) geheim bleibt. Die Realisierbarkeit dieser Anforderungen wird in der Praxis immer wieder angezweifelt mit dem Hinweis darauf, daß Lieferantenentwicklungen nach Fertigstellung anderen Produktionslieferanten zur Verfügung gestellt werden, damit sich auch diese um den Produktionsauftrag bemühen können.

Neben diesen grundsätzlichen Anforderungen gibt es auch spezifische Informationswünsche. Frühzeitige (aktuelle) und vollständige *Marktinformationen* sollen die eigene Beschaffungsmarktforschung entlasten. Sich abzeichnende Preis- und Mengenprobleme auf den Märkten (hier Beschaffungsmarkt) können zu schnellem Handeln ebenso veranlassen wie Hinweise über neue Produktkonzeptionen, die für die Gestaltungsabteilung bedeutsam sein können. Setzt man neue Produkte, Systeme, Maschinen ein, müssen die eigenen Mitarbeiter erst den Umgang damit lernen. Dann ist es hilfreich, wenn der Lieferant mit Anwendungsberatung hilft.

Aus dem Absatzbereich kann die Forderung kommen, für das beschaffte Teil Werbemaßnahmen seitens des Lieferanten durchzuführen (Marketingzusammenarbeitsbereitschaft: z.B. ingredient branding), um damit die Innovation schneller bekannt zu machen.

(6) Lieferungsanforderungen

Lieferzuverlässigkeit bedeutet, daß sich der Lieferant in der Zeit an Vereinbarungen über Leistungen, Mengen, Termine und Orte hält. Man kann sich auf ihn verlassen. Dieser generellen Anforderung können spezifische folgen.

So kann man vom Lieferanten einen besonderen Verpackungs- und Transportschutz verlangen, empfindliche Beschaffungsobjekte müssen vor

Außeneinflüssen und umgekehrt die Umwelt vor gefährlichen Beschaffungsobjekten geschützt werden.

Die *verarbeitungsgerechte Anlieferung* soll die Weiterverarbeitung dadurch erleichtern, daß keine weiteren vorbereitenden Maßnahmen (z.B. Auspacken, Umpacken) notwendig werden. Dies spart Zeit und Kosten durch Verlustverringerung.

Die Forderung nach *Vorrangbelieferung* wird nur in Engpaßsituationen virulent. Bei Beschaffungsobjekten für ein früheres Produktionsstadium und bei geringen Ausweichmöglichkeiten wird diese Forderung auch bei der Neuaufnahme einer Lieferbeziehung bedeutsam.

Die *Exklusivbelieferung* als Forderung wird vorrangig dort erhoben, wo das Beschaffungsobjekt deutlich zur eigenen Produktprofilierung im Wettbewerb beiträgt. Man verzichtet dadurch zwar auf die Nutzung von Kostendegressionseffekten, gewinnt aber an Alleinstellung. Wenn Lieferanten vermehrt in den Produktentwicklungsprozeß einbezogen werden, wie man das in der Pkw-Industrie beobachten kann, wird diese Forderung sicherlich an Bedeutung gewinnen. Eine Zwischenlösung kann die zeitlich befristete Exklusivbelieferung (z.B. 1 Jahr) sein.

Zu diesem Bereich wollen wir auch noch die *Lieferantensicherheit* als Anforderung rechnen. Der Lieferant verfügt über eine solide Ausstattung mit Produktionsfaktoren (z.B. Kapital, Management); von Vorlieferanten ist er wenig abhängig, wenig verwundbar; er ist für eine langfristige, partnerschaftlich angelegte Geschäftsbeziehung geeignet.

(7) Entgeltanforderungen

Am schönsten ist es natürlich, wenn man Beschaffungsobjekte umsonst bekommt oder allgemeiner: wesentlich günstiger als die Konkurrenz. Das schwankt zwischen ökonomischem Unsinn und Trivialität. Häufig wird ein Preis X (*fixierter Preis*) genannt, den man erreichen will. Das kann ein günstiger Marktpreis sein.

Interessanter ist das gemeinsame Bemühen um das Ausschöpfen von Rationalisierungsreserven. Dazu dient die Einkaufskostenanalyse. Mit dieser Methodik wird, ausgehend von einem Zielpreis (target price/target costing), analytisch geprüft, welche Kosten maximal für das einzelne Beschaffungsobjekt entstehen dürfen. Sinnvollerweise ist dies nur in gemeinsamen Überlegungen herauszufinden. Das führt letztlich zur Offenlegung der Lieferantenkalkulation. In diesen Gesprächen können auch neue Wege der Herstellung gefunden werden. Diese *Bereitschaft zur Kostenanalyse* setzt partnerschaftliches Denken voraus. Wenn man diese Anforderung stellt, um damit die Preise zu drücken, wird man nur einmaligen Erfolg damit haben können. Das gilt auch für den Fall, wo man die ursprünglich geplanten Mengen nicht mehr einhalten kann. Man kann nicht einen Preis fordern, der bei kostenminimaler Menge kalkuliert ist, wenn man die Menge anschließend reduziert. Eben weil in vielen Fällen nicht strategisch gedacht wird, begibt man sich der Möglichkeiten, die diese Methode bietet.

Bei commodities (Standardprodukten/Normprodukten) unterliegen die Preise häufig nicht planbaren Schwankungen. Sind die eigenen Erlöse relativ fix (z.B. im Anlagenbau, partiell auch bei Konsumgütern), dann kann die Forderung nach Begrenzung der Schwankungsbreite entstehen. Damit geht dann die Bereitschaft einher, auf mögliche Tiefstpreise zu verzichten. Schwankungen der Einstandskosten können auch durch Währungsschwankungen entstehen. Sinkt z.B. der Yen-Kurs, dann kann man den Währungsgewinn völlig abschöpfen, wenn man in Yen kontrahiert hat. Umgekehrtes gilt, wenn man in Großbritannien gekauft hat und in Pfund bezahlen muß, wenn dieses aufgewertet wurde. Will man die Chancen und Risiken von Devisenkursschwankungen begrenzen, dann wird man in Euro oder Dollar kontrahieren. Dazu muß der Lieferant bereit sein. Beide Aspekte kann man zum Oberbegriff *Preissicherheit* zusammenfassen.

Bei einem Unternehmen mit geringem Finanzpotential kann die Forderung nach *langen Zahlungszielen* erhoben werden. Bei Potentialfaktoren (z.B. Maschinen, Geräte) kann der Wunsch nach *Leasingmöglichkeiten* gestellt werden. Dies schont den eigenen Kapitalstock und erhöht die Möglichkeit, die neuesten und leistungsfähigsten Potentialfaktoren einsetzen zu können; Leasing steigert auch die Mengenflexibilität, insbesondere wenn sich kurzfristige Verträge anbieten.

Vor allem im Handel wird die Forderung nach ausgedehnten Rabattstaffeln erhoben. Man ist hier sehr erfinderisch. Nicht immer sind die geforderten Rabatte Ausdruck der gewählten Anreize (z.B. Mengenrabatte, Leistungsrabatte), oft genug sind sie lediglich Ausdruck der Marktmacht (z.B. Auslistungsverhinderungsrabatt). Für ein partnerschaftliches Verhältnis eignen sich dagegen nur *leistungsbezogene Rabattstaffelungen.* In der Industrie finden wir dagegen eher die bescheidenere Forderung des *Verzichts auf Mindermengenzuschläge*.

(8) Serviceanforderungen

Service kann als dem Beschaffungsobjekt zugefügte Dienstleistung verstanden werden. Der Service kann sich erstrecken auf das Ingangsetzen (Installationsservice), das Inganghalten (Reparatur-Wartungsservice) - das wollen wir als *Kundendienstbereitschaft* zusammenfassen - das Außerbetriebnehmen (z.B. *Recyclingbereitschaft* und *-fähigkeit*) und die Garantie für das Beschaffungsobjekt (z.B. *erweiterte Objektgarantie*). Ein defektes Teil kann irreparabel sein, man fordert daher z.B. eine 10jährige *Nachkaufsicherheit*.

Neben diesen konkret auf das Beschaffungsobjekt bezogenen Anforderungen sind auch generelle Servicemaßnahmen denkbar. So kann es erforderlich sein, daß der Lieferant Prüfkapazität, Entwicklungskapazität, Lagerkapazität usw. zur Verfügung stellen muß. Das wollen wir als *Servicekapazität* bezeichnen.

Diese Objekt- und Modalitätsanforderungen bilden die Grundlage für alles weitere Handeln. Wenn man sich dieser mühsamen Arbeit der Anforderungsklärung zwischen den verschiedenen Abteilungen nicht unterzieht, dann ist nur zufällig ein gutes Beschaffungsergebnis erzielbar. In Abb. 99 sind diese Bedarfsanforderungen zusammengestellt.

Dieses Anforderungssystem ist offen. Die jeweiligen Oberbegriffe decken wahrscheinlich die betriebliche Realität ab. Bei den Detailanforderungen müßte man neben einem „usw." (→ Offenheit für Erweiterungen) jedoch mit Akzentverschiebungen und anderen Begriffen im Zeitablauf rechnen.

In der spezifischen Unternehmenssituation sollte nun geprüft werden, welche dieser Anforderungen bedeutsam sind und welche für die überschaubare Handlungsperiode (mittelfristig) kaum von Belang sein werden (s. Schritt 2 in Abb. 97). Nach unseren bisherigen Praxiserfahrungen ist im jeweils konkreten Unternehmensfall mit einer deutlichen Reduktion der Anforderungen zu rechnen. So kann der Beschaffer über einen etablierten Service verfügen, so daß die entsprechende Forderung nicht gestellt wird.

Objektanforderungen

Mengenanforderungen

große Menge
kleine Menge
hohe Mengenflexibilität
hohe Mengenkonstanz
usw.

Leistungsanforderungen

Gestaltungsmittelakzeptanz
Gestaltungsleistungsakzeptanz
Gestaltungsmittelveränderbarkeit
Leistungsveränderbarkeit
Langlebigkeit
Leistungskonstanz
Einsatzvariabilität
Leistungssichtbarkeit
hoher Technologiestand
Werkzeugherstellungs- und Instandhaltungsfähigkeit
Werkzeug- und Materialbeistellungsakzeptanz
usw.

Modalitätsanforderungen

Zeitanforderungen

kurze Entwicklungszeit
kurze Produktionszeit
kurze Lieferzeit
Bereitstellungszeitpunkteinhaltung
Lieferzeitpunkteinhaltung
flexible Termingestaltung
usw.

Ortsanforderungen

Lagerzugänglichkeit
Transportmittelanbindung
Lieferortakzeptanz
usw.

Informationsanforderungen

Informationskompetenz
Informationsbereitschaft
Problemlösungsbereitschaft
Geheimhaltung
Marktinformationen
Anwendungsberatung
Marketingzusammenarbeit
usw.

Lieferungsanforderungen

Lieferzuverlässigkeit
Verpackungs- und Transportschutz
verarbeitungsgerechte Anlieferung
Vorrangbelieferung
Exklusivbelieferung
Lieferantensicherheit
usw.

Entgeltanforderungen

fixierter Preis
Bereitschaft zur Kostenanalyse
Preissicherheit
lange Zahlungsziele
Leasingmöglichkeiten
leistungsbezogene Rabattstaffelung
Mindermengenzuschlagsverzicht
usw.

Serviceanforderungen

Kundendienstbereitschaft
Recyclingbereitschaft
erweiterte Objektgarantie
Nachkaufsicherheit
Servicekapazität
usw.

Abb. 99. Bedarfsanforderungen

4.332 Spezifizierung der generellen Anforderungen

Wenn wir den Gedanken der teambezogenen und wertkettenbezogenen Anforderungsbestimmung konsequent realisieren wollen, dann reichen die bisher geschilderten Anforderungen nicht aus. Aus den verschiedenen Funktionsbereichen werden im Regelfall konkretere Anforderungen geäußert.

Diese konkreteren Anforderungen müssen generiert, analysiert und handhabbar gemacht werden. Zu diesem Zwecke kann man die hier entwickelten Fenster- und Heilungsfragen benutzen. Während die *Fensterfragen* auf heutige Bedarfsanforderungen und Erfüllungsmöglichkeiten abzielen (Jetzt-Typ), beziehen sich die *Heilungsfragen* primär auf morgige Erfüllungsmöglichkeiten (Morgen-Typ). Beide Fragentypen übernehmen im Bedarfsbestimmungsprozeß unterschiedliche Funktionen, die ebenso wie die Art der Formulierung erklärungsbedürftig sind.

Die Fensterfragen nehmen Bezug auf Schritt 3 in Abb. 97. Sie haben im wesentlichen drei Funktionen.

(1) Die Spezifizierungsfunktion
Die einzelnen Bedarfsträger (z.B. Produktion, Forschung und Entwicklung, Logistik usw.) haben in der Regel eigene Vorstellungen und Wünsche bezüglich der Beschaffungsobjekte und -modalitäten, die sich aus der jeweils spezifischen Problemsicht der Funktionsbereiche ergeben und die durch deren Abläufe, Potentiale, Organisationsstrukturen usw. bedingt sind. In der Regel lassen sie sich den Kategorien des Anforderungspools subsumieren. Durch die Identifikation dieser Wünsche ergibt sich eine funktionsbereichsspezifisch detaillierte Mikrofacettierung der Anforderungen. Die Anforderungen sind somit als Sammelbegriff aufzufassen, hinter denen konkrete bedarfsbezogene Funktionsbereichswünsche stehen. Mit den jeweiligen Bedarfsanforderungen öffnet man gleichsam ein Fenster, durch das man auf diese spezifischen Anforderungen der Unternehmensbereiche hinausschaut. Die Bezeichnung des dritten Schrittes des Bedarfsgenerierungsprozesses aus Abb. 97 nimmt nur auf diese Funktion Bezug.

(2) Die Konfliktvermeidungsfunktion
Durch die Erhebung und Berücksichtigung der spezifischen Bedarfsanforderungen der Funktionsbereiche sollen zwei Konflikte vermieden werden. Das ist zum einen der *Bedarfsdominanzkonflikt* zwischen den einzelnen bedarfsäußernden Funktionsbereichen und zum anderen der *Kompetenzkonflikt* zwischen den Bedarfsträgern und der Beschaffungsabteilung. Zur Lösung des Bedarfsdominanzkonflikts ist es notwendig, alle möglichen Wünsche sämtlicher Bedarfsträger durch Befragung zu erheben und

gleichberechtigt in den Katalog der Detailanforderungen aufzunehmen. Mögliche Bedarfskonflikte müssen gemeinsam und im Hinblick auf übergeordnete Zielsetzungen so gelöst werden, daß alle Bedarfsträger ihre Interessen gewahrt und vertreten sehen. Wenn dies gelingt, sind keine Widerstände gegen diese Vorgehensweise zu erwarten. Zur Lösung dieses Kompetenzkonflikts trägt es maßgeblich bei, wenn die Beschaffungsabteilung ihre Agentenfunktion den Bedarfsträgern gegenüber deutlich macht, indem sie zum einen den zusammengestellten Gesamtkatalog der Anforderungen mit den Bedarfsträgern wiederholt auf Vollständigkeit kontrolliert und zum anderen glaubwürdig versichert, alle relevanten Anforderungen in der Anwendungsphase (Lieferantenanalyse) auch zu berücksichtigen und den Gesamtkatalog nicht nachträglich zu manipulieren. Diese Vorgehensweise hat in einem konkreten Fall beträchtlich zu Kompetenzsteigerungen der Beschaffungsabteilung beigetragen und auch die Neigung der Funktionsbereiche reduziert, die Beschaffungsaufgaben doch lieber selbst in die Hand zu nehmen. Die Konfliktvermeidungsfunktion der Fensterfragen ist besonders auch im Hinblick auf das Innenmarketing interessant. Sie hilft, die Idee der gemeinsamen Bedarfsabstimmung durch die Beschaffungsabteilung im Unternehmen zu "verkaufen".

(3) Anwendungsfunktion

Bisher wurde erklärt, was Inhalt der Fensterfragen ist, jedoch keine Begründung für die Formulierung der Detailanforderungen in Form von Fragen gegeben. Die einzelnen Wünsche, Anforderungen kann man unterschiedlich formulieren. Wir haben uns für eine lieferantenbezogene Ausdrucksweise entschieden. Das hat den Vorteil, daß man sie später im klärenden Gespräch bei der Lieferantenanalyse und Lieferantenverhandlung benutzen kann. Trotz dieses Anwendungsbezugs handelt es sich um anforderungsspezifische Fragen.

Dieser Zusammenhang stellt sich wie folgt dar. Die spezifizierten Anforderungen bilden die interne Bedarfssituation ab. Diese Bedarfe müssen auf dem Beschaffungsmarkt durch Lieferanten erfüllt werden können. Daher ist es notwendig, Lieferanten jeweils vor dem Hintergrund dieser Bedarfssituation zu analysieren und sie in konkreten Bedarfsfällen über die relevanten Bedarfsanforderungen zu befragen, um so die Leistungsfähigkeit des Lieferanten zu prüfen und die Bedarfserfüllung zu gewährleisten. Damit dienen die Fensterfragen in der hier vorgestellten Form als Gesprächsleitfaden, bzw. als Checkliste zur Lieferantenbewertung.

Wenn die *Fensterfragen* in der konkreten Situation auf einer mit x_1 (s. hierzu Abschn. 4.333) bewerteten Anforderung beruhend nicht erfüllt werden können, dann bedeutet das bezogen auf den Lieferanten, dem man sie stellt, daß nicht weiter verhandelt wird (KO-Kriterium). Das muß aber nicht immer zwingend so sein. Denn neben der heutigen Erfüllungsmöglichkeit von Anforderungen muß man auch an morgige Erfüllungsmöglichkeiten denken. Bezogen auf den heutigen Zustand bedeutet das zu prüfen, ob anforderungsgerechte Veränderungen für den Zeitpunkt abzusehen sind, zu dem wir das neue Produkt benötigen. Neben der Erfassung morgiger Zustände lohnt es aber auch, inhaltliche Alternativlösungen zu bedenken, die ebenfalls eine akzeptable Bedarfserfüllung sicherstellen. Mit diesen alternativen zeitlichen und sachlichen Bedarfserfüllungsmöglichkeiten ist es eventuell möglich, mit potentiellen Lieferanten weiter im Abklärungsvergleich zu bleiben. Das entspricht den Stufen 6 und 7 von Abb. 97. Damit wird die Anzahl potentieller Lieferanten nicht unnötig reduziert und damit bleibt ein größerer Handlungsspielraum bezüglich der Bezugsquellenwahl erhalten. An dieser Stelle setzen die *Heilungsfragen* an. Sie bieten dem Beschaffer in der konkreten Verhandlungssituation vorgedachte Alternativlösungen zeitlicher und inhaltlicher Art bezüglich aller Detailanforderungen an. Über diese Alternativlösungen kann er den Lieferanten wiederum befragen. Werden diese Fragen positiv beantwortet, so „heilt" die positive Beantwortung den Mangel der Nichterfüllung der in Form der Fensterfragen spezifizierten Bedarfsanforderungen.

Die *Heilungsfragen* zielen mithin nicht auf die *Bedarfsfeststellung*, sondern auf die *Bedarfserfüllungsmöglichkeiten.* Sie sind thematisch an die Lieferantenanalyse und die Lieferantenverhandlung angebunden. Diese Zugehörigkeit zum externen Konfliktlösungsprozeß wird in Abb. 97 explizit ausgewiesen. Die Darstellung der Heilungsfragen – an dieser Stelle – im Rahmen der Bedarfsanalyse geschieht lediglich, weil sie sich inhaltlich auf die bedarfsorientierten Fensterfragen beziehen und nur im Zusammenhang mit diesen verständlich sind. Auf eine Wiederholung an anderer Stelle kann damit verzichtet werden.

Zu jeder der in Abb. 99 aufgeführten Anforderungen lassen sich meist mehrere *Fenster-* und *Heilungsfragen* stellen. Wenn wir dies hier umsetzten, würden wir viel Platz benötigen und den Lesefluß stark stören. Deshalb wollen wir zum besseren Verständnis den Gedanken am Beispiel der zuerst genannten Mengenanforderungen darstellen und im übrigen auf den Anhang verweisen. Die jeweiligen Fragen haben eher beispielhaften Charakter; sie sind jedoch empirisch überprüft.

	Fensterfragen	**Heilungsfragen**
Große Menge	1. Ist der Lieferant in der Lage, die von uns geforderten hohen Mengen in einer Serienfertigung zu realisieren?	1. Ist der Lieferant i. d. L., für uns in angemessener Zeit eine Serienfertigung aufzubauen? 1. Kann der Lieferant die für uns notwendige hohe Menge durch Lagerhaltung garantieren? 1. Haben wir die Möglichkeit, auf weitere Lieferanten zurückzugreifen, um die für uns notwendigen hohen Mengen zu realisieren?
Große Menge	2. Ist die für uns notwendige Kapazität aktuell verfügbar? (freie Kapazität)	2. Ist der Lieferant i. d. L., in für uns angemessener Zeit zusätzliche Kapazitäten aufzubauen? 2. Kann der Lieferant für uns Reservekapazitäten mobilisieren? 2. Können uns von weiteren Lieferanten Kapazitäten zur Verfügung gestellt werden?
Große Menge	3. Ist der Lieferant i. d. L., für uns Kapazitäten zu reservieren? i. d. L. = in der Lage	3. Ist der Lieferant i. d. L., uns ausreichende Kapazität zur Verfügung zu stellen oder eventuell Reservekapazitäten aufzubauen? 3. Ist der Lieferant i. d. L., auf Lager zu produzieren? 3. Sind wir in der Lage, in kurzer Zeit weitere Lieferanten zu mobilisieren?
Kleine Menge	1. Verfügt der Lieferant über Prozesse und Maschinen, um kleine Mengen zu produzieren?	1. Ist der Lieferant i. d. L., seinen Produktionsprozeß durch Veränderung auch für kleine Mengen zu öffnen? 1. Hält der Lieferant ein Lager, um kleine Mengenwünsche zu befriedigen?
Kleine Menge	2. Ist der Lieferant an kleinen Mengenlieferungen interessiert?	
Hohe Mengenflexibilität	1. Kann der Lieferant die Mengen kurzfristig steigern?	1. / 2. Ist der Lieferant i. d. L., Maßnahmen zur Flexibilitätssteigerung zu ergreifen (Produktionsprozeß, Lagerung usw.)?
Hohe Mengenflexibilität	2. Kann der Lieferant kurzfristig Mengenreduktionen auffangen (z. B. durch Produktumstellung)?	
Hohe Mengenflexibilität	3. Ist der Lieferant in der Lage, unser Bestellrhythmus-verfahren zu erfüllen?	3. Ist der Lieferant i. d. L., Maßnahmen zu ergreifen, um unser Bestellrhythmusverfahren zu erfüllen?
Hohe Mengenkonstanz	1. Ist der Lieferant bei stetiger Nachfrage und unstetiger Produktion zu stetiger Lieferung zu geforderten Terminen in der Lage?	1. Ergreift der Lieferant Planungs-, Realisation- und Kontrollmaßnahmen zur Verbesserung der Mengenplanung?
Hohe Mengenkonstanz	2. Liefert der Lieferant wie geordert?	

Abb. 100. Fenster- und Heilungsfragen

Aus diesem Pool von Anforderungen, Fenster- und Heilungsfragen wird sich das einzelne Unternehmen die für den Planungszeitraum wichtigen Fragen auswählen, möglicherweise die eine oder andere hinzufügen. Aus Gründen der Darstellbarkeit werden wir diese Fenster- und Heilungsfragen nicht in unsere Überlegungen des Entscheidungsunterstützungssystems aufnehmen. Wichtig ist vielmehr, daß man damit in der praktischen Situation konkretisierend arbeiten kann.

4.333 Auswahlentscheidungen

Selbst wenn wir davon ausgehen, daß in der konkreten Beschaffungssituation eines Unternehmens ein großer Teil der Anforderungen einschließlich der jeweils dazugehörigen Fenster- und Heilungsfragen nicht relevant ist, so müssen wir doch für den Rest nach eintscheidungsrelevanten Lösungen suchen. Welche Anforderungen sind im Einzelfall (z.B. bei der Beschaffung einer Pumpe, eines Griffes, eines Kesselstahlbleches) zu beachten? Und welche Bedeutsamkeit haben diese Anforderungen? Sind sie alle gleichgewichtig oder sind einige wichtiger? Wer entscheidet das? Damit sind wir wieder bei Entscheidungskonflikten angelangt.

Die Situation ist bekannt. Jeder Funktionsbereich möchte, aus seiner Sicht durchaus verständlich, seine maximalen Anforderungen durchsetzen, um sich den Vorwurf zu ersparen, nicht sorgfältig gearbeitet zu haben. Und gemeinsam möchte man gleichzeitig eine Lösung, die deutlich weniger kostet als die Konkurrenzlösung. Diesem Dilemma haben wir bereits einen allgemeinen Riegel z.B. mit den Notwendigkeitsfragen (s. Abschn. 4.31) vorgeschoben, die auf dem Minimalprinzip aufbauen. Diese Fragen führen eher zur Reduktion des Anforderungs*niveaus*. Unbeantwortet bleibt jedoch die Frage, welche Anforderungen für sehr wichtig (x_1), wichtig (x_2) und wünschenswert (x_3) bezüglich ihrer Umsetzung gehalten werden. *Auswahl* und *Gewichtung* der Anforderungen geben Hinweise für die spätere Realisation (z.B. in der Lieferantenverhandlung).

Die Auswahl- und Gewichtungsentscheidungen können wir wiederum anhand der Entscheidungsmerkmale als Wenn-Bedingungen vornehmen. Um den entscheidungsorientierten Gedankengang zu verdeutlichen, würde es ausreichen, wenn wir lediglich Zeilen und Spalten benennen würden, um die Beziehung darzustellen. Wir wollen jedoch einen Schritt weitergehen und eine plausible Zuordnung (Auswahl) und Gewichtung (Relevanzprüfung) vorschlagen.

In Expertengesprächen haben wir Antworten gesucht. Das Zutreffende haben wir mit Kreuzen versehen und gewichtet. Diese Expertenbewertung ergibt sich aus deren Erfahrungshintergrund, aus der Kenntnis spezifischer Unternehmenssituationen. Das bedeutet nun zweierlei:

- Diese Bewertungen sind personenabhängig. Wissen und Erfahrungen der Personen prägen diese Bewertung.
- Diese Bewertungen sind situationsabhängig. Sie gelten weniger generell, so daß man in der spezifischen Unternehmenssituation jeweils neu bewerten sollte. Dabei kann man sich von dieser Bewertung durchaus leiten lassen und begründen, weshalb man davon abweicht.

Die folgende Abb. 101 kann man als Herzstück des hier vorgelegten Entscheidungsunterstützungssystems betrachten. Beispielhaft wollen wir eine Spalte erläutern:

Wir wählen als Wenn-Bedingung ein *Spitzenprodukt* aus. In diesem Fall liegt tendenziell eher eine kleine *Mengenanforderung* und wegen der Preishöhe auch eine Forderung nach genauer Mengeneinhaltung (*Mengenkonstanz*) vor. Das hohe Leistungsniveau verlangt entweder die Inputvariante *Gestaltungsmittelakzeptanz*, wenn man selbst an der Konstruktion interessiert ist, oder die Outputvariante *Gestaltungsleistungsakzeptanz*, wenn der Lieferant über ein besseres Entwicklungspotential verfügt. Gestaltungsmittel- und *Leistungsveränderbarkeit*, sowohl in der Mehr-, als auch in der Weniger-Variante, sind aus Gründen der Marktdynamik bei einem erfolgreichen Produkt wahrscheinlich. Spitzenprodukte determinieren das Produktimage, deshalb müssen sie *langlebig* sein. Die *Leistungssichtbarkeit* kann gewünscht werden. All dies ist nur vor dem Hintergrund eines *hohen Technologiestandes* realisierbar.

Legt man hohen Wert auf die Zeitkomponente (time to market), dann spielt vor allem die *Entwicklungszeit* eine große Rolle. Um die hohe Leistungsfähigkeit eines Spitzenproduktes zu sichern, müssen prinzipiell alle *Lieferungsanforderungen* erfüllt werden. Das gilt insbesondere für die Lieferzuverlässigkeit und Lieferantensicherheit. Liegen geringe Mengen vor, kann die *verarbeitungsgerechte Anlieferung* nicht so stark ausgeprägt sein. Der meist hohe Preis dieser Produktkategorie führt nahezu automatisch zum Bemühen, nach Rationalisierungsmöglichkeiten Ausschau zu halten; dazu dient die *Kostenanalyse*, zu der der Lieferant bereit sein muß. Ein so hochwertiges Produkt bedarf der Pflege, Funktionsausfälle müssen vermieden werden. Wegen der Auffälligkeit werden an das *Recycling* hohe Anforderungen gestellt. Der Service muß innerhalb kurzer Zeit kompetent zur Verfügung stehen. Die hohen Produktanforderungen führen dazu, daß *alle Informationsanforderungen* erfüllt sein müssen, will man zufriedenstellende Ergebnisse erzielen.

Bedarfsanfoderungen	Bedingungen (Objektmerkmale)	Billigprodukt	Normprodukt	bewährtes Produkt	Spitzenprodukt	innovatives Produkt	Spezialprodukt	Katalogprodukt	Mengenbedeutsamkei
Mengen-anforde-rungen	große Menge	x_1	x_1	x_2				x_2	x_1
	kleine Menge				x_2	x_2	x_2		
	hohe Mengenflexibilität		x_2					x_1	x_2
	hohe Mengenkonstanz			x_1	x_1	x_1	x_1	x_2	x_1
Leistungsanforderungen	Gestaltungsmittelakzeptanz			x_1	x_1	x_1	x_1		
	Gestaltungsleistungsakzeptanz			x_1	x_1	x_1	x_1		
	Gestaltungsmittelveränderbarkeit					x_2			
	Leistungsveränderbarkeit			x_1	x_1	x_1	x_1		x_2
	Langlebigkeit			x_1	x_2	x_2		x_1	
	Leistungskonstanz		x_1	x_1				x_2	x_1
	Einsatzvariabilität	x_2	x_1						
	Leistungssichtbarkeit				x_1	x_1			
	hoher Technologiestand				x_1	x_1	x_1	x_2	
	Werkzeugherstellungsfähigkeit					x_2	x_2		
	Werkzeug- u. Materialbeistellungsakzeptanz			x_2					x_3
Zeitan-forderungen	kurze Entwicklungszeit				x_2	x_1	x_1		
	kurze Produktionszeit	x_1		x_2					x_1
	kurze Lieferzeit	x_1	x_1	x_2				x_1	x_1
	Bereitstellungszeitpunkteinhaltung		x_1	x_1				x_1	x_1
	Lieferzeitpunkteinhaltung	x_1	x_1	x_1				x_1	x_1
	flexible Termingestaltung		x_2	x_2				x_2	
Ortsan-forde-rungen	Lagerzugänglichkeit		x_3	x_2					x_2
	Transportmittelanbindung		x_2	x_2					x_2
	Lieferortakzeptanz	x_2	x_2	x_2				x_2	x_2
Lieferungs-anforderungen	Lieferzuverlässigkeit	x_1	x_2	x_1	x_1	x_1	x_1	x_1	x_1
	Verpackungs- u. Transportschutz				x_2	x_2	x_2	x_2	
	verarbeitungsgerechte Anlieferung	x_1	x_1	x_2				x_2	x_1
	Vorrangbelieferung				x_2	x_2	x_1	x_3	
	Exklusivbelieferung				x_2	x_2	x_1		
	Lieferantensicherheit			x_1	x_1	x_1	x_1	x_2	x_1
Entgelt-anforderungen	fixierter Preis	x_1	x_1	x_2				x_2	x_1
	Bereitschaft zur Kostenanalyse			x_1	x_2	x_2			x_1
	Preissicherheit			x_2				x_2	x_2
	lange Zahlungsziele						x_3		
	Leasingmöglichkeiten								
	leistungsbezogene Rabattstaffelung			x_2				x_2	x_2
	Mindermengenzuschlagsverzicht		x_2	x_2				x_2	
Servicean-forderungen	Kundendienstbereitschaft				x_1	x_1	x_1		
	Recyclingbereitschaft	x_1	x_2	x_2	x_2	x_2	x_2		x_1
	erweiterte Objektgarantie			x_2					
	Nachkaufsicherheit			x_1				x_1	
	Servicekapazität				x_3	x_3	x_3		
Informations-anforderungen	Informationskompetenz				x_1	x_1	x_1	x_2	
	Informationsbereitschaft				x_1	x_1	x_1	x_2	
	Problemlösungsbereitschaft				x_1	x_1	x_1		
	Geheimhaltung				x_2	x_2	x_1		
	Marktinformation				x_2	x_2	x_2		
	Anwendungsberatung				x_2	x_2	x_2	x_2	
	Marketingzusammenarbeit				x_2	x_2		x_2	

x_1: sehr wichtig x_2: wichtig x_3: wünschenswert

Abb. 101. Von Bedingungen abhängig hierarchisierte Bedarfsanforderungen

Diese allgemeine Bewertung kann in der praktischen Einzelanalyse eines Unternehmens anders aussehen. Nimmt man diese Bewertung lediglich als Leitlinie zum Verständnis, dann ist sie nicht überinterpretiert. Wenn man allerdings dem Gedanken eines Entscheidungsunterstützungssystems folgt, dann bildet diese Abb., wie immer man sie auch ändern mag, die Grundlage für das weitere Beschaffungshandeln. Was man sich hier an genauem Abwägen und Analysieren spart, mindert einfach die Qualität der folgenden Schritte. Diese Ausführungen entsprechen dem 5. Schritt in Abb. 97. Den 6. Schritt haben wir mit dem umfangreichen Katalog der Fenster- und Heilungsfragen zusammen erledigt. In der Lieferantenanalyse und in den Lieferantenverhandlungen muß dann später geklärt werden, ob Heilungen möglich sind, wie wahrscheinlich ihr Eintritt ist und wieviel sie die bisherige Kostensituation verändern.

Und eine letzte Erläuterung: Neben die grundsätzliche (konstitutive) „Einordung“ durch ein Produktziel können weitere Entscheidungsmerkmale in der konkreten Situation treten. So kann das Spitzenprodukt auch in großer Menge benötigt werden (z.B. ESP in Mercedes A-Klasse). Dann treten die aus der Mengenbedeutsamkeit resultierenden Anforderungen hinzu, teilweise bestärken sie die bisherige Anforderungsauswahl.

4.34 Beschafferleistungen

Die folgenden Überlegungen stehen nicht im Mittelpunkt der Bedarfsanalyse. Gleichwohl empfiehlt es sich, sie als Pendant zu den Forderungen (Bedarfsanforderungen) in der Form von Anreizen zu erheben. Wir greifen auf Abb. 94 zurück, wir ändern allerdings jetzt den Betrachtungsschwerpunkt:

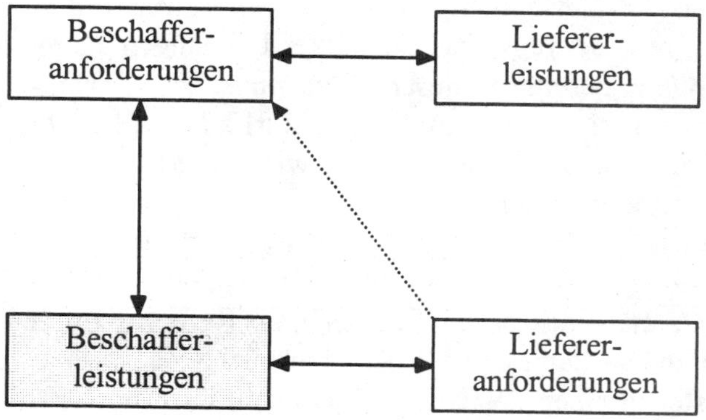

Abb. 102. Das bipolare Beziehungsgefüge zwischen Beschaffer und Lieferer als Bedarfsrealisationsbasis

4.341 Ein Leistungspool

Aus der *Potentialanalyse* können wir die Leistungen entnehmen, über die das Unternehmen verfügt bzw. verfügen wird. Bei der jetzigen Problemstellung müssen wir jedoch breiter und zugleich spezifischer vorgehen.

Leistungen des beschaffenden Unternehmens sind für das Lieferunternehmen nur unter bestimmten Bedingungen interessant:

- Sie müssen verfügbar sein.
- Sie müssen Anforderungen des Lieferanten entsprechen.
- Sie müssen besser als die des Lieferunternehmens sein.
- Sie müssen billiger als beim Lieferunternehmen sein.

Daraus folgt, daß die Beschafferleistungen nicht besser bzw. billiger als auf dem Markt erhältliche Leistungen sein müssen. Bei der Marktlösung treten nämlich die bereits mehrfach erwähnten Transaktionskosten hinzu, während unsere Überlegungen den Verhandlungstausch im Netzwerk betonen.

Die Beschafferleistungen erstrecken sich auf das *gesamte* Unternehmen. Neben dem Unternehmen als Ganzem interessieren vor allem die anbietbaren Leistungen der *Funktionsbereiche.* Im Prinzip müssen alle Funktionsbereiche auf ihre Eignung zu Leistungsbeiträgen überprüft werden. Diese Leistungsüberprüfung kann neben der hier zu lösenden Frage auch als Grundlage für *Outsourcingentscheidungen* herangezogen werden. Insbesondere starke Leistungsbereiche können sich durch Ausgründung neue Marktchancen erarbeiten.

Die Leistungen von Absatz, Produktion usw. kann man nun unterschiedlich formulieren. Man kann das Besondere des Unternehmens im Ganzen und seine Funktionsbereiche im Detail betonen. Damit untersucht man dann eher das den Leistungen *Zugrundeliegende.* Wir wollen hier entsprechend der Anreiz-Beitrags-Theorie stärker Leistungen als mögliche *Hilfen* betrachten. Ohne bereits in dieser Prozeßphase zu wissen, welche Hilfen der Lieferant benötigt (s. hierzu Abschn. 4.513.3), prüfen wir, worin wahrscheinliche *Stärken* liegen könnten, die wir in die Lieferantenverhandlung als Anreiz einbringen könnten.

Folgende Beschafferleistungen können eine Rolle spielen (siehe Abb. 103).

Das Absatzimage des Beschaffers kann als Referenz auf den Lieferanten zurückstrahlen. So kann er neue Kunden leichter gewinnen. Bewegt sich der Beschaffer in einem Wachstumsmarkt mit dazu noch großen Chancen des wachsenden eigenen Marktanteils, dann kann der Lieferant mit dem Beschaffer wachsen. Ähnliches gilt für das Erschließen erfolgversprechender neuer Marktfelder.

Der Transfer eigenen Know-hows spielt vor allem in der Gestaltung eine für den Lieferanten wichtige Rolle. Je nach Bedeutsamkeit des Beschaffungsobjektes kann die Zeit der Wissensnutzung für andere Kunden beim Lieferanten begrenzt werden. Durch eine neue Aufgabenstellung kann der Lieferant, möglicherweise gemeinsam mit dem Beschaffer, in neue Technikfelder vordringen, was insbesondere bei stark erfolgversprechenden Zukunftstechniken nicht ohne Reiz ist. Aber auch das Stärken vorhandener Technik kann für den Lieferanten neben dem technischen Aspekt ebenso bezüglich der Marktwirkung wichtig sein.

Beschaffungsleistungen	
Absatzleistungen	Absatzimage (Referenz) Wachstumschance neue Marktfelder usw.
Gestaltungs- und Entwicklungsleistungen	Know-how-Partizipation Vordringen in neue Technik Stärkung vorhandener Technik usw.
Produktionsleistungen	langfristige Kapazitätsauslastung Stärkung der Produktionsqualität beim Lieferanten Stärkung der Produktionsflexibilität beim Beschaffer (qualitativ/quantitativ) usw.
Beschaffungsleistungen	Eröffnung neuer Beschaffungsmärkte Aufbau neuer Lieferantenbeziehungen gemeinsame Beschaffung Beschaffungsberatung usw.
Finanzleistungen	Finanzierungsmöglichkeiten Zahlungssicherheit Zahlungsschnelligkeit usw.

Abb. 103. Beschafferleistungen

Die Produktionsplanung des Lieferanten ist an der Möglichkeit langfristiger Kapazitätsauslastung interessiert. Mit dem Beschaffer kann es gelingen, die Produktionsqualität wesentlich zu steigern. Eine Reduktion der eigenen Produktionsstarrheit (quantitativ und qualitativ) erhöht die eigene Flexibilität, um Lieferantenprobleme im Notfall auffangen zu können.

Der international/global tätige Beschaffer kann evtl. dem mittelständischen Lieferanten bei der Analyse und Auswahl der Märkte ebenso wie beim Finden geeigneter Lieferanten helfen. Eine Beschaffungskooperation kann die Marktmacht stärken. Beschaffungsberatung – Beratung ist auch in anderen Fällen denkbar – kann die Effizienz des Lieferanten steigern.

Unter Kapitalmangel leidende Unternehmen kann der kapitalstärkere Beschaffer durch Finanzierungshilfen unterstützen. Je umfangreicher die Geschäftsbeziehungen sind, um so wichtiger wird die Zahlungssicherheit. Kapitalschwachen Unternehmen hilft eine hohe Zahlungsschnelligkeit. Selbstverständlich sind sowohl weitere Funktionsbereiche als auch weitere Einzelleistungen denkbar. Zum Verständnis der Denkweise reicht dieser Überblick hier jedoch aus.

Neben den Leistungen müssen auch die *Kosten* bekannt sein, wir wiesen bereits darauf hin. Hier mag es ausreichen anzumerken, daß es darum geht, neben den *Voll*kostensätzen pro Stunde (Arbeit, Maschine) auch an *Teil*kosten zu denken. Wenn die eigene Kapazität nicht ausgelastet ist und man auch an keine Kapazitätsreduktion denkt, dann sind Kosten in der Nähe der Grenzkosten durchaus interessant.

4.342 Auswahlentscheidungen

Selbst wenn man davon ausgeht, daß die Beschafferleistungen eine gewisse Konstanz aufweisen, also nur in Abständen aktualisiert werden müssen, ist es unabdingbar, sie in der konkreten Beschaffungsentscheidung präsent zu haben. Und dann muß man die Frage beantworten, welche Leistung wann wahrscheinlich entscheidungsrelevant sein wird. Mit Abb. 104 folgen wir unserer bisherigen Entscheidungsroutine.

Die hier gewählte Bewertung entstammt wiederum Expertengesprächen. Daraus folgt die schon mehrfach betonte Unschärfeproblematik. Auf eine Kommentierung wollen wir an dieser Stelle aus Raumgründen verzichten, zumal diese Zuordnung recht plausibel erscheint.

Diese Vorgehensweise zeigt lediglich, welche Leistungen man anbieten *kann*. Welche Leistungen man später in den Verhandlungen anbieten *will*, hängt zum einen vom Interesse und damit der Beeinflußbarkeit des Lieferanten ab. Und zum anderen muß auch entschieden werden, ob man diese oder jene Leistung überhaupt anzubieten bereit ist. Wenn man Sorge hat, durch eigene Leistungen über den Lieferanten zu einer Quersubventionierung des Beschaffungskonkurrenten beizutragen, dann muß man eben auf dieses Angebot verzichten.

Mit den beiden weiteren Paketen (Liefererleistungen und Lieferanforderungen) der Beschaffer-Lieferanteninteraktion werden wir uns im Rahmen der Lieferantenanalyse und -auswahl befassen.

Bedingungen / Beschaffer-leistungen	Billigprodukt	Normprodukt	bewährtes Produkt	Spitzenprodukt	innovatives Produkt	Spezialprodukt	Katalogprodukt	usw.
Absatzimage				X	X	X		
Wachstumschance				X	X	X		
neue Marktfelder				X	X	X		
Know-how-Transfer				X	X	X		
Vordringen in neue Technik				X	X	X		
Stärkung vorhandener Technik				X	X	X		
langfristige Kapazitätsauslastung			X	X	X	X	X	
Stärkung der Produktionsqualität	X		X	X	X	X	X	
Stärkung der Produktionsflexibilität			X	X	X	X	X	
Eröffnung neuer Beschaffungsmärkte	X	X	X	X	X	X	X	
neue Lieferantenbeziehungen	X	X	X	X	X	X	X	
gemeinsame Beschaffung	X	X	X	X	X	X	X	
Beschaffungsberatung	X	X	X	X	X	X	X	
Finanzierungsmöglichkeiten	X	X	X	X	X	X	X	
Zahlungssicherheit	X	X	X	X	X	X	X	
Zahlungsschnelligkeit	X	X	X	X	X	X	X	

Abb. 104. Der situative Einfluß auf die Wahl von Beschafferleistungen

4.35 Methoden in der Bedarfsanalyse

Schaut man in die unser Thema betreffende Literatur zu dieser Überschrift, dann findet man z.B. als Methoden der Bedarfsermittlung (Hartmann 1993, S. 236) die Beschreibung deterministischer und stochastischer Bedarfsermittlung sowie die subjektive Schätzung. Wir werden zwar auch diese Methoden darstellen, nur ist die Überschrift so schlicht falsch; es handelt sich nämlich lediglich um einige Methoden der Objektmengenanforderungsbestimmung. Und wo bleiben die Methoden zur Bestimmung der Objektleistungsanforderungen, ganz zu schweigen von den Methoden zur Beschreibung der Modalitätsanforderungen?

In der Materialwirtschaftsliteratur nehmen in der Tat die Methoden zur Mengenanalyse einen sehr breiten Raum ein, wie Schlesinger nachweist (1991, S. 34 ff.). Das rechtfertigt allerdings keineswegs ein gleiches Vorgehen.

Zunächst wollen wir wiederum in Anlehnung an Ernst (1996) einen Gesamtüberblick geben (s. Abb. 105).

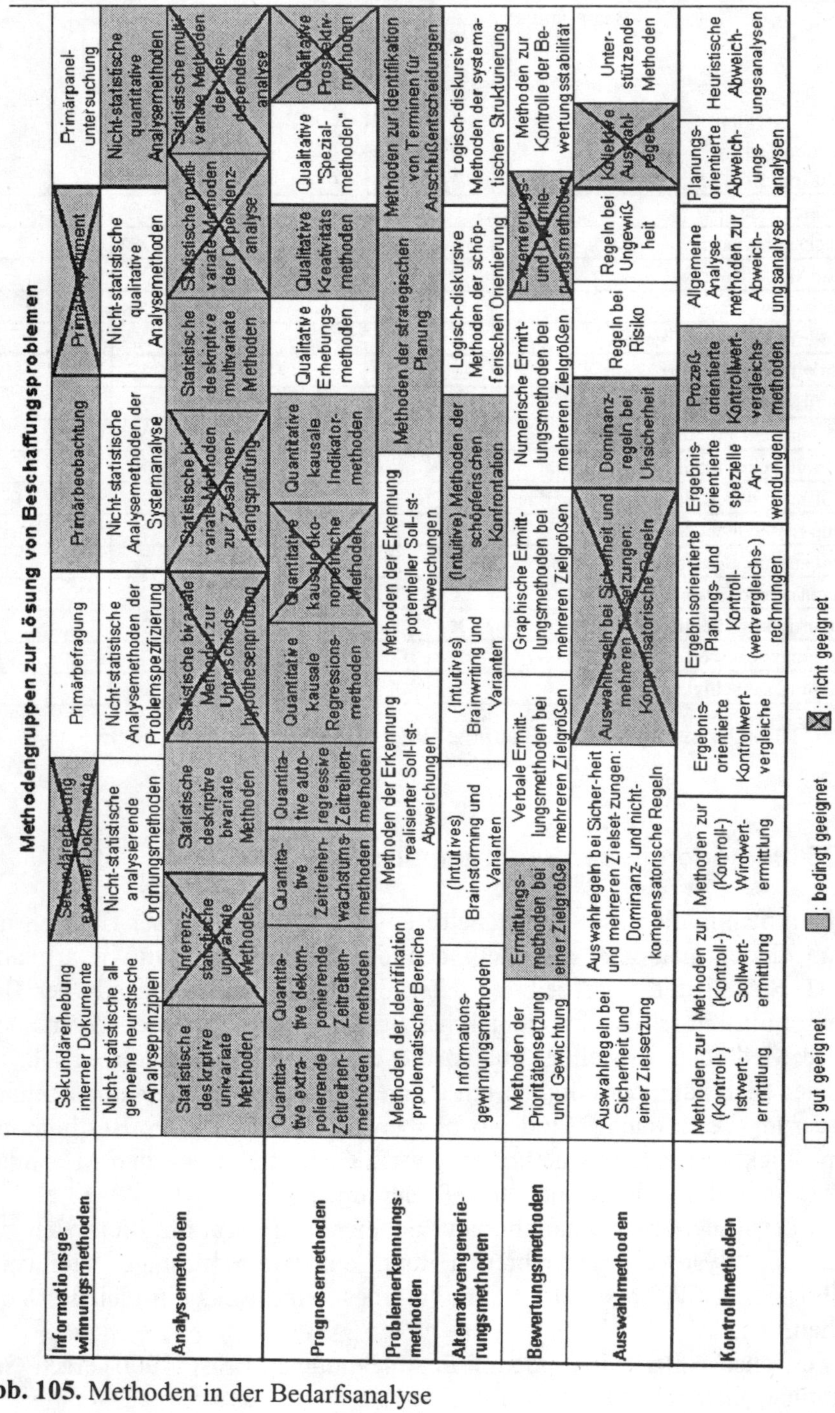

Abb. 105. Methoden in der Bedarfsanalyse

Einige Methoden wollen wir herausgreifen und erläutern.

(1) Prioritätsbestimmungsmethoden
Im Regelfall wird man kaum in der Lage sein, alle Beschaffungsobjekte nach dem hier vorgeschlagenen Raster gleichzeitig zu untersuchen, wir müssen Prioritäten setzen. Dies ist das Hauptanwendungsfeld der *ABC-Analyse*. Sie baut auf dem Artmengen-Wert-Verhältnis (Grochla 1978, S. 30) auf. Dieser Methode liegt die einfache Beobachtung zugrunde, daß man meist mit wenigen Produkten den größten Teil des wertmäßigen Einkaufsvolumens abdeckt, während man mit vielen anderen Produkten kaum zum wertmäßigen Einkaufsvolumen beiträgt. Sie machen viel Arbeit; ob jedoch das Kostensenkungspotential besonders groß ist, das ist mit einem Fragezeichen zu versehen. Deshalb wird bei diesen C-Produkten auch zunehmend an das konsequente Outsourcing gedacht, an die Vergabe der Beschaffungsaufgabe an außenstehende Unternehmen. Demgegenüber versprechen die A-Produkte, eben weil mit wenigen Artikeln viel Umsatz getätigt wird, wesentlich höhere Erfolgssteigerungspotentiale. Dazwischen liegen dann die B-Produkte. Dies zeigt Abb. 106.

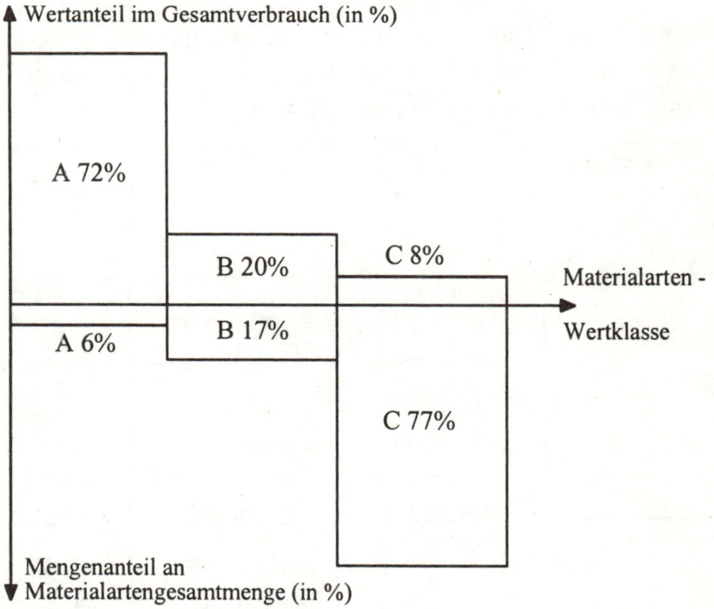

Abb. 106. ABC-Analyse

Die hier gewählten Zahlen sind nur beispielhaft zu verstehen. Es lohnt sich, über Modifikationen dieser Methode nachzudenken. So kann man den Wertanteil auch definieren als *Leistungsbedeutsamkeit*. Man teilt z.B. in die Klasse A (für das Endprodukt sehr bedeutsam), Klasse B (bedeutsam) und Klasse C (weniger bedeutsam) ein. Das könnte so aussehen, wie in Abb. 107 dargestellt.

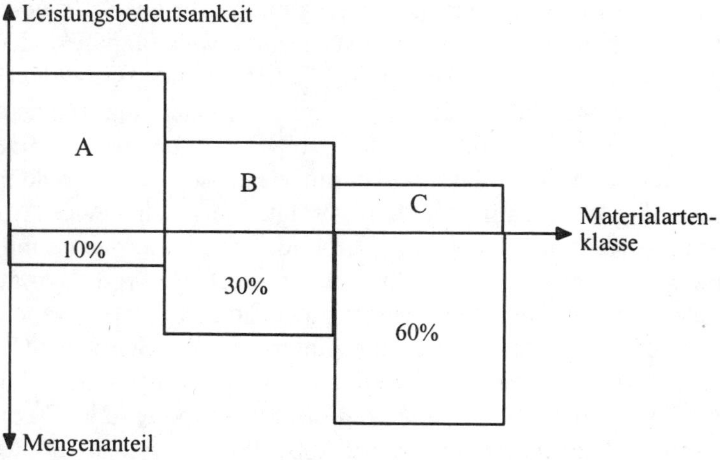

Abb. 107. Materialarten nach Leistungsbedeutsamkeit klassifiziert

Diese Methode kann man verbinden mit der sogenannten *XYZ-Methode*, die die Vorhersagegenauigkeit gruppiert (hohe, mittlere, niedrige Prognosegenauigkeit). Man erhält die folgende Matrix:

Wertigkeit / Vorhersage-genauigkeit	A	B	C
X	hoher Einkaufswert hohe Vorhersage-genauigkeit	mittlerer Einkaufswert hohe Vorhersage-genauigkeit	niedriger Einkaufswert hohe Vorhersage-genauigkeit
Y	hoher Einkaufswert mittlere Vorher-sagegenauigkeit	mittlerer Einkaufswert mittlere Vorher-sagegenauigkeit	niedriger Einkaufswert mittlere Vorher-sagegenauigkeit
Z	hoher Einkaufswert niedrige Vorher-sagegenauigkeit	mittlerer Einkaufswert niedrige Vorher-sagegenauigkeit	niedriger Einkaufswert niedrige Vorher-sagegenauigkeit

Abb. 108. XYZ/ABC-Analyse

Auf die Methoden der Prognose werden wir noch ausführlicher in Abschn. 4.823 zu sprechen kommen. Man kann aus dieser Abb. Handlungskonsequenzen ableiten, die in Abb. 109 angedeutet sind. Mit den dort geschilderten Methoden lassen sich ebenso die Bedarfsmengen vorherbestimmen. Die Felder der niedrigen Aufmerksamkeit sind tendenziell für Outsourcing-Überlegungen geeignet, die Felder der hohen Aufmerksamkeit könnten den Beginn der hier vorgeschlagenen Vorgehensweise bilden.

Wertigkeit / Prognose-Genauigkeit	Hoher Verbrauchswert A	Mittlerer Verbrauchswert B	Niedriger Verbrauchswert C
Hohe Prognose-Genauigkeit X	hohe Aufmerksamkeit		
Mittlere Prognose-Genauigkeit Y		mittlere Aufmerksamkeit	
Hohe Prognose-Genauigkeit Z			niedrige Aufmerksamkeit

Abb. 109. Konsequenzen der XYZ/ABC-Analyse

Neben diesen bekannten Methoden wollen wir die schon benutzte Kosten-Leistungsmatrix stellen (s. Abb. 110).

Den Anfang mit den umfangreichen bedarfsanalytischen Arbeiten wird man sicherlich in Feld 1 machen, um dann in Abhängigkeit von der Zielsetzung z.B. über Feld 2 zu Feld 3 zu gelangen; Feld 4 wird, wenn überhaupt, ganz zum Schluß an die Reihe kommen.

Kosten \ Leistung	hoch	niedrig
hoch	1	2
niedrig	3	4

Abb. 110. Kosten-Leistungsmatrix

(2) Methoden der Leistungsanalyse

Weit verbreitet ist die Methode der *Wertanalyse* (Miles 1964). Entsprechend DIN 69910 ist Wertanalyse zu verstehen als "...das systematische analytische Durchdringen von Funktionsstrukturen mit dem Ziel einer abgestimmten Beeinflussung von deren Elementen (z.B. Kosten, Nutzen) in Richtung einer Wertsteigerung ..." (DIN 69910: Wertanalyse-Begriffe, Methoden 1973). *Funktion* ist in diesem Zusammenhang als Aufgabe, als das, was das Produkt leisten soll, zu verstehen. Und diese Aufgabe soll nun entsprechend dem ökonomischen Prinzip realisiert werden.

Im Rahmen der Wertanalyse werden die beiden Bereiche der *Wertgestaltung* und der *Wertverbesserung* unterschieden. Erstere erstreckt sich auf die Produktneuschöpfung; bei letzterer geht es um die Gestaltungsverbesserung bereits existierender Produkte.

Weil diese Methode aus dem technischen Bereich kommt, verwundert es nicht, wenn quantifizierbare Zielvorgaben gefordert werden. Das ist zwar für die Lösungsauswahl sehr hilfreich, deutet jedoch darauf hin, daß diese Methodik bei der Ermittlung von z.B. Modalitätsanforderungen mit erheblichen Problemen zu kämpfen hat.

Wie die folgende normierte Schrittfolge der Wertanalyse zeigt, orientiert sie sich an der allgemeinen Stufenfolge, wie wir sie aus den Überlegungen zur Problemlösung kennen (s. Abb. 111).

Das meist den Gestaltungsabteilungen gemeinsame Suchen nach "besseren" Funktionslösungen kann bei entsprechender Vorarbeit der Beschaffung dazu führen, daß externe Funktionslösungen den Entwicklungsprozeß beschleunigen (man muß das Rad ja nicht immer selbst erfinden) und vielleicht auch noch billiger sind, wenn man damit eigene Entwicklungs- und Produktionskosten vergleicht.

Von der Spezifik der Aufgabe hängt es ab, ob man sich an dieser Stelle auch mit den für Schritt 4 geeigneten *Kreativitätstechniken* auseinandersetzen soll. Prinzipiell spricht nichts dagegen, da als Ergebnis derartiger Kreativitätssitzungen Suchaufgaben herauskommen können, welche die Arbeit der Beschaffung wesentlich erleichtern. Mit Hilfe einiger Kreativitätstechniken versucht man, sich vom logisch-konvergenten Denken zu

Grundschritte	Teilschritte
1. Vorbereitende Maßnahmen	1. Auswählen des Wertanalyseobjektes und Stellen der Aufgabe 2. Festlegen des quantifizierten Zieles 3. Bilden der Arbeitsgruppe 4. Planen des Ablaufs
2. Ermittlung des IST-Zustandes	1. Informationen beschaffen und Beschreibung des Wertanalyseobjektes 2. Beschreiben der Funktionen 3. Ermitteln der Funktionskosten
3. Prüfen des IST-Zustandes	1. Prüfen der Funktionserfüllung 2. Prüfen der Kosten
4. Ermitteln von Lösungen	Suche nach allen denkbaren Lösungen
5. Prüfen der Lösungen	1. Prüfen der sachlichen Durchführbarkeit 2. Prüfen der Wirtschaftlichkeit
6. Vorschlag und Verwirklichen einer Lösung	1. Auswählen der Lösung(en) 2. Empfehlen einer Lösung 3. Verwirklichen einer Lösung

Abb. 111. Wertanalyseschritte

lösen und offene, divergente Denkprinzipien anzuwenden. Die Zahl der inzwischen entwickelten Kreativitätstechniken ist inzwischen kaum noch überschaubar. Hier können im folgenden nur einige besonders wichtige Techniken kurz erläutert werden.

Die Öffnung für ein neues Problem kann sehr bewußt und systematisch erfolgen - man spricht dann von logisch-diskursiven (bzw. logisch-systematischen oder logisch-analytischen) Techniken, wobei das konvergente Denken betont wird - man kann sich einem neuen Problem aber auch mehr unbewußt-intuitiv zuwenden - man spricht deshalb von intuitiv-kreativen Techniken (divergentes Denken).

Einen Ausschnitt aus den zur Verfügung stehenden Kreativitätstechniken zeigt Abb. 112 (s. hierzu auch Schlicksupp 1980, S. 88, anders aber Ernst 1996, S. 142 ff.). Sie enthält neben der Methodengruppierung auch die Angabe einiger Verfahren.

Methodengruppen	Verfahren
Prospektive Methoden	Delphi Methode Szenarien Trendprojektion Visionäre Prognosen
Systematische Lösungsanreize	Fragenkataloge Methode der Negation Attribute Listing Funktionskombinationen Auflockerung des Suchfeldes
Logisch-diskursive Techniken	Heuristik Funktionsanalyse Morphologische Methode Progressive Abstraktion Bionik Problemlösungsbaum
Intuitiv-kreative Techniken	Brainstorming und verwandte Techniken (z.B. Diskussion 66 oder Brainwriting) Methode 635 Synektik laterales Denken

Abb. 112. Kreativitätstechniken

Diese Methoden wurden im Rahmen absatzbezogener Innovationsprozesse entwickelt. Sie eignen sich jedoch nicht nur dort; sie lassen sich auch im abteilungsübergreifenden Nachdenken über den eigenen Bedarf nutzen. Das innovative Bemühen im Beschaffungsbereich trägt sicherlich auch zur Kompetenzsteigerung bei und reduziert das immer wieder zu beobachtende Beschaffungshandeln anderer Abteilungen. Wir wiederholen die Aufforderung zu integrierendem statt isolierendem Denken.

(3) Methoden der Mengenanalyse

Bezugsgröße ist meist der *Primärbedarf.* Aus der Absatzplanung erfährt man den geplanten Bedarf an Fertigerzeugnissen. Dieser Primärbedarf wird nun in den *Sekundärbedarf* heruntergebrochen; das sind die Werkstoffe, Teile usw., aus denen das Fertigprodukt besteht. Der *Tertiärbedarf* umfaßt dann schließlich den Bedarf an Hilfs- und Betriebsstoffen sowie Werkzeugen, die zur Herstellung notwendig sind. Das ist der *Bruttobedarf.* Berücksichtigt man den jeweiligen Lagerbestand, gelangt man zum *Nettobedarf.*

Der Sekundärbedarf wird im Regelfall mit Methoden der *deterministischen*, der Tertiärbedarf mit *stochastischen* Bedarfsermittlungsmethoden festgestellt. Im einzelnen handelt es sich um folgende Verfahren und Hilfsmittel (Schlesinger 1991, S. 53):

Deterministische Bedarfsmengenermittlung (Fertigungsprogrammbezogene Verfahren)	**Stochastische Bedarfsmengenermittlung** (Materialverbrauchsbezogene Verfahren)
Hilfsmittel - Stücklisten, differenziert nach - Konstruktionsstücklisten - Fertigungsstücklisten - Dispositionsstücklisten - Verwendungsnachweise - Arbeitsplätze - Rezepte	**Hilfsmittel** - Materialrechnung Erfassung des Materialverbrauchs nach Rück-, Befund- oder Fortschreibungsrechnung - Materialbewegungsstatistik - mengenmäßig - wertmäßig - mengen- und wertmäßig
Methoden - analytisch anhand der Fertigungserzeugnisse und Stücklisten nach dem Fertigungs- oder Dispositionsstufenverfahren - synthetisch anhand der Teile oder Baugruppen und der Verwendungshinweise - Gozinto-Methode, wobei mittels mathematischer Verfahren der Gozintograph in Direktbedarfs- und Gesamtbedarfsmatrizen überführt wird	**Methoden** - Prognoseverfahren unterschiedlicher Art, deren Auswahl sich danach richtet, ob ein gleichbleibender, trendförmiger oder saisonal schwankender Bedarfsverlauf vorliegt: - Bildung gleitender Durchschnitte 1. oder 2. Ordnung - Exponentielles Glätten 1. oder 2. Ordnung - Multiples, exponentielles Glätten - Lineare oder multiple Regression - Prognosesimulation

Abb. 113. Methoden der Bedarfsmengenbestimmung

Als Hilfsmittel der deterministischen Bedarfsmengenermittlung dienen Stücklisten. Sie zeigen die mengenmäßige Zusammensetzung aus Gruppen, Teilen und gegebenenfalls Rohstoffen. Sie gehen aus der Zeichnung eines herzustellenden Produktes, Teiles hervor.

Die *analytische* Stücklistenauflösung beginnt beim Endprodukt. Die beiden bekannten Verfahren lassen sich wie folgt darstellen (s. Abb. 114).

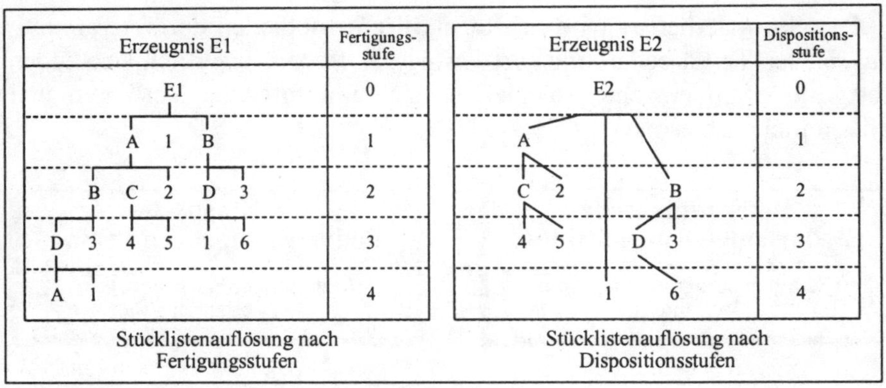

Abb. 114. Analytische Stücklistenauflösung

Grundlage des Fertigungsstufenverfahrens sind die tatsächlichen Produktionsstufen. Dabei kann es vorkommen, daß ein Teil auf mehreren Produktionsstufen eingesetzt wird. Diesen Übersichtlichkeitsmangel vermeidet man beim Dispositionsstufenverfahren. Dieses Verfahren hat sich auch als Standardsoftware durchgesetzt. Beide Verfahren zeigen über die Reihenfolge auch Zeitzusammenhänge. Das Gozinto-Verfahren spielt heute keine Rolle mehr.

Die *synthetische* Bedarfsermittlung erfolgt genau umgekehrt vom einzelnen Teil ausgehend. Hilfsmittel bilden Teileverwendungsnachweise. Sie geben Auskunft, in welchen Baugruppen und Enderzeugnissen ein Einzelteil vorkommt (Hartmann 1993, S. 248).

Da diese Verfahren eine Bedarfsmengenprognose (Primärbedarf) des Absatzes voraussetzen, da also hier keine Prognose im Beschaffungsbereich stattfindet, kann man mit dieser kurzen Methodendarstellung leben und muß nicht unbedingt kritisch Stellung beziehen. Wenn man sich jedoch den stochastischen Methoden zuwendet, bleibt es einem nicht erspart, die Anwendungsbedingungen zu hinterfragen. Mathematisch ist gegen die Methoden der Mittelwertbildung, der exponentiellen Glättung und der Regressionsanalyse nichts einzuwenden. Deshalb könnte man sie hier auch gefahrlos darstellen. Und dennoch wird darauf verzichtet: Was macht es für einen Sinn, auf Vergangenheitswerten fußend Verbrauchsmaterialien zu planen, wenn die Prognoseplanung des Absatzes ganz anders aussieht? Die Vergangenheitsplanung mag zwar exakt sein, sie ist allerdings vom Planungsansatz her falsch! Wenn der Absatz der Engpaß der Planung ist, dann muß man das konsequent und das heißt auch für die Verbrauchsmaterialien fortsetzen. Eine eigene Prognoseplanung auf ganz anderer Basis ist da überflüssig.

Die folgenden Methoden könnte man auch unter der Überschrift „Methoden der Modalitätsanalyse“ zusammenfassen. Statt dessen wollen wir einige Details herausgreifen.

(4) Methoden der Zeitanalyse

Der Zeitaspekt wird auch in den schon geschilderten Verfahren der Stücklistenauflösung nach Fertigungs- und Dispositionsstufen berührt. Auch andere Verfahren konzentrieren sich nicht nur auf die Zeit. Das *Bestellrhythmusverfahren* legt neben den Mengen aber auch vor allem Zeiträume und Zeitpunkte fest; deshalb soll es hier kurz erwähnt werden. Kritisch könnte man einwenden, wenn man den Bestellaspekt besonders betont, daß diese Methode erst im Anschluß an die Lieferantenverhandlung dargestellt werden sollte. Wir wollen uns hier auf den Zeitanforderungsaspekt konzentrieren.

Das Bestellrhythmusverfahren kann mit einem Lieferanten vereinbart werden, mit dem man einen Rahmenvertrag für ein spezifisches Beschaffungsobjekt abgeschlossen hat. Innerhalb dieses Verfahrens geht es neben der Festlegung der Abrufmengen um die Fixierung der Zeitpunkte. Eine einfache Abb. (115) zeigt diese Vorgehensweise (Arnolds/Heege/Tussing 1998, S. 107):

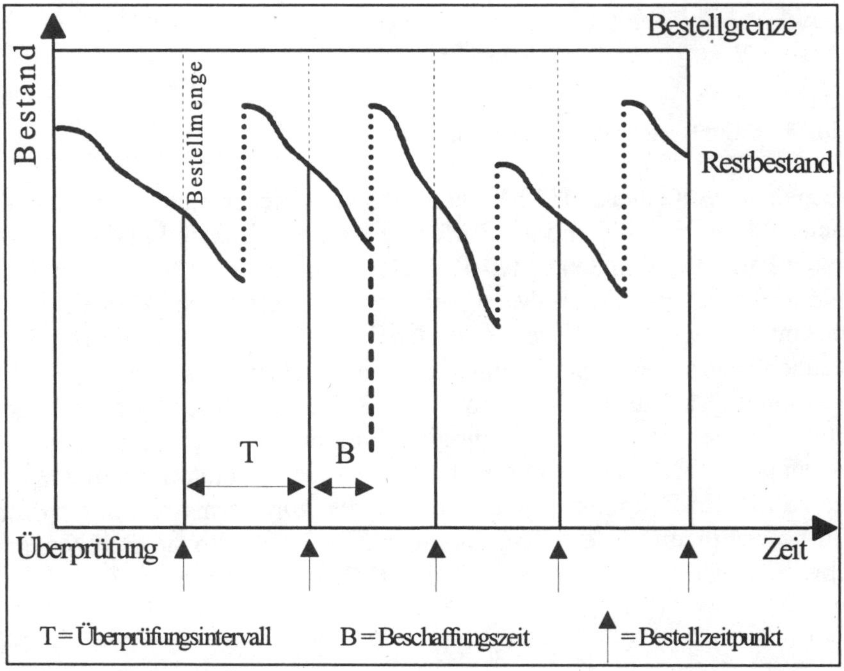

Abb. 115. Zeit und Bestellmenge

Durch Überprüfung des Bestandes in festen zeitlichen Intervallen wird festgestellt, wie hoch der Lagerbestand ist, und automatisch soviel bestellt, daß die Summe aus Bestellmengen und Lagerbestand die Bestellgrenze erreicht. Komplizierter und damit handlungsnäher wird dieses Verfahren, wenn man Zeitintervalle festlegt, für die unterschiedliche Mengentoleranzen gelten, wie dies das folgende Beispiel zeigt:

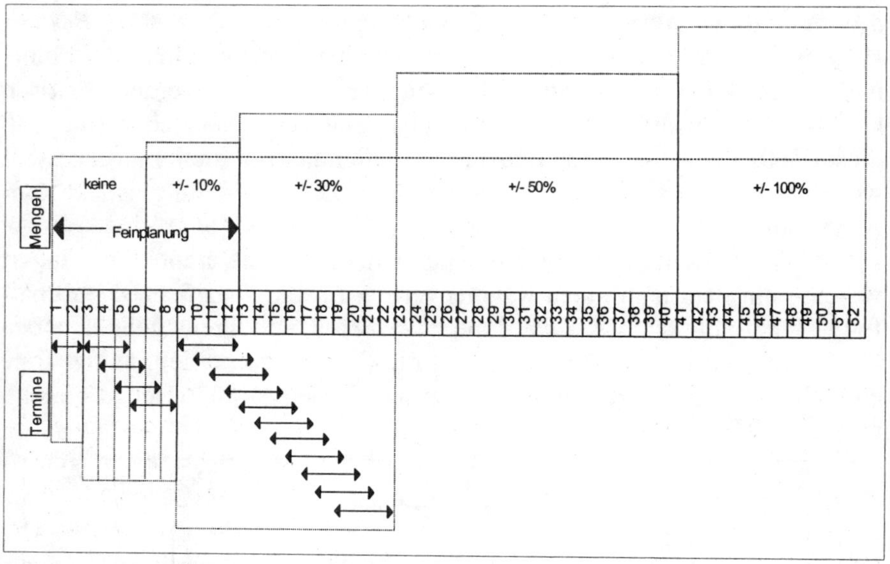

Abb. 116. Ein Bestellrhythmusverfahren

Ausgehend von einem für 12 Monate abgeschlossenen Rahmenvertrag, der nach 3 Monaten rollierend um 3 Monate ergänzt wird, sind in diesem konkreten Fallbeispiel in den ersten 6 Wochen keine Mengenänderungen möglich, allerdings kann diese Menge eine Woche vorgezogen oder eine Woche hinausgeschoben werden. Von der 7. bis 12. Woche sind (+/-) 10 % Mengenänderungen möglich, innerhalb der Wochen 3 bis 8 sind 3 Wochen Schwankungsbreite möglich. Von der 13. bis 22. Woche sind Mengenschwankungen von (+/-) 30 % möglich, von der 9. bis 22. Woche können die eingeteilten Mengen innerhalb von 4 Wochen umterminiert werden. Bis zu diesem Zeitpunkt erfolgt die Freigabe zur Vormaterialbeschaffung und notwendiger Vorfertigung. Von der 23. bis 40. Woche sind Mengenschwankungen um (+/-) 50 %, von der 41. bis 52. Woche von (+/-) 100 % möglich.

(5) Methoden der Preisanalyse/Kostenanalyse

Die Ergebnisse der Kostenanalyse liefern einen wichtigen Beitrag für die Entscheidung "Make or Buy". Liegt der wahrscheinliche oder effektive Marktpreis über den eigenen Selbstkosten, dann kann dies zur Eigenfertigungsentscheidung beitragen. An dieser Stelle geht es darum zu eruieren, was ein Beschaffungsobjekt unter günstigen Umständen kosten darf.

Damit der Kostenanalytiker fundiert arbeiten kann, benötigt er zuerst einmal generelle Daten über Material-, Arbeits- und Gemeinkosten bezogen auf die in Frage kommenden Lieferantenherkunftsländer bzw. Lieferanten. Diese Daten müssen ständig erhoben und bereitgehalten werden. Dazu gehören auch Prognosen über die Kostenentwicklung.

Der bisherigen Gepflogenheit in vielen Unternehmen entspricht es, daß man den Beschaffungsobjektpreis als Ergebnis eines Verhandlungsprozesses betrachtet, innerhalb dessen jeder Verhandlungspartner sich um die Steigerung der eigenen Win-Position bis zur Verlustposition des Gegenüber bemüht. Deshalb spielt die Kostenanalyse in der Praxis auch noch keine große Rolle. Entsprechend unserer anreiz-beitrags-theoretischen Überlegung ist das nicht unser Weg. Opportunistisches Lieferantenverhalten reduziert die Ergebnisse. Wir müssen möglichst gemeinsam mit den Lieferanten ermitteln, was unter günstigen Bedingungen das Beschaffungsobjekt kosten darf, und wenn die günstigen Bedingungen beim Lieferanten noch nicht vorliegen, was getan werden kann, um sie zu erreichen. Damit dienen die Methoden der Kostenanalyse sowohl der *Anforderungsumsetzung* wie auch als *Leistungs*instrument der Lieferantenschulung.

Da die Literatur in diesem Methodenbereich weit hinter den Anforderungen der Realität zurückbleibt, haben wir uns entschlossen, ein in der Praxis im Rahmen eines Beratungsunternehmens (Costdata AG, Köln) eingeführtes Kalkulationssystem mit Erlaubnis der Autoren abzubilden (s. Abb. 117).

Zunächst ist anhand dieser Struktur eine Standard-*Ist*-Kostenrechnung möglich, aus der sich die Ist-Selbstkosten ergeben. Dies entspricht im Prinzip dem üblichen Weg einer Vorkalkulation, wobei wir an dieser Stelle nicht auf häufig gemachte Fehler eingehen wollen. Interessanter wird es dann, wenn man ausgehend von einer Bedarfsmenge pro Zeit versucht, eine Soll-Kalkulation unter Annahme optimaler Prozeßbedingungen durchzuführen. Dazu benötigt man möglichst best-practice-Vergleichswerte. Diese können sich aus Analysen vergleichbarer Beratungssituationen ergeben haben. Aus dem Soll-Ist-Vergleich können sich Ansatzpunkte für Optimierungen ergeben. Zugleich kann nicht ausgeschlossen werden, daß bei nur geringen Abweichungen die Sicherheit wächst, mit dem richtigen Lieferanten im Gespräch zu sein.

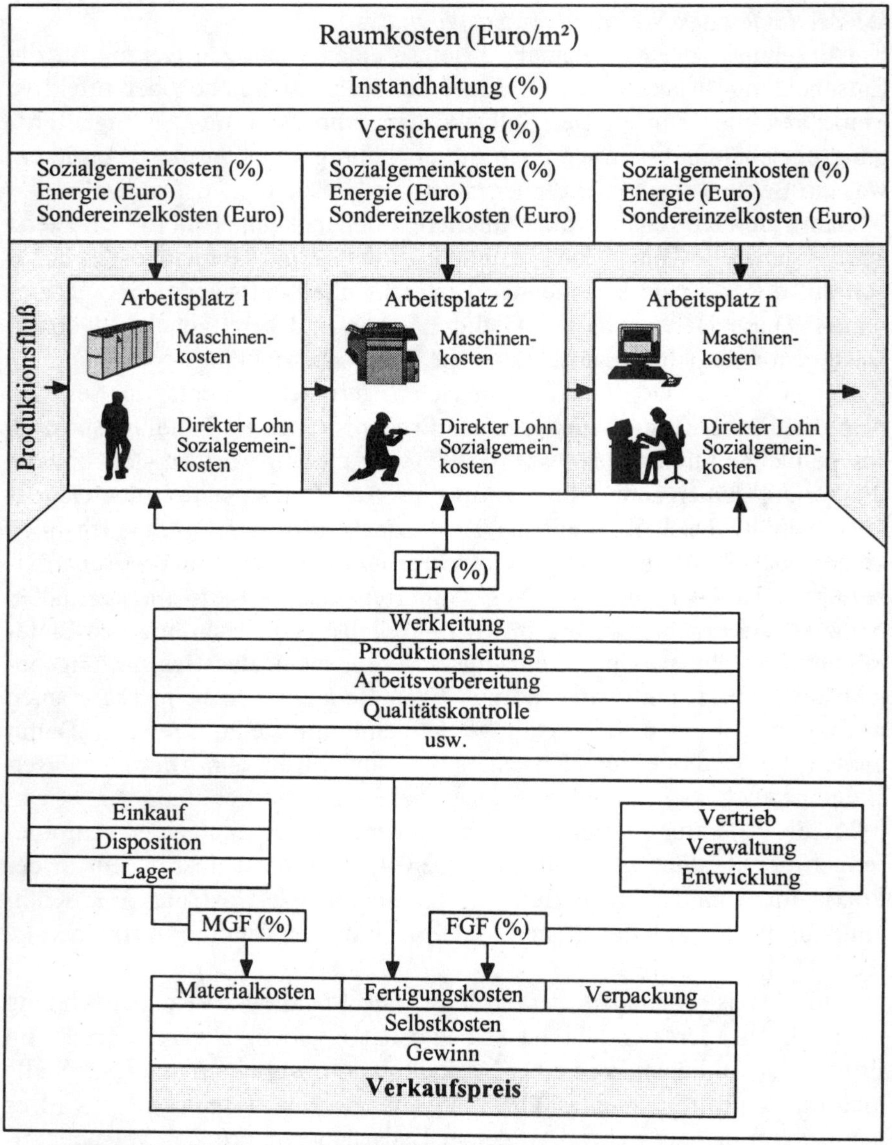

Abb. 117. Zum Verfahren der Einkaufskostenanalyse

4.36 Einige rechtliche Aspekte

In die gemeinsamen Gespräche mit Mitgliedern anderer Funktionsbereiche sollten auch die rechtlichen Restriktionen eingebracht werden; nicht alles, was man wünscht, ist erlaubt; und manches, was heute noch erlaubt ist, kann morgen verboten sein. Neben dem Status-quo muß also auch die zukünftige Entwicklung bereits heute in die Überlegungen einbezogen werden. Nicht nur, daß nachträgliche Änderungen zu erheblichen Mehrkosten führen können; neben dem möglichen Absatzmarktvorteil einer z. B. ökologisch verantwortlichen Lösung kann auch diese neue Lösung durchaus kostengünstiger sein. Einige Aspekte seien besonders erwähnt.

(1) Know-how-Schutz
Auf die Geheimhaltungsanforderungen wurde hingewiesen. Je mehr Lieferant und Beschaffer gemeinsam Entwicklungsarbeiten vollziehen (simultaneous engineering), um so intensiver muß die Frage nach dem Know-how-Schutz gestellt werden. Im Prinzip hat man Vertragsfreiheit. Da jedoch zwischen Lieferant und Beschaffer ein Machtgefälle bestehen kann, greifen Schutzbestimmungen gegen die mißbräuchliche Ausnutzung. Hier sind dies die Artikel 85 und 86 des EU-Vertrages. Zu beachten ist die Gruppenfreistellungsverordnung für Know-how-Verträge (VO Nr. 240/96 (ABC.EG.L.031 v. 9.2.1996)).

(2) Produkthaftung
Hier müssen mehrere Rechtsquellen beachtet werden:

- BGB
  - Allgem. Vertragsrecht
  - Recht der unerlaubten Handlungen
  - § 823 BGB

- Produkthaftungsgesetz vom 15.12.1989
  - Lieferant haftet für Hersteller, wenn Hersteller nicht festgestellt werden kann (§ 4 Abs. 3)
  - Als Hersteller gilt der, der das Endprodukt, einen Grundstoff oder ein Teilprodukt hergestellt hat oder der sich durch Namen, Zeichen oder Marken als Hersteller ausgibt (§ 4 Abs. 1) oder ein Produkt zum Zweck des Verkaufs, Vertriebs oder Vermietung einführt bzw. verbringt (§ 4 Abs. 2)
  - Gesamtschuldnerhaftung von Lieferant und Hersteller je nach Schadensverursachung (§ 5)

- Die jeweils zuständige Behörde darf den Rückruf, die Sicherstellung und die Vernichtung von nicht sicheren Produkten anordnen (§ 9). Des weiteren kann die zuständige Behörde das Inverkehrbringen verbieten und Überprüfungen anordnen (§ 7 Abs. 2)

- Produktsicherheitsgesetz vom 22.04.1997
  - Als Hersteller gilt der, der ein Produkt herstellt bzw. es in den Verkehr bringt, soweit seine Tätigkeit die Sicherheitseigenschaften des Produktes beeinflußt. Zusätzlich gilt der Importeur als Hersteller, wenn der Hersteller weder Sitz noch Vertreter in der EU bzw. dem europäischen Wirtschaftsraum hat (§ 3 Abs. 1)
  - Hersteller dürfen nur sichere Produkte nach § 6 in Verkehr bringen (§ 4 Abs. 1) und müssen den Konsumenten über Gefahren, die vom Produkt ausgehen können, informieren (§ 4 Abs. 2 Satz 1)
  - Händler dürfen insbesondere keine Produkte in Verkehr bringen, von denen sie wissen (§ 5 Satz 1) bzw. aufgrund ihrer Händlertätigkeiten wissen müßten, daß sie nicht sicher sind (§ 5 Satz 2)

(3) Umwelthaftung

- Umwelthaftungsgesetz vom 10.12.1990 hat keine Veränderungen erfahren
- Nach dem Gesetz zur Ordnung des Wasserhaushaltes (Wasserhaushaltsgesetzes) vom 12.11.1996 gilt § 22 (Gefährdungshaftung) weiterhin.

(4) Abfallregelungen

- Kreislaufwirtschafts- und Abfallgesetz vom 06.10.1994
  - Vermeidung vor Verwertung vor Beseitigung (§2 Abs. 1, § 4)
  - Pflichten der Erzeuger und Besitzer von Abfall beziehen sich auf die grundsätzliche Pflicht der Vermeidung (§ 4 und § 5 Abs. 1), Verwertung (techn. Möglichkeit und wirt. Zumutbarkeit) (§ 5 Abs. 2 uns 4) und Beseitigung nicht verwertbarer Abfälle (§ 11 Abs. 1)
  - Pflichten der Hersteller und Vertreiber von Produkten erstrecken sich auf: Produktverantwortung (§ 22), prinzipielle

Rücknahmepflicht (je nach Rechtsverordnung (§ 24), freiwillige Rücknahme (§ 25)

- Verordnung über die Vermeidung und Verwertung von Verpackungsabfällen (Verpackungsverordnung) vom 27.08.1998
  - Vermeidung oder Verwertung vor Beseitigung (§ 1)
  - Rücknahmepflichten der Hersteller und Vertreiber von Produkten bezüglich Transportverpackungen (§ 4), Umverpackungen (§ 5), Verkaufsverpackungen (§ 6), Verkaufsverpackungen schadstoffhaltiger Füllgüter (§ 7)

4.37 Outsourcing

4.371 Die Problemlage

Im Rahmen der Bedarfsanalyse stellt sich seit eh und je die Frage „make or buy", früher hieß es „Eigen- oder Fremdfertigung". Die Akzente der Betrachtung haben sich im Laufe der Zeit verschoben. Daraus rechtfertigt sich die Verwendung des relativ jungen Begriffs *Outsourcing*.

Die Diskussion um Eigen- oder Fremdfertigung hat eine lange Tradition (z.B. Männel 1981, Seiffert 1979, Endler 1992). Diese Diskussion ist stark produktionsgeprägt. Produktionsentscheidungen stehen heute jedoch nicht mehr im Mittelpunkt unternehmerischer Überlegungen. Man muß nicht unbedingt das Stichwort „virtuelle Unternehmung" bemühen, um die Akzentverschiebung deutlich zu machen. Es mehren sich die Berichte über Unternehmen, die ihre eigenen Produktionskapazitäten bei wachsendem Umsatz reduzieren (z.B. Seidensticker, Boss, Adidas). Unternehmen stellen sich zunehmend die Frage, ob sie das Produkt X (z.B. PC, Pkw-Typ) selbst herstellen sollen oder ob es nicht günstiger wäre, dieses Produkt fertig zu beschaffen. Bei Buchverlagen hat dieses Denken lange Tradition, in der Textilindustrie ist dies weit verbreitet, in der Automobilindustrie mehren sich die Fälle (Ford Maverik = Nissan Terrano/Porsche-Boxter), in der Computerindustrie (z.B. IBM) sind Entscheidungen „Beschaffung contra Produktion" gefallen. In der Diskussion ist das Entscheidungsfeld wesentlich umfangreicher (Koppelmann 1996, Köhler/Frost 2000)).

Die Eigenständigkeit des Begriffs outsourcing erklärt sich daraus, daß

- hier *Änderungsentscheidungen* vorliegen; das, was man bisher selbst erledigte (z.B. in Produktion, Beschaffung, Absatz), soll nun von anderen übernommen werden.

- sich die Änderungen auf nahezu *alle* Bereiche des Unternehmens erstrecken können. Produktionsentscheidungen bilden nur einen alternativen Bereich.

Outsourcingentscheidungen können in zwei unterschiedlichen Formen vorkommen:

- Bei *Auslagerung*sentscheidungen wird die Funktionserfüllung dem Lieferanten übertragen, das eigene Personal wird mit anderen Aufgaben betraut, im Extremfall entlassen.
- Bei *Ausgründung*sentscheidungen wird ein Bereich (Funktionsbereich, Teile eines Funktionsbereichs, Werk, Niederlassung) verselbständigt. Neben die Funktions- tritt auch die Potentialverlagerung.

Dem Outsourcing steht das *Insourcing* gegenüber. Leerkapazitäten können abgebaut werden oder durch zusätzliche Aufträge, auch für Konkurrenten in der eigenen Branche, genutzt werden. Dies spielt vor allem dann eine Rolle, wenn der eigene Absatz stagniert und die Produktivität steigt. Auch die Arbeitsplatzdiskussion stärkt diese Überlegungen. Das Insourcing kann eigen- oder mitverantwortlich (z.B. als Kooperation) realisiert werden.

4.372 Outsourcing – warum?

Wenn man davon ausgeht, daß die Gründe für den Fremdbezug die Argumentation für das Outsourcing widerspiegeln, dann zeigt die Abb. 118 (Lückefedt/Kosmol 1996, S. 41) einige wichtige Begründungsfacetten.

Etwas allgemeiner kann man den *Ziel*zusammenhang prüfen. Inwieweit trägt das Outsourcing zur Erfüllung der Funktionsziele bei? Neben der Beschaffungsfunktion interessieren alle anderen Funktionsbereiche bezüglich der Kostensenkung, der Leistungs- und Flexibilitätssteigerung. Das Risikoreduktionsziel steht eher der marktlichen Lösung entgegen; es verhindert eher Outsourcingüberlegungen.

Bezogen auf das *Kostensenkung*sziel gilt es zu prüfen, wie weit die marktliche Lösung trotz Transaktionskosten zu einer günstigeren Situation bezüglich der Beschaffungsobjekt- und -prozeßkosten gegenüber der hierarchischen, also der internen Lösung führt. Und selbst bei gleichen Einzelkosten können die niedrigeren Gemeinkostenzuschläge eines kleineren, schlankeren Unternehmens zur günstigeren Gesamtkostensituation beitragen. Neben dem Jetztzustand interessiert vor allem die morgige Situation. Wird sie langfristig eine bessere Lösung ermöglichen? Ausgelagerte oder ausgegründete Funktionserfüllung kann nicht jederzeit problemlos wieder ins eigene Unternehmen zurückgeholt werden. Der Abhängigkeitsgrad vom Marktteilnehmer steigt. Um so mehr ist dann eine vertrauensbasierte Win-Win-Strategie unumgänglich.

	Gründe für Eigenfertigung	Gründe für Fremdbezug
Qualität	* Enge Zusammenarbeit zwischen Konstruktion und Fertigung bei Neuentwicklungen * laufende Kontrolle der Qualität * Aneignung von spezifischem Produktions-Know-how	* gezielte Problemlösungen durch Spezialisierung im Entwicklungsbereich * hohe Qualität durch Spezialisierung der Produktionsmittel * Nutzung von fremdem Know-how
Kapazitäten	* Auslastung vorhandener Kapazitäten - Personal - Sachmittel	* Abbau von Kapazitätsengpässen * Vermeidung der Unterauslastung von spezialisierten Produktionsmitteln
Investitionen	* Verminderung steuerpflichtiger Gewinne durch Investitionen * Modernisierung und Spezialisierung des Sachmittelpotentials	* keine Kapitalbindung durch zusätzliche Investitionen * Konzentration der Finanzmittel auf wichtige Eigenfertigungsteile * Verbesserung der Kapitalrentabilität
Kosten	* Einsparung von - Lieferantengewinnen - außerbetrieblichen Transport- und Verpackungskosten * Unabhängigkeit von Preiserhöhungen bei Monopolstellung der Lieferanten	* geringe Stückkosten durch Spezialisierung und hohe Auslastung der Produktionsmittel * geringer Fixkostenanteil * geringe Entwicklungskosten
Risiko	* Geheimhaltung des vorhandenen Know-hows vor der Konkurrenz * Verhindern der Vorwärtsintegration von Lieferanten * Geheimhaltung von Neuentwicklungen	* Risikostreuung durch Verteilung auf mehrere Lieferanten * geringes Risiko bei Produktionsrückgang oder bei Entwicklungsfehlschlägen

Abb. 118. Gründe für Eigenfertigung/Fremdbezug

Die *Leistungsprüfung* erfordert andere Akzente. Leistungsstärkere Lieferanten erfordern vor allem dann, wenn die Beschaffungsobjektleistung zur Profilbildung des eigenen Produktes beiträgt, eine intensive Überprüfung der Outsourcingalternative. Dort, wo die Beschaffungsobjektleistung weniger zur Profilbildung beiträgt, kann es auch ratsam sein, die einfachere Marktlösung der besseren eigenen vorzuziehen, wenn sie billiger ist.

Auf den zunehmend wichtiger werdenden *Flexibilitätsaspekt* haben wir bereits mehrfach hingewiesen. Volatile Märkte erfordern flexible Anpassungsmechanismen. Wenn es große Schwierigkeiten bereitet, aufgrund des hohen Konkurrenzdrucks einen niedrigen Break-Even-Punkt zu realisieren, man also immer nahe der Vollauslastung produzieren und absetzen muß, dann kann die Marktlösung – wiederum vertrauensbasiert – zu kostengünstigeren Flexibilitätslösungen als die interne Funktionsrealisierung führen. Dies war einer der Hauptgründe für das Outsourcen des Porsche-Boxter.

Neben die Zielüberlegungen können Potentialprüfungen treten. Dies spielt bei Firmengründungen eine große Rolle. Wer nicht über ausreichendes Kapital verfügt, kann Maschinen/Anlagen usw. leasen oder ganze Prozeßbereiche Externen übergeben. Wenn die eigene Produktionsstruktur – man ist selbst z.B. Massenhersteller – nicht zur neuen Produktidee (z.B. Nischenprodukt) paßt, dann ist es durchaus üblich, die Produktion des neuen Produktes (z.B. Cabrio-Variante) fremd zu vergeben. Damit verlagern sich die Entscheidungsfelder gewaltig.

Weiterhin kommt der *Kompetenz*überprüfung erhebliche Bedeutung zu. Auslagerungs- und Ausgründungsentscheidungen erzwingen Antworten auf die Frage nach der Kernkompetenz des eigenen Unternehmens. Hier mögen einige wichtige Fragen genügen:

- Was kann man besser als andere?
- Was will man besser als andere machen?
- Was können andere besser?
- Besteht die Möglichkeit, eigene Aufgaben zu besseren als den eigenen Bedingungen auf andere zu verlagern?
- Ist mit der Verlagerung ein Kompetenzverlust verbunden?
- Beeinträchtigt der Kompetenzverlust die eigene Wettbewerbsposition?
- Kann die Verlagerung problemlos rückgängig gemacht werden?
- Sind langfristige Verträge möglich und sinnvoll, die den Kompetenzverlust mindern?
- Besteht die Gefahr, daß mit dem eigenen Kompetenzverlust die Konkurrenz gestärkt wird (> Know-how-Transfer > Geheimhaltung)?

4.373 Outsourcingprobleme

Outsourcing ist weder Wunderwaffe noch Allheilmittel. Schließlich wird auch von Unternehmen berichtet, die den Eigenfertigungsanteil nicht nur hoch halten, sondern sogar noch steigern wollen. Und, wie nicht anders zu erwarten, soll es sich um besonders erfolgreiche Unternehmen handeln. Auf einige Probleme muß aufmerksam gemacht werden.

(1) Das Know-how-Verlustproblem

Das Outsourcing der Kantinenleistung stellt sicherlich keinen nennenswerten Know-how-Verlust dar. Bei der Auslagerung der Datenverarbeitung kann das schon ganz anders aussehen. In langer Zeit mit hohem Aufwand entwickeltes Problemlösungspotential steht nicht mehr unmittelbar zur

Verfügung. Das kann sich auf Personen (z.B. in F + E, Konstruktion, Produktion, Absatz), Prozesse und Maschinen/Geräte usw. beziehen.

Daraus folgt, daß sorgfältig geprüft werden muß, welche Arbeitsfelder man als strategisch erhaltenswert definiert. Zwischen den Extrempolen des marketingorientierten Verlagsunternehmens und dem Mikrokosmos einer in sich nahezu autarken Versorgungswelt muß die eigene Überlebensposition gesucht werden. Eine Position ist nicht deshalb schon akzeptabel, weil es „alle" Konkurrenten auch so machen.

(2) Das Steuerungsproblem

Aufgrund der Anordnungsmacht können Prozesse im eigenen Unternehmen besser steuerbar sein. Das gilt um so mehr, je kleiner Unternehmen sind, hier ist alles „überschaubar". Abstimmungsprozesse mit dem Dienstleister belasten die eigene Flexibilität. Je größer Unternehmen werden - beispielhaft sei der Siemens-Konzern genannt - um so gleichgültiger ist es, ob man mit der Sparte X oder mit dem Dienstleister Y das Abstimmungsproblem lösen muß.

Das Steuerungsproblem erfordert neue Formen der Kommunikation. Neben den bekannten datentechnischen Lösungen muß eine Unternehmensgrenzen sprengende Problemlösungsbereitschaft der am Projekt Beteiligten geschaffen werden. Die Projektmitglieder müssen sich als virtuelles Unternehmen verstehen.

(3) Das Kontrollproblem

Die Schnittstellen wachsen. Die Tür-zu-Tür-Abstimmung ist nicht mehr möglich. Insbesondere, wenn man sich um Nullfehlerkonzepte, um vertikales simultaneous engineering bemüht, muß nicht nur für den ständigen Informationsaustausch sondern auch für ein simultanes „Warnlampensystem" gesorgt werden, das kein „Schwarzes Peter- Schiebspiel" zuläßt. Durch eine vorgeschriebene Ablaufdokumentation in und zwischen Unternehmen sind alle Projektbeteiligten verantwortlich.

(4) Das Wahlproblem

Outsourcing setzt voraus, daß es bessere Spezialisten gibt. Einige Fälle erfolgreicher Unternehmen mit hoher eigener Wertschöpfung sind nur dadurch zu erklären, weil

- sich keine besseren Spezialisten am Markt etabliert haben.
- die hohe Fertigungsstückzahl eigene Optimierungen zuläßt.

Die Rasiererproduktion der Braun AG ist dafür ein Beispiel.
Bei der Entwicklung neuer Produkte kann man über Standardisierungen nachdenken, um die Möglichkeiten des Outsourcing zu schaffen.

(5) Das Synergieproblem

Nicht immer dürfte es ganz einfach sein, eine Leistung, die man outsourct, eindeutig und sinnvoll von anderen im Unternehmen verbleibenden Leistungen abzugrenzen. Welche Datenverarbeitungsleistungen soll man fremdbeschaffen und welche sollen im Unternehmen verbleiben? Wie werden beide Bereiche miteinander verbunden?

4.374 Outsourcingbereiche

Outsourcing hat eine lange Tradition, nur nannte man das früher anders. Die Gestaltung und Streuung von Werbung wurde in Unternehmen in den 20er Jahren des letzten Jahrhunderts fremdvergeben, bei der Rechtsberatung, Steuerberatung usw. ist das seit langem üblich.

Wir wollen kurz versuchen, Themenfelder des Outsourcing zu strukturieren. Dabei kann es nicht um Vollständigkeit gehen, auch weil das diskutierte Thema noch weitere Anwendungsfelder nach sich ziehen wird. Als strukturbildendes Gerüst wollen wir die Aufbauorganisation der Unternehmung wählen.

(1) Bereiche der ersten Leitungsebene

Das Outsourcing in der unmittelbaren Unternehmensleitung erstreckt sich auf typische Stabstellenfunktionen. Über das eigene Controlling hinaus geht es um die Beratung der Unternehmensleitung. Große Unternehmen haben eigene Beratungsstabstellen. Sie können ganz oder bezogen auf Projekte nach außen verlagert werden. Die externe Unternehmensberatung, vorrangig auf strategische Problemfelder konzentriert, kann als ein seit langem bekannter Outsourcingbereich großer Unternehmen beschrieben werden. Bei kleineren Unternehmen wurde Beratung immer schon eingekauft.

(2) Bereiche der zweiten Leitungsebene

Es hängt von der Aufbauorganisation des Unternehmens ab, welche Funktionsbereiche jetzt angesprochen werden. Im Prinzip kann man davon ausgehen, daß die Leistung aller Funktionsbereiche (Beschaffung, Produktion, Absatz, Finanzen, Personal, Entwicklung usw.) outgesourct werden kann. Allerdings nicht alle gleichzeitig! Es geht also um die Setzung von Akzenten.

Im *Beschaffungs*bereich ist die Verlagerung der Beschaffungsaktivitäten auf externe Einkaufsdienstleister noch ein junges Thema. Angeregt durch Prozeßkostenanalysen bei C-Produkten ist es ihnen möglich, durch Bündelung aus C-Produkten für mehrere Outsourcer insgesamt A-Produkte zu machen, und darüber hinaus auch die Prozeßabwicklung zu optimieren und damit die abwicklungsfixen Kosten deutlich zu reduzieren. Möglich ist es auch, die gesamte Beschaffungsaufgabe an Systemanbieter (z.B. SPLS, eine Siemens-Tochter) outzusourcen. Je kleiner Unternehmen sind (→ KMU-Problematik), um so notwendiger wird die Überlegung, ob es nicht Möglichkeiten professioneller Versorgung durch andere Unternehmen gibt.

Im *Produktions*bereich haben sich in einigen Branchen dramatische Wandlungen ergeben. Sie können sich auf die gesamte oder Teile der Produktion beziehen. Sportschuhhersteller wie zunehmend auch Textilproduzenten lassen herstellen. Selbst bekannte Markenhersteller verstehen sich vorrangig als Marketingunternehmen. In der Automobilindustrie wird seit längerem immer wieder geprüft, ob man Sitze, Motoren, Fahrgestelle selbst herstellen soll. Porsche berichtet, nur noch 20% des Produktionsvolumens selbst herzustellen.

Im *Logistik*bereich wird davon berichtet, daß z.B. bei BMW (Regensburg) die gesamte Logistik an Schenker vergeben wurde. Je mehr man die Produktion ausgliedert, um so mehr wird man wahrscheinlich die Logistik in der eigenen Hand behalten müssen, um die Kontroll- und Steuerungsprobleme zu beherrschen.

Im *Absatz*bereich wird das Outsourcing insgesamt eher die Ausnahme bleiben. Infolge des Ausgleichgesetzes der Planung wird hier in den meisten Fällen die Kernkompetenz des Unternehmens liegen. Ausnahmen bestätigen die Regel. Produzenten von Handelsmarken (z.B. bei Küchenmöbeln) könnten ihr Marketing nach außen verlagern, da die Einkaufsverbände usw. durch eigene Marketingaktivitäten vieles vorwegnehmen.

Im *Finanz*bereich bildet das Outsourcing insgesamt eher eine Ausnahme. Auf Teilaspekte werden wir noch im nächsten Abschn. zu sprechen kommen.

Ähnliches gilt im *Personal*bereich. Auch hier konzentriert sich das Outsourcing auf Teilaspekte.

Im *Entwicklungs*bereich, der meist für besonders sensibel gehalten wird, werden nicht erst seit heute Entwicklungsaufträge vergeben. Hier herrscht allerdings häufig eine betriebliche Intransparenz. Mit dem neuen/alten Lieferanten wird die Entwicklung eines neuen Teils für ein neues Produkt vereinbart. Über den Teilepreis werden die Entwicklungskosten entgolten. Produktion und Entwicklung werden somit verbunden. Ob das Produktionsunternehmen auch ein gutes Entwicklungsunternehmen und vice versa ist, steht allerdings dahin.

(3) Bereiche der dritten Leitungsebene
Das Feld der Outsourcingaktivitäten wächst deutlich, wie nicht anders zu erwarten. Deshalb müssen wir uns mit einigen Beispielen begnügen.

Im Beschaffungsbereich kann die gesamte Beschaffungsmarktforschung oder spezifische Themen nach draußen vergeben werden. In der Produktion ist es seit langem üblich, bestimmte Teilaufgaben (z.B. Galvanisieren, Prüfen) outzusourcen. Die Verlagerung von Werbeaufgaben auf fremde Werbeagenturen ist im Marketing ebenso bekannt wie die Ausgründung der bisherigen Werbeabteilung (z.B. Siemens).

Im Finanzbereich ist das Factoring seit längerem bekannt, während die Vermögensverwaltung, die professionelle Anlage der Pensionsrückstellungen usw. erst in jüngerer Zeit in den Blickpunkt gerückt wurden.
Im Personalbereich ist die Rekrutierung von Führungspersonal schon immer Aufgabe von Personalberatungsunternehmen. Die Weiterbildung, die ständige Mitarbeiterevaluation usw. können ebenfalls outgesourct werden. Im Entwicklungsbereich von Automobilherstellern ist es üblich geworden, CAD-Aufgaben nach Indien zu verlagern.

Insgesamt führt somit das Outsourcing zu einer vermehrten Arbeitsteilung. Dadurch wächst der Umfang der Beschaffungsaktivitäten. Und zum zweiten müssen im marktlichen Außenverhältnis vermehrt Bedarfe anderer Funktionsbereiche koordiniert werden. Das wird sich auch in der Ermittlung der Bedarfsanforderungen niederschlagen (Koppelmann 1996, S. 6 ff.).

4.4 Marktanalyse und –auswahl

Aus der *internen* Kundenbetrachtung richten wir jetzt den Blick auf den Markt nach *außen*. Wir müssen prüfen, *wo* wir nach geeignet erscheinenden Lieferanten suchen sollen.

Es mag ja sein, daß es branchenspezifische *Zukunftsmärkte* gibt. Und wenn dann, von wem auch immer, die Mär des neu entdeckten Zukunftsmarktes für X in die Welt gesetzt wurde, dann setzt sich der Zug der Lemminge in Bewegung und wundert sich am Ende über die erlittene Unbill. Das vorhandene eigene Informationsdefizit führt dazu, daß nicht wenige Unternehmen nach dem *Marktguru* schielen und seinem Handeln folgen. Die Follower-Strategie führt selten zu innovativem Handeln und auch das Risiko ist nicht unbeträchtlich. Nicht nur, daß sich der Guru geirrt haben kann, sondern auch die Tatsache muß bedacht werden, daß man als Nachzügler vor verschlossenen Türen steht; die Kapazität der interessanten Lieferanten ist längst ausgebucht. Wer das geeignete Beschaffungsobjekt vom bestmöglichen Lieferanten zu den bestmöglichen Bedingungen finden will, muß sich schon der Mühe unterziehen, den oder die Märkte zu bestimmen und zu untersuchen, wo man diesen Interaktionspartner entdecken kann.

4.41 Beschaffungsmärkte in der Literatur

Der Blick auf das Arbeiten anderer soll verhindern, Gleiches noch einmal zu erfinden. Soviel sei schon einmal vorweg gesagt: Die Literatur ist nicht sehr ergiebig.

Zur Analyse von Märkten eignen sich mehrere Dimensionen:

- die Subjektdimension
- die Objektdimension
- die Marktweitendimension

Die Subjektdimension erfaßt die Marktteilnehmer. Die Objektdimension trennt Märkte nach dem Interaktionsgegenstand (Austauschobjekt) und die Marktweitendimension beschreibt den Umfang, die Größe des Marktgebietes.

Auf die erste Dimension greift Sundhoff (1958, S. 119) unter Bezugnahme auf Seyffert und die in der Volkswirtschaftslehre entwickelte Marktformenlehre zurück. Je nach Anzahl der Marktteilnehmer wählt er neun unterschiedliche Marktformen, deren Verhaltensvariablen Menge und Preis sind:

Marktformen		Angebotsformen		
		Monopol	Oligopol	Polypol
Nachfrageformen	Monoon	1) Monoon-Monopol	2) Monoon-Oligopol	3) Monoon-Polypol
	Oligoon	4) Oligoon-Monopol	5) Oligoon-Oligopol	6) Oligoon-Polypol
	Polyon	7) Polypon-Monopol	8) Polyon-Oligopol	9) Polyon-Polypol

Abb. 119. Zahlabhängige Marktformen

In der Volkswirtschaftslehre werden die Grundformen dieser Marktformen zur Ableitung des Gleichgewichtspreises unter den Vollkommenheitsbedingungen benutzt. Das reicht für uns nicht aus.

Während man auf Absatzmärkten tendenziell an der Schaffung von Angebotsmonopolen interessiert ist, sieht das Bild aus der Beschafferperspektive etwas differenzierter aus. Einerseits kann der Beschafferkonkurrent das eigene Handeln durchaus unliebsam stören, andererseits wird der Beschaffermarkt durch Beschafferkonkurrenten vergrößert und dadurch Wettbewerb auch auf der Anbieterseite initiiert.

Die Marktformen geben auch erste Hinweise auf jeweilige Machtkonstellationen. Allerdings können wir uns mit einer derart undifferenzierten Betrachtungsweise nicht zufriedengeben. Wir werden später Differenzierungen im Rahmen der Verhandlungen (s. Abschn. 4.615) vornehmen müssen.

Einen kleinen methodischen Schritt weiter ging Theisen (1970, S. 43; 1974, Sp. 494 ff.), als er die Anbieter-Nachfrager-Beziehungen in drei Gruppen zusammenfasste, wie Abb. 120 zeigt.

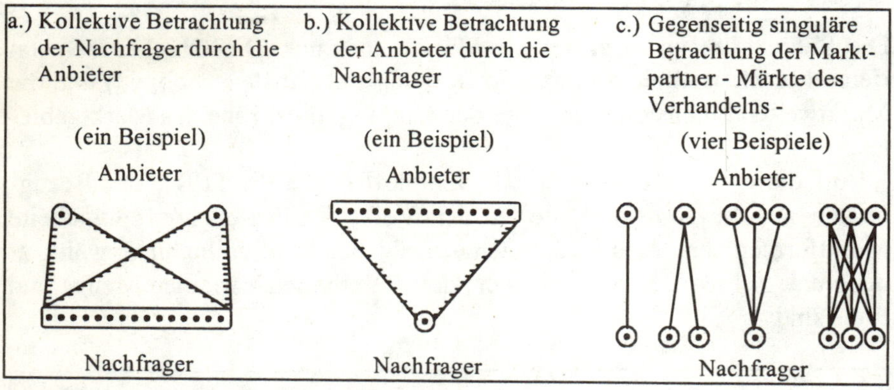

Abb. 120. Marktseitenverhältnisse nach Theisen

Diesen drei Typen von Marktseitenverhältnissen ordnet er dann die beschaffungspolitischen Aktionsparameter zu. Was zunächst als das Ergebnis eines Bemühens um höhere Praxisnähe aussieht, entpuppt sich schnell als konsequenter, theoriegeleiteter Lauf im Handlungsdunkel. Die meisten Fälle unternehmerischen Beschaffens entsprechen nämlich dem C-Typ, und da heißt es dann bezüglich der beschaffungspolitischen Aktionsparameter der Nachfrage: „Unbestimmt, es wird verhandelt“. Abgesehen vom geringen Erkenntnisfortschritt werden wir später zeigen, daß diese Aussage so auch gar nicht zutrifft. Mit der hier gewählten situationsbezogenen Entscheidungsorientierung ist es durchaus möglich, gehaltvolle Aussagen über die Auswahl von beschaffungspolitischen Instrumenten (Aktionsparameter) zu generieren.

Realitätsnäher ist die Adaption des Portfoliogedankens (Albach 1979, S. 75), wenn zwei Matrizen (Kostenentwicklung/Verfügbarkeit; Marktattraktivität/Produktlebenszyklus) durch Rückgriff auf Ansoff/Leontiades (1976) mit einander verbunden werden. Daraus resultieren ungefährdete, offene, gefährdete Geschäftsbereiche.

Die Marktsicherheit (Verfügbarkeit) spielt auch heute noch, allerdings, wie wir sehen werden, eine sehr viel spezifischere Rolle. Mit Blick auf die Zielüberlegungen sind die Kostenaspekte neben anderen Einflußgrößen nicht unwichtig.

Auf einem ähnlichen Abstraktionsniveau der Typologisierung liegt der folgende Versuch. Es handelt sich um die Übernahme der Ansoff-Matrix (1957, S. 113-127) und ihre Verbindung zum Kaufklassenkonzept (s. Abb. 121).

potentielle Lieferanten/Märkte / Bedarfsobjekte	alte, bewährte Lieferanten/Märkte	angrenzende Lieferanten/Märkte	neue Lieferanten/Märkte
alte Bedarfsobjekte	reiner Wiederholungskauf Festigung der Beziehungen	modifizierter Wiederholungskauf Beschaffungsmarkterweiterung	Beschaffungsmarktvariation
modifizierte Bedarfsobjekte	modifizierter Wiederholungskauf ähnliche Beschaffungsobjekte auf alten Märkten	Beschaffungsmodifikation (Differenzierung oder Variation)	Beschaffungsmarktvariation für modifizierte Bedarfsobjekte
neue Bedarfsobjekte	Neukauf auf alten Märkten (reine Beschaffungsvariation)	Beschaffungsvariation unter Beachtung angrenzender Lieferanten/Märkte	Beschaffungsinnovation

Abb. 121. Produkte-Märkte-Matrix

Das *Risiko* ist bei der Beschaffungsinnovation am größten, beim reinen Wiederholungskauf am geringsten. Und umgekehrt verhält es sich mit den Chancen der Profilgewinnung. Dies sollte man grundsätzlich bedenken, wenn man sich mit der Globalisierung der Beschaffung befaßt.

In unserem Bemühen um einen realitätsnahen Entscheidungsbezug stellen uns diese Typisierungen allerdings nicht zufrieden. Wir werden nicht umhin kommen, konkreter zu werden. Einen Schritt auf diesem Weg schlägt bereits Kraljic (1977, S. 72 ff.) nach der Festlegung der bereits beschriebenen Klassifizierung der Einkaufsprodukte (strategische, Engpaß-, Schlüssel-, Normalprodukte) mit der Bewertung der Lieferantenmärkte entsprechend Abb. 122 ein.

Mit der Schaffung und Bewertung dieser oder ähnlicher Kriterien müssen wir uns auseinandersetzen, um möglichst nahe an den Facettenreichtum der Realität heranzukommen. Höchst problematisch dürften allerdings die Meßhinweise sein, man wird sie wohl eher als beispielhaft bezeichnen können. Aus der Einteilung des Lieferantenmarktes (niedrige, mittlere, hohe Stärke) und der eigenen Stärke (niedrig, mittel, hoch) ergibt sich eine Neunfeldermatrix, aus der Kraljic strategische Grundrichtungen (aktiv, vernünftig ausschöpfen/Gleichgewicht halten/Diversifizieren, Alternativen suchen) folgert.

Da uns diese Schlüsse immer noch zu grob erscheinen, wählen wir einen anderen Weg.

Bei der Untersuchung und Auswahl von Märkten kann die Problembehandlung in Abhängigkeit von der Unternehmensgröße differieren. Bei Konzernen (z.B. Siemens, Daimler-Chrysler) kann vor der Auswahl eines *externen* Marktes das Problem stehen, ob und wie man mit den *internen* Märkten umgeht. Im Falle des Bezugszwangs liegt keine Entscheidung vor, somit interessiert uns dieser Fall nicht. Sollte man die Freiheit haben zu entscheiden, ob man intern oder extern beschafft, kann man bei interner Beschaffung von der „Als-Ob-Marktsituation" des hier im folgenden unterstellten externen Marktes ausgehen. Interne Entscheidungen über Verrechnungspreise, Lieferbevorzugungen usw. werden somit aus den folgenden Überlegungen ausgeklammert.

Schritt 2: Einkaufsmarkt systematisch analysieren		
Lieferantenmarkt bewerten		
Kriterien	**Stark**	**Schwach**
1. Marktgröße/-kapazität	> 500 Millionen € (oder Tonnen pro Jahr)	< 50 Millionen € (oder Tonnen pro Jahr)
2. Marktwachstum/ Kapazitätsausbau	> 5 Prozent jährlich (real)	< 2 Prozent jährlich (real)
3. Kapazitätsauslastung/ Engpaßrisiko	> 90 Prozent	< 90 Prozent
4. Wettbewerbsposition/ -struktur	Monopol/Kartell/ dominierender Marktanteil	viele potente/gleichwertige Anbieter
5. Rentabilität der Lieferanten	> 10 Prozent	< 2 Prozent
6. Kosten-/Preisstruktur des Lieferanten	Preisveränderung > Kostenveränderung	Preisveränderung < Kostenveränderung
7. Gewinnschwellen-Stabilität	Gewinnschwelle < 60 Prozent Kapazitätsauslastung	Gewinnschwelle > 90 Prozent Kapazitätsauslastung
8. Einzigartigkeit des Produktes/ Technologische Stabilität	Keine neuen Produkte/ Quellen/Technologien	Viele Alternativen/ Neuentwicklungen
9. Eintrittsbarrieren	> 10 Millionen €	< 1 Million €
10. Logistische Stabilität	Stabiler/einfacher oder billiger Transport/ gute Lagerungsmöglichkeit	Politische Risiken/ teurer Transport/ geringe Lagermöglichkeit
Eigenes Unternehmen bewerten		
Kriterien	**Stark**	**Schwach**
1. Einkaufsvolumen der Gruppe/Produktionskapazität der Hauptfolgestufen	> 25 Millionen € (oder Tonnen pro Jahr)	< 1 Million € (oder Tonnen pro Jahr)
2. Bedarfsentwicklung/ Kapazitätsausbau	> 5 Prozent jährlich (real)	< 5 Prozent jährlich (real)
3. Kapazitätsauslastung der Hauptfolgestufen	> 85 Prozent	< 60 Prozent
4. relativer Marktanteil (zum größten Wettbewerber)	> 1,5 Prozent	< 0,5 Prozent
5. Ertragskraft der Hauptfolgeprodukte	> 30 Prozent Betriebsergebnis	< 10 Prozent Betriebsergebnis
6. Möglichkeiten der Preisweitergabe	Preisveränderung > Kostenveränderung	Preisveränderung < Kostenveränderung
7. Folgekosten des Lieferausfalls	> 100.000 € pro Tag	< 100.000 € pro Tag
8. Eigener Integrationsgrad (Möglichkeit der Eigenproduktion/Technologische Beeinflussung)	Teilweise Bedarfseigendeckung	Fremdbezug
9. "Eintrittsgeld" für neue Quellen/Eigenproduktion	> 10 Millionen €	< 1 Million €
10. Logistische Absicherung	günstiger Standort/ günstige Lieferart/ ausreichend Läger	ungünstiger Standort/ ungünstige Lieferart/ geringe/keine Lagermöglichkeit

Abb. 122. Kriterien der Marktanalyse

4.42 Ein Analyse- und Auswahlprozeß

Getreu der erläuterten Vorstellung, Entscheidungskomplexität durch prozessuale Strukturierung zu reduzieren, wollen wir auch in diesem Entscheidungsfeld ein Modell entwickeln, das mit fortschreitenden Überlegungen den Alternativenraum deutlich reduziert. Das Modell entspricht einem Trichterbild, dessen 1. Stufe den größtmöglichen Alternativenraum abdeckt – das ist der Weltmarkt, um dann durch spezifische Auswahlüberlegungen zu einer geringen, bearbeitbaren Anzahl von Märkten zu gelangen. Die folgenden Ausführungen fußen auf einem Modell von Brodersen (2000), es wird in Abb. 123 dargestellt und anschließend erläutert.

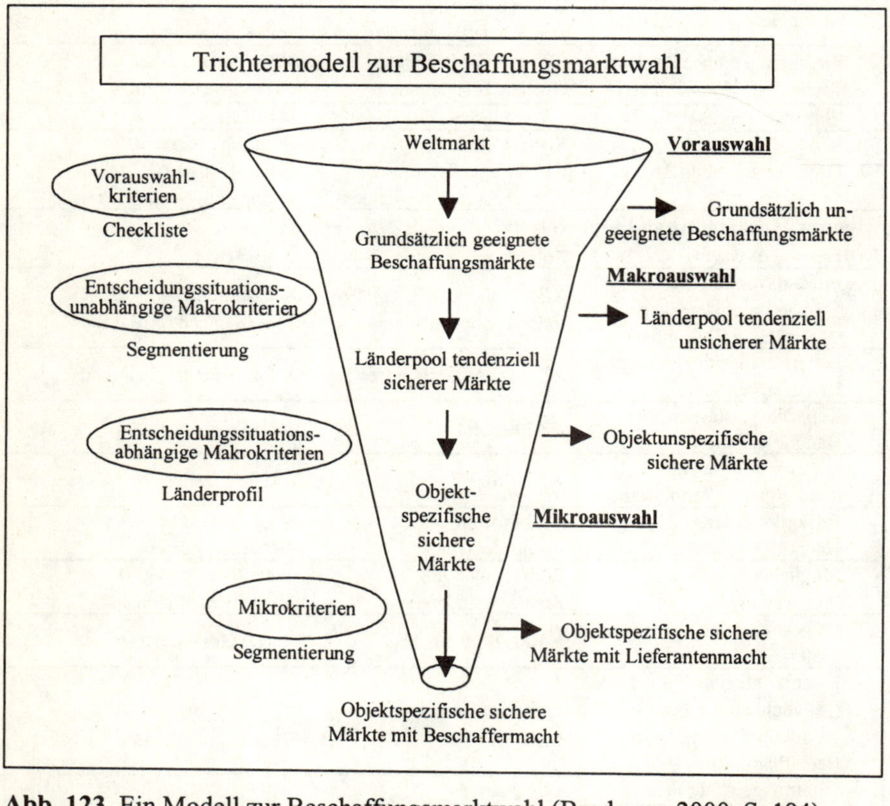

Abb. 123. Ein Modell zur Beschaffungsmarktwahl (Brodersen 2000, S. 194)

4.421 Kriterien der Marktanalyse

Wenn man brauchbare, realitätsnahe Entscheidungen fällen will, wird man um eine merkmalsgeleitete Marktanalyse nicht herumkommen. Wir trennen nach Brodersen in Vorauswahl-, Makro- und Mikrokriterien.

*(1) Vorauswahl*kriterien entstammen grundsätzlichen Eignungsüberlegungen. Zunächst muß geprüft werden, ob die Beschaffung aus den Ländern der Welt überhaupt möglich ist. Ist das gewünschte Beschaffungsobjekt dort herstellbar, darf es von dort exportiert und im Bedarfsland importiert werden? Diese Fragen haben eine Gegenwarts- und eine Zukunftskomponente. Was heute in den Ländern X_{1-n} noch nicht herstellbar usw. ist, kann ja, insbesondere bei längerem Planungsvorlauf, morgen dort hergestellt werden können. Daraus folgt, daß nur die Länder aussortiert werden, die keine beschaffungsobjektspezifische Perspektive aufweisen.

Als ein weiterer Block von Vorauswahlkriterien können grundsätzliche Überlegungen des Managements herangezogen werden. Das können politische und religiöse Entscheidungen sein, indem z.B. grundsätzlich auf eine Beschaffung aus nicht demokratischen Ländern, aus Ländern einer bestimmten Religion usw. verzichtet wird. Neben ökonomische Begründungen für diese Entscheidungen treten dann meist auch weltanschauliche Begründungen sozialer Verantwortung (z.B. Kinderarbeit). Konkreter wird die Vorentscheidung, wenn sich das Management durch frühere Entscheidungen (z.B. die Wahl von Niederlassungen) gebunden hat und auch nicht bereit ist, von diesen Entscheidungen abzuweichen. Diese Vorauswahl führt zu einer wesentlichen Verkleinerung der Anzahlung der noch in Frage kommenden Länder.

(2) Sehr viel spezifischer wird es, wenn wir uns der nächsten Trichterkrümmung, der *Makroauswahl* zuwenden. Hier schlägt Brodersen (1999) als Filter zwei große Kriteriengruppen vor:

- entscheidungssituationsunabhängige,
- entscheidungssituationsabhängige Kriterien.

Wenn man vom Allgemeinen zum Speziellen vorgeht, kann man gewonnene Erkenntnisse der allgemeinen Auswahl auch in anderen Zusammenhängen noch nutzen. Zur Gruppe der *entscheidungssituationsunabhängigen* Kriterien gehören:

- Entwicklung der Inflationsrate
- Wechselkursschwankungen
- Zinsentwicklung
- politische Konflikte

- Veränderung des Wirtschaftssystems und der Wirtschaftsordnung
- Streikanfälligkeit
- Korruptionsanfälligkeit
- politische Interventionen
- Kulturferne
- natürliche Gegebenheiten
- usw.

Teilweise deutet es die Wortwahl bereits an: Wir haben es mit *Risikokriterien* zu tun. Es handelt sich um Kriterien, welche die Planungssicherheit reduzieren. Die Prognose, ob und wann sich in einem Markt etwas ändert, bereitet bekanntlich große Probleme. Hilfreich ist es an dieser Stelle, den Blick auf für den Beschaffungsmarkt gewichtige Aspekte zu richten.

Ist die Inflationsrate im untersuchten Marktgebiet deutlich höher als die im eigenen und bestehen wenig Aussichten, dies durch Warengegenströme oder in Fakturierungen in der eigenen Währung auszugleichen, besteht die Tendenz, auf diesen Markt generell zu verzichten. Das durch Wechselkursschwankungen verursachte Währungsrisiko erschwert langfristige Beschaffungsplanungen. Länder mit teurer werdender Valuta werden eher gemieden. Auf sinkende Fremdwährungskurse zu setzen, gleicht allerdings auch einem Spiel mit dem Feuer. Die Zinsentwicklung, verursacht durch wirtschaftspolitische Maßnahmen, Kapitalknappheit usw., kann ähnliche Wirkungen zeitigen. Politische Konflikte, angefangen von Arbeitskämpfen bis hin zu kriegerischen Auseinandersetzungen können zu solchem Lieferausfall führen. In demokratischen Systemen sind gravierende Veränderungen des Wirtschaftssystems und der Wirtschaftsordnung weniger zu erwarten als in totalitären oder stammesgesellschaftlichen Ordnungen. Streiks können zur Betriebsunterbrechung führen, sie hängen vom sozialen Frieden und der Streikbereitschaft der Organisationen ab. Ein weiterer Unsicherheitsfaktor bildet die Korruptionsanfälligkeit. Prallen unterschiedliche Rechtsnormen aufeinander, müssen die eigenen Mitarbeiter und das eigene Image im eigenen Land sorgfältig geschützt werden. Auch politischer Interventionismus mindert die Sicherheit der eigenen Planungen, so daß Länder gemieden werden, die zum Interventionismus neigen. Tarifäre und nicht tarifäre Handelshemmnisse gehören dazu ebenso wie Umweltauflagen, Änderungen der Grenzformalitäten usw. Die Kulturferne reduziert die Möglichkeit der Verhaltensprognose und den Tätigkeitsrahmen, mit unvorhergesehenen Situationen umzugehen. Sprache, Denken, Fühlen und Werte gehören dazu, um funktionierende Netzwerke aufzubauen. Natürliche Gegebenheiten (z.B. Klima, Erdbeben, Überschwemmungen) können den Warenverkehr zum Erliegen bringen.

Diese Auswahlkriterien sieben die Beschaffungsmärkte unabhängig von der Entscheidungssituation, die für das jeweilige Beschaffungsobjekt gilt. Bei hoher politischer Instabilität, Streikanfälligkeit usw. wird man diesen Markt im Regelfall meiden. Dies wird man tendenziell auch dann tun, wenn man über Instrumente der Risikoreduktion (z.B. Devisentermingeschäfte) verfügt. Oder allgemeiner ausgedrückt: man wird die Marktalternativen verwerfen, deren prognostizierte Risikokosten höher sind als die prognostizierten Marktchancen.

Anders sieht es mit den *entscheidungssituationsabhängigen* Kriterien aus. Sie spielen in Abhängigkeit von der jeweiligen Entscheidungssituation eine Rolle. Die folgenden Merkmale sind entweder kosten- oder leistungsgeprägt (s. Abb. 124).

Kosten	**Leistungen**
Arbeitskosten (Lohn & Lohnzusatz)	Arbeitsleistung
Managementkosten	Managementleistung
Produktionsmittelkosten	Bildungsniveau
Logistikkosten	Technologiestand
Kommunikationskosten	Logistikleistung
Kapitalkosten	Kommunikationsleistung
usw.	Normenidentität
	Kapitalverfügbarkeit
	Wirtschaftsfreundlichkeit
	usw.

Abb. 124. Kriterien der Marktauswahl

Diese Marktbewertungskriterien sollen kurz erläutert werden. Vorrangig wegen niedriger *Arbeitskosten* werden neue Märkte gesucht. Neben den Lohnkosten spielen die Lohnnebenkosten eine Rolle. Zu prüfen ist neben dem augenblicklichen das zukünftig wahrscheinliche Lohnniveau. Wer von jetzigen „Hungerlöhnen" ausgeht, darf sich über plötzliche Veränderungen nicht wundern. Auch die *Managementkosten* können länderspezifisch unterschiedlich ausfallen und damit die Gemeinkosten unterschiedlich belasten. In den *Produktionskosten* sollen nach dem hier gewählten Verständnis die Produktionsmittel-, Gebäude-, Energiekosten usw. enthalten sein. Die *Logistikkosten* ergeben sich zum einen aus den logistischen Problemen eines Landes (z.B. natürliche Barrieren usw.), der logistischen Ausstattung und der Professionalität ihrer Handhabung. Die *Kommunikationskosten* hängen von der vorhandenen Kommunikationstechnik und der landesspezifischen Wettbewerbssituation ab. Die *Kapitalkosten* sind ein

Ergebnis der Sparintensität und der Wirtschafts- und Steuerpolitik eines Landes. Diese Kosten sind nicht unabhängig voneinander. Niedrigeren Arbeitskosten eines Entwicklungslandes stehen häufig hohe Kapitalkosten und bei komplexen Produktionen auch hohe Produktionsmittelkosten gegenüber, weil beide Faktoren importiert werden müssen. In Abhängigkeit vom Entwicklungsstand eines Landes können die Kostenniveaus erheblich differieren.

Kosten werden durch *Leistungen* verursacht. *Arbeitsleistungen* haben eine Qualitäts-, Mengen-, Zeit- und Flexibilitätskomponente. Gleichbleibende hohe Arbeitsqualität (→ Nullfehlerkonzeption), hohe Verfügbarkeit gewünschter Arbeitsleistungen, hoher Arbeitsoutput pro Zeitintervall (→ Produktivität) und die Bereitschaft, auf wechselnden Arbeitsanfall flexibel zu reagieren, kennzeichnen die Arbeitsleistungen. Ein hohes Bildungsniveau auf allen Stufen der Arbeit bildet eine wichtige Grundlage für hohe Arbeitsleistungen. Ähnliche Überlegungen gelten für *Managementleistungen*. Qualifizierte, motivierte und flexible leitende Mitarbeiter können nicht nur zu guten Arbeitsergebnissen beim Lieferanten führen, sie erleichtern auch ganz wesentlich die Interaktion zwischen Lieferant und Beschaffer. Der *Technologiestand* soll sowohl den gegenwärtigen als auch den zukünftigen Stand der Technik in Produktion, Konstruktion, F + E usw. erfassen. *Logistikleistungen* hängen von der *Logistiktechnik* (Lagerräume, Lagerqualität, Lagerkapazität; Transportmittelarten, -leistungsniveau) und der *Infrastruktur* (Straßen, Flughäfen, Eisenbahn, Wasserwege; Auslastung, Störanfälligkeit usw.) ab. Ähnliches gilt für die *Kommunikationsleistungen*. Auch hier ist die installierte *Technik* (z.B. Mailbox) ebenso bedeutsam wie die landesspezifische Infrastruktur (z.B. Satellitenempfang, Glasfaserkabelvernetzung, DFÜ). Mit *Normenidentität* wird der Leistungsaspekt erfaßt, der sich darin niederschlägt, daß in dem jeweiligen Markt dieselben Maß- und Normensysteme wie im eigenen Land verbreitet sind. Unabhängig davon, ob man sich in dem jeweiligen Land investiv engagieren will, unter dem *Kapitalleistungsaspekt* kann die *Kapitalverfügbarkeit* auch beim Lieferanten eine bedeutsame Rolle spielen. Liegen konvertible Währungen vor (*Devisenverfügbarkeit*), kann der Lieferant sehr viel problemloser Werkstoffe, Maschinen auf den Weltmärkten einkaufen, als wenn man dies z.B. über Kompensationsgeschäfte regeln müßte. Ein eingespieltes Banksystem kann die Kredit- und Zahlungsfunktion wesentlich erleichtern (*Bankenhilfe*). Und schließlich kann der *Staat* die Leistungsfähigkeit des Landes steigern (*Wirtschaftsfreundlichkeit*). Die Bürokratie kann bei der *Gründung* von Unternehmen oder bei der Erweiterung, Verlagerung von Unternehmen durchaus auch helfen (z.B. durch Subventionen). Während man in entwickelten Ländern besonderen Wert auf ein Zurückdrängen der Bürokratie legt, kann das in sich entwickelnden Ländern durchaus anders aussehen. Das müssen nicht nur Subventionen sein. Eine für wirtschaftliche Fragen aufgeschlossene Bürokratie kann attraktiv sein. Insgesamt kann ein Gemeinwesen eine aktive *Solidität* ausstrahlen.

(3) Als *Mikrokriterien* können *Machtaspekte* herangezogen werden. Die Macht ergibt sich aus dem Spannungsfeld der Angebots- und Nachfragekonkurrenz wie das in Abb. 125dargestellt wird.

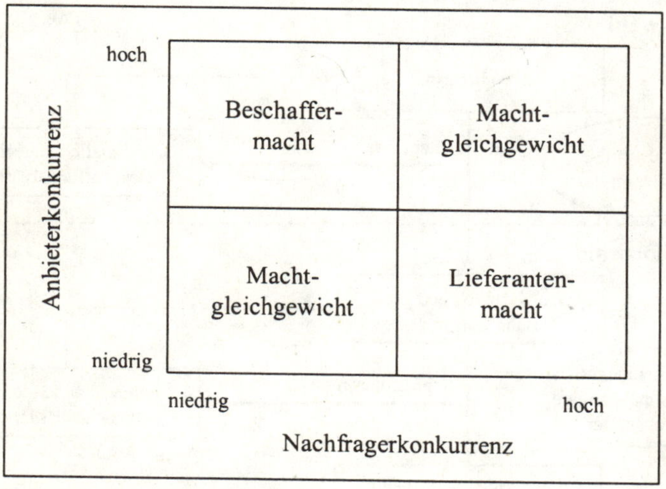

Abb. 125. Machtaspekte auf Märkten

Es liegt auf der Hand, daß man unter Beachtung der Anreiz-Beitragstheorie bei gleichgeeignet erscheinenden Ländern sich eher für das oder für die entscheidet, gegenüber denen man über eine bedeutsame Machtposition verfügt. Andererseits muß auch bedacht werden, daß Macht das Denken korrumpieren kann und damit Win-Win-Situationen verspielt werden.

4.422 Zum Prozeß der Auswahlentscheidung

Abb. 126 zeigt den gedanklichen Prozeß der Auswahl. Dieser bedarf der Erläuterung.

Bei der *Vorauswahl* können z.B. folgende Fragen in Form einer Checkliste gestellt werden:

- Ist die Herstellung im Land überhaupt möglich?
- Wird ein Export aus dem Land X zugelassen?
- Ist ein Import aus dem Land X möglich?

- Toleriert das eigene Management das politische System des Landes X?
- Toleriert das eigene Management das religiöse System des Landes X?
- Stehen der Ausweitung der Lieferländer frühere Managemententscheidungen entgegen?

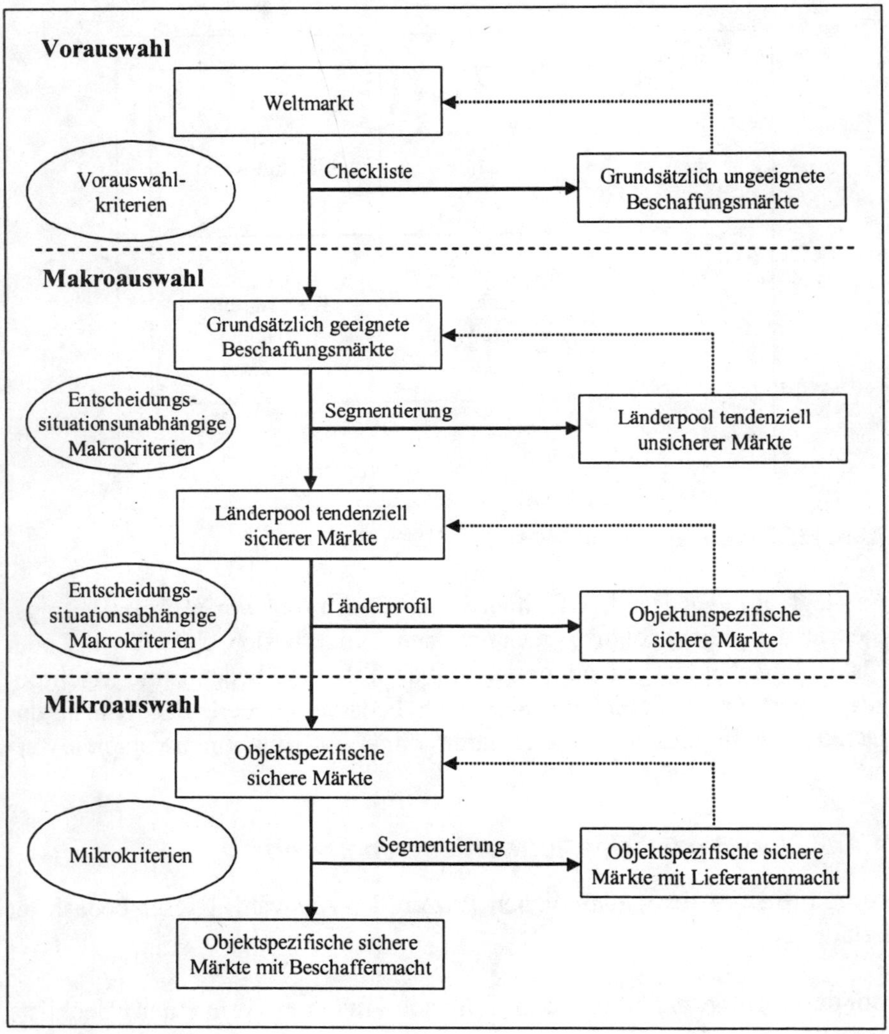

Abb. 126. Der Länderauswahlprozeß

Bei der *Makroauswahl* als nächstem Schritt geht es zunächst um eine Einteilung in sichere und unsichere Länder. Aus den Kriterien lassen sich Fragen ableiten, die nach dem jeweiligen Informationsstand zu beantworten sind. Die Antworten werden zwischen der Polarität sehr unsicher und sehr sicher in der Interpretation ausfallen. Die politische Instabilität wird z.B. als gering eingeschätzt und somit das Urteil „hohe politische Stabilität" gefällt.

Es gibt nun unterschiedliche Länderrisiko-Beurteilungskonzepte. Backhaus (1997, S. 240) wählt folgende Struktur:

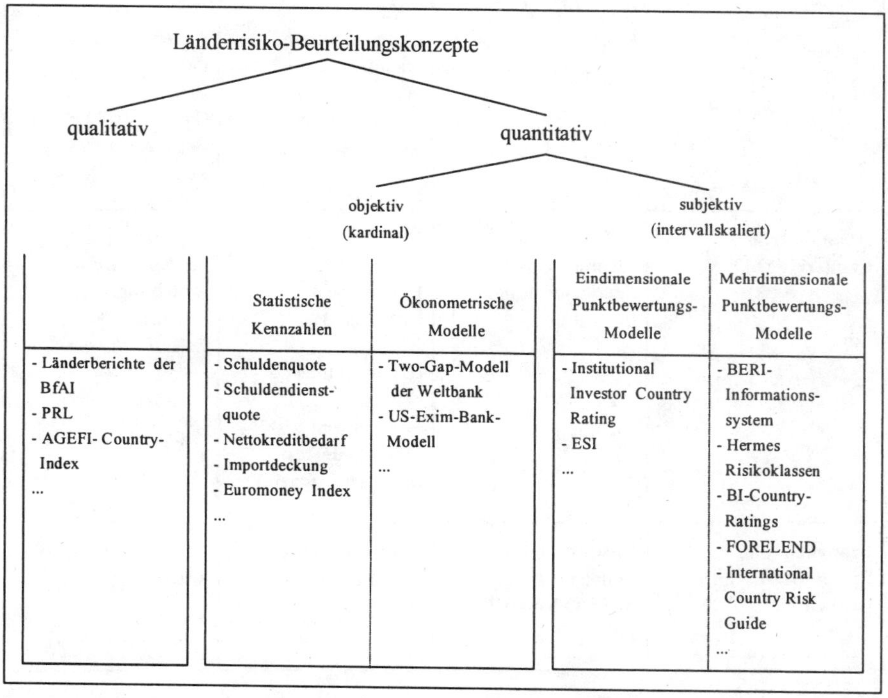

Abb. 127. Systematisierung von Länderrisiko-Beurteilungskonzepten

Kienzle (1999) hat eine nach Risikoschwerpunkten (-arten) gegliederte Übersicht entwickelt (s. Abb. 128).

Der verbreitete BERI-Index baut auf ORI-Kriterien, die das Geschäftsklima beschreiben, PRI-Kriterien, die das politische Risiko erfassen, und auf R-Faktorkriterien auf, die die Rückzahlungsgefahr beurteilen (Brodersen, S. 208 ff.). Im einzelnen werden die in Abb. 129 aufgeführten Kriterien zur Bewertung herangezogen.

Länderbeurteilungskonzepte / Risikoarten	quantitative Länderbeurteilungskonzepte		qualitative, beschreibende Länderbeurteilungs-konzepte
	Eindimensionale Indikatoren	**Mehrdimensionale Indikatormodelle**	
Politische Länderrisiken	**Russet**-Instabilitäts-indikatoren (Gewaltindikator, Machthaberwechsel-indikator)	**Feierabend**-Instabilitäts-Index; **PSSI** (Political System Stability Index); **WPRF** (World Political Risk Forecast)	Länderberichte der **BfAi** (Bundesstelle für Außenhandels-information); **PRL** (Polical Risk Letter); **Frost & Sullivan** Risk Service
Ökonomische Länderrisiken	**ESI**-Indikatoren (Economic Survey International) des Ifo-Instituts	**BERI** (Business Environment Risk Index); **BI** (Business Inter-national Index of Environment Risk); **mm-Ländertest** (manager magazin)	Veröffentlichungen der **Konjunktur-forschungs-institute** (z.B. Ifo-Institut)
Branchen- und firmenspezifische Risiken	**Institutional Investor** Country Rating; **ASPRO/SPAIR** (Shell)	**Foreland**-Indizes des BERI-Instituts; **Euromoney**-Index	Länderberichte der Kreditinstitute

Abb. 128. Konzepte zur Beurteilung von Landesrisiken

Kriterien des ORI
1. Politische Stabilität
2. Einstellung gegenüber ausländischen Investoren und Gewinnen
3. Expropriation
4. Inflation
5. Zahlungsbilanz
6. Bürokratische Hemmnisse
7. Wirtschaftswachstum
8. Währungskonvertibilität
9. Durchsetzbarkeit von Verträgen
10. Lohnkosten/Produktivität
11. Verfügbarkeit örtlicher Fachleute und Lieferanten
12. Nachrichten/Transport
13. Ortsansässiges Management und Partner
14. Verfügbarkeit kurzfristiger Kredite
15. Verfügbarkeit langfristiger Kredite
Kriterien des PRI
1. Politische Parteien/Zersplitterung und Macht
2. Sprache, Religion/Zersplitterung und Macht
3. Unterdrückungsmaßnahmen
4. Mentalität
5. Soziale Lage
6. Radikale Linke
7. Abhängigkeit von Großmächten
8. Einfluss regionaler politischer Kräfte
9. Soziale Konflikte
10. Politische Instabilität
Kriterien des R-Faktors
1. Behördliche Vorschriften
2. Deviseneinahmen
3. Währungsreserven
4. Auslandsverschuldung

Abb. 129. Kriterien des BERI-Index

Wie geht man mit den Aussagen der verschiedenen Konzepte um? Wann gilt ein Land als unsicher und wird damit aus der weiteren Betrachtung ausgeschlossen? Zum einen spielt die subjektive Risikoaversion (entscheiderbezogen, unternehmensbezogen) eine nicht unerhebliche Rolle. Steht das erläuterte Sicherungsziel im Vordergrund, dann dürfte man sehr viel vorsichtiger bei der Risikobewertung sein. Des weiteren sind die Instrumente der Risikoreduktion zu berücksichtigen. Schließt beispielsweise das multiple sourcing auch mehrere Länder mit ein, dann kann man bei Ausfall eines Landes wechseln. Dies ist bei der Beschaffung von Natur- und Rohstoffen üblich. Wechselkursschwankungen können durch Abschlüsse in sicheren Währungen oder durch Devisentermingeschäfte aufgefangen werden. Diese Handlungsalternativen müssen jedoch dem ökonomischen Prinzip gehorchen, d. h. die Zusatzkosten der Handlungsalternativen müssen niedriger sein als der Chancengewinn. Und schließlich sind Branchenaspekte zu beachten. Daß Naturrohstoffe (z.B. Kaffeebohnen) klimatischen Einflüssen unterliegen, ist nicht neu; für den Fall der unzeitgemäßen Frostbildung muß man vorsorgen; das ist üblich. Man kann die verschiedenen Risiken im Rahmen eines Scoring-Modells zu einer Gesamtbewertung eines Marktes zusammenfassen. Dazu modifizieren wir das von Brodersen dargestellte Modell (S. 215).

	Spalte A	Spalte B							Spalte C
Bewertungskriterien	**Gewichtung**	**Chancen-zone**				**Risiko-zone**			**A*B**
	(1, 2, 3)	**1**	**2**	**3**	**4**	**5**	**6**	**7**	
Entwicklung der Inflationsrate	________	1	2	3	4	5	6	7	________
Stabilität von Währung und Wechselkursen	________	1	2	3	4	5	6	7	________
Zinsentwicklung	________	1	2	3	4	5	6	7	________
Politische Konflikte	________	1	2	3	4	5	6	7	________
Stabilität des politischen Systems	________	1	2	3	4	5	6	7	________
Veränderung von Wirtschaftssystem und -ordnung	________	1	2	3	4	5	6	7	________
Korruptionsanfälligkeit	________	1	2	3	4	5	6	7	________
politische Intervention	________	1	2	3	4	5	6	7	________
Kulturferne	________	1	2	3	4	5	6	7	________
Geographische Gegebenheiten	________	1	2	3	4	5	6	7	________
Klimatische Gegebenheiten	________	1	2	3	4	5	6	7	________
						Gesamtsumme:			________

Abb. 130. Unternehmensindividuelles Scoring-Modell

Die Bewertungskriterien sind erwartbar oder auch, je nach Unternehmenssituation, kürzbar. Die Gewichtung (1: niedrig/3: hoch) soll die unterschiedliche Bedeutung in der jeweiligen Unternehmenssituation widerspiegeln. Strittig ist, ob man die Zeilenergebnisse addieren soll. Dagegen spricht, daß ein Gesamtwert einzelne Risikowerte überlagert und damit zu falschen Ergebnissen führen kann. Deshalb soll statt dessen ein Polaritätenprofil vorgeschlagen werden, das situationsindividuell als „Grenzprofil" fungiert. Bewertungen im linken Bereich werden toleriert, Überschreibungen im rechten Bereich führen dazu, den jeweiligen Markt aus Risikogründen auszuschließen (s. Abb. 131).

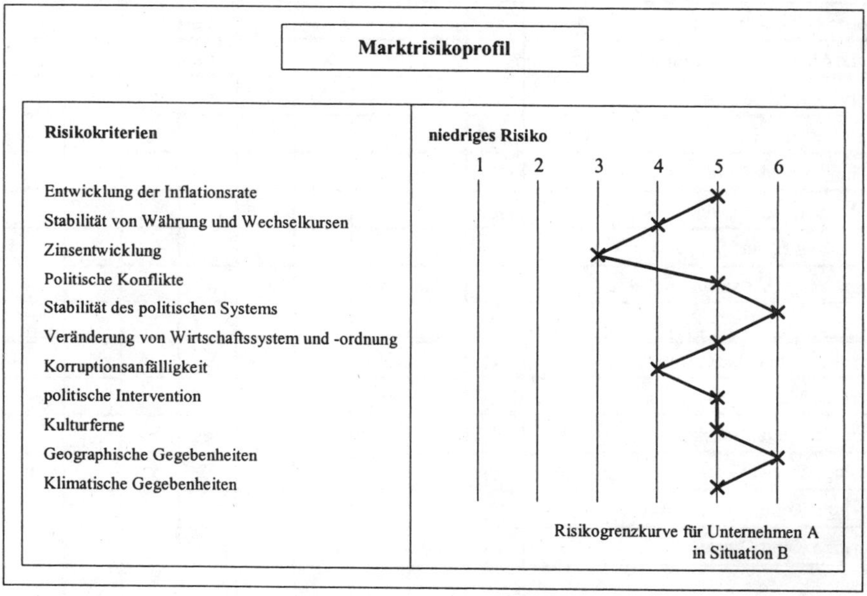

Abb. 131. Marktrisikoprofil

Bei der Auswahl nach *entscheidungssituationsabhängigen Makrokriterien* geht es um die Berücksichtigung von Kosten- und Leistungskriterien. Hier spielen wieder die bereits mehrfach erwähnten Wenn-Bedingungen, die Entscheidungsmerkmale eine Rolle. Für die Bewertung objektgeeigneter Märkte gibt die folgende Abb. Anhaltspunkte:

Marktkriterien \ Entscheidungsmerkmale	Billigprodukt	Normprodukt	bewährtes Produkt	Spitzenprodukt	innovatives Produkt	Spezialprodukt	Katalogprodukt	Mengen-bedeutsamkeit	usw.
hohe Arbeitsleistungen		x_2	x_2	x_1	x_1	x_1		x_2	
hohes Bildungsniveau				x_1	x_1	x_1			
hohe Managementleistung				x_1	x_1	x_1		x_2	
hoher Technologiestand				x_1	x_1	x_1	x_2		
hohe Logistikleistung	x_2	x_3					x_1	x_1	
hohe Kommunikationsleistung	x_2			x_1			x_1		
hohe Normenidentität	x_2	x_1							
hohe Kapitalverfügbarkeit		x_2	x_2					x_2	
hohe Wirtschaftsfreundlichkeit		x_2	x_2		x_3	x_3			
usw.									
geringe Arbeitskosten	x_1	x_1	x_1	x_2	x_2	x_2	x_2	x_1	
geringe Managementkosten	x_2		x_2					x_2	
geringe Produktionskosten	x_1	x_1	x_1	x_2	x_2	x_2	x_1	x_1	
geringe Logistikkosten	x_1	x_2	x_1				x_1	x_1	
geringe Kommunikationskosten	x_1	x_1	x_1				x_1	x_1	
geringe Kapitalkosten	x_2	x_2	x_2					x_2	
usw.									

Abb. 132. Zur Situationsabhängigkeit der Märktemerkmale

Für die *Mikroauswahl* kann auf Abb. 125 zurückgegriffen werden.

Brodersen (S. 189) erläutert die folgenden Bewertungskriterien für Machtaspekte, die in Abb. 133 aufgelistet sind.

Wenn noch mehrere Märkte nach den bisherigen Auswahlüberlegungen übrig geblieben sind, dann ist sicherlich die Präferenz für Märkte mit Beschaffermacht (hohe Angebotskonkurrenz, niedrige Beschafferkonkurrenz) einsichtig. Auf einem solchen Markt können die Lieferantensuche, -auswahl und -verhandlung schneller zu einem beiderseitigen Win-Win-Ergebnis führen.

marktspezifische Machtkriterien	-Anzahl der jeweiligen Marktteilnehmer -Konjunkturlage -Eintrittsbarrieren wegen des erforderlichen Know-How oder Kapitals -usw.
unternehmensspezifische Machtkriterien	-Anteil am Gesamtmarkt -Kostensituation -Kapazitätsauslastung -usw.
produktspezifische Machtkriterien	-Einzigartigkeit des Produkts -Produktbesonderheit -usw.

Abb. 133. Bewertungskriterien für Machtaspekte

4.43 Global Sourcing

Global Sourcing wurde in Abschn. 4.223.4 als Strategie erwähnt. Oft wird darüber in der Literatur (s. hierzu ausführlich Colsmann 2000) und in Unternehmen gesprochen. Da dies meist wenig differenziert geschieht, wollen wir in die Marktperspektive auch einige differenzierende Managementaspekte integrieren.

4.431 Globalität

Welcher Aspekt soll mit dem Begriff „global" angesprochen werden? Manche Beschreibung läßt auch notwendige Trennschärfe vermissen. Colsmann (S. 60 ff.) grenzt wie in Abb. 134 dargestellt ab.

internationales Unternehmen	multinationales Unternehmen	globales Unternehmen
Stammland orientiertes Management	lokal-nationales Management	globales Management
zentralisierte Unternehmens-aktivitäten	lokale Unternehmens-aktivitäten	weltweite Unternehmensaktivitäten
Abhängigkeit der Niederlassung	Unabhängigkeit der Niederlassung	globale Integration

Abb. 134. Abgrenzung der Unternehmenstypen

Das Unternehmen betrachtet sich als Teil eines weltumfassenden Umfeldes. Es verkauft nicht nur weltweit, sondern produziert, beschafft, entwickelt usw. weltweit. In das gesamte Unternehmenshandeln sind unterschiedliche Kulturen integriert, das gesamte Handeln bedarf der Abstimmung. Historisch bildete häufig die Absatzmarktperspektive das Fundament für die globale Perspektive, vielfach diente dann die Produktion einerseits aus Kostengründern, andererseits aus Gründen besserer Markterschließung als nächste Realisationsstufe. Dann folgte die Beschaffungsperspektive zur Versorgung der Produktion. Und schließlich wird alles mit allem verknüpft, um die optimalen Erfolgspotentiale für das Gesamtunternehmen auf dem Weltmarkt zu generieren. Das deutet Abb. 135 (Colsmann, S. 117) an.

Das Global Sourcing soll der Verwirklichung der bereits erläuterten Ziele dienen, wobei wir uns in diesem Kontext auf kosten- und Leistungsziele fokussieren. Dazu müssen Maßnahmen der Organisations- und Lieferantenintegration sowie der Standardisierung ergriffen werden.

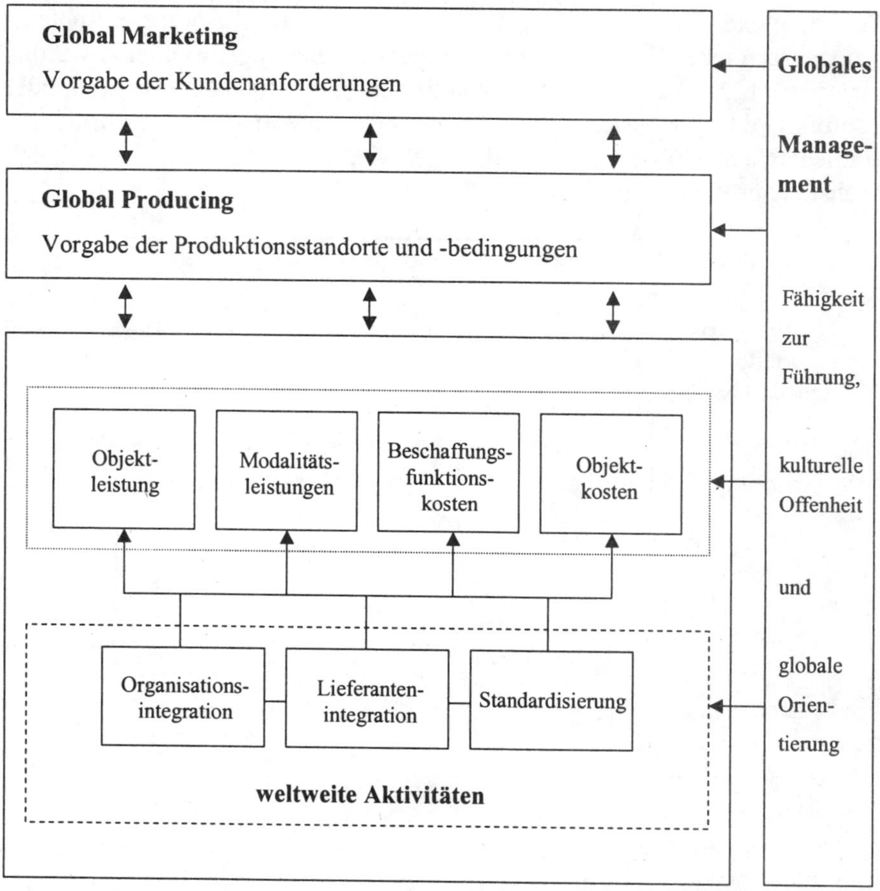

Abb. 135. Modell für Global Sourcing

4.432 Organisationsintegration

Das unternehmensinterne Handeln ist weltweit verknüpft. Durch weltweit orientierte Beschaffung sollen die weltweiten Wertschöpfungsprozesse optimiert werden. Damit wird die Entscheidungskomplexität erhöht. Entscheidungen werden in weltweiter Abstimmung getroffen. Wer soll für wen und mit wem Abstimmungen vornehmen? Von der Zentrale muß Entscheidungsautonomie delegiert werden. Das erfordert nach Frese/Blier (1997, S. 293 f.), daß sich zum einen die Gesamtheit der Entscheidungen in autonome Komplexe von Teilentscheidungen aufgliedern läßt und zum anderen aus den Unternehmenszielen Kriterien für die zielkonforme Ausfüllung des Entscheidungsspielraums ableiten lassen. Die Zerlegung in

Teilkomplexe kann nach spezifischen Beschaffungsobjekten/-objektgruppen erfolgen. Die im Gesamtunternehmen benötigten Objekte werden identifiziert, gebündelt und dann von diesen beschafft (Niederlassung oder Zentrale), die am besten die gesetzten Ziele und Bedarfe verwirklichen können. Nach Colsmann kann das die Niederlassung sein, die sich am nächsten am Punkt E befindet (S. 127):

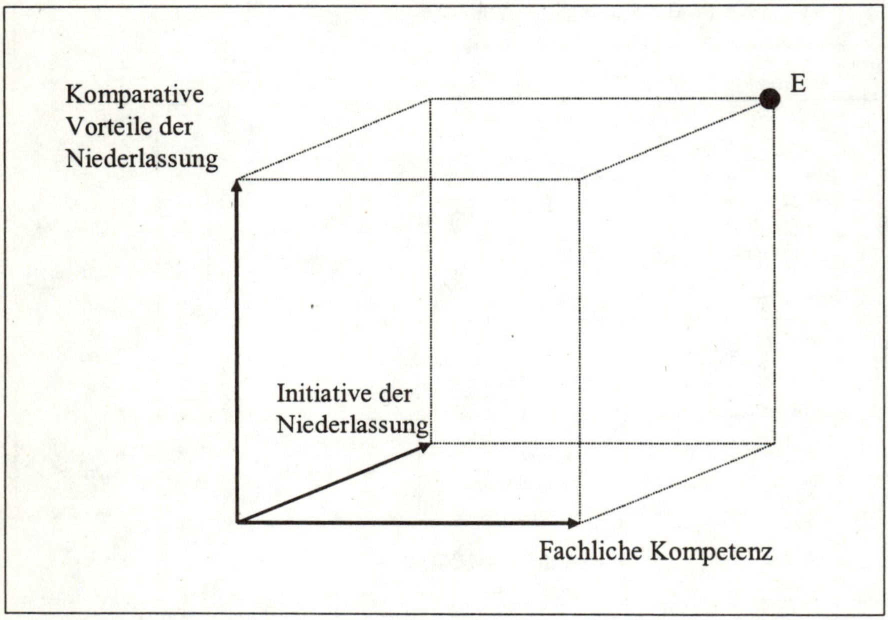

Abb. 136. Suchraum der Aufgabenverteilung

Folge der Organisationsintegration ist, daß jede nationale Unternehmenseinheit auf die Beschaffungsressourcen in den jeweils anderen Ländern zurückgreifen kann. So kann der Bedarf an andere im Unternehmen weitergegeben werden, die dann diesen Bedarf in ihren integrieren, die Menge erhöhen. Dabei müssen die Prozeßkosten niedriger sein als die Kostenersparnis. Das ist nicht nur durch die Größendegression und Erfahrungskurve möglich. Die Nutzung an einer Stelle bereits vorhandenen Wissens, der Austausch gemachter Erfahrungen, die Unterstützung mit spezifischen, benötigten Facilitäten sind Auswirkungen der Organisationsintegration, die auf Informationsaustausch und gemeinsamer Ressourcennutzung beruhen.

4.433 Lieferantenintegration

Zu der internen Abstimmung tritt die externe hinzu. Statt vielfacher Zweierbeziehung für einen Objektbereich konzentriert man sich auf eine Lieferanten-Beschafferbeziehung. So entsteht nach einer internen auch eine externe Netzwerkbeziehung. Daher müssen mehrere Aspekte beachtet werde (Colsmann, S. 149 ff.).

(a) Kompatibilität

Die Konzentration auf einen Lieferanten erfordert eine stärkere Einbeziehung des Wertschöpfungsprozesses des jeweiligen Partners zu beider Vorteil. Das betrifft die Personen wie auch die Sachpotentiale, die Schnittstellenkompatibilität muß gewährleistet werden. Das bedeutet, daß die Schnittstellenbeteiligten die gleiche „Sprache" sprechen, ähnliche Ziele und Werthaltungen verfolgen, daß beide Seiten die strategische Win-Win-Haltung zugrunde legen.

(b) Investitionen

Um eine Kompatibilität zu erreichen, sind Investitionen in Know-how, Technik usw. nötig. Seitens des Lieferanten kann dies zu Errichtung von Produktionsstätten in der Nähe des Verwendungsortes führen, um JIT-Lieferungen zu ermöglichen.

(c) Adaption

Adaptionen erfassen dagegen Umstellungen in den Verhaltensweisen, Planungen, Prozessen zwischen Lieferant und Beschaffer, um bessere Abläufe zu ermöglichen, z.B. durch Verwendung gleicher Datensätze, Vereinbarung einer gemeinsam nutzbaren Sprache.

(d) Wechselseitigkeit

Eine Integration gelingt um so besser, je ausgeglichener die Anreize für beide Seiten sind; beide Seiten müssen zwar investieren, aber gleichzeitig ähnlichen Nutzen aus der Partnerschaft ziehen. Das haben wir bereits in Abschn. 4.34 über Beschafferleistungen angedeutet und werden dann später in Abschn. 4.523.3 auf Lieferantenforderungen noch eingehen.

(e) Vertrauen

Wenn man sich soweit aufeinander einläßt, muß man relativ sicher sein, daß sich diese Investitionen auch lohnen, daß sich keiner opportunistisch verhält. Wenn der Beschaffer eigene Entwicklungsinformationen dem Lieferanten zur Verfügung stellt, dann muß er davon ausgehen, daß diese Informationen geheim bleiben und nicht bei Beschaffungskonkurrenten landen.

4.434 Standardisierung

Durch Standardisierung sind Objekt- und Prozeßkosten reduzierbar, ebenso wie Leistungssteigerungen erreichbar sind. Meist stehen Kostenüberlegungen im Vordergrund. Größenvorteile und Erfahrungskurvennutzung senken ebenso die Stückkosten wie durch Bündelung und Routinisierung Prozeßkosten reduziert werden können. Aber auch Leistungssteigerungen sind durch die Verwirklichung eines einheitlichen Leistungsniveaus auf Weltstandard möglich.

Dazu sind Standardisierungsinvestitionen (z.B. Umstellung eines Produktionsverfahrens) nötig. Dazu muß jeweils geprüft werden, welche Vorteile eine derartige Vereinheitlichung bringt, ob der dynamische Veränderungsbedarf dem nicht entgegensteht. Diese Abstimmungsmaßnahmen reduzieren die Flexibilität. Und schließlich muß die Substitutionskompatibilität geprüft werden. Hier steht die Austauschbarkeit des Produktes im Vordergrund. Je gleicher die Produkte sind, um so näher liegen Standardisierungsbemühungen. Je inkompatibler Produkte oder Prozesse sind, um so höher sind die Standardisierungsaufwendungen. Den Ausgangspunkt für diese Überlegungen bilden homogene Absatzansprüche.

In Abb. 137 sind diese Zusammenhänge zusammengefaßt:

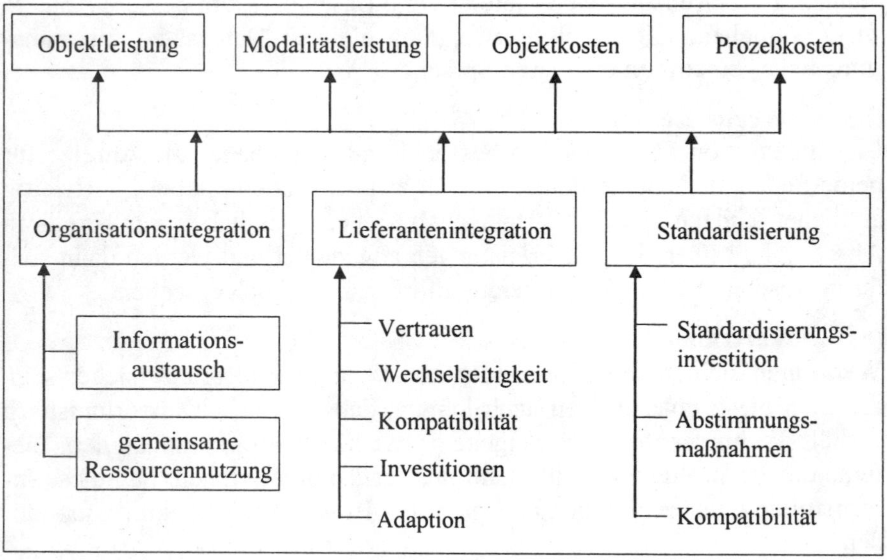

Abb. 137. Einflußgrößen im Global Sourcing

4.435 Nutzenaspekte

Wie bereits vereinzelt aufschien, spricht einiges für, anderes gegen die globale Nutzung von Märkten. Statt langer Ausführungen wollen wir uns hier mit einer tabellarischen Darstellung begnügen (s. Colsmann, S. 224/242):

Zielgruppen	Vorteile des Global Sourcing	Nachteile und Gefahren des Global Sourcing
Kostenziele	Niedrigere Transaktionskosten, weniger Transaktionen, hoher Informationsstand, effizientere Wertschöpfungskette, Mengenvorteile, breiter Beschaffungsmarkt	Erhöhter Kommunikations- und Abstimmungsaufwand Zusätzliche Transportkosten Eingeschränkte Nutzung der Marktmacht
Qualitätsziele	Nutzung des globalen Wissenstandes, der Infrastruktur und der weltweiten Ressourcen zur Steigerung eines einheitlichen Qualitätsniveaus	Gefahr des Informationsverlustes Gefahr des Know-how-Verlustes Gefahr des Know-how-Mißbrauches
Risikoziele	Risikoreduzierung durch höhere Flexibilität und bessere Absicherungsmöglichkeiten bei einem höheren Informationsstand: bessere Informationen, größere Menge, höhere Austauschbarkeit	Ausfall durch Reduktion der Lieferantenzahl Risiko der Demotivation eigener Niederlassungen Risiko kultureller Blockaden
Flexiblilitätsziele	Teilweise größere Handlungsspielräume feststehender Institutionen bei gleichzeitig relativ guter Entscheidungsflexibilität durch partielle Zentralisierung	Bindungen an die Lieferanten Einschränkung der lokalen Flexibilität
umfeldorientierte Ziele	Auswahl mehrerer nationaler Umfelder ohne Stammland- oder Gastlandbindung, größeres Verhandlungspotential	Erhöhung des politischen Druckes Verzicht auf die nationale Identifikation

Abb. 138. Vorteils-/Nachteilsaspekte des Global Sourcing

4.44 Marktbegrenzungen

Nicht alles, was sachrational angemessen erscheint, ist realisierbar. Märkte können in verschiedenen Formen reglementiert sein. *Leistungsnormierungen* (Qualitätsstandards) kennen wir für Commodities im internationalen Handel. So ist beispielsweise für Heizöl in London (IPE: International Petroleum Exchange) eine maximale Dichte von 0,855 kg pro Liter und in New York (NYME: New York Mercantile Exchange) eine von 0,8757 kg pro Liter festgelegt; der minimale Entzündungspunkt beträgt in London 65^0 Celsius, in New York 54^0 Celsius. Der maximale Schwefelgehalt beträgt in London 0,3 %, in New York 0,2 %. So gibt es vielfältige Fixierungen produktspezifischer Art.

Neben diesen Produktstandards zur Sicherung problemloser Austauschprozesse kennen wir vielfältige Produktnormen (DIN, ISO, ISA usw.). Hierbei handelt es sich um teilweise recht genaue Mindestvorgaben des Materials, der Gestaltung (Form), der Konstruktion von Produkten.
Neben den Leistungsnormierungen spielen *Modalitätsnormierungen* eine nicht unbeachtliche Rolle im Welthandel.

Institutionelle Klammer aller Abkommen ist die Welthandelsorganisation WTO, Sitz Genf (s. hierzu umfassender Senti 1999). Die derzeit gültige Welthandelsordnung basiert auf drei Säulen:

- Das bisherige GATT wurde durch zwölf Verträge über den Agrarhandel, den Textilverkehr, das Dumping, das Subventionswesen, sanitarische und phytosanitarische Maßnahmen, technische Handelshemmnisse, handelsrelevante Investitionsmaßnahmen, Zollwertabkommen, Versandkontrolle, Ursprungsregeln, Importlizenzen, Subventionsabkommen, Schutzklauselabkommen ergänzt.
- Die Regeln des grenzüberschreitenden Dienstleistungsverkehrs (GATS) enthalten neben Definitionen Fixierungen zur Verbesserung des Marktzutritts, institutionelle Vorschriften und ergänzende Bestimmungen.
- Das Abkommen über den Schutz geistiger Eigentumsrechte (TRIPS) weist sieben Teile auf: Allgemeine Grundsätze, Verpflichtungen der Vertragspartner, Durchsetzung der Bestimmungen, Streitschlichtung, spezielle Grenzschutzmaßnahmen bei Verdacht auf Fälschung, Übergangsbestimmungen und institutionelle Neuerungen.

Des weiteren existieren vier *plurilaterale* Abkommen:

- Abkommen über den Handel mit zivilen Luftfahrzeugen
- Abkommen über das öffentliche Beschaffungswesen (Staatshandel und öffentliche Beschaffung)
- Internationales Milchabkommen
- Internationales Rindfleischabkommen

4.45 Methoden in der Marktanalyse

Zunächst wollen wir wiederum einen Überblick über die in diesem Kontext möglichen Methoden voranstellen. Hierzu sei auf Abb. 139 verwiesen.

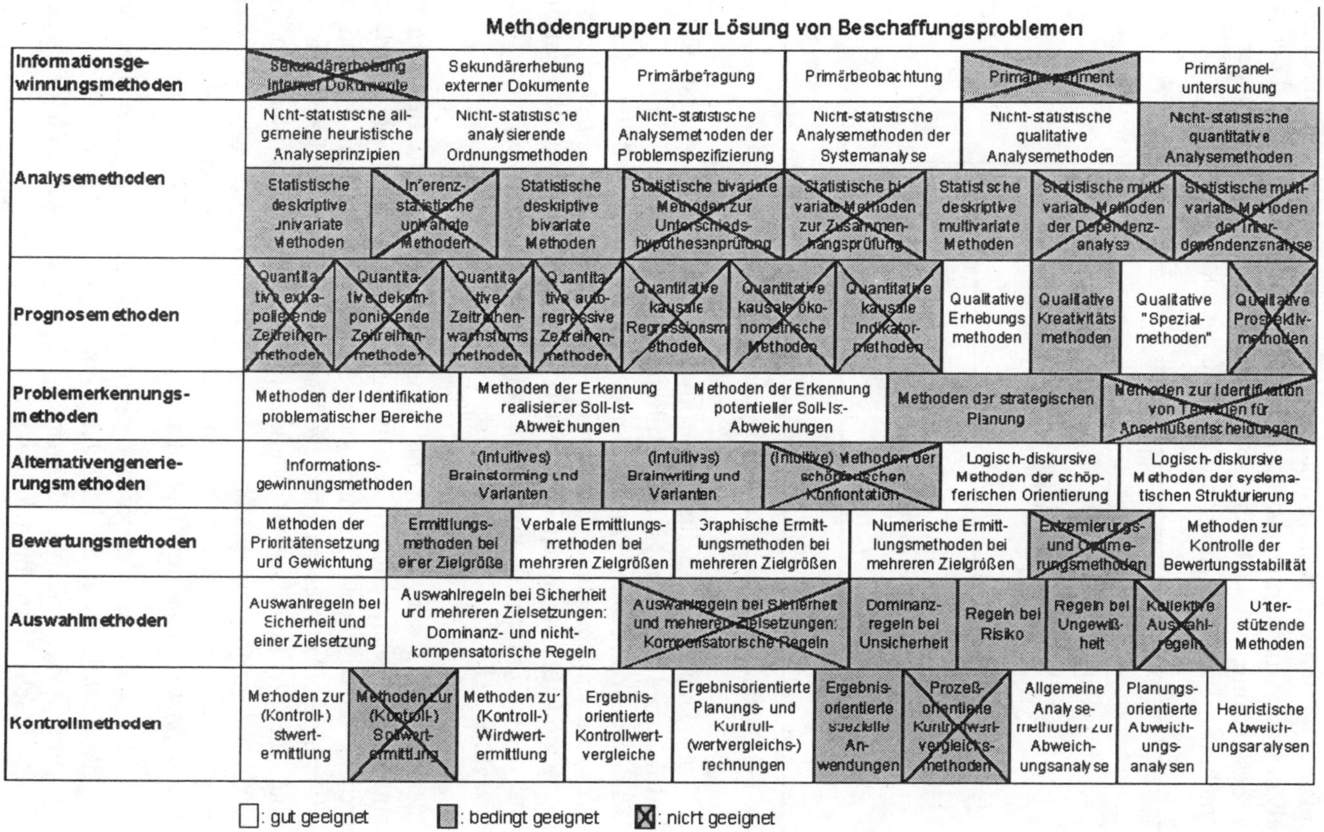

Abb. 139. Methoden in der Marktanalyse

Konkreter wollen wir uns der Matrixmethode zuwenden (nicht-statistische analysierende Ordnungsmethode). Die Makrokriterien *Kosten* und *Leistungen* (beschaffungsobjektabhängige Kriterien) eignen sich für eine derartige Betrachtung. Dazu greifen wir auf Abb. 76 zurück.

Abb. 140. Märktematrix nach Leistungen und Kosten

Der Wunschmarkt wird selten entdeckbar sein, im Prinzip geht es um die Identifikation des Leistungs- oder Billigmarktes.

Analog zu der Arbeit von Brodersen (1999) wollen wir zunächst das Muster eines allgemeinen *Marktanforderungsprofils* (graphische Ermittlungsmethode bei mehreren Zielgrößen) entwickeln, das wir dann entsprechend zweier Entscheidungsmerkmale (s. Abb. 132) spezifizieren. Siehe hierzu Abb. 141.

In der Abb. 132 sind Kosten und Leistungen aufgezählt. Bei dem Pol wichtig werden dann alle x_1-Bewertungen, bei unwichtig alle Leerfelder markiert; dazwischen befinden sich die entsprechenden x_2- und x_3-Markierungen. Auf dieser Grundlage lassen sich dann entscheidungsspezifische (merkmalsspezifische) Marktanforderungsprofile entwickeln. Sie sind als *Soll-Profile* zu verstehen, denen man *Ist-Profile* gegenüberstellt. Gelingt es, aufgrund der Analyse mehrerer Märkte mehrere Ist-Profile zu gewinnen, hat man mehrere Optionen:

- Man wählt den Markt aus, der dem Soll-Profil in den wichtigen Auswahlkriterien am nächsten kommt.
- Bei Diskrepanzen prüft man im Einzelfall, wie sich der Markt wahrscheinlich entwickeln wird.

Beispielhaft stellen wir einem Billigprodukt ein Spitzenprodukt in der Profilierung gegenüber (s. Abb. 142).

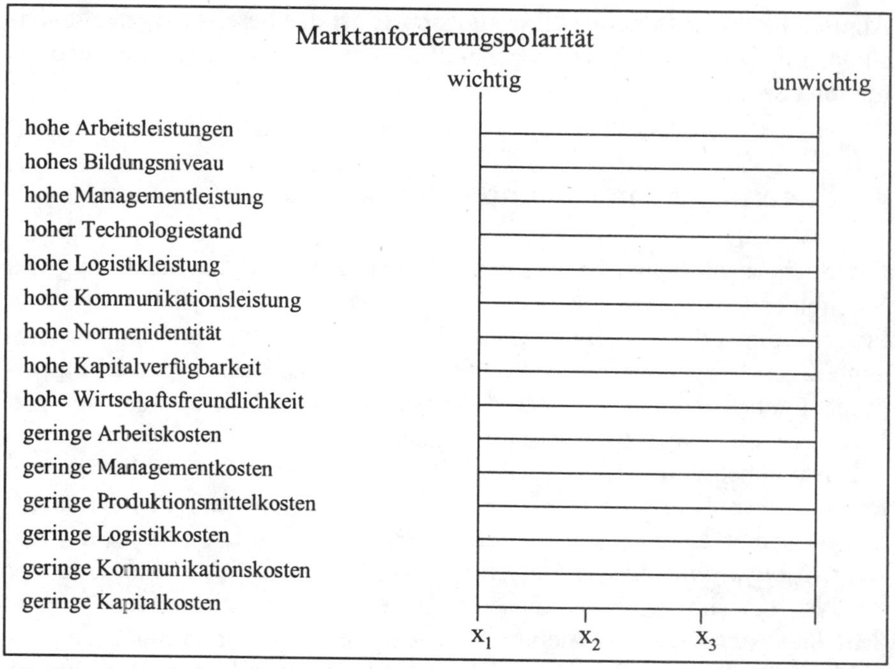

Abb. 141. Marktanforderungspolarität

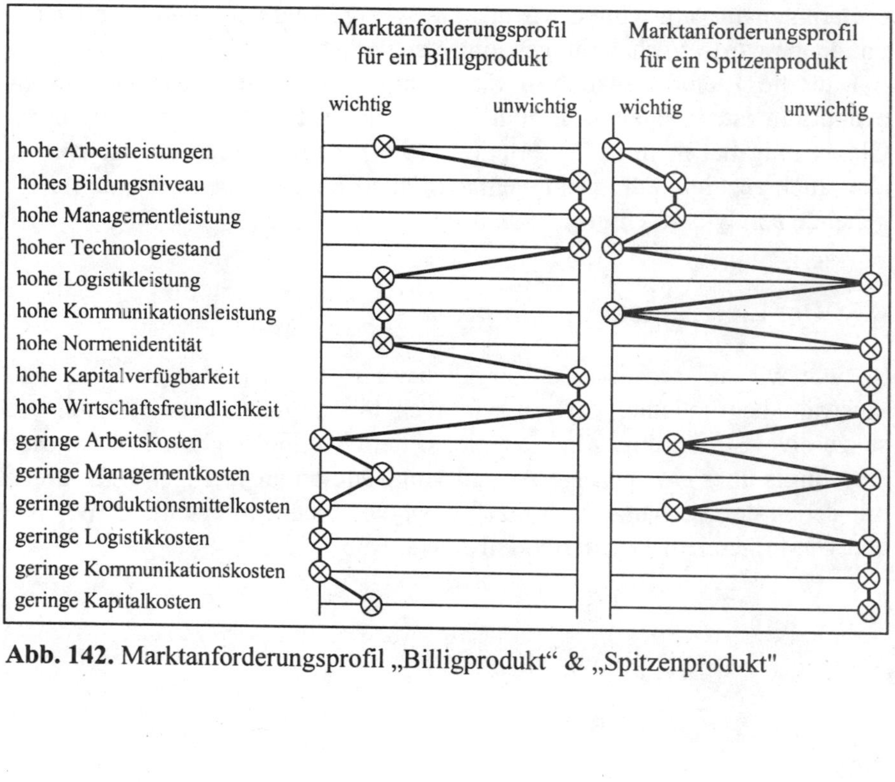

Abb. 142. Marktanforderungsprofil „Billigprodukt“ & „Spitzenprodukt"

Ähnlich diesem Kosten- und Leistungsprofil ist das bereits dargestellte Risikoprofil (Abb. 131), das dort generell bezogen auf eine hypothetische Situation bezogen wurde.

4.5 Lieferantenanalyse und –auswahl

Die Suche nach neuen Lieferanten erfordert zunächst die Festlegung des Suchfeldes (s. Abschn. 4.4). Und auch der Praxishinweis, daß man die in Frage kommenden Lieferanten doch kenne, kann nicht als Argument gegenteiliger Vorgehensweise akzeptiert werden. Dieses Perpetuierungsargument geht von einer stationären Wirtschaft aus und nicht vom ständigen Bemühen um neue und bessere Lösungen.

Entsprechend Abschn. 4.4 wissen wir, wo es sich lohnt, nach Lieferanten zu *suchen*. Dieser Abschn. dient dem *Finden* interessanter Lieferanten. Das was hier als *Lieferantenanalyse* bezeichnet wird, umfaßt auch den Begriff *Lieferantenbewertung*. Die Bewertung bildet den Endpunkt der Analyse, deshalb ziehen wir diesen allgemeineren Begriff hier vor.

Mit *Lieferantenauswahl* meinen wir an dieser Stelle noch nicht die endgültige Entscheidung für einen Lieferanten, denn dann könnten wir uns die letztlich erfolgsentscheidende *Lieferantenverhandlung* ersparen. Mit der Lieferantenauswahl wollen wir uns auf wenige Lieferanten konzentrieren, mit denen wir in Verhandlungen eintreten wollen.

Daß die Lieferantenanalyse für richtige Beschaffungsentscheidungen bedeutsam ist, spiegelt sich zum Teil in der Literatur wieder. Fröhlich-Glantschnig hat in ihrer Dissertation (1994) viele Quellen nachgewiesen, aber auch gezeigt, daß nur in wenigen Fällen Bemühungen um eine tiefergehende Analyse zu entdecken sind.

4.51 Der Lieferantenauswahlprozeß

So wie wir die prozessuale Vorgehensweise bei der Marktanalyse und -auswahl begründeten, können wir auch hier argumentieren. Durch die sukzessive Einführung von Selektionsfiltern wollen wir am Ende dieses Abschnitts über eine geringe Anzahl von Lieferanten verfügen (z.B. drei), mit denen der Verhandlungsprozeß erfolgversprechend erscheint. Wir gehen von folgendem Trichtermodell aus (s. Abb. 143).

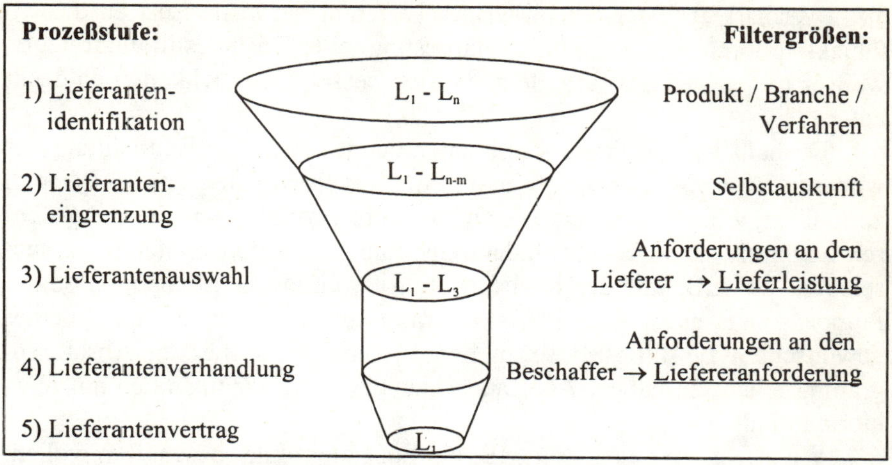

Abb. 143. Ein Trichtermodell für die Lieferantenauswahl

Je nachdem, wie groß man den Markt abgesteckt hat, wird man die möglichen Lieferanten dort identifizieren müssen. Wenn man Schrauben sucht, wird man sich kaum an eine Baumschule wenden. Die Gleichheit der Branche, des Produktes, des Verfahrens mit dem, was man benötigt, wird zur Entdeckung eventuell in Frage kommender Lieferanten führen. Das Internet kann dabei hilfreich sein. An diese denkbaren (potentiellen) Lieferanten kann man sich im Rahmen einer Selbstauskunftsanalyse wenden. Liegt man mit seiner Vermutung, daß dieser oder jener ein interessanter Lieferant sein könnte, richtig oder falsch? Übrig bleiben einige wenige Lieferanten, welche die spezifische Analyse lohnen; immer wieder sei die Notwendigkeit des Arbeitens nach dem ökonomischen Prinzips betont. In diesem Abschn. interessieren die Stufen 1 bis 3, die folgenden Stufen 4 und 5 werden in der Prozeßstufe *Lieferantenverhandlung* dargestellt.

4.511 Lieferantenidentifikation

Lieferanten befinden sich auf Märkten, deshalb muß zuerst das Marktfeld abgesteckt werden, auf dem man suchen will. Kann man einen Ariadnefaden benutzen?

(1) Als erstes wird man an den Beschaffungsobjektfaden denken. Man sucht ja ein konkretes Beschaffungsobjekt und fragt, wer dieses Beschaffungsobjekt herstellt oder anbietet. Die reine Beschaffungsobjektorientierung ist zwar einfach und auch durchaus einsichtig, sie hat aber den Nachteil, daß sie vergangenheitsorientiert ist. Ein Hersteller, der bisher nur Wasserpumpen der Leistungsklasse A hergestellt hat, kann vielleicht noch mehr, bisher hat es nur keiner gewollt oder er hat seine Fähigkeiten nicht

aktiv vermarktet. Oder ein bisheriger Lieferant hat seine Lust an diesem Objekt verloren. Er verfolgt eine Harvesting- oder Desinvestitionsstrategie, weil er in anderen Objektfeldern für sich bessere Möglichkeiten entdeckt hat.

(2) Deshalb kann sich zur Lieferantenidentifikation die Betrachtung der weiteren *Branche* als sinnvoll erweisen. Es werden dann, um im Beispiel zu bleiben, alle Pumpenhersteller in Betracht gezogen. Aus diesem größeren Lieferantenkreis kann sich dann der eine oder andere Lieferant herausschälen, der z.B. auf der Suche nach Ausweitungsmöglichkeiten seines Pumpenprogramms ist. Er ist stark daran interessiert, mir Pumpen meiner gewünschten Leistungsklasse zu liefern, ohne sie bisher im Absatzprogramm gehabt zu haben. Aber auch hier bewegen wir uns noch auf markierten Pfaden.

(3) Wenn wir ein neues Teil, z.B. ein Spezialprodukt, beschaffen wollen, können wir die Frage der Ähnlichkeit zu Vorhandenem stellen und dann nach der Ähnlichkeitsnähe suchen. Die Ähnlichkeit kann im Produkt liegen, das wäre der konventionellere Aspekt; sie kann aber auch durch die Verfahrenswahl geprägt sein. Wir suchen dann z.B. Lieferanten, die durch eine spezifische Verfahrensfähigkeit gekennzeichnet sind. Beispielsweise sucht man einen Hersteller für Schleudergußteile in großer Menge mit hoher Leistungskonstanz. Hier nehmen wir bereits Bezug auf einige Bedarfsanforderungen, um den Schwerpunkt des Neuen einzugrenzen. Es dürfte zweckmäßig sein, sich auf nur wenige Anforderungen zu beschränken, um den Identifikationsaspekt nicht aus den Augen zu verlieren; auswählen wollen wir nach den objektspezifischen Anforderungen ja erst später.

4.512 Lieferanteneingrenzung

Jetzt geht es darum, mit diesen identifizierten und möglicherweise für interessant gehaltenen Lieferanten in Kontakt zu treten. Das kann mündlich (z.B. mit Hilfe des Telefons) oder schriftlich erfolgen. Die Kontaktaufnahme kann offen oder geschlossen und standardisiert erfolgen. Offene und nicht standardisierte Befragungen bergen die Gefahr des Zufälligen in sich. Die Aussageergebnisse mehrerer Lieferanten können dann nur bedingt miteinander verglichen werden. Auch die Suche über Hompages der Lieferanten liefert heute noch keine befriedigenden Ergebnisse, da nicht jeder Lieferant weltweit die Möglichkeiten dieses Mediums so nutzt, daß man mit den Informationen zielgerecht arbeiten könnte.

Da man generell ein Interesse des Lieferanten an einem (neuen) Kunden unterstellen kann, wird die schriftliche Befragung mit einem standardisierten Fragebogen die bessere Alternative sein. Man bittet die Lieferanten um eine *Selbstauskunft*. In einem Selbstauskunftsfragebogen muß sich aus der

Beantwortung der Fragen ergeben, ob der Lieferant für eine weitere Betrachtung interessant genug ist. Die Bewertung erfolgt entsprechend der eigenen Zielsetzung. Die Befragung kann über das Internet erfolgen.

4.512.1 Zur Struktur der Selbstauskunft

Was soll man fragen, das noch so allgemein ist, daß es vor der eigentlichen Bedarfsabfrage geklärt werden müßte? Die folgende Struktur ist relativ weit gefaßt, in der konkreten Situation des einzelnen Unternehmens wird man eher weniger als mehr Fragen stellen. Als Richtschnur für diese Struktur haben wir uns an den *Funktionen* des Unternehmens orientiert. Man hätte auch die eher instrumentelle Orientierung der Bedarfsanalyse wählen können. Wir wählen die in Abb. 144 enthaltenen Fragenkomplexe.

Man wird die Selbstauskunft mit Fragen nach der *Institution*, dem Unternehmen als Ganzem beginnen. Name und Anschrift sind selbstverständlich. Hinzufügen sollte man Angaben über die Kommunikation. Dazu gehört der Ansprechpartner, die Kommunikationstechnik und die Sprache. Interessant ist auch die Einbindung des Unternehmens (Konzernstruktur) und des Kommunikationspartners (Organisationsstruktur) in dieses Unternehmen.

An den *Absatz* richten sich mehrere Fragenkomplexe. Zuerst geht es um das Produktprogramm und die Produktbeschreibungen (Kataloge etc.). Dies kann ergänzt werden um Angaben über Handelsprodukte. Dann will man etwas über die Anwendungsgebiete und die Kunden, möglichst bereits mit Präferenzen, wissen. Die derzeitige und die geplante Kapazitätsauslastung (s. Produktion) sagen in Verbindung mit Lagerangaben etwas über die wahrscheinliche Lieferbereitschaft aus. Die Lagerstandorte und die Produktionsstandorte deuten die Lieferzeit an. Im Rahmen des Service interessiert besonders der Kundendienst (Umfang, Kosten, Zeit). Nicht vergessen sollte man, nach den Produktgruppenstrategien zu fragen. Steht das Kostensenkungs-, Leistungssteigerungs- oder Flexibilitätsziel im Vordergrund? Wenn dieses Ziel nicht mit dem eigenen Beschaffungsziel fluchtet, dann wird man insbesondere bei langfristigen Bindungen mit zielbedingten Konflikten rechnen müssen.

Abb. 144. Struktur eines Selbstauskunftsfragebogens

Auskünfte über die *Produktion* sind zunächst kapazitätsorientiert. Über welche Anlagen-/Maschinen-/Aggregatekapazität verfügt der Lieferant? Sicherlich meist gleichgewichtig ist die Mitarbeiterkapazität. In beiden Fällen sind quantitative und qualitative Spezifizierungen möglich. So wichtig die vorhandene Kapazität auch sein mag, in der jeweiligen aktuellen Situation kann die Angabe der Kapazitätsauslastung weitaus wichtiger sein. Ist die vorhandene Kapazität für die nächste Planperiode ausgelastet, hilft auch eine hohe Kapazität nicht. Darüber hinaus interessiert die Mitarbeiterorganisation (z.B. Teamorganisation, Gruppenarbeit). Bemüht man sich selbst intensiv um Nullfehlerqualität, dann benötigt man Kenntnisse über Maßnahmen der Qualitätssicherung beim Lieferanten. Was wird zur Zertifizierung usw. dort getan? Vor diesem Hintergrund sind dann Angaben zur Mitarbeiterproduktivität (z.B. Output pro Zeiteinheit je Mitarbeiter) bedeutsam. Auf die Produktionsstandorte wurde bereits hingewiesen. Aus dem Bereich der Bezugsstrategien (s. hierzu Abschn. 4.223.4) dürften hier auf jeden Fall die Aspekte der *Systemfähigkeit* (modular sourcing) und die just-in-time-Fähigkeit einzufügen sein. Wenn es das erklärte Ziel eines Unternehmens ist, die Lieferantenzahl zu senken (VW hat sich die Zielmarke 50 bis 100 Lieferanten gesetzt, Audi spricht von 120 Lieferanten), dann scheiden alle nicht systemfähigen Lieferanten als unmittelbare Kontaktpartner aus. Ähnliches gilt für den Fall, daß man die eigene Produktion stark dem just-in-time-Prinzip mit den dann notwendigen Versorgungsprinzipien angenähert hat. Wenn man dies mit möglichst geringen Kosten realisieren will, wird man kaum umhinkommen, dieses Prinzip auch vom Lieferanten zu verlangen.

Der *Gestaltungsbereich* umfaßt die Bereiche F + E, Konstruktion, Design. Hier benötigt man Informationen über die bisherigen Material- und Formerfahrungen (z.B. Größen, Gewichte) sowie Verfahrenserfahrungen. Decken sich die Erfahrungen mit den eigenen Vorstellungen (z.B. aus dem Lasten-, Pflichtenheft), dann sind hier Kooperationsmöglichkeiten gegeben. Deshalb schließt sich daran die Frage nach der Entwicklungskooperationsbereitschaft an. Wenn der Lieferant dann auch noch zur gemeinsamen Analyse wichtiger Teilfragen bereit ist (Wertanalyse, Kostenanalyse), wird er bereits Chancen zum Überstehen der ersten Siebstufe haben. Werkzeugherstellungsfähigkeit und Recyclingerfahrung sind außerdem interessant.

Vor allem die längere und intensivere Bindung an Lieferanten erfordert die Prüfung des *finanziellen* Risikos. Umsatzfragen sollen den Gesamtumsatz, den Umsatz der interessierenden Produktgruppe sowie deren Entwicklung erschließen. Die Marktbedeutsamkeit kann man auch aus seinen jeweiligen Marktanteilen ableiten. Ebenso ist die Gewinnsituation und die Gewinnentwicklung interessant. Eher inputorientiert sind die Aufwendungen für F + E sowie für Investitionen. Das sollte möglichst spezifiziert werden, denn neben den Gesamtaufwendungen interessieren vor allem die produktbezogenen. Wenn für die Produkte, die man benötigt, keine Investitionen getätigt werden, kann dies einen Entwicklungs-, Produktions- usw. stillstand bedeuten. Die Eigenkapitalausstattung (jetzt, geplante Änderungen) gibt Hinweise auf die finanzielle Solidität.

Und schließlich können auch Angaben über die *Beschaffung* des Lieferanten nützlich sein, wenn sie Hinweise über die Ausnutzung von Erfolgspotentialen beim Lieferanten geben. Dazu kann die Angabe über den Beschaffungsanteil am Umsatz, den Anteil internationaler Beschaffung an der Gesamtbeschaffung, die Eigenständigkeit und Fristigkeit der Beschaffungsplanung beitragen.

4.512.2 Lieferanteneingrenzung durch Selbstauskunft

An die Fülle möglicher Lieferanten (L_1 - L_n) könnte nun eine derartige oder ähnlich strukturierte Selbstauskunftsübersicht mit der Bitte um Antwort (z.B. im Internet) gesandt werden.

Die Antwortgeschwindigkeit, die Vollständigkeit und Präzision der Antworten sagen bereits etwas darüber aus, wie sich der mögliche Lieferant auf seinen möglichen Kunden einläßt. Vielfältige weitere, allerdings zusammenhanglose Dokumentationen, weiße Felder auf der Frageliste usw. lassen entweder auf geringe Professionalität oder begrenztes Interesse schließen.

Nach diesen allgemeinen, noch wenig präzisen Auswahlüberlegungen müssen wir nun genauer prüfen, welchen Lieferanten wir aussieben und mit welchem wir uns weiterhin genauer auseinandersetzen wollen. Zur Lösung dieses Problems greifen wir wieder auf unsere bewährte Vorgehensweise zurück. Wir fragen, unter welchen Bedingungen (Wenn-Komponente) die lieferantenmerkmalsbezogenen Antworten (Dann-Komponente) auswahlentscheidend wirken. Wann folgt einer unbefriedigenden Antwort oder einer Nichtantwort eine K.O.-Entscheidung?
Die Antwortstruktur ergibt sich aus Abb. 145.

Diese entscheidungsunterstützende Matrix bedarf nun der Erläuterungen: Einige Lieferantenangaben/-merkmale werden bei allen Beschaffungsobjektmerkmalen benötigt. Es liegt auf der Hand, daß man Angaben zum Produktprogramm und Produktbeschreibungen immer benötigt. Ob der Lieferant allerdings als Händler fungiert, interessiert bei Normprodukten, Katalogprodukten, sicherlich nicht bei Spitzen-, Spezial- und innovativen Produkten, kaum bei Billig- und bewährten Produkten. Darüber hinaus zeigt sich, daß bei einigen Beschaffungsobjektmerkmalen fast alle Lieferantenmerkmale (Spitzen-, Spezial- und innovative Produkte), bei Normprodukten dagegen nur wenige Merkmale bedeutsam sind. Bei Normprodukten kann man eben im Regelfall auf andere Lieferanten zurückgreifen.

Einige Merkmale müssen darüber hinaus interpretiert werden. Besonders bei den Finanzmerkmalen wird offenkundig, daß eine Umsatzgröße etc. isoliert zwar interessant sein mag, aber eigentlich so wenig Entscheidungsrelevanz besitzt. Wenn ein Lieferant 100 Mio. Euro umsetzt, ist er zwar kein ganz kleiner Lieferant; ist er aber deshalb für uns schon interessant?

	Lieferantenmerkmale \ Beschaffungsobjektmerkmale	Billigprodukt	Normprodukt	bewährtes Produkt	Spitzenprodukt	innovatives Produkt	Spezialprodukt	Katalogprodukt	Mengenbedeutsamkeit
Absatz	Produktprogramm	X_1	X_1	X_1	X_1	X_1	X_1	X_1	X_1
	Produktbeschreibungen	X_1	X_1	X_1	X_1	X_1	X_1	X_1	X_1
	Handel		X_2						
	Anwendungsgebiete	X_1		X_1	X_1	X_1	X_1	X_1	X_1
	Kundendienst			X_2	X_1	X_1	X_1		X_2
	Lagerstandort	X_2		X_2	X_2	X_2	X_2	X_2	X_2
	Kostensenkungsstrategien	X_1		X_1				X_1	X_2
	Leistungssteigerungsstrategien			X_1	X_1	X_1	X_1		
	Flexibilitätssteigerungsstrategien			X_1	X_1	X_1	X_1	X_2	X_2
	Lieferbereitschaft	X_1		X_1	X_1	X_1	X_1	X_1	X_1
Produktion	Anlagenkapazität	X_2		X_2	X_2	X_2	X_2	X_2	X_2
	Mitarbeiterkapazität			X_2	X_2	X_2	X_2		X_2
	Kapazitätsauslastung	X_1		X_1	X_1	X_1	X_1	X_1	X_1
	Qualitätssicherung	X_1		X_1	X_1	X_1	X_1	X_2	X_1
	Mitarbeiterorganisation			X_2	X_1	X_2	X_2		
	Mitarbeiterproduktivität	X_2		X_2	X_2	X_2	X_2	X_1	
	Produktionsstandort						X_2	X_2	X_2
	Systemfähigkeit	X_2		X_2	X_1	X_2	X_1	X_2	X_2
	jit-Fähigkeit	X_2	X_2	X_2	X_1	X_2	X_1	X_2	X_2
Gestaltung	Materialerfahrung	X_1		X_1	X_1	X_1	X_1	X_1	
	Formerfahrung	X_1		X_1	X_1	X_1	X_1	X_1	
	Verfahrenserfahrung	X_1		X_1	X_1	X_1	X_1	X_1	
	Entwicklungskooperationsbereitschaft				X_1	X_1	X_1		
	Analysebereitschaft	X_1		X_1	X_1	X_1	X_1	X_1	
	Werkzeugherstellungsfähigkeit			X_2	X_2	X_2	X_2	X_2	
	Recyclingerfahrung	X_2	X_2	X_1	X_2	X_2	X_2	X_2	
Finanzen	Umsatz	X_2		X_2	X_2	X_2	X_2	X_2	X_2
	Marktanteile	X_2		X_2	X_2	X_2	X_2	X_2	X_2
	Gewinnsituation	X_2		X_2	X_2	X_2	X_2	X_2	X_2
	F+E-Aufwand				X_1	X_1	X_1		X_2
	Investitionsaufwand				X_1	X_1	X_1	X_2	X_2
	Eigenkapital	X_2		X_2	X_2	X_2	X_2	X_2	X_2
Beschaffung	Beschaffungsanteil am Umsatz	X_2		X_2	X_2	X_2	X_2	X_2	
	internationale Beschaffung/Gesamtbeschaffung	X_2		X_2				X_2	
	eigenständige Beschaffungsplanung	X_2		X_2	X_2	X_2	X_2	X_2	

Abb. 145. Lieferanteneingrenzung durch Selbstauskunft

Wir stehen hier vor dem Problem des *Benchmarking*. In der Literatur findet man derartige Leitwerte (Kraljic 1982). Greifen wir auf Abb. 122 zurück, dann finden wir dort solche Grenzwerte zuhauf. Ohne auf sie im einzelnen einzugehen (Abschn. 4.84), ihre Übernahme lohnt sich nicht, sie wäre sogar falsch. Solche Werte sind zum einen branchenabhängig. Und zum anderen wollen wir ja gerade die spezifische und nicht die allgemeine

Entscheidungssituation bei der Beschaffung betonen. Und das bedeutet dann ganz konkret, daß der einzelne Beschaffer gemeinsam mit dem jeweils anderen Funktionsverantwortlichen den für wünschenswert erachteten Grenzwert festlegen muß. Dabei kann man sich allenfalls als Leitlinie an den Bestwerten in der Branche orientieren.

Neben den quantitativen Angaben sind auch nominale und beschreibende Aussagen in der Selbstauskunft des Lieferanten enthalten. Auch ihre Interpretation sollte gemeinsam mit den jeweiligen Funktionsspezialisten im Team vorgenommen und gewichtet werden. Nicht nur, daß derjenige, der meint, er könne alles selbst entscheiden, seine begrenzte Kopfgröße übersieht; es dient auch nicht der Teamatmosphäre, wenn man sich für ebenso klug wie andere hält, die anderes eher gelernt haben.

Damit können wir zur K.O.-Frage übergehen. Wir gehen davon aus, daß in Abhängigkeit vom jeweiligen Entscheidungsmerkmal (Beschaffungsobjektmerkmal) die als besonders bedeutsam (X_1) gekennzeichneten Lieferantenmerkmale als K.O.-Kriterien gelten können.

Damit kommen wir zum dritten Schritt, der eigentlichen Lieferantenauswahl:

4.513 Lieferantenauswahlentscheidungen

Diese Entscheidungen wollen wir schrittweise lösen. Dabei können wir auf bereits Dargestelltes zurückgreifen.

4.513.1 Lieferantenpositionierung

Bei der Auswahl kann es zweckmäßig sein, den Blick zunächst auf den Kernpunkt zu lenken. Worauf kommt es hauptsächlich an? Die Fixierung des Suchziels erleichtert und beschleunigt dann die Lieferantenauswahl.

Dazu greifen wir auf Überlegungen zurück, die wir bei der Märkteauswahl erläuterten. Bei den Makrokriterien haben wir Risiko-, Kosten- und Leistungskriterien herangezogen. Mit diesen Kriterien können wir einen Raum definieren, innerhalb dessen typische Soll-Positionen für Lieferanten spezifischer Beschaffungsobjektzieltypen eingezeichnet werden können (s. Abb. 146).

Bei einem Lieferanten für Spitzenprodukte wird man Wert auf höchste Leistungsfähigkeit, möglichst geringe Beschaffungsobjekt- und -modalitätsrisiken legen. Damit ist notgedrungen die Inkaufnahme hoher Kosten verbunden. Die Achsen lassen sich mit Hilfe eines Scoring Modells bezogen auf die Bewertung der Teileigenschaften und deren Addition zu einem Gesamtleistungswert, -kostenwert und -risikowert addieren. Die Lieferanten, die sehr weit, bezogen auf ihr Hauptauswahlmerkmal, von dieser Position entfernt sind, lassen bereits erhebliche Eignungszweifel aufkommen.

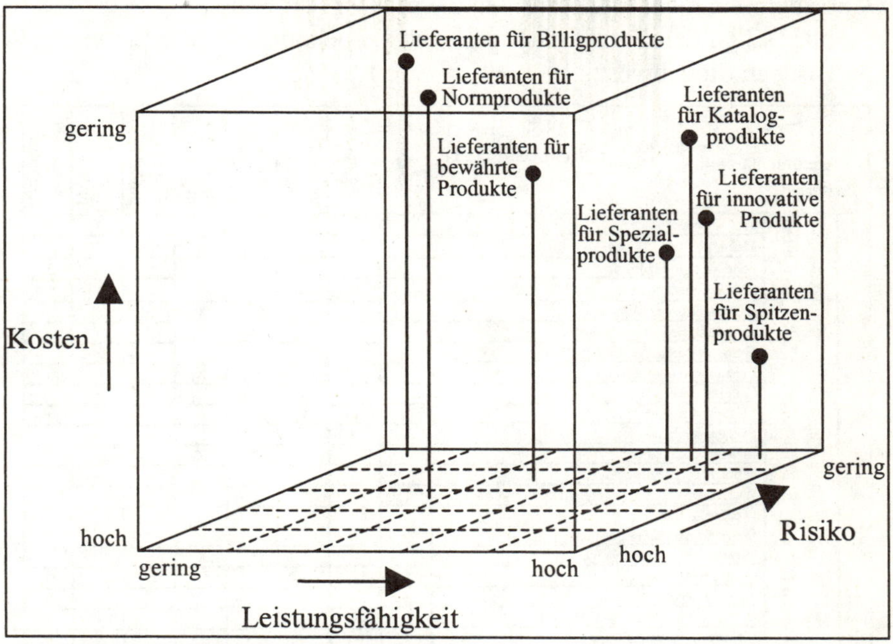

Abb. 146. Lieferantenpositionierungswürfel

4.513.2 Prüfung der Leistungseignung

Nach dem ersten Siebprozeß und den bisherigen eingrenzenden Überlegungen geht es nun darum, aus dem Kreis der verbliebenen Lieferanten diejenigen auszuwählen, mit denen man in den späteren anreiz-beitragsorientierten Verhandlungsprozeß eintreten möchte. Dazu müssen wir klären, welche Anforderungen der Lieferant erfüllen muß, damit wir davon ausgehen können, daß sich ein Verhandlungsprozeß auch lohnt.

Die zu beantwortenden Fragen sind für uns nicht neu. Wir können auf Antworten aus früheren Abschnitten zurückgreifen.

Die *Bedarfsanforderungen* haben wir im einzelnen in Abschn. 4.331 untersucht. Im folgenden Abschn. 4.332 haben wir bereits auf den Lieferanten bezogen detaillierende Fragen (Fensterfragen und Heilungsfragen) gestellt. Danach haben wir gefragt, wann welche dieser Bedarfsanforderungen bedeutsam sind (Abschn. 4.333).

Die Bedarfsanforderungen bilden die Grundlage für das, was der Lieferant leisten soll. Deshalb muß an dieser Stelle geprüft werden, ob er dazu in der Lage ist. Man kann damit die Anforderungen auch als *erwartete* Lieferantenleistungen interpretieren. Als K.O.-Kriterium gilt dann, wenn die jeweils als besonders wichtig erwartete Lieferantenleistung (X_1) wahrscheinlich nicht erfüllt werden kann.

Abb. 147 ist dem Inhalt nach bekannt, sie bekommt hier lediglich einen spezifischen Stellenwert:

Lieferantenauswahlkriterien		Bedingungen (Objektmerkmale)	Billigproduk	Normproduk	bewährtes Produkt	Spitzenprodukt	innovatives Produkt	Spezialprodukt	Katalogprodukt	Mengenbedeutsamkeit
erwartete Lieferantenleistungen	Mengenleistungen	große Menge	X_1	X_1	X_2				X_2	X_1
		kleine Menge				X_2	X_2	X_2		
		hohe Mengenflexibilität		X_2					X_1	X_2
		hohe Mengenkonstanz			X_1	X_1	X_1	X_1	X_2	X_1
	Objektleistungen	Gestaltungsmittelakzeptanz			X_1	X_1	X_1	X_1		
		Gestaltungsleistungsakzeptanz			X_1	X_1	X_1	X_1		
		Gestaltungsmittelveränderbarkeit					X_2			
		Leistungsveränderbarkeit			X_1	X_1	X_1	X_1		X_2
		Langlebigkeit			X_1	X_2	X_2		X_1	
		Leistungskonstanz		X_1	X_1				X_2	X_1
		Einsatzvariabilität	X_2	X_1						
		Leistungssichtbarkeit				X_1	X_1			
		hoher Technologiestand				X_1	X_1	X_1	X_2	
		Werkzeugherstellungsfähigkeit					X_2	X_2		
		Werkzeug- und Materialbeistellungsakzeptanz			X_2					X_3
	Zeitleistungen	kurze Entwicklungszeit				X_2	X_1	X_1		
		kurze Produktionszeit	X_1		X_2					X_1
		kurze Lieferzeit	X_1	X_1	X_2				X_1	X_1
		Bereitstellungszeitpunkteinhaltung		X_1	X_1				X_1	X_1
		Lieferzeitpunkteinhaltung	X_1	X_1	X_1				X_1	X_1
		flexible Termingestaltung		X_2	X_2				X_2	
	Ortsleistungen	Lagerzugänglichkeit		X_3	X_2					X_2
		Transportmittelanbindung		X_2	X_2					X_2
		Lieferortakzeptanz	X_2	X_2	X_2				X_2	X_2
	Lieferungsleistungen	Lieferzuverlässigkeit	X_1	X_2	X_1	X_1	X_1	X_1	X_1	X_1
		Verpackungs- und Transportschutz				X_2	X_2	X_2	X_2	
		verarbeitungsgerechte Anlieferung	X_1	X_1	X_2				X_2	X_1
		Vorrangbelieferung				X_2	X_2	X_1	X_3	
		Exklusivbelieferung				X_2	X_2	X_1		
		Lieferantensicherheit			X_1	X_1	X_1	X_1	X_2	X_1
	Entgeltleistungen	fixierter Preis	X_1	X_1	X_2				X_2	X_1
		Bereitschaft zur Kostenanalyse			X_1	X_2	X_2			X_1
		Preissicherheit			X_2				X_2	X_2
		lange Zahlungsziele						X_3		
		Leasingmöglichkeiten								
		leistungsbezogene Rabattstaffelung			X_2				X_2	X_2
		Mindermengenzuschlagsverzicht		X_2	X_2				X_2	
	Serviceleistungen	Kundendienstbereitschaft				X_1	X_1	X_1		
		Recyclingbereitschaft	X_1	X_2	X_2	X_2	X_2	X_2		X_1
		erweiterte Objektgarantie			X_2					
		Nachkaufsicherheit			X_1				X_1	
		Servicekapazität				X_3	X_3	X_3		
	Informationsleistungen	Informationskompetenz				X_1	X_1	X_1	X_2	
		Informationsbereitschaft				X_1	X_1	X_1	X_2	
		Problemlösungsbereitschaft				X_1	X_1	X_1		
		Geheimhaltung				X_2	X_2	X_1		
		Marktinformation				X_2	X_2	X_2		
		Anwendungsberatung				X_2	X_2	X_2	X_2	
		Marketingzusammenarbeit				X_2	X_2		X_2	

Abb. 147. Merkmalsspezifische Lieferantenleistungen

Diese Abb. gibt nur das wieder, was der Lieferant selbst beeinflussen kann. Er steht, darüber berichteten wir in Abschn. 4.4, in einem Marktumfeld, das seine Handlungsweisen fördert oder hemmt, so daß wir auch den Lieferantenmarkt in unsere Überlegungen an dieser Stelle einbeziehen müssen. Entsprechend der in Abschn. 4.4 gewählten Vorgehensweise bewegen wir uns jetzt auf aus der jeweiligen Entscheidungsperspektive *sicheren* Märkten, die wir entscheidungssituationsspezifisch nach ihrer Kosten- und Leistungseignung prüfen müssen. Das ist das begünstigende oder behindernde Umfeld des Lieferanten. Dazu greifen wir auf Abb. 132 zurück:

externe Marktanforderungen \ Bedingungen (Objektmerkmale)		Billigprodukt	Normprodukt	bewährtes Produkt	Spitzenprodukt	innovatives Produkt	Spezialprodukt	Katalogprodukt	Mengen-bedeutsamkeit	usw.
Leistungen	Arbeitsleistung		X_2	X_2	X_1	X_1	X_1		X_2	
	Bildungsniveau				X_2	X_1	X_1			
	Managementleistung				X_2	X_1	X_1		X_2	
	Technologiestand				X_1	X_1	X_1	X_2		
	Logistikleistung	X_2	X_3					X_1	X_1	
	Kommunikationsleistung	X_2			X_1			X_1		
	Normenidentität	X_2	X_1							
	Kapitalverfügbarkeit		X_2	X_2					X_2	
	Wirtschaftsfreundlichkeit		X_2	X_2		X_3	X_3			
	usw.									
Kosten	Arbeitskosten	X_1	X_1	X_1	X_2	X_2	X_2	X_2	X_1	
	Managementkosten	X_2		X_2					X_2	
	Produktionskosten	X_1	X_1	X_1	X_2	X_2	X_2	X_1	X_1	
	Logistikkosten	X_1	X_2	X_1				X_1	X_1	
	Kommunikationskosten	X_1	X_1	X_1				X_1	X_1	
	Kapitalkosten	X_2	X_2	X_2					X_2	
	usw.									

Abb. 148. Merkmalsspezifische Marktleistungen

Wenn wir unserem bereits gewählten Beispiel wieder folgen, dann können wir für ein Spitzenprodukt die folgenden internen und externen Anforderungen aus den Spalten der Abb. 147 und Abb.148 übernehmen. Das führt zu dem in Abb. 149 enthaltenen Ergebnis.

Lieferantenanforderungen bei einem Spitzenprodukt

interne Anforderungen

- kleine Menge (2)
- hohe Mengenkonstanz (1)
- Gestaltungsmittelakzeptanz (1)
- Gestaltungsleistungsakzeptanz (1)
- Leistungsveränderbarkeit (1)
- Langlebigkeit (2)
- Leistungssichtbarkeit (1)
- hoher Technologiestand (1)
- kurze Entwicklungszeit (2)
- Lieferzuverlässigkeit (1)
- Verpackungs- und Transportschutz (2)
- Vorrangbelieferung (2)
- Exklusivbelieferung (2)
- Lieferantensicherheit (1)
- Bereitschaft zur Kostenanalyse (2)
- Kundendienstbereitschaft (1)
- Recyclingbereitschaft (1)
- Servicekapazität (3)
- Informationskompetenz (1)
- Informationsbereitschaft (1)
- Problemlösungsbereitschaft (1)
- Geheimhaltung (2)
- Marktinformation (2)
- Anwendungsberatung (2)
- Marketingzusammenarbeit (2)

externe Anforderungen

- Arbeitsleistung (1)
- Bildungsniveau (2)
- Managementleistungen (2)
- Technologiestand (1)
- Kommunikationsleistung (1)
- Arbeitskosten (2)
- Produktionsmittelkosten (2)

Abb. 149. Lieferantenanforderungen bei einem Spitzenprodukt

Wenn ein Lieferant die als x_1 gewichteten Kriterien nicht erfüllen kann, dazu gehören dann auch die spezifizierenden Fensterfragen, steht es kritisch um ihn. Aber noch ist nicht alles verloren. Man kann sich der Mühe unterziehen, nach *Heilung*smöglichkeiten zu suchen, also statt Status-quo-Betrachtungen anzustellen, an dynamische, an morgige Möglichkeiten zu denken. Dies soll die Abb. 150 verdeutlichen. Sie zeigt den strukturellen Entwicklungszusammenhang.

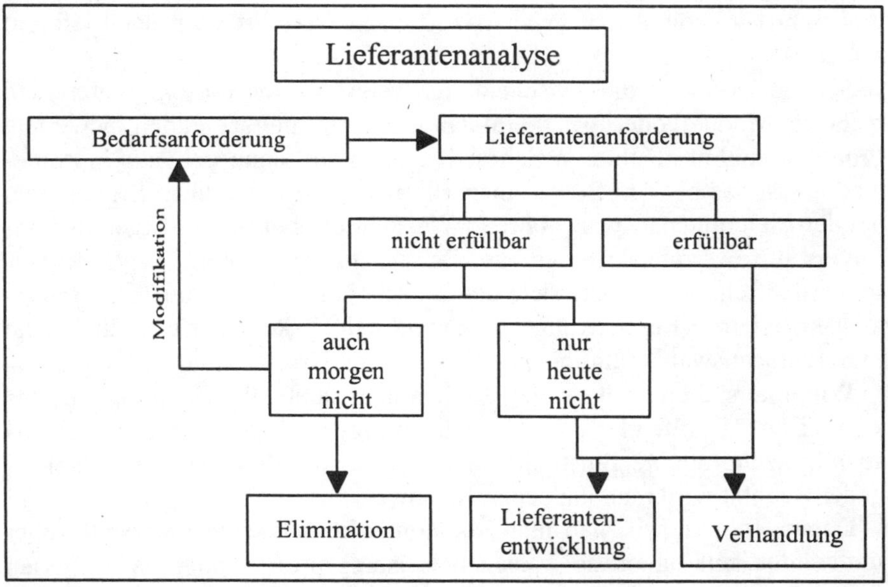

Abb. 150. Zur dynamischen Lieferantenauswahl

Was heute an Bedarfsanforderungen durch den Lieferanten nicht erfüllt werden kann, wäre ja morgen möglicherweise durch den geschickten Einsatz des beschaffungspolitischen Instrumentariums realisierbar. Diese Tür sollte man sich offenhalten. Mit dem dynamischen Heilungsgedanken greifen wir auf die Stufen 6 und 7 der Abb. 97 zurück. Schwieriger wird das bei den Lieferantenumfeldkriterien (Märktekriterien). Da kann der Beschaffer nur selten aktiv den Markt beeinflussen, deshalb wird man sich bei ihnen mit dem Status-quo begnügen müssen.

Findet man weder einen heute noch morgen geeigneten Lieferanten, wird man die eigenen Anforderungen zu überprüfen haben.

Der bisherige Auswahlprozeß orientierte sich am einzelnen Beschaffungsobjektmerkmal, prinzipiell an *einem* Beschaffungsobjekt, das durch ein oder vielleicht auch mehrere Beschaffungsobjektmerkmale gekennzeichnet ist. Wie sollen wir aber verfahren, wenn wir von einem Lieferanten *mehrere* Beschaffungsobjekte beziehen wollen, die durch unterschiedliche Beschaffungsobjektmerkmale gekennzeichnet sind?

Am besten kann man sich das anhand des modular sourcing vorstellen. Der Systemlieferant stellt für das Modul selbst mehrere unterschiedliche Produkte her, einen großen Teil bezieht er von verschiedenen Unterlieferanten. Welches Produktmerkmal soll nun gelten? In diesem Fall erscheint die Lösung noch relativ einfach. Ich als Käufer des Moduls bewerte dieses als Ganzes, habe es also eigentlich nur mit einem einzelnen, wenn auch vielleicht hochkomplexen Produkt zu tun. So verfährt auch der Lieferant seinerseits.

Schwieriger wird die Entscheidung, wenn ich von diesem Lieferanten mehrere Module oder ganz einfach mehrere unterschiedlich bewertete Produkte kaufen möchte. Welches Kriterium soll dann gelten? Unproblematisch ist das bei den Bewertungskriterien, die zu ähnlichen Ergebnissen bei der Lieferantenauswahl führen. Wie sieht es aber bei im Ergebnis kontroversen Bewertungskriterien aus? Bei der hier gewählten Vorgehensweise wird offenkundig, daß sich der Entscheidungsbedarf auf die Bewertungskriterien (Beschaffungsobjektmerkmale) konzentriert und die Lieferantenauswahl lediglich eine Folge davon ist.

Wir unterstellen, daß es *den* Lieferanten nicht gibt, der alles bestens kann. Den "Zwölfender", der sowohl Billigprodukte, Normprodukte als auch Spitzenprodukte günstig herstellt, mag man sich im Traum vorstellen, in der Realität wird man ihn selten finden.

Daraus folgern wir, daß man, ökonomisches Handeln unterstellt, eher Lieferanten mit einem spezifischen Leistungsprofil findet. Wir müssen deshalb nach diesen Leistungs-(Anforderungs-)Klammern suchen. Des einen Stärke liegt in der großen und kontinuierlichen *Mengenfertigung* zu *niedrigen Kosten*. Dazu zählen dann die Beschaffungsobjektmerkmale Billigprodukt, Normprodukt und Mengenbedeutsamkeit. Des anderen Stärke besteht in der tendenziell hohen *Leistungsstärke*, die auch kleine Mengen zuläßt und ihren Preis hat.

Die Beschaffungsobjektmerkmale Spitzenprodukt, Spezialprodukt, innovatives Produkt und partiell auch das bewährte Produkt gehören in diese Leistungsklammer. So könnte man, dem Prinzip der Hyperposition folgend, den Konflikt dadurch lösen, daß man die verschieden bewerteten Beschaffungsobjekte eher der einen oder eher der anderen Klasse zuordnet und sich dann am Prototyp der Gruppe orientiert. Das könnte z.B. das *Billigprodukt* auf der einen und das *Spitzenprodukt* auf der anderen Seite sein. Dies führt zu einer Polarisierung der Lieferantenqualität. Im Einzelfall sind dann, nachdem man sich für den Lieferanten entschieden hat, wieder Differenzierungen möglich. Man kann auch so verfahren, daß man die Beschaffungsobjekte priorisiert. Dann wird zunächst nach den Merkmalen des wichtigsten Beschaffungsobjektes ausgewählt und anschließend geprüft, ob die Bedingungen für das nächstwichtige Beschaffungsobjekt auch noch zuträglich sind.

4.513.3 Prüfung und Gewichtung der Liefereranforderungen

Noch ist es zu früh, in die Lieferantenverhandlungen einzusteigen. Ein Lieferant, der höchstwahrscheinlich hohe, aus der eigenen Zielperspektive nicht realisierbare Anforderungen stellt, lohnt die Verhandlungsmühe nicht. Und zum anderen ist es für den Verhandlungsprozeß wichtig zu wissen, womit man weshalb beim Lieferanten etwas bewirken kann. Dies herauszufinden ist zum einen Aufgabe der Marktforschung; deshalb könnte dieser Abschnitt auch dort angesiedelt werden. Und zum anderen kann auf das Erfahrungswissen des Beschaffungsmanagers als Mitglied des Buying Centers Bezug genommen werden, das er in die Vorüberlegungen der Lieferantenauswahl miteinbringt. Bei neuen Lieferanten ist vorrangig die Marktforschung, bei bereits bestehenden Lieferantenbeziehungen der Beschaffungsmanager gefragt.

Im folgenden wollen wir eine Struktur von möglichen Anforderungen der Lieferanten entwickeln. Dazu greifen wir auf Abb. 96 zurück, indem wir jetzt den Liefereranforderungsaspekt näher herausgreifen:

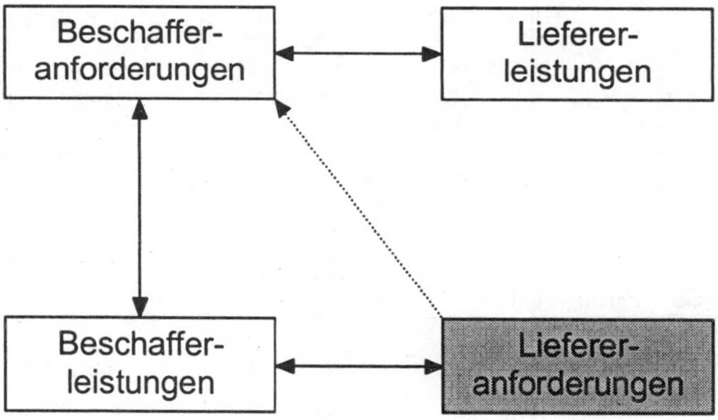

Abb. 151. Liefererforderungen im Anreiz-Beitrags-Kontext

Bereits beim Übergang von den näher spezifizierenden Fensterfragen zu den Heilungsfragen haben wir mögliche Schwerpunkte beim Lieferanten unterstellt und Heilungsmöglichkeiten geprüft. Dies ist eine mögliche Vorgehensweise zur Gewinnung von Informationen, sie stülpt jedoch unsere Bedarfsbrille über den Lieferanten; das wird seiner Situation nicht unbedingt gerecht. Deshalb wollen wir aus der Sicht der Funktionsbereiche des Lieferanten fragen, welche Anforderungen von dort gestellt werden könnten. Solche Informationen über die möglichen Wünsche der Lieferanten müssen wir erheben, um gemäß unserer anreiz-beitrags-orientierten Grundeinstellung dem Lieferanten auch das von ihm Gewünschte und nicht für ihn Nutzloses anbieten zu können. Die Darstellung solcher möglichen Wünsche/Anforderungen kann kaum über beispielhafte Nennungen hinausgehen (Abb. 152).

Anforderungen des Lieferanten

Absatzanforderungen
- Wachstum mit Beschaffer
- Qualifizierung mit Beschaffer
- Erschließung neuer Märkte
- Hilfen bei Kundengewinnung
- Sicherung des Ersatzteilgeschäftes
- Kundendienstübernahme durch Beschaffer
- frühzeitige Informationen
- usw.

Produktionsanforderungen
- große Produktionsmengen
- langfristige Auslastung
- stetige Auslastung
- Nutzung unterbeschäftigter Bereiche
- Produktionsplanungshilfen
- Produktionsrealisationshilfen
- usw.

F+E/Konstruktionsanf.
- Know-how-Zunahme
- Nutzung des Entwicklungspotentials
- Verwendung neuer Techniken
- Pflege vorhandenen Know-Hows
- exaktes Lasten- / Pflichtenheft
- offener Informationsaustausch

Finanzanforderungen
- Krediteinräumung
- schnelle Zahlung
- hohe Zahlungssicherheit
- faire Preisgestaltung
- Entgelt für Sonderleistungen
- usw.

Logistikanforderungen
- Abnahmebereitschaft und -toleranz
- Lieferung an wenige Orte
- frühzeitige und vollständige Informationen
- Hilfen beim Aufbau eines Informationssystems
- usw.

Entsorgungsanforderungen
- gemeinsame Entsorgungsplanung
- sortenreine Wertstofftrennung
- entsorgungsgerechte Konstruktionsplanung
- usw.

Beschaffungsanforderungen
- Erschließung neuer Beschaffungsmärkte
- Hilfe beim Finden neuer Lieferanten
- Aufnahme in Konditionenvereinbarung
- Schulung der Beschaffungsmitarbeiter
- usw.

usw.

Abb. 152. Anforderungen des Lieferanten

Wir gehen davon aus, daß die aufgeführten Anforderungen ohne weitere Erläuterungen verständlich sind. Nach dieser Auflistung der Anforderungen geht es nun um die entscheidungsorientierte Gewichtung, die so aussehen kann, wie in Abb. 153 dargestellt.

Anforderungen der Lieferanten	Bedingungen (Objektmerkmale)	Billigprodukt	Normprodukt	bewährtes Produkt	Spitzen-produkt	innovatives Produkt	Spezial-produkt	Katalog-produkt	Mengenbe-deutsamkeit	usw.
Absatzanforderungen	Wachstum mit Beschaffer			X	X	X	X	X	X	
	Qualifizierung mit Beschaffer			X	X	X	X			
	Erschließung neuer Märkte				X	X			X	
	Hilfen bei Kundengewinnung				X	X		X		
	Sicherung des Ersatzteilgeschäftes			X	X	X	X		X	
	Kundendienstübernahme durch Beschaffer			X	X	X	X			
	frühzeitige Information				X	X	X			
	usw.									
F&E-/Konstruktions-anforderungen	Know-How-Zunahme				X		X			
	Nutzung des Entwicklungspotentials				X	X	X			
	Verwendung neuer Techniken				X	X	X			
	Pflege vorhandenen Know-Hows				X	X	X			
	exaktes Lasten-/Pflichtenheft			X	X		X			
	offener Informationsaustausch				X	X	X			
	usw.									
Produktions-anforderungen	große Produktionsmengen	X	X	X				X	X	
	langfristige Auslastung	X	X	X		X	X	X	X	
	stetige Auslastung	X	X	X	X	X	X	X	X	
	Nutzung unterbeschäftigter Bereiche		X	X			X	X	X	
	Produktionsplanungshilfen			X	X		X			
	Produktionsrealisationshilfen			X	X		X			
	usw.									
Beschaffungs-anforderungen	Erschließung neuer Beschaffungsmärkte		X	X			X	X		
	Hilfe beim Finden neuer Lieferanten		X	X	X	X	X	X		
	Aufnahme in Konditionenvereinbarung		X	X	X	X	X	X		
	Schulung der Beschaffungsmitarbeiter				X	X	X			
	usw.									
Finanz-anforderungen	Krediteinräumung				X	X	X			
	schnelle Zahlung		X	X	X	X	X	X	X	
	hohe Zahlungssicherheit		X	X	X	X	X	X	X	
	faire Preisgestaltung			X	X	X	X	X		
	Entgelt für Sonderleistungen				X		X			
	usw.									
Logistik-anforderungen	Abnahmebereitschaft und -toleranz	X	X	X			X	X	X	
	Lieferung an wenige Orte	X	X	X				X	X	
	frühzeitige und vollständige Information			X	X	X	X		X	
	Hilfen beim Aufbau eines Informationssystems				X	X	X			
	usw.									
Entsorgungs-anforderungen	gemeinsame Entsorgungsplanung	X		X	X	X	X	X		
	sortenreine Wertstofftrennung	X		X	X	X	X	X	X	
	entsorgungsgerechte Konstruktionsplanung			X	X	X	X			
	usw.									

Abb. 153. Zur Auswahl der Lieferantenanforderungen

Da die jeweilige Lieferantensituation nur in Grenzen bekannt ist, dürfte diese Form der Gewichtung ausreichen.

4.52 Lieferantenbeziehungen

Als ein wichtiger Vermögensstock eines Unternehmens gilt sein Marken- und Kundenpotential neben dem Mitarbeiterpotential. Die noch vorherrschende Absatzsicht kann entsprechend dem hier entwickelten Verständnis auch auf die Beschaffungsseite übertragen werden. Je geringer die eigene Wertschöpfung ist, um so wichtiger ist die Wahl der „richtigen" Lieferanten. Und ähnlich der Aussage im Absatz, daß das Gewinnen eines neuen Kunden x-mal teurer sei als das Halten eines bereits gewonnenen, ist auch in der Beschaffung die *Pflege* von erfolgreichen Lieferantenbeziehungen höchstwahrscheinlich kostengünstiger als das Beseitigen von Lieferstörungen und der Aufbau neuer Lieferantenbeziehungen. Leider existieren keine Vergleichsstudien; Ergebnisse könnten nur in Experimenten gemessen werden. Befragungen helfen wegen der meist hohen Kostenintransparenz und der begrenzten Handlungsplanung ebenfalls selten weiter. Das große Aufwachen erfolgt meist erst dann, wenn eine Lieferantenbeziehung schwer gestört ist. Ob Ford im Kiekert-Fall eine exakte Vergleichsrechnung (Aufbaukosten einer neuen Lieferantenbeziehung versus Pflegekosten der bisherigen Lieferantenbeziehung) durchgeführt hat, erscheint sehr unwahrscheinlich. In einer neuen Situation wird gehandelt, Personal wird mit neuen Aufgaben zusätzlich betraut. Der Aufbau einer neuen Lieferantenbeziehung mag ja auf den ersten Blick sinnvoll erscheinen, etwas längeres Nachdenken hätte aber auch die Überlegung reifen lassen können, daß es durch spezifische Interaktionsmaßnahmen gar nicht zu dieser Störung der Lieferantenbeziehungen hätte kommen müssen. Ebenso wie im Absatzmarketing in jüngerer Zeit der Gedanke des Customer-Relationship-Management favorisiert wird, muß auch im Beschaffungsbereich der Aspekt des Supplier-Relationship-Management heimisch werden.

4.521 Anhaltspunkte zur Pflegenotwendigkeit

Vor dem Hintergrund der vielfältigen erwähnten Theoriebezüge (z.B. Koalitions-, Anreiz-Beitrags-, Netzwerktheorie), die alle auf eine partnerschaftliche, faire Interaktionsbeziehung zwecks Wahrung des ökonomischen Prinzips hinauslaufen, soll der Frage nachgegangen werden, in welchen Fällen man sich denn besonders der Pflege der Lieferantenbeziehung widmen sollte.

Im Absatzbereich pflegt man im Regelfall die interessantesten Kundengruppen besonders, andere weniger. Hier geht es um die Alternativen: Stammlieferant/Vorzugslieferant – Aufbaulieferant – Wechsellieferant. Um die Dichotomie zu verdeutlichen, gehen wir im folgenden jeweils von der Alternative *Stammlieferant* - *Wechsellieferant* aus. Dabei richten sich die Überlegungen zur Lieferantenpflege vorrangig auf jetzige oder zukünftige Stammlieferanten. Dies muß jedoch nicht bedeuten, daß man dem Wechsellieferanten keine Aufmerksamkeit schenkt, er steht allerdings nicht im Mittelpunkt des Lieferantenmanagements.

Um herauszufiltern, in welchen Situationen man mehr Gewicht auf die Pflege der Lieferantenbeziehungen legen sollte, bedienen wir uns wieder der typisierenden Matrixgestaltung.

Zunächst greifen wir zurück auf Abb. 76.

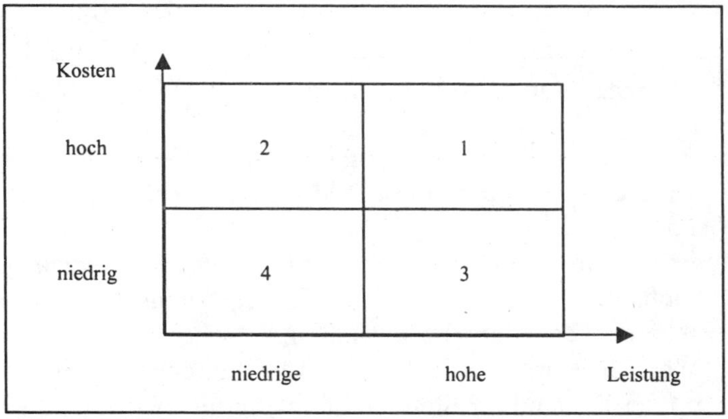

Abb. 154. Kosten-Leistungs-Matrix

Hier haben wir es mit zwei Hebelwirkungen zu tun. Direkt beeinflussen die Kosten das Beschaffungsbudget, indirekt die Kosten anderer Funktionsbereiche (→ cost of ownership) und auch den eigenen Verkaufspreis. Und zum anderen können hohe Beschaffungsobjektleistungen die Attraktivität des eigenen Produktes, die Marktfähigkeit beeinflussen. So liegt es nahe, besonderes Augenmerk auf Lieferanten zu richten, die man dem Entscheidungsfeld 1 zurechnen kann, in abgeschwächter Form gilt das auch für Lieferanten des Feldes 3. Es handelt sich dabei um Lieferanten von Spitzenprodukten, möglicherweise von Spezial-, Katalog- und innovativen Produkten. Im Entscheidungsfeld 2 können mengenbedeutsame Billigprodukte angesiedelt sein; wegen der hohen Mengenkomponente können gemeinsame Anstrengungen mit dem Lieferanten zur Kostenreduktion sinnvoll sein. So wird man bei Lieferanten aus Schwellenländern vorgehen. Das Feld ruft damit geradezu nach Lieferantenpflege. Und Feld 4 wird dagegen den Aufwand kaum lohnen.

Eine andere Matrix ist mit den Achsenbezeichnungen Ergebniswirkung und Komplexität denkbar (s. Abb. 155).

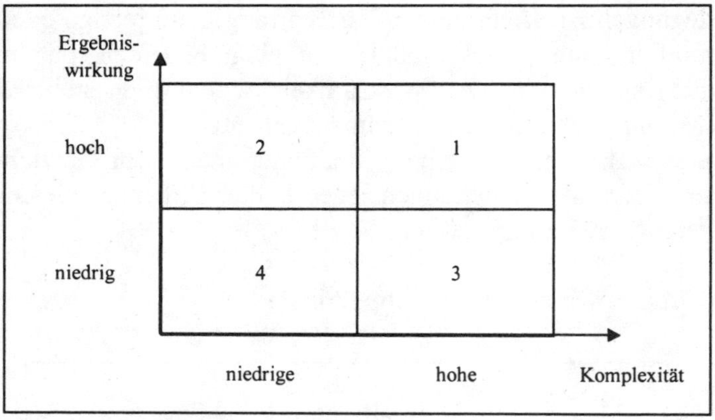

Abb. 155. Komplexität-Ergebniswirkungs-Matrix

Die Aussagen gleichen denen der vorigen Matrix. Die Beziehungspflege wird sich auf Lieferanten vor allem in Feld 1 möglicherweise noch in Feld 2 konzentrieren.

Einen anderen Schwerpunkt können wir mit Abb. 156 setzen. Gibt es nur wenige Liefereralternativen und ist das Beschaffungsobjekt für das eigene Unternehmen besonders bedeutsam, z.B. wegen der Kostenhöhe, dann wird man eine intakte Beschaffer-Lieferantenbeziehung intensiv pflegen, damit der Zustand erhalten bleibt. Ist sie unbefriedigend und verfügt man über keine sinnvolle Ausweichmöglichkeit, auch nicht über die Möglichkeit des Aufbaus eines neuen Lieferanten, dann bleibt einem wenig anderes übrig, als für eine Beziehungsverbesserung zu sorgen.

Dies mag zur Erläuterung der Suchfeldeingrenzung genügen, so daß wir zur Frage nach dem Wie übergehen können.

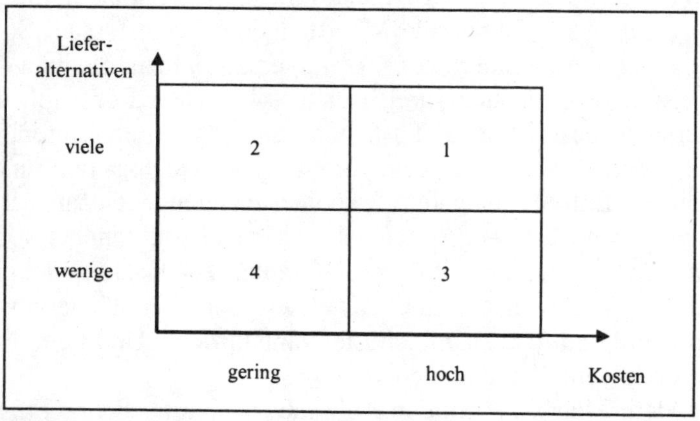

Abb. 156. Kosten-Lieferantenalternativen-Matrix

4.522 Pflegemaßnahmen

Unter dem Stichwort Relationship-Marketing (→ Beziehungsmarketing) oder Industrial Relationship (Stölzle 1999)wird im Absatzmarketing diskutiert, wie man Kundenbeziehungen verbessern kann (Diller 1995; Plinke 1997; Rudolph 1998). Es gilt zu prüfen, ob diese Überlegungen auch auf Lieferanten-Beschafferbeziehungen übertragbar sind.

Zunächst müssen wir die *Beziehungsstruktur* klären. Als Ausgang unserer Überlegungen greifen wir auf Abb. 54 zurück.

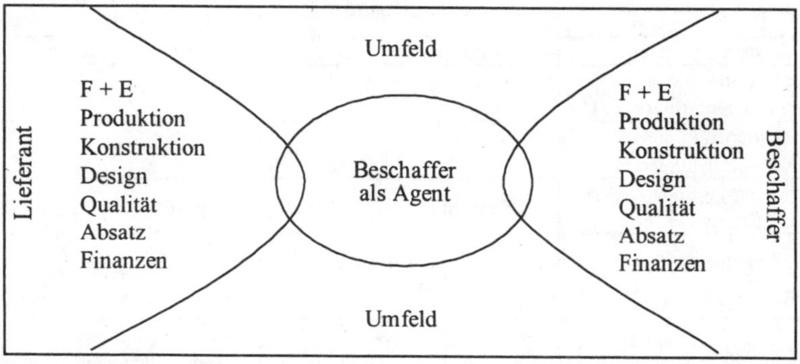

Abb. 157. Der Beschaffer als Agent

Für unsere Fragestellungen haben wir es mit zwei Beziehungsfeldern zu tun:

- Beschaffung → interne Kunden
- Beschaffung → Lieferanten

Entsprechend der Überschrift „Lieferantenbeziehungen" könnte der Eindruck entstehen, daß lediglich das zweite Beziehungsfeld hier in Frage käme. Dem wollen wir so nicht folgen. Wenn die Beziehungen zwischen Beschaffer und Lieferant, zwischen buying und selling center vertrauensvoll für eine effektive Arbeit geschaffen werden sollen, dann muß auch die interne Kundenbeziehung mit in die Überlegungen einbezogen werden.

Neben der Struktur interessieren die *Grundpositionen*. Wie die folgende Abb. (in Anlehnung an Grönroos 1991, S. 9) zeigt, entspricht die Grundidee des Relationship-Marketing der hier verfolgten strategischen Position des anreiz-beitragsfundierten Win-Win-Spiels (Abb. 158).

Merkmale \ Grundpositionen	Transaction Marketing	Relationship Marketing
* Strategische Stoßrichtung	Akquisition neuer Kunden	Pflege des Kundenstamms
* Kundenbild	Anonyme Masse	Partner
* Bedeutung der Kunden-orientierung	geringe	hohe
* Zeithorizont	kurzfristig	langfristig
* Abgrenzbarkeit der einzelnen Leistung	Eindeutig, episodenhafter Leistungstransfer	Nicht eindeutig, Verschmelzen einzelner Transaktionen zu einem fortlaufenden Prozeß
* Fokus der Aktivitäten	Produkt und Preis	Kunde
* Kontaktintensität Anbieter-Nachfrager	gering	stark
* Investitionen in die Kundenbeziehungen	geringe	hohe
* Gegenseitige Abhängigkeit der Marktpartner	Tendenziell niedrig ausgeprägt	Tendenziell hoch ausgeprägt
* Einflußnahme auf den Marktpartner	Einseitig, vom Anbieter zum Nachfrager	Wechselseitig im Sinne eines Anbieter-Nachfrager-Dialogs
* Kommunikationsform	Kampagnen in Massenmedien	Nutzung von dialogorientierten, auf den einzelnen Abnehmer abgestimmten Medien
* Dominierender Qualitätsbereich	Produkt	Beziehung
* Erfassung der Kundenzufriedenheit	Indirekt, Kontrolle der Marktanteilsveränderung	Direkt mittels Kundenzufriedenheits-analysen
* Zielbildung / -verfolgung	Durchsetzung eigener, den Vorstellungen des Marktpartners häufig konträrer Ziele	Konzentration auf gemeinsame, im Zuge eines interaktiven Prozesses gebildeter Ziele
* Kooperation zwischen Marketing und anderen Funktionsbereichen	Isolierte Ausrichtung der Abteilungsaktivitäten auf der Basis des Profit-Center-Konzepts	Implementierung eines Schnittstellenmanagement zwischen den Unternehmensbereichen

Abb. 158. Grundpositionen des Beziehungsmarketing

Als nächstes müssen die Zielvorstellungen geklärt werden. Einige wichtige Aspekte können der Abb. 159 (Schütze 1992, S. 63) entnommen werden.

Ziele von Relationship-Marketing-Geschäftsbeziehungen		
Ziele des In-Suppliers (Absatzperspektive)	Gemeinsame Ziele (Beziehungsperspektive)	Kunden-Ziele (Beschaffungsperspektive)
* Bindung des Kunden * Sicherung von Wiederkäufen * Sicherung dauerhafter Deckungsbeiträge * Sicherung dauerhafter Gewinne * Schaffung von Referenzpotentialen	* Informationspotential-Aufbau * Kooperationspotential-Aufbau * Synergiepotential-Aufbau * Innovationspotential-Aufbau * Senkung der Transaktionskosten	* Sicherung dauerhafter Beschaffungspotentiale * Verringerung der Fertigungstiefe * Single Sourcing * Einflußnahme auf den Lieferanten * Reduktion der Kontrollarbeit * Risikoreduktion (Qualität, Quantität, Modalität)
> Erhöhung der Kundenpreisbereitschaft > Relativer Umsatz > Gewinn > Kapazitätsauslastung	> Regelmäßiger, offener Informationsaustausch > Partnerschaftliches Verhalten > Effizientere Ressourcennutzung (Kostensenkung) > Gemeinsame Forschungsvorhaben > Risikominderung einzelner Transaktionen	> Bevorzugte Behandlung durch den Lieferanten > Individuelle Spezifikation von Problemlösungen

Abb. 159. Zielaspekte

Auf dieser Zielbasis kann man sich dem Aktionsraum (Maßnahmenwahl) zuwenden. Helfert (1998) entwickelt ein umfangreiches Modell zur Erklärung der Beziehungseffektivität. Eine der geprüften Hypothesen lautet: „Mit einer verbesserten Beziehungsatmosphäre steigt die Effektivität der Geschäftsbeziehung" (S. 62). Dabei geht es um das Schaffen und Erhalten von Vertrauen sowie um die Demonstration das Bekenntnis zu geeigneten Austausch-, Koordinations- und Anpassungsaktivitäten. Dies zeigt die folgende Abb. 160.

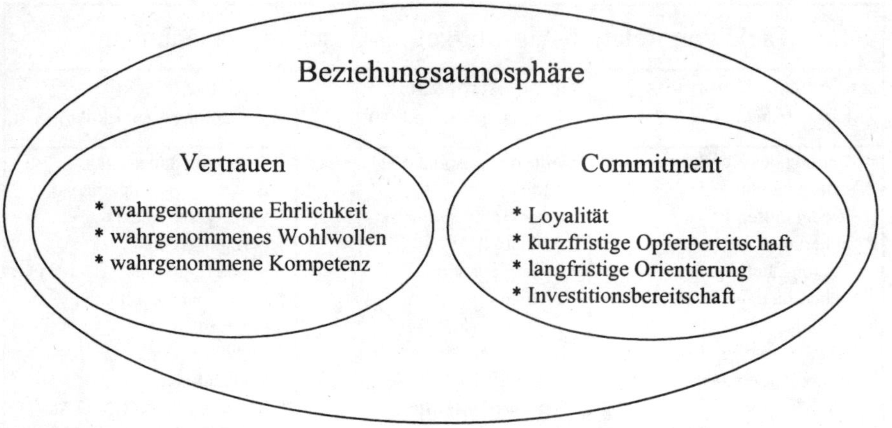

Abb. 160. Beziehungsatmosphäre (Quelle: Helfert 1998, S. 16)

Eine weitere Hypothese lautet: „Mit zunehmender Erfüllung der Aufgaben im Bereich Austausch, Koordination und Anpassung durch das Kundenbeziehungsteam verbessert sich die Atmosphäre in der Geschäftsbeziehung" (S. 64).

Mit den folgenden Austausch-, Koordinations- und Anpassungsmaßnahmen lassen sich die Geschäftsbeziehungen positiv beeinflussen:

Abb. 161. Zur Pflege von Geschäftsbeziehungen (Quelle: Helfert 1998, S. 24)

In Abb. 161 sind wesentliche Maßnahmen enthalten, weitere sind möglich. An dieser Stelle interessiert der Alternativenumfang weniger als das Ziel der Einsicht in die Notwendigkeit dieser Betrachtungsweise. Die Maßnahmen beziehen sich auf die Bedarfsanforderungen und die noch zu erläuternden beschaffungspolitischen Instrumente. Eine Maßnahmen*struktur* ist in Abb. 162 abgebildet.

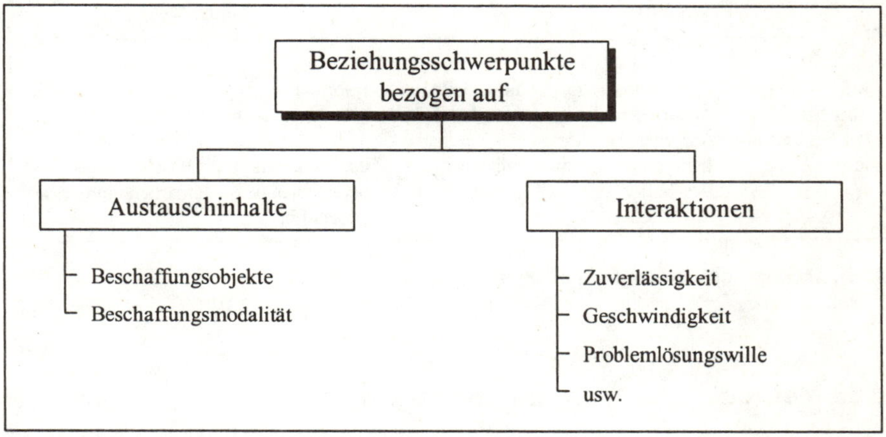

Abb. 162. Beziehungsschwerpunkte

Ein besonderes Gebiet der Beziehungspflege deckt das im Absatzbereich bekannte *Beschwerdemanagement* ab. Ein Blick in die Beschaffungsliteratur zeigt, daß es sich dort fast ausschließlich um die Beschwerden des Beschaffers handelt, die erörtert werden, während der Beschaffer als Beschwerdeempfänger nicht vorkommt (Segeth 1996, S. 6). Der routinisierte und *entemotionalisierte* Umgang mit Beschwerden zwischen internen und externen Kunden einerseits und dem Beschaffer andererseits kann wesentlich die Effizienz der Beziehungen steigern. Einige Hinweise enthält die Abb. 162 (Segeth).

Der Beschaffer kann unvollständige Leistungsbeschreibungen abgegeben, wenig zur versprochenen Problemlösung beigetragen haben. In den Beschwerden können neue/andere Anforderungen des Lieferanten deutlich werden. Intern können Fehler bei der Anforderungsfixierung vorkommen. Beschwerden können darauf verweisen, daß früher Gültiges jetzt anders gesehen wird. Es kommt auch vor, daß zuvor nicht Fixiertes, z.B. bei Schadenseintritt, als sofort fixierensnotwendig erachtet wird. Letztendlich geht es um die Frage, was jeder tun kann, damit die Interaktionsbeziehung so verbessert wird, daß die Interaktionen zu den jeweils gewünschten Ergebnissen führen bei möglichst niedrigen Kosten. Hierbei handelt es sich vorrangig um Schnittstellenkosten.

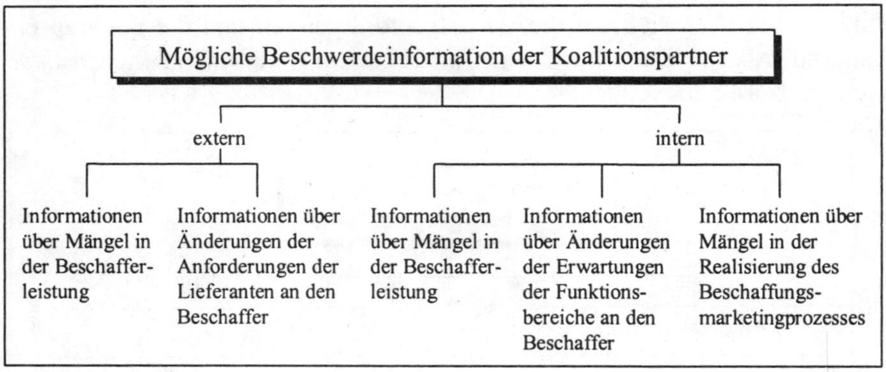

Abb. 163. Beschwerdeinformationen

4.53 Methoden der Lieferantenanalyse

Zunächst sei wiederum ein allgemeiner Überblick über die Methoden der Lieferantenanalyse in Anlehnung an Ernst gegeben (s. Abb. 164).

In der Literatur wird das Methodenthema häufiger erwähnt, wie eine Abb. von Glantschnig (1994, S. 51 ff.) zeigt. Wir wollen uns mit einigen vertiefenden Hinweisen begnügen. Neben dem hier favorisierten merkmalsgeleiteten, an den Bedarfsanforderungen orientierten Lieferantenbewertungsverfahren sind auch andere bekannt. Hilfreich für einen kurzen Überblick ist die Abb. 165 (vgl. Glantschnig 1994, S. 23), die einen deutlich engeren Bezugsrahmen als Abb. 164 aufweist).

Die *Bilanzanalyse* kann beim mehrperiodigen Vergleich grobe Anhaltspunkte, vielleicht dargestellt in Form von Bilanzkennzahlen, liefern. Sie können sich auf die Wirtschaftlichkeit, Liquidität, Kostenstruktur, Umsatzentwicklung erstrecken. Hierzu gibt es nutzbare Vorschläge (Klein 1974, S. 166 ff.), die hier deshalb nicht weiter erörtert werden sollen.

Die *Preisentscheidungsanalyse* kann als Preisstrukturanalyse (Angemessenheitsbetrachtung für die spätere Preisverhandlung), als Preisbeobachtung (Beobachtung der Preisveränderung im Zeitablauf) und als Preisvergleich (Angebotsvergleich: Preise - Leistungen) durchgeführt werden (Strache 1975).

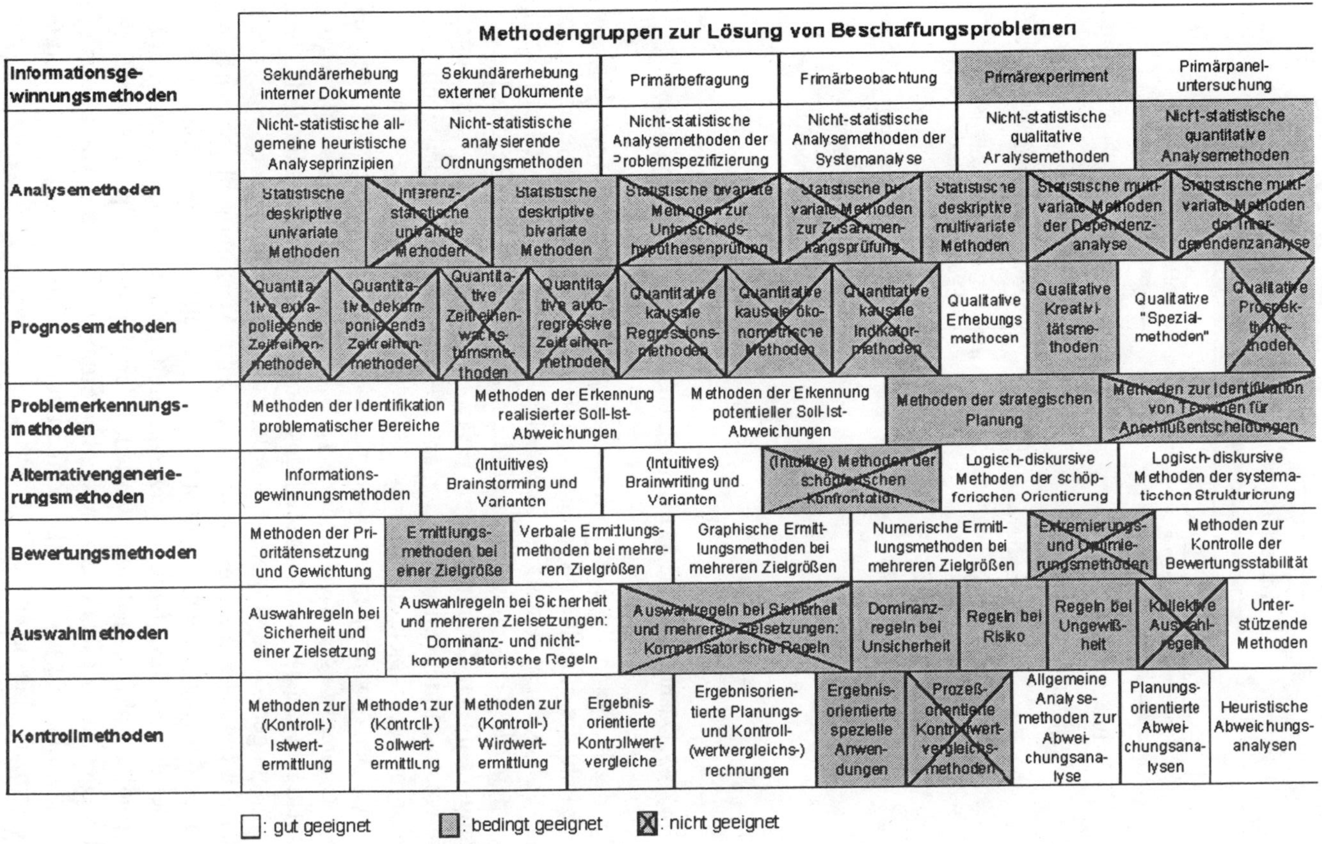

Abb. 164. Methoden der Lieferantenanalyse

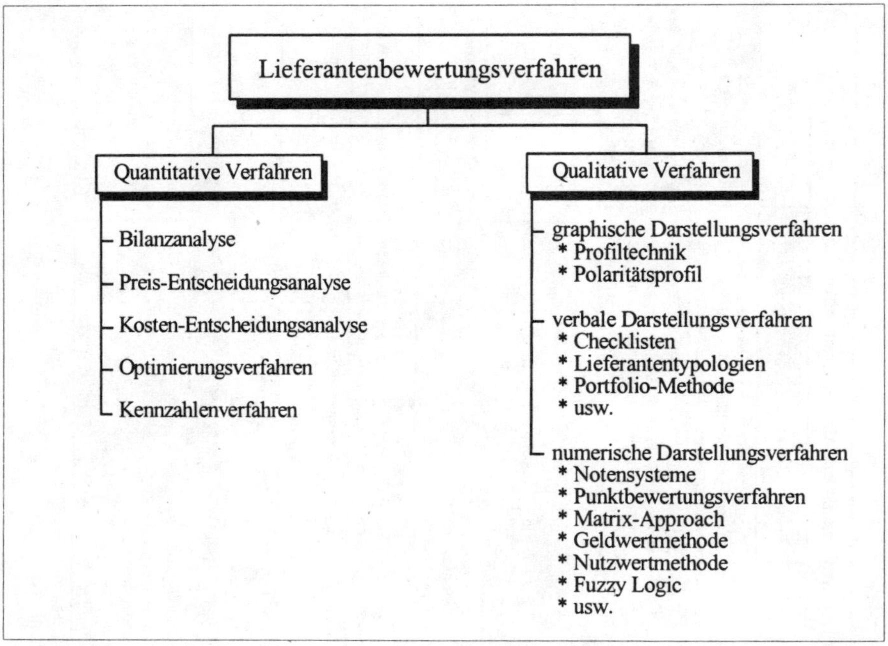

Abb. 165. Quantitative und qualitative Lieferantenbewertungsverfahren

Bei der Kostenanalyse (auch *Kostenentscheidungsanalyse*) werden, soweit möglich, die einzelnen Kostenbestandteile des oder der Lieferanten, sowie die Folgekosten geprüft (s. auch Abb. 117). Bei der Cost-Ratio-Method werden die Gesamtkosten ermittelt, die während des Beschaffungsvorgangs anfallen (Timmermann 1986, S. 3 f.). Im Total-Cost-Supplier-Selection-Model (Smythka/Clemens 1993, S. 42 ff.) werden auch Risikofaktoren berücksichtigt.

Auf den Vorarbeiten der Kostenanalyse bauen Verfahren z.B. der linearen *Optimierung* auf (Hagedorn 1975, S. 37 f.). Im Regelfall wird das günstigste Preisangebot als Zielfunktion definiert, andere Ziele als Nebenbedingungen. Alle Angebote werden auf die Erfüllung der Nebenbedingungen (und der fixierten Grenzen) geprüft. Was übrig bleibt, wird in absteigender Rangfolge bezogen auf die Preiszielsetzung geordnet.

Bei den *Kennzahlenverfahren* soll die Qualität des Lieferanten in einer Verhältniszahl ausgedrückt werden. (Hartmann/Pohl/Spohrer 1992, S. 87 ff.). Dies ist als Mehrkomponentenbewertung (z.B. Lieferqualität- und Lieferzeiteinhaltung) oder als Einkomponentenbewertung (z.B. lediglich Terminzuverlässigkeit) denkbar.

Qualitative Verfahren beziehen subjektive Meinungen, "weiche" Daten in die Überlegungen ein. So ist es möglich, aufbauend auf vernünftiger inhaltlicher Argumentation plausible Aussagen über sinnvolles Verhalten zu machen (Adam 1992, S. 65).

Im Rahmen der Potentialanalyse haben wir bereits auf die *graphischen Darstellungen* des Polaritätsprofils und des Polarprofils verwiesen. Ein Beispiel eines Polaritätsprofils in diesem Zusammenhang zeigt Abb. 166 (Harting 1994, S. 35):

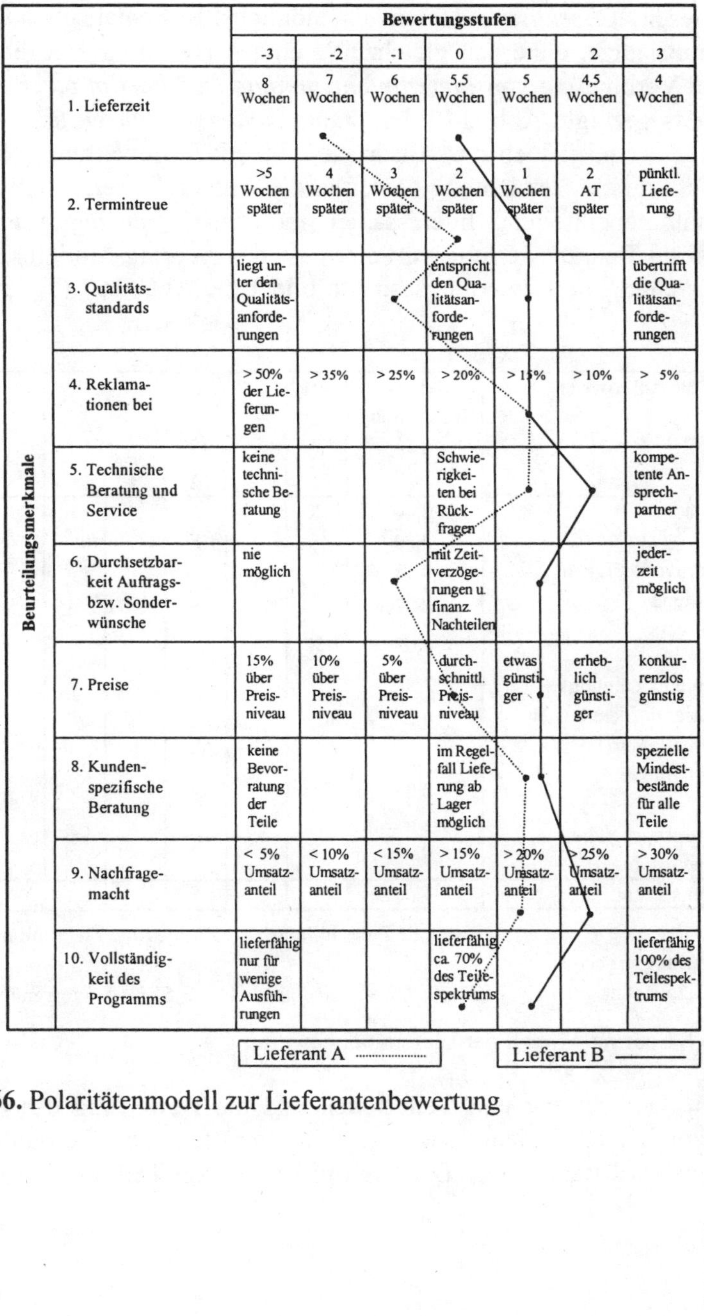

Abb. 166. Polaritätenmodell zur Lieferantenbewertung

Bei einer solchen Profildarstellung müssen die jeweiligen Bewertungsmaßstäbe ständig aktualisiert werden. Dieses Profil zeigt, daß dies seit längerem nicht geschah, sieht man sich allein das Bewertungsmerkmal Reklamationen an – die Qualitätsdiskussion scheint hier unbemerkt vorübergegangen zu sein. Dies gilt analog auch für die meisten anderen Bewertungsmerkmale

Auf einige *verbale Darstellungsverfahren* haben wir ebenfalls bereits hingewiesen. *Checklisten* dienen als möglichst systematisch aufgebaute Gedächtnisstütze, ohne daß gleichzeitig eine Auswahlregel gegeben würde. Eine Verbindung von *Lieferantentypologie* und *Portfoliotechnik* bietet die bereits gezeigte Abb. 146. Die *numerischen Verfahren* arbeiten zwar mit Zahlen, sind jedoch nur Ausdruck subjektiver Bewertung. Notensysteme als ordinale Gewichtung bewerten die Auswahlkriterien z.B. anhand der Schulnoteneinteilung. Interessanter sind *Punktbewertungssysteme*. Das bekannteste Punktbewertungsverfahren ist das Scoring-Modell. Ein Beispiel für endogene Bewertungsaspekte bildet die Abb. 167 (Tanew 1981, S. 17):

Auswahlkriterien (1)	Relative Gewichtung (2)	Skala (3)					Index (2) x (3)
		1	2	3	4	5	
1) Qualität	0,40	X					0,40
2) Preis	0,20			X			0,60
3) Lieferzuverlässigkeit	0,15		X				0,30
4) Liefertreue	0,05	X					0,05
5) technischer Kundendienst	0,05	X					0,05
6) prompte Erledigung von Briefen, Telefonaten, Reklamationen	0,05				X		0,20
7) administrative Arbeit	0,05					X	0,25
8) Zusammenarbeit bei Problemlösungen	0,05	X					0,05
Ergebnis	1,00						1,90

1 = hohe Zielerfüllung 5 = niedrige Zielerfüllung

Das Bewertungsergebnis:
1,00 bis 2,25 = sehr gut 2,251 bis 3,5 = befriedigend 3,51 bis 5 = ungenügend

Abb. 167. Scoring-Modell der Lieferantenbewertung

Über die Gewichtung von Teilurteilen und die Bewertung der Eintrittswahrscheinlichkeit gelangt man zum Gesamturteil. Die Beurteilung des einzelnen wird transparent. Die Multiplikation von Teilkriterien mit subjektiver Einschätzung der Eintrittswahrscheinlichkeit und die spätere Addition der Teilurteile gaukelt allerdings, wie bereits betont, eine nicht vorhandene quantitative Genauigkeit vor. Die Gefahr der zahlenorientierten Lieferantenauswahl ist groß. Diese Form des Elementarismus sollte nicht übersehen werden.

Diskutiert wird neuerdings in diesem Zusammenhang der *Analytic Hierarchy Process* (AHP), bei dem unterschiedliche Alternativen in eine Rangfolge gebracht werden (Nydick/Hill 1992, S. 32 ff.). Die Gewichtung der Kriterien wird durch paarweisen Vergleich festgelegt. Die Bewertung der Lieferanten wird durch die Verbindung des Erfüllungsgrades der fixierten Kriterien je Lieferant mit der zuvor ermittelten Gewichtung durchgeführt. Im Regelfall begrenzt man sich auf wenige Selektionskriterien.

Einen anderen Weg kann man mit der *Fuzzy Logic* einschlagen (Micklich, 1999). Das Ziel des Einsatzes der Fuzzy Logic bei der Verarbeitung der Lieferantendaten besteht darin, für jeden potentiellen Lieferanten eine Lieferantenkennzahl zu berechnen. Anhand dieser Kennzahl kann er mit den anderen Lieferanten verglichen werden. Die Lieferantenkennzahl gibt den Grad der Erfüllung der Lieferantenkriterien an. Die Berechnung dieser Kennzahl läßt sich so beschreiben:

(1) Bestimmung der entscheidungsrelevanten Auswahlkriterien in Abhängigkeit vom jeweiligen Beschaffungsobjekt.
(2) Bewertung des Grades der Erfüllung der festgelegten Auswahlkriterien durch die einzelnen Lieferanten. Es gilt: 5=sehr gut, 4=gut, 3=mittelmäßig , 2=schlecht, 1=nicht erfüllt. Das Bewertungsschema kann für jeden Beschaffungsvorgang nach eigenen Wünschen neu definiert werden (s. Abb. 168). Gemessen wird hier die Wenn-Bedingung „Spitzenprodukt".
(3) Gewichtung der Auswahlkriterien innerhalb der einzelnen Lieferantenkriterien. Zur Vereinfachung wird die x_1, x_2, x_3 Einteilung beibehalten. Eine detaillierte gestaffelte Gewichtung der einzelnen Kriterien ist möglich.

  - Als Beispiel für die Gewichtung der Lieferantenkriterien bei der Beschaffung eines Spitzenproduktes mag folgende Bewertung dienen:
  - Mengenanforderungen: $x_1 \Rightarrow$ 70% ; $x_2 \Rightarrow$ 30%
  - Leistungsanforderungen: $x_1 \Rightarrow$ 18% ; $x_2 \Rightarrow$ 10%
  - Zeitanforderungen: keine Gewichtung
  - Leistungsanforderungen: $x_1 \Rightarrow$ 26% ; $x_2 \Rightarrow$ 16%
  - Entgeltanforderungen: keine Gewichtung
  - Serviceanforderungen: $x_1 \Rightarrow$ 50% ; $x_2 \Rightarrow$ 30% ; $x_3 \Rightarrow$ 20%
  - Informationsanforderungen: $x_1 \Rightarrow$ 20% ; $x_2 \Rightarrow$ 10%

Lieferantenkriterien	Lieferanten-auswahlkriterien	Bedingungen (Objektmerkmale)	Auswahl-kriterien	Lieferant 1	Lieferant 2	Lieferant 3	Lieferant 4	Lieferant 5	Lieferant 6	Lieferant 7
Lieferantenkriterien	Mengenan-forde-rungen	große Menge								
		kleine Menge	x_2	5	5	4	5	3	3	5
		hohe Mengenflexibilität								
		hohe Mengenkonstanz	x_1	5	4	4	5	2	4	3
	Leistungsanforderungen	Gestaltungsmittelakzeptanz	x_1	5	5	4	3	4	2	5
		Gestaltungsleistungsakzeptanz	x_1	5	5	5	3	4	3	2
		Gestaltungsmittelveränderbarkeit								
		Leistungsveränderbarkeit	x_1	5	4	5	4	3	2	3
		Langlebigkeit	x_2	5	5	4	3	5	2	4
		Leistungskonstanz								
		Einsatzvariabilität								
		Leistungssichtbarkeit	x_1	5	5	5	2	4	2	3
		hoher Technologiestand	x_1	5	5	5	4	4	2	3
		Werkzeugherstellungsfähigkeit								
		Werkzeug- und Materialbeistellungsakzeptanz								
	Zeit-anforderungen	kurze Entwicklungszeit	x_2	5	5	5	5	4	4	3
		kurze Produktionszeit								
		kurze Lieferzeit								
		Bereitstellungszeitpunkteinhaltung								
		Lieferzeitpunkteinhaltung								
		flexible Termingestaltung								
	Ortsan-forde-rungen	Lagerzugänglichkeit								
		Transportmittelanbindung								
		Lieferortakzeptanz								
	Lieferungs-anforderungen	Lieferzuverlässigkeit	x_1	5	4	3	2	3	4	4
		Verpackungs- und Transportschutz	x_2	5	5	2	2	4	5	3
		verarbeitungsgerechte Anlieferung								
		Vorrangbelieferung	x_2	5	5	4	2	2	3	5
		Exklusivbelieferung	x_2	5	4	4	2	3	4	3
		Lieferantensicherheit	x_1	5	4	3	3	4	4	4
	Entgelt-anforderungen	Bereitschaft zur Kostenanalyse	x_2	5	5	5	3	5	4	3
		Preissicherheit								
		lange Zahlungsziele								
		Leasingmöglichkeiten								
		leistungsbezogene Rabattstaffelung								
		Mindermengenzuschlagsverzicht								
	Service-anforderungen	Kundendienstbereitschaft	x_1	5	4	4	5	4	3	4
		Recyclingbereitschaft	x_2	5	4	4	3	5	3	2
		erweiterte Objektgarantie								
		Nachkaufsicherheit								
		Servicekapazität	x_3	5	5	5	3	2	4	3
	Informations-anforderungen	Informationskompetenz	x_1	5	4	5	5	4	2	5
		Informationsbereitschaft	x_1	5	4	4	5	2	2	3
		Problemlösungsbereitschaft	x_1	5	5	4	5	3	2	4
		Geheimhaltung	x_2	5	4	3	4	2	2	4
		Marktinformation	x_2	5	3	4	4	5	2	3
		Anwendungsberatung	x_2	5	4	3	5	2	3	5
		Marketingzusammenarbeit	x_2	5	4	4	5	3	2	4

Abb. 168. Lieferantenbewertung durch Fuzzy Logic (Spitzenprodukt)

(4) Berechnung der Lieferantenkriterienkennzahlen durch Addition der gewichteten Kennzahlen innerhalb der einzelnen Lieferantenkriterien (s. folgende Abb.).

Berechnung der Lieferantenkennzahl								
	Lieferantenkriterien							Ergebnis
Lieferanten Nr.	Menge	Leistung	Zeit	Lieferung	Entgelt	Service	Information	Lieferanten-kennzahl
1	5	5	5	5	5	5	5	5
2	4,30	4,82	5	4,32	5	4,2	4,1	4,43
3	4	4,72	5	3,16	5	4,2	4	4,14
4	5	3,18	5	2,26	3	4	4,8	3,81
5	2,3	3,92	4	3,26	5	3,9	3	3,44
6	3,7	2,18	4	4	4	3,2	2,1	3,07
7	3,6	3,28	3	3,84	3	3,2	4	3,52

Abb. 169. Berechnung der Lieferantenkennzahl

Beispiel für die Berechnung der Mengenkennzahl:

(0,7 * Erfüllung der Anforderung „hohe Mengenkonstanz“)
\+ (0,3 * Erfüllung der Anforderung „kleine Menge“)
= Mengenkennzahl

Berechnung der Mengenkennzahl für Lieferant 2

(0,7 * 4) + (0,3 * 5) = 4,3

(5) Gewichtung der Lieferantenkriterien zur Ermittlung der Lieferantenkennzahl. Bei den weiteren Berechnungen wird auf folgende Gewichtung zurückgegriffen:

- Mengenanforderungen: 15%
- Leistungsanforderungen: 22%
- Zeitanforderungen: 5%
- Lieferungsanforderungen: 18%
- Entgeltanforderungen: 5%
- Serviceanforderungen: 16%
- Informationsanforderungen: 19%

(6) Berechnung der Lieferantenkennzahl durch Addition der gewichteten Lieferantenkriterienkennzahlen (s. Abb. 169).

Beispiel zur Berechnung der Lieferantenkennzahl:

(0,15 * Mengenkennzahl)
+ (0,22 * Leistungskennzahl)
+ ...
+ (0.19 * Informationskennzahl)
= Lieferantenkennzahl

Berechnung der Lieferantenkennzahl für Lieferant 2:
0,15*4,3 + 0.22*4,82 + 0,05*5 + 0,18*4,32 + 0,05*5 + 0,16*4,2 + 0,19*4,1 = 4,43

Im *Matrix-Approach* wird versucht, die Subjektivität des Scoringmodells abzubauen. In einem Team sollen gemeinsam kompetente Entscheidungen getroffen werden. Gregory (1986) schlägt verschiedene Bewertungsfaktoren vor, wie die Abb. 170 in verkürzter Fassung zeigt:

EVALUATION FACTORES	WT	Supplier A	Supplier B
I. PROPOSAL RESPONSIVENESS			
A. Problem Understanding	6	3	2
B. Terms and Conditions	4	4	3
C. Weighted Total	(10)	7/10 = 70	5/10 = 50
II. TECHNICAL			
A. Design Approach	10	8	6
B. Related Experience	5	4	3
C. Weighted Total	(15)	12/15 = 80	9/15 = 60
III. QUALITY/RELIABILITY			
A. MIL. Experience	5	6	5
B. Performance History	10	-	7
C. Weighted Total	(10)	6/15 = 40	12/15 = 80
IV. COST			
A. Development	3	2	7
B. Qualification	7	1	2
C. Weighted Total	(10)	3/10 = 30	9/10 = 90
V. SUMMARY			
A. Proposal Responsiveness	2	2 x 70 = 140	2 x 50 = 100
B. Technical	3	3 x 80 = 240	3 x 60 = 180
C. Quality-Reliability	6	6 x 40 = 240	6 x 80 = 480
D. Cost	4	4 x 30 = 120	4 x 90 = 360
E. Weighted Total	(15)	Σ 740	Σ 1120
F. Composite Score		740/15 = 49,3	1120/15 = 74,7
JUDGEMENT POINTS			
A. Small/Minority Business	0-4	-	4
		Σ 49,3	Σ 78,7

Abb. 170. Der Matrix-Approach zur Lieferantenbewertung

Die Teilkriterien werden unternehmensspezifisch gewichtet. Die Bereiche I - V werden von der Beschaffung bewertet. Durch Multiplikation der Teilgewichte mit der Lieferantenbewertung (hier z.B. 7 x 100 : 10 = 70) ergibt sich der Einzelwert. Im V. Schritt gewichten diese Beschafferurteile nun alle Funktionsbereiche gemeinsam nach der Relevanz für das Gesamtunternehmen. Der addierte Gesamtwert (hier z.B. für A: 740) wird durch die Gewichtungsgesamtzahl dividiert und man erhält den Unternehmenswert (hier z.B. 49,3). Im Einzelfall können Sonderpunkte hinzugefügt werden. Der Fortschritt liegt hier in der in Stufe V vorgenommenen gemeinsamen Bewertung. Es bleiben subjektive Urteile und es bleibt auch bei Gesamtunternehmensbewertungen. Ob das im konkreten Einzelfall der Produktbeschaffung relevant ist, wird hiermit nicht erfaßt. Man kann auch umgekehrt argumentieren: Aus den einzelnen oder komplexen Vergangenheitserfahrungen schließt man auf die neue Beschaffungssituation. Darin liegt die Gefahr des induktiven Fehlschlusses.

Die *Geldwertmethode* baut auf der Wertanalyse auf. Es werden die gewünschten Funktionen festgelegt. Dann werden Angebote eingeholt. Bei den Angeboten wird geprüft, ob alle unerläßlichen Funktionen erfüllt sind und welche zusätzlichen Funktionen sie auch noch erfüllen. Diesen zusätzlichen Funktionen werden Geldwerte entsprechend den Zielvorstellungen zugeordnet. Die Geldsumme der Zusatzleistungen wird vom Einstandspreis subtrahiert. Je nachdem, wie man den Preis formuliert (negativ oder positiv) wird der Lieferant mit der geringsten oder größten positiven Differenz gesucht (Westermann 1989, S. 50).

Abschließen wollen wir mit Hinweisen auf die *Nutzwertanalyse*. Sie ist eine Planungsmethode zur systematischen Entscheidungsvorbereitung bei der Auswahl komplexer Entscheidungsalternativen (Zangenmeister 1976, S. 44). Ausgehend von der Präferenzstruktur des Entscheidungsträgers werden die Zielerträge und Bezugswerte fixiert, um dann festzustellen, wie groß der Beitrag der jeweiligen Alternative zur Erreichung des Beschaffungsziels sein könnte. Als Beispiel mag Abb. 171 dienen (Harting 1994, S. 24).

Aufbau der Nutzwertanalyse nach Dennstedt	Merkmal	Vorgehen bei der Nutzwertanalyse
Festlegung der Zielkriterien	Verfahrensziel und Aufgabe	Aufstellung eines Zielsystems Begründeter, nachvollziehbarer Vorschlag für die Auswahl der relevanten Zielkriterien
Gewichtung und Zielkriterien	Voraussetzung	Gewichtung der vorliegenden Zielkriterien mit unterschiedlichen Nutzen- und Kostenwerten
Aufstellung der Zielertragsmatrix	Einsatz	Beschreibung des Entscheidungsproblems mit einem mathematischen Ansatz - Zielertragsmatrix Problem der Auswahl der alternativen Lieferanten
Transformation der Zielertrags- in Zielwertmatrix	Ergebnis	Benennung des günstigsten Lieferanten durch eine subjektive Präferenzenstruktur; dem Zielertrag wird ein subjektiver Zielwert zugeordnet
Ermittlung der gewogenen Zielmatrix	Vorgehensweise des Verfahrens	Grundlage ist der Ansatz: $n_{ij} = W_{ij} * g_j$ n_{ij} = gewogener Zielwert, g_j = Gewicht; $N_i = \mathop{S}_{j=1}^{n} n_{ij}$ W_{ij} = ermittelter Zielwert, N_j = Gesamtnutzenwert
Auswahl des besten Lieferanten (Wertesynthese)		

Abb. 171. Arbeitsschritte der Nutzwertanalyse zur Lieferantenbewertung

4.6 Lieferantenverhandlung

Im Rahmen der Lieferantenverhandlung geht es darum, die eigenen Bedarfsanforderungen entsprechend dem ökonomischen Prinzip mit einem möglichst wenig kostenden Mitteleinsatz beim Lieferanten durchzusetzen. Das Verhandlungsergebnis muß entsprechend dem hier unterstellten theoretischen Bezug zur Koalitions- bzw. zur Anreiz-Beitrags-Theorie langfristig für beide Partner nützlich sein. Das bedeutet für den Beschaffer: Er muß klären,

- welche Bedarfsanforderungen unbedingt erfüllt werden müssen,
- bei welchen Bedarfsanforderungen Modifikationen möglich sind,
- welche Bedarfsanforderungen unter Umständen verzichtbar erscheinen,
- welche Anreize ihm zur Verfügung stehen,

- was welche Anreize kosten (Vollkosten/Teilkosten)
- welcher Kostenrahmen der Anreize nicht überschritten werden darf,
- welches kostenminimale Anreizmix gerade noch die unbedingt notwendigen Bedarfsanforderungen ermöglicht.

Entsprechend unserem gewählten prozessualen Aufbau können wir auf viele bereits gegebene Antworten zurückgreifen. In der Verhandlungsphase verdichtet sich eben das konkrete Beschaffungshandeln.

Während man in der täglichen Praxis gar nicht umhinkommt, nach geeigneten Beeinflussungsinstrumenten zu suchen und sie situationsgerecht einzusetzen, herrscht in der Theorie eine nicht übersehbare Dürre vor. So sucht man beispielsweise im Werk „Beschaffungsmanagement" von Arnold (1997) oder im „Handbuch Industrielles Beschaffungsmanagement" (2002) vergebens nach beschaffungsmarktgerichteten Beeinflussungsinstrumenten analog zu den für den Absatzmarkt bekannten Instrumenten und Einteilungen. Wie Mertens (1986) nachweist, werden einzelne Instrumente zwar erwähnt (z.B. Qualität, Menge, Zeit, Preise), allerdings wenig systematisch strukturiert und auch nur in Einzelfällen auf ihre Marktwirkung hin überprüft.

4.61 Zur Instrumentalentwicklung

Im Gegensatz zum Absatzmarketing, wo Entwicklung und Strukturierung der Beeinflussungsinstrumente in der Literatur keine allzu großen Differenzen mehr aufweisen, ist das Bild im Beschaffungsbereich doch noch recht uneinheitlich: Methoden stehen neben den Beeinflussungsinstrumenten, Instrumentalverästelungen neben Instrumentalgroßgruppen.

4.611 Anforderungen an die Instrumentalentwicklung

So dürfte es zweckmäßig sein, mit einigen Anforderungen an die Instrumentalentwicklung zu beginnen:

- Wir wollen uns auf *Beeinflussungsinstrumente* der Marktpartner beschränken, entsprechend dem zweiten Merkmal zur Umschreibung des Marketing (Marketing befaßt sich mit der Lösung der Probleme anderer, um damit die eigenen Ziele zu verwirklichen; Marketing erstreckt sich auf die Beeinflussung der Austauschbeziehungen zur eigenen Zielerfüllung).
- Wir wollen uns um eine einsichtige und übersichtliche *Beeinflussungsstruktur* für die vielfältigen Instrumente bemühen. Die Struktur muß so breit angelegt sein, daß nicht nur die benutzten Instru-

mente, sondern auch neue, bisher unübliche Instrumente, integrierbar sind. Wenn es dabei gelingt, eine Ähnlichkeit zur Struktur der Absatzinstrumente zu generieren, dann wäre der Lernaufwand für diejenigen geringer, die den Absatzbereich bereits kennen.

- Wir wollen versuchen, die Instrumente auf möglichst ähnlichen *Abstraktionsstufen* anzusiedeln. Im Absatzbereich haben wir mit der Dreiteilung in *Instrumente*, *Instrumentalvariable* und *Variablenausprägungen* (Koppelmann 2001, S. 514 ff.) eine nützliche Trennung in unterschiedliche Abstraktionsniveaus gefunden. Das scheint auch im Beschaffungsbereich prinzipiell möglich zu sein.
- Wir wollen eine möglichst umfangreiche *Instrumentaltoolbox* entwickeln, um einen großen Alternativenraum zu schaffen. Die bisherigen Praxiserfahrungen zeigen nämlich, daß eine hohe Instrumentalroutine vorherrscht. Instrumente, die man kennt, werden immer wieder benutzt, ohne zu überlegen, ob es nicht noch andere, in der konkreten Situation besser geeignete gibt. Der hier unterstellte Entscheidungsbezug verlangt ja gerade Instrumental*alternativen,* um immer wieder die Frage zu prüfen, ob es nicht doch noch ein anderes Instrument gibt, das dem ökonomischen Prinzip näherkommt.
- Bei der Entwicklung der Instrumente müssen wir beachten, daß der hier theoretisch unterstellte *Anreiz-Beitrags-Charakter* auch gewahrt bleibt. Dabei ist es möglich, daß einzelne Instrumente vorrangig Forderungsinstrumente, andere vorrangig Anreizinstrumente bilden; in der Mehrzahl der Fälle werden wir es in Abhängigkeit von der Entscheidungssituation mit beiden Ausprägungsmöglichkeiten in gleicher oder unterschiedlicher Intensität zu tun haben.

4.612 Zum Entwicklungsprozeß

In den ersten Stufen des Entwicklungsprozesses haben wir die vorhandene Literatur bei der Suche nach neuen Beschaffungsinstrumenten bemüht. Dann haben wir uns in der Praxis umgeschaut – die inhaltlichen Ergebnisse waren nicht sehr umwerfend. Wegen der insgesamt unbefriedigenden Suchresultate haben wir uns anschließend auf den Austauschgedanken konzentriert, wie er beispielsweise in Abb. 46 seinen Niederschlag gefunden hat. Wenn der Lieferant sein Absatzmarketingkonzept entwickelt, kann dies, soll es zu einem erfolgreichen Vertragsabschluß kommen, nicht allzuweit von dem Beschaffungsmarketingkonzept des Beschaffers entfernt sein. Also muß eine *Struktur*ähnlichkeit vorliegen. Unterschiede im Detail ergeben sich dann durch die *Absicht.* So liegt es nahe, von der Struktur der Absatzmarketinginstrumente auszugehen und nach *Identitäten* oder *Analogien* in der Instrumentalstruktur zu fragen. Das deutet Abb. 172 an:

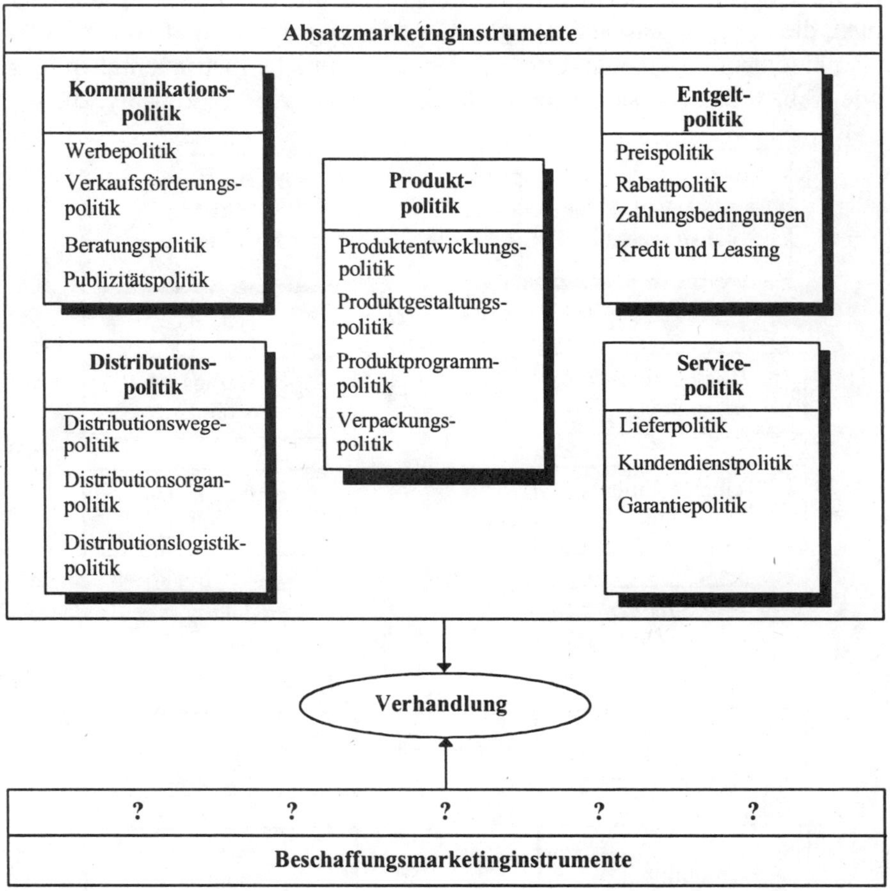

Abb. 172. Ansatzpunkte für die Schaffung von Beschaffungsmarketing-instrumenten

Im Mittelpunkt der Beschaffung steht das Beschaffungsobjekt. Entsprechend der in Abb. 3 aufgeführten Produktkategorien können das recht unterschiedliche Produkte sein, über die man beschaffungspolitisch nachdenkt. Wir müssen also *produktpolitische* Instrumentalvariablen und -ausprägungen entwickeln. Auch muß der Beschaffer mit dem Lieferanten in irgendeiner Form reden. Vielfältiger Kommunikationsaustausch wird stattfinden. Das, worüber und wie man miteinander kommuniziert, kann den *kommunikationspolitischen* Variablen subsumiert werden. Im Absatzbereich redet man von Distributionspolitik, das Pendant im Beschaffungsbereich dazu muß wohl *Bezugspolitik* heißen, berücksichtigt man die Betrachtungsrichtung. Im Rahmen der *Entgeltpolitik* geht es auf der einen Seite darum, möglichst viel zu erhalten, auf der anderen, möglichst wenig zu zahlen. Und bei der *Servicepolitik* geht es um Unterstützungsmaßnahmen, die der eine dem anderen gewährt oder von ihm fordert. Wir erhalten also eine dem Absatzmarketingbereich sehr ähnliche Instrumentalstruktur, wie Abb. 173 zeigt. Sie bezieht sich auf das obere Abstraktionsniveau.

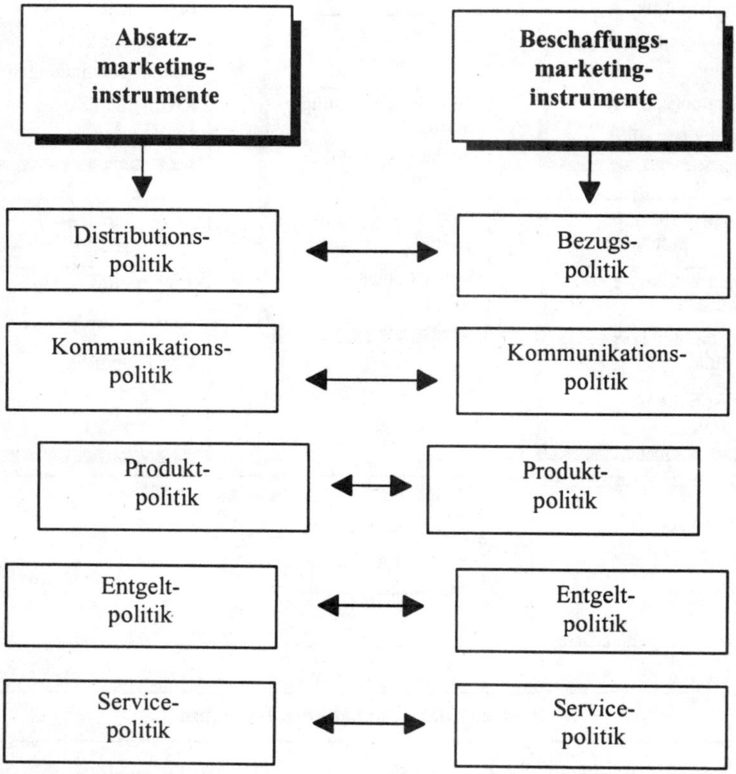

Abb. 173. Analogien zwischen Absatz- und Beschaffungsinstrumenten

Der nächste Schritt ist nun, von den Instrumentalvariablen und -variablenausprägungen der Absatzinstrumente direkt oder mit Hilfe von Analogien auf gleiche oder ähnliche Beschaffungsvariablen und -variablenausprägungen zu schließen. Das gelingt nicht überall. Wie Abb. 174 zeigt, ist die Servicepolitik allerdings ein gutes Beispiel für diese Vorgehensweise.

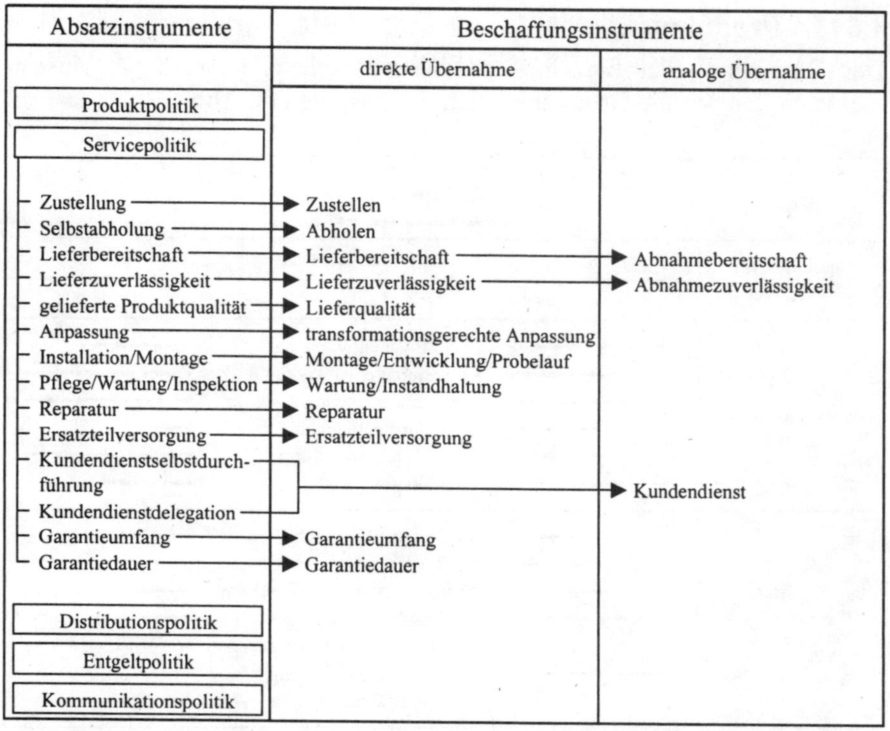

Abb. 174. Von den Absatz- zu den Beschaffungsinstrumenten

4.613 Die Instrumente und ihre Ausprägungen

Wir werden im folgenden sehen, daß die hohe Ähnlichkeit in den Oberbegriffen (Instrumente) zwischen Absatz und Beschaffung mit zunehmender Konkretisierung (d.h. auf Variablen- und Variablenausprägungsniveau) schwindet. Es wird auch deutlich werden, daß wir einige Begriffe neu schöpfen mußten, da es für die jeweils gemeinten Sachverhalte weder in der Praxis noch in der Wissenschaft adäquate Bezeichnungen gibt. In der jeweiligen Beschreibung wird dann deutlich werden, was gemeint ist.

Eingebunden in eine instrumentalspezifische Struktur wollen wir neben der Beschreibung der Variablen und Variablenausprägungen auch deutlich machen, wie wahrscheinlich eher der Forderungs- oder Anreizcharakter oder beides ist. Dies schärft den Blick für die Verhandlungsrunde mit dem Lieferanten.

4.613.1 Produktpolitik

Der Darstellung der einzelnen produktpolitischen Beeinflussungsinstrumente wollen wir die Gesamtübersicht voranstellen (s. Abb. 175).

Produktpolitik

Instrumentalvariable	Variablenausprägung: Forderungen	Variablenausprägung	Variablenausprägung: Anreize
Produktentwicklungspolitik	sehr wahrscheinlich	Eigenentwicklung	wahrscheinlich
	wahrscheinlich	Lieferantenentwicklung	sehr wahrscheinlich
	sehr wahrscheinlich	Partnerentwicklung	sehr wahrscheinlich
	sehr wahrscheinlich	Drittentwicklung	wenig wahrscheinlich
	sehr wahrscheinlich	Neuentwicklung	sehr wahrscheinlich
	sehr wahrscheinlich	Weiterentwicklung	wahrscheinlich
Produktgestaltungspolitik	sehr wahrscheinlich	Gestaltungsvorschriften	wenig wahrscheinlich
	sehr wahrscheinlich	Leistungsvorschriften	wenig wahrscheinlich
	sehr wahrscheinlich	geringe Gestaltungstoleranzen	wenig wahrscheinlich
	sehr wahrscheinlich	Beschaffermarkierung	wenig wahrscheinlich
	wenig wahrscheinlich	Lieferantenmarkierung	sehr wahrscheinlich
	sehr wahrscheinlich	Produkteinpassung	wenig wahrscheinlich
	wenig wahrscheinlich	Produktanpassung	sehr wahrscheinlich
Produktherstellungspolitik	sehr wahrscheinlich	geringe Realisationstoleranzen	wenig wahrscheinlich
	sehr wahrscheinlich	Materialbeistellung	wenig wahrscheinlich
	sehr wahrscheinlich	Werkzeugbeistellung	wenig wahrscheinlich
Produktmodifikationspolitik	sehr wahrscheinlich	Produktvereinheitlichung	wahrscheinlich
	wahrscheinlich	Produktdifferenzierung	sehr wahrscheinlich
	sehr wahrscheinlich	Produktveränderung	wenig wahrscheinlich
	sehr wahrscheinlich	Produktleistungskonstanz	wenig wahrscheinlich
	sehr wahrscheinlich	Produktleistungsveränderbarkeit	sehr wahrscheinlich
Produktprogrammpolitik	sehr wahrscheinlich	Produktselektionspolitik	wenig wahrscheinlich
	wenig wahrscheinlich	Produktmixpolitik	sehr wahrscheinlich
	sehr wahrscheinlich	Programmbreitenpolitik	sehr wahrscheinlich
	sehr wahrscheinlich	Programmtiefenpolitik	sehr wahrscheinlich
Produktverwendungspolitik	wenig wahrscheinlich	Produktgestaltungszusagen	sehr wahrscheinlich
	wenig wahrscheinlich	Produktverwendungszusagen	sehr wahrscheinlich

—— wenig wahrscheinlich ———— wahrscheinlich —————— sehr wahrscheinlich

Abb. 175. Produktpolitische Instrumentalvariablen und Variablenausprägungen

Zunächst soll auf den Forderungs- und Anreizcharakter der Variablenausprägungen verwiesen werden. Entsprechend der Anreiz-Beitrags-Theorie benötigen wir Instrumente, die dazu dienen, unsere Forderungen durchzusetzen (→ Bedarfsanforderungen). Damit das auch für den Lieferanten zu einem Win-Spiel gerät, müssen wir ihm etwas bieten, das ihm interessant erscheint (Anreize → Lieferantenforderungen). In Abb. 175 wird nun deutlich, daß alle Instrumentalvariablen sowohl Forderungs- wie auch Anreizcharakter haben können. Es kommt auf die Entscheidungssituation an, in der sich der Beschaffer bzw. der Lieferant befindet. Das wird ebenso zu erläutern sein, wie die unterschiedliche Wahrscheinlichkeit des Zutreffens (→ Balkenlänge).

(1) Die Instrumentalvariable *Produktentwicklungspolitik* richtet sich auf Überlegungen, wer die Entwicklung durchführt und auf den Neuigkeitsgrad. Als Variablenausprägungen ergeben sich somit:

- *Eigenentwicklung*: Das Beschaffungsobjekt (BO) wird vom Beschaffer selbst entwickelt.
- *Lieferantenentwicklung*: Das BO wird vom Lieferanten entwickelt.
- *Drittentwicklung*: Ein auf Entwicklungen spezialisiertes Unternehmen (also weder der Lieferant noch der Beschaffer) entwickelt das BO.
- *Partnerentwicklung*: Das BO wird gemeinsam vom Beschaffer und Lieferanten/Dritten entwickelt (simultaneous engineering).
- *Neuentwicklung*: Das BO wird vollständig neu entwickelt.
- *Weiterentwicklung*: Das BO wird während der laufenden Produktion verbessert.

Die *Eigenentwicklung* wird eher dann eine Forderung sein, wenn man über entsprechende Kapazität verfügt und diese Kapazität frei ist. Sie kann ein Anreiz für den Lieferanten sein, wenn er keine Entwicklungsabteilung besitzt, seine Entwicklung vollständig ausgelastet ist und er weiß, daß der Beschaffer seine Produktionsbedingungen beachtet. Ein weiterer Anreiz kann im hohen Entwicklungsrisiko liegen. Das ist schon manchem Lieferanten, der die Entwicklung übernommen hatte, bei Rückrufaktionen in der Automobilindustrie zum Verhängnis geworden. Vice versa können wir die *Lieferantenentwicklung* werten: Sie ist sehr wahrscheinlich ein Anreiz, weil die Lieferantenkapazität genutzt wird, der Lieferant auf seine Produktionsbedingungen hin entwickelt; sie hat Forderungscharakter, wenn der Beschaffer selbst über keine geeignete Entwicklungskapazität verfügt. Wenn beide über keine geeignete Entwicklungskapazität verfügen, wird die Instrumentalvariablenausprägung *Drittentwicklung* sicherlich Forderungscharakter, aus der Sicht des Lieferanten, sieht man den Entlastungsaspekt, möglicherweise auch Anreizcharakter haben. Und schließlich wird man bei der gemeinsamen Entwicklung sowohl Forderungs- als auch Anreizcharakter unterstellen können (*Partnerentwicklung*). Die *Neuentwick-*

lung hat sicherlich primär Forderungscharakter, gleichgültig, wer sie durchführt. Soll sie der Lieferant realisieren, genießt sie auch großen Anreizcharakter, der möglicherweise damit gekoppelt sein kann, daß der Lieferant mit dem neuen Produkt selbst wächst, und die Bindung des Beschaffers an den Lieferanten enger wird. Die *Weiterentwicklung* als Produktverbesserung wird vom Beschaffer sicherlich gefordert, sie stört eher den gleichförmigen Prozeßablauf des Lieferanten, besitzt für ihn allerdings Bindungswirkung zu seinem Kunden.

(2) Produktgestaltungspolitik erfaßt die Freiheitsgrade und Markierungsaspekte. Verschiedene Ausprägungen kommen vor:

- *Gestaltungsvorschriften*: Die Produktgestaltung wird seitens des Beschaffers mittels Zeichnungen etc. im Pflichtenheft vorgegeben. Hier steht die Inputbetrachtung im Vordergrund.
- *Leistungsvorschriften*: Im Lastenheft sind die zu erbringenden Leistungen enthalten; damit wächst der Freiheitsgrad der Gestaltung für den Lieferanten. Hier steht die Outputbetrachtung im Vordergrund.
- *Geringe Gestaltungstoleranzen:* Die Gestaltung muß innerhalb enger Toleranzen ausgeführt werden; die Alternative weite Gestaltungstoleranzen dürfte nur selten vorkommen.
- *Beschaffermarkierung*: Der Lieferant soll das BO mit dem Markenzeichen des Beschaffers versehen.
- *Lieferantenmarkierung*: Der Lieferant darf sein Produkt mit seinem Zeichen versehen.
- *Produkteinpassung*: Der Lieferant muß bei der Gestaltung auf das Zusammenpassen zu anderen Komponenten/Aggregaten achten (Integralqualität).
- *Produktanpassung*: Der Beschaffer ist bereit, auf Katalogware des Lieferanten zurückzugreifen.

Die *Gestaltungsvorschriften* dürften eher Forderungscharakter haben. Anreizwirkungen haben sie insofern, als der Beschaffer für Gestaltungsmängel haftet. Der Reifenhersteller Continental hat das bei der Lieferung der Reifen für die A-Klasse von Mercedes schätzen gelernt. Ähnliches gilt auch für die *Leistungsvorschriften*; tendenziell eher Forderung kann dennoch ein Anreiz darin liegen, zu wissen, was der Beschaffer genau will. Noch enger wird es bei *geringen Gestaltungstoleranzen*. Will man sein Markenzeichen auf dem Beschaffungsobjekt (*Beschaffermarkierung*), so soll eine hohe Fertigungstiefe vorgetäuscht werden; auch das Ersatzteilgeschäft wird man dann meist selbst durchführen. Im Regelfalle hat das einen hohen Forderungscharakter. Entsprechend hoch ist der Anreizcharakter bei der *Lieferantenmarkierung*. Bei der *Produkteinpassung* wird vom

Lieferanten nicht nur eine einzeloptimale Lösung gefordert, sondern auch die Bezugnahme zu anderen Komponenten, Teilen, die der Beschaffer verwendet – der Forderungscharakter ist offenkundig. Umgekehrt ist es bei der *Produktanpassung*; hier paßt sich der Beschaffer mit seinen Wünschen dem beim Lieferanten Vorhandenen (Katalogprodukten) an.

(3) Produktherstellungspolitik: Noch ist der Kranz der Forderungen und Anreize bezogen auf die Herstellungspolitik begrenzt:

- *Geringe Realisationstoleranzen*: Der Produktionsprozeß muß eine sehr konstante Produktqualität sichern.
- *Materialbeistellung*: Der Lieferant verwendet das vom Beschaffer zur Verfügung gestellte Material.
- *Werkzeugbeistellung*: Der Lieferant verwendet das vom Beschaffer zur Verfügung gestellte Werkzeug.

Hier kann man bei allen Variablenausprägungen davon ausgehen, daß sie starken Forderungscharakter und nur geringe Anreizwirkung besitzen.

(4) Die *Produktmodifikationspolitik* beinhaltet die Veränderung des Bestehenden:

- *Produktvereinheitlichung*: Statt verschiedener spezieller Produkte sollen diese durch ein standardisiertes BO ersetzt werden. Die bereits erwähnte Plattformstrategie ist ein Anwendungsbeispiel. Das Ziel sind möglichst viele *Gleichteile.*
- *Produktdifferenzierung*: Statt eines Produktes sollen mehrere Produkte jeweils leistungsspezifisch verwendet werden. Der Lieferant muß in der Lage sein, verschiedene Ausführungen herzustellen.
- *Produktveränderung*: Das bisherige Produkt soll durch eine neue Ausführung ersetzt werden.
- *Produktleistungskonstanz*: Es sollen konstante Produktleistungen im Zeitablauf erbracht werden.
- *Produktleistungsveränderbarkeit*: Das BO soll sowohl eine Leistungsreduktion als auch eine Leistungssteigerung ermöglichen.

Die *Produktvereinheitlichung* hat sowohl Anreiz- wie Forderungscharakter. Wenn man gemeinsam nach Möglichkeiten der Kostensenkung sucht, kommt dies auch den Wünschen des Lieferanten nach Nutzung von Kostendegressionspotentialen entgegen. Dies lohnt sich für ihn vielfach aber nur bei deutlicher Mengensteigerung (single sourcing). Im Regelfall deutlicher tritt der Anreizcharakter zutage, wenn man *Produktdifferenzierung* betreibt, da mit der Differenzierung Ertragsanreize verbunden sein können. Im Regelfall wächst auch damit die Abhängigkeit des Beschaffers vom

Lieferanten. Die *Produktveränderung* ist beispielsweise das Ergebnis eines Relaunches; im Rahmen der Modellpflege wird das Frontend eines Pkw verändert. Das ist eher eine Forderung, der Lieferant benötigt neue Werkzeuge, Abläufe usw. Die *Produktleistungskonstanz* ist eine eindeutige Forderung des Beschaffers. Die *Produktleistungsveränderbarkeit* erstreckt sich auf die Produktabmagerungsmöglichkeit wie auch auf die -aufwertungsmöglichkeit. Dies kann sowohl eine Forderungs- als auch eine Anreizmaßnahme sein.

(5) Die *Produktprogrammpolitik* ist auch noch nicht sehr differenziert ausgeprägt:

- *Produktselektionspolitik*: Aus dem Lieferprogramm werden nur einzelne, besonders interessante Produkte ausgewählt.
- *Produktmixpolitik*: Es werden größere Programmteile des Lieferanten bezogen.

Die *Selektionspolitik* ("Rosinenpicker") ist eindeutig forderungsorientiert, die *Mixpolitik* anreizorientiert.

- *Programmbreitenpolitik:* Es wird über die Systemfähigkeit des Lieferanten, also darüber verhandelt, möglichst viel von einem Lieferanten zu beziehen, um die Prozeßkosten zu reduzieren. Zunächst hat das Forderungscharakter; ist der Lieferant auch in anderen Fällen schon Systemlieferant, verfügt er also über diese Fähigkeit, ist es für ihn ein Anreiz, wenn diese Fähigkeit benutzt werden kann.
- *Programmtiefenpolitik:* Es wird ein hoher Spezialisierungsgrad gefordert. Die hohe Spezialisierung erleichtert das Outsourcing. Mit hohem F & E-Aufwand spezialisierte Lieferanten stärken ihre Marktmacht und sehen diese Forderung auch vorrangig als Anreiz.

(6) Die *Produktverwendungspolitik* erstreckt sich auf:

- *Produktgestaltungszusagen*: Dem Lieferanten werden Zusagen über die weitere Verarbeitung des BO gemacht.
- *Produktverwendungszusagen*: Dem Lieferanten werden Zusagen über den Einsatz des BO nur in bestimmten Endprodukten gemacht.

Insbesondere bei Verkäufermärkten, bei Verkaufsunwilligkeit des Lieferanten, bei starkem Interesse des Lieferanten an einer vertikalen Qualitätspolitik sind das Anreize, um ihn lieferwillig zu stimmen.

Diese produktpolitischen Maßnahmen bilden einen ersten Rahmen, ihre Anwendbarkeit haben sie in der Praxis bereits bewiesen. Dennoch ist dies ein offenes System, das ständiger Pflege mit Erweiterungs- und Reduktionsmöglichkeiten bedarf.

In der Praxis wird sich an diese betrachteten Ebenen eine 4. möglicherweise 5. Ebene anschließen, um im Detail jeweils auf anderem Abstraktionsniveau den Alternativenraum zu vergrößern.

4.613.2 Servicepolitik

Der Service hängt eng mit dem Produkt zusammen, weshalb im Absatzbereich die Servicepolitik häufig unter dem Stichwort Produktpolitik abgehandelt wird. Man kann den Service als Dienstleistungskomponente des Produktes betrachten. Deshalb empfiehlt sich eine gesonderte Behandlung auch im Beschaffungsbereich.

Einen Überblick gibt die Struktur in Abb. 176.

(1) Mit der Lieferantenunterstützungspolitik hilft der Beschaffer dem Lieferanten mit:

- Forschungs- und Entwicklungshilfen
- Gestaltungshilfen (Konstruktion/Design)
- Fertigungshilfen
- Beschaffungshilfen
- Absatzhilfen
- Finanzhilfen
- usw.

Diese funktionsbereichsbezogenen Hilfen können Planungshilfen und/oder Instrumentalhilfen (z.B. Sachmittel, Personal) sein. Gerade die Planungshilfen spielen beim system sourcing eine große Rolle. So kann man zwar in den Verhandlungen eine 30 %ige Preissenkung fordern, hilfreich ist es dann allerdings, wenn man gleichzeitig gemeinsam überlegt, wie das realisiert werden kann. Hier entdeckt man neue Zusammenarbeitsformen zwischen Automobilherstellern und Zulieferern. Die Lieferantenunterstützung hat expressis verbis starken Anreizcharakter.

Dieser Service kann sich auf Informationen konzentrieren. Dann ist ein enger Zusammenhang zur Unternehmensberatung (Know-how-Transferpolitik im Rahmen der Kommunikationspolitik) gegeben. Der Service kann aber auch darüber hinausgehen. Um die Abgrenzung deutlich zu machen, sei hier der Anreizcharakter, dort (Kommunikationspolitik) der Forderungscharakter betont.

Servicepolitik			
Instrumentalvariable	**Variablenausprägung**		
	Forderungen		**Anreize**
Lieferantenunterstützungspolitik		Forschungs- und Entwicklungshilfen	sehr wahrscheinlich
		Gestaltungshilfen	sehr wahrscheinlich
		Fertigungshilfen	sehr wahrscheinlich
		Beschaffungshilfen	sehr wahrscheinlich
		Absatzhilfen	sehr wahrscheinlich
		Finanzhilfen	sehr wahrscheinlich
Lieferungspolitik	sehr wahrscheinlich	Zustellen	
		Abholen	sehr wahrscheinlich
	sehr wahrscheinlich	Lieferbereitschaft	
	sehr wahrscheinlich	Lieferzuverlässigkeit	
		Abnahmebereitschaft	sehr wahrscheinlich
		Abnahmezuverlässigkeit	sehr wahrscheinlich
	sehr wahrscheinlich	Lieferqualitätseinhaltung	
		Abnahmetoleranz	sehr wahrscheinlich
Kundendienstpolitik	sehr wahrscheinlich	Produktionsgerechte Anpassung	wahrscheinlich
	sehr wahrscheinlich	Absatzgerechte Anpassung	wahrscheinlich
	sehr wahrscheinlich	Montage/Entwicklung/ Probelauf	
	sehr wahrscheinlich	Wartung/Reparatur/ Instandhaltung	wahrscheinlich
	sehr wahrscheinlich	Ersatzteilversorgung	wenig wahrscheinlich
	sehr wahrscheinlich	Personalhilfen	
	sehr wahrscheinlich	Sachhilfen	
	wahrscheinlich	Kundendienstübernahme	sehr wahrscheinlich
	sehr wahrscheinlich	Recyclinghilfen	wahrscheinlich
Garantiepolitik	sehr wahrscheinlich	Garantieumfang	
	sehr wahrscheinlich	Garantiedauer	
	sehr wahrscheinlich	Garantieleistung	
	wahrscheinlich	Kulanz	
Leistungssicherungspolitik	sehr wahrscheinlich	Qualitätsauditierung	wahrscheinlich
	sehr wahrscheinlich	Qualitätsdokumentation	wahrscheinlich
	sehr wahrscheinlich	Total-Qualitiy-Management	wahrscheinlich
	sehr wahrscheinlich	Zeitkontrolle	wahrscheinlich

——— wenig wahrscheinlich ——————— wahrscheinlich ——————————— sehr wahrscheinlich

Abb. 176. Servicepolitische Instrumentalvariablen und Variablenausprägungen

(2) Die *Lieferungspolitik* erstreckt sich darauf, wie das Beschaffungsobjekt zum Beschaffer gelangt:

- *Zustellen*: Das BO wird an den vom Beschaffer gewünschten Ort (z.B. Lager, Produktionsort) geliefert.
- *Abholen*: Der Beschaffer oder von ihm Beauftragte holen das BO beim Lieferanten ab.
- *Lieferbereitschaft*: Der Lieferant kann zum gewünschten Zeitpunkt das Gewünschte liefern.
- *Lieferzuverlässigkeit*: Der Lieferant sorgt dafür, daß vereinbarte Termine, Mengen, Arten und Orte eingehalten werden.
- *Abnahmebereitschaft*: Der Beschaffer sorgt dafür, daß das BO zu jeder Zeit (Tageszeit) im Rahmen der getroffenen Terminvereinbarungen angenommen wird.
- *Abnahmezuverlässigkeit*: Der Beschaffer hält vereinbarte Mengen- und Qualitätszusagen ein.
- *Lieferqualitätseinhaltung*: Der Lieferant sichert die konstante Lieferqualität.
- *Abnahmetoleranz*: Bei geringfügigen Lieferfehlern reagiert der Beschaffer kulant.

Deutlich wird bei diesen Variablenausprägungen das Bemühen um gemeinsame Kostensenkung.

Bei diesen Variablenausprägungen ist das Forderungs-Anreiz-Bild differenzierter. Die *Zustellung* ist prinzipiell eine Forderung, das *Abholen* dagegen eher Anreiz, es sei denn, der Beschaffer verfügt über ein kostengünstigeres System der Beschaffungslogistik. *Lieferbereitschaft* und *-zuverlässigkeit* sind Forderungen des Beschaffers, denen er als Anreize *Abnahmebereitschaft* und *-zuverlässigkeit* gegenüberstellt. Ebenso polar ist die *Lieferqualitätseinhaltung* als Forderung und die *Abnahmetoleranz* als Anreiz. Bei der Abnahmetoleranz macht sich der Beschaffer Gedanken, wie er die geringer leistungsfähigen Beschaffungsobjekte verwenden kann, um den Schaden für den Lieferanten in Grenzen zu halten.

(3) Die Ausprägungen der *Kundendienstpolitik* sind bekannt:

- *Produktionsgerechte Anpassung*: Das BO wird so geliefert, daß es direkt in den Produktionsprozeß einfließen kann.
- *Absatzgerechte Anpassung*: Das BO wird so geliefert, daß es direkt weiterverkauft werden kann.
- *Montage/Entwicklung/Probelauf*: Der Lieferant muß Montage/Entwicklung/ Probelauf sicherstellen.

- *Wartung/Reparatur/Instandhaltung*: Der Lieferant muß regelmäßig Wartung/ Reparatur/Instandhaltung in fixierten Zeiträumen schnell durchführen.
- *Ersatzteilversorgung*: Der Lieferant muß eine schnelle, leistungsadäquate und langfristige Ersatzteilversorgung gewährleisten.
- *Personalhilfen*: Der Lieferant stellt dem Beschaffer bei auftretenden Problemen Fachpersonal zur Verfügung.
- *Sachhilfen*: Der Lieferant stellt im Bedarfsfall Sachmittel zur Verfügung.
- *Kundendienstübernahme*: Der Beschaffer übernimmt den Kundendienst für den Lieferanten.
- *Recyclinghilfen*: Der Lieferant übernimmt fachgerecht das Recycling bzw. den Wertstoffverkauf.

Einige dieser Variablenausprägungen bilden Gegenstücke zu denen der Lieferantenunterstützungspolitik. Bei diesen Variablenausprägungen finden wir häufig ein Sowohl-Als-Auch bei der Anreiz-Forderungs-Charakterisierung. Zuerst ist die *produktionsgerechte Anpassung* eine Forderung. Verfügt der Lieferant über Einrichtungen/Verfahren zu ihrer Durchführung, wird er sie nutzen wollen, das hat dann Anreizcharakter.

Das gleiche gilt für die *absatzgerechte Anpassung* (z.B. flexible Verpackungsstraße). Eher Forderungen sind *Montage/Entwicklung/Probelauf*. Differenzierter sieht das in der nächsten Stufe aus. Mit *Wartungs-/Reparatur-/Instandhaltungsarbeiten* kann man Geld verdienen, manchmal mehr als beim Produktverkauf. Die *Ersatzteilversorgung* hat eher Forderungscharakter, sie ist für den Lieferanten eher hinderlich, es sei denn, er kann akzeptable Preise erzielen. In einigen Branchen wird vorrangig mit Ersatzteilen Geld verdient.

Die *Personal- und Sachhilfen* als Gegenpol zu den Lieferantenunterstützungsmaßnahmen haben eindeutig Forderungscharakter. Die *Kundendienstübernahme* hat für den Lieferanten eventuell entlastende Bedeutung, gerade bei speziellen Komponenten; für den Beschaffer kann sie ein neues interessantes Geschäftsfeld werden. Solange beim *Recycling* das Suchen noch im Vordergrund steht, wird man häufig nach Hilfen beim Lieferanten suchen. Verfügt er über gute Erfahrungen, ist das für ihn eine willkommene Differenzierungshilfe.

(4) Die *Garantiepolitik* ist aus dem Absatzbereich gemeinhin bekannt:

- *Garantieumfang*: Der Lieferant gewährt den gewünschten Umfang.
- *Garantiedauer*: Der Lieferant akzeptiert die gewünschte Dauer.
- *Garantieleistung*: Der Lieferant akzeptiert die gewünschten Garantieleistungen.

- *Kulanz*: Vom Lieferanten wird bei Streitfällen Entgegenkommen erwartet.

Der *Kulanz*aspekt ist zwar außerordentlich schwer operationalisierbar, dennoch sehen Praktiker dies als ein wichtiges Forderungsinstrument an. Auf alle anderen Variablenausprägungen trifft ebenfalls dieser Forderungscharakter zu.

(5) Die *Leistungssicherungspolitik* gewinnt im Rahmen des Total-Quality-Managements (TQM) und der just-in-time-Produktion an Bedeutung:

- *Qualitätsauditierung*: Der Lieferant realisiert konkrete Qualitätssicherungsmaßnahmen.
- *Qualitätsdokumentation*: Der Lieferant gewährleistet eine lückenlose Dokumentation der Qualitätssicherungsmaßnahmen.
- *TQM*: Der Lieferant hat die organisatorische Durchsetzung eines durchgängigen Nullfehlerkonzepts realisiert.
- *Zeitkontrolle*: Der Lieferant informiert automatisch über den Zeitfortschritt und sorgt für die Minimierung von Zeitfehlern.

In der Mehrzahl der Fälle wird es sich bei diesen Variablenausprägungen noch um Forderungen handeln. Bei den Lieferanten, die über diese Instrumente verfügen, bilden sie wiederum eine gute konkurrenzdifferenzierende Ausgangslage.

4.613.3 Bezugspolitik

Wir gehen von Abb. 177 aus.

(1) Bezugsmengenpolitik

Die Bezugsmengenpolitik hätte man auch als quantitativen Aspekt der Produktpolitik subsumieren können. Wir stellen hier den Bezugsaspekt heraus. Zur begrifflichen Klarstellung:

- Die Bedarfsmenge erfaßt die Gesamtmenge eines Beschaffungsobjektes pro Planperiode.
- Die Bestellmenge ist der Teil der Bedarfsmenge, die man bei einem Lieferanten zu einem bestimmten Zeitpunkt in Auftrag gibt. Geschieht dies im Rahmen eines Abrufauftrages, verteilt sich die Bestellmenge auf unterschiedliche Bezugsmengen, die beim Beschaffer ankommen.

Wie bereits an mehreren Stellen angedeutet, liegt eine umfangreiche Literatur zu diesem quantitativen Problem vor. Wegen der Rechenhaftigkeit wird es auch häufig in betriebswirtschaftlichen Vorlesungen benutzt, wenn man den Beschaffungsbereich streifen muß.

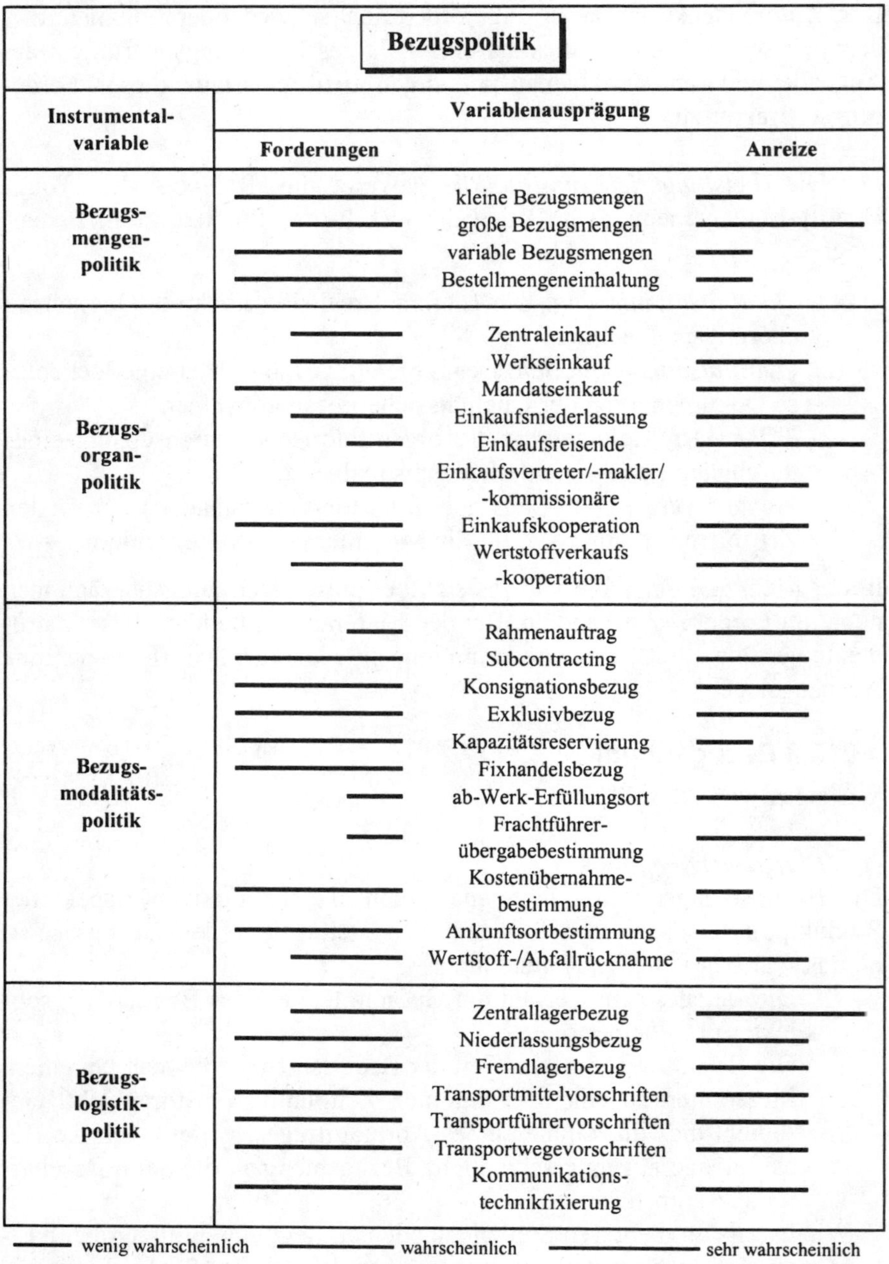

Abb. 177. Bezugspolitische Instrumentalvariablen und Variablenausprägungen

Wir wollen uns hier mit der Wiedergabe der optimalen Bestellmengenformel begnügen (Grochla/Schönbohm 1980, S. 152; Grochla 1978, S. 79 ff. und die dort angegebene Literatur):

$$X_o = \sqrt{\frac{Q \cdot k_B \cdot 200}{p \cdot z}}$$

Zeichenerklärung:

Q = Periodenbedarf (gesamt)
p = Einstandspreis
z = Lagerkostensatz
k_B = feste Kosten je Beschaffungsvorgang
X_o = optimale Beschaffungsmenge

Abb. 178. Berechnung der optimalen Bestellmenge

Mehrere Gründe rechtfertigen diese Kürze:

- Es wird nichts Neues erörtert.
- Die Absatzplanung legt den Primärbedarf fest; die Beschaffung wird eine gute Absatzplanung nicht selbst durchführen können.
- Deshalb reduziert sich das Problem auf die zeitliche Mengenverteilung; dafür steht z.B. das bereits beschriebene Bestellrhythmusverfahren zur Verfügung.
- Wenn man eine möglichst lagerlose Fertigung ernst nimmt, dann ergeben sich die Mengen aus den Bedarfen und sind keine Einzelfallentscheidungen im Beschaffungsbereich.
- In Software-Programmen stehen darüber hinaus vielfältige Hilfen zur Verfügung.
- Die Einzelentscheidungen über die Mengenbestellungen werden vermehrt im Bereich der Logistik gefällt.

Typische grundsätzliche Entscheidungsalternativen erstrecken sich auf folgende Variablenausprägungen:

- *Kleine Bezugsmengen*: Der Lieferant soll auch kleinste Mengen liefern.
- *Große Bezugsmengen*: Der Lieferant soll zu großen Liefermengen fähig sein.

- *Variable Bezugsmengen*: Der Lieferant soll sowohl kleine wie auch große Mengen liefern.
- *Bestellmengeneinhaltung*: Der Lieferant liefert genau die bestellten Mengen.

Kleine Mengen zu liefern, ist eher eine Forderung, wenn große Mengen möglich wären. *Große Mengen* setzen entsprechende Kapazitäten beim Lieferanten voraus und bilden damit eine Forderung; soweit mit großen Mengen die Kapazität ausgelastet wird, kommt es auch einem Anreiz gleich. *Variable Mengen* gilt tendenziell eher als eine Forderung an die Flexibilität des Lieferanten. Anreiz kann es insofern sein, wenn damit eine insgesamt für den Lieferanten interessante Menge verbunden ist, wenn man sich auf diesen Lieferanten konzentriert. Die *Bestellmengeneinhaltung* ist sicherlich eine deutliche Forderung, eine verläßliche Mengenplanung führt zu Bestandsreduktion und zu Realisationssicherheit.

(2) Bezugsorganpolitik

Im Absatzbereich ist der Distributionsorganentscheidung die Distributionswegeentscheidung vorgeschaltet. Mithin hätte man nun gemäß unseres analogen Vorgehens einige Anmerkungen zur Bezugswegepolitik erwarten können. Auch in der Beschaffung ist selbstverständlich zu fragen, ob man direkt vom Hersteller oder indirekt über Handlungen beziehen soll. Der Großhandel ist eine Institution, die die Bedeutung des indirekten Bezugswegs widerspiegelt. Daß diese Frage an dieser Stelle nicht behandelt wird, hat folgenden Grund: Instrumente werden in der Verhandlung mit dem (direkten oder indirekten) Lieferanten eingegrenzt, d.h. die Entscheidung über den Bezugsweg wurde bereits in der Lieferantenanalyse getroffen und steht nun nicht mehr zur Disposition. Der Lieferant kann sowohl Hersteller wie auch Händler sein.

Von wem werden die Kontakte geknüpft?

- *Zentraleinkauf*: Die Beschaffung wird von einer zentralen Stelle im Unternehmen wahrgenommen (bei Konzernen gilt das meist für Rahmenverträge).
- *Werkseinkauf*: Die Beschaffung wird von den Stellen des Bedarfs (Werke usw. bis zum einzelnen Verbrauchsplatz) durchgeführt.
- *Mandatseinkauf*: Im Bemühen um Einkaufsbündelung hat sich, gestützt durch ein eigenes Informationssystem, ein Einkäufer unabhängig von der organisatorischen Einbindung (zentral/dezentral) in einer Produktgruppe als besonders erfolgreich herauskristallisiert. Ihm wird die Verantwortung für den Gesamteinkauf dieser Produktgruppe übertragen. Er erhält eine besondere Erfolgsprämie.

- *Einkaufsniederlassung*: In den Beschaffungsmärkten angesiedelte, auf die Beschaffungsaufgabe konzentrierte Tochterunternehmen werden aktiv.
- *Einkaufsreisende*: Analog zum Verkaufsreisenden werden die Kontakte zu dem Lieferanten durch Mitarbeiter des Beschaffers aufgebaut und gepflegt. Betreut der Einkaufsreisende ein Land, kann man ihn auch als Länderreferenten bezeichnen.
- *Einkaufsvertreter/-makler/-kommissionäre* sind selbständige Personen, die sich in einem Land, einer Region, einer Branche auskennen und für den Beschaffer nach Auftrag aktiv werden.
- *Einkaufskooperation*: Mehrere Beschaffer schließen sich zwecks gemeinsamer Beschaffung zusammen.
- *Wertstoffverkaufskooperation*: Gemeinsam mit dem Lieferanten bemüht man sich um den Wertstoffverkauf.

Der *Zentraleinkauf* hat sowohl Forderungs- als auch Anreizcharakter. Die Zentrale bündelt, legt Strategien fest, schließt Rahmenverträge ab, fixiert die jeweiligen Instrumente. Die Zentrale ist kompetent, zuständig, je nach Organisationsstruktur flexibel und schnell oder eher bürokratisch. Der *Werkseinkauf* hat im Regelfall spezifischere Beschaffungsobjektkenntnisse, er kennt die genauen Situationen, ihm obliegt eher das Dispositive, die abwickelnde Tätigkeit. Der *Mandatseinkauf* führt zur Preissenkung, das deutet auf den Forderungscharakter. Durch Bündelung entstehen nicht nur höhere Auftragsmengen, auch die Prozeßkosten können reduziert werden, somit ist der Anreizcharakter nicht zu übersehen. Die *Einkaufsniederlassung* in der Reichweite des Lieferanten hat einen stärkeren Anreizcharakter, sie hilft, Sprach- und Kulturgrenzen eher zu überwinden. Der Beschaffer übernimmt einen Teil der Verkaufsaufgabe des Lieferanten. *Einkaufsreisende* können die Vorstufe von Einkaufsniederlassungen bilden, sie können dort angesiedelt sein, sie können aber auch vom Mutterhaus kommen. Auch sie reduzieren den Suchaufwand des Lieferanten. *Einkaufsvertreter/-makler/-kommissionäre* als freie Unternehmer verursachen keine/geringe Fixkosten. Sie haben im jeweiligen Gebiet Kontakte, sie kennen sich mit Lieferanten aus, sind allerdings weniger gut steuerbar. Auch sie erleichtern das Geschäft des Lieferanten. *Einkaufskooperationen* kommen vor allem im Handel vor, um die Nachfragemacht zu stärken. Insoweit besitzen sie Forderungscharakter. Der Lieferant muß bereit sein, mit dieser Kooperation zusammenzuarbeiten. Für andere Kooperationsmitglieder der gleichen Stufe liegt in der Beschaffungskooperation ein Anreiz, gegenüber dem gemeinsamen Lieferanten interessanter zu werden. Ist der Lieferant jedoch an großen, wenig Verkaufsaufwand verursachenden Abschlüssen interessiert, dann haben sie auch Anreizcharakter. Es sind vertikale wie auch horizontale Einkaufsoperationen denkbar. Im ersten Fall beschaffen Lieferant und Beschaffer gemeinsam z.B. Roh- oder Werkstoffe beim Rohstoffhersteller, im zweiten Fall schließen sich mehrere Beschaffer der gleichen Stufe zusammen, um durch Mengenbündelung Preisreduktionen zu erzielen. Das gelingt um so besser, je geringer das interne Konkurrenzverhältnis ist, denn man will ja schließlich besser als der Konkurrent sein. *Wertstoffverkaufskooperation* hat abhängig von der Menge anfallender Wertstoffe und dem Markt-Know-how sowohl Anreiz- als auch Forderungscharakter.

(3) Bezugsmodalitätspolitik

Die Bezugsmodalitätspolitik sagt etwas über die Vertragsgestaltung aus. Sie verfügt deshalb, das dürfte kaum verwundern, über facettenreiche Variablenausprägungen:

- *Rahmenauftrag*: Das Beschaffungsobjekt und seine Konditionen werden festgelegt, Mengen und Termine z.B. über ein Bestellrhythmusverfahren bedarfsabhängig spezifiziert.
- *Subcontracting*: Der Beschaffer legt den Vorlieferanten des Lieferanten fest.
- *Konsignationsbezug*: Der Lieferant unterhält ein beschaffernahes Lager, aus dem der Beschaffer je nach Bedarf Beschaffungsobjekte entnimmt und dann erst bezahlt.
- *Exklusivbezug*: Der Lieferant liefert nur an einen Beschaffer, andere Beschaffer werden vom Bezug ausgeschlossen (Lieferausschluß).
- *Kapazitätsreservierung*: Zur Mengensicherung reserviert der Lieferant Kapazitäten, um bei unsicherer Mengenplanung des Beschaffers dessen Nachfrageboom befriedigen zu können.
- *Fixhandelsbezug*: Der Lieferant akzeptiert einen Fixtermin, bei dessen Nichteinhaltung der Beschaffer vom Vertrag zurücktreten bzw. Schadensersatz fordern kann (§ 376 HGB).
- *Ab-Werk-Erfüllungsort* (Incoterm 1990: E-Gruppe): Der Beschaffer übernimmt das BO beim Lieferanten und trägt von da ab die Gefahr des Untergangs.
- *Frachtführerübergabebestimmung* (Incoterm: F-Gruppe): Der Lieferant übergibt das BO an Frachtführer (frei Frachtführer/frei Längsseite Schiff/frei an Bord), den Haupttransport zahlt der Beschaffer.
- *Kostenübernahmebestimmung* (Incoterm: C-Gruppe): Der Lieferant schließt den Transportvertrag ab, zahlt die Kosten bis zum Bestim-

mungshafen, trägt das Risiko bis Schiffsreling; den Haupttransport zahlt der Verkäufer.

- *Ankunftsortbestimmung* (Incoterm: D-Gruppe): Das BO kann an der Grenze, an Bord des Schiffes im Bestimmungshafen oder am Kai, am Ort im Importland zur Verfügung gestellt werden.
- *Wertstoff-/Abfallrücknahme*: Der Lieferant nimmt die beim Beschaffer anfallenden Wertstoffe/Abfälle zurück.

Der *Rahmenauftrag* ist deshalb eher ein Anreiz, weil dem Lieferanten ein höheres Maß an Planungssicherheit gegeben wird. *Subcontracting* hat eher Forderungscharakter, es beschränkt den Entscheidungsraum des Lieferanten; für beschaffungsungeübte Lieferanten kann dies auch ein Anreiz sein. Der *Konsignationsbezug* ist ebenfalls eher eine Forderung; der Anreiz kann in der stetigen Vorrätigkeit der Lieferantenobjekte und damit größerem Verbrauch liegen. Prima facie ist der *Exklusivbezug* eine Forderung; bei einem bedeutsamen Beschaffer kann auch die Menge interessant genug sein; außerdem reduziert sich die Gefahr des Lieferantenwechsels. Ähnlich sieht es mit der *Kapazitätsreservierung* aus. Ohne sicher zu sein, daß sie ausgelastet wird und damit eine Kostendeckung stattfindet, wird sie vom Beschaffer gewünscht. Ist sie sowieso frei oder bezahlt der Beschaffer die Reservierungskosten, kann sie auch ein Anreiz mit Bindungswirkung sein. Der *Fixhandelsbezug* hat dagegen eindeutigen Forderungscharakter. Eher das Gegenteil trifft für den *ab-Werk-Erfüllungsort* zu, weil Kosten und Gefahren vom Beschaffer übernommen werden. Ähnliches gilt für die *Frachtführerübergabebestimmung*. Umgekehrt sieht es bei der *Kostenübernahmebestimmung* und der *Ankunftsortbestimmung* aus. Die *Wertstoff-/Abfallrücknahme* kann sowohl Forderungs- als auch Anreizcharakter besitzen; letzteres, wenn der Lieferant über entsprechende Fazilitäten und Erfahrungen verfügt.

(4) Bezugslogistikpolitik

Gleichgültig, ob logistische Aktivitäten vom Beschaffungsbereich verantwortet werden oder nicht, sie müssen mit dem sie Durchführenden verhandelt werden:

- *Zentrallagerbezug*: Der Lieferant liefert an ein zentrales Lager des Beschaffers.
- *Niederlassungsbezug*: Der Lieferant liefert an die Verwendungsstätten des Beschaffers.
- *Fremdlagerbezug*: Der Lieferant liefert an ein vorgegebenes Drittlager.
- *Transportmittelvorschrift*: Der Beschaffer legt das Transportmittel fest.

- *Transportführervorschriften*: Der Beschaffer legt den Spediteur fest.
- *Transportwegevorschriften*: Der Beschaffer legt den Transportweg fest.
- *Kommunikationstechnikfixierung*: Der Beschaffer legt Hard- und Software der Logistikkommunikation fest.

Für den Lieferanten ist die Lieferung an ein *Zentrallager* kostengünstiger als an viele Läger. Verfügt man über ein effizientes Warenwirtschaftssystem (z.B. im Handel verbreitet), dann kann das auch eine bedeutsame Forderung sein. Umgekehrt ist die Gewichtung beim *Niederlassungsbezug*. Der *Fremdlagerbezug* ist ambivalent, unter Kostenaspekten ist es für den Lieferanten gleichgültig, ob er an das Beschaffer- oder an ein Fremdlager liefert. Es hängt von der vorhandenen Technik und der Entfernung ab, was für ihn günstiger ist. Forderung ist es auf jeden Fall, weil dies weniger Notlösung, sondern eher Konzept beim Beschaffer zum outsourcing ist. Die *Transportmittel-, -führer- und -wegevorschriften* haben einen deutlichen Forderungscharakter. Gelingt es, dies auch mit den Wünschen des Lieferanten in Einklang zu bringen, kann das auch Anreizwirkungen ausüben. Für die *Fixierung der Kommunikationstechnik* gilt Ähnliches. Zuerst muß sich im Rahmen der Forderung der Lieferant anpassen, wenn er nicht schon über eine für den Beschaffer ebenfalls geeignete Technik verfügt. Hat er sie dann, ist ihm an deren Nutzung gelegen.

4.613.4 Entgeltpolitik

Fragt man Praktiker nach dem für sie wichtigsten Beschaffungsinstrument, dann erhält man häufig den Hinweis auf niedrige Beschaffungspreise als Antwort. Vor allem dann, wenn die Wirtschaftslage schlecht ist, werden alle strategischen Vorsätze über den Haufen geworfen und das gesamte Heil im mehr oder minder hartem Preisdruck gesehen. Dies gilt auch für Personen, deren wichtige Aufgabe eher in der Strategieentwicklung liegen sollte (z.B. Vorstände), denen aufgrund mangelnder Beschaffungskenntnis das Preisdruckverhalten eher als ein komplexes Beschaffer-Lieferantenkalkül auf anreiz-beitragstheoretischer Basis einleuchtet. Prinzipiell sind Entgelte abgeleitete Größen, man kauft Beschaffungsobjekte zu besonderen Bedingungen und nicht die Bedingungen selbst ein. Gerät das Beschaffungsobjekt an den Rand der Betrachtung, darf man sich über die Folgen – dies hat die Pkw-Industrie mehrfach deutlich erlitten – nicht wundern.
Wir gehen von Abb. 179 aus.

Entgeltpolitik

Instrumentalvariable	Variablenausprägung: Forderungen		Variablenausprägung: Anreize
Preispolitik	sehr wahrscheinlich	Preisdruckpolitik	
		Preissogpolitik	sehr wahrscheinlich
	wahrscheinlich	Preissetzungspolitik	wenig wahrscheinlich
		Preisbewilligungspolitik	sehr wahrscheinlich
	wenig wahrscheinlich	Leistungspreispolitik	sehr wahrscheinlich
	sehr wahrscheinlich	Konkurrenzpreispolitik	wenig wahrscheinlich
	wahrscheinlich	Festpreispolitik	wahrscheinlich
	wenig wahrscheinlich	Preisanpassungspolitik	sehr wahrscheinlich
Rabattpolitik	wahrscheinlich	Mengenrabatt	
	sehr wahrscheinlich	Aufnahme-/Treuerabatt	
	wahrscheinlich	Sonderleistungsrabatt	
	wahrscheinlich	Skonto	
	sehr wahrscheinlich	Mindermengen-zuschlagsverzicht	
Prämienpolitik		Belieferungsprämie	sehr wahrscheinlich
		Mengenprämie	sehr wahrscheinlich
		Zeitprämie	sehr wahrscheinlich
		Sonderleistungsprämie	sehr wahrscheinlich
Pönalienpolitik	sehr wahrscheinlich	Objekt-/Modalitätspönalie	
Zahlungsmodalitätspolitik	wahrscheinlich	Zahlungsorganpolitik	wenig wahrscheinlich
	wahrscheinlich	Zahlungswegepolitik	wenig wahrscheinlich
	wahrscheinlich	Zahlungsterminpolitik	wenig wahrscheinlich
	wahrscheinlich	Zahlungsmittelpolitik	wenig wahrscheinlich
	wenig wahrscheinlich	Zahlungssicherungspolitik	sehr wahrscheinlich
Kreditpolitik		Lieferantenkreditgewährung	sehr wahrscheinlich
	sehr wahrscheinlich	Lieferantenkreditforderung	
	sehr wahrscheinlich	Kapitalbeteiligung	sehr wahrscheinlich

——— wenig wahrscheinlich ———— wahrscheinlich ————— sehr wahrscheinlich

Abb 179. Entgeltpolitische Instrumentalvariablen und Variablenausprägungen

(1) Preispolitik

Die preispolitischen Maßnahmen können facettenreicher sein, als es die Praxis häufig zeigt.

- *Preisdruckpolitik*: Der Beschaffer versucht, die Ausgangspreise zu reduzieren, um Tiefstpreise zu erzielen.

- *Preissogpolitik*: Der Beschaffer versucht, die Lieferunwilligkeit durch für den Lieferanten interessante Preise zu beseitigen.
- *Preissetzungspolitik*: Der Beschaffer gibt einen Zielpreis vor, der nach seinen Berechnungen erzielt werden müßte.
- *Preisbewilligungspolitik*: Der Beschaffer nähert sich den Preisforderungen des Lieferanten.
- *Leistungspreispolitik*: Werden die Angebotsleistungen geändert, soll der Preis proportional angepaßt werden.
- *Konkurrenzpreispolitik*: Der Beschaffer fordert vom Lieferanten das Eingehen auf günstigere Konkurrenzpreise.
- *Festpreispolitik*: Für einen fixierten Zeitraum wird ein Preis unabhängig von Markteinflüssen vereinbart.
- *Preisanpassungspolitik*: Beschaffer und Lieferant vereinbaren einen Modus, nach dem der Preis an veränderte Marktbedingungen angepaßt wird.

Die weitverbreitete *Preisdruckpolitik* ist eindeutig eine Forderungs-, die Preissogpolitik eine Anreizmaßnahme. Vorstellbar ist, daß man mit einer *Sogpolitik* beginnt und später langsam zu einer *Druckpolitik* übergeht, weil sich beispielsweise die Marktverhältnisse geändert haben. Zur Druckpolitik kann zählen, die Weitergabe von Rationalisierungsfortschritten (z.B. 5 % p.a.) zu vereinbaren. Bei der Preisdruckpolitik muß bedacht werden, daß man z.B. bei einem guten Lieferanten unerwünschte Konstellationen (z.B. Lieferunwilligkeit) bewirken kann, die dann vielleicht erst nach Störungen mit erheblichem Aufwand repariert werden müssen. Sie werden nur selten den Verursachern in Rechnung gestellt. Die *Preissetzungspolitik* ist eher eine Forderungsmaßnahme. Man hat für das benötigte Beschaffungsobjekt z.B. durch die Einkaufskostenanalyse einen optimalen Preis errechnet, den man vorgibt. Man kann aber auch von den maximalen Kosten für das Endprodukt (target costing, Seidenschwarz 1993 und die dort angeführte Literatur) ausgehen und diese Kosten bis auf das einzelne Beschaffungsobjekt als Kostenobergrenze herunterbrechen: Teurer darf das Teil nicht werden, dem müssen sich Gestaltung und Produktion anpassen. Dagegen ist die *Preisbewilligungspolitik* eher eine Anreizmaßnahme, indem man von seinen Vorstellungen abrückt und auf die Preisforderungen des Lieferanten zugeht. Auch die *Leistungspreispolitik* ist eher eine Anreizmaßnahme, um Leistungsänderungen auch durch Preisänderungen aufzufangen. Wieder mehr Forderungscharakter hat die *Konkurrenzpreispolitik*, wenn die Akzeptanz der günstigeren Konkurrenzpreise gefordert wird. Die *Festpreispolitik* sichert die Preisplanung sowohl beim Beschaffer als auch beim Lieferanten. Die *Preisanpassungspolitik* ist ebenfalls Forderungs- und

Anreizmaßnahme gleichzeitig, weil der Modus für Anpassungsmaßnahmen vereinbart wurde.

(2) Rabattpolitik
Die Rabattpolitik spielt vor allem im Handel eine Rolle. Bei Industrieprodukten werden meist mengenabhängige Staffelpreise genannt.

- *Mengenrabatt*: Bei der Abnahme großer Mengen werden entsprechende Preisabschläge verlangt.
- *Aufnahme-/Treuerabatt*: Der Beschaffer fordert Abschläge vom Katalogpreis, weil er bestellt.
- *Sonderleistungsrabatt*: Für von ihm erbrachte Sonderleistungen fordert der Beschaffer entsprechende Preisabschläge.
- *Skonto*: Der Beschaffer fordert bei kurzfristiger Zahlung entsprechende/höhere Preisnachlässe.
- *Mindermengenzuschlagsverzicht*: Der Beschaffer fordert, daß auch bei Kleinstmengen keine Preiszuschläge gezahlt werden müssen.

Die Rabattpolitik ist insgesamt eine Forderungspolitik. Sie spielt vor allem in der Beschaffung des Handels eine Rolle.

(3) Prämienpolitik
Prämien sind zusätzliche Zahlungen des Beschaffers. Mehrere sind denkbar:

- *Belieferungsprämie*: Der Lieferant erhält eine Prämie dafür, daß er den Beschaffer vorrangig beliefert.
- *Mengenprämie*: Der Lieferant erhält eine Prämie dafür, daß die ungeplante Mengenänderung (z.B. starke Mengensteigerung) realisiert wird.
- *Zeitprämie*: Der Lieferant erhält eine Prämie dafür, daß er die ungeplante Zeitänderung (Verkürzung/Verschiebung) akzeptiert.
- *Sonderleistungsprämie*: Für zusätzliche, nicht vereinbarte, aber vom Beschaffer gewünschte Leistungen erhält der Lieferant eine Prämie.

Im Gegensatz zur Rabattpolitik ist die Prämienpolitik eine deutliche Anreizmaßnahme. Sie taucht in absatzpolitischen Überlegungen kaum auf.

(4) Die Pönalienpolitik (poena: die Strafe) resultiert aus der Nichteinhaltung von Vertragsbedingungen. Üblich ist eine Verzugsstrafe bei Nichttermineinhaltung. Dies ist bei Fixhandelsgeschäften üblich. Sie kann sich auch auf andere Vertragsbestandteile beziehen. Es handelt sich eindeutig um eine Forderungsmaßnahme.

(5) Zahlungsmodalitätspolitik

Vor allem im internationalen Einkauf spielt dieser Instrumentalbereich eine Rolle:

- *Zahlungsorganpolitik*: Der Beschaffer legt die Zahlungsorgane (Banken) fest.
- *Zahlungswegepolitik*: Der Beschaffer bestimmt, über welche Zahlungswege der Lieferant sein Geld erhält.
- *Zahlungsterminpolitik*: Der Beschaffer bestimmt, wann er zahlt.
- *Zahlungsmittelpolitik*: Der Beschaffer legt die Währung fest, in der er zahlt.
- *Zahlungssicherungspolitik*: Der Beschaffer gibt dem Lieferanten Sicherungen bezüglich seiner Zahlungen.

Mit Ausnahme der Zahlungssicherungen, die einen vorrangigen Anreiz für den Lieferanten bilden, sind alle anderen Maßnahmen in dieser Formulierung eher Forderungen, kommt man dem Lieferanten entgegen, kann es sich auch um Anreize handeln.

(6) Kreditpolitik

Nicht immer sind die Finanzpotentiale so, wie man sich das wünscht:

- *Lieferantenkreditgewährung*: Der Beschaffer gewährt dem Lieferanten einen Kredit.
- *Lieferantenkreditforderung*: Der Beschaffer fordert vom Lieferanten einen Kredit (z.B. langfristiges Zahlungsziel).
- *Kapitalbeteiligung*: Der Beschaffer beteiligt sich am Lieferanten oder dieser am Beschaffer.

Der jeweilige Forderungs- und Anreizcharakter wurde sicherlich bereits deutlich.

4.613.5 Kommunikationspolitik

In der Entgeltpolitik scheinen die Ähnlichkeiten zu den Variablen des Absatzmarketing deutlich durch. Bei der Kommunikationspolitik gibt es dagegen gravierende Unterschiede. Je mehr Aufgaben auf den Lieferanten verlagert werden, je größer die Beschaffungsmarkträume werden, um so notwendiger wird die Kommunikation. Vieles, was bisher innerhalb des Unternehmens erledigt wurde, obliegt nun dem Lieferanten. Nicht nur, daß ein Teil der internen Kommunikation nach draußen verlagert wird, der interne-externe Abstimmungsbedarf wird größer. Im Gegensatz zu den Absatzmärkten spielt die Werbung auf den Beschaffungsmärkten nur eine untergeordnete Rolle, wie die Abb. 180 zeigt.

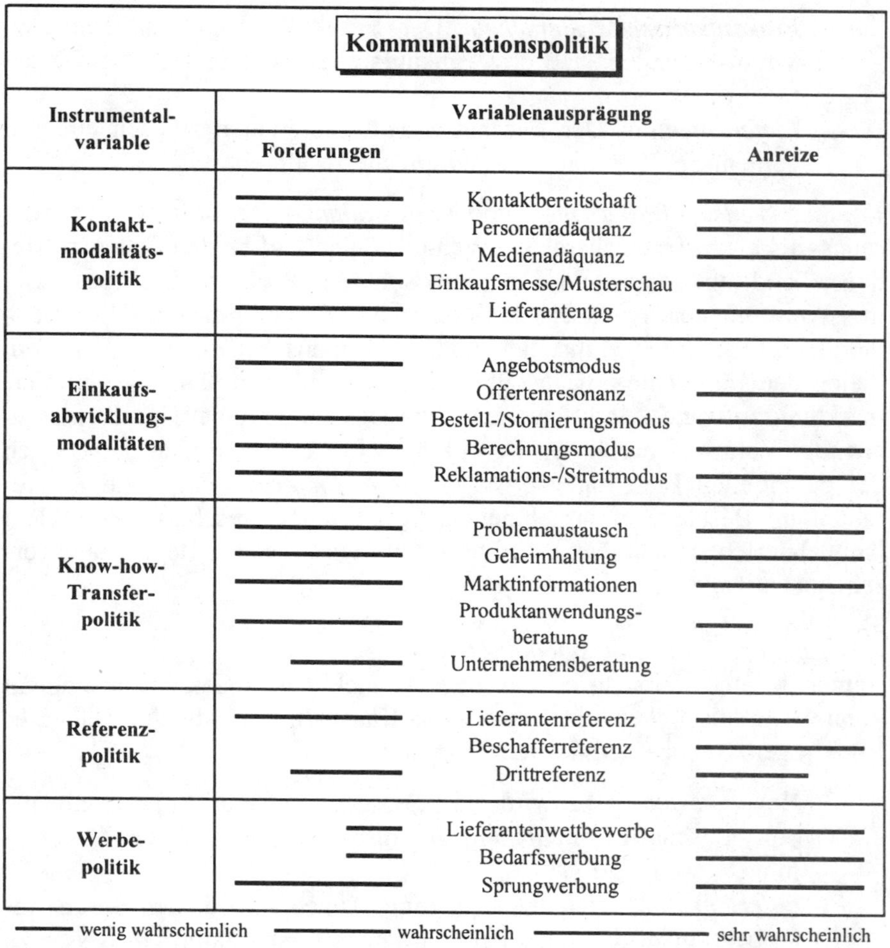

Abb. 180. Kommunikationspolitische Instrumentalvariablen und Variablenausprägungen

(1) Kontaktmodalitätspolitik

Wie schafft man Kontakt und was fördert den Kontakt zwischen Lieferant und Beschaffer?

- *Kontaktbereitschaft*: Beschaffer und Lieferanten verhalten sich kontaktoffen (z.B. bezüglich Problemen, Zeit usw.).
- *Personenadäquanz*: Beschaffer und Lieferanten stellen geeignete Personen zur Verfügung.
- *Medienadäquanz*: Beschaffer und Lieferant stellen dialogfähige Medien zur Verfügung.

- *Einkaufsmesse/Musterschau*: Der Beschaffer zeigt auf zentralen Veranstaltungen (z.B. im Einkaufsland), was er wie beschaffen möchte.
- *Lieferantentag*: Der Beschaffer lädt Lieferanten zu sich ein, um gemeinsam Problemlösungsgespräche zu führen.

Kontaktbereitschaft, *Personen*- und *Medienadäquanz* haben sowohl Forderungs- als auch Anreizcharakter. Wenn das nicht auf beiden Seiten zufriedenstellend funktioniert, wird die Atmosphäre gestört. Die *Einkaufsmesse*, meist mit mehreren anderen beschaffenden Unternehmen im Einkaufsland/Einkaufsregion veranstaltet, und die firmenspezifische *Musterschau* bieten den Lieferanten die Möglichkeit, ohne allzu großen eigenen Vermarktungsaufwand, Marktforschung "vor Ort" zu betreiben. Nach entsprechender Vorarbeit durch den Beschaffer wird natürlich auch der Besuch der potentiellen Lieferanten erwartet. Beim *Lieferantentag* sollen Lieferanten im Beschafferunternehmen das zu lösende Beschaffungsproblem hautnah erleben und durch Erfahrungsaustausch geeignete Lösungsvorschläge entwickeln.

(2) Einkaufsabwicklungsmodalitäten

Immer wieder knirscht es bei den Abwicklungsprozessen, manchmal kommt, juristisch betrachtet, gar kein Kaufvertrag zustande. Ständiges Rückfragen, Nachbessern kosten Zeit und Geld.

- *Angebotsmodus*: Es wird ein präzises Raster der Angebotsabgabe vom Beschaffer entwickelt, auf dessen Einhaltung der Lieferant hingewiesen wird.
- *Offertenresonanz*: Jedes abgelehnte Angebot wird vom Beschaffer so begründet, daß der Lieferant daraus lernen kann, um besser zu werden.
- *Bestell-/Stornierungsmodus*: Beschaffer und Lieferant einigen sich auf einen eindeutigen Bestell- und Stornierungsmodus.
- *Berechnungsmodus*: Beschaffer und Lieferant einigen sich auf einen eindeutigen Berechnungsmodus (z.B. bezüglich Zöllen, Abgaben, Verpackungen, Transporthilfsmitteln).
- *Reklamations-/Streitmodus*: Beschaffer und Lieferant einigen sich auf ein praktikables Procedere im Streitfall.

Der *Angebotsmodus*, an den sich der Lieferant halten soll, ist eine eindeutige Forderung, die *Resonanz auf die Lieferantenofferte* ein eindeutiger Anreiz. Die dargestellten Modi, das wird aus den Beschreibungen deutlich, haben sowohl Forderungs- als auch Anreizcharakter.

(3) Know-how-Transferpolitik

Die vielfach vorhandene Abschottung zwischen den Unternehmen muß im Rahmen des stärkeren Austausches, einer durchgängigen Prozeßbetrachtung, einer größeren Offenheit weichen. Wenn man z.B. im Rahmen der Produktpolitik das Instrument Lieferantenentwicklung einsetzen will, setzt das auch eine größere Kommunikationsoffenheit voraus:

- *Problemaustausch*: Beschaffer und Lieferant tauschen alle für das zu lösende Problem notwendigen Informationen aus.
- *Geheimhaltung*: Die Partner vereinbaren Geheimhaltung der jeweils erhaltenen Informationen und ergreifen geeignete Sicherungsmaßnahmen. Dies ist einer der bestimmenden Gründe für die Ausgliederung konzernabhängiger Zulieferer.
- *Marktinformationen*: Beschaffer und Lieferant stellen dem jeweiligen Partner die für ihn wichtigen Marktinformationen wechselseitig zur Verfügung, um Arbeitsdopplungen zu vermeiden.
- *Produktanwendungsberatung*: Der Beschaffer verlangt vom Lieferanten ausreichende Anwendungsberatung bezüglich des BO.
- *Unternehmensberatung*: Der Beschaffer verlangt Beratung in weiteren Funktionsbereichen.

Der *Problemaustausch* wie auch die *Geheimhaltung* haben starken Forderungs- wie auch Anreizbezug. Es kommt darauf an, wer Wissen hergibt. So sieht das auch bei den *Marktinformationen* aus. Der Beschaffer kann Beschaffungsmarktforschungsaktivitäten, der Lieferant Absatzmarktforschungsaktivitäten einsparen. Die *Produktanwendungsberatung* ist eher eine Forderung des Beschaffers. Sie kann Anreiz sein, wenn der Lieferant entsprechendes Personal hat und wenn er sich selbst dadurch einen Informations- und Kontaktgewinn verspricht. Die *Unternehmensberatung* haben wir auf den reinen Forderungscharakter begrenzt, um sie von den auch als Informationen möglichen Lieferantenunterstützungsmaßnahmen zu trennen (→ Servicepolitik).

(4) Referenzpolitik

Dem Lieferantenwechsel, der Wahl eines neuen Lieferanten bei einem neuen Beschaffungsobjekt steht vielfach das Risiko opportunistischen Verhaltens des neuen Unternehmens entgegen. Das gilt um so mehr, wenn man sich auf langfristige Lieferantenbeziehungen z.B. über die Lieferantenentwicklung einläßt.

- *Lieferantenreferenz*: Der Beschaffer verlangt vom Lieferanten Referenzen anderer Kunden in vergleichbarer Situation.

- *Beschafferreferenz*: Der Beschaffer macht dem Lieferanten Referenzen anderer Lieferanten in vergleichbaren Situationen zugänglich.
- *Drittreferenz*: Eine außenstehende Institution (z.B. Bank) gibt über Lieferant oder Beschaffer eine Referenz.

Es ist offensichtlich, daß die *Lieferantenreferenz* eine Forderung, die *Beschafferreferenz* einen Anreiz und die *Drittreferenz* beides darstellen kann.

(5) Werbepolitik

Der im Konsumgüterabsatzmarketing so wichtige Werbebereich spielt hier nur eine begrenzte Rolle:

- *Lieferantenwettbewerb*: Im Rahmen z.B. der Nullfehlerqualitätssicherungsmaßnahmen werden Wettbewerbe unter den Lieferanten veranstaltet. Die besten werden ausgezeichnet. Sie benutzen diese Auszeichnung zu Werbezwecken.
- *Bedarfswerbung:* In neuen Märkten kann die werbliche Beschaffungsobjektsuche (z.B. in Zeitungen/Zeitschriften, Internet) zur Identifikation potentieller Lieferanten genutzt werden. In dem Bedarfshinweis können auch Leistungshinweise darüber enthalten sein, was man dem Lieferant bieten kann.
- *Sprungwerbung*: Der Beschaffer fordert vom Lieferanten Werbemaßnahmen, die sich an den Kunden des Beschaffers richten.

Lieferantenwettbewerbe und *Bedarfswerbung* sind eher Anreize, die *Sprungwerbung* ist eher eine Forderung; wenn das Gesamtprodukt ein hohes Ansehen genießt, kann auch ein Anreizcharakter hinzutreten (ingredient branding).

4.614 Die Instrumentenkombination (Instrumentalmix)

Ähnlich, wie auch im Absatzmarketing, wird im Beschaffungsmarketing zwar das Problem der Instrumentalkombination erwähnt (Hamman/Lohrberg 1986; Arnolds/Heege/Tussing 1998; Berg 1981; Grochla/Schönbohm 1980), und es wird auch auf die Notwendigkeit der Mixplanung verwiesen, über das Wie sucht man allerdings vergeblich Hinweise, die realitätsnahes Handeln leiten könnten.

Wir haben bereits auf den Gedanken der Marktseitenverhältnisse von Theisen (1970) verwiesen, der den Situationen des Angebots- oder Nachfragemonopols einige Instrumente zuordnet. Sieht man von der mageren Instrumentalität ab, realitätsnahe Beschaffungssituationen sind durch mehr als Monopole gekennzeichnet.

Auch den Aufsatz von Kraljic (1977) haben wir bereits erwähnt. Aufbauend auf der Merkmalspolarität Gewinneinfluß und Risiko (s. Abb. 38) entwickelt er Kriterien zur Beschreibung des Beschaffungsmarktes (s. Abb. 122) und bestimmt dann "Grundstrategien" (aktiv, vernünftig ausschöpfen / Gleichgewicht halten, selektiv vorgehen / diversifizieren, Alternativen suchen). Daraus leitet er dann "Standardstrategien" ab, die wir deshalb hier erwähnen wollen, weil sie teilweise durchaus Instrumentalcharakter besitzen und spezifische Maßnahmenbündel darstellen:

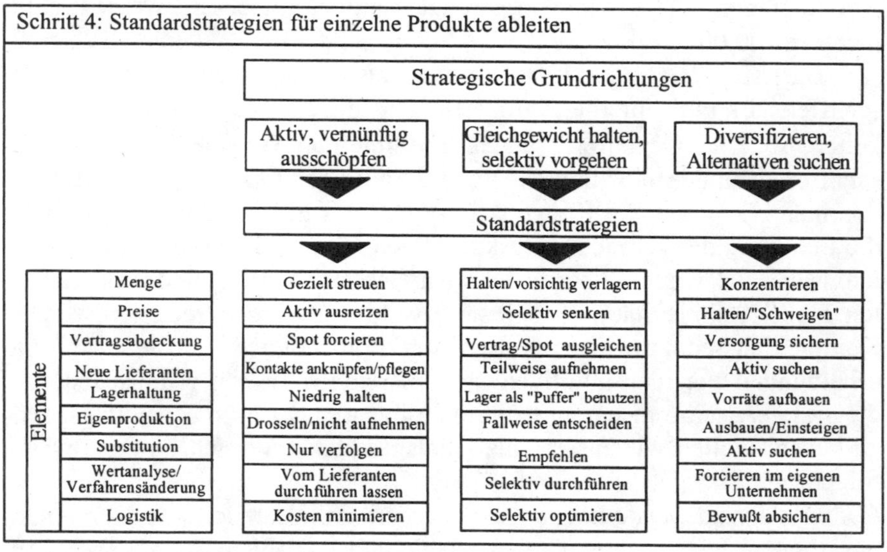

Abb. 181. Strategiebezogene Instrumentalmixe (Kraljic)

Als instrumentenverbindende Klammer dient hier der Strategieaspekt. Als Nachteil dieses prinzipiell gangbaren Wegs muß die grobe Strategiestruktur erwähnt werden, die Realität ist weitaus facettenreicher als das, was hier in Form von drei Mixtypen angeboten wird.

Es wird hier auch deutlich, wie Instrumente, Strategien und Methoden einfach nebeneinander gesetzt werden. Das bleibt unbefriedigend.

Aufbauend auf einer Idee aus dem commodity approach, die zu einer produktspezifischen, merkmalsbezogenen Kombinatorik für das Vermarktungsmix weiterentwickelt wurde (Koppelmann 2001, S. 567 ff.), hat Biergans einen prinzipiell ähnlichen Vorschlag für den Beschaffungsbereich entwickelt (Biergans 1984, S. 376). Diesem Gedanken werden wir hier prinzipiell folgen.

Zuvor sollen jedoch einige Grundprobleme des Beschaffungsmix angedeutet werden, die auch erklären, warum man einen derart großen Bogen um die Lösung dieses Problems macht.

(1) Das *Vielfältigkeitsproblem* spiegelt die Tatsache wider, daß man im Regelfall in Industriebetrieben sehr viel mehr unterschiedliche Beschaffungsobjekte als Absatzobjekte zu betreuen hat. Für Handelsbetriebe trifft das so nicht zu. Sind im Absatz Einzelfallentscheidungen für einzelne Produkte/Produktgruppen möglich, muß dagegen im Beschaffungsbereich auf sehr viel höherer Aggregierungsebene operiert werden, um die Realitätsvielfalt in den Griff zu bekommen. So mag ein Pkw-Hersteller sechs verschiedene Pkw-Linien anbieten; dafür können ganze Absatzmarketingstäbe (Produktmanager) je Linie eingesetzt werden. Beschafft werden dafür mehrere 100.000 Teile usw.

(2) Das *Komplexitätsproblem* resultiert aus der Agentenfunktion des Beschaffers. Er muß interne Anforderungen mit externen Lösungsmöglichkeiten, externe Gegenforderungen mit internen Gegebenheiten (→ Beschafferleistungen) abstimmen. An die Stelle der internen Einfunktionendominanz (z.B. aus der Konstruktion) muß das gemeinsame Abwägen für die Fixierung des gerade noch Akzeptablen mit Handlungsspielräumen treten. Man muß wissen, über welche Anreize man verfügt und was sie kosten. Hohe Komplexität muß, soll sie bewältigbar werden, reduziert werden. Komplexitätsreduktion ist durch Abstraktion möglich. Um also Mixentscheidungen von der intuitiven kenntnisreichen Entscheidungsebene auf die systematisch-transparente, optimierungsorientierte Entscheidungsebene zu heben, wollen wir unserer merkmalsgestützten Vorgehensweise weiter folgen.

(3) Das *Interdependenzproblem* erschwert grundsätzlich alle Kombinationsarbeiten. Instrumente, deren Variable und Variablenausprägungen können zueinander in einem Verhältnis der Wirkungsreduktion, der Wirkungsneutralität oder Wirkungssteigerung stehen. Vor allem letzteres ist gemeint, wenn wir von Synergien sprechen. Theoretisch ist eine marginalanalytische Lösung möglich: Man fügt einem Mix eine weitere Variablenausprägung hinzu oder man erhöht die Intensität so lange, bis die Grenzproduktivität gleich Null ist. Nur: Wie soll man die Grenzproduktivitäten messen? Und wie soll man die Intensitätsveränderungen vornehmen, wenn nur Alternativentscheidungen möglich sind? Auch mit isolierender Abstraktion (ceteris paribus) ist das Problem für die Praxis so nicht lösbar. Ob es hilfreich ist, auf Ersatzgrößen auszuweichen, wie man das aus der isolierenden Werbewirkungsforschung kennt (z.B. Recall-Werte), kann mit Fug bezweifelt werden. Ebenso kritisch muß der Gedanke, im Rahmen einer Simulation beispielsweise zwei Computer gegeneinander spielen zu lassen, verfolgt werden, solange die Computerprogramme die von beiden Seiten für optimal gehaltene Realität nicht abbilden. Wir wollen uns hier mit einer systematischen Plausibilitätskontrolle von Fachleuten begnügen, sind also wesentlich weniger anspruchsvoll.

(4) Das *Ungewißheitsproblem* reflektiert zukünftige Verhandlungssituationen. Man hat nur begrenzte Einsicht in die eigene Absatzentwicklung und darin, was sich in den Köpfen derer, die daraus Anforderungen ableiten, abspielt; die Gedanken und die Gedankendynamik sind nur schwer abschätzbar. Und wenn man dann in die Phase der Verhandlung mit dem Lieferanten eintritt, weiß man, wenn man nicht vorher, wie hier vorgeschlagen, intensive Vorarbeiten geleistet hat, auch nicht so recht, wie der Lieferant auf die eigenen Verhandlungsvorschläge reagiert. Je weniger man sich über den Lieferanten kundig gemacht hat, je weniger man in die Teamentscheidungen der Bedarfsfeststellung im eigenen Unternehmen eingebunden ist, um so größer dürften die Überraschungen werden. Die hier entwickelte Prozeßstruktur (Abschn. 1.421) enthält vielfältige Hinweise zur Reduktion der Ungewißheit.

(5) Und schließlich haben wir es mit dem *Dynamikproblem* zu tun. Das, was im Augenblick als Forderung entsteht sowie als Anreiz wirkt, kann morgen vor einem anderen Hintergrund völlig anders aussehen. Es kann nicht darum gehen, einmal getroffene Beschaffungsmix-Entscheidungen ständig ungeprüft zu wiederholen, sie routinisiert zu perpetuieren. Die hier zu entwickelnde Struktur muß dazu anleiten, ständig neu nach den Wirkungen zu fragen, weil sich die Situationen ändern.

4.614.1 Struktur und Prozeß des Mixentscheidungsproblems

Anders als bei der Mixgestaltung im Abatzmarketing üblich - dort konzentriert man die Mixüberlegungen z.B. lediglich auf die Kombination zweier Instrumente oder der Variablenausprägungen innerhalb einer Variable - wollen wir hier versuchen, alle Variablenausprägungen in die Überlegungen einzubeziehen.

Reduziert man die Komplexität, so kann man von dem in Abb. 182 dargestellten Interdependenzgefüge ausgehen.

Der Einsatz der forderungs- und anreizpolitischen Variablenausprägungen hängt von den Bedarfsanforderungen ab, die man realisieren möchte. Man könnte nun versuchen, eine direkte Zuordnung von Anforderungen und Instrumenten vorzunehmen. Das ist jedoch unzweckmäßig: Der Such- und Entscheidungsaufwand ist zum einen sehr groß; und zum anderen geht der Ganzheitscharakter verloren. Auf höherem Abstraktionsniveau wollen wir typspezifische Instrumentalkombinationen, die auch in sich durch Synergien gekennzeichnet sind, als Handlungsvorschläge schaffen. Das gelingt uns über die hier häufig benutzten Beschaffungsobjektmerkmale. Wir bemühen uns um eine merkmalsspezifische Variablenausprägungsauswahl. Dies können wir getrost tun, da wir ja bereits in Abschn. 4.333 eine Zuordnung von Anforderungen und Merkmalen vorgenommen haben. Wir wissen also, bei welchem Merkmal welche Anforderungen typisch sind. Diese so reduzierte Komplexität müssen wir dann in das Machtgefüge einbauen. Wir benötigen nämlich Fingerzeige darauf, wie schwer oder wie leicht es wahrscheinlich sein wird, unsere Forderungen mit wieviel Anreizen durchzusetzen.

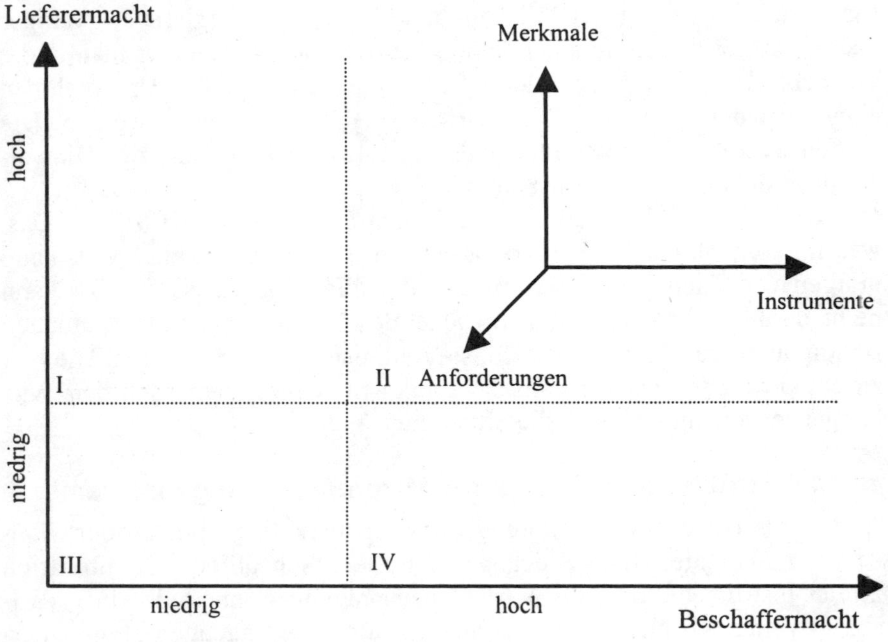

Abb. 182. Zur Struktur der Mixentscheidungen

Aus diesen Überlegungen können wir jetzt den im weiteren zu erläuternden Entscheidungs*prozeß* ableiten (s. Abb. 183).

Aus Abb. 183 geht hervor, daß bei der Auswahl der jeweiligen Variablenausprägung der Forderungs- und Anreizcharakter geprüft werden muß, der sich zum einen aus der spezifischen, jeweils unternehmensinternen Liefer- und Beschafferposition und zum anderen aus der externen Machtposition ergibt. In den Fällen der Machtposition II und III (gleichgewichtige Positionen) führt das Machtgleichgewicht zu Verhandlungsergebnissen, wie wir sie im folgenden darstellen wollen. Im Fall I wird der Beschaffer das Anforderungsbündel mit einem höheren Anreizbündel erkaufen müssen. Sein strategisches Bemühen wird dahingehen, die eigene Ausgangsbasis in Richtung des Feldes II (z.B. durch Kooperationen) zu verbessern. Befindet sich der Beschaffer in Feld IV, besteht die Gefahr der

Korruption durch Macht; Bequemlichkeit kann dazu führen, nur das eigene Win-Spiel zu verfolgen, sich selbst opportunistisch zu verhalten. Da langfristig nur Win-Win-Spiele Erfolg versprechen, muß für eine „Als-Ob-Entscheidungssituation“ gesorgt werden. Das könnte dann die Situation des Feldes II sein.

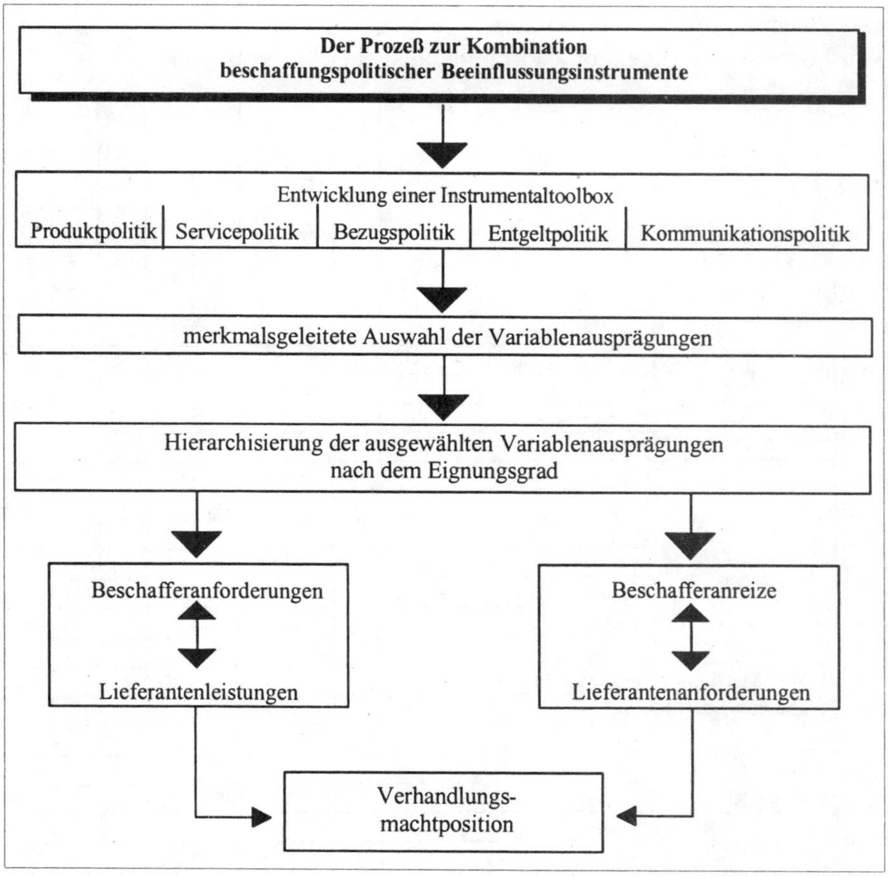

Abb. 183. Zur Kombination der Beschaffungsinstrumente

4.614.2 Auswahl und Gewichtung der Variablenausprägungen

Die bisherige forderungs-anreizorientierte Analyse des beschaffungspolitischen Instrumentariums muß nun entsprechend unserer Entscheidungsgepflogenheit auf die Wenn-Bedingungen bezogen werden.

In einem ersten Schritt kann man die Alternativen der Variablenausprägungen im Hinblick auf ihre grundsätzliche Eignung in Abhängigkeit vom Entscheidungsmerkmal überprüfen und zuordnen. In einem zweiten Schritt kann dann überlegt werden, welche dieser tauglich erscheinenden Variablenausprägungen besonders wirksam (X_1 = unverzichtbar), wirksam (X_2 = empfehlenswert) und hilfreich (X_3 = möglich) erscheinen.

Aus Gründen der Platzersparnis haben wir diese Schritte in den folgenden Zuordnungen zusammengefaßt.

(1) Produktpolitische Variableneignungen

Wir können von folgender Zuordnung ausgehen (s. Abb. 184):

Instrumentalvariablen und Variablenausprägungen		Merkmale	Billigprodukt	Normprodukt	bewährtes Produkt	Spitzenprodukt	innovatives Produkt	Spezialprodukt	Katalogprodukt	Mengenbedeutsamkeit
Produktpolitik	Produktentwicklungspolitik	Eigenentwicklung				X_1	X_1	X_1		X_2
		Lieferantenentwicklung	X_1			X_1	X_1	X_1	X_1	X_2
		Partnerentwicklung				X_1	X_1	X_1		X_2
		Drittentwicklung				X_2	X_2	X_2		X_3
		Neuentwicklung	X_2			X_1	X_1	X_1	X_1	X_2
		Weiterentwicklung	X_2		X_2	X_2	X_2	X_2	X_2	X_2
	Produktgestaltungspolitik	Gestaltungsvorschriften	X_2		X_1	X_2	X_2	X_2		X_1
		Leistungsvorschriften	X_1		X_1	X_1	X_1	X_1		X_1
		geringe Gestaltungstoleranzen	X_2		X_1	X_1	X_1	X_1		X_1
		Beschaffermarkierung			X_2	X_2	X_2	X_2	X_2	
		Lieferantenmarkierung			X_2	X_2	X_2	X_2	X_2	
		Produkteinpassung	X_2		X_1	X_1	X_1	X_1		X_1
		Produktanpassung	X_2		X_1	X_1			X_1	X_2
	Produktherstellungspolitik	geringe Realisationstoleranzen	X_2		X_1	X_1	X_1	X_1	X_1	X_1
		Materialbeistellung	X_3		X_2					X_2
		Werkzeugbeistellung				X_2	X_2	X_2		
	Produktmodifikationspolitik	Produktvereinheitlichung	X_1			X_2				X_1
		Produktdifferenzierung				X_2	X_3	X_2		
		Pruduktveränderung				X_2	X_2	X_2		X_2
		Produktleistungskonstanz	X_2	X_1	X_1	X_1	X_1	X_1	X_1	X_1
		Produktleistungsveränderbarkeit			X_2	X_2	X_2	X_1		
	Produktprogrammpolitik	Produktselektionspolitik				X_2	X_2			
		Produktmixpolitik			X_3	X_3	X_3	X_2		
		Programmbreitenpolitik			X_2	X_1	X_2	X_1	X_1	
		Programmtiefenpolitik				X_1	X_1	X_1	X_2	
	Produktverwendungspolitik	Produktgestaltungszusagen				X_1	X_2			
		Produktverwendungszusagen				X_2	X_2			

Abb. 184. Hierarchisierung der produktpolitischen Variablenausprägungen

Diese Abb. reflektiert das Ergebnis von Expertenzuordnungen. Deshalb sind die Zuordnungen weder richtig noch falsch. Je mehr sich diese Zuordnungen in der täglichen Praxis bewähren, um so mehr gewinnen sie Maßstabcharakter. Abweichungen vom Maßstab bedürfen der Begründung. Häufige Abweichungen führen zu Maßstabsveränderung. Diese Abb. zeigt, wie auch die folgenden, daß einige Variablenausprägungen häufig (z.B. Produktleistungskonstanz), andere (z.B. Produktgestaltungs- und Verwendungszusagen) seltener eingesetzt werden können. Des weiteren wird deutlich, daß einige Entscheidungsmerkmale (z.B. Normprodukt) wenige, andere (z.B. Spitzenprodukt) viele Variablenausprägungen nahelegen.
Die Veränderbarkeit der

- Variablenausprägungen,
- entscheidungsspezifischen Variablenzuordnungen,
- Variablengewichtigkeit

sichert die Innovationsfähigkeit des Systems.

(2) Servicepolitische Variableneignungen
Offenkundig werden die Variablenausprägungen der Lieferantenunterstützungspolitik mit Ausnahme der Gestaltungshilfen und der F + E-Hilfen beim Spezialprodukt für nicht so bedeutsam erachtet. Umgekehrt sieht es bei der Lieferungspolitik aus – hier schwanken die Urteile zwischen wichtig und nicht ganz so wichtig. Ähnliches gilt für die Leistungssicherungspolitik. Dann werden die Gewichtungen differenzierter, sieht man von den generell geeigneten Variablenausprägungen „produktionsgerechte Anpassung“ und „Recyclinghilfen“ ab. Die meisten Kundendienstpolitiken empfehlen sich in hoher bis mittlerer Intensität bei den leistungsstarken Merkmalen. Das gilt auch für die Garantiepolitik. Eine Zusammenfassung ist der Abb. 185 zu entnehmen.

(3) Bezugspolitische Variableneignungen
Die Gewichtung der Bezugsmengenpolitik liegt auf der Hand. Der Zentraleinkauf wird eher als der Werkseinkauf gewählt. Die Variablenausprägungen, die eher für den internationalen Einkauf typisch sind (Niederlassung, Reisende, Vertreter, Kooperationen), findet man bei den durch größere Mengen gekennzeichneten Wenn-Bedinungen. Die Wertstoffverkaufskooperation scheint eine eher generell geeignete Variablenausprägung zu sein. Das gilt wohl auch für den Rahmenauftrag. Die Intercoterms weisen starke branchenspezifische Bezüge auf. Der Fixhandelsbezug kommt im Handel, seltener in der Industrie vor, deshalb die geringere Gewichtung. Insgesamt scheinen die Logistikpolitiken nicht unwichtig, ande-

rerseits konzentriert man sich aber auch nicht auf sie. Einen Gestaltungsüberblick gibt die Abb. 186.

Instrumentalvariablen und Variablenausprägungen \ Merkmale			Billigprodukt	Normprodukt	bewährtes Produkt	Spitzenprodukt	innovatives Produkt	Spezialprodukt	Katalogprodukt	Mengenbedeutsamkeit
Servicepolitik	Lieferanten-unter-stützungs-politik	Forschungs- und Entwicklungshilfen				X_2	X_2	X_1		
		Gestaltungshilfen				X_1	X_1	X_1		X_2
		Fertigungshilfen	X_2		X_2	X_2	X_2	X_2		X_2
		Beschaffungshilfen	X_2		X_2	X_2	X_2	X_2		X_2
		Absatzhilfen	X_3		X_2	X_2	X_2	X_2		X_2
		Finanzhilfen				X_2	X_2	X_2		X_2
	Lieferungs-politik	Zustellen	X_2	X_2	X_1	X_2	X_2	X_2	X_3	X_1
		Abholen			X_2	X_2	X_2	X_2	X_2	
		Lieferbereitschaft	X_1	X_2	X_1	X_1	X_1	X_1	X_1	X_1
		Lieferzuverlässigkeit	X_1	X_2	X_1	X_1	X_1	X_1	X_1	X_1
		Abnahmebereitschaft				X_2	X_2	X_2	X_2	X_1
		Abnahmezuverlässigkeit	X_2	X_2	X_2	X_2	X_2	X_2	X_2	X_1
		Lieferqualitätseinhaltung	X_2	X_1	X_1	X_1	X_1	X_1	X_1	X_1
		Abnahmetoleranz	X_2	X_2					X_2	X_2
	Kunden-dienst-politik	Produktionsgerechte Anpassung	X_2	X_2	X_1	X_1	X_1	X_1	X_2	X_1
		Absatzgerechte Anpassung				X_2	X_2	X_2	X_2	
		Montage/Entwicklung/Probelauf				X_2	X_2	X_2	X_2	
		Wartung/Reparatur/Instandhaltung			X_2	X_2	X_2	X_2	X_2	
		Ersatzteilversorgung			X_1	X_1	X_1	X_1	X_1	
		Personalhilfen				X_2	X_2	X_2	X_2	
		Sachhilfen				X_2	X_2	X_2	X_2	
		Kundendienstübernahme			X_2	X_2	X_2	X_2		
		Recyclinghilfen	X_2	X_2	X_1	X_1	X_1	X_1	X_2	X_1
	Garantie-politik	Garantieumfang			X_2	X_1	X_1	X_1	X_1	
		Garantiedauer			X_2	X_1	X_1	X_1	X_1	
		Garantieleistung			X_2	X_1	X_1	X_1	X_1	
		Kulanz	X_2	X_2	X_2	X_1	X_1	X_1	X_2	X_2
	Leistungs-sicherungs-politik	Qualitätsauditierung	X_2		X_1	X_1	X_1	X_1	X_1	X_1
		Qualitätsdokumentation			X_1	X_1	X_1	X_1	X_1	
		TQM	X_2		X_1	X_1	X_1	X_1	X_1	X_1
		Zeitkontrolle	X_2		X_2	X_2	X_2	X_2	X_2	X_1

Abb. 185. Hierarchisierung der servicepolitischen Variablenausprägungen

Instrumentalvariablen und Variablenausprägungen		Merkmale	Billigprodukt	Normprodukt	bewährtes Produkt	Spitzenprodukt	innovatives Produkt	Spezialprodukt	Katalogprodukt	Mengenbedeutsamkeit
Bezugspolitik	Bezugs-mengen-politik	kleine Bezugsmengen					X_2	X_2	X_2	
		große Bezugsmengen	X_1	X_2					X_2	X_1
		variable Bezugsmengen			X_2	X_2	X_2	X_2	X_1	
		Bestellmengeneinhaltung	X_1	X_1	X_1	X_1	X_1	X_1	X_1	X_1
	Bezugs-organ-politik	Zentraleinkauf	X_2	X_2	X_1	X_1	X_1	X_1	X_2	X_1
		Werkseinkauf	X_2	X_2	X_1	X_2	X_2	X_2	X_2	X_2
		Mandatseinkauf	X_1	X_1	X_1	X_2	X_2	X_1		
		Einkaufsniederlassung	X_2	X_2	X_1				X_1	X_2
		Einkaufsreisende	X_2	X_2	X_1					X_2
		Einkaufsvertreter/-makler/ -kommissionäre	X_2	X_2	X_1					X_2
		Einkaufskooperation	X_2		X_1					X_1
		Wertstoffverkaufskooperation	X_2	X_2	X_1		X_1	X_1		X_1
	Bezugs-modalitäts-politik	Rahmenauftrag	X_2	X_2	X_1	X_1	X_1	X_1	X_1	X_1
		Subcontracting				X_2	X_2	X_2		
		Konsignationsbezug			X_2	X_2	X_2	X_2	X_2	
		Exklusivbezug				X_2	X_2	X_1		
		Kapazitätsreservierung			X_2	X_2	X_2	X_1		X_2
		Fixhandelsbezug	X_2		X_3	X_3	X_3	X_3		X_2
		ab-Werk-Erfüllungsort	X_2	X_2	X_2	X_2	X_2	X_2		X_3
		Frachtführerübergabebestimmung	X_2	X_2	X_2	X_2	X_2	X_2		X_2
		Kostenübernahmebestimmung	X_2	X_2	X_2	X_2	X_2	X_2	X_1	X_1
		Ankunftsortbestimmung	X_1	X_2	X_2	X_2	X_2	X_2	X_2	X_1
		Wertstoff-/Abfallrücknahme	X_2	X_2	X_1	X_1	X_1	X_1		X_1
	Bezugs-logistik-politik	Zentrallagerbezug	X_2	X_2	X_2	X_2	X_2	X_2	X_2	X_2
		Niederlassungsbezug	X_2	X_2	X_2	X_2	X_2	X_2	X_1	X_2
		Fremdlagerbezug	X_2	X_2	X_2	X_2	X_2	X_2	X_1	X_2
		Transportmittelvorschriften				X_2	X_2	X_2		
		Transportführervorschriften	X_2	X_2	X_2	X_1	X_1	X_1		X_2
		Transportwegevorschriften	X_2		X_2					X_2
		Kommunikationstechnikfixierung	X_2	X_2	X_2	X_1	X_1	X_1	X_2	X_1

Abb. 186. Hierarchisierung der bezugspolitischen Variablenausprägung

(4) Entgeltpolitische Variableneignungen

Sieht man von der stark branchenspezifischen Zahlungsmodalitätspolitik ab, ergibt sich ein sehr differenziertes Bild. Die Preisdruckpolitik finden wir bei großer Menge und niedrigen Preisen, die Sogpolitik bei den leistungsstarken Produkten. Geht man verstärkt vom Target-costing-Gedanken aus, dann ist – mit unterschiedlichem Gewicht – sicherlich die Preissetzungspoltik interessant. Die Preisbewilligungspolitik, die Leistungspreispolitik und Festpreispolitik eignen sich bei den Produkten der höheren

Leistungsklasse, während die Konkurrenzpreispolitik eher im unteren Bereich gilt.

Instrumentalvariablen und Variablenausprägungen		Merkmale	Billigprodukt	Normprodukt	bewährtes Produkt	Spitzenprodukt	innovatives Produkt	Spezialprodukt	Katalogprodukt	Mengenbedeutsamkeit
Entgeltpolitik	Preispolitik	Preisdruckpolitik	X_1	X_2	X_2				X_1	X_1
		Preissogpolitik				X_1	X_1	X_1		
		Preissetzungspolitik	X_1	X_2	X_1	X_2	X_2	X_1		X_1
		Preisbewilligungspolitik				X_1	X_1	X_2		
		Leistungspreispolitik				X_1	X_1	X_1		
		Konkurrenzpreispolitik	X_1	X_1	X_2				X_1	X_1
		Festpreispolitik			X_1	X_2	X_3	X_2		
		Preisanpassungspolitik	X_2		X_2	X_2	X_2	X_2		X_2
	Rabattpolitik	Mengenrabatt		X_1	X_2				X_1	X_1
		Aufnahme-/Treuerabatt	X_2	X_3	X_2		X_3	X_3	X_2	X_2
		Sonderleistungsrabatt			X_2	X_3	X_2	X_3		X_2
		Skonto	X_2	X_2	X_2	X_2	X_2	X_2		X_2
		Mindermengenzuschlagsverzicht					X_2	X_2	X_2	
	Prämienpolitik	Belieferungsprämie	X_2		X_2	X_1	X_1	X_2		X_2
		Mengenprämie		X_2	X_2					X
		Zeitprämie				X_2	X_2	X_2		
		Sonderleistungsprämie				X_2	X_2	X_1		
	Pönalienpolitik	Objekt-/Modalitätspönalie	X_2		X_2	X_2	X_2	X_1		X_2
	Zahlungsmodalitätspolitik	Zahlungsorganpolitik	X_2	X_2	X_2	X_2	X_2	X_2	X_2	X_2
		Zahlungswegepolitik	X_2	X_2	X_2	X_2	X_2	X_2	X_2	X_2
		Zahlungsterminpolitik	X_2	X_2	X_2	X_2	X_2	X_2	X_2	X_2
		Zahlungsmittelpolitik	X_2	X_2	X_2	X_2	X_2	X_2	X_2	X_2
		Zahlungssicherungspolitik	X_2	X_2	X_2	X_2	X_2	X_2	X_2	X_2
	Kreditpolitik	Lieferantenkreditgewährung			X_2	X_2	X_1	X_1		X_2
		Lieferantenkreditforderung				X_2	X_2	X_2		
		Kapitalbeteiligung			X_3	X_3	X_3	X_3		

Abb. 187. Hierarchisierung der entgeltpolitischen Variablenausprägungen

Die verschiedenen Rabattpolitiken gelten weniger in der Industrie als im Handel, ausgenommen das Skonto. Je wertvoller die Produkte sind, um so weniger ausgeprägt ist das „Rabattgefeilsche". Prämien findet man eher bei den höherleistungsfähigen Produkten, Mengenprämien wohl wenig überraschend nur bei den Mengenmerkmalen. Die Pönalienpolitik wird man dort einsetzen, wo das jeweilige Produkt genauestens eingeplant ist; das wird vor allem bei dem Spezialprodukt zutreffen. Kredite zu gewähren und zu fordern, wird eher bei den leistungsbezogenen Merkmalen zu beobachten sein. Die Abb. 187 zeigt die Zusammenhänge.

(5) Kommunikationspolitische Variableneignungen

In Abb. 188 zeigt sich sehr deutlich, daß sich fast alle Variablenausprägungen bei den Merkmalen des oberen Leistungsbereichs, allerdings mit unterschiedlicher Dringlichkeit einsetzen lassen. So hält man die Drittreferenz für wenig wichtig. Das Normprodukt dürfte dagegen wesentlich weniger kommunikationsgeeignet sein. Insgesamt fällt weiter auf, daß die Kontaktmodalitätspolitik einen hohen Stellenwert einnimmt, was bei der Know-how-Transfer-, der Referenz- und der Werbepolitik so nicht gilt.

Instrumentalvariablen und Variablenausprägungen		Merkmale	Billigprodukt	Normprodukt	bewährtes Produkt	Spitzenprodukt	innovatives Produkt	Spezialprodukt	Katalogprodukt	Mengenbedeutsamkeit
Kommunikationspolitik	Kontakt-modalitäts-politik	Kontaktbereitschaft	X_1	X_2	X_1	X_1	X_1	X_1	X_2	X_1
		Personenadäquanz	X_2		X_2	X_1	X_1	X_1		X_1
		Medienadäquanz	X_1		X_1	X_1	X_1	X_1		X_1
		Einkaufsmesse/Musterschau	X_1	X_2	X_1				X_2	X_1
		Lieferantentag			X_2	X_2	X_1	X_2		X_1
	Einkaufs-abwicklungs-modalitäten	Angebotsmodus	X_1	X_2	X_2	X_1	X_1	X_1	X_2	X_1
		Offertenresonanz		X_2	X_2	X_2	X_1	X_1	X_2	
		Bestell-/Stornierungsmodus	X_1	X_2	X_2	X_2	X_2	X_2	X_2	X_1
		Berechnungsmodus	X_2	X_2	X_2	X_2	X_2	X_2	X_2	X_1
		Reklamations-/Streitmodus	X_2	X_2	X_2	X_2	X_2	X_2	X_2	X_1
	Know-how-Transfer-politik	Problemaustausch			X_2	X_1	X_1	X_1		
		Geheimhaltung				X_1	X_1	X_1		
		Marktinformation				X_2	X_2	X_1		X_2
		Produktanwendungsberatung				X_1	X_1	X_1		
		Unternehmensberatung			X_2	X_2	X_3	X_3		X_2
	Referenz-politik	Lieferantenreferenz				X_1	X_2	X_1		
		Beschafferreferenz			X_3	X_2	X_2	X_1		X_2
		Drittreferenz				X_3	X_3	X_3		
	Werbe-politik	Lieferantenwettbewerbe			X_2	X_2	X_2	X_3		X_1
		Bedarfswerbung			X_2	X_2	X_2	X_1		X_2
		Sprungwerbung				X_1	X_1	X_2		

Abb. 188. Hierarchisierung der kommunikationspolitischen Variablenausprägungen

4.614.3 Zuordnung an einem Beispiel

Eigentlich hätten wir jedes Kreuz mit seiner spezifischen Gewichtung begründen müssen. Das gilt nicht nur an dieser Stelle des Buches. Sicherlich wäre das Buch verständlicher geworden. Es wäre aber wesentlich umfangreicher ausgefallen. Und ob es dann auch noch gelesen worden wäre, scheint zweifelhaft – eine derartige Lektüre reißt ja nicht gerade vom Hocker.

Deshalb sei an dieser Stelle eine Zwischenlösung versucht, die man getrost überspringen kann. Wir wollen zeigen, welche Variablenausprägungen in welcher Bedeutsamkeit bei einem *Spitzenprodukt* eine Rolle spielen können (s. Abb. 189).

Je nach Entwicklungskapazität kann das Spitzenprodukt selbst, vom Lieferanten (*Lieferantenentwicklung*) oder gemeinsam entwickelt werden. Die Strategie des simultaneous engineering dürfte dazu führen, daß die *Partnerentwicklung* an Bedeutung gewinnt. Spitzenprodukte werden tendenziell eher *neu-* als fort*entwickelt*, um die Leistungsspitze zu erhalten. Je mehr Partner- oder gar Lieferantenentwicklung vorliegt, um so näher liegt die *Leistungs-* und nicht die Gestaltungs*vorschrift*. Zum Charakter eines Spitzenproduktes gehören *enge Gestaltungstoleranzen*. Ambivalent ist die *Einpassungs- bzw. Anpassungsentscheidung*. Bei der Entwicklung eines komplexen neuen Produktes herrscht auch für ein Spitzenprodukt als Komponente das Bemühen um Einpassung in das Gesamt vor. Es kann aber auch sein, daß ein Spitzenprodukt auf dem Markt von einem Anbieter (z.B. Intel-Pentium-Chip) vorliegt, das für das eigene Produkt so wichtig ist, daß man sich dem anpassen muß. Zu den engen Gestaltungstoleranzen passen die *geringen Realisationstoleranzen* entsprechend dem gewählten Leistungsniveau. Das gilt auch für die Forderung nach *konstanter Leistung* im Zeitablauf. Hat man selbst wenig zur Leistungsspitze beigetragen, kann der Anreiz für den Lieferanten wichtig sein, wenn man Zusagen über die weitere Verarbeitung macht (*Produktgestaltungszusagen*).

Je mehr die Entwicklung ausgelagert wird, um so zweckmäßiger können *Gestaltungshilfen* sein. Bei einem so wichtigen Produkt sind *Lieferbereitschaft, -zuverlässigkeit* und *-qualitätseinhaltung* selbstverständliche Forderungen. Damit nichts kaputt geht, empfehlen sich *produktionsgerechte Anpassungen. Recyclinghilfen* entsprechen ebenso dem Leistungsniveau wie eine lange und problemlose *Ersatzteilversorgung* und ein *hohes Garantieniveau*. Um die Spitzenleistung zu sichern, sind entsprechende *Qualitätssicherungsmaßnahmen* vonnöten.

hierarchisierte Variablenausprägungen bei einem Spitzenprodukt			
	Mußvariablen (x_1)	Wunschvariablen (x_2)	Kannvariablen (x_3)
Produktpolitik	Eigenentwicklung, Lieferantenentwicklung, Partnerentwicklung, Neuentwicklung, geringe Gestaltungstoleranzen, geringe Realisationstoleranzen, Produkteinpassung, Produktanpassung, Produktleistungskonstanz, Leistungsvorschriften, Programmtiefenpolitik, Programmbreitenpolitik, Produktgestaltungszusagen	Drittentwicklung, Weiterentwicklung, Beschaffermarkierung, Lieferantenmarkierung, Werkzeugbeistellung, Produktvereinheitlichung, Produktdifferenzierung, Produktveränderung, Produktleistungsveränderbarkeit, Produktselektionspolitik, Gestaltungsvorschriften, Lieferantenentwicklung, Produktverwendungszusagen	Produktmixpolitik
Servicepolitik	Gestaltungshilfen, Lieferbereitschaft, Lieferzuverlässigkeit, Lieferqualitätseinhaltung, Produktionsgerechte Anpassung, Ersatzteilversorgung, Kulanz, Recyclinghilfen, TQM, Garantieumfang, Garantiedauer, Garantieleistung, Qualitätsauditierung, Qualitätsdokumentation	Forschungs- und Entwicklungshilfen, Fertigungshilfen, Beschaffungshilfen, Absatzhilfen, Finanzhilfen, Zustellen, Abholen, Abnahmebereitschaft, Abnahmezuverlässigkeit, Absatzgerechte Anpassung, Wartung/Reparatur/Instandhaltung, Sachhilfen, Kundendienstübernahme, Zeitkontrolle, Personalhilfen, Montage/Entwicklung/Probelauf	
Bezugspolitik	Bestellmengeneinhaltung, Zentraleinkauf, Rahmenauftrag, Wertstoff-/Abfallrücknahme, Transportführervorschriften, Kommunikationstechnikfixierung	variable Bezugsmengen, Werkseinkauf, Mandatseinkauf, Subcontracting, Konsignationsbezug, Zentrallagerbezug, Kapazitätsreservierung, Exklusivbezug, Frachtführerübergabebestimmung, Transportmittelvorschriften, Fremdlagerbezug, Ankunftsortbestimmung, Kostenübernahmebestimmung, Niederlassungsbezug, ab-Werk-Erfüllungsort	Fixhandelsbezug
Entgeltpolitik	Preissogpolitik, Preisbewilligungspolitik, Leistungspreispolitik, Belieferungsprämie,	Preissetzungspolitik, Festpreispolitik, Preisanpassungspolitik, Zeitprämie, Aufnahme-/Treuerabatt, Skonto, Mindermengenzuschlagsverzicht, Sonderleistungsprämie, Pönalienpolitik, Zahlungsorganpolitik, Zahlungswegepolitik, Zahlungsterminpolitik, Zahlungsmittelpolitik, Zahlungssicherungspolitik, Lieferantenkreditgewährung, Lieferantenkreditforderung	Sonderleistungsrabatt, Kapitalbeteiligung
Kommunikations-politik	Kontaktbereitschaft, Personenadäquanz, Sprungwerbung, Medienadäquanz, Angebotsmodus, Geheimhaltung, Problemaustausch, Produktanwendungsberatung, Lieferantenreferenz	Lieferantentag, Offertenresonanz, Bestell-/Stornierungsmodus, Berechnungsmodus, Marktinformation, Reklamations-/Streitmodus, Beschafferreferenz, Lieferantenwettbewerb, Bedarfswerbung, Unternehmensberatung	Drittreferenz

Abb. 189. Zu Gruppen hierarchisierte Variablenausprägungen für das Merkmal Spitzenprodukt

Spitzenprodukte sind relativ teuer und für das Endprodukt wichtig, deshalb müssen sie mengengenau geliefert werden (*Bestellmengeneinhaltung*). Im Regelfall werden sie aus den gleichen Gründen auch eher *zentral eingekauft*, hier ist die Beratungs- und Betreuungskapazität größer. Längerfristige *Rahmenaufträge* sind allein wegen des Entwicklungsaufwandes üblich. Den Recyclinghilfen entspricht die Forderung nach *Wertstoff-/Abfallrücknahme*. Um Leistungsschäden zu vermeiden, können *Transportführer* (Spediteure) vorgeschrieben werden; auch Kostenreduktionsgründe sprechen dafür. Um mit möglichst geringen Beständen zu operieren, muß eine geeignete *Kommunikationstechnik fixiert* werden.

Spitzenprodukte überschwemmen nur selten den Markt. Der Lieferant weiß um seine Leistungsstärke. Deshalb hat man mit der beliebten Preisdruckpolitik nur selten Erfolg, sehr viel wahrscheinlicher sind die *Preissogpolitik* und die weiteren eher anreizorientierten entgeltpolitischen Maßnahmen.

Als Pendant zur Produktpolitik muß die Kommunikationspolitik aufgefaßt werden. Wie soll man ein Spitzenprodukt gemeinsam entwickeln, wenn man nicht *kontaktbereit* ist und nicht über geeignete Personen und Medien verfügt *(Personen- und Medienadäquanz*)? Dieselbe Argumentation gilt für den *Problemaustausch*. Je mehr Wissen dabei transferiert wird, um so stärker wird der Wunsch nach *Geheimhaltung*. Verfügt der Lieferant über einen hohen Wissensvorsprung, dann wächst beim Beschaffer das Interesse an entsprechender *Produktanwendungsberatung*. Außerdem muß der Beschaffer gerade bei einem Spitzenprodukt wissen, auf wen er sich einläßt (*Lieferantenreferenz*). Daß ein bekannter Lieferant mit seinem Produkt auch für den Beschaffer wirbt (*Sprungwerbung*), ist ein besonderes Merkmal des Spitzenproduktes.

Auf die gleiche Art und Weise können auch die Wunsch- (x_2) und Kannvariablen (x_3) begründet werden.

Mit diesen Variablenausprägungen sollen die Bedarfsanforderungen (s. Abb. 101) im Verhandlungsprozeß unter Beachtung der Anreizwirkungen umgesetzt werden.

4.615 Beschaffungspolitische Instrumente und Machtkonstellation

Wenn zwei Personen, Personengruppen, Institutionenvertreter miteinander verhandeln, kommt man um die Erörterung des Machtproblems nicht herum. Im Rahmen der *Konstellations*überlegungen wurde Lieferunwilligkeit und monopolistisches Lieferantenverhalten erwähnt. Bei dem Stichwort Konstellationsbewältigung haben wir darauf hingewiesen, daß zunächst die Instrumente der Marktbeeinflussung erörtert werden müßten, bevor eine Zuordnung möglich wäre. Jetzt sind wir soweit.

4.615.1 Zur Machtidentifikation

In Abschn. 4.614.1 haben wir bereits eine Machtmatrix verwendet, ohne im einzelnen zu erläutern, anhand welcher Merkmale wir hohe oder niedrige Macht feststellen. Dies wollen wir jetzt nachholen; es geht um die Operationalisierung der Macht. Dabei wollen wir in Markt- und Akteursdaten trennen (s. Abb. 190).

	Lieferantenmacht		**Beschaffermacht**	
Marktkriterien	**stark**	**schwach**	**stark**	**schwach**
Anzahl der Anbieter	wenige	viele	viele	wenige
Anzahl der Nachfrager	viele	wenige	wenige	viele
Konjunkturlage/Kapazitätsauslastung	gut	schlecht	schlecht	gut
substitutive Problemlösungen	nicht vorhanden	vorhanden	vorhanden	nicht vorhanden
durchschnittl. jährliches Wachstum	groß	klein	klein	groß
Markteintrittsbarrieren	hoch	niedrig	niedrig	hoch

Abb. 190. Zur Operationalisierung der Macht I

Neben diesen Kriterien sind weitere denkbar. Einige dieser Aspekte haben wir bereits mit den akzessorischen Entscheidungsmerkmalen Nachfrage- und Angebotsstruktur sowie Objektersetzbarkeit erfaßt. An dieser Stelle dienen diese Merkmale als Klassifikationskriterien.

Als Akteursdaten lassen sich die Lieferer- und Beschafferdaten erfassen; die folgenden (s. Abb. 191) können benutzt werden; weitere sind möglich.

Kriterien		stark	schwach
Lieferantendaten	- Marktanteil des Lieferanten	groß	klein
	- Leistungsfähigkeit	hoch	niedrig
	- Auslastung der Kapazität	gut	schlecht
	- Break-even-Punkt	niedrig	hoch
Beschafferdaten	- Marktanteil des eigenen Bedarfs	groß	klein
	- jährliche Bedarfserhöhung	groß	klein
	- Anteil des Beschaffers am Umsatz des Lieferanten	groß	klein
	- Möglichkeit zur Eigenfertigung	groß	klein
	- Höhe der Umstellkosten bei Lieferantenwechsel	gering	hoch

Abb. 191. Zur Operationalisierung der Macht II

Je nach Ausprägung dieser Kriterien können wir die Beschaffer-Lieferantenposition in einem der 4 Felder in Abb. 182 bestimmen.

4.615.2 Maßnahmen

Noch einmal sei betont, daß wir von einer Win-Win-Zielsetzung ausgehen. Vor diesem Hintergrund macht es Sinn, eine eigene schwache Position (z.B. Feld I in Abb. 182) so zu verbessern, daß man vom Lieferanten als gleichgewichtiger Partner wahrgenommen wird, sich also durch entsprechende Maßnahmen (Instrumente) in Richtung des Feldes II bewegt. Das Ziel liegt also im eigenen *Machtaufbau* durch Schaffung von Gegenmacht. Eine andere Stoßrichtung hat das eigene Beschaffungshandeln, wenn man sich auf die Beeinflussung der Lieferantenmacht konzentriert. Hier lassen sich zwei Alternativen unterscheiden:

- *Abbau* von *Lieferantenmacht*: Was kann man tun, um die vorhandene Lieferantenmacht zu reduzieren? Neben dem schon erwähnten Zielaspekt des eigenen Machtaufbaus muß darüber nachgedacht werden, durch welche Maßnahmen die Lieferantenmacht reduziert werden kann.
- *Verhinderung* des Aufbaus von *Lieferantenmacht*: Macht entsteht im Regelfall durch eigenes und fremdes Handeln. Der Beschaffer kann durchaus zum Machtaufbau des Lieferanten beigetragen haben. Daraus ergeben sich zwei Stoßrichtungen:
  - Vermeidung von lieferantenmachtstärkendem *Beschaffungshandeln*
  - Ablehnung von machtstärkendem *Lieferantenhandeln*

Die machtbeeinflussenden Maßnahmen können gruppiert werden in

- eher grundsätzliche Überlegungen: Strategische Grundpositionen der Machtbeeinflussung;
- eher konkrete Handlungspositionen auf der Instrumentalebene.

(1) Strategische Maßnahmen
Entsprechend den genannten Schwerpunkten haben wir es mit Maßnahmen

- zum Aufbau von Beschaffermacht,
- zum Abbau von Lieferantenmacht,
- zur Verhinderung des Entstehens von Lieferantenmacht

zu tun. Der Aufbau der eigenen führt zwangsläufig zur Reduktion der Lieferantenmacht gegenüber dem Beschaffer. Nur die Ansatzpunkte unterscheiden sich. Dem eigenen *Machtaufbau* dient u. a. die Strategie der Vereinheitlichung (Plattform/Baukastensystem), die Menge der Gleichteile wächst. Dazu kann auch eine Kooperation mit anderen Beschaffern beitragen. Als A-Kunde ist man für den Lieferanten besonders interessant. Die Konzentration der gesamten Menge auf einen Lieferanten (Single-Sourcing) hebt das eigene Gewicht. Neben der strategischen Mengenkomponente kann auch durch eine Qualitätskomponente (→ Know-how-Vorsprung) z.B. im Rahmen des simultaneous engineering die eigene Position gegenüber dem Lieferanten gestärkt werden.

Dem *Machtabbau* dienen eher Bezugsstrategien. Global sourcing zieht den Weltmarkt in die Gesamtüberlegungen ein, in der Planungsanfangsphase verfügt man über einen großen Alternativenraum – Weltmarktanteile sind eben kleiner als nationale Marktanteile. Ähnliches gilt für die Strategie der Märktemischung. Dem Machtabbau dient auch das dual oder multiple sourcing, man kann auf andere Lieferanten ausweichen, wenn sich der machthabende Lieferant opportunistisch verhält. Zeitlich begrenzt gilt das auch für die Wahl der Vorratsstrategie – bei der Just-in-time-Belieferung liegt eine hohe gegenseitige Abhängigkeit vor.

Im Rahmen der *Machtverhinderung* wird man beispielsweise neben dem wichtigen Lieferanten (Hauptlieferant) auch noch einen Ausweichlieferanten einbeziehen, von dem man kleinere Mengen auch aus Wettbewerbsgründen beschafft (dual sourcing).

(2) Instrumentenbezogene Maßnahmen
Auch in diesem Handlungsumfeld können wir uns an den Bereichen

- eigener Machtaufbau,
- Lieferantenmachtabbau,
- Lieferantenmachtverhinderung

orientieren.

Zum *Aufbau* eigener Macht gegenüber dem Lieferanten dienen nicht nur Beschaffungsmaßnahmen, auf die wir uns hier konzentrieren müssen. Vor dem Hintergrund dessen, was das gesamte Unternehmen bzw. einzelne Funktionsbereiche im Verhältnis zur Konkurrenz erreicht haben bzw. erreichen wollen, hat es der Beschaffer leichter oder schwerer, seinen Anforderungen Gehör zu verschaffen. Stärkeres Wachstum, bedeutsame Marktgröße usw. schlagen sich im Mengenaspekt nieder, hohes Ansehen am Markt (Qualitätsimage der Produkte, der Produktion, der Entwicklung, der Beschaffung) eignen sich zur Referenzpolitik, beste Zukunftschancen des Beschaffers in neuen Märkten steigern das Interesse des Lieferanten, um mit dem Beschaffer in diesen Märkten mitwachsen zu können. Auch einzelne Variablenausprägungen sind für den Machtaufbau geeignet. Produktionsgünstige Eigenentwicklungen mit hoher Marktlebensdauer interessieren den Lieferanten aus Kosten- und Kapazitätsnutzungsgründen. Ausgereifte Gestaltungsvorschriften (Konstruktionszeichnungen) reduzieren nicht nur das Lieferantenentwicklungsrisiko, sie eröffnen ihm auch Chancen, an diesem Know how zu partizipieren. Stark forderungsorientiert ist die Beschaffermarkierung. Auch das Ersatzteilgeschäft bleibt in der Hand des Beschaffers; ein Lieferantenwechsel fällt auf dem Absatzmarkt nicht auf.

Alle Maßnahmen der Lieferantenunterstützungspolitik stärken, solange sie notwendig sind, die Macht des Beschaffers. Ähnliches gilt für die Maßnahmen der Leistungssicherungspolitik, wenn hier der Beschaffer dem Lieferanten voraus ist. Wenig neu ist der Hinweis, daß große Bezugsmengen machtsteigernd wirken. Standardisierung und Zentralisierung führen zu einem einheitlichen Auftritt beim Lieferanten. Die bedeutsame Eigenentwicklung kann durch Exklusivbezug zeitlich begrenzt geschützt werden und damit dem Machterhalt dienen. Auch die Absicherung (Geheimhaltung) des Know-how-Transfers, verbunden mit Pönalien bei Mißbrauch, stärkt die eigene Position.

Lieferantenmacht*abbau* erfolgt in der Verbindung von Eigen- und Neuentwicklung. Die Werkzeugbeistellung erleichtert den Lieferantenwechsel bei single sourcing. Beschaffungszentralisierung schafft die Voraussetzung, um über mehr Gleichteile und mehr Beschaffungsobjekte (Programmbreite) das Beschaffungsvolumen beim Lieferanten zu steigern und damit durch Gegenmacht die Lieferantenmacht zu relativieren. Aufwendig und nicht ganz unproblematisch ist der Aufbau eines neuen Lieferanten, wenn Probleme mit den bisherigen auftauchen. Allein die Drohung mag wirken; wer sie dann im Ernstfall nicht umsetzen will und kann, verliert an Glaubwürdigkeit. Gelingt es, bei den Verhandlungen Vertragsinhalte bei Nichteinhaltung mit Sanktionen zu versehen (Pönalien), dann wirkt allein das Drohpotential machtnutzungsreduzierend. Lieferantenwettbewerb auf

Lieferantentagen kann dazu führen, daß kleine, noch marktunbedeutende Anbieter dem mächtigen wirksame Nadelstiche versetzen. Die Verbesserung der Kontakte zu potentiellen Neulieferanten (z.B. Einkaufsmesse, Internetauftritt) kann die Chancen verbessern, Alternativlieferanten zu gewinnen. Das Wissen des Mächtigen, daß er ersetzbar ist und daß der Beschaffer Anstrengungen unternimmt, den Alternativenraum auch faktisch zu vergrößern, kann zu einem machtreduzierenden Verhalten führen.

Und schließlich muß über die *Verhinderung* des Entstehens von Lieferantenmacht durch Instrumentalauswahl nachgedacht werden. Aktuelle Beispiele zeigen, wo Fehler gemacht wurden. Wenn ein Lieferant besonders tüchtig ist, und man sich deshalb auf ihn konzentriert und wenn dies auch andere Beschaffer aus gleichem Grund tun, dann trägt eine Branche mit dazu bei, daß ein Monopolist entsteht. Monopolistisches Fehlverhalten (opportunistisches Verhalten) kann dann vorkommen. So kann die Vermeidung der Lieferantenentwicklung zur Vermeidung von Macht beitragen. Auch das Bemühen um Produktstandardisierung verringert die Gefahr von Spezialistenmacht. Das frühzeitige Aufteilen der gesamten Bezugsmenge auf mehrere Lieferanten begrenzt ebenfalls die Macht, allerdings wird dadurch auch die Nutzung von Kostendegressionsvorteilen verhindert. Insbesondere durch eine proaktive Kontaktmodalitätspolitik kann man frühzeitig hellhörig über sich anbahnende Veränderungen bisheriger Verhaltensweisen werden.

4.62 Der Verhandlungsprozeß

Es stellt sich die Frage, wie man mit dem bisher entwickelten Instrumentarium umgehen kann.

Statt einen früher gewählten Verhandlungsprozeß um- und auszubauen, greifen wir auf die Grundstruktur eines Prozesses zurück, den Stephany in ihrer Dissertation gegenwärtig entwickelt (Veröffentlichungstermin: 2004). Sie geht von 3 Phasen aus

- Vorbereitung
- Durchführung
- Nachbereitung

4.621 Vorbereitungsphase

In dieser Phase können wir auf bisherige Überlegungen zurückgreifen.

(1) Bestimmung der Verhandlungsposition

Zunächst ist die *Kaufsituation* zu beschreiben. Sie wird geprägt durch die ziel-, bedarfs- und marktinduzierten Merkmale des Interaktionsobjektes (s. Abb. 39). Wegen ihrer besonderen Bedeutung haben wir uns durchgängig auf die zielinduzierten Objektmerkmale konzentriert. In der Marktanalyse haben wir im Rahmen der Mikrokriterien die Marktmachtsituation geprüft (s. Abb. 125). Prinzipiell gehen wir zwar von gleichgewichtiger Machtverteilung aus (→ Win-Win-Situation), vorbereiten müssen wir uns aber auch darauf, wieweit wir eine für uns günstige Machtsituation nutzen bzw. was wir in einer für uns ungünstigen Situation zusätzlich anbieten müssen. In dieser ökonomisch geprägten Nachfrage- bzw. Angebotsmacht, kann persönliche Macht hinzutreten, die durch Kompetenz, Wissensvorsprünge, Argumentationsfähigkeit, Brillanz des Auftritts beeinflußt wird. Man muß sich also Gedanken über die eigenen *Verhandlungspartner* und die der Anbieterorganisation machen. Insonderheit interessiert das Verhalten. Es wird geprägt durch die explizite oder implizite Wahl der Interaktionsstrategien, -stile und Taktiken. Als *Interaktionsstrategien* erwähnt Stephany die

- Vermeidungsstrategie,
- Anpassungsstrategie,
- Kampfstrategie,
- Kooperationsstrategie,
- Kompromißstrategie.

Bisher haben wir unterstellt, daß im Buying-Team die Funktionsvertreter mitwirken, die zur Optimierung des Verhandlungsvorschlages an das Selling-Team beitragen können. Wenn man unterstellt, daß die Teammitglieder erfolgsorientiert bezahlt werden, dürfte sich intern die Kooperationsstrategie als Interaktionsstrategie empfehlen, Kampfstrategien sind wenig hilfreich. Dort, wo es wenig kostet, wo es nicht so bedeutsam ist, sind auch Anpassungs- oder Kooperationsstrategien denkbar, jedoch meist nur als second-best-Lösungen. Wenn Mitglieder des Buying-Teams bemerken, daß Bündnisse gegen sie geschmiedet werden, wird das die interne Lösungsfindung lähmen. Diese Überlegungen müssen auf das Verhandlungsgespräch mit dem Selling-Team übertragen werden. Wer mit einer Kampfstrategie als Team auftritt, muß damit rechnen, daß die andere Seite „mauert", eine gemeinsame Suche nach einer Win-Win-Situation wird so verhindert. Crossfunktionales und –unternehmensüberprüfendes (cross-Unit) Denken wird durch die Kooperationsstrategie in der Verhandlung am ehesten gefördert. Die nächstbeste Lösung bietet die Kompromißstrategie, sie ist die wahrscheinlichste, wenn man auf dem Kooperationswege nicht

alle Interessenunterschiede hat ausräumen können. Die Anpassungsstrategie wird im Falle einer monopolitischen Angebotsstruktur, die nicht veränderbar ist, kaum zu umgehen sein. Die Vermeidungsstrategie wird gewählt, wenn die Beziehung ebenso wenig bedeutsam wie das Verhandlungsergebnis ist. Wenn man merkt, daß man nicht recht voran kommt, bricht man die Gespräche ab.
Mit den Interaktionsstrategien sind im Regelfall spezifische *Interaktionsstile* insofern verbunden, als einige weniger, andere mehr geeignet sind. Ein *rational-diskursiver* Interaktionsstil, der nicht behauptend, sondern begründend Lösungsvorschläge einbringt, entspricht der Kooperationsstrategie. Das dürfte auch für einen *analytisch-partizipativen* Stil gelten, bei dem das Lösungsbemühen auch für die andere Seite deutlich wird. Anders sieht es bei dem *arrogant-aggressiven* Stil aus. Im Bewußtsein, es besser als alle anderen zu wissen, wird mit dem Weniger-Wissen der anderen gespielt, die im günstigsten Fall das Mehr-Wissen bewundern, aber sich doch eigentlich nicht als „Toren" abkanzeln lassen wollen und deshalb reduktiv reagieren, mauern. Ebenso wenig zielführend ist der *aggressive-konfliktäre* Stil, mit Hilfe dessen versucht wird, kreative Potentiale zu wecken. Dieses vielleicht im Fußballgeschäft phasenweise nützliche Verhalten dürfte der Suche nach konvergentem, aber auch divergentem Denken entgegenstehen. Die bisherigen Stile betonen die Aktionssicht, wie man in ein Gespräch hineingeht, weniger jedoch wie man auf Aggressivität auch noch reagieren kann, wenn man auf den Lieferanten angewiesen ist. Dafür wollen wir den passiven Duldungsstil wählen. Man versucht weiterzuverhandeln, ohne sich wesentlich durch Aggressionen aus dem Konzept bringen zu lassen.

Einen noch spezifischeren Aspekt des Verhandlungsprozesses bildet die Verhandlungs-*(Gesprächs-)Taktik*. In der Verhandlungsführung kann die Taktik gewechselt werden. Stephany unterscheidet die affirmative (bejahende), defensive (abwehrende), offensive (angreifende), negative (verneinende) und interrogative (fragende) Taktik.

Interaktionsstrategien und –stile werden in einem spezifischen *Interaktionsklima* realisiert. Neben dem internen interessiert auch das Beziehungsklima zwischen Unternehmen. Darauf haben wir bereits unter dem Aspekt der Lieferantenpflege hingewiesen. Das Interaktionsklima weist mehrere Facetten auf. Die emotionale Ebene wird durch psychologisches Bindungspotential (Streben nach Vereinfachung, Risikoreduktion, soziale Integration, Prestige), Beziehungsqualität (Vertrauen, Commitment, Zufriedenheit, soziale Faktoren), die Dauer der Bekanntschaft (Regelmäßigkeit der Beziehung, Erfahrungswerte) und das Referenzpotential (Bekanntheit) beeinflußt; die Sachebene wird beeinflußt durch die Beschaffungsobjektmerkmale, das Marktpotential, das Innovations- und

Informationspotential; die Organisationsebene erfaßt das gesamte Synergiepotential (Kommunikations-, Logistiksysteme, Intensitätskooperativen Handelns), und die Machtebene erstreckt sich schließlich auf das Machtpotential (Marktstellung, Angebots-/Nachfragestruktur, Leistungs-/Mengenverfügbarkeit, das Erfolgspotential (Umsatz, Deckungsbeitrag) und das vertragliche Bindungspotential (Vertragsformen). Diese vier unterschiedlichen Beziehungsinhalte lassen sich in einer Matrix (geschäftliche Beziehungen: Sachebene, Organisationsebene, Machtebene/emotionale Ebene) gegenüberstellen. Daraus ergeben sich 4 Felder (Abb. 192).

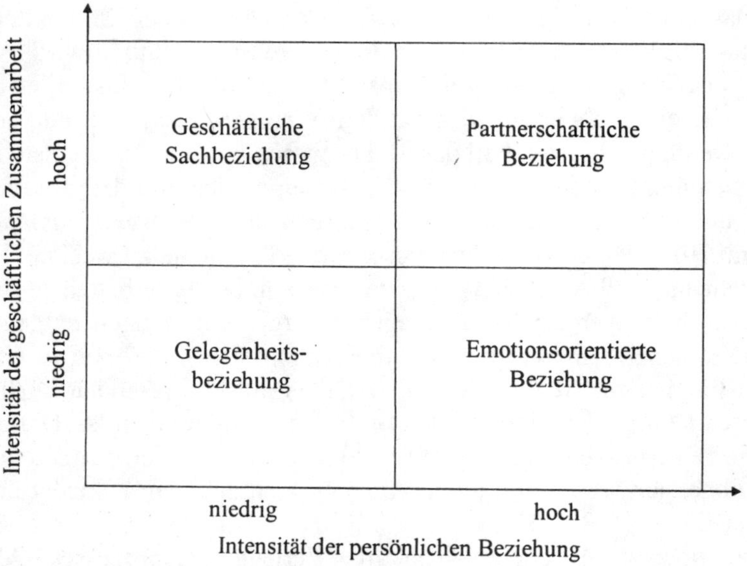

Abb. 192. Geschäftsbeziehungsportfolio

Des weiteren sind die Verhandlungspartner jeweils in ihre spezifische Organisationsstruktur, die Unternehmensziele und –potentiale eingebunden. Je differenter die Anbieter- und Beschafferorganisationen sind, um so größere Stolpersteine müssen beseitigt werden. Oder anders herum: Die Suche nach ähnlichen Strukturen und Gegebenheiten erleichtert die Verhandlungen. Deshalb haben wir ja dem Selbstauskunftsfragebogen (s. Abb. 145) so viel Beachtung geschenkt.

(2) Festlegung der Verhandlungsbasis

Mehrere Entscheidungen sind vonnöten.

Aus den Interaktionsstrategien lassen sich *Verhandlungsstrategien* ableiten. Stephany schlägt die in Abb. 193 enthaltene Struktur vor. Diese Verhandlungsstrategien müssen angesichts vorheriger Ausführungen nicht näher erläutert werden. Sie sind aufgespannt zwischen den Achsen der Bedeutsamkeit für das Verhandlungsergebnis und der Bedeutsamkeit für die Beschaffer-Lieferantenbeziehung.

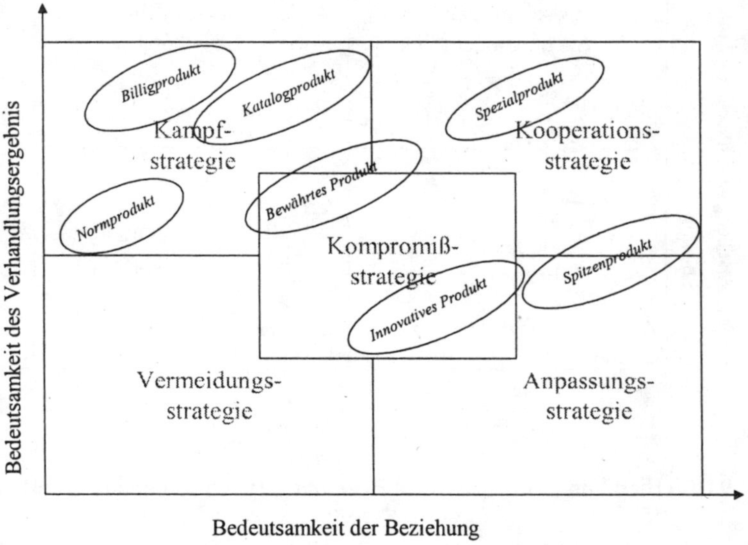

Abb. 193. Beispielhafte Zuordnung von Beschaffungsobjekten zu Strategien

Um die Entscheidungsrelevanz deutlich zu machen, sind in die Verhandlungsstrategiefelder die Beschaffungsobjektziele verortet worden. Dies soll in 3 Fällen begründet werden. *Spitzenprodukte* gibt es nur von wenigen Anbietern; man kann gezwungen sein, sich dem Lieferanten anzupassen; das hängt von dessen Interesse an einer Lieferbeziehung zum Beschaffer ab. *Spezialprodukte* werden aus der Sicht des Beschaffers konzipiert. Um bestmögliche Lösungen zu generieren, müssen Beschaffer und Lieferant gemeinsam Lösungsvorschläge erarbeiten. *Technisch innovative* Produkte, die den Absatzerfolg des eigenen Produktes beflügeln, also konkurrenzdifferenzierend wirken, können eine starke Marktstellung des Lieferanten bewirken, die zum Kompromiß zwingt, wenn man keine andere Wahl hat. Prinzipiell ähnliche Überlegungen ließen sich in der Zuordnung von *Beziehungstypen* und Beschaffungsobjekttypen anstellen (s. Abb.194).

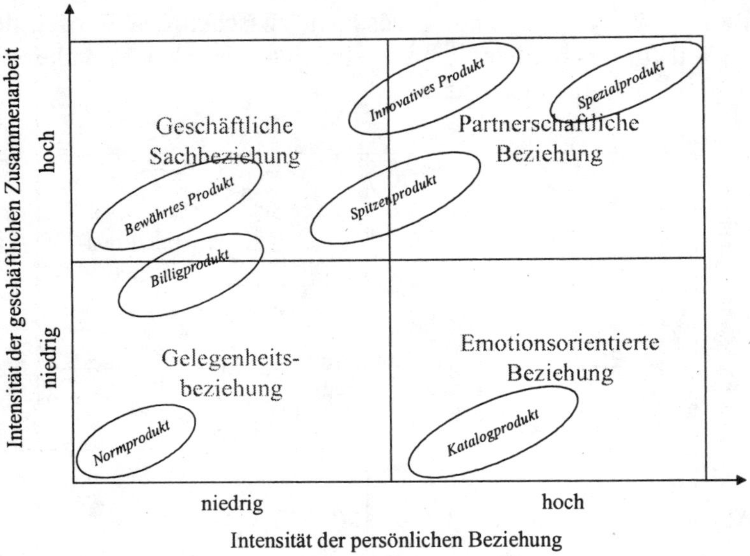

Abb. 194. Verhandlungsstrategien und Beziehungstypen (Stephany 2004)

Der Emotionsbeziehungstyp beruht auf einer langen intensiven Lieferanten-Beschafferbeziehung (hohes Vertrauen, Commitment usw.), ohne daß eine intensive Geschäftsbeziehung vorläge. Die partnerschaftliche Beziehung beruht auf Offenheit im Geben und Nehmen, es handelt sich um eine hoch kommunikative Beziehung, um gemeinsam bestmögliche Lösungen zu erarbeiten, Vertrauen und Commitment sind wesentliche Verhaltensgrundlagen. Das fehlt in starkem Maß in der geschäftlichen Sachbeziehung. Man sieht den Vorteil in der gemeinsamen Beziehung, beäugt sich aber eher mißtrauisch. In der Gelegenheitsbeziehung ist alles eher niedrig ausgeprägt, die Interaktionsobjekte stellen einem Lieferantenwechsel keine großen Hindernisse in den Weg.

Auch hier mögen wiederum nur einige Zuordnungserklärungen genügen. Der Normprodukttyp, in seinen wesentlichen Dimensionen fixiert und damit zwischen Lieferanten austauschbar, legt eine Gelegenheitsbeziehung nahe. Die Typen Spezialprodukt, Innovation und Spitzenprodukt eine partnerschaftliche Beziehung, weil man in diesen Fällen zur bestmöglichen Leistungsnutzung zum integrativen Arbeiten neigt.

Und schließlich lassen sich Beziehungstypen und Verhandlungsstrategietypen zuordnen (s. Abb 195).

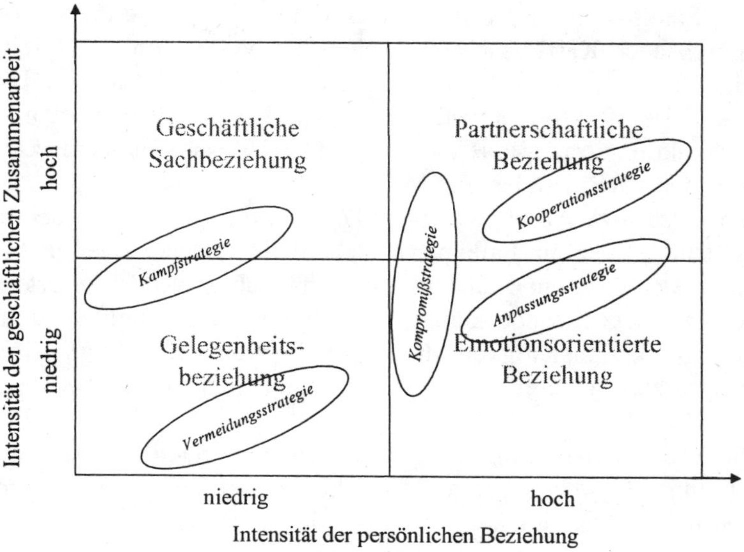

Abb. 195. Beziehungstypen und Beschaffungsobjekttypen (Stephany 2004)

Daß Kooperationsstrategien partnerschaftliche Beziehungen erfordern, überrascht wenig. Bei Gelegenheitsbeziehungen wird man die eher ausstiegsorientierte Vermeidungsstrategie vorfinden. Sowohl hier wie auch in der sachlichen Geschäftsbeziehung, also dort, wo Vertrauen und Commitment fehlen, begegnet man der Kampfstrategie: Anpassung und Kompromiß setzen hohe Intensität der Beziehung voraus. Der Unterschied liegt in der Gleich-/Ungleichverteilung des Entgegenkommens.

In der Vorbereitung muß sich nun an diese eher grobe Clusterung eine spezifische *Instrumentierung* anschließen. Die wichtigste Vorarbeit haben wir mit der Entwicklung, Zuordnung und Gewichtung des vom Beschaffungsobjekttyp abhängigen beschaffungspolitischen Instrumentalbündels (s. Abb. 184-188 und insbesondere für Spitzenprodukte die Gesamtabb. 189) geleistet. Dies stellt das Gesamtangebot dar, das man dem Lieferanten offerieren will. Es enthält das Forderungs-Anreizmix, das als Verhandlungsgrundlage dienen soll.

(3) Organisatorische Vorbereitungen

Zunächst muß das *Verhandlungsteam* zusammengestellt werden. Projektteamsitzungen sind Parttime-Veranstaltungen. Sie unterbrechen die jeweilige Haupttätigkeit und sind deshalb nicht sonderlich beliebt. Ausgewählte Teammitglieder müssen jedoch teilnehmen, Stellvertreterlösungen sind denkbar. Sanktionen und Anreize müssen die Mitwirkung erzwingen. Dazu gehören auch Karriereanreize. Neben der Motivation spielt selbstverständlich auch die Kompetenz eine große Rolle. Die besten im Team zu haben und sie effektiv zu moderieren, schafft hohe Erfolgspotentiale. Je nach Interaktionsstrategie, Beziehungstyp und Beschaffungsobjekttyp fallen Kreis der Mitwirkenden und Mitwirkungsdauer unterschiedlich aus.

Dann müssen *Zeiten* und *Orte* der *Verhandlung* geplant werden. Offenkundig benötigt man im Falle partnerschaftlicher Beziehungen und kooperativen Strategien mehr Zeit und atmosphärisch „lösendere" Orte als im Falle einer Gelegenheitsbeziehung. Wichtig bei der Ortswahl ist zum einen die Kommunikationsfähigkeit, die Zugänglichkeit zu benötigten Informationen, und zum anderen die Störungsfreiheit („Das Handy bleibt ausgeschaltet").

Eine kurze Übersicht faßt beispielhaft die bisherigen Ausführungen der Vorbereitungsphase bezogen auf die Alternativen Gelegenheits- und partnerschaftliche Beziehung zusammen (s. Abb. 196).

Gelegenheitsbeziehung	partnerschaftliche Beziehung
• Geringer Informationsbedarf, da Kaufsituation bekannt oder Objekt trivial • Vorrangige Festslegung von Kostenzielen	• Hoher Informationsbedarf, da Kaufsituation neu oder Objekt komplex • Vordergründig Festlegung von Qualitätszielen, Prüfen von Potentialen zur Leistungssicherung
• Vermeidungsstrategie möglich • Vorrangig bezugs- und entgeltpolitische Ziele • Entwicklung von Kriterien zur Kostenbeurteilung	• Kooperations-/Kompromißstrategie möglich • Vorrangig leistungssichernde Instrumente • Insg. eingeschränkter Kontrollmechanismus durch bereits etablierte vertrauensvolle Beziehung, Entwicklung von Kriterien, um Leistung und Qualität zu beurteilen
• Wenige Entscheidungsträger • Verhandlungsort eher unbedeutend, evtl. durch Internetplattform ersetzen	• Mehrere Entscheidungsträger aus verschiedenen Hierarchiestufen und Funktionsbereichen, evt. Drittparteien • Exklusiven Verhandlungsort auswählen, geraumen Zeitraum einplanen • Verhandlungsatmosphäre schaffen

Abb. 196. Vorbereitungsüberlegungen in Abhängigkeit vom Geschäftsbeziehungstyp

4.622 Durchführungsphase

Der potentielle Lieferant hat das Anforderungs-/Anreizmix erhalten. Dort wird das Selling-Team das Mix geprüft haben und seinerseits dem Nachfrage- ein Angebotsmix gegenüberstellen. Es dürfte den Verhandlungsablauf erleichtern, wenn dieses Angebotsmix dem Buying-Team bereits vor der ersten gemeinsamen Sitzung zur eigenen Vorbereitung zur Verfügung gestellt wird. Das hängt von der jeweiligen Strategiewahl ab.

Im Regelfall differieren Angebotsmix und Beschaffernachfragemix. Es beginnen die Verhandlungen. Zunächst sind es Parteienverhandlungen – jede Partei versucht ihre Vorstellungen durchzusetzen. Treffen jeweils Kampfstrategien aufeinander, wird das schnell zum Verhandlungsabbruch führen. Kompromißstrategie, Anpassungsstrategie und Kooperationsstrategie führen jedoch zu Problemlösungsverhalten, zu kreativen Prozessen. Im Rahmen der Planungsprozesse hatten wir die Stufen

- Problemanalyse,
- Problemlösung

erwähnt.

(1) Problemanalyse: Feststellung von Diskrepanzen
In der Präsentation der jeweiligen Angebote (Mixe) schälen sich zunächst die *Instrumentaldifferenzen* heraus. Das ist meist die Preisdifferenz. Es erleichtert die weitere Verhandlung nur scheinbar, wenn man sich dann auf die Verhandlung über Differenzen konzentriert, denn die spätere Lösung der Differenzprobleme kann auch zu Verschiebungen des anfänglich Nichtdifferenten führen. Bei dieser Diskussion über Instrumentaldifferenzen sollte man über die jeweiligen Schmerzgrenzen (nominal, ordinal und kardinal) sprechen. So kann der Beschaffer die durch das Targetcosting vorgegebene Preisobergrenze erläutern, die auf keinen Fall überschritten werden darf.

Im Gegensatz zu diesen bereits vor der ersten gemeinsamen Verhandlungsrunde offenkundigen Diskrepanzen treten die weiteren bereits in der Vorbereitungsphase erwähnten Aspekte erst während der Verhandlung auf. Der eigenen Interaktionsstrategie steht die Lieferanteninteraktionsstrategie gegenüber, wenn sie nicht als Verhandlungskontinuität aus früheren Verhandlungen bekannt sind. Stephany schlägt die in Abb. 197 enthaltenen Strategiekombinationsmöglichkeiten vor.

VH-Strategien

des Lieferanten / des Beschaffers	Kooperations-strategie	Anpassungs-strategie	Kompromiß-strategie	Kampf-strategie	Vermeidungs-strategie
Kooperations-strategie	k.A.	k.A.	Kompromiß-strategie	Kompromiß- / Vermeidungs-strategie (a)	Vermeidungs-strategie (p)
Anpassungs-strategie	k.A.	k.A.	k.A.	Vermeidungs-strategie (a)	Vermeidungs-strategie (p)
Kompromiß-strategie	k.A.	k.A.	k.A.	Vermeidungs-strategie (a)	Vermeidungs-strategie (p)
Kampf-strategie	Kompromiß-strategie	Kompromiß-strategie	Kompromiß-strategie	Vermeidungs-strategie (a)	Vermeidungs-strategie (p)
Vermeidungs-strategie	Kompromiß- / Vermeidungs-strategie (a)	Kompromiß- / Vermeidungs-strategie (a)	Kompromiß- / Vermeidungs-strategie (a)	k.A.	k.A.

k.A.= keine Anpassung der Verhandlungsstrategien des Beschaffers, da es trotz unterschiedlicher Strategien des Lieferanten nicht zu Problemen kommen muß
(a) = aktive Vermeidung (durch den Beschaffer begründet)
(p) = passive Vermeidung (durch den Lieferanten begründet)

Abb. 197. Mögliche Anpassungen der Verhandlungsstrategie

Auch in den Interaktionsstilen können Diskrepanzen auftreten. Prinzipiell gilt: je ähnlicher die Stile, um so geringere Verhandlungsschwierigkeiten. Stephany schlägt die in Abb. 198 enthaltenen Kompatibilitätsüberlegungen vor.

VH-Stile

des Lieferanten / des Beschaffers	analytisch-partizipativ	rational-diskursiv	arrogant-aggressiv	aggressiv-konfliktär	defensiv
analytisch-partizipativ	k.A.	k.A.	rational-diskursiv	defensiv	k.A.
rational-diskursiv	k.A.	k.A.	defensiv	defensiv	k.A.
arrogant-aggressiv	k.A./ rational-diskursiv	k.A./ rational-diskursiv	k.A./ defensiv	defensiv	rational-diskursiv
aggressiv-konfliktär	rational-diskursiv	rational-diskursiv	rational-diskursiv	defensiv	rational-diskursiv
defensiv	k.A.	k.A.	k.A.	k.A.	k.A.

k.A.= keine Anpassung der Verhandlungsstrategien des Beschaffers, da es trotz unterschiedlicher Interaktionsstile des Lieferanten nicht zu Problemen kommen muß

Abb. 198. Verhandlungsstilanpassungen

Bezüglich des Interaktionsklimas erübrigen sich derartige Zuordnungsüberlegungen, weil die Beziehungen bereits beide Seiten erfassen.

(2) Problemlösung
Grundsätzlich gilt, daß man die problemadäquate Lösung mit möglichst geringem Aufwand zu erzielen versucht. Die problemadäquate Lösung besteht in einer Vereinbarung über die optimierten Anforderungen mit möglichst wenig kostenden Anreizen. Das Verhandlungsergebnis soll in möglichst kurzer Zeit erreicht werden und während der Vertragsdauer eine Win-Win-Lösung ermöglichen.

Das Annähern von Anforderungen und Anreizen wird in Abhängigkeit von der beschaffungsobjektbezogenen Entscheidungssituation (z.B. Spitzenprodukt) möglicherweise in mehreren Optimierungsschritten erreicht werden. Dann sind Zwischenprotokolle mit Ergebnissen und Begründungen erforderlich. Die Protokolle sind von allen Teammitgliedern zu unterschreiben, damit sich keiner der Verantwortung entziehen kann. Aus den Verhandlungsprotokollen sollte deutlich hervorgehen, wer mit welchem Lösungsbeitrag zum Verhandlungabschluß beigetragen hat.

Am Ende steht der Vertragsabschluß. Während des Verhandlungsprozesses kann es zu Abbruchüberlegungen kommen, wenn die Diskrepanzen auf der

- Instrumentalebene,
- Strategieebene,
- der Verhandlungsstilebene

so groß sind, daß eine der Seiten keine Annäherungsmöglichkeiten sieht. Daraus folgende Abbruchdrohungen hinterlassen wenig Eindruck, wenn dann nicht entsprechendes Verhalten (Verhandlungsabbruch) folgt.

4.623 Nachbereitungsphase

Eine Verhandlungskontrolle erstreckt sich auf

- den Verhandlungsprozeß
- das Verhandlungsergebnis.

Im Rahmen der Verhandlungsprozeßkontrolle interessiert, was den Verhandlungserfolg erleichtert und was sein Zustandekommen erschwert hat. Beeinflussende Faktoren können in der Prozeßstruktur, bei den Prozeßmitgliedern (Teammitglieder), in der Verhandlungsstrategie-, Verhandlungsstilwahl sowie in der Wahl der Beeinflussungsinstrumente liegen. Ließe man die Teammitglieder und die jeweilige Ausgangslage von Buying- und Selling-Team konstant, dann könnte man sich um das Entdecken erfolgsbeeinflussender Einflußgrößen bemühen. Das wird schon schwer genug werden. Da es sich bei Lieferanten-Beschaffer-Verhandlungen jedoch um Unikatprozesse handelt, wird man damit zufrieden sein müssen, aus dem plausiblen Gruppenurteil des Buying-Teams Hinweise für zukünftige Prozeßverbesserungen zu schöpfen. Interessant wäre es auch, wenn man in einer gemeinsamen Gruppendiskussion zwischen Buying- und Selling-Team nach dem Vertragsabschluß Zufriedenheiten/Unzufriedenheiten sowie Vorschläge für Prozeßverbesserungen entwickeln könnte. Empfehlenswert wäre diese Vorgehensweise auch für den Fall des Verhandlungsabbruchs insbeson-dere dann, wenn der Abbruch für die Verhandlungspartner schmerzlich war. Schmerzindikatoren können die Verhandlungslänge (→ Verhandlungsinvestition), die Ergebnisdringlichkeit und der begrenzte Alternativenraum sein.

Die Kontrolle des *Verhandlungsergebnisses* erstreckt sich auf den Vergleich des Verhandlungsinputs zu Beginn und des Outputs am Ende der Verhandlung. Dazu gehört auch die Erfassung der Veränderungen während der Verhandlung (→ Dynamisierung des Inputs) und deren Gewichtung für das eigene Unternehmen. Es ist ja durchaus möglich, daß während des kreativen Verhandlungsprozesses von den Teilnehmern Verbesserungsvorschläge gemacht werden, an die vorher keiner gedacht hat. Die Bereitschaft zu Verbesserungsvorschlägen seitens des Selling-Teams wird um so größer sein, je kooperativer die Atmosphäre ist und je mehr man in der Vergangenheit die Erfahrung gemacht hat, daß dies auch dem eigenen Vorteil dient.

Die Kontrolle des Verhandlungsprozesses und der Verhandlungsergebnisse kann zu Verbesserungsvorschlägen für die nächsten Verhandlungen führen. Um die Gefahr induktiver Fehlschlüsse zu reduzieren, sollten die Verbesserungsempfehlungen eingebettet werden in eine möglichst präzise Beschreibung der Verhandlungssituation.

Da ein geschlossener Vertrag in einem dynamischen Umfeld realisiert werden soll, muß auch an die *Vertragspflege* gedacht werden. Einen eher negativen Akzent setzt man mit dem interaktiven *Beschwerdemanagement*. Zunächst ist es sicherlich richtig, daß man sich um das frühzeitige Entdecken von Unzulänglichkeiten (s. Lieferantenpflege und Früherkennung) bemüht, um durch ihre Beseitigung größeren Störungen vorzubeugen. Während des laufenden Vertrages geht es aber auch darum, durch ständiges beidseitiges Verbesserungsbemühen den Grundstein für eine langfristig zufriedenstellende Vertragsbeziehung zu legen.

Nicht auszuschließen ist aber auch der Fall, daß die laufende *Vertragserfüllung* zu nicht tolerierten Diskrepanzen führt, daß man das Vertragsende plant. Das vorzeitige Vertragsende, also die Nichtvertragserfüllung bereitet bei einer Gelegenheitsbeziehung im Normproduktfall weniger

Probleme als im Fall der Partnerschaftsstrategie bei Spezialprodukten. Um so wichtiger sind dann sorgfältige Vorbereitungen. Auch in diesem Falle ist es wieder unumgänglich zu analysieren, weshalb die Diskrepanzen so groß geworden sind. Das muß nicht allein an der Schlechterfüllung des Lieferanten liegen. Wenn man selbst immer wieder Fehler begeht, die Lieferanten zur Schlechterfüllung treiben, sollte man das eigene Haus neu bestellen.

Abb. 199 faßt die Inhalte des Verhandlungsprozesses zusammen.

Vorbereitungsphase	Durchführungsphase	Nachbereitungsphase
Bestimmung der Verhandlungsposition Kaufsituationsanalyse Analyse der Interaktionsstrategie Analyse des Interaktionsstils Analyse des Interaktionsklimas Fixierung der Verhandlungsbasis Auswahl der Interaktionsstragtegie Auswahl des Interaktionsstils Organisatorische Vorbereitung Verhandlungsteam Verhandlungsort und -zeit	Problemanalysephase Feststellung der Instrumentaldifferenzen Abstimmung der Verhandlungsstrategien Abstimmung der Verhandlungsstile Problemlösung Verhandlung über die Instrumental-Differenzen Protokollerstellung Abbruchüberprüfung Vertragsabschluß	Verhandlungskontrolle Prozeßkontrolle Ergebniskontrolle Abweichungskontrolle Vertragspflege Beschwerdemanagement Vertragsabbruch - Vorbereitung - Durchführung

Abb. 199. Zusammenfassung des Verhandlungsprozesses

4.7 Beschaffungsabwicklung

Folgerichtig wäre es im Rahmen der hier gewählten strategischen Fokussierung, auf die Darstellung abwicklungstechnischer Details zu verzichten und diese Fragen der Logistik zuzuweisen. Dafür finden sich nicht nur in der jüngeren Literatur (z.B. Schupp, S. 25) Belege, auch Unternehmen gehen zwar eher noch vereinzelt zu dieser Trennung über. Da dies aber noch nicht die Regel ist, wollen wir kurz auf einige Aspekte hinweisen und setzen um die Ausführungen eine mentale Klammer als Hinweis dafür, daß wir sie eigentlich in diesem Kontext für überflüssig halten.

4.71 Bestellung

Die Bestellung bildet den formalen Abschluß der bisher getroffenen Beschaffungsentscheidungen zwischen dem Lieferanten und dem Beschaffer.

Durch den Abschluß eines Vertrages entsteht ein Schuldverhältnis zwischen Lieferant und Beschaffer.

Die Bestellung erklärt den Willen des Beschaffers, der Verkäufer oder ein von ihm Beauftragter möge dem Einkäufer oder einem Dritten das in der Bestellung beschriebene Gut zu den in der Bestellung enthaltenden Bedingungen liefern. Die Bestellung kann sich auf einen bereits existierenden Vertrag stützen (z.B. Abrufvertrag), sie kann die Annahme eines Angebots ausdrücken oder selbst der Antrag zur Schließung eines Vertrages sein. Drückt die Bestellung die Annahme eines festen Angebotes aus, dann erfolgt der Vertragsabschluß zwischen Käufer und Verkäufer, sobald der Verkäufer die Bestellung erhalten hat. Die Bestellung infolge eines freibleibenden Angebots bedarf jedoch der Bestätigung des Verkäufers, damit ein Vertrag geschlossen wird. Die Bestellung ist der Antrag zur Schließung eines Vertrages, wenn sie ohne ein vorheriges Angebot erfolgt oder von einem solchen abweicht. Auch in diesen Fällen ist für den Abschluß eines Vertrages die Bestätigung des Verkäufers erforderlich. Unter Kaufleuten bedeutet jedoch auch Stillschweigen die Annahme des Vertrages (Kopsidis 1992, S. 99).

4.711 Vertragsarten

Man kann grob zwischen Norm-(Standard-) und Sonder-(Einzel-)verträgen unterscheiden. Bei Beschaffungsobjekten, die man in geringer Menge kauft, die eher weniger leistungsbedeutsam sind, bei Normprodukten, bei denen langes anreiz-beitrags-orientiertes Verhandeln sich weniger lohnt, wird man meist mit Standardverträgen arbeiten. Je mehr die verschiedenen produktpolitischen Instrumente eingesetzt, je mehr anspruchsvolle Beschaffungsstrategien realisiert werden sollen, um so eher wird man sich um eine fallspezifische Vertragsgestaltung bemühen müssen. Zwar herrscht im deutschen Recht Vertragsfreiheit, dennoch muß vorher geprüft werden, welche Vertragsfolgen eintreten können. Deshalb muß der Beschaffer nicht nur über Grundlagenwissen im deutschen Recht verfügen, er muß auch, wenn er international oder gar global beschafft, Möglichkeiten oder Grenzen im internationalen Recht kennen. Einige wichtige Formen standardisierter Abwicklung wurden bereits erwähnt (incoterms). Hierzu gehört auch der Hinweis, in die Vertragsgestaltung möglichst den eigenen Firmensitz als Gerichtsstand und Erfüllungsort einzufügen, um für Transparenz und Planbarkeit bei der Vertragserfüllung zu sorgen.

Man kann die Vertragsarten nach *juristischen* oder eher *versorgungstechnischen* Aspekten gruppieren. Die juristischen Vertragsarten entstammen dem Schuldrecht des BGB. Es handelt sich um den

- Kaufvertrag (§§ 433 ff.),
- Werkvertrag (§§ 631 ff.)/Dienstleistungsvertrag,
- Mietvertrag (§§ 535 ff.),
- Pachtvertrag (§§ 581 ff.),
- Leihvertrag (§§598 ff.).

Andere Vertragsarten (z.B. Darlehensvertrag) interessieren wegen unserer eingegrenzten Versorgungsobjektfelder noch nicht.

Die versorgungstechnischen Vertragsarten behandeln beschaffungsbezogene Schwerpunkte; auf sie (z.B. Rahmenauftrag) haben wir unter dem Stichwort Bezugsmodalitätspolitik bei den beschaffungspoltischen Instrumenten verwiesen (Abschn. 4.613.3).

4.712 Vertragsinhalte

Aus dem Zusammentreffen von Bedarfsanforderungen und den zu ihrer Realisation geeigneten beschaffungspolitischen Instrumenten ergibt sich die Grundstruktur der Vertragsinhalte. Diese Grundstruktur haben wir in Abb. 189 am Bèispiel des Spitzenproduktes dargestellt.

Das ist aber nur ein Teil der Wahrheit. So sind wir in die Verhandlungen mit dem Lieferanten hineingegangen. In der Bestellung schlägt sich das Verhandlungsergebnis nieder. Das Verhandlungsergebnis hängt von

- der Machtstellung der Vertragsparteien,
- der Zielvorstellung der Vertragsparteien und,
- ihren anreiz-beitrags-orientierten Realisierungskalkülen ab.

Das kann dazu führen, daß die ursprüngliche Bedarfsanforderung zugunsten einer gemeinsamen Optimierung wesentlich modifiziert wurde. Deshalb müssen wir uns hier mit einer abstrakteren Formulierung begnügen, als sie der Abb. 189 zu entnehmen ist. In der Bestellung müssen Angaben enthalten sein

- zur Menge,
- zu den Beschaffungsobjektleistungen,
- zur Zeit,
- zum Ort,
- zur Lieferung,
- zum Entgelt,
- zum Service,
- zu Informationen.

In der Bestellung werden im Regelfall keine Angaben zu den beschaffungspolitischen Instrumenten gemacht, weil sie ja die Mittel sind, um zur Vertragseinigung zu gelangen, die in der Bestellung ihren Niederschlag findet. Diese Einigung kann sich in der Nähe der Bedarfsanforderungen bewegen.

4.72 Beschaffungsüberwachung

Nachdem im Vertrag festgelegt wurde, welche Leistung (Qualität bezüglich Produkt, Service, Lieferung, Information) und Quantität wann, wo und zu welchen Kosten erbracht werden soll, muß für die Einhaltung des Vertrages gesorgt werden. Es handelt sich um eine die Vertragserfüllung begleitende Überwachung.

In der Literatur wird im Regelfall die Terminüberwachung, die Wareneingangskontrolle und die Rechnungskontrolle (Grochla/Schönbohm 1980, S. 169 ff.; Kopsidis 1992, S. 109 ff.) erwähnt. Wenn wir uns jedoch die Gesamtheit der Bedarfsanforderungen vergegenwärtigen, ist das nur ein Teil des vertraglich Vereinbarten.

(1) Im Mittelpunkt der *Leistungsüberwachung* steht das Total Quality Management. Durch prozeß- und objektbezogene Maßnahmen soll dafür gesorgt werden, daß möglichst keine Fehler entstehen können, um keine beheben zu müssen. Das soll die Beschaffungssicherheit steigern und die Beschaffungskosten senken. Die Sicherung der vereinbarten Beschaffungsobjektleistungen ist eine Gemeinschaftsaufgabe von Lieferant und Beschaffer, die sich nicht in der Ausgangskontrolle des Lieferanten und der Wareneingangskontrolle des Beschaffers erschöpft (Berndt 1995).

(2) Die intensivste Form der *Mengenüberwachung* findet bei der verbrauchsgesteuerten Versorgung (→ just-in-time) statt. Wenn verschiedene Varianten (z.B. in der Automobilindustrie) taktgenau ans Band geliefert werden müssen, darf es keine Mengen-, Zeit- und Ortsabweichung geben. Hier müssen Produktions- und Lieferpläne genauestens aufeinander abgestimmt werden. Das läßt sich über integrierte Produktions-, Planungs- und Steuerungssysteme (PPS) lösen.

(3) Über die Wareneingangsbestätigung und die damit verbundenen Daten erfolgt der größte Teil der *Modalitätsüberwachung*. Besonders an dieser Stelle wird die beschaffungspolitische Forderung nach Medienadäquanz deutlich. Wer seine Informationen über Mehrfachsätze von Bestellformularen per Postversand austauscht, wird den Zeit- und Flexibi-

litätswettbewerb sicherlich verlieren. Hier müssen abgestimmte Systeme (z.B. DFÜ, e-mail, Internet) und Programme gefunden werden, die einen hahezu simultanen Informationsaustausch ermöglichen. In diesem Kontext wird sich auch die bisher bekannte Rechnungskontrolle als überflüssig erweisen. Nur bei Abweichungen zwischen Bestellung und Rechnung wird der Einkäufer aufgefordert, die Abweichungsgründe zu eruieren und entsprechende Maßnahmen zu ergreifen.

(4) Ein wichtiger Baustein im Umgang mit dem Lieferanten ist die bereits erwähnte *Lieferantenpflege.* Wenn wir von einem partnerschaftlichen Lieferer-Beschafferverhältnis gehen und weil wir wissen, daß der Lieferanteninput eine so starke Hebelwirkung auf den Unternehmenserfolg ausübt, muß der Lieferant ernst genommen werden. Die Vorstellung, daß der kleine Lieferant vom großen Beschaffer abhängig und daher höchst willfährig sei, entspricht nicht dem hier zugrunde gelegten Theorieverständnis (z.B. Koalitionstheorie). In Abschn. 4.522 haben wir Maßnahmen der Lieferantenpflege erwähnt, so daß an dieser Stelle der Verweis genügen muß.

(5) Die Lieferantenpflege muß sich nicht nur auf die Zeit der laufenden Vertragserfüllung beziehen. Wenn es nicht unwahrscheinlich ist, daß die unterbrochenen Lieferbeziehungen wieder aufgenommen werden, dann kann eine reduzierte Pflege durchaus ökonomisch sinnvoll sein.

4.73 Entsorgung

Etwas ausführlicher, weil dieses Thema noch in den Anfängen steckt, wollen wir uns hier dem Entsorgungsthema zuwenden.

Wir beziehen uns auf Abschn. 4.36 und dort insbesondere auf die Abfallregelungen, die auf dem Abfallgesetz von 1986 beruhen. Wir meinen, daß die Entsorgung Bestandteil der Beschaffungstätigkeit sein sollte. Natürlich kann man auch hier sagen, daß, wie bei den Qualitätsfragen, das Recycling eine prozeßorientierte Aufgabe sei. Sie setzt beim Kunden an (was kann man ihm gestalterisch zumuten, was ist er bereit, an Kosten zu tragen?), geht in die Gestaltung über (→ umweltgerechte Produktgestaltung), vertieft sich in die Produktion (→ umweltgerechte Produktion) und wirkt sich dann schließlich in Beschaffung und Logistik aus. Aus dieser prozeßhaften Sicht bleibt aber der Zipfel der Resteverwertung in der Beschaffung.

Stellvertretend für den allgemeinen Literaturstand mag folgender Satz das derzeitige Problembewußtsein deutlich machen: "... Eine besondere Bedeutung für den Einkauf hat diese Aufgabe (Recycling) auch in der letzten Zeit nicht erlangt" (Kopsidis 1992, S. 111). Bei Arnold (1997, S. 198 f.) umfaßt die Entsorgungsfunktion das Recycling und die Abfallbeseitigung. Bei Melzinger-Ridinger (1991, S. 9) wird die Entsorgung wie folgt gefaßt: "Unter Entsorgung werden alle Tätigkeiten verstanden, die zur Verwertung oder Beseitigung von überschüssigem Material, Ausschuß, Abfall und überalterten Fertigprodukten notwendig sind. Hierzu zählen die Sammlung, Lagerung und Verwaltung der Entsorgungsgüter und die Disposition hinsichtlich Wiederverwendung, Beseitigung oder Verkauf." Dabei beläßt es dann die Autorin, was kaum befriedigen kann.

Im Prinzip kann man sich die Stromprozesse als Kreislaufmodell vorstellen:

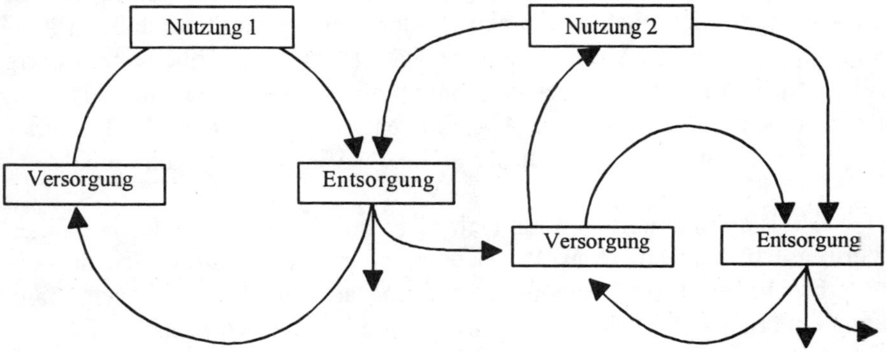

Abb. 200. Entsorgung im Kreislaufprozeß

Entsprechend Abb. 1 werden die Transformationsprozesse mit Input-Faktoren versorgt, um Output-Faktoren für Fremdbedarfe zu produzieren. Bei der Transformation der Repetierfaktoren (z.B. Werkstoffe) bleibt häufig etwas ungenutzt übrig, anderes geht kaputt (Abfall/Ausschuß), nach Jahren der Nutzung müssen Potentialfaktoren (z.B. Maschinen, Werkzeuge) durch neue ersetzt werden. Hält man Beschaffungsobjekte auf Lager, können sie beim Produktwechsel überflüssig werden. Demnächst muß damit gerechnet werden, daß Fertigprodukte zurückgenommen werden müssen. Ein Teil dessen, was entsorgt werden muß, kann in neue Versorgungsprozesse eingehen (Recycling). Diese neue Versorgung kann innerhalb des eigenen Unternehmens, aber auch nach außen zu anderen Unternehmen hin erfolgen. Ein anderer Teil dessen, was entsorgt werden muß, wird vernichtet oder beseitigt. Damit haben wir den hier bedeutsamen Bereich des betrieblichen Abfallmanagements erfaßt (vgl. auch Oeldorf/Olfert 1993, S. 361 ff.; Arnolds/Heege/Tussing 1998, S. 403 ff.).

Einen kurzen inhaltlichen Überblick soll Abb. 201 geben.

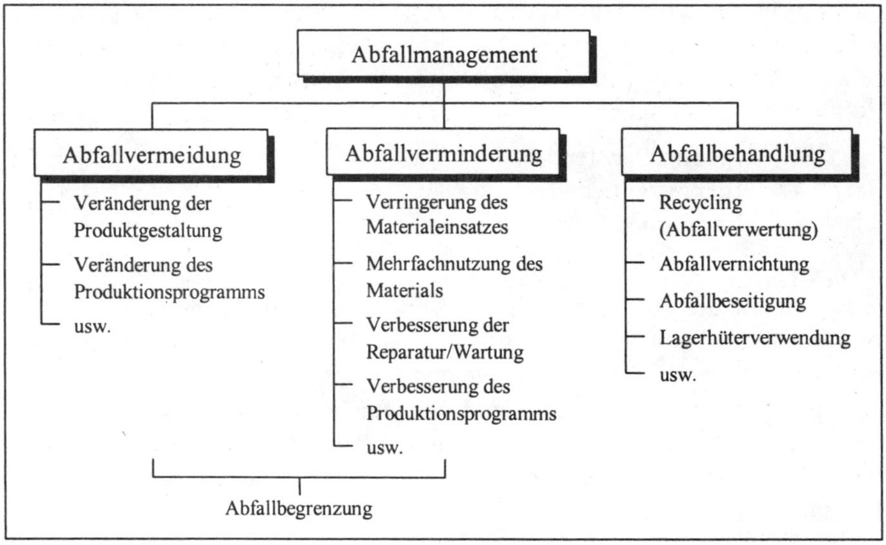

Abb. 201. Teilbereiche des Abfallmanagements

In der *Entsorgung* geht es um die Probleme der *Abfallbehandlung* mit unterschiedlichen Schwerpunkten:

- Bei der Abfallverwertung (Recycling) bemüht man sich darum, die angefallenen Stoffe intern oder extern weiterzuverwerten (Fischabfälle → Fischmehl), wiederzuverwerten (Altpapier, Schrott), wiederzuverwenden (Ausbau und Aufbereitung von Altaggregaten, Teilen usw.) und weiterzuverwenden (z.B. Polierlappen → Putzlappen).
- Bei der Abfallvernichtung (chemisch, thermisch, biologisch) bemüht man sich mit Hilfe meist aufwendiger Verfahren um eine Veränderung der stofflichen Substanz. Dabei können Reststoffe (Schlacke, Schlämme) übrigbleiben, die dann wiederum beseitigt werden müssen.
- Bei der Abfallbeseitigung geht es vor allem um die herkömmliche Deponie.
- Die Lagerhüterverwendung als Sonderfall kann in den verschiedenen bereits genannten Formen vorkommen. Am angenehmsten ist der Fall, wenn man das nicht mehr benötigte Beschaffungsobjekt im Rahmen der Abfallverwertung an den Lieferanten zurückgeben kann, der dafür wieder einen Kunden findet. Bei Spezialprodukten

dürfte das schwierig sein, bei Normprodukten sicherlich dagegen sehr viel einfacher.

Die Abfallbehandlung kann

- ergebnisbelastend,
- ergebnisverbessernd,
- ergebnisneutral

erfolgen.

Vor allem die Abfallvernichtung wirkt ergebnisbelastend. In Zukunft muß verstärkt damit gerechnet werden, daß Vernichtung und Beseitigung mit kostendeckenden Gebühren belegt werden, so daß sich die Zeit der Externalisierung interner Effekte dem Ende zuneigt. Um so notwendiger wird man sich um die Abfallvermeidung und -verminderung und um die Ausweitung der verschiedenen Möglichkeiten der Abfallverwertung kümmern müssen.

Die Abfallverwertung kann man dann

- selbst durchführen,
- mit anderen gemeinsam (→ Kooperation) regeln,
- Dritten im Rahmen des "Outsourcing" übergeben.

Die Entscheidung wird von den bei der Durchführung entstehenden Risiken und Kosten sowie den erzielbaren Erlösen abhängen. Je höher die Risiken, um so eher empfiehlt sich die Nutzung externer Spezialisten, die im Laufe der Zeit sicherlich auch lernen, bestehende Gesetze wirklich einzuhalten. Bei den Kosten und Erlösen, also der Gewinn- und Verlustrechnung, sollte man darauf achten, nicht nur die Objektkosten, sondern auch die Prozeßkosten in die Überlegungen einzubeziehen. Dies spielt bei der Gestaltung des Beschaffungsmix sowohl auf der Anreiz- als auch auf der Forderungsseite eine gewichtige Rolle.

4.8 Support

An mehreren Stellen wurde auf begleitende, unterstützende Aktivitäten hingewiesen. Sie dienen der Entscheidungsverbesserung. Sie vervollständigen das Bild professionellen Beschaffungshandelns. Hier schlummern noch manche Verbesserungspotentiale.

4.81 Beschaffungsmarktforschung

In den meisten Fällen wird nicht zwischen *Marktforschung* und *Markterkundung* unterschieden. Professionelle Beschaffungsmarktforschung spielt derzeit eine eher geringe Rolle.

Folgende Unterscheidung ist im Marketing üblich:

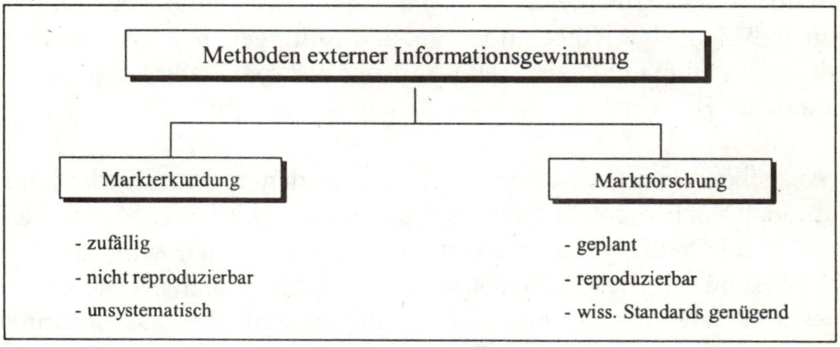

Abb. 202. Methoden externer Informationsgewinnung I

Wenn ein Beschaffungsmanager/Einkäufer auch noch, weil sich das gerade z.B. vor Ort (Messe, Lieferantenbesichtigung, Landeserkundung) so anbietet, ihn interessierende Beschaffungsinformationen sammelt, dann ist das zwar löblich, aber doch deutlich von professioneller Beschaffungsmarktforschung entfernt. Marktforschung kann nicht nebenbei, quasi „mit der linken Hand" betrieben werden. Wenn man im Absatzmarketing konstatierte, daß die Absatzmarktforschung in der Hand des Verkäufers läge, wäre man des Gelächters gewiß. Im Beschaffungsbereich ist dagegen das Unbehagen noch nicht so weit verbreitet.

4.811 Zur Struktur der Beschaffungsmarktforschung

Wir können wieder auf Abb. 1 zurückgreifen, um deutlich zu machen, wo der Tätigkeitsschwerpunkt der Beschaffungsmarktforschung liegt.

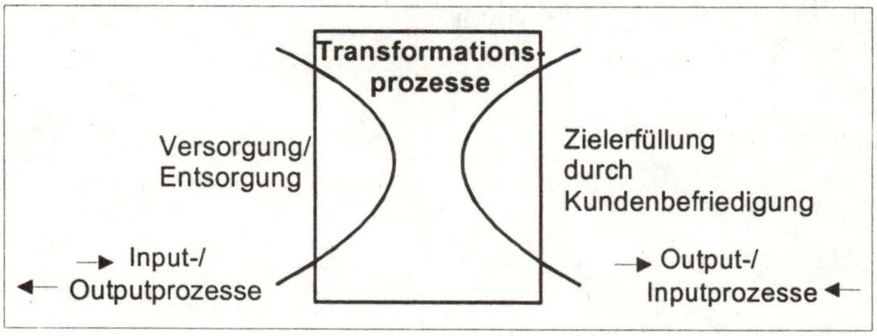

Abb. 203. Inputprozesse als Ausgangspunkt der Beschaffungsmarktforschung

Die Absatzmarktforschung setzt am möglichen Output an, sie bildet die Grundlage für die Angebotsplanung. Aus den Transformationsüberlegungen resultieren die Bedarfsanforderungen. In den Anforderungsformulierungen, speziell in den umfangreichen Fenster- und Heilungsfragen, sind bereits markante Lieferanten- und Marktbezüge erkennbar. Auf der Basis dieser Anforderungen muß nun die Beschaffungsmarktforschung Informationen über die Möglichkeiten der *Inputversorgung* bereitstellen und dafür sorgen, daß sie zielgerichtet aufbereitet und weitergegeben werden.
Damit ist das Blickfeld fixiert. Dies müssen wir spezifizieren. Worauf soll sich denn der Blick richten? Wir können zwei Schwerpunkte setzen:

(1) Ausgehend vom eigenen Bedarf, also vor dem eigenen Bedarfshintergrund, aber noch nicht bedarfsobjektspezifisch, wird die Marktsituation geprüft. Das ist im Regelfall der erste Schritt zur Internationalisierung oder Globalisierung der Beschaffungsmärkte. Geleitet von den beschriebenen Märktemerkmalen bemüht man sich um märktequalifizierende Informationen (über Leistungen, Kosten, Risiken), ohne bereits fixiert zu haben, für welches Beschaffungsobjekt man dies genau wissen will. Dieser erste Schritt ist eine Gratwanderung zwischen Trivialität, Unbrauchbarkeit auf der einen Seite und konkretem Beschaffungsbezug auf der anderen. Erfaßt man dies als Vorstufe für spätere, konkrete Fragestellungen über Beschaffungsobjekte, dann läßt sich die Trivialitätsfalle vielleicht vermeiden. Das setzt aber voraus, daß der Beschaffungsmarktforscher in konkrete Projekte einbezogen ist, sonst besteht die Gefahr intelligenter Datensammlung, die keiner braucht.
(2) Damit dürfte deutlich geworden sein, daß Beschaffungsmarktforschung auf professionellem Niveau tendenziell konkret auf Beschaffungsobjekte bezogen ist. Das schließt dann nicht aus, Informationssynergien insofern zu nutzen, als man aus gewonnenen Informationen Analogien zu ähnlichen Situationen zieht. Wir wollen im folgenden diesen objektkonkreten Schwerpunkt wählen.

Dies setzt voraus, daß wir uns über die Struktur des zu Untersuchenden klar werden. Dazu soll Abb. 204 dienen.

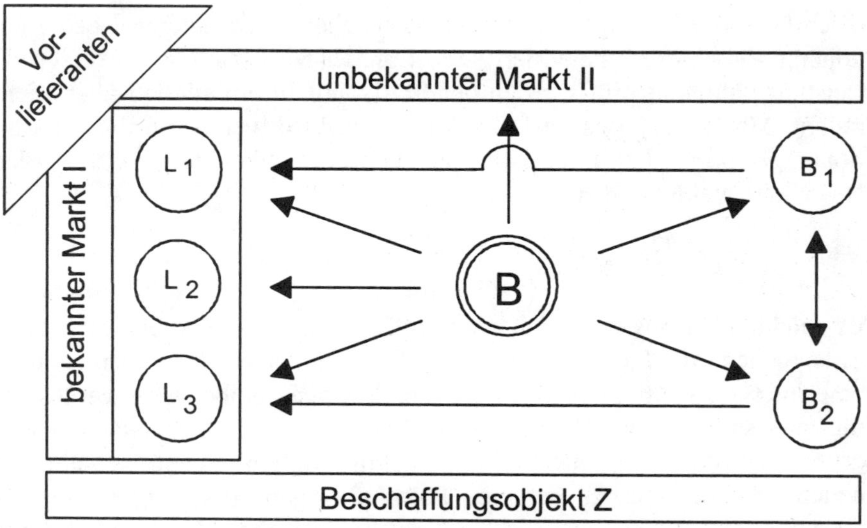

Abb. 204. Zum Feld der Beschaffungsmarktforschung

Der Beschaffer (B) wendet sich herkömmlicherweise an Lieferanten (L_1-L_3) auf bekannten Märkten. Ihn interessieren ihre Leistungen und Kosten, er will etwas über die Konkurrenzintensität wissen. Interessant kann es auch sein, etwas über die Lieferanten der Lieferanten zu erfahren, um Chancen und Risiken in der Wertschöpfungskette frühzeitig zu erkennen. Diese Informationen muß man nicht unbedingt selbst erheben. In einem partnerschaftlichen Lieferer-Beschafferverhältnis können diese Informationen vom Lieferanten zur Verfügung gestellt und genutzt werden. Gute und zuverlässige Informationserhebung muß nicht mehrfach erfolgen; das widerspricht dem Gedanken, die Wertschöpfung gemeinsam zu optimieren. Die Variablenausprägung Marktinformation im Rahmen der beschaffungspolitischen Instrumente nimmt darauf Bezug. Da man im Regelfall nicht alleiniger Beschaffer ist, benötigt man auch Informationen über Beschaffungskonkurrenten (B_1, B_2). Dabei reichen Angaben über Marktanteile nicht aus. Man braucht mehr Informationen, um die Intensität der Beschaffungskonkurrenz abschätzen zu können. Dies ist für das spätere Verhandeln mit dem Lieferanten außerordentlich wichtig, um die Möglichkeit des anreiz-beitrags-orientierten beschaffungspolitischen Instrumentariums nutzen zu können.

Neben der Zuwendung zu bekannten Märkten sollten in zunehmendem Maße auch noch unbekannte Märkte unter die Lupe genommen werden. Kommt man von entwickelten und auf hohem technologischen Niveau befindlichen Märkten, dann wird man dort weniger nach den neuen, technisch besseren Lösungen suchen, sondern eher an geringeren Kosten und höherer Flexibilität interessiert sein. Danach wird man im einzelnen die Leistungsfähigkeit prüfen. Man benötigt somit Informationen über Lieferanten, Märkte und Beschafferkonkurrenten. Und wenn man die Informationen *gewonnen* hat, muß dafür gesorgt werden, daß sie *genutzt* werden. Das wirft zwei Fragen auf:

- Wer nutzt?
- Wie nutzen?

Es reicht nicht aus, lediglich an den Beschaffer (Einkäufer) zu denken. Entsprechend der hier gewählten crossfunktionalen Sicht müssen auch andere interne Funktionsträger in die Überlegungen einbezogen werden, für die man schließlich einkauft. Wenn dort bereits Vorentscheidungen aufgrund unzureichender Informationen gefällt wurden, macht es Mühe, mit neuen Informationen zu besseren Entscheidungen zu gelangen. Und aus diesen Funktionsbereichen erhält der Marktforscher Hinweise, die sein Suchverhalten schärfen, um neue Entwicklungen auch auf den Märkten als Angebot entdecken zu können. Die interne Nutzersicht muß um eine externe ergänzt werden. Wenn man Rationalisierungspotentiale in der Wertschöpfungskette heben will, dann muß auch an den Lieferanten gedacht werden. Informationen, die man auf den Märkten gewonnen hat, können auch ihm in seinem Optimierungsbemühen helfen (z.B. bei Beschaffungshilfen), was dann dem Beschaffer indirekt durch bessere Interaktionsbedingungen zugute kommt.

Das "Nutzungswie" konzentriert sich auf die Frage der Informationshandhabbarkeit. Es interessiert nicht der Aspekt der Informationsvollständigkeit, sondern der der Nutzbarkeit. Hier geht es um Aktualität, Verständlichkeit, Übersichtlichkeit, Verläßlichkeit und Kosten. Informationsüberlastung führt zur Nichtnutzung, Informationen von gestern zu gestern möglicherweise richtigen Entscheidungen usw.

Wie soll man nun arbeiten? Man kann die Beschaffungsmarktforschung unterschiedlich strukturieren. Wir wollen auch hier eine prozessuale Struktur wählen. Berthel (1975) wählt folgende Phasen, die Arnold (1993, Sp. 337 f.) so beschreibt:

(1) Ermittlung des Informationsbedarfs:

- Ermittlung der an der Kaufentscheidung beteiligten Personen/Rollen;
- Ermittlung des spezifischen Informationsverhaltens der Buying-Center-Mitglieder.

(2) Informationsbeschaffung:
- Bestimmung der im Unternehmen vorhandenen Informationen, beispielsweise über Produkte, Lieferanten, Beschaffungsmärkte; Erfassung der Informationen in Marketing und Rechnungswesen.
- Ermittlung und Erschließung möglicher Informationsquellen (unternehmensextern und -intern).

(3) Informationsaufbereitung und -speicherung:
- Vorhandene Informationen müssen so aufbereitet werden, daß der Informationsbedarf verschiedener hierarchischer Ebenen im Unternehmen befriedigt werden kann.

(4) Informationsweitergabe:
- Störungen des Informationsflusses resultieren nicht nur aus technischen Mängeln des Informationsweges; Sender bzw. Empfänger von Informationen können ebenso ursächlich für Störungen sein;
- Der Informationsproduzent weiß nicht, daß die von ihm produzierten oder gespeicherten Beschaffungsinformationen in anderen Unternehmensbereichen benötigt werden.
- Es fehlt an der Bereitschaft zur aktiven Kommunikation.

Eine modifizierte Struktur schlägt Stangl (1985, S. 92) vor, der wir hier folgen wollen. Diese Übersicht zeigt deutlich, daß es sich in allen Stufen um Auswahlentscheidungen handelt, wenn man die Informationsnutzung forcieren und Datenfriedhöfe vermeiden will:

(1) Auswahl der Beschaffungsobjekte, für die Marktforschung betrieben werden soll.
(2) Auswahl der für die ausgewählten Beschaffungsobjekte benötigten Informationen.
(3) Auswahl der Quellen und Methoden zur Gewinnung der benötigten Informationen.
(4) Festlegung der Verarbeitungs- und Darstellungsverfahren der gewonnenen Informationen.

Eine Auswahl setzt immer eine Zusammenstellung der Alternativen voraus. Dazu können wir teilweise auf bereits Geschildertes zurückgreifen.

4.812 Marktforschungswürdige Beschaffungsobjekte

Für einen Ökonomen ist es trivial zu fordern, daß der Informationsnutzen größer als die Informationskosten sein muß. Selbst wenn man die Informationskosten noch näherungsweise bestimmen kann, bei der Nutzenbestimmung wird das schon viel schwieriger. Theoretisch klar ist die aus einer

Marginalanalyse resultierende Aussage (E'=K'). Vor allem mit der Bestimmung des Grenznutzens wird man Probleme haben. Da der zulässige Informationsaufwand von der spezifischen Beschaffungssituation, also von Konstellationen, Zielen, Potentialen abhängt, wird man sich mit der unbefriedigenden Antwort zufrieden geben müssen:

- Soviel Aufwand, wie man aufgrund des eigenen Wissensstandes bezüglich des fixierten Zieles glaubt, betreiben zu müssen, hierin fließt eine Nutzenprognose ein.
- Soviel Aufwand, wie man ihn sich leisten kann.

Der Ziel- und Potentialeinfluß wird hier ganz deutlich.

Vor diesem Hintergrund als generellem Leitmotiv wollen wir nun konkreter werden. Ein Unternehmen hat möglicherweise verschiedene Produktlinien mit verschiedenen Varianten; für dieses im Prinzip überschaubare Absatzprogramm werden nun z.B. 100.000 verschiedene Artikel benötigt. Das betonten wir bereits.

Wenn man nun endlich Beschaffungsmarktforschung systematisch betreiben darf, soll man jetzt entsprechend dem Teile-/Variantenverhältnis die Zahl der Beschaffungsmarktforscher aus der Mitarbeiterzahl der Absatzmarktforschung ableiten? Die Spinnerei ist zu offenkundig. Wir müssen vielmehr Kriterien finden, weshalb wir für den Bleistift keine Marktforschung, wohl aber für ein neues Brennersystem usw. betreiben wollen. Man kann sich von der augenblicklichen Opportunität leiten lassen ("was ist gerade wichtig?"), man kann sich aber auch systematisch lenken lassen. Das wollen wir versuchen.

Als Auswahlkriterium bietet sich auf den ersten Blick die *Wertbedeutung* des Beschaffungsobjektes an. Mit Hilfe der ABC-Analyse (s. Abb. 106) gruppiert man die Beschaffungsobjekte und wählt die A-Produkte für die Beschaffungsmarktforschung aus. Wenn man dann im Laufe der Zeit für alle A-Produkte eine ständig gepflegte Beschaffungsmarktforschung etabliert hat, kann man darüber nachdenken, auch für B-Produkte damit zu beginnen. Für C-Produkte stellt sich dann ganz deutlich die Frage der Nützlichkeit. Dort, wo in der Praxis Beschaffungsmarktforschung betrieben wird, ist diese Vorgehensweise weit verbreitet.

Dieser Zustand ist jedoch unbefriedigend. Ein Unternehmen kämpft seit einiger Zeit um die Verbesserung der Absatzqualität (Leistungskonstanz) seiner Produkte; immer wieder kommt es durch den Ausfall eines Zukaufsteils von z.B. € 2,30 zu Funktionsstörungen. Oder: Für den Einkäufer eines Gasversorgungsunternehmens sind Turbinen als Gasverdichter bei der Installation einer Gaspipeline insgesamt nicht kostenentscheidend, obwohl sie pro Stück 0,3 Mio. € kosten. Auch dafür soll keine Beschaffungsmarktforschung betrieben werden?

Diese Vorgehensweise erweist sich als zu grob. Die Differenzierung kann an der *Bedeutsamkeit* ansetzen. Welche Bedeutsamkeitsaspekte lassen sich zur Auswahl heranziehen? Zur Beantwortung dieser Frage greifen wir auf die Beschaffungsfunktionsziele zurück. Denkbar sind die

- Kostenbedeutsamkeit,
- Leistungsbedeutsamkeit,
- Sicherheitsbedeutsamkeit,
- Flexibilitätsbedeutsamkeit.

Kostenbedeutsamkeit bedeutet dann, daß das Beschaffungsobjekt in starkem Maße die Gesamtkosten des Primärobjektes (Absatzprodukt) beeinflußt. Das kann dann das einzelne Objekt sein, eben wenn nur eines eingebaut oder verarbeitet wird; es können aber auch mehrere Objekte sein, die Bedeutsamkeit ergibt sich aus dem Produkt von Menge x Preis. Dies ist die andere Facette des Beschaffungsobjektmerkmales "Preisbedeutsamkeit".

Als *Leistungsbedeutsamkeit* wollen wir den Einfluß des Beschaffungsobjektes auf die Endleistung des Primärproduktes verstehen - so wie wir das Beschaffungsobjektmerkmal Leistungsbedeutung in Abschn. 1.442 bereits beschrieben haben. Leistungsbedeutsame Produkte müssen nicht unbedingt teure Produkte sein. Sie befinden sich entweder auf hohem Leistungsniveau oder es wird von ihnen eine hohe Leistungskonstanz und Langlebigkeit verlangt.

Wenn wir diese beiden Merkmale zusammenfassen in eine Matrix, erhalten wir folgende vier Felder, die wir bereits kennen (s. Abb. 205).

Kostenwirksamkeit \ Leistungswirksamkeit	hoch	niedrig
hoch	1	2
niedrig	3	4

Abb. 205. Kosten und Leistungsmatrix

Beschaffungsobjekte, die in das Feld 1 fallen, werden wegen ihrer hohen Hebelwirkung auf den Unternehmenserfolg (→ Nutzenkomponente) zunächst untersucht, solche aus Feld 4 zuletzt.

Die *Sicherheitsbedeutsamkeit* erstreckt sich vorrangig auf die Mengen- und Terminsicherheit. Unterliegen die Absatzprodukte starken Saisoneinflüssen (z.B. Modeprodukte, Süßwaren), dann müssen Termine und Planmengen noch exakter als bei anderen Produkten eingehalten werden, will man den deutlich zeitbezogenen Produktwert nicht verringern.

Die *Flexibilitätsbedeutsamkeit* erfaßt vorläufig vor allem Beschaffungsobjekte, die als Ausstattungsvarianten eines im Prinzip fix und fertig geplanten Produktes (z.B. Pkw, Möbel) dienen. Hier hängt es von der Bestellung der Käufer auf dem Absatzmarkt ab, welches Teil wie benötigt wird. Wenn die Zeitreduktion als akquisitorisches Instrument bedeutsam wird (→ Reduktion der Zeit zwischen Bestellung und Auslieferung), dann gewinnt die Flexibilität an Bedeutung. Das kann sowohl eine Mengen- als auch eine Leistungsflexibilität (Artflexibilität/Qualitätsflexibilität) sein.
So kommen wir in Abhängigkeit von der spezifischen Beschaffungszielsituation zur Auswahl der Beschaffungsobjekte, die zielbedingt im Mittelpunkt des Interesses stehen.

Hierauf aufbauend wollen wir noch einen Schritt weitergehen, indem wir zusätzlich noch die bereits beschriebenen Beschaffungsobjektziele in unsere Auswahlüberlegungen einbeziehen.

Beschaffungsbedingungen / Beschaffungsbedeutsamkeit	Billigprodukt	Normprodukt	bewährtes Produkt	Spitzenprodukt	innovatives Produkt	Spezialprodukt	Katalogprodukt
Kostenbedeutsamkeit	X	X	X				X
Leistungsbedeutsamkeit				X	X	X	
Risikobedeutsamkeit	X		X				X
Flexibilitätsbedeutsamkeit	X		X				X

Abb. 206. Abhängigkeiten der Beschaffungsbedeutsamkeit von Beschaffungsbedingungen

Wir kommen somit zu einer Konkretisierung. Wenn Kostenbedeutsamkeit im Vordergrund des Beschaffungshandelns steht, dann können wir das bei den Beschaffungsobjektmerkmalen Billigprodukte, Normprodukte, bewährte Produkte und Katalogprodukte feststellen. Dies sind im Prinzip unter diesem Bedeutsamkeitsaspekt marktforschungsgeeignete Produkte.

Dominiert die Leistungsbedeutsamkeit, dann kommen wir auf das Spitzenprodukt, das innovative und das Spezialprodukt. Bei der Sicherheitsbedeutsamkeit (Mengen- und Terminsicherheit) schälen sich das bewährte Produkt, das Spitzen-, innovative und Spezialprodukt heraus. Und die Flexibilitätsbedeutsamkeit dürfte sich auf das bewährte Produkt, das Billigprodukt und das Spezialprodukt konzentrieren, wenn hier Differenzierungen schnell durchgeführt werden müssen.

4.813 Zur Auswahl geeigneter Beschaffungsmarktinformationen

In einem ersten Schritt müssen wir prüfen, welche Beschaffungsmarktinformationen denkbar sind; dazu ist eine übersichtliche Struktur notwendig. Und dann geht es darum, ein Auswahlraster zu entwickeln, um deutlich zu machen, wann welche Informationen nötig sind – wir wollen ja Datenfriedhöfe vermeiden.

4.813.1 Informationsgehalte

Zur Darstellung der Informationsgehalte können wir auf bereits Erörtertes zurückgreifen, weil wir das, worüber wir etwas wissen wollen, bereits untersucht haben. Dazu bedienen wir uns der Abb. 207.

Beschaffer	**Lieferant**
Anforderungen ⟶	Leistungsinformationen
Leistungen ⟶	Anforderungsinformationen
Beschafferkonkurrenz-informationen	Liefererkonkurrenz-informationen
allgemeine Märkteinformationen	

Abb. 207. Beschaffungsinformationsfelder

Über die meisten Informationsgrundlagen wurde bereits berichtet, dabei nehmen wir zunächst Bezug auf Abb. 94. In der Bedarfsanalyse haben wir die Bedarfsanforderungen im Benehmen mit den anderen Funktionsträgern ermittelt. Ihnen sollen möglichst ähnliche Lieferantenleistungen gegenüberstehen. Aufgabe der Marktforschung ist es, Informationen über mögliche *Leistungen* des Lieferanten zu gewinnen. Neben den jetzigen Leistungen des Lieferanten interessieren vor allem die morgigen. Das schließt Informationen über *Ziele* und *Potentiale* des Lieferanten ein. Sie haben wir bereits im Rahmen der *Selbstauskunft* erhoben, so daß wir es an dieser Stelle mit dem Verweis auf Abschn. 4.512.2 belassen können.

Entsprechend der Anreiz-Beitrags-Theorie benötigen wir Informationen über die *Anforderungen* der Lieferanten (s. Abschn. 4.513.3), wenn wir uns ein Bild über die Wirkungsmöglichkeiten eines Forderungs-Anreiz-Mixes machen wollen. Beide Bereiche sind nach den bisherigen Überlegungen nicht neu. Das sieht bei den *Konkurrenzüberlegungen* anders aus. Aufgabe der Marktforschung ist auch, über die Beschaffer- und Liefererkonkurrenz zu informieren, um zu erfahren, mit welchen Erleichterungen oder Erschwerungen man rechnen muß. Demgegenüber haben wir uns bereits Gedanken über die Erarbeitung der allgemeinen *Märkteinformationen* gemacht (s. Abschn. 4.421).

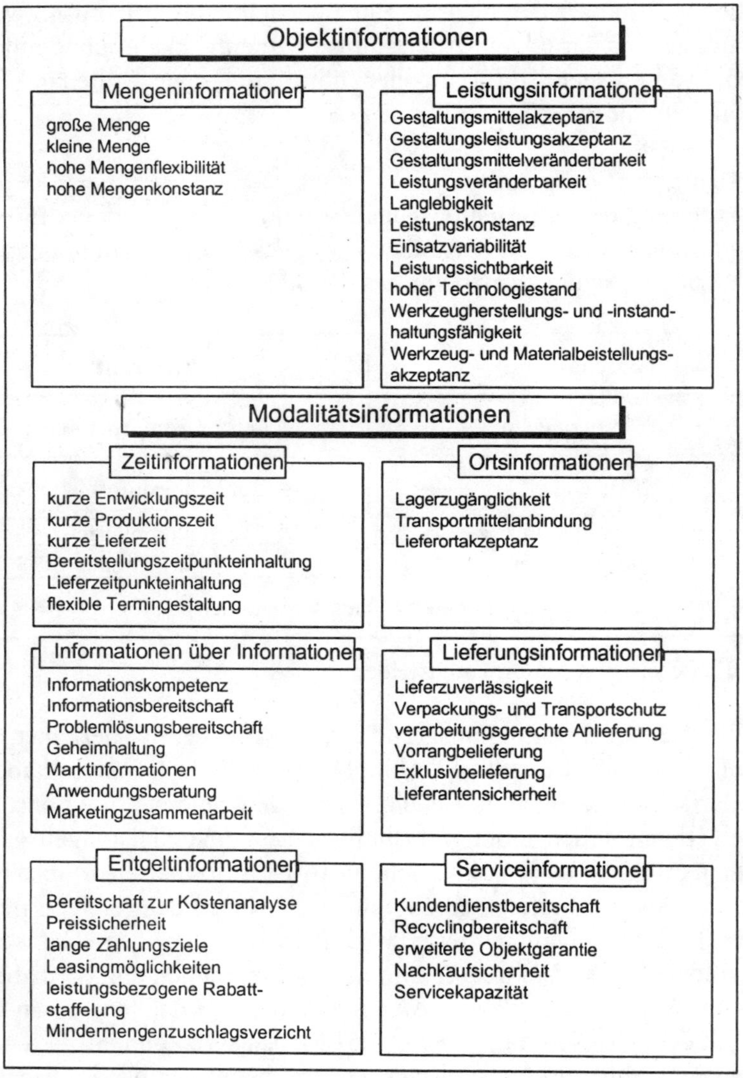

Abb. 208. Lieferantenleistungsinformationen

(1) Lieferantenleistungsinformationen

Die Leistungsinformationen ergeben sich zwangsläufig aus den Bedarfsanforderungen, denn was wir nicht brauchen, wird uns auch nicht zur Informationssuche veranlassen. Deshalb können wir die in Abb. 99 aufgelisteten Inhalte mit der kleinen Modifikation übernehmen, statt Anforderungen Informationen ergänzend anzuhängen. Dies zeigt die Abb 208.

(2) Anforderungsinformationen

Bereits beim Übergang von den näher spezifizierenden Fensterfragen zu den Heilungsfragen haben wir mögliche Schwachpunkte beim Lieferanten

Anforderungsinformationen des Lieferanten

Absatzanforderungen
- Wachstum mit Beschaffer
- Qualifizierung mit Beschaffer
- Erschließung neuer Märkte
- Hilfen bei Kundengewinnung
- Sicherung des Ersatzteilgeschäftes
- Kundendienstübernahme durch Beschaffer
- frühzeitige Informationen
- usw.

Produktionsanforderungen
- große Produktionsmengen
- langfristige Auslastung
- stetige Auslastung
- Nutzung unterbeschäftigter Bereiche
- Produktionsplanungshilfen
- Produktionsrealisationshilfen
- usw.

F+E/Konstruktionsanf.
- Know-How-Zunahme
- Nutzung des Entwicklungspotentials
- Verwendung neuer Techniken
- Pflege vorhandenen Know-Hows
- exaktes Lasten- / Pflichtenheft
- offener Informationsaustausch

Finanzanforderungen
- Krediteinräumung
- schnelle Zahlung
- hohe Zahlungssicherheit
- faire Preisgestaltung
- Entgelt für Sonderleistungen
- usw.

Logistikanforderungen
- Abnahmebereitschaft und -toleranz
- Lieferung an wenig Orte
- frühzeitige und vollständige Informationen
- Hilfen beim Aufbau eines Informationssystems
- usw.

Entsorgungsanforderungen
- gemeinsame Entsorgungsplanung
- sortenreine Wertstofftrennung
- entsorgungsgerechte Konstruktionsplanung
- usw.

Beschaffungsanforderungen
- Erschließung neuer Beschaffungsmärkte
- Hilfe beim Finden neuer Lieferanten
- Aufnahme in Konditionenvereinbarung
- Schulung der Beschaffungsmitarbeiter
- usw.

usw.

Abb. 209. Informationen über Anforderungen des Lieferanten

unterstellt und Heilungsmöglichkeiten geprüft. Dies ist eine mögliche Vorgehensweise zur Gewinnung von Informationen, sie stülpt jedoch unsere Bedarfsbrille über den Lieferanten; das wird seiner Situation nicht unbedingt gerecht. Deshalb wollen wir aus der Sicht der Funktionsbereiche des Lieferanten fragen, welche Anforderungen von dort gestellt werden könnten. Das haben wir in Abschn. 4.513.3 bereits getan, so daß wir darauf zurückgreifen können. Darüber müssen wir Informationen gewinnen. Dies zeigt Abb. 209. Sie ist identisch mit Abb. 153, sie wurde nur wegen des Leseflusses noch einmal abgebildet.

(3) Liefererkonkurrenzinformationen

Im Prinzip sind zwei Fragenkreise zu beantworten:

- Was können die Liefererkonkurrenten?
- Was tun die Liefererkonkurrenten?

Über das Können der Liefererkonkurrenten erfahren wir zum einen etwas aus den Antworten über die Leistungsinformationen und zum anderen aus der Potentialanalyse (Stärken-/Schwächenanalyse). Wir ordnen den dort aufgelisteten Funktionsbereichen (s. Abb. 82) die Potentialinhalte s. Abb. 83) zu:

Lieferantenpotentialanalyse		
Funktionsbereich	Potentiale	Zeitbezug
Absatz	Mittel	Heute
Gestaltung	Verfahren	Morgen
Produktion	Mitarbeiter	
Beschaffung	Organisation/Kooperation	
Finanzierung		

Abb. 210. Lieferantenpotentialanalyse

Als Mittel lassen sich Maschinen, Geräte und die zur Finanzierung nötigen Geldmittel auffassen. Das Unternehmen kann über die verschiedensten Techniken und Planungsverfahren und Prozeßstrukturen verfügen. Damit müssen Mitarbeiter, gekennzeichnet durch Zahl, Qualifikation, Motivation und Flexibilität, umgehen können. Dies kann durch interne Organisation und zwischenbetriebliche Kooperation erleichtert werden. Das Potential wird heute erhoben, aber auch die Entwicklung ist interessant. Wie schnell hat sich der Liefererkonkurrent auf dieses Potentialniveau entwickelt? Was unternimmt er für Anstrengungen, es überproportional zu steigern?

Damit greifen wir schon auf das *Tun* über. An wen liefert der Liefererkonkurrent? Sind dies Kunden, die als sehr wählerisch gelten? Wie hoch ist der Belieferungsanteil bei diesen Kunden? Soll er ausgebaut oder reduziert werden? Damit kann die Märktefrage verbunden werden. Zum einen geht es um das Marktgebiet. Und zum anderen interessiert die Branche. Liefert er in wachsende/stagnierende/ schrumpfende Märkte? In welchem Bereich hat er welchen Marktanteil? Diese Zahlen werden häufig zur Unterlegung der eigenen Marktbedeutung genannt. Das ist vor allem für den Handel bedeutsam.

Über diese Inhalte benötigt man Informationen. Man erhält einen groben Überblick über Lieferanten, ohne daß man sich mit Ihnen bereits in einem Analyse- und Auswahlprozeß befände, der *Selbstauskunftsfragebogen* bildet ja bereits einen Bestandteil der Lieferantenauswahl.

(4) Beschafferkonkurrenzinformationen

Beschafferkonkurrenten können einem das Leben wesentlich erschweren. Wenn sich das Angebot verknappt, weil z.B. die Nachfrage boomt, wenn also die Liefererkapazitäten ausgelastet sind, dann können eigene Mengensteigerungen unerfüllbarer Wunsch bleiben. Bei langfristigen Vertragsbeziehungen mit Win-Win-Charakter, bei Kapazitätsreservierungen hat man es dann leichter. Im Rahmen der Mengenplanung geht es nicht nur um die Planung der eigenen Absatz- und damit Beschaffungsmenge. Wichtig ist eben auch, Informationen über die Mengenplanung der Konkurrenz zu erhalten. In der gleichen Branche wird der eigene Absatz über die entsprechenden Informationen verfügen. Es sind aber auch andere Beschafferkonkurrenten denkbar. Darüber muß die Beschaffungsmarktforschung Informationen erheben. Die folgende Abb. kann helfen:

Output / Input	gleiches Endprodukt	verschiedenes Endprodukt
gleiches BO	1	2
gleiches Material	3	4
gleiches Verfahren	5	6

Abb. 211. Zur Identifikation von Beschafferkonkurrenten

Am einfachsten ist es, vom Absatzkonkurrenten auszugehen. Bei ihm kann man einfach unterstellen, daß er zumindest ähnliche Beschaffungsobjekte benötigt (Feld 1). Wenn es um gleiches Material für das gleiche Endprodukt geht, hat man es häufig mit Materialkonjunkturzyklen (z.B. Stahlbaisse, Stahlhausse) zu tun (Feld 3).

Weniger konkurrenzintensiv fällt Feld 5 aus, da im Regelfall das gleiche Verfahren häufig angeboten wird. Aufpassen muß man bei den Feldern 2 und 4. Wenn das gleiche Produkt in verschiedene Endprodukte eingebaut wird, müssen jeweils auch andere Konjunkturzyklen bedacht werden. Ähnliches gilt für Feld 4. Stellt man beispielsweise fest, daß die verschiedenen Verwenderbranchen eines Materials die gleichen Konjunkturzyklen gleichzeitig aufweisen, dann darf man sich über Preissprünge nicht wundern. Dazu dienen beispielsweise Verwendungsbereichsbilanzen (Abb. 212).

Verwendungsgebiete [1] / Metalle	Stahlindustrie [2]	Maschinenbau [3]	Elektroindustrie [4]	Chemische Industrie, Erdölindustrie [5]	Gas-, Keramik-Baustoffindustrie	Nahrungsmittel-, Textilindustrie
Antimon	L	**L**	L	M K L		K
Hafnium		**M**				
Kadmium	L	**M** L	L		K	K
Kobalt	**M**	**L**			K	
Lithium		K		**K** M	**K**	
Molybdän	**M**	L	M	K		
Niob	**M**		M L			
Quecksilber		L	**M** L	M		
Rhenium			L	M		
Tantal	**M**	M	**M** L		L	
Titan	M	M L		**K** M L		
Vanadium	**M**	M		K	K	
Wismut	L		**L** K	K	K	
Wolfram	**M**	**K**	M	K	K	
Yttrium		**K**	K			
Zirkonium		M	M	M	**K**	

[1] M als Metall, K als Komponente, L als Legierung; die wichtigste Verwendung ist in fett gedruckt.
[2] Einschließlich anderer Zweige der Metallindustrie.
[3] Einschließlich Fahrzeuge und Transportmaterial, Akkumulatoren-, Nuklearindustrie und übriger Metallbau.
[4] Einschließlich Elektronische Industrie
[5] Einschließlich Farben- und Emailleindustrie

Abb. 212. Eine Verwendungsbereichsbilanz

Am schwierigsten ist sicherlich Fall 6 zu lösen. Erst nach der *Identifikation* des Konkurrenten kann man die bei ihm benutzten *Verfahren* und die daraus folgenden Verhaltensweisen unter die Lupe nehmen. Wenn z.B. Opel aufgrund einer eingehenden Einkaufskostenanalyse bei einem Zulieferer eine Preisreduktion von 20 % durchsetzt, dann gerät VW auch bei einem anderen Produkt in Gefahr, wenn das Unternehmen nicht ähnlich vorgeht, die Preisreduktion für Opel mitzubezahlen. Das Verhalten erstreckt sich auf alle genannten Entscheidungsaspekte:

- Wahl der beschaffungspolitischen Instrumente
- Märkte- und Lieferantenwahl
- Ziel- und Strategiewahl
- Methodenwahl

Und schließlich ist die *Marktbedeutsamkeit* des Beschafferkonkurrenten zu klären. Worauf konzentrieren sich welche Beschaffungsvolumina? Mit welchen Beschaffungspotentialen muß ich beim Konkurrenten rechnen?

Im wesentlichen handelt es sich unter dem Aspekt der Beschafferkonkurrenz um die Gewinnung von *Mengeninformationen.* Die Leistungsinformationen sind eher für die Realisationsplanung nützlich, sie sind oder sie bewegen sich in der Nähe der Spionage, deshalb wollen wir darauf nicht eingehen. Ähnliches gilt im Prinzip für die Modalitätsinformationen. Diese Informationen verleiten zu imitierendem Beschaffungsverhalten; besser dürfte es sein, aufgrund der eigenen Anforderungen ein lieferantengerechtes Forderungs- und Anreizmix zu entwickeln und die hier sonst entstehenden Informationsgewinnungskosten zu sparen.

(5) Allgemeine Märkteinformationen

Für die Analyse und Auswahl der Märkte benötigen wir entsprechende Informationen. Wir haben diese Aspekte bereits erläutert, so daß hier eine kurze Zusammenstellung genügt (Abb. 213).

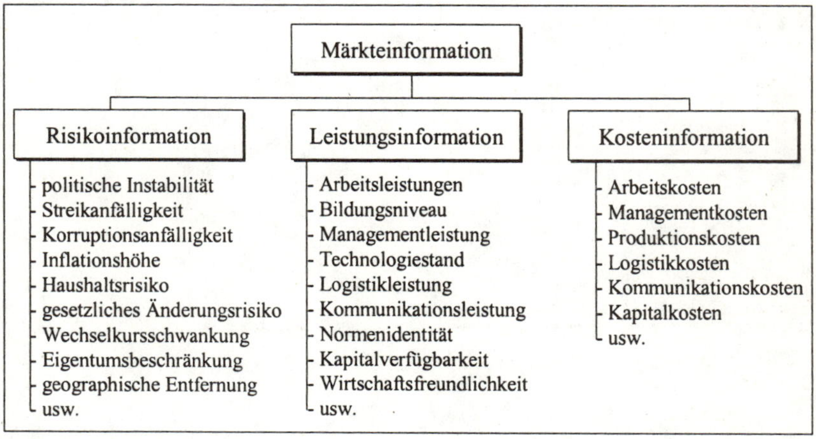

Abb. 213. Märkteinformationen

4.813.2 Informationsfilter

Zur Vermeidung von Datenfriedhöfen und damit auch zur Verringerung der Informationskosten dient es, wenn man sich auf die entscheidungsrelevanten Informationen konzentriert.

(1) Auswahl der Leistungsinformationen
Wir greifen auf Abb. 101 zurück und sprechen wieder analog von Informationen über die Leistungen von Lieferanten, denen wir die Entscheidungsbedingungen zuordnen (Abb. 214).

(2) Auswahl der Informationen über die Liefereranforderungen
Jetzt greifen wir auf Abb. 153 zurück, die entsprechend dem Kontext jetzt der Abb. 215 entspricht.

Die dort dargestellten Anforderungsinformationen benutzen wir bei den Lieferantenverhandlungen. Dafür reicht es zu sagen, welche Anforderungen in Abhängigkeit von unseren Objektmerkmalen für die Wahl des Anreizinstrumentes bedeutsam sein können; eine weitere Gewichtung der Bedeutsamkeiten scheint nicht nötig.

(3) Die *Konkurrenzinformationen* sind dagegen weniger spezifisch, als daß sich Filterungen in Abhängigkeit von den Beschaffungsobjektmerkmalen durchführen ließen. Sie müssen generell erhoben und jeweils gepflegt werden.

(4) Spezifischer sind wieder die *Märkteinformationen*. Die Zuordnung in Abb. 216 erscheint plausibel.

Informationen über Lieferantenleistungen	Bedingungen (Objektmerkmale)	Billigprodukt	Normprodukt	bewährtes Produkt	Spitzenprodukt	innovatives Produkt	Spezialprodukt	Katalogprodukt	Mengen-bedeutsamkeit
Mengen-informa-tionen	große Menge	X_1	X_1	X_2				X_2	X_1
	kleine Menge				X_2	X_2	X_2		
	hohe Mengenflexibilität		X_2					X_1	X_2
	hohe Mengenkonstanz			X_1	X_1	X_1	X_1	X_2	X_1
Leistungsinformationen	Gestaltungsmittelakzeptanz			X_1	X_1	X_1	X_1		
	Gestaltungsleistungsakzeptanz			X_1	X_1	X_1	X_1		
	Gestaltungsmittelveränderbarkeit					X_2			
	Leistungsveränderbarkeit				X_1	X_1	X_1		X_2
	Langlebigkeit			X_1	X_2	X_2		X_1	
	Leistungskonstanz		X_1	X_1				X_2	X_1
	Einsatzvariabilität	X_2	X_1						
	Leistungssichtbarkeit				X_1	X_1			
	hoher Technologiestand				X_1	X_1	X_1	X_2	
	Werkzeugherstellungsfähigkeit					X_2	X_2		
	Werkzeug- u. Materialbeistellungsakzeptanz			X_2					X_3
Zeitin-formationen	kurze Entwicklungszeit				X_2	X_1	X_1		
	kurze Produktionszeit	X_1		X_2					X_1
	kurze Lieferzeit	X_1	X_1	X_2				X_1	X_1
	Bereitstellungszeitpunkteinhaltung		X_1	X_1				X_1	X_1
	Lieferzeitpunkteinhaltung	X_1	X_1	X_1				X_1	X_1
	flexible Termingestaltung		X_2	X_2				X_2	
Ortsin-forma-tionen	Lagerzugänglichkeit		X_3	X_2				X_3	X_2
	Transportmittelanbindung		X_2	X_2				X_3	X_2
	Lieferortakzeptanz	X_2	X_2	X_2				X_2	X_2
Lieferungs-informationen	Lieferzuverlässigkeit	X_1	X_2	X_1	X_1	X_1	X_1	X_1	X_1
	Verpackungs- u. Transportschutz				X_2	X_2	X_2	X_2	
	verarbeitungsgerechte Anlieferung	X_1	X_1	X_2				X_2	X_1
	Vorrangbelieferung				X_2	X_2	X_1		
	Exklusivbelieferung				X_2	X_2	X_1		
	Lieferantensicherheit			X_1	X_1	X_1	X_1	X_2	X_1
Entgelt-informationen	fixierter Preis	X_1	X_1	X_2				X_2	X_1
	Bereitschaft zur Kostenanalyse			X_1	X_2	X_2			X_1
	Preissicherheit			X_2				X_2	X_2
	lange Zahlungsziele						X_3		
	Leasingmöglichkeiten								
	leistungsbezogene Rabattstaffelung			X_2				X_2	X_2
	Mindestmengenzuschlagsverzicht		X_2	X_2				X_2	
Servicein-formationen	Kundendienstbereitschaft				X_1	X_1	X_1		
	Recyclingbereitschaft	X_1	X_2	X_2	X_2	X_2	X_2		X_1
	erweiterte Objektgarantie			X_2					
	Nachkaufsicherheit			X_1				X_1	
	Servicekapazität				X_3	X_3	X_3		
Informationen über	Informationskompetenz				X_1	X_1	X_1	X_2	
	Infomationsbereitschaft				X_1	X_1	X_1	X_2	
	Problemlösungsbereitschaft				X_1	X_1	X_1		
	Geheimhaltung				X_2	X_2	X1		
	Marktinformation				X_2	X_2	X_2		
	Anwendungsberatung				X_2	X_2	X_2	X_2	
	Marketingzusammenarbeit				X_2	X_2		X_2	

Abb. 214. Zur Auswahl der Leistungsinformationen

Informationen über Lieferantenanforderungen		Billigprodukt	Normprodukt	bewährtes Produkt	Spitzenprodukt	innovatives Produkt	Spezialprodukt	Katalogprodukt	Mengen-bedeutsamkeit
Absatzanforderungen	Wachstum mit Beschaffer	X		X	X	X	X	X	X
	Qualifizierung mit Beschaffer			X	X	X	X		
	Erschließung neuer Märkte				X	X			
	Hilfen bei Kundengewinnung				X	X		X	X
	Sicherung des Ersatzteilgeschäftes			X	X	X	X		
	Kundendienstübernahme durch Beschaffer			X	X	X	X		
	frühzeitige Information				X	X	X		
	usw.								
F&E-/Konstruktions-anforderungen	Know-How-Zunahme				X		X		
	Nutzung des Entwicklungspotentials				X	X	X		
	Verwendung neuer Techniken				X	X	X		
	Pflege vorhandenen Know-Hows				X	X	X		
	exaktes Lasten-/Pflichtenheft			X	X		X		X
	offener Informationsaustausch				X	X	X		
	usw.								
Produktions-anforderungen	große Produktionsmengen	X	X	X				X	X
	langfristige Auslastung	X	X	X		X	X	X	X
	stetige Auslastung	X	X	X	X	X	X	X	X
	Nutzung unterbeschäftigter Bereiche		X	X			X	X	X
	Produktionsplanungshilfen			X	X		X		X
	Produktionsrealisationshilfen			X	X		X		X
	usw.								
Beschaf-fungsanfor-derungen	Erschließung neuer Beschaffungsmärkte		X	X			X	X	X
	Hilfe beim Finden neuer Lieferanten		X	X	X	X	X	X	X
	Aufnahme in Konditionenvereinbarung		X	X	X	X	X	X	X
	Schulung der Beschaffungsmitarbeiter				X	X	X		
Finanz-anforderungen	Krediteinräumung				X	X	X		
	schnelle Zahlung		X	X	X	X	X	X	X
	hohe Zahlungssicherheit		X	X	X	X	X	X	X
	faire Preisgestaltung			X	X	X	X	X	X
	Entgelt für Sonderleistungen				X		X		
	usw.								
Logistik-anforderungen	Abnahmebereitschaft und -toleranz	X	X	X			X	X	X
	Lieferung an wenige Orte	X	X	X				X	X
	frühzeitige und vollständige Information			X	X	X	X		
	Hilfen beim Aufbau von Informationssystemen				X	X	X		
	usw.								
Entsor-gungsan-forderungen	gemeinsame Entsorgungsplanung	X		X	X	X	X	X	X
	sortenreine Wertstofftrennung	X		X	X	X	X	X	X
	entsorgungsgerechte Konstruktionsplanung			X	X	X	X		
	usw.								

(Tabellenkopf: Bedingungen (Objektmerkmale))

Abb. 215. Zur Auswahl der Anforderungsinformationen

Märkteinformationen	Bedingung (Objektmerkmale)	Billigprodukt	Normprodukt	bewährtes Produkt	Spitzenprodukt	innovatives Produkt	Spezialprodukt	Katalogprodukt	Mengen-bedeutsamkeit
Leistungen	Arbeitsleistungen			X_2	X_1	X_1	X_1		X_2
	Managementleistungen				X_1	X_1	X_1		X_2
	Technologie				X_1	X_1	X_1		
	Logistikleistungen	X_1	X_1						X_1
	Kommunikationsleistungen				X_1	X_1	X_1		
	Kapitalleistungen			X_2					X_2
	Staatsleistungen			X_2		X_3	X_3		
Kosten	Arbeitskosten	X_1	X_1	X_1		X_2	X_2		X_1
	Produktionsmittelkosten	X_1	X_1	X_1		X_2	X_2		X_1
	Logistikkosten	X_1	X_1	X_1					X_1
	Kapitalkosten	X_2	X_2	X_2					X_2
	Umweltschutzkosten	X_2	X_2	X_2	X_3	X_2	X_2		X_2
	Staatskosten	X_2	X_2	X_2	X_3	X_2	X_2		X_2
Risiko	politische Instabiltität	X_2		X_1	X_2	X_2	X_2		X_1
	Streikanfälligkeit	X_2		X_1	X_1	X_1	X_1		X_1
	Korruptionsanfälligkeit	X_2		X_2		X_2	X_2		X_1
	Inflationshöhe	X_1		X_1					X_1
	Haushaltsrisiko	X_2		X_2					
	gesetzliches Änderungsrisiko				X_1		X_2		
	Wechselkursschwankungen	X_1		X_1					X_2
	Eigentumsbeschränkungen					X_2			
	geographische Entfernung	X_2							X_2

Abb. 216. Zur Auswahl der Märkteinformationen

4.814 Gewinnung benötigter Beschaffungsmarktinformationen

Im Absatzmarketing spielt die Beschreibung der Methoden, wie man externe Informationen gewinnt, eine große Rolle. Neben dem Methodischen müssen wir uns aber auch wieder entsprechend unserer entscheidungsbezogenen „Wenn-Dann-Betrachtung" um Auswahlkriterien bemühen.

4.814.1 Methoden und Quellen

Man kann von folgender allgemeiner Systematik ausgehen (s. Abb. 217).

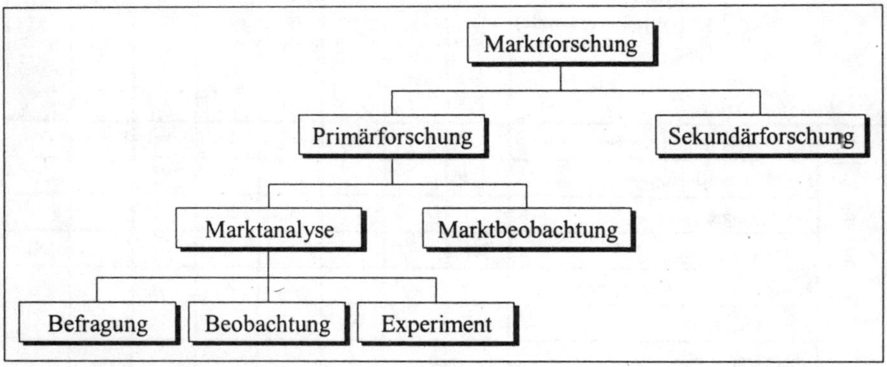

Abb. 217. Methoden externer Informationsgewinnung

Bei der *Primärforschung* bemüht man sich um *neue*, auf die spezifische Beschaffungssituation zugeschnittene Informationen; bei der *Sekundärforschung* wertet man bereits vorhandene Datenbestände aus.

Die Informationsgewinnung kann einmalig (*Markt-/Lieferantenanalyse*) oder wiederholt erfolgen (Markt-/Lieferantenbeobachtung).

So können Länderreferenten durch wiederholte Erhebung in den von ihnen betreuten Einkaufsländern spezifische Daten dieses Landes (z.B. faktische Lohnentwicklung, Arbeitstage pro Jahr, Produktivität) oder Informationen über ausgesuchte Produzenten dieses Landes erheben. Damit erhält man Ansatzpunkte für Trendaussagen, um sich dann eventuell rechtzeitig in diesem Land zu engagieren oder auszusteigen.

Der Einstieg beginnt dagegen immer mit einer Analyse. Zuerst wird man im Regelfall beobachten, was denn einzelne Lieferanten anbieten. Daraus kann sich dann eine Anfrage entwickeln. Ist das Angebot verheißungsvoll, schaut man sich das Unternehmen an, klärt im Gespräch Details und gibt, wenn bisher alles zufriedenstellend verlaufen ist, einen Probeauftrag (Experiment).

Diesen grundsätzlichen Methoden lassen sich nun verschiedene Quellen zuordnen. Es dürfte zweckmäßig sein, diese Quellen mit den Methoden gemeinsam zu behandeln, um den Informationsgewinnungsprozeß kompakt zu halten. Dazu greifen wir auf eine Abb. von Stangl (1985, S. 211) zurück (s. Abb. 218).

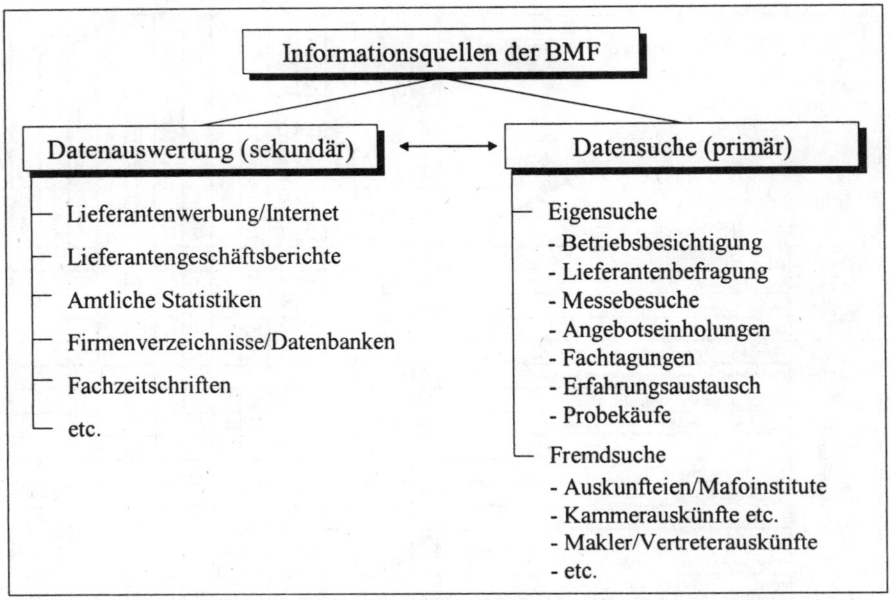

Abb. 218. Informationsquellen der Beschaffungsmarktforschung

4.814.2 Informationsgehalte und Datenquellen

Wir unterstellen hier, daß alle Informationsquellen *verfügbar* sind. In der konkreten Situation der Beschaffungsmarktforschung kann das anders aussehen. Das führt dann zu einer Reduktion der folgenden Aussagen. Im weiteren prüfen wir die Quelleneignung für

- Liefererleistungsinformationen,
- Liefereranforderungsinformationen,
- Märkteinformationen.

(1) Liefererleistungsinformationen
Bei der Abb. 219 haben wir Fachtagungen und den Erfahrungsaustausch in einer Quelle zusammengefaßt.

Informationen über Lieferantenleistungen	Informationsquellen	Lieferantenwerbung/Internet	Lieferantengeschäftsbericht	Fachzeitschriften	amtliche Statistiken	Lieferverzeichnis (Datenbanken)	Lieferantenbefragung	Angebotseinholung	Betriebsbesichtigung	Messebesuche	Auskunfteien/Mafo-Institute	Makler-/Vertreterauskunft	Kammerauskünfte	Fachtagungen (Erfa)	Probekäufe	usw.
Mengen-informa-tionen	große Menge	X_5	X_4			X_4	X_1	X_2	X_1		X_2	X_4		X_2		
	kleine Menge	X_3	X_4			X_2	X_1	X_1	X_2	X_2	X_3	X_3	X_3	X_1		
	hohe Mengenflexibilität	X_5	X_4				X_1	X_1		X_2				X_2		
	hohe Mengenkonstanz						X_1	X_2		X_2				X_1		
Leistungs-informationen	Gestaltungsmittelakzeptanz		X_4				X_1	X_2		X_3		X_3			X_1	
	Gestaltungsleistungsakzeptanz														X_1	
	Gestaltungsmittelveränderbarkeit	X_4		X_3			X_1	X_3	X_2	X_2				X_1		
	Leistungsveränderbarkeit	X_3	X_4	X_3				X_4	X_3	X_3				X_2	X_1	
	Langlebigkeit						X_1		X_1	X_3		X_2		X_1		
	Leistungskonstanz						X_1		X_1	X_3		X_2		X_1		
	Einsatzvariabilität	X_2					X_1			X_2				X_3	X_2	
	Leistungssichtbarkeit	X_1	X_3				X_2		X_1	X_1				X_3	X_1	
	hoher Technologiestand	X_4	X_3	X_5		X_5	X_2	X_5	X_1	X_3	X_4			X_2	X_2	
	Werkzeugherstellungsfähigkeit	X_4	X_5			X_5	X_2	X_3	X_2	X_3	X_4	X_2		X_1	X_2	
	Werkzeug- und Materialbeistellungsakzeptanz						X_1	X_1		X_3				X_2	X_1	
Zeit-informationen	kurze Entwicklungszeit						X_2	X_2		X_3		X_2		X_1	X_1	
	kurze Produktionszeit		X_4				X_2	X_2	X_2	X_3		X_2		X_1	X_1	
	kurze Lieferzeit		X_4				X_2	X_2		X_3		X_2		X_1	X_1	
	Bereitstellungszeitpunkteinhaltung										X_3			X_1	X_1	
	Lieferzeitpunkteinhaltung										X_3			X_1	X_1	
	flexible Termingestaltung						X_1	X_3		X_3				X_1		
Orts-informa-tionen	Lagerzugänglichkeit						X_1	X_2	X_1	X_2		X_2		X_2		
	Transportmittelanbindung		X_4				X_1	X_2	X_1	X_2		X_2		X_2		
	Lieferortakzeptanz						X_1	X_1		X_2		X_3	X_3	X_2		
Lieferungs-informationen	Lieferzuverlässigkeit		X_4				X_2					X_2		X_1	X_1	
	Verpackungs- und Transportschutz		X_5	X_4			X_1	X_1	X_1	X_2		X_3		X_2	X_1	
	verarbeitungsgerechte Anlieferung		X_5	X_4			X_1	X_1	X_1	X_2		X_2		X_1	X_1	
	Vorrangbelieferung						X_1	X_2		X_3						
	Exklusivbelieferung			X_3			X_1	X_2		X_3		X_2		X_2		
	Lieferantensicherheit		X_2			X_3	X_1	X_1		X_3	X_2	X_2				
Entgelt-informationen	Bereitschaft zur Kostenanalyse						X_1	X_1		X_2		X_1		X_2		
	Preissicherheit						X_2	X_2						X_1		
	lange Zahlungsziele						X_1	X_1				X_2		X_2		
	Leasingmöglichkeiten						X_1	X_1				X_2				
	leistungsbezogene Rabattstaffelung						X_1	X_1								
	Mindermengenzuschlagsverzicht						X_1	X_1								
Service-informationen	Kundendienstbereitschaft	X_2	X_3				X_1	X_1		X_2	X_3	X_2	X_2	X_2		
	Recyclingbereitschaft	X_2	X_3	X_3			X_1	X_1		X_2		X_2		X_2	X_1	
	erweiterte Objektgarantie						X_1	X_3	X_2	X_3		X_2		X_2	X_1	
	Nachkaufsicherheit						X_1	X_3		X_3		X_2		X_2		
	Servicekapazität	X_2	X_3				X_1	X_1						X_2		
Informationen über	Informationskompetenz	X_3		X_3			X_2	X_2		X_2		X_2		X_1		
	Informationsbereitschaft	X_2		X_3			X_1	X_2		X_2		X_2		X_1		
	Problemlösungsbereitschaft	X_2	X_4				X_2	X_2		X_2		X_2		X_1	X_1	
	Geheimhaltung	X_3					X_1	X_1		X_2				X_1		
	Marktinformation	X_2					X_1	X_1		X_2				X_1		
	Anwendungsberatung	X_2	X_4	X_4			X_1	X_1		X_2		X_2		X_1		
	Marketingzusammenarbeit	X_2					X_1	X_1		X_2						

Abb. 219. Informationsquellen für Leistungsinformationen

Zur Lesbarkeit der Abb. 219 sind vielleicht einige Anmerkungen hilfreich. Neben der generellen Eignungsfrage haben wir auch die Eignungsintensität geprüft. Die ordinalen Gewichtungen, orientiert am Notensystem (1 = sehr gut; 5 = kaum leistungsfähig) sollen ausdrücken, welche dieser Quellen sich bei den einzelnen Informationsgehalten besser oder weniger gut eignen. Anders als bisher soll diese Abb. nicht spaltenweise sondern zeilenweise gelesen werden. Wenn ich etwas über große Mengenfähigkeit erfahren will, dann helfen mir die Lieferantenbefragung (x_1) und die Betriebsbesichtigung (x_1) am meisten usw.

Bei den Leistungsinformationen wird die dominante Stellung der Lieferantenbefragung offenkundig – ein wohl kaum überraschendes Ergebnis. Dies trifft eher bei der Fachtagung und dem Erfahrungsaustausch mit Kollegen zu. Die Nennungen von Messebesuchen und Angebotseinholungen liegen dagegen wieder im Erwartungsbereich. Dann ist wieder überraschend die geringe Nennungszahl bei Auskunfteien und Kammer-/Verbandsauskünften.

(2) Liefereranforderungsinformationen

Die Zuordnung von Quellen und Liefereranforderungsinformationen ergibt sich aus Abb. 220.

Aus Abb. 220 wird offenkundig, daß sich nur wenige, im Regelfall nur die personengebundenen Quellen für die Informationsgewinnung über die Anforderungen des Lieferanten eignen: Am meisten dürfte man durch die Lieferantenbefragung erfahren. Der Erfahrungsaustausch mit Kollegen kann die Informationen absichern. Wenn man beachtet, daß diese Erfahrungen vor einem anderen Unternehmenshintergrund entstanden, dann reduziert man die Gefahr der Überinterpretation. Auf Messen spricht man meist mit Verkaufspersonal unter Zeitdruck. Nicht immer wird man das für den Lieferanten Wünschenswerte in der benötigten Klarheit erfahren. Bei Betriebsbesichtigungen schließt man aus dem Gesehenen auf mögliche Anforderungen. Das kann zur Bestätigung oder Infragestellung dessen dienen, was man im Lieferantengespräch erfahren hat. Aus der Angebotsabgabe können auch einige Anforderungen abgeleitet werden.

Informationen über Lieferantenanforderungen	Informationsquellen	Lieferantenwerbung/Internet	Lieferantengeschäftsbericht	Fachzeitschriften	amtliche Statistiken	Lieferverzeichnis (Datenbanken)	Lieferantenbefragung	Angebotseinholung	Betriebsbesichtigung	Messebesuche	Auskunfteien/Mafo-Institute	Makler-/Vertreterauskunft	Kammerauskünfte	Fachtagungen (Erfa)	Probekäufe	usw.
Absatzanforderungen	Wachstum mit Beschaffer						X_1			X_3				X_2		
	Qualifizierung mit Beschaffer						X_1			X_3				X_2		
	Erschließung neuer Märkte						X_1			X_3				X_2		
	Hilfen bei Kundengewinnung						X_1			X_3				X_2		
	Sicherung des Ersatzteilgeschäftes						X_1			X_3				X_2		
	Kundendienstübernahme durch Beschaffer						X_1			X_3				X_2		
	frühzeitige Information						X_1			X_3				X_2		
	usw.															
F&E-/Konstruktions-anforderungen	Know-How-Zunahme						X_1		X_2	X_3				X_2		
	Nutzung des Entwicklungspotentials						X_1			X_3				X_2		
	Verwendung neuer Techniken						X_1		X_2	X_3				X_2		
	Pflege vorhandenen Know-hows						X_1		X_2	X_3				X_2		
	exaktes Lasten-/Pflichtenheft						X_1			X_3				X_2		
	offener Informationsaustausch						X_1			X_3				X_2		
	usw.															
Produktions-anforderungen	große Produktionsmengen						X_1		X_2	X_3				X_2		
	langfristige Auslastung						X_1		X_2	X_3				X_2		
	stetige Auslastung						X_1	X_1	X_2	X_3				X_2		
	Nutzung unterbeschäftigter Bereiche						X_1		X_2	X_3				X_2		
	Produktionsplanungshilfen						X_1		X_2	X_3				X_2		
	Produktionsrealisationshilfen						X_1		X_2	X_3				X_2		
	usw.															
Beschaff.-anford.	Erschließung neuer Beschaffungsmärkte						X_1			X_3				X_2		
	Hilfe beim Finden neuer Lieferanten						X_1			X_3				X_2		
	Aufnahme in Konditionenvereinbarungen						X_1			X_3				X_2		
	Schulung der Beschaffungsmitarbeiter						X_1							X_2		
Finanz-anforderungen	Krediteinräumung						X_1			X_3				X_2		
	schnelle Zahlung						X_1	X_1		X_3				X_2		
	hohe Zahlungssicherheit						X_1			X_3				X_2		
	faire Preisgestaltung						X_1			X_3				X_2		
	Entgelt für Sonderleistungen						X_1	X_1		X_3				X_2		
	usw.															
Logistik-anforderungen	Abnahmebereitschaft und -toleranz						X_1			X_3				X_2		
	Lieferung an wenig Orte						X_1	X_1		X_3				X_2		
	frühzeitige und vollständige Information						X_1			X_3				X_2		
	Hilfen beim Aufbau eines Informationssystems						X_1			X_3				X_2		
	usw.															
Entsorg.-anford.	gemeinsame Entsorgungsplanung						X_1			X_3				X_2		
	sortenreine Wertstofftrennung						X_1	X_1		X_3				X_2		
	entsorgungsgerechte Konstruktionsplanung						X_1							X_2		
	usw.															

Abb. 220. Informationsquellen für Anforderungsinformationen

(3) Märkteinformationen

Auch bei den Märkteinformationen zeigt sich eine starke Quellenkonzentration (s. Abb. 221):

Märkteinformationen über \ Informationsquellen		Lieferantenwerbung/Internet	Lieferantengeschäftsbericht	Fachzeitschriften	amtliche Statistiken	Lieferverzeichnis (Datenbanken	Lieferantenbefragung	Angebotseinholung	Betriebsbesichtigung	Messebesuche	Auskunfteien/Mafo-Institute	Makler-/Vertreterauskunft	Kammerauskünfte	Fachtagungen (Erfa)	Probekäufe	usw.
Leistungen	Arbeitsleistungen					X3					X2	X1	X2			
	Managementleistungen										X2	X1	X3			
	Technologie					X2					X2	X1	X2			
	Logistikleistungen										X2	X1	X2			
	Kommunikationsleistungen										X2	X1	X2			
	Kapitalleistungen										X2	X1	X2			
	Staatsleistungen					X2					X1	X2	X1			
Kosten	Arbeitskosten				X1	X1					X1	X2	X1			
	Produktionsmittelkosten				X1	X1					X1	X2	X1			
	Logistikkosten				X1	X1					X1	X2	X1			
	Kapitalkosten				X1	X1					X1	X2	X1			
	Umweltschutzkosten				X3	X2					X1	X1	X2			
	Staatskosten				X1	X1					X1	X2	X1			
Risiko	Importabhängigkeit				X1	X2					X1	X3	X2			
	Klimaabhängigkeit					X2					X1	X1	X2			
	politische Instabilität										X1	X1	X2			
	Streikgefahr				X2						X1	X1	X2			
	ökonomische Instabilität				X1	X2					X1	X1	X2			
	keine Substitutionsmöglichkeiten										X1	X2	X2			
	Rohstoffspekulationen										X1	X1	X2			

Abb. 221. Informationsquellen für Märkteinformationen

Hier wird deutlich, daß für Märkteinformationen andere Quellen bedeutsam sind und daß sich spezifische Quellenhäufungen herauskristallisieren. Wendet man sich neuen Märkten zu, dann wird man sich auf Auskunfteien, Marktforschungsinstitute, Makler- und Vertreterauskünfte, Kammerinformationen wohl für alle benötigten Informationsbereiche stützen können. Lieferantenverzeichnisse, entsprechend aufgebaute Datenbänke sowie amtliche Statistiken können hinzutreten.

4.814.3 Eignungsaspekte

In der Literatur werden verschiedene Beurteilungskriterien für die Auswahl von Informationsquellen genannt. Berthel (1975, S. 39) erwähnt:

- Problemrelevanz
- Wahrscheinlichkeit
- Bestätigungsgrad
- Überprüfbarkeit
- Genauigkeit
- Aktualität

Aus der Diskussion um verschiedene weitere Kriterien zieht Stangl den Schluß, die folgenden Kriterien für die Beschaffungsmarktforschung in den Mittelpunkt zu rücken. Er macht diesen Vorschlag vor dem Hintergrund, daß er vorher bereits angedeutet hat, für welche Beschaffungsobjekte welche Informationen nötig sind – einen Gedankengang, den wir hier bezogen auf das Entscheidungsfeld noch weiter differenziert haben. Stangl (1985, S. 225) nennt:

- Datenumfang (Informationsumfang einer Quelle)
- Datenverläßlichkeit (Sicherheit, Genauigkeit)
- Datenaktualität (zum Erhebungszeitpunkt, Aktualitätsdauer)
- Datenkosten

Überlegungen zum Datenumfang können wir hier aus den weiteren Betrachtungen ausschließen, da sie sich bereits aus den Abb. 204-206 ergeben.

Wiederum auf Plausibilitätsbasis, abgesichert durch Diskussionen mit Praktikern, schlagen wir folgende ordinale Eignungsbewertungen (Qualitätsurteile) vor (s. Abb. 222).

Selbst wenn man sich über die Bewertung im einzelnen heftig streiten mag, hat sie ihre Berechtigung darin, daß hier statt blasser Urteile auf hohem Abstraktionsniveau der Versuch gewagt wird offenzulegen, warum man die eine oder andere Quelle bezüglich der spezifischen Informationsgewinnung für geeigneter/ungeeigneter hält. Das schafft Transparenz und erzwingt Begründungen für anderes Verhalten. Entscheidungsstereotypien bedürfen ebenso wie Fingerspitzengefühlentscheidungen des Begründungszwangs. Ein Entscheidungsunterstützungssystem, das den Beteiligten verständlich ist, kann dies leisten.

Derartige Zuordnungen müssen in zweierlei Hinsicht geprüft werden:

- Gilt diese Zuordnung auch für das eigene Unternehmen? Diese Frage sollte immer gestellt, dann aber nicht einfach verneint werden. Es sind begründende Veränderungen möglich.

- Trifft die heutige Zuordnung auch noch morgen zu? Wie alle anderen Übersichten in ihren Entscheidungsbezügen ständig überprüft werden müssen, ist auch hier die Dynamikfrage zu beantworten.

Eignungsaspekte / Informationsquellen	große Verläßlichkeit		große Aktualität		geringe Kosten
	große Sicherheit	große Genauigkeit	statisch	dynamisch	
Lieferantenwerbung/ Internet	o	-	+	+	+
Geschäftsbericht (Lieferanten)	o	o	-	-	+
Fachzeitschriften	o	+	+	o	+
Amtliche Statistiken	+	o	-	-	+
Lieferverzeichnisse	+	o	-	-	+
Lieferantenbefragungen	o	o	+	o	o
Ausschreibungen/ Angebotseinholung	+	+	+	o	o
Betriebsbesichtigung	+	+	+	o	o
Messebesuche	o	o	+	o	o
Auskunfteien	o	o	o	o	-
Makler/Vertreter	+	o	+	+	-
Kammerauskünfte	o	-	o	-	+
Fachtagungen (Erfa)	+	+	+	o	-
Probekäufe	+	+	+	-	-

+ = Anforderung wird gut erfüllt
o = Anforderung wird weniger gut erfüllt
- = Anforderung wird schlecht erfüllt

Abb. 222. Zur Quelleneignung

Damit können wir uns den Fragen des *Informationsumgangs* zuwenden.

4.815 Verarbeitungs- und Darstellungsverfahren

Die folgenden Ausführungen können wir deshalb kurzhalten, weil sie nicht ureigenes Beschaffungshandeln darstellen. Hier wird auf die Statistik zurückgegriffen. Dennoch müssen Antworten auf die Fragen gefunden werden, wie man denn die vielfältigen Informationen, die man benötigt, und die man gewonnen hat, so aufbereitet und darstellt, daß der einzelne damit auch vernünftig umgehen kann.

(1) Verarbeitungsverfahren

Die folgenden von Stangl (1985, S. 242) genannten Verfahren sind in der Absatzmarktforschungsliteratur ausführlich beschrieben worden, so daß ihre systematische Nennung hier ausreicht:

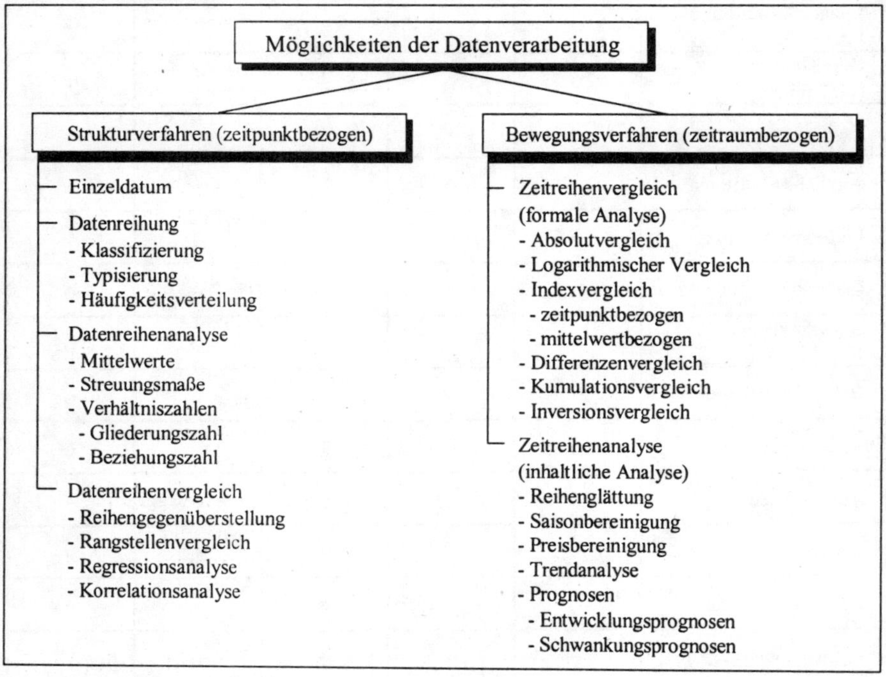

Abb. 223. Datenverarbeitungsmöglichkeiten

(2) Informationsdarstellungsmöglichkeiten

Ähnlich kurz können wir uns mit Überlegungen zur Informationsdarstellung fassen, da auch hierüber in der Statistik und Absatzmarktforschungsliteratur ausreichend Erklärungen vorhanden sind. Wir übernehmen die Darstellung von Stangl (1985, S. 250; Abb. 224).

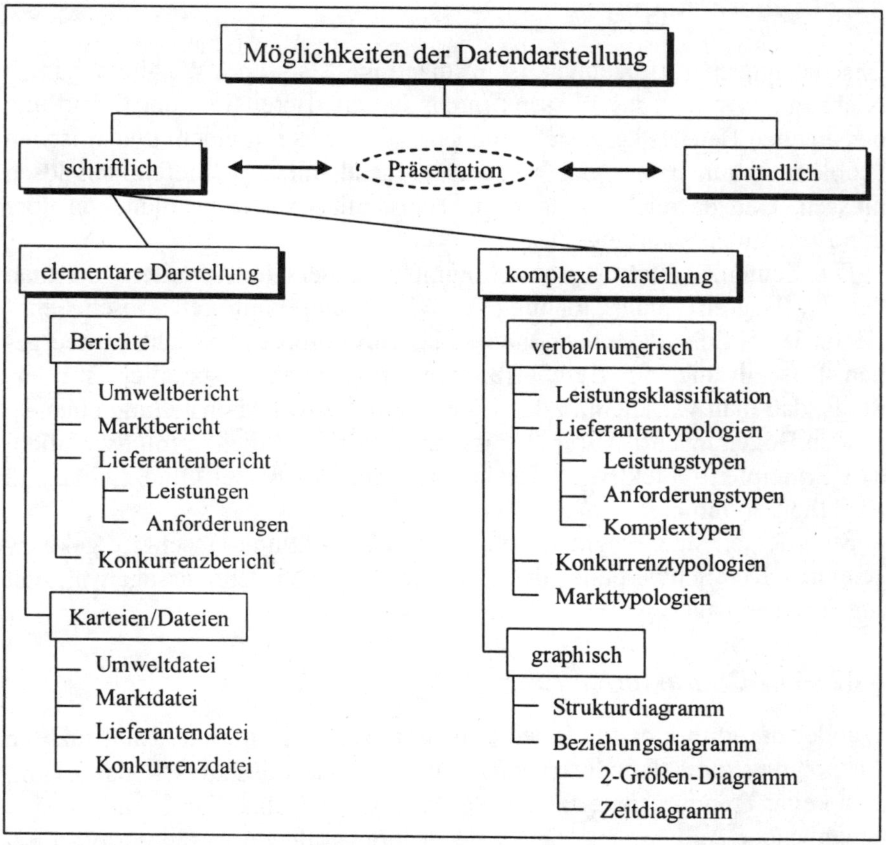

Abb. 224. Möglichkeiten der Informationsdarstellung

Darstellen kann man mündlich wie schriftlich. Auch beim mündlichen Vortrag benutzt man in der Regel schriftliche Unterlagen; deshalb und um die jederzeitige Zugriffsfähigkeit zu sichern, wird die schriftliche Darstellungsform pointiert.

Bei der *elementaren Darstellungsform* werden die Informationen eher isoliert aufbereitet. Interessanter sind die *komplexen Darstellungsformen*. Hier kann man auf geringer Darstellungsfläche viel unterbringen. Es hängt vom Unternehmen und dessen jeweiliger Situation ab, welche Darstellungsform gewählt wird. Ein ständiger Wechsel der Form wirkt kontraproduktiv. Es muß immer wieder neu überlegt werden, wie man denn diese Darstellung zu interpretieren habe. Und daraus erwächst dann Nutzungsablehnung, die wir ja gerade vermeiden wollen.

4.82 Früherkennung

Beschaffungsmarktforschung ist primär eine „Ist- und War-Forschung". Nicht immer reicht das Wissen um das Ist aus. Bereits bei der Ermittlung des eigenen Bedarfs kann sich ergeben, daß wir es mit einem dynamischen Problem zu tun haben, das wir entsprechend mit dem Lieferanten lösen müssen. Und da reicht es dann nicht aus, mit Trendextrapolationen über den Lieferanten zu arbeiten.

Die Sentenz lautet: „Erstens kommt es anders und zweitens als man denkt". Begreift man „Planung als Gestaltung künftigen Geschehens" (Hahn 1995, Sp. 3185), kann man an Prognoseproblemen nicht vorübergehen. Das gilt auch für Beschaffungsentscheidungen. Erstaunlich ist allerdings, daß man vor allem in der Theorie um die Aufgabenstellung einen so großen Bogen macht. Warum? Wissenschaftliches Arbeiten folgt vor allem den Prinzipien Objektivität, Exaktheit, Validität, wobei Objektivität und Exaktheit dominieren.

Statt dessen sind Prognosen durch Subjektivität und Unschärfe gekennzeichnet. Der Schwerpunkt des Bemühens liegt in der Aussagenvalidität (lieber richtig als genau).

4.821 Zur Charakterisierung

Wandel hat eine inhaltliche, eine quantitative und eine intensitätsmäßige Ausprägung. Mit Trendextrapolationen, Regressionsanalysen usw. kann man keine Trendbrüche erfassen. Wichtig ist das frühzeitige Erkennen sich anbahnender Änderungen, bevor sie in ihrer vollen Ausprägung ein Faktum für das Handeln sind und damit dann nur wenig Zeit für Reaktionen übrig bleibt. Ansoff bezeichnet Indizien eines sich andeutenden Entwicklungsbruchs als schwache Signale (1976). Dies führt uns zur Zielbetrachtung der Früherkennung. Zum einen geht es um die *Reduzierung der Ungewißheit*, indem Informationen zur Verfügung gestellt werden, die eine bessere Zukunftsplanung gestatten (hier und im folgenden Kienzle 1999). Und zum zweiten sollen *Zeitreserven* geschaffen werden, um statt hektischer Anpassungsreaktionen gut fundierte Planungen der Zukunftsbewältigung vorzubereiten. Um dies zu ermöglichen, müssen in die jeweiligen Entscheidungsstufen des hier vorgestellten Prozeßmodells die benötigten zukunftsrelevanten Informationen eingebracht werden. Zum Teil überschneiden sich diese Überlegungen mit denen strategischer Planung, bei denen es um die Beachtung von Konsequenzen (Folgen) geht, die das Handeln haben kann. Das Handeln kann zu Entwicklungsbrüchen führen, die man eigentlich vermeiden sollte usw.

Insofern gleicht die Früherkennung der Beschaffungsmarktforschung, als Informationen quer zu den Entscheidungsstufen gewonnen werden müssen. Dabei liegt der Schwerpunkt der Beschaffungsmarktforschung auf den Informationen des Gestern und Heute, die der Früherkennung auf dem des morgen Relevanten. Und weil man eben noch nicht weiß, was morgen relevant sein wird, kann die Informationssuche nur bedingt zielgerichtet sein, bedeutsam ist auch die ungerichtete Suche nach Informationen über das Morgen.

Die Früherkennungsforschung ist jung und dynamisch. Heute können wir folgende Entwicklung konstatieren, die in Abb. 225 abgebildet wurde.

Früherkennungs-generation	**Früherkennungs-information**	**Planungshorizont/ Verwendungszweck**
1. Generation	Kennzahlen (Planungs-) Hochrechnungen	operative Früherkennung
2. Generation	Frühindikatoren	↕
3. Generation	schwache Signale	strategische Früherkennung

Abb. 225. Stadien der Früherkennung (Kienzle, S. 86)

Zur Charakterisierung der einzelnen Entwicklungsschritte hat Kienzle das folgende übersichtliche Beschreibungsraster entwickelt (Abb. 226).

	Kennzahlenzahlenorientierte Früherkennung	Hochrechnungsorientierte Früherkennung
Informationsbasis	Kennzahlen	(Planungs-)Hochrechnungen
Zielsetzung	Erkennen eingetretener Risiken; Insolvenzprognose	rechtzeitige Aktualisierung der Planinformation
Grundprinzip	Soll-Ist-Vergleich	Soll-Wird-Vergleich
Prämisse	Strukturkonstanz	Strukturkonstanz
Strukturiertheit der Informationssuche	hoch: analytisch	hoch: analytisch
Informations-herkunft	Rechnungswesen (bei Eigenorientierung); Jahresabschlüsse (bei Fremdorientierung)	Unternehmens-/Funktionsbereichs-planung; Rechnungs-/Berichtswesen
Problemfelder	Auswahl frühwarnrelevanter Kennzahlen; Festlegung von Sollwerten u. Toleranzgrenzen	(quantitative) Prognose der Wird-Größe
Erweiterungs-vorschläge	Verwendung von Kennzahlensystemen; Verkürzung der Abrechnungsperioden	----
Nachteile	Ex-post-Analysecharakter; mangelnde Betrachtung von Chancen; mangelnde Betrachtung des Umfeldes	Extrapolationsfalle; mangelnde Betrachtung von Chancen; mangelnde Betrachtung des Umfeldes
Zukunftshorizont	nicht vorhanden bis kurzfristig	kurzfristig

	Indikatororientierte Früherkennung	Schwachsignalorientierte Früherkennung
Informationsbasis	Frühindikatoren	schwache Signale
Zielsetzung	frühzeitige Vorhersage der Veränderung von Prognosevariablen	frühzeitige Identifizierung von Entwicklungsbrüchen
Grundprinzip	Analyse des Zusammenhangs zwischen phasenverschobenen Zeitreihen	Wahrnehmung und Interpretation schwacher Signale
Prämisse	Strukturkonstanz	Strukturvariabilität; Entwicklungsbrüche kündigen sich frühzeitig über schwache Signale an; schwache Signale sind prinzipiell wahrnehmbar
Strukturiertheit der Informationssuche	hoch: analytisch	niedrig: explorativ
Informations-herkunft	unternehmensextern und -intern	unternehmensextern (bei *Ansoff*); unternehmensintern denkbar
Problemfelder	Festlegung von Analysefeldern; Identifizierung von Indikatoren; Festlegung von Warnbereichen; Zusammenstellung eines umfassenden Indikatorenkatalogs	Bereitschaft und Fähigkeit zur Wahrnehmung, Interpretation und Kommunikation schwacher Signale (→ Informationspathologien)
Erweiterungs-vorschläge	theoriegeleitete Identifikation v. Indikatoren; Bildung von Indikatorverkettungen; Bildung von Indikatorvernetzungen	Methodeneinsatz (z.B. Diskontinuitätenbefragung)
Nachteile	Indikatoren beruhen auf Vergangenheits-erfahrungen, daher keine Identifizierung neu-artiger Ereignisse und Entwicklungen möglich	mangelnde Operationalisierbarkeit des Ansatzes; Gefahr einer Überreaktion oder Alarmneurose
Zukunftshorizont	kurz- bis langfristig	langfristig

Abb. 226. Merkmale der Früherkennungsgeneration

4.822 Zum Prozeß der Früherkennung

Wegen der hohen Komplexität der Früherkennungsaufgabe empfiehlt sich eine dreistufige Vorgehensweise:

- Informationsgewinnung
- Analyse
- Prognose

(1) Informationsgewinnung
Ausgehend von einer wissensbasierten Ahnung wird man versuchen, das *Sichtfeld* einzugrenzen. Es geht darum festzulegen, wo, in welchen Bereichen man nach Informationen über Veränderungen (→ *Veränderungsinformationen*) Ausschau halten soll. Im Gegensatz zu Bestätigungsinformationen muß hier also sensibel nach Veränderungen gesucht werden. Nicht alle Veränderungen sind in dem jeweiligen Suchfeld bedeutsam. Es müssen also Frühindikatoren eruiert werden, die Prognosepotential für beschaffungsrelevante Veränderungen aufweisen. (→ Suche nach *entscheidungsrelevanten* Veränderungsinformationen). Kienzle erläutert für das Sichtfeld „Leistungsfähigkeit aktueller Lieferanten" die folgenden entscheidungsrelevanten Frühindikatoren (s. Abb. 227).

Finanzen	Personal	Beschaffung	Produktion und Logistik	Absatz und F&E
* Gewinn-situation * Kapital-verhältnisse * Eigentums-verhältnisse * Zahlungs-verhalten bei Vorlieferanten * Zahlungs-verhalten der Kunden * Kreditwürdigkeit * Investitions-vorhaben (auch: Wegfall angekündigter Investitionen)	* Krankenstand * Fluktuationsrate * Häufigkeit von Betriebs-versammlungen * Anteil Kurzarbeit * Einführung/ Streichung von Schichten * vorgezogener Betriebsurlaub * Einstellungsstop * Mitarbeiter-produktivität * Anteil qualifizierter Mitarbeiter	* Qualitätsmängel bei Vorleistungen * Beschaffungs-engpässe bei Vorlieferanten * Wechsel von Vorlieferanten	* Häufigkeit von Produkt-reklamationen * Lieferbereitschaft (Terminüberschrei-tungen/-unter-schreitungen) * Kapazitäts-auslastung * Instandhaltungs- und Reparatur-aufwand	* Altersstruktur des Produkt-programms * Produkt-innovationsrate * Forschungs-intensität

Abb. 227. Frühindikatoren zu Veränderung der Leistungsfähigkeit aktueller Lieferanten

Auf die Informationsgewinnung folgt die *Interpretation*. Dazu ein Beispiel: Hat der Lieferant nur wenige Großkunden, dann kann der drohende Zahlungsausfall eines Großkunden existenzbedrohende Wirkungen haben. In diesen Kontext gehört auch die Frage, wie man sich informiert (Abb. 228).

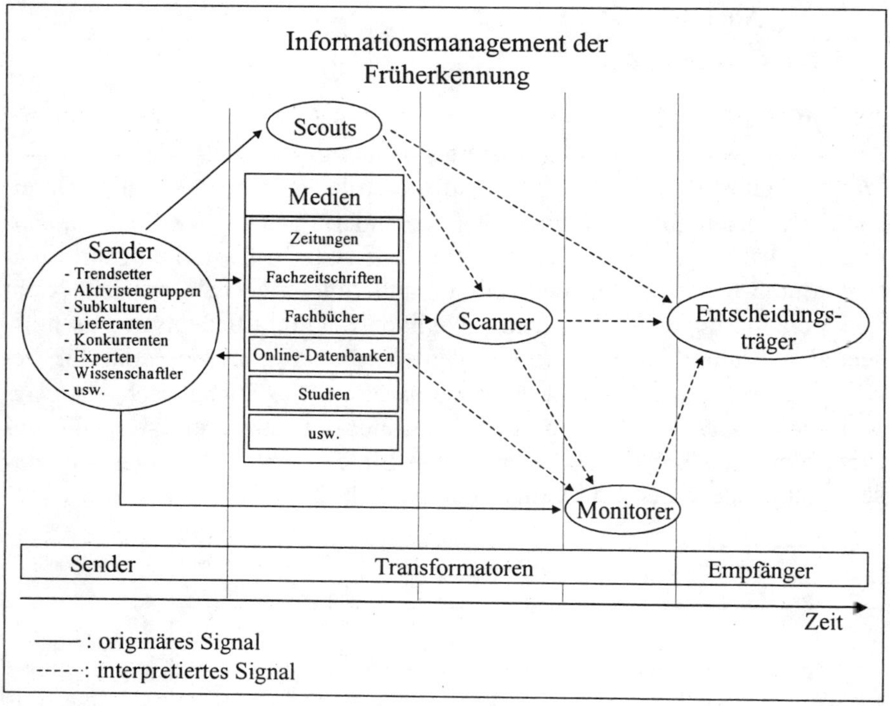

Abb. 228. Informationsmanagement der Früherkennung (Kienzle, S. 271)

Zwischen Sender und Empfänger befinden sich diejenigen, die sich der Informationsgewinnung und –verarbeitung widmen. Die *Scouts* nehmen als teilnehmende Beobachter im Suchfeld Informationen auf, interpretieren sie und geben sie weiter. Von ihnen und den Medien nehmen ihrerseits die *Scanner* in größerem Zeitabstand von der Senderquelle Informationen auf, interpretieren sie und geben sie weiter; dies tun mit noch größerem Zeitabstand auch die *Monitorer*. Die letzten beiden Formen der Vorgehensweise lassen sich folgendermaßen abgrenzen (Abb. 229).

Informationsgewinnungsarten / Abgrenzungsmerkmale	**Scanning** (Aufklären/Abtasten)	**Monitoring** (Überwachen)
Zielsetzung	Entwicklung eines Vorverständnisses für potentielle Diskontinuitäten; Aufspüren neuer Phänomene	Entwicklung eines vertiefenden Verständnisses für spezifische Entwicklungen
Informationsobjekt	schwache Signale; neue Wissenskontexte	bekannte Phänomene; (Früh-)Indikatoren
Vorgehen	aufspürende Beobachtung	vertiefende Beobachtung
relevante Beobachtereigenschaften	intuitive Wahrnehmung; divergentes Beurteilungsdenken; Neugierde und Ambiguitätstoleranz; umfangreiches Allgemeinwissen	sinnesbezogene Wahrnehmung; analytisches, konvergentes Denken
dominierende Gehirnhälfte	rechte Gehirnhemisphäre	linke Gehirnhemisphäre
Methodeneinsatz	tendenziell methodenungebunden	methodengebunden (Indikatormethode)
Ausrichtung	prinzipiell "360-Grad-Radar"; tendenziell offen	fokussiert

Abb. 229. Zur Abgrenzung von Scanning und Monitoring (nach Kienzle, S. 227)

(2) Analyse

Die Informationsgewinnungsphase wird eine Vielzahl von mehr oder minder konkreten Hinweisen hervorbringen. In der folgenden Analysephase gilt es festzustellen, welche Ursachen und Wirkungszusammenhänge diesen „Auffälligkeiten“ zugrunde liegen, welchen grundsätzlichen Einfluß sie auf das Unternehmen haben könnten und mit welcher Dringlichkeit sie zu verfolgen bzw. zu beeinflussen sind. Eine solche Analyse ist erforderlich, da es bei bloßer Betrachtung der Einzelhinweise eher ausnahmsweise möglich ist zu erkennen, ob eine Chance oder ein Risiko vorliegt.

Es macht Sinn, die Analysephase – organisatorisch betrachtet – im Rahmen eines *Workshops* stattfinden zu lassen. Ein solcher Workshop bildet die Voraussetzung und Schnittstelle zur Initiierung eines fortlaufenden und parallelen (Erkenntnis-)Prozesses des organisationalen Lernens. Ziel ist die „Orchestrierung einer Debatte“, bei der die verschiedenen Kontexte, die für die Analyse der Auffälligkeiten relevant sind, zur Geltung kommen.

(3) Prognose

Auf diesem gewichteten Informationsfundus baut nun die Vorausschau auf. Die gewonnen Informationen zeigen zum einen die Notwendigkeit neuer Prognosen auf –wenn die bisher gültigen Prognosen im Widerspruch mit den neu gewonnenen und analysierten Früherkennungsinformationen stehen – und versorgen zum anderen die Prognoseverfahren mit den notwendigen Daten zu ihrer Durchführung. So können schwache Signale z.B. Hinweise über ein mögliches Störereignis liefern, welches dann in der Szenario-Methode zur Entwicklung eines Alternativ-Szenario herangezogen wird.

4.823 Methoden und Quellen in der Früherkennung

Man kann in Informationsquellen und Prognosemethoden unterscheiden:

(1) Informationsquellen
Analog zu den bereits geschilderten Informationsquellen der Beschaffungsmarktforschung können wir auch die Quellen der Früherkennung einteilen (Abb. 230).

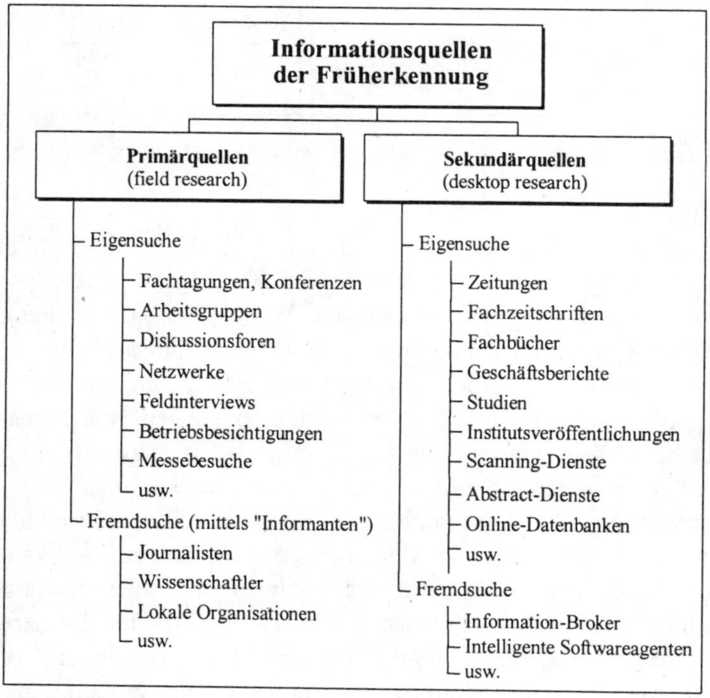

Abb. 230. Informationsquellen der Früherkennung (Kienzle, S. 287)

An einigen ausgewählten Beispielen sollen die Informationsquellen für den Beschaffungsbereich konkretisiert werden (Abb. 231):

Informations-quellen-kategorie / Bezugsebene	Sekundärquellen			Primärquellen	
	Zeitungen und Fachzeitschriften	**Fachbücher, Studien und Institutsveröffentlichungen**	**Abstract-Dienste, Scanning-Dienste, Online-Datenbanken**	**Fachtagungen, Arbeitsgruppen und Netzwerke**	**sonstige Primärquellen**
Beschaffungs-objekte	"Internat. Textile Bulletin" für Objektbereich Textilien; "VDI Berichte" für Trends bei elektron. Produkten; "Rohstoff-Rundschau"; Hauszeitschriften der Lieferanten	"Beschaffungsmarkt: Jahrbuch für den industriellen Einkauf" (jährlich); "World Resources Report" des World Resources Institute (jährlich)	Datenbanken "KSA", "TW" oder "TWWA" für den Objektbereich Textilien; Patentrecherchen in den Datenbanken "PATDPA" (Patentblatt) oder "WPI" (World Patent Index)	Teilnahme an "Internationaler Chemiefasertagung" (jährlich) und "Techtextil-Symposien" für den Objektbereich Textilien; Teilnahme an "Zukunfts-Workshops"	Gespräche mit Repräsentanten des Lieferanten; Lieferantenaudits; Fachmessen- und Ausstellungsbesuche (z.B. "ITMA" für Textilmaschinen)
Beschaffungs-funktionen	"International Journal of Purchasing and Materials Management"; "Supply Management"; "IMF Survey";	Veröffentlichungen der "Schmalenbach-Gesellschaft - Deutsche Gesellschaft e.V." (z.B. zum Thema "Time-to-Market")	Service-Plattform "www.beschaffung.net"; Datenbanken "APAREC" und "ESVMA" für Trends im Abfallmanagement	Teilnahme am "Deutschen Symposium Einkauf und Logistik" des "BME e.V."; Mitarbeit in der "Schmalenbach-Gesellschaft - Dtsch.	Erfahrungsaustausch mit Fachkollegen oder Expertengespräche mit Wissenschaftlern (z.B. im Rahmen von "Kamin-
beschaffendes Unternehmen	"direkt" für die Bayer AG; "IBM-Nachrichten" für die IBM AG	unternehmensinterne Schwachstellenanalyse (z.B. von einer Unternehmensberatung erstellt)	Datenbank "Volkswagenwerk" und der "VW-Pressespiegel" für die Volkswagen AG	Mitgliedschaft in einem "Simultaneous Engineering Team" (als funktionsbereichsübergreifende Workgroup)	informeller Informationsaustausch mit Unternehmensmitgliedern z.B. persönlich in der Kantine oder über ein Chat
globales Umfeld	"NAPM Report on Business"; "Der Spiegel"; "Spektrum der Wissenschaft"; Zeitschriften der Zukunftsforschung wie "pro Zukunft" oder "Zukünfte"	"Delphi '98 - Studie"; Veröffentlichungen von Trendforschern (*Naisbitt, Popcorn, Horx* etc.)	"Trendletter"; "2000X-Der Zukunftsletter"; Datenbanken "BFAI", "FAKT" oder "BUSINESS INTERN." (Informationen über Auslandsmärkte)	Mitgliedschaft im "Rotary-Club" oder "Lions-Club"; Mitarbeit in einer "Zukunftswerkstatt"	informeller Informationsaustausch mit unternehmensexternen "Sendern" (Naturwissenschaftlern, Experten etc.) z.B. über eine Newsgroup

Abb. 231. Beispiele für Informationsquellen der Früherkennung (Kienzle, S. 300)

(2) Prognosemethoden

Umminger (1990) hat verschiedene Prognosemethoden/ -techniken untersucht:

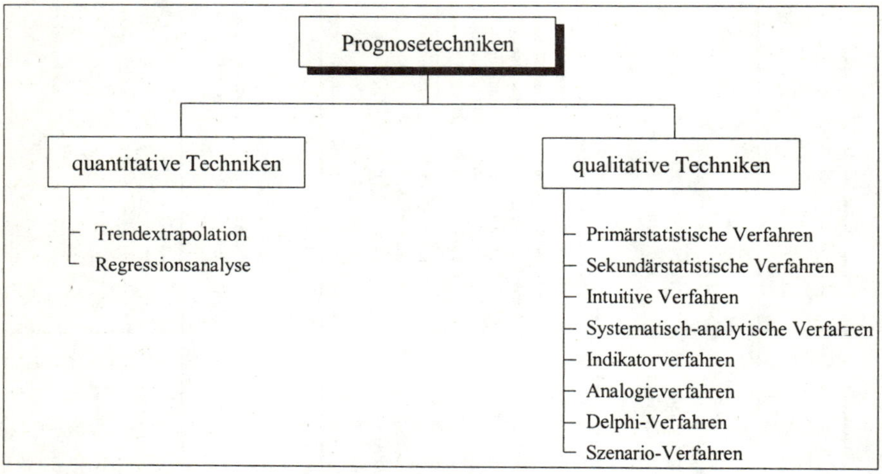

Abb. 232. Einige Prognosemethoden

In diesem Kontext interessieren nur die qualitativen Methoden.
Zunächst können sowohl die *Primärforschung* (field research, Gewinnung von Informationen) als auch die *Sekundärforschung* (desk research, Auswertung bereits vorliegenden Informationsmaterials) zu Zwecken der Prognose eingesetzt werden. Sie basieren auf den Erhebungsmethoden der empirischen Sozialforschung: Befragung, Beobachtung und Experiment (s. hierzu Umminger 1990, S. 28 f. sowie die dort angegebene Literatur).

Zu Prognosezwecken können auch die Kreativitätstechniken eingesetzt werden, die in der Regel zur Gewinnung von Produktideen genutzt werden (s. Abb. 112). Durch Ausnutzung gruppendynamischer Effekte und „divergenter", „lateraler" Denkweisen werden außergewöhnliche Ergebnisse produziert. Die *intuitiven Verfahren* bedienen sich der Assoziation (Brainstorming, Brainwriting und Varianten) oder der intuitiven Konfrontation (Synektik, Reizwortanalyse und andere) als ideenauslösende Prinzipien.

Dagegen basieren die *systematisch-analytischen Verfahren* auf Prinzipien der Abwandlung (Mehrdimensionale Morphologie, Progressive Abstraktion) und der systematischen Konfrontation (Morphologische Matrix, Methoden der systematischen Reizobjektermittlung).

Beim *Indikatorverfahren* wird die Veränderung der Prognosevariablen aufgrund der Veränderung eines Indikators vorhergesagt. Dazu muß ein zeitlich zu bestimmender time-lag zwischen einer Veränderung des zeitversetzten Zusammenhangs abgeschätzt werden.

Beim *Analogieverfahren* werden ähnlich strukturierte Situationen mit dem Ziel verglichen, aus der Entwicklung der einen Situation eine Prognose für eine analoge Veränderung einer anderen Situation abzuleiten. Dazu müssen Strukturanalogien nachgewiesen, Entwicklungsverläufe der Vergleichssituation analysiert und diese auf den Prognosegegenstand mittels Analogieschluß übertragen werden.

Delphi-Verfahren sind eine besondere Form der wiederholten Expertenbefragung, die auf dem Intuitionsvermögen und dem durch Erfahrung geprägten Prognosemodell der Experten basieren. In einem schriftlichen Fragen-Antwortendialog zu einem Thema mit anonym bleibenden Experten werden die Antworten nach jeder Fragerunde aufbereitet und danach mit der Bitte um Stellungnahme bzw. Korrektur der eigenen, im Lichte der anderen Aussagen zugesandt. Nach einigen Befragungsrunden schälen sich dann meist eindeutige Mehrheitsmeinungen heraus. In der *Szenario-Technik* werden zunächst das Suchfeld strukturiert, Haupteinflußfaktoren identifiziert und ebenfalls strukturiert, um dann Entwicklungstendenzen und kritische Deskriptoren für die Umfelder zu entwickeln. Anschließend werden alternative Annahmenbündel entwickelt. Die alternativen Szenarien werden interpretiert. Es folgt eine Störfeldanalyse mit Prüfung der Auswirkungen.

4.83 Beschaffungskontrolle

4.831 Theoretische Vorüberlegungen

Übereinstimmung herrscht in der betriebswirtschaftlichen Literatur darüber, daß Kontrolle als Vergleich zwischen *Soll* und *Ist* aufzufassen ist (s. die umfangreiche Literatur bei Pfisterer 1988, S. 35 f.). Die Gegenüberstellung von Gewünschtem mit Erreichtem macht deutlich, daß Kontrolle Maßstäbe verlangt. Dies ist auch für andere Bereiche möglich, so daß wir abgrenzen müssen.

(1) Terminologische Abgrenzung

Wir haben es mit den Begriffen Revision - Kontrolle - Controlling zu tun. Relativ einfach ist die Abgrenzung von Kontrolle und Revision (s. Abb. 233).

Revision	Kontrolle
Überwachung durch funktionsbereichs-unabhängige, -externe Personen; bei externer Revision von Unternehmensfremden	Überwachung durch funktionsbereichs-unabhängige, -interne Unternehmensangehörige
Überwachung abgeschlossener Vorgänge (rückschauende Betrachtungsweise)	Überwachung laufender aktueller Vorgänge (Ergebnisfeststellung)
Überwiegend auf die Gesamtheit gerichtete Überwachung	Überwachung auf Einzelvorgänge gerichtet

Abb. 233. Abgrenzung von Kontrolle und Revision (Pfisterer 1988, S. 39)

Schwieriger ist die Abgrenzung zum Controlling. Es wird deutlich, daß Controlling neben dem traditionellen Rechnungswesen als dem grundlegenden Bereich der Dokumentation auch die Unterstützung der Unternehmensführung durch Information umfaßt (Pfisterer 1988, S. 44, und die dortige Literatur). Hier liegt eine ähnliche Erweiterung vor, wie wir sie auch aus der Logistik kennen (Lagerung, Transport + Information). "Das Controlling bereitet Informationen zur Unternehmenssteuerung auf." (Pfisterer 1988, S. 44). Diese Informationen kommen vorrangig aus internen Quellen.

Diese Umschreibung würde auch die Bezeichnung dieses Arbeitsschrittes mit Beschaffungscontrolling rechtfertigen, so daß wir uns Abgrenzungserläuterungen sparen könnten. Dennoch wollen wir bei dieser unterschiedlichen Terminologie bleiben:

- Nach dem bisherigen theoretischen Stand der Beschaffungskontrolle wäre es etwas verwegen, den anspruchsvolleren Tatbestand des Controlling hier zu beanspruchen.
- Die Kontrolle erfolgt hier prozeßorientiert jeweils am Schluß des Beschaffungshandelns in der jeweiligen Stufe durch die jeweilige Person. Wir wollen die Kontrolle also als integrierenden Bestandteil des einzelnen Handlungsaspektes verstehen. Aufgabe des Beschaffungscontrolling könnte es dagegen sein, darüber nachzudenken, beispielsweise welche Kennzahlen wann für wen handlungssteuernd genutzt werden könnten. Das kann dann deutlich über den Beschaffungsbereich hinausgehen und Handlungsgrundlage für die Geschäftsführung sein.

(2) Kontrollfunktionen

Kontrolle wozu? Mehrere Funktionen erscheinen erwähnenswert:

- Aus der Dreiteilung betriebswirtschaftlichen Handelns in Planung, Realisation und Kontrolle ergibt sich die *Ergebnisfeststellungsfunktion*. Durch Gegenüberstellung der intendierten Planwerte mit dem Planungsvollzug zeigt sich das Handlungsergebnis.

- Aus der Ergebnisfeststellung resultiert die *Führungsfunktion* der Kontrolle. Wenn man zwischen Willensbildung, Willensdurchsetzung und Willenssicherung unterscheidet, dann obliegt der Kontrolle die Willenssicherung (Bleicher/Meyer 1976, S. 56).
- Stellt man Abweichungen zwischen Soll und Ist fest, muß man prüfen, was das für Konsequenzen hat. Die *Regelungsfunktion* erfaßt, inwieweit durch die Kontrollergebnisse Anpassungsmaßnahmen vorgenommen werden müssen. Die Anpassung kann sich auf das Ist (Maßnahmen), ebenso aber auch auf das Soll (Zielsetzungen) erstrecken.
- Maßnahmen werden von Personen ergriffen. Kontrollen steuern das, was Personen tun. Dabei geht es um die beiden bereits erwähnten *Lern-* und *Motivationsfunktionen*. Das Ist als Wirkung zeigt dem Handelnden, ob die Hypothesen seines Maßnahmeneinsatzes richtig waren. Das Lernen nach dem Verstärkerprinzip erklärt, daß Maßnahmen, die zur Zielerreichung führten, fortgesetzt werden, Maßnahmen, die Mißerfolge brachten, dagegen durch andere ersetzt werden müssen. Gleichzeitig motiviert der dokumentierte Erfolg.

4.832 Der Kontrollprozeß

Die Beschaffungskontrolle hat eine inhaltliche, eine methodische und eine prozessuale Seite. Wir wollen zuerst den Prozeß klären. Den Ausgangspunkt bildet die Abb. 234.

Aus dem marketinggeleiteten Beschaffungshandeln (Beschaffungsmarketing) ergeben sich die gesetzten Leitgrößen, die Maßstäbe, an denen gemessen wird. Für den Vergleich mit den Handlungsresultaten sollten gleichzeitig Toleranzgrenzen festgelegt werden, welche die "Nochzufriedenheitsgrenzen" zeigen. Abweichungen vom Soll-Wert innerhalb der Toleranzgrenzen werden wie eingehaltene Soll-Werte behandelt. Das Beschaffungshandeln wird ohne Änderung fortgeführt.

Liegt dagegen das Ist-Ergebnis außerhalb der fixierten Toleranzgrenzen, dann muß im Rahmen einer Ursachenanalyse geprüft werden, warum es zur Abweichung vom angestrebten Zustand gekommen ist. Dazu muß zunächst die Abweichungsursache identifiziert werden. Möglich ist, daß man es nur mit einer Ursache zu tun hat, aber auch ein ganzes Bündel von Ursachen als *Ursachenkomplex* ist denkbar. Um die Komplexität des zweiten Falles zu reduzieren, wird man die dominierende Ursache herausgreifen, den anderen "Ursachenkranz" bei der weiteren Bearbeitung jedoch nicht unberücksichtigt lassen.

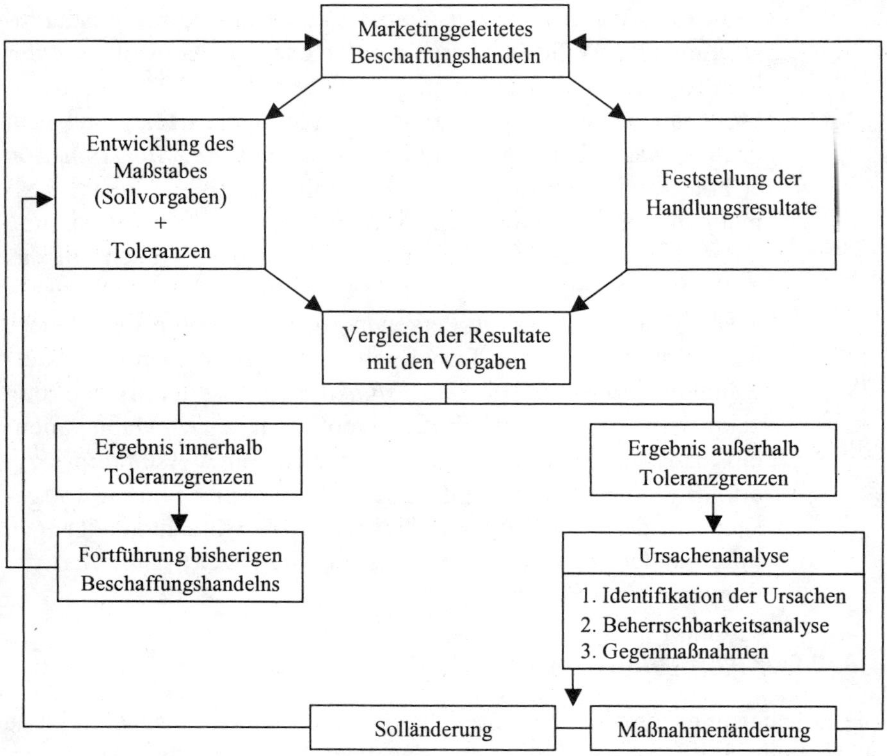

Abb. 234. Stufen des Kontrollprozesses

Nach der Ursachenfeststellung (z.B. kein Qualitätssicherungssystem beim Lieferanten) stellt sich die Frage, ob es Möglichkeiten gibt, mit dieser Abweichungsursache fertig zu werden. So können Devisenkursänderungen kurzfristig nicht aufgefangen werden, wenn man sie nicht in die Planung bereits einbezogen hat. Längerfristig sind Termingeschäfte einplanbar oder Märktewechsel möglich. Hier begegnet uns die Unterscheidung Lieferant/Lieferantenumfeld. Das Lieferantenumfeld ist schwer beeinflußbar, man muß sich ihm meist passiv anpassen.

Hat man dann festgestellt, daß Gegenmaßnahmen möglich sind, um das Handlungs-Ist mit dem Handlungs-Soll in Einklang zu bringen, wird man sich zuerst über die Forderungs-Anreiz-Wirkungen der Maßnahmen Gedanken machen. Das bedeutet, man wird prüfen, was das Heranbringen der Ist-Werte an die Soll-Werte (Forderungen) kostet (Anreize). Die betriebswirtschaftliche Vergleichsüberlegung (→ ökonomisches Prinzip) kann zu dem Ergebnis führen, daß sich die Maßnahme, das Maßnahmenbündel lohnt. Denkbar ist aber auch, daß man z.B. mit Hilfe der Wertanalyse zu dem Ergebnis kommt, das eigene Soll zu ändern. Das kann zu einem Weniger führen, denkbar ist aber auch, daß man nun etwas anderes plant. Diesen formalen Prozeß müssen wir jetzt mit Inhalten füllen.

4.833 Kontrollinhalte

Was wollen wir kontrollieren? Die Auswahl des Was ist gleichzeitig die Entscheidung über den Maßstab für das Soll. Im Grunde ist es trivial, wenn wir auch an dieser Stelle wieder auf die Leitmaxime des ökonomischen Prinzips verweisen. Man kann viel vorgeben, man muß sich nur die Frage gefallen lassen, was es bringt. Wir gehen davon aus, daß im Mittelpunkt unserer Überlegungen die Regelungsfunktion und damit die Frage der Effizienzsteigerung steht: Zukünftiges Handeln soll Vorgegebenes mit weniger Aufwand erreichen. Deshalb wird sich die Kontrolle auch nur auf solche Tatbestände konzentrieren können, die bemerkbar effizienzsteigernd wirken können.

Die grundlegenden Leitgrößen des Beschaffungshandelns bilden die Beschaffungsfunktionsziele (s. Abb. 68):

- Beschaffungskosten senken
- Beschaffungsrisiko senken
- Beschaffungsflexibilität steigern
- Beschaffungsqualität steigern.
- Gemeinwohlsteigerung

Neben diesen Funktionsbereichszielen können, allerdings meist eher zusätzlich, auch *Instrumentalziele* (s. Abb. 74) als Solls herangezogen werden. Aufgrund ihres höheren Konkretisierungsgrades fällt es leichter, diese Solls zu operationalisieren.

Bei diesen Zielen sprechen wir eher von formalen Inhalten (→ Formalziel-komponente). Wir müssen auch an die Sachzielkomponente denken. Sie wird mit den ermittelten *Bedarfsanforderungen* (s. Abb. 99) erfaßt. Während es hier um die Kontrolle dessen geht, *was* zu erreichen ist, steht bei den Beschaffungsfunktionszielen das *Wie* im Vordergrund. In Abhängigkeit von der Entscheidungssituation wird man sich um die Kontrolle der als besonders wichtig (x_1) eingestuften Bedarfsanforderungen kümmern.

4.834 Kontrollmethoden

Wie soll man die Solls beschreiben, um sie meßfähig zu machen? Als generelle Anforderungen können wir auf die bereits beschriebenen Tatbestände der Objektivität, Validität und Reliabilität zurückgreifen. Die Bedarfsanforderungen müssen in ihren Soll- bzw. Ist-Werten so gefaßt werden, daß sie möglichst frei von subjektiver Färbung (Schön- oder Schlechtbetonung) bleiben (→ *Objektivität*). Die Werte, mit denen man den Kontrollinhalt erfaßt, müssen diesem angemessen sein, sie müssen ihn valide abbilden. Die Inhalts*validität* wird gerade in der Anfangsphase nur mit Mühen erreichbar sein, sie wird für Diskussionen sorgen, dabei aber auch gleichzeitig den Blick dafür schärfen, was man kontrollieren will. Und die *Reliabilität* soll dafür sorgen, daß möglichst keine Meßfehler gemacht werden. Es sind somit genaue Meßanweisungen nötig.

Mit Hilfe von Skalierungsverfahren und Kennzahlenverfahren sind Kontrollen möglich.

(1) Skalierungsverfahren erlauben die Abbildung der Kontrollgrößen in einheitlicher Form nach exakt definierten Vorschriften (Pfisterer 1988, S. 86, 92 ff.). Man kann verschiedene Skalierungsarten unterscheiden (s. Abb. 235).

Skalierungsart	Operation	Anforderung	Beispiel
Nominal	Entscheidung, ob gleich oder ungleich	Klassifizierung	Checklisten
Ordinal	Entscheidung, ob größer oder kleiner	Rangordnung	Ratingskalen
Kardinal	Bestimmung gleicher Intervalle oder Differenzen	Gleichheit der Abstände zwischen den Klassen, ggf. Nullpunkt	metrische oder pagatorische Messung

Abb. 235. Charakterisierung von Skalierungsarten

Die *Nominalskalierung* dürfte den ersten Kontrollschritt bilden, solange es nicht gelingt, validere Meßinstrumente zu finden. Das könnte zutreffen auf die folgenden *Bedarfsanforderungen*:

- Gestaltungsmittelakzeptanz
- Gestaltungsleistungsakzeptanz
- Gestaltungsmittelveränderbarkeit
- Leistungsveränderbarkeit
- Leistungssichtbarkeit
- Lieferortakzeptanz
- verarbeitungsgerechte Anlieferung
- Exklusivbelieferung
- lange Zahlungsziele
- Leasingmöglichkeiten

- hoher Technologiestand
- Werkzeugherstellungsfähigkeit
- Werkzeug- und Materialbeistellungsakzeptanz
- Lagerzugänglichkeit
- Transportmittelanbindung
- leistungsbezogene Rabattstaffelung
- Mindermengenzuschlagsverzicht
- Informationskompetenz
- Informationsbereitschaft
- Problemlösungsbereitschaft
- Marktinformation

Bei diesen Bedarfsanforderungen wird man im wesentlichen Ja/Nein-Aussagen erhalten. Man kann sie durch die erwähnten Fenster- und Heilungsfragen differenzieren.

Ordinalskalen haben wir z.B. bei der Potentialanalyse und bei der Machtpositionierung benutzt. Wenn wir also eine Potentialsollbestimmung (s. hierzu Abb. 87) vorgenommen haben und dies der praktizierten Realität gegenüberstellen, dann können Abweichungen zu Maßnahmenänderungen führen. Ordinalskalierungen eignen sich an vielen Stellen, für die Kontrolle der Bedarfsanforderungen eignen sie sich jedoch weniger. Dies gilt auch für die *Kardinalskalen*, die grundsätzlich (z.B. Kostenwerte) geeignet sind, gegenüber den hier vorzuziehenden Kennzahlen jedoch den Nachteil haben, daß sie noch der relationalen Interpretation bedürfen, was dann wiederum Zeit kostet und zu subjektiven Uminterpretationen führen kann.

(2) Mit *Kennzahlen* kann man ein aussagefähiges Zahlensystem aufgebaut werden, das betriebswirtschaftliche Sachverhalte in konzentrierter Form widerspiegelt. Sie stehen auch im Mittelpunkt des *Benchmarking*. Pfisterer (1988, S. 88 und die dort angegebene Literatur) wählt folgende Struktur:

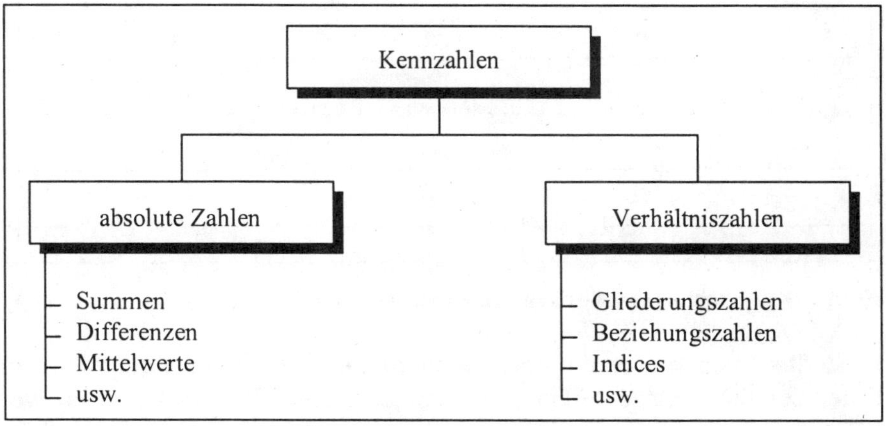

Abb. 236. Arten von Kennzahlen

Das Jahreseinkaufs*volumen* je Abteilung, je Mitarbeiter, je Lieferant usw. zeigt Häufungen, Veränderungen im Zeitablauf usw. *Differenzen* (z.B. Budgetdifferenzen: Soll - Ist) sagen etwas über die Planungsgüte oder/und die Maßnahmengüte bei unterstellter Umfeldkonstanz. *Mittelwerte* als arithmetisches Mittel erfassen z.B. durchschnittliche Einstandspreise eines Beschaffungsobjektes. Auch diese absoluten Zahlen befriedigen uns nur begrenzt in unserem Bemühen um eine aussagefähige Beschaffungskontrolle.

Uns interessieren mehr die *Verhältniszahlen*. Bei den *Gliederungszahlen* setzt man eine Teilmenge zur Gesamtmenge in Beziehung innerhalb des gleichen Zeitraums. Multipliziert mit 100 ergibt sich die Teilmenge in Prozent von der Gesamtmenge. Im Falle der *Beziehungszahlen* werden wesensverschiedene Größen, die in einem sinnvollen Zusammenhang stehen, pro Zeitraum zueinander in Beziehung gesetzt. Mit Hilfe von Indices – eine Größe wird gleich 100 gesetzt – will man Veränderungen im Zeitablauf festhalten.

Wir wollen uns hier bemühen, vor allem Gliederungs- und Beziehungszahlen für die verschiedenen Bedarfsaspekte zu entwickeln.

Pfisterer (1988, S. 97) gibt einen Überblick über die erwähnten Methoden (s. Abb. 237).

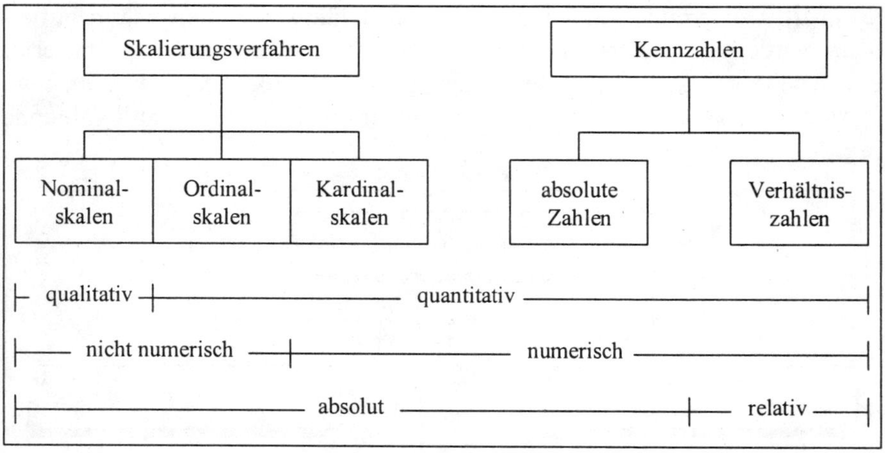

Abb. 237. Beziehungen zwischen den Kontrollmethoden

Es stellt sich auch noch die Frage, woher man die benötigten quantitativen Daten für die Kennzahlbildung bekommen kann. Man wird sich im wesentlichen auf die eigene Tätigkeitsdokumentation und das betriebliche Rechnungswesen stützen können. Das betriebliche Rechnungswesen kann aus den Bereichen der Finanzbuchhaltung, der Kostenrechnung und der

Betriebsstatistik um die Zurverfügungstellung der gewünschten Daten gebeten werden.

4.835 Kontrollkennzahlen

Im folgenden sollen einige Vorschläge sowohl für bedarfsbezogene als auch für zielbezogene Kennzahlen entwickelt werden.

Es handelt sich hierbei eher um Vorschläge, wie man verfahren kann, wenn man den hier entwickelten Gedanken folgt.

Der Kürze wegen wollen wir uns mit einer Auflistung begnügen und gleichzeitig hoffen, daß sie im jeweiligen Kontext so verständlich sind, daß man sich Begründungen ersparen kann. Bei diesen Kennzahlen wird es sicherlich noch viel Bewegung geben.

(1) Bedarfsbezogene Kontrollkennzahlen

Die folgenden Kennzahlen erstrecken sich nur auf die nicht nominal skalierten Bedarfsanforderungen:

Bedarfsanforderung	bedarfsbezogene Kontrollkennzahlen
Mengenflexibilität	$\frac{\text{Anzahl der Liefermengenänderungen}}{\text{Anzahl der Bestellmengenänderungen}} \times 100$
Mengenkonstanz	$\frac{\text{Ist-Liefermenge x Anzahl der Lieferungen}}{\text{Soll-Lieferungen}} \times 100$
Einsatzvariabilität	$\frac{\text{Anzahl standardisierter BO's}}{\text{Gesamtzahl der BO's}} \times 100$
Entwicklungszeit/Produktionszeit/ Lieferzeit	$\frac{\text{angebotene Zeit}}{\text{gewünschte Zeit}} \times 100$
Bereitstellungszeitpunkteinhaltung/ Lieferzeitpunkteinhaltung	$\frac{\text{Zahl falscher Termine}}{\text{Zahl vereinbarter Termine}} \times 100$
Lieferzuverlässigkeit	$\frac{\text{Anzahl der Lieferungen mit Fehlern (Menge/Zeit/Ort/Qualität)}}{\text{Gesamtzahl der Lieferungen}} \times 100$
Bereitschaft zur Kostenanalyse (Zielkostenerreichung)	$\frac{\text{realisierte Zielkosten}}{\text{gewünschte Zielkosten}} \times 100$
Preissicherheit	$\frac{\text{Ø Einstandspreis Berichtsperiode}}{\text{Ø Einstandspreis Basisperiode je Land/BO}} \times 100$
Recyclingbereitschaft	$\frac{\text{Menge wiederverwendeter Stoffe je Warengruppe}}{\text{Gesamtmenge der Einsatzstoffe je Warengruppe}} \times 100$ → Recyclingquote
	$\frac{\text{Anzahl/Menge der Sondermüllobjekte}}{\text{Anzahl der Abfallstoffe}} \times 100$ → Sondermüllquote
	$\frac{\text{Anzahl ohne Nachbehandlung verwertbarer Stoffe}}{\text{Gesamtzahl verwertbarer Stoffe}} \times 100$ → Verwertungsquote
Servicekapazität	$\frac{\text{gewährte Servicekapazität}}{\text{gewünschte Servicekapazität (bezogen auf Lager, Entwicklung, Prüfung usw.)}} \times 100$

Abb. 238. Bedarfsbezogene Kontrollkennzahlen

Wie soll man mit diesen Kontrollkennzahlen umgehen? Entsprechend unserer bisher praktizierten Vorgehensweise, das Handeln von Wenn-Bedingungen abhängig zu machen, können wir auch hier wiederum je nach Merkmal (z.B. Spitzenprodukt) die wichtigen Bedarfsanforderungen herausgreifen und dann diesen die geeigneten Kontrollkennzahlen zuordnen. In dem gewählten Beispiel (Spitzenprodukt) sind das die folgenden Kennzahlen, die, bezogen auf die für wichtig erachteten Bedarfsanforderungen, ausgewählt wurden (s. Abb. 239).

Bedarfsanforderung	**bedarfsbezogene Kontrollkennzahlen "Spitzenprodukt"**
hohe Mengenkonstanz	$\frac{\text{Ist-Liefermenge x Anzahl der Lieferungen}}{\text{Soll-Lieferungen}} \text{ x } 100$
Lieferzuverlässigkeit	$\frac{\text{Anzahl der Lieferungen mit Fehlern (Menge/Zeit/Ort/Qualität)}}{\text{Gesamtzahl der Lieferungen}} \text{ x } 100$
Lieferantensicherheit	$\frac{\text{Eigenkapital}}{\text{Fremdkapital}} \longrightarrow \text{Selbstauskunft}$
	$\frac{\text{F+E-Ausgaben}}{\sum \text{ Investitionsausgaben/Umsatz}}$
	$\frac{\text{Gewinn nach Steuern}}{\text{Netto-Umsatz}}$

Abb. 239. Beispielhafte Kontrollkennzahlen

Neben diese Kontrollkennzahlen treten dann noch die nominal skalierten Bedarfsanforderungen (Gestaltungsmittel- und Gestaltungsleistungsakzeptanz, Leistungsveränderbarkeit, Leistungssichtbarkeit, hoher Technologiestand, Informationskompetenz, -bereitschaft, Problemlösungsbereitschaft). Ein gewichtiger Mangel dieser Kontrollkennzahlen liegt darin, daß unabhängig von der Intensität beispielsweise des jeweiligen Schadens einfach gezählt, addiert und dividiert wird. Dem könnte man durch eine ordinale Gewichtung (Klassifikation) begegnen.

Dieser *Bedarfserfüllungskontrolle* kann man eine *Bedarfsfixierungskontrolle* zur Seite stellen. Hierbei geht es darum zu prüfen, ob man bei der gemeinsamen Festlegung der Bedarfsanforderungen gemessen an den Beschaffungszielen richtig gehandelt oder Fehler gemacht hat.

(2) Beschaffungsfunktionszielbezogene Kontrollkennzahlen

Der Schwerpunkt dieser Kontrollkennzahlen liegt auf der Lern- und Motivationsfunktion, teilweise auch auf der Führungsfunktion.

Im folgenden wollen wir uns auf die Hauptfunktionsziele konzentrieren und das Gemeinwohlziel vernachlässigen.

Im weiteren zeigt sich, daß einige Kontrollkennzahlen mehrfach benutzbar sind. So wird die Standardisierungsquote im Bereich der Bedarfsanforderungen (Einsatzvariabilität) ebenso erwähnt wie in den verschiedenen Funktionszielen Kostensenkung, Sicherheitssteigerung, Flexibilitätssteigerung. Die den Kennzahlen zugrunde liegenden Handlungen können mehrere Handlungsresultate bewirken. Wenn man sich auf Standardisierungsüberlegungen eingelassen hat, kann man diese Objekte an verschiedenen Stellen einsetzen, Mengeneffekte führen zur Kostendegression; Standardteile werden meist von mehreren angeboten, damit wächst die Versorgungssicherheit; die Vergrößerung des Einsatzspektrums vergrößert die Anpassungsflexibilität.

Funktionsziel	funktionszielbezogene Kennzahlen		
Flexibilitätssteigerung	Standardisierungsquote	=	$\frac{\text{Anzahl/Wert standardisierter BO's}}{\sum \text{Anzahl/Wert der BO's}} \times 100$
	Lieferantenflexibilitätsstruktur	=	$\frac{\text{Anzahl flexibler Lieferanten (Planung, Kapazität, Programm)}}{\sum \text{Anzahl Lieferanten}} \times 100$
	Reservekapazitätsgrad	=	$\frac{\text{vertraglich gesicherte Kapazität}}{\text{maximal benötigte Kapazität}} \times 100$
	Branchenbreite des Lieferanten		1) Zahl der belieferten Branchen 2) Lieferanten je Branche
	Planungsschnelligkeit		Zeitpunkt: Planungsrevision --> neuer Beschaffungsplan --> Vertragsänderung/Neuverträge

Abb. 240. Funktionszielbezogene Kennzahlen I

Funktionsziel	funktionszielbezogene Kennzahlen			
Kostensenkung	Kostensenkungsquote Gesamt/Teilbereich	=	um x% gesenktes EV Jetztjahr Gesamt/Teilbereich / Einkaufsvolumen Vorjahr Gesamt/Teilbereich	x 100
	Ø Einkaufsvolumen	=	Einkaufsvolumen Gesamt/Mitarbeiter / Anzahl der Bestellungen / Gesamt/Mitarbeiter	
	Informationskostenquote	=	Σ Infokosten (Messen, Reisen, Datenbanken usw.) / Σ Beschaffungskosten / Einkaufsvolumen	x 100
	Beschaffungskostenquote	=	Σ Beschaffungskosten / Nettoumsatz	x100
	Einkaufsvolumenquote	=	Einkaufsvolumen / Nettoumsatz	x100
	Ø Kosten/Bestellung	=	Gesamtkosten Bestellung / Anzahl der Bestellungen	je Abteilung je Produkt je Mitarbeiter je Rahmenauftrag
	Ø Bestellwert	=	Einkaufsvolumen / Anzahl der Bestellungen	
	Ø Lagerdauer	=	Lagerbestand x 240 Tage / Jahresverbrauch	
	Eilkostenquote	=	Σ Kosten der Eillieferung/Teilbereiche / Σ Beschaffungskosten/Teilbereiche	
	Fehlmengenkostenquote	=	Stillstandskosten / Herstellungskosten	x100
	Standardisierungsquote	=	Anzahl standardisierter BO's / Σ Zahl der BO's	x100
	Angebots-/Anfragequote	=	Anzahl der Anfragen/Angebote / Bestellvolumen/Vorgang	x100
		=	Angebote / Anfragen	x100
	Vorratsquote	=	Σ Vorratsmenge je BO / Σ Nettoumsatz/Einkaufsvolumen	x100

Abb. 241. Funktionszielbezogene Kennzahlen II

Funktionsziel	funktionszielbezogene Kennzahlen		
Qualitätssteigerung	BO-Mängelquote	=	Anzahl mangelhafter BO's / ∑ Anzahl gelieferter BO's → je Lieferant, Werk, Land usw.
	Lieferungsmängelquote	=	Anzahl beanstandeter Serviceleistungen / ∑ Anzahl Lieferungen → je Lieferant, Werk, Land usw.
	Servicebeanstandungsquote	=	Anzahl beanstandeter Leistungen / ∑ Anzahl Serviceleistungen → je Lieferant
	Handlingschadenquote	=	Anzahl/Wert beschädigter BO's / ∑ Anzahl gelieferter BO's → je Lieferant
	Entsorgungsmängelquote	=	Anzahl bemängelter Abfallbeseitigungen / ∑ Anzahl der Abfallbeseitigungen
	Lieferverzugsquote	=	Anzahl verfallener Liefertermine / ∑ Anzahl Lieferungen
	Fehlmengenquote	=	Anzahl Lieferungen mit Fehlmengen / ∑ Anzahl Lieferungen
	Rahmenvertragsquote	=	Einkaufsvolumen aus Rahmenverträgen / ∑ Einkaufsvolumen
Risikoreduktion	Lagerreichweite	=	Lagerbestand am Stichtag / ∅ Verbrauch pro Tag/Monat
		=	Lagerbestand + Bestellobligo / geplanter Verbrauch pro Tag
	Vorratsstruktur	=	Lagerbestand sensibler BO's / Gesamtlagerbestand
	Stammlieferantenquote	=	Einkaufsvolumen bei allen Stammlieferanten je Periode / Gesamteinkaufsvolumen
	Standardisierungsquote	=	Anzahl standardisierter BO's / ∑ Anzahl der Lieferungen
	Lieferausfallquote	=	Anzahl der Lieferausfälle / ∑ Anzahl der Lieferungen
	Schornsteinmarktquote	=	Einkaufsvolumen in Nachbarschaft / ∑ Einkaufsvolumen
	Substitutionsgrad	=	Anzahl substituierbarer, sensibler BO's / ∑ Anzahl sensibler BO's

Abb. 242. Funktionszielbezogene Kennzahlen III

(3) Instrumentalzielbezogene Kontrollkennzahlen

Denkbar ist auch der Bezug zu den Instrumentalzielen. Für das praktische Handeln dürften jedoch nur einige Instrumentalziele interessant sein. Die Produktziele haben wir bereits als Wenn-Merkmale berücksichtigt im Rahmen der Bedarfsanforderungen. Einige Vorschläge für instrumentalzielbezogene Kontrollkennzahlen zeigt Abb. 243.

einige Instrumentalziele	**instrumentalzielbezogene Kontrollkennzahlen**
Marktpräsenz	$\frac{\text{Anzahl genutzter Märkte alle BO's / spezifische BO's}}{\text{Anzahl möglicher Märkte alle BO's / spezifische BO's}}$
Exklusivbezugsquote	$\frac{\text{Exklusivlieferanten}}{\sum \text{Anzahl Lieferanten}} \times 100$
Einkaufskooperation	$\frac{\text{Anzahl realisierter Kooperationen}}{\text{Anzahl möglicher Kooperationen}}$
	$\frac{\text{Kooperationseinkaufsvolumen}}{\sum \text{Einkaufsvolumen}} \times 100$
Lieferbereitschaftsgrad	$\frac{\text{Anzahl sofort bedienter Wünsche}}{\sum \text{Anzahl Belieferungswünsche}}$
Preissenkungsquote	$\frac{\text{realisierte BO-Preissenkungen}}{\text{Marktpreis(-index)}}$
Festpreisquote	$\frac{\text{Anzahl an Festpreiskontrakte je Periode}}{\text{alle BO-Preise je Periode}}$
€-Preisquote	$\frac{\text{Anzahl Lieferkontrakte auf €-Basis}}{\sum \text{Lieferkontrakte}}$

Abb. 243. Instrumentalzielbezogene Kennzahlen

4.84 Benchmarking

Nachdem wir uns zuvor mit dem *Soll-Ist*-Vergleich beschäftigt haben, wollen wir uns nun dem *Ist-Ist*-Vergleich zuwenden. Diese Analyseform ist noch recht jung. Ende der 80er Jahre erschienen die ersten Veröffentlichungen über prozeßorientiertes Benchmarking in den USA, seit wenigen Jahren befaßt man sich auch in Deutschland mit diesem Problem. Die erste umfassende auf den Beschaffungsbereich konzentrierte und theoretisch fundierte Arbeit stellte Dresen (1997) vor. Darauf basieren die folgenden Ausführungen, dort finden sich auch umfangreiche Literaturangaben.

Inzwischen haben sich verschiedene Ansatzpunkte für die Ist-Fixierung herauskristallisiert (Dresen, S. 37):

	Internes Benchmarking	**Externes Benchmarking**	**Funktionales/ Generisches Benchmarking**
Vergleichsmaßstab	Innerhalb des Unternehmens	Wettbewerber	Branchenfremdes Unternehmen
Vorteile	Einfache Datenermittlung Strukturierte Datenerfassung im eigenen Haus	Relativ hohe interne Akzeptanz Eindeutige Positionierung im Wettbewerb	Einfache Datenermittlung Hohes Potential für Best-Practice-Lösungen Vergrößerung des Ideenspektrums
Nachteile	Begrenzter Blickwinkel Geringes Potential für Best-In-Class-Lösungen	Schwierige Datenermittlung Gefahr branchenorientierter Kopien	Vergleichbarkeit der Daten Zeitaufwendige Analyse

Abb. 244. Benchmarkingtypen nach Vergleichmaßstab

Wenn man den „best-practice-Gedanken" konsequent realisieren möchte, empfiehlt sich das generische Benchmarking. Man kann am meisten lernen, wenn man sich mit den Besten in ihren jeweiligen Funktionsbereichen vergleicht.

4.841 Der Benchmarkingprozeß

Dresen (S. 69 ff.) schlägt die in Abb. 243 abgebildete Prozeßstruktur vor.

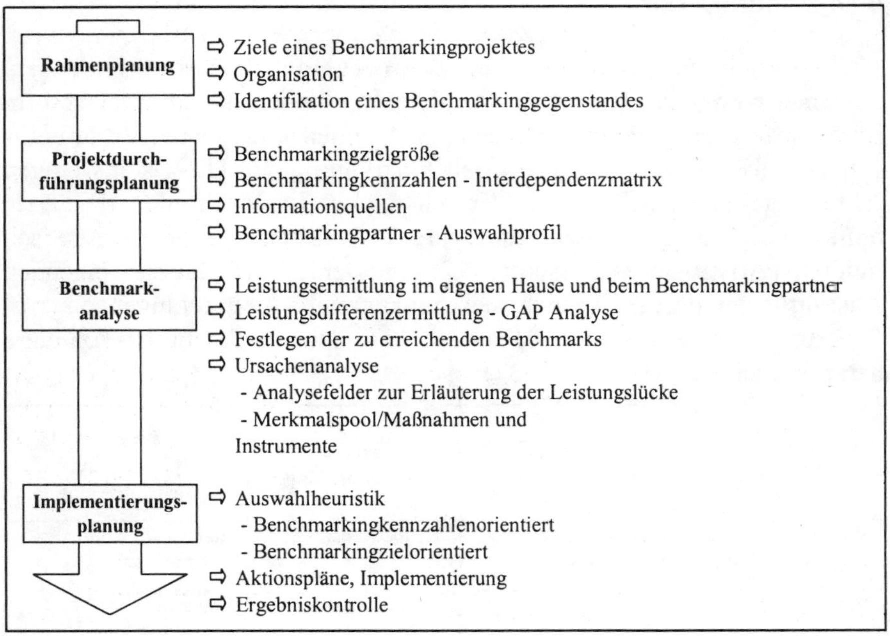

Abb. 245. Phasenmodell für das Benchmarking in der Beschaffung

(1) Rahmenplanung

Es lassen sich externe (wettbewerbs- und marktorientierte) von internen *Zielen* trennen. Zur ersten Gruppe gehört neben der Verbesserung der eigenen Marktposition die Steigerung der Zufriedenheit von Kunden und Lieferanten sowie die Informationssammlung über die Leistungsfähigkeit von Weltklasseunternehmen. Als interne Ziele kommen die Ermittlung von Benchmarks als Zielvorgaben im Rahmen der strategischen Planung und die Steigerung der Akzeptanz definierter Zielvorgaben durch die Identifizierung bereits realisierter Ansätze (Dresen, S. 77) in Betracht.

Unter dem *Organisationsaspekt* ist zu klären, wer mitwirken soll (z.B. Teammitglieder). Bei erstmaliger Durchführung liegt der Einsatz eines Beraters nahe. Nach Camp (1994, S. 51) gilt die Festlegung des *Benchmarkinggedankens* als besonders schwierig. Damit der Informationszugewinn der Kontrollaussage höher als die nicht unbeträchtlichen Informationskosten ist, muß geprüft werden, welche Beschaffungsobjekte und Beschaffungsprozesse ausgewählt werden. Dabei interessiert zum einen die Bedeutsamkeit dieser beiden inhaltlichen Schwerpunkte für das Unternehmen und zum anderen die Referenzmöglichkeit (Analogiefähigkeit) für andere Objekte und Prozesse. Zur Bedeutsamkeitsauswahl können wir uns der in

Abb. 76 enthaltenen Matrix bedienen. Die Prüfung der Analogiefähigkeit hängt vom Wissen und der Phantasie des Wählenden ab, d. h. davon, wo er Ähnlichkeiten in den Objekten und Prozessen der ihn betreffenden Gegenstände zu anderen Objekten und Prozessen entdeckt. Für die Prozesse können wir auf unser Prozeßmodell zurückgreifen.

(2) Durchführungsplanung

Die Durchführungsplanung beginnt mit der Fixierung der Benchmarking*zielgrößen*. Hierzu eignen sich die in Abschn. 4.223.2 erläuterten Beschaffungs*funktionsziele*. Sie bilden den Ausgangspunkt der weiteren Überlegungen. Nach dem Maßstab muß man die Maßgrößen festlegen (Benchmarking*kennzahlen*). Durch den Vergleich von Kennzahlen lassen sich Ansatzpunkte für die Leistungssteigerung ermitteln. Für alle Prozeßstufen hat Dresen (S. 108 ff.) spezifische Kennzahlen ermittelt. Beispielhaft seien an dieser Stelle die über die Bedarfsanalyse herausgegriffen (s. Abb. 246).

Bedarfsanalyse	
Benchmarkingkennzahl	**Definition**
Mengenabweichungsquote	(Reale Verbrauchsmenge/Ermittelter Mengenbedarf)*100
Leistungsabweichungsquote	(Grad der realen Leistungserfüllung/Grad der geforderten Leistungserfüllung)*100
Verbrauchsterminabweichung	Differenz (Realer Verbrauchszeitpunkt vom geplanten Verbrauchszeitpunkt)
Transportmittelanbindung	Zugangsmöglichkeiten zu Beschaffungsobjekten durch Anbindung über Autobahn, Schiene, Wasserweg oder Flughafen
Informations-anforderungsquote	(Reale Informationsleistung/Geforderte Informationsleistung)*100
Lieferungs-anforderungsquote	(Reale Lieferungsleistung/Geforderte Lieferungsleistung)*100
Serviceanforderungsquote	(Reale Serviceleistung/Geforderte Serviceleistung)*100
Bedarfsanalyse-professionalitätsquote	(Einkaufsvolumen mit professioneller Bedarfsanalyse/Einkaufsvolumen)*100
Bedarfsanalyse-detaillierungsquote	Art und Ausmaß der Objekt- und Modalitätsanforderungen
Bedarfsanalyse-kostenquote	(Gesamtkosten der Bedarfsanalyse/Funktionskosten der Beschaffung)*100
Bedarfsanalyse-mengenquote	Anzahl der Teile, für die Bedarfsanalyse betrieben wird/Anzahl der Beschaffungsobjekte)*100
Bedarfsanalysestruktur	Prozentuale Verteilung der Beschaffungsobjekttypen, für die Bedarfsanalyse betrieben wird
Datenredundanzquote	Redundanzen bei der Datensammlung
Standardisierungsquote	(Anzahl oder Wert standardisierter Beschaffungsobjekte/Anzahl oder Wert aller Beschaffungsobjekte)*100
Planungsschnelligkeit	Zeitdauer zwischen Feststellung der Änderungsnotwendigkeit und Planungsänderung

Abb. 246. Benchmarkingkennzahlen der Bedarfsanalyse

Die einzelne Kennzahl muß als Teil eines Systems verstanden werden, Kennzahlen ergänzen sich und sind voneinander abhängig. Dazu wollen wir eine Interdependenzmatrix benutzen, der die Überlegungen von Vester/Hesler über die Interaktivität von Einzelkenngrößen zugrunde liegen (1980). Es werden folgende Fragen beantwortet (Dresen, S. 143):

1. Welche Benchmarkingkennzahl ist aktiv, so daß sie alle anderen stark beeinflußt und von diesen nur schwach beeinflußt wird?
2. Welche Benchmarkingkennzahl ist passiv, so daß sie alle anderen schwach beeinflußt und von diesen stark beeinflußt wird?
3. Welche Benchmarkingkennzahl ist kritisch, so daß sie andere stark beeinflußt und von diesen ebenfalls stark beeinflußt wird?
4. Welche Benchmarkingkennzahl ist träge, so daß sie weder andere stark beeinflußt noch von diesen beeinflußt wird?

Es werden Werte für die Wirkungsintensitäten von 0 bis 3 festgelegt, wobei 3 als höchste Wirkungsintensität gilt. Die Ergebnisse werden in folgende Vernetzungsmatrix eingetragen:

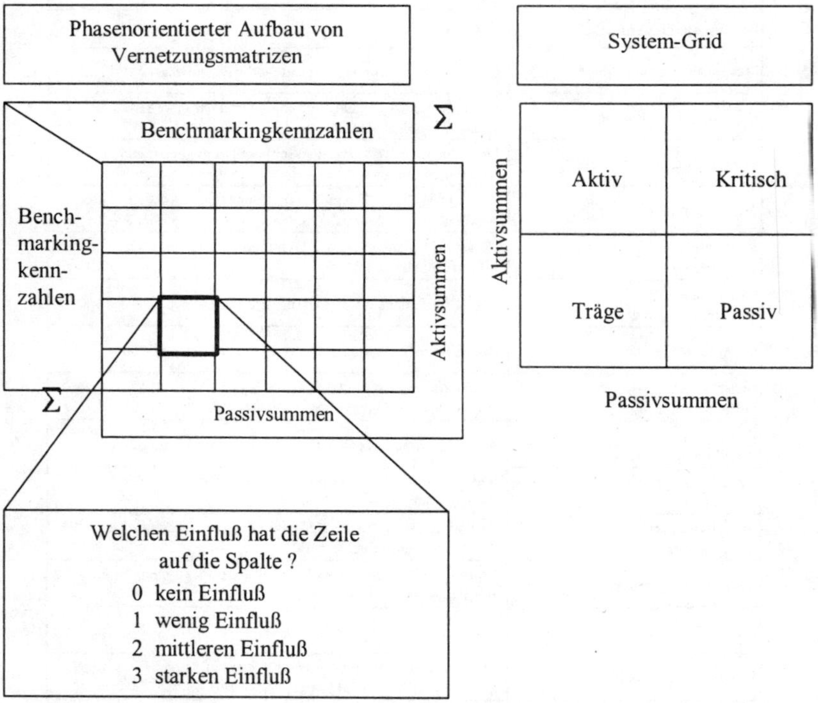

Abb. 247. Vernetzungsmatrix und Systemgrid zur Entwicklung eines Benchmarkingkennzahlensystems

Dabei wird je Zeile gefragt, wie hoch der Einfluß der Benchmarkingkennzahl auf die jeweilige Kennzahl der Spalte ist. Anschließend werden die Zeilen-(Aktiv-) und Spalten-(Passiv-) Summe gebildet. Die Aktivsumme gibt an, wie die Zeilenkennzahl die anderen Kennzahlen beeinflußt, die Passivsumme zeigt, wie stark diese Kennzahl von jeder anderen beeinflußt wird. Die Einordnung erfolgt dann in die Quadranten, deren Grenzen sich aus den Quotienten zwischen der Summe aller Aktiv- bzw. Passivsummen und der Anzahl der einzelnen Benchmarkingkennzahlen errechnet. Dabei interessieren vor allem die *aktiven* Benchmarkinggrößen. Bezogen auf die bereits erwähnten Benchmarkingkennzahlen der *Bedarfsanalyse* ergibt sich das aus Abb. 248 resultierende Bild.

Die Bewertungen wurden von Experten in der Praxis vorgenommen.
Im nächsten Schritt (*Informationsquellen*) muß geprüft werden, wie man die potentiellen Benchmarkingpartner ermittelt. Dazu können wir im Prinzip auf die in Abschn. 4.814.1 erwähnten Marktforschungsquellen zurückgreifen.

Dann müssen die Benchmarkingpartner *ausgewählt* werden. Entsprechend dem Gedanken „best-practice“ spielt die Auswahl der richtigen Partner eine große Rolle, um zu vermeiden, daß Schlendrian mit Schlendrian verglichen wird. Zur Auswahl schlägt Dresen (S. 158 ff.) ein *Vergleichsprofil* vor. Man sucht nach Benchmarkingpartnern, die sich in einer ähnlichen Entscheidungssituation befinden (s. Abb. 249).

Bedarfsanalyse																
Benchmarkingkennzahl	Mengenabweichungsquote	Leistungsabweichungsquote	Verbrauchsterminabweichung	Transportmittelanbindung	Informationsanforderungsquote	Lieferungsanforderungsquote	Serviceanforderungsquote	Bedarfsanalyseprofessionalitätsquote	Bedarfsanalysedetaillierungsquote	Bedarfsanalysekostenquote	Bedarfsanalysemengenquote	Bedarfsanalysestruktur	Datenredundanzquote	Standardisierungsquote	Planungsschnelligkeit	**Aktivsumme**
Mengenabweichungsquote		0	3	0	0	2	1	3	3	2	2	0	0	0	0	**16**
Leistungsabweichungsquote	0		1	0	0	0	1	3	3	2	1	0	0	0	0	**11**
Verbrauchsterminabweichung	1	0		0	1	2	0	3	3	1	1	1	0	1	0	**14**
Transportmittelanbindung	0	0	0		0	0	0	0	1	1	0	1	0	0	0	**3**
Informationsanforderungsquote	0	1	1	0		1	1	3	3	1	1	1	0	0	0	**13**
Lieferungsanforderungsquote	3	0	1	2	1		1	3	3	1	1	0	0	0	0	**16**
Serviceanforderungsquote	1	1	1	1	1	1		3	3	1	0	0	0	0	0	**13**
Bedarfsanalyseprofessionalitätsquote	3	3	3	2	2	3	2		3	2	1	1	2	0	0	**27**
Bedarfsanalysedetaillierungsquote	2	2	2	2	2	2	2	2		1	1	2	0	0	0	**20**
Bedarfsanalysekostenquote	0	0	0	0	0	0	0	1	1		1	1	2	0	0	**6**
Bedarfsanalysemengenquote	2	2	2	2	2	2	2	2	2	1		2	0	0	0	**21**
Bedarfsanalysestruktur	1	1	1	1	1	1	1	2	1	1	1		0	0	0	**12**
Datenredundanzquote	2	2	2	0	2	2	2	1	1	1	1	0		0	0	**16**
Standardisierungsquote	3	3	2	1	2	2	2	0	1	1	1	0	0		3	**21**
Planungsschnelligkeit	2	2	2	1	2	2	2	1	0	2	0	0	0	1		**17**
Passivsumme	**20**	**17**	**21**	**12**	**16**	**20**	**17**	**27**	**28**	**18**	**12**	**9**	**4**	**2**	**3**	

Nr.	Benchmarkingkennzahl	Status
1.	Mengenabweichungsquote	K
2.	Leistungsabweichungsquote	P
3.	Verbrauchsterminabweichung	P
4.	Transportmittelanbindung	T
5.	Informationsanforderungsquote	P
6.	Lieferungsanforderungsquote	K
7.	Serviceanforderungsquote	P
8.	Bedarfsanalyseprofessionalitätsquote	K
9.	Bedarfsanalysedetaillierungsquote	K
10.	Bedarfsanalysekostenquote	P
11.	Bedarfsanalysemengenquote	A
12.	Bedarfsanalysestruktur	T
13.	Datenredundanzquote	A
14.	Standardisierungsquote	A
15.	Planungsschnelligkeit	A

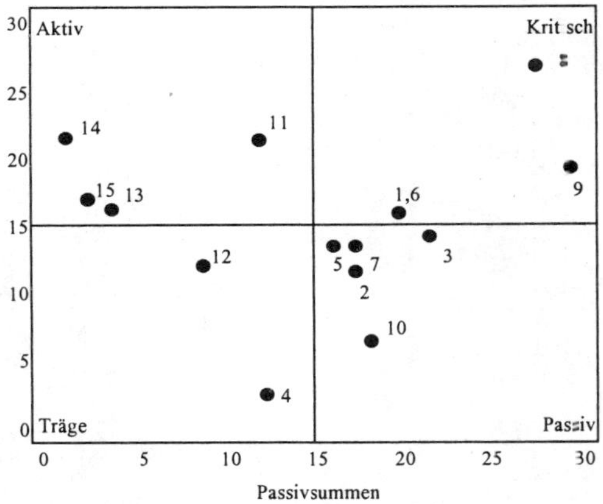

Abb. 248. Vernetzungsmatrix und Systemgrid der Bedarfsanalyse

A. Rahmendaten	Marktwachstum	gering					groß
	Marktposition	schlecht					führend
	Ergebnisentwicklung	sinkt					steigt
	Staatl. Rahmenbedingungen	hohe Auflagen					geringe Auflagen
B. Prozeßkriterien	Prozeßkomplexität	gering					hoch
	Prozeßgefährdung	gering					hoch
	Prozeßersetzbarkeit	gering					hoch
	Technologiekomplexität	gering					hoch
C. Produktkriterien	Leistungsbedeutung	gering					hoch
	Preisbedeutung	gering					hoch
	Bedarfsstetigkeit	gering					hoch
	Bedarfsdringlickeit	gering					hoch
	Nachfragestruktur	konkurrent					konzentriert
	Objektersetzbarkeit	gering					hoch
	Objektgefährdung	gering					hoch
	Objektkomplexität	gering					hoch
	Angebotsstruktur	konkurrent					konzentriert
	Angebotsdistanz	gering					hoch
	Angebotsleistungswandel	langsam					schnell
	Leistungsverfügbarkeit	gering					hoch
	Mengenverfügbarkeit	gering					hoch
	Preisstabilität	gering					hoch

Abb. 249. Auswahlprofil zur Identifizierung eines Benchmarkingpartners

Die Produktkriterien wurden in Abschn. 1.442 erläutert.

(3) Benchmarkinganalyse

Hat man den bzw. die Benchmarkingpartner gewonnen und auch Einigkeit bezüglich der zu vergleichenden Inhalte (Benchmarkingkennzahlen) erzielt, wird man im jeweiligen Unternehmen die Kennzahlen für denselben Zeitpunkt, Zeitraum und in derselben Dimension (*Dimensionsnormierung*) erheben.

Es schließt sich die Feststellung der Leistungsdifferenzen (→ *Gap-Analyse*) an. Sie kann wie folgt aussehen:

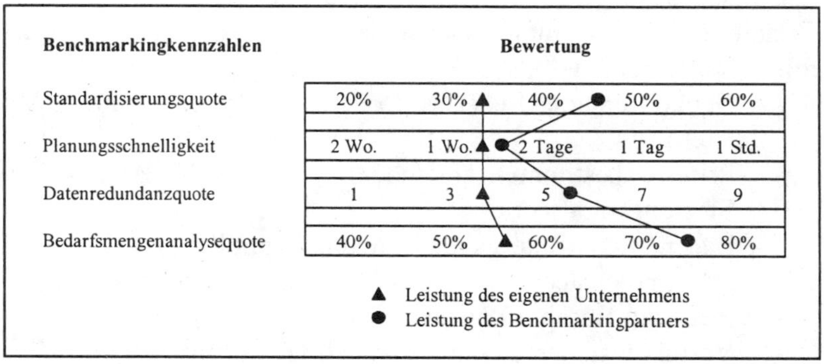

Abb. 250. Gap-Analyse

Bereits in dieser Abb. wird deutlich, daß man sich für die Ausprägung einer Kennzahl entscheiden muß. Einer hohen Ausprägung kann auch eine möglichst niedrige (z.B. Planungsschnelligkeit) gegenüberstehen. Einen Hinweis auf die hohe oder niedrige Ausprägung ist der folgenden Übersicht von Dresen (S. 174/75) zu entnehmen, die hier wesentlich verkürzt wird. Hier wird versucht, die Ausprägung in den Entscheidungskontext einzubinden (s. Abb. 251).

Benchmarkingkennzahl (Bedarfsanalyse)	Status	**Beschaffungsobjektmerkmale**					
		Billigprodukt	Normprodukt	bewährtes Produkt	Spitzenprodukt	innovatives Produkt	Spezialprodukt
Mengenabweichungsquote	K		⇩	⇩	⇩		⇩
Leistungsabweichungsquote	P		⇩	⇩	⇩	⇩	⇩
Verbrauchsterminabweichung	P		⇩	⇩	⇩	⇩	⇩
Transportmittelanbindung	T			⇧			
Informationsanforderungsquote	P				⇧	⇧	⇧
Lieferungsanforderungsquote	K			⇧	⇧	⇧	⇧
Serviceanforderungsquote	P			⇧	⇧	⇧	⇧
Bedarfsanalyseprofessionalitätsquote	K		⇧	⇧	⇧	⇧	⇧
Bedarfsanalysedetaillierungsquote	K		⇩	⇧	⇧	⇧	⇧
Bedarfsanalysekostenquote	P						
Bedarfsanalysemengenquote	A	⇩	⇩	⇩	⇧	⇧	⇧
Bedarfsanalysestruktur	T						
Datenredundanzquote	A		⇩	⇧	⇧	⇩	⇧
Standardisierungsquote	A	⇧	⇧	⇧	⇧	⇩	⇩
Planungsschnelligkeit	A	⇧	⇧	⇧	⇧	⇩	⇧

Abb. 251. Sollgrößen in der Bedarfsanalyse

Hat man nun Abweichungen festgestellt, müssen die Ursachen für diese Abweichungen geprüft werden. Als Analysefelder eignen sich die einzelnen Prozeßstufen des hier entwickelten Beschaffungsmarketingmodells, die spezifisch auszugestalten sind. Als Ausprägungen der Analysefelder zur Erläuterung der Leistungslücke schlägt Dresen bei der Bedarfsanalyse die folgenden Aspekte vor (S. 193):

- Generierung der Bedarfsanforderungen (Bedarfsobjekte/Modalitäten)
- Prioritätsbestimmungsmethoden (ABC-Analyse/Kosten-Leistungs-matrix)
- Informationsweitergabe (sequentiell/simultan)
- Informationstechnik (Brief/EDI-Anbindung Internet)
- Rolle der Beschaffung (Abwicklung/Mitwirkung)
- Verfahrensunterstützung (manuell/DV-gestützt)

Daraus wird der folgende Merkmalspool mit einem Gewichtungsvorschlag entwickelt (s. Abb. 252).

Bedarfsanalyse			
Analysefeld	**Standard**	⇨	**Führend**
· **Generierung der Bedarfsanforderungen**	· Konzentration auf Mengenermittlung · Unstrukturierte Anforderungsfestlegung	· Generierung von Objekt- und Modalitätsanforderungen - Mengenanforderungen - Leistungsanforderungen - Zeitanforderungen - Ortsanforderungen - Lieferungsanforderungen - Entgeltanforderungen - Serviceanforderungen - Informationsanforderungen	· Berücksichtigung von Objekt- und Modalitätsanforderungen · Berücksichtigung unternehmensindividueller Bedarfsanforderungen · Prozeßorientiertes Vorgehen · Nutzung von Fenster- und Heilungsfragen zur Anforderungsfestlegung
· **Prioritätsbestimmungsmethoden**	· Wertorientierung ABC-Analyse	· Wert- und Verbrauchsorientierung	· Wert- und Verbrauchsorientierung ergänzt durch relevante Objektmerkmale
· **Informationsweitergabe**	· Verspätete Weitergabe von Planungsänderungen	· Sequentiell verzögerte Weitergabe der Planänderungen	· Simultane Informationsweitergabe von Produktionsänderungen
· **Informationstechnik**	· Bedarfsvorschau per Briefpost	· Bedarfsvorschau per Fax, Telefon, E-Mail	· EDI-Anbindung an Lieferant zur Bedarfsvorschau
· **Rolle der Beschaffung bei Bedarfsanalyse**	· Bestellabwicklung nach Erhalt der zu beschaffenden Menge		· Funktionsübergreifende Vorgehensweise bei Bedarfsermittlung
· **Verfahrensunterstützung**	· Manuelle Mengenermittlung · Fehlende Verfahrensunterstützung	· Mengenermittlung über PPS-Verfahren	· DV-gestützte Mengenermittlung inkl. Verbrauchsschwankungen

Abb. 252. Analysefeldausprägungen der Bedarfsanalyse

(4) Implementierungsplanungen

Zunächst müssen die je Analysefeld (s. z.B. Abb. 252) geeigneten Benchmarkingkennzahlen ermittelt werden. Dazu dient die Abb. 253, wiederum bezogen auf die Bedarfsanalyse.

Analysefeld \ Benchmarkingkennzahl	Bedarfsanalyse-mengenquote	Datenredundanz-quote	Standardisierungs-quote	Planungs-schnelligkeit
Generierung der Bedarfsanforderungen	X		X	
Prioritätsbestimmungsmethoden	X			
Informationsweitergabe				X
Informationstechnik		X		X
Rolle der Beschaffung bei Bedarfsanalyse	X		X	
Verfahrensunterstützung	X	X		X

Abb. 253. Interdependenzen zwischen Benchmarkingkennzahlen und Analysefeldern der Bedarfsanalyse

Die ausführlichen Erläuterungen finden sich bei Dresen (S. 219 ff.).
In einer weiteren Auswahlheuristik können die Benchmarkingkennzahlen anhand der Zielgrößen separiert werden. Dies trägt auch zur Entscheidungsunterstützung bei. Das zeigt die Abb. 254, ausschnittsweise wiederum auf die Bedarfsanalyse bezogen:

Benchmarkingkennzahl (Bedarfsanalyse) \ Benchmarkingzielgrößen	Qualitäts-steigerung	Kostensenkung	Risikosenkung	Flexibilitäts-steigerung	Gemeinwohl-orientierte Ziele
Bedarfsanalysemengenquote		X			
Datenredundanzquote		X	X		
Standardisierungsquote		X		X	
Planungsschnelligkeit		X		X	

Abb. 254. Interdependenzen zwischen Benchmarkingzielgrößen und Benchmarkingkennzahlen

Die gewonnenen Erkenntnisse münden in Überlegungen (*Aktionspläne*), wie man die Abstände zur „best-practice-Lösung" verringern kann. Neben der inhaltlichen Festlegung (was) geht es auch darum, zu fixieren, wer dies bis wann zu realisieren hat. Den Abschluß bildet die *Ergebniskontrolle.*

4.842 Zur Entwicklung

Zunächst setzt das Benchmarkingdenken voraus, daß es nicht unwahrscheinlich ist, wenn in anderen Unternehmen bessere als die eigenen Lösungen gefunden werden. Das Wissen um die eigenen Grenzen wird nicht von jedermann geteilt. Oder anders ausgedrückt: Die Sorge darum, daß offenkundig andere besser arbeiten, verhindert Benchmarkingaktivitäten. Deshalb muß darauf hingewiesen werden, daß es nur selten Unternehmen gibt, die in allen Beschaffungsaktivitäten besser als man selbst sind, daß vielmehr der eine hier, der andere dort besser abschneidet, so daß jeder profitiert.

Dann ist des weiteren die Sorge nicht auszuschließen, man stärke durch Informationen darüber, was man selbst glaubt, besonders gut zu können, doch nur die Konkurrenz. Selbst wenn man diese Furcht durch entsprechende Benchmarkingpartner ausschließt, bleibt doch eine gefährliche Neigung der Selbstüberschätzung. So hat sich bei einigen jüngeren Fusionen (z.B. im Handel) zur Überraschung mancher herausgestellt, daß nicht das potentere (z.B. umsatzgrößere) Unternehmen günstigere Preise erzielte. Eine objektivierte Sicht der eigenen Stellung kann hier sehr nützlich sein.

Und schließlich dürfte der Glaube an die eigene Wissensmonopolisierung kaum Zukunft haben. Der hohe Wettbewerbsdruck in globalen Märkten erhöht den Zwang zur Überprüfung des gestern als gut Befundenen. Zur Absicherung neuer Wege kann das von anderen Praktizierte benutzt werden. Da in diesem Fall dieser, im anderen Fall ein anderer das Bessere weiß, kann nur die gegenseitige Wissensaufnahme und nicht die Wissensisolierung handlungsleitend sein.

Mit einem kontinuierlichen Benchmarking erhält man frühzeitig Signale für einen ständigen Verbesserungsprozeß, wie ihn der Wettbewerb erzwingt. Autistisches Optimierungsverhalten überschätzt im Regelfall die eigenen Fähigkeiten und führt nicht selten zum Untergang des Unternehmens. Gerade das soll mit diesem Buch vermieden werden.

5 Aspekte des Risikomanagements

Vor die Frage gestellt, weshalb das Fortschrittstempo im Beschaffungsbereich bei vielen Unternehmen als eher überschaubar zu bezeichnen ist, wird neben bisher behandelten Antworten auch die Risikoaversion zu nennen sein. Wenn Manager im Absatzbereich (z.B. Produktmanager) sich so wie die Kollegen im Beschaffungsbereich verhielten, wäre die Zahl der Insolvenzen noch weitaus höher, als sie derzeit (2003) ist. Beide Manager agieren auf Märkten – beide müssen mit Marktrisiken rechnen und sie in ihre Überlegungen einplanen. Nur in einigen Fällen sind die Beschaffungsmanager fein raus. Wenn die Lieferanten bestreikt werden (s. Metall- und Elektrobereich in den neuen Bundesländern Ende Juni 2003), dann werden die daraus folgenden Betriebsunterbrechungen (z.B. in der Pkw-Industrie: BMW usw.) als höhere Gewalt betrachtet und unter Sonderbelastung abgebucht. Sie werden unverständlicherweise nicht der Beschaffung als falsche Risikopolitik zugeschrieben. Trotz eines früheren Aufsatzes (Koppelmann 1988) spielt das keine Rolle. Das Thema Risikomanagement wird in Beschaffungsmonographien vernachlässigt, in der Praxis könnte es einen breiteren Raum einnehmen, deshalb wollen wir uns ihm in einem gesonderten Abschnitt zuwenden. Dazu greifen wir auf die Dissertation von M. Schubert (Risikomanagement im Beschaffungsmarketing, 2004, Rohmanuskript) zurück.

5.1 Allgemeine Literaturbeiträge

Nur um kurz zu zeigen, welche Perspektive hier zugrunde liegt, erweist sich ein kurzer Literaturüberblick als nützlich. Wir gehen von der in Abb. 255 enthaltenen Einteilung aus.

Ansatz / Kriterien	Risikomanagement im engeren Sinne	Risikomanagement im weiteren Sinne	Financial Risk Management	St. Galler Risikomanagement Modell
Theoretische Grundlagen	Entscheidungstheorie	Entscheidungstheorie	Entscheidungstheorie, Wahrscheinlichkeitsrechnung	Systemtheorie
Zielsetzung	Kostenoptimale Versicherung der Unternehmensrisiken	Integration der Risikodimension in sämtliche Entscheidungen	Sicherstellung des optimalen Risiko-Rendite-Verhältnisses	Risikobewusste Unternehmensführung
Risikobegriff	Risiko als Verlustgefahr (versicherbare Risiken)	Risiko als Gefahr der Zielverfehlung	Risiko als Möglichkeit der Zielabweichung (positiv und negativ)	Risiko als Möglichkeit der Nichterfüllung von Erwartungen (inkl. Chance)
Risikomanagement Schwerpunkt	Versicherungsmanagement	Management sämtlicher Unternehmensrisiken	Mathematische Modellierung der Wirklichkeit	Integration der soziologischen, technologischen und ökologischen Dimension
Einbezogene Bereiche	Versicherungsabteilung	Unternehmensleitung und Unternehmensbereiche	Risikomanagementabteilung	Unternehmensleitung, Unternehmensbereiche und Unternehmensumwelt
Wichtige Instrumente	Versicherung, Selbsttragen	Instrumentenvielfalt	Stochastische Modelle, Risikokennzahlen (VaR)	Analyse von Störprozessen, Systemanalyse
Problemfelder	Eingeschränkte Perspektive, mangelnde instrumentelle Vielfalt	Abgrenzung zum allgemeinen Management, Quantifizierung von Risiken	Anwendbarkeit der Prämissen der Wahrscheinlichkeitsrechnung, Datenqualität	Operationalisierung

Abb. 255. Ansätze im Risikomanagement

Anhand der gewählten Kriterien lassen sich die verschiedenen Ansätze einsichtig beschreiben. *Das Risikomanagement im engeren Sinne* (s. hierzu z.B. Mehr, R./Hedger, B .A. 1963; Carter, R .L. 1978) gibt die Versicherungssicht wider. Einzel- oder Gruppenrisiken werden unter dem Aspekt der Verlustwahrscheinlichkeit bewertet, entsprechend der Nachfrage werden diese Risiken gegen Prämien versichert. Die reaktive Sicht entspricht jedoch weniger der hier gewählten proaktiven Herangehensweise. Auch das *Financial Risk Management* (s. hierzu Jorion, P./Khoury, S. J. 1996) deckt sich wenig mit der Beschaffungsrealität, weil uns die mathematische Modellierung der Beschaffungswirklichkeit wegen der hohen Komplexität und der vielfältigen Störvariablen große Probleme bereitet. Wir wollen vielmehr zeigen, wie Risikomanagement in der Beschaffung statt in einer Risikomanagementabteilung betrieben werden kann.

Für die hier entwickelten Überlegungen paßt das *Risikomanagement im weiteren Sinne* besser (s. hierzu Braun, H. 1984; Mikus, B. 1998). Aufgrund des auf deskriptiv-faktischen Beobachtungen basierenden präskriptiven Entscheidungsansatzes kommt es bei dem hier vorgestellten Modell darauf an, die einzelnen Risikoaspekte je Entscheidungsstufe zu identifizieren, die Gefahren der Zielverfehlung zu prüfen, zu evaluieren und anschließend zu überlegen, mit Hilfe welcher Maßnahmen eine Zielverfehlung verhindert werden kann. Dabei spielen Kosten-Nutzenüberlegungen eine Rolle. Man wird zu prüfen haben, wieweit sich eine aktive Risikopolitik positiv im Konkurrenzkampf auswirkt, welche Chancen man nutzen will und welche Risiken man hierbei einzugehen bereit ist, welche Risiken man sich leisten kann, ebenso wie welche Risikobewältigungsmaßnahmen der Marktpreis zuläßt. Entsprechend der hier gewählten crossfunktionalen

Sicht zwingt das zur Prüfung der Inputrisiken in der Vernetzung mit den dann folgenden Risiken des Through- und Output. Dieser Betrachtungsweise nahe verwandt ist das St. Galler-Risiko-Management-Modell (s. hierzu Haller, M. 1986; Hänggi, R. 1996).

5.2 Risikomanagement als Prozeß

Ähnlich dem Prozeß des Beschaffungsmanagements läßt sich auch das Risikomanagement prozessual strukturieren. Wir legen wiederum unter Betonung des Planungsschwerpunktes das Muster des Problemlösungsprozesses zugrunde:

- Problemanalyse
- Zielbildung
- Instrumentalwahl
- Kontrolle

Diese Grundstruktur wird insofern etwas modifiziert, als die Analysephase geteilt wird in eine der Risikoidentifikation und der Risikoanalyse sowie -bewertung. Dann folgt die Stufe der Zielbildung, die der Planung, der Risikobewältigung und schließlich der Risikosteuerung. Abb. 256 zeigt den Zusammenhang, der gleichzeitig auf die verschiedenen Phasen des Beschaffungsprozesses verweist.

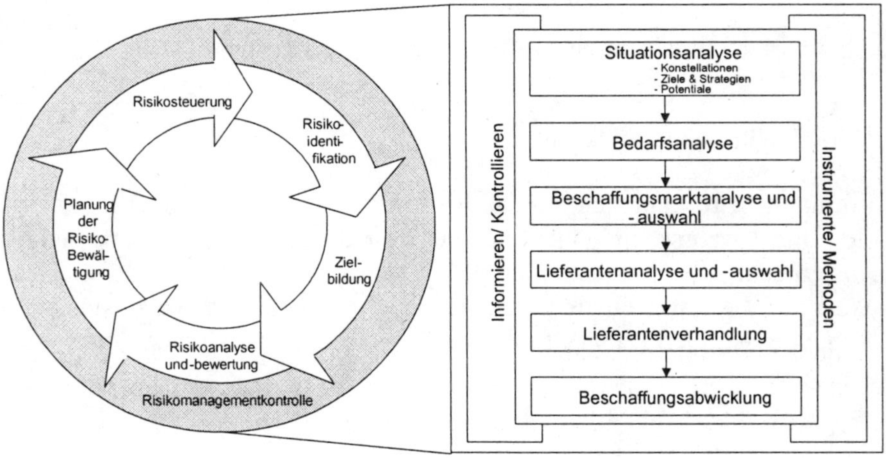

Abb. 256. Der Risikomanagementprozeß in der Beschaffung

Diesen allgemeinen Prozeß wollen wir im folgenden mit dem Beschaffungsprozeß in Beziehung bringen.

5.21 Risikoidentifikation

Zunächst geht es darum zu klären, wo das Risikoproblem vordringlich gesucht werden soll. Dazu eignen sich zunächst die bereits erwähnten Priorisierungsmatrizen. Eine mögliche ist in Abb. 257 abgebildet:

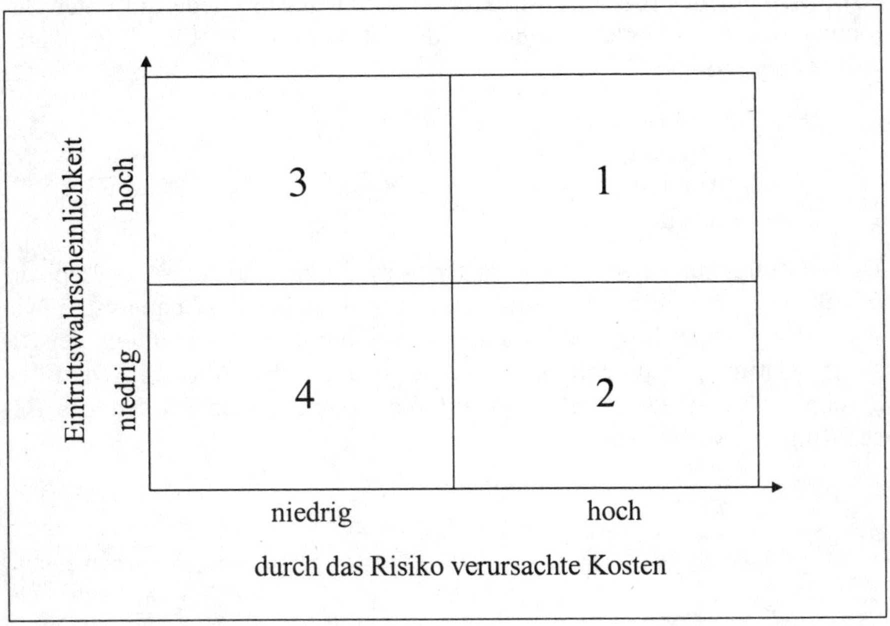

Abb. 257. Risikoidentifikation

Vorrangig wird man sich um das Identifikationsfeld 1 kümmern, bei dem die Eintrittswahrscheinlichkeit hoch und die durch das Risiko verursachten Kosten ebenfalls hoch ausfallen usw. Dann geht es darum, den Blick genauer auf die Tätigkeitsfelder zu richten. Dazu beziehen wir uns auf eine Abb. von Schubert (2004). In ihr werden interne von externen Analysefeldern geschieden.

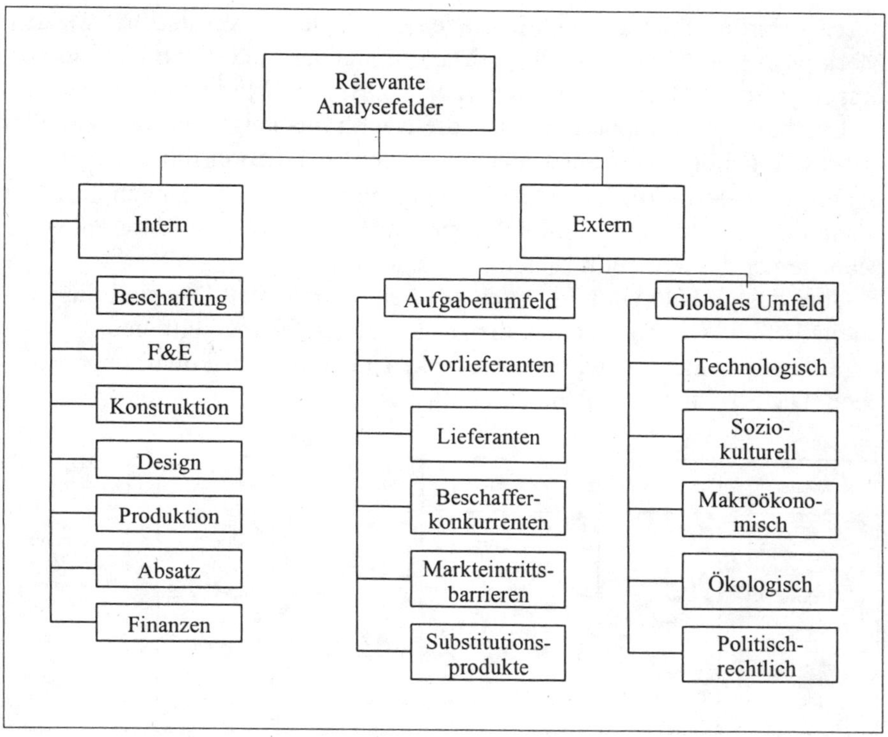

Abb. 258. Relevante Analysefelder

Über diese Analysefelder haben wir uns teilweise bereits Gedanken im Rahmen der Konstellationsanalyse gemacht. Intern geht es um die vom Interaktionsobjekt beeinflußten Risiken in den verschiedenen Funktionsbereichen. Je innovativer die Produktentwicklung (Konstruktion, F + E, Design), um so größer ist das Risiko, daß auch die gewünschte Leistung erzielt wird, zunächst unabhängig davon, ob man selbst entwickelt oder fremd entwickeln läßt. In der Güte der eigenen Absatz-, Produktions- und Beschaffungsplanung liegt das Risiko der Fehlplanung. Wenn beispielsweise die Planung desintegriert ist, wenn der Absatz seine Informationen über Mengen- und Leistungsänderungen nicht simultan an Produktion und Beschaffung weitergibt, können z.B. Mengenberge und –täler entstehen, die entweder hohe Lagerkosten oder hohe Kosten der Nichterhältlichkeit nach sich ziehen. Aus dem Finanzbereich kann das Risiko des Liquiditätsmangels zur Verschiebung von Zahlungsterminen führen. Darauf können Lieferanten mit Lieferunterbrechung antworten.

Im *externen Aufgabenumfeld* liegen Risikofelder in der gesamten Wertschöpfungskette. Dazu zählten zunächst die engere Lieferantenpyramide, aber auch die nicht dort eingebundenen Lieferanten. Die Risiken können durch Marktprobleme und Managementprobleme verursacht werden. Marktprobleme können durch die Marktteilnehmer und deren Umfeld verursacht werden. Marktteilnehmer haben z.B. ihre Marktstellung gestärkt und verhalten sich monopolistisch; die Nachfrage steigt deutlich schneller als das Angebot, eine Nachfragehausse oder Spekulation führen zur Preisexplosion (→ Hunt-Silber-Fall). Managementprobleme können aus der Sicht des Beschaffers in plötzlichen Zielrevisionen des Lieferanten, in Managementfehlern beim Lieferanten usw. liegen.

Über das globale Umfeld hatten wir bereits berichtet. Das sind die Risikoquellen und Risikoursachen, die zur Risikoentstehung beitragen.
Im folgenden müssen wir uns Gedanken über die Risikowirkungen machen. Die Struktur ist in Abb. 259 enthalten.

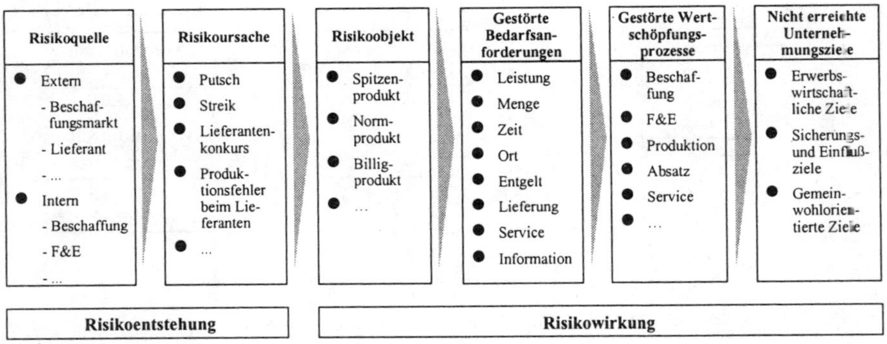

Abb. 259. Risikowirkungen

Vom Risikoobjekt hängt es ab, wie die Ursache wirkt. Dazu greifen wir auf Abb. 59 zurück, dort haben wir die Konstellationsauswirkungen in Abhängigkeit von objektbezogenen Entscheidungsmerkmalen dargestellt und begründet. Diese Überlegungen lassen sich auf den gesamten Bereich der Bedarfsanforderungen übertragen. So kommt es darauf an, ob man ein Spitzen- oder ein Billigprodukt beschafft, was dann andere Informationsschwerpunkte nach sich zieht. Falsche Informationen, die jedoch objektbezogen unbedeutend sind, bilden kein Risiko. Die gestörten Bedarfsrealisierungen führen in den Funktionsbereichen, die an der Wertschöpfung mitwirken, zu Störungen, Unterbrechungen usw. So bewirkt z.B. das Streikrisiko die Nichtbelieferung, die Produktion muß unterbrochen werden, Mitarbeiter in die Kurzarbeit geschickt werden, Liefertermine werden verschoben, Einnahmen aus Umsätzen fließen später usw. Das kann bis zur Illiquidität bei bereits vorher angespannter Finanzlage führen, oder weniger dramatisch zur Nichteinhaltung der Gewinnprognose (→ Gewinnwarnung).

Nach dieser Strukturierung stellt sich die Frage, wie man denn das Risiko identifizieren kann. Schubert (2004) schlägt die in Abb. 260 enthaltene Struktur vor.

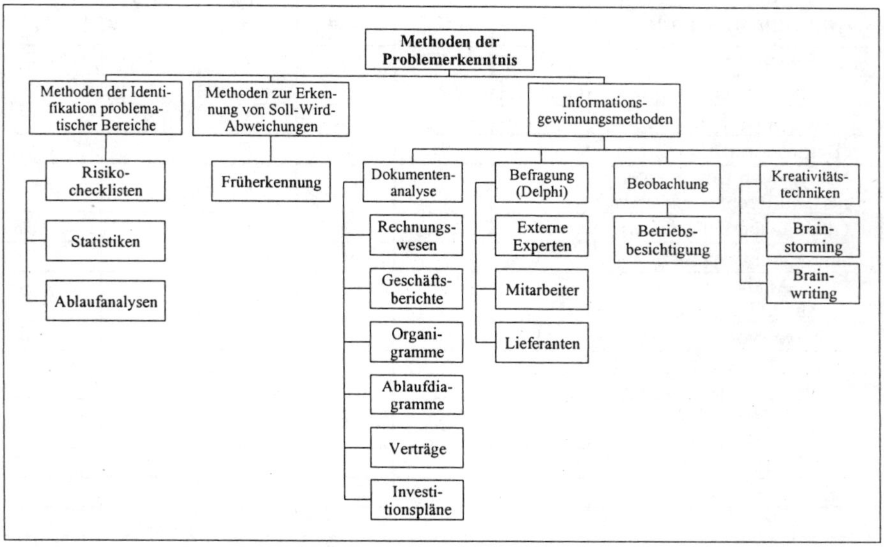

Abb. 260. Methoden der Risikoidentifikation

Den größten Umfang nehmen die detaillierten Informationsgewinnungsmethoden ein. Über sie haben wir (s. Abschn. 4.814.1) ebenso ausführlich berichtet wie über die der Früherkennung, die der Abweichungsidentifikation dienen. Die Methoden der Identifikation problematischer Bereiche sollen den Einstieg der Identifikationsarbeit erleichtern.

Entsprechend unserer präferierten entscheidungsorientierten Sichtweise bietet es sich an, die Eignung der Informationsgewinnungsmethoden bezüglich ihres Beitrages in den verschiedenen Phasen des Beschaffungsmarketingprozesses zu überprüfen. Schubert kommt nach Expertengesprächen zu dem in Abb. 261 enthaltenen Eignungstableau.

Informations-gewinnungsmethoden \ Beschaffungs-marketing-phasen	Situations-analyse	Bedarfs-analyse	Beschaffungsmarkt-analyse und -auswahl	Lieferantenanalyse und -auswahl	Lieferanten-verhandlungen	Beschaffungs-abwicklung
externe Expertenbefragung	5	1	5	1	1	1
Mitarbeiterbefragung	5	5	5	5	5	5
Lieferantenbefragung	3	1	3	5	5	3
Betriebsbesichtigungen	1	1	1	5	3	1
Analyse von Dokumenten aus dem Rechnungswesen	1	3	1	3	1	3
Geschäftsberichtsanalyse	5	1	3	5	1	1
Analyse von Organigrammen	1	1	1	5	1	3
Analyse von Ablaufdiagrammen	1	3	1	5	3	5
Analyse von Verträgen	1	1	1	5	1	5
Analyse von Investitionsplänen	1	5	1	5	1	1
Analyse von Risikochecklisten	3	3	5	3	1	3
Analyse von Statistiken	3	1	5	1	1	1
Ereignisbaumanalysen	5	5	1	1	1	3
Ablaufanalysen	1	5	1	1	5	5

Legende: 5 Gut geeignet 3 Bedingt geeignet 1 Nicht geeignet

Abb. 261. Methodeneignung der Risikoidentifikation entsprechend den Phasen des Beschafferprozesses

5.22 Risikoanalyse und –bewertung

Exakt trennbar sind die Überlegungen zwischen Identifikation und Analyse nicht. Zur Feststellung eines Risikos (potentiell oder faktisch) tritt die Ursachenanalyse hinzu: Warum ist das ein Risiko/warum kann dies ein Risiko werden? In Abb. 257 wurden bereits ausgehend von der Risikoquelle über die Risikoursache usw. bis zu den nicht erreichten Zielen Identifikationsfelder genannt, die es als Ursache zu analysieren lohnt. Das kann zunächst isoliert erfolgen und dann schließlich durch die Vernetzung der Risikofelder. Will man schließlich eine Bewertung einer entdeckten Ursache vornehmen, muß man Hypothesen und Algorithmen über die Auswirkungen entweder direkt auf die Zielerreichung oder indirekt über die Folgewirkungen auf die Zwischengrößen entwickeln. Dies ist nur näherungsweise möglich. Zumindest ist es hilfreich für die dann notwendige Umkehr der Blickrichtung. Es bildet die Grundlage für ein Investitionskalkül. Man kann sich z.B. die Gewinndifferenz (ohne/mit Risikoeintritt) als Investitionssumme, als Budget für die Risikobewältigung vorstellen. Diese Δ-Größe enthält nicht nur die Kosten z.B. der Betriebsunterbrechung, die Opportunitätskosten, sondern auch die gesamten Prozeßkosten der zusätzlichen Arbeiten.

Des weiteren müssen auch Überlegungen bezüglich der Wechselwirkungen zu anderen Risikoquellen, Risikoursachen beachtet werden. Es kann sich um Potenzierungs- oder Kompensationseffekte handeln, die ersteren steigern die Risikokosten, die zweiten senken sie.

Als Methoden der Risikoanalyse und –bewertung stehen die der Systemanalyse (Fehlerbaum-, Gefährdungsbaumanalyse, Ablaufdiagramme) qualitativ verbale Analyse- und Bewertungsmethoden (Szenariotechnik, Risikoklassifikationen über Schätzungen von Eintrittswahrscheinlichkeiten und Ausmaß) sowie quantitative Analyse- und Bewertungsmethoden (Sensitivitäts-, Risikoanalyse, Entscheidungsbaumverfahren, Risiko-Chancen-Kalkül, Risikokennzahlen) zur Verfügung. Mißt man nun diese Verfahren an Nutzungskriterien, ergibt sich die Abb. 262 dargestellte Zuordnung.

Beurteilungskriterien / **Analyse- und Bewertungsmethoden**	Datenverfügbarkeit	Lösungsqualität	Mathematisierungsgrad	Anwendungsaufwand	Anwendungsfreundlichkeit
Fehlerbaumanalyse	5	3	5	5	5
Analyse von Ablaufdiagrammen	5	3	5	5	5
Gefährdungsbaumanalyse	5	3	5	5	3
Szenariotechnik	5	3	5	3	5
Schätzung von Eintrittswahrscheinlichkeit und Ausmaß	5	3	5	3	3
Sensitivitätsanalyse	3	3	1	3	3
Entscheidungsbaumverfahren	3	3	1	3	1
Risiko-Analyse	1	3	1	1	1
Risiko-Chancen-Kalkül	1	5	1	1	1
Risikokennzahlen (VaR)	1	3	1	1	1
Korrekturverfahren	5	1	3	5	5

Legende: 5 Bewertung positiv 3 Bewertung durchschnittlich 1 Bewertung negativ

Abb. 262. Methodeneignungsprüfung

5.23 Zielbildung

Diesen Abschnitt können wir deshalb kurz fassen, weil wir bereits in Abschn. 4.223.2 auf die Beschaffungsziele, insondere auf das Ziel der Risikosenkung eingegangen sind. Ausgehend vom Basisziel der Sicherung, lassen sich Subziele der

- Verbesserung des Informationsstandes,
- weitestgehenden Vermeidung der Existenzgefährdung,
- Effizienz der Risikobewältigung

ableiten. Sie können sich äußern in Risiken der Objektanforderungen (Mengen-, Leistungsrisiken) sowie Modalitätsanforderungsrisiken (Zeit-, Orts-, Entgelt-, Lieferungs-, Service-, Informationsrisiken).

Wie generell bei Zielüberlegungen müssen neben der Inhalts- auch die Intensitäts- und Zeitdimension festgelegt werden.

5.24 Risikobewältigung

Wie soll man mit den indentifizierten und analysierten Risiken umgehen? Mehrere Strategien des Risikomanagements stehen zur Verfügung. Im Mittelpunkt der Überlegungen zur Gestaltung partnerschaftlicher Lieferantenbeziehung steht die Strategie der *Risikominderung*. Der Janusköpfigkeit unternehmerischen Handelns liegen Chancen und Risiken eng beieinander: Das Nutzen von Chancen führt meist zur Entstehung von Risiken. Der unternehmerische Erfolg liegt dann darin, daß man im Verhältnis zur Konkurrenz eine größere Differenz zugunsten der Chancen schafft. Die Verminderungsüberlegungen können stärker ursachen- oder stärker wirkungsbezogen sein. Ursachenbezogene Maßnahmen können marktorientiert (Märkteauswahl, Märktemischung), lieferantenorientiert (Lieferantensubstitution, -diversifikation, -beeinflussung) oder beschafferorientiert sein (Anpassung der eigenen Ziele, Bedarfe, Fehlervermeidung). Eine wirkungsbezogene Vorgehensweise kann zum Aufbau von Reservenalternativen führen.

Mit der *Risikoüberwälzung* versucht man, andere das Risiko tragen zu lassen. Das können vertragliche Vereinbarungen mit dem Lieferanten, der Abschluß von Versicherungen, das Hedging sein. Bei der Vertragsgestaltung hatten wir bereits auf die Incoterms verwiesen.

Zum Risikomanagement gehört auch, daß man über die *Informationen* verfügt, die man benötigt, um Kosten und Nutzen der Risikobewältigungsmaßnahmen einzusetzen. Eine Entscheidungshilfe gibt Abb. 263, in der die Eignung der strategieorientierten Maßnahme in den jeweiligen Beschaffungsprozeßphasen nach Experteneinschätzung widergegeben wird.

Beschaffungsmarketingphasen / Beschaffungsspezifische Risikomanagementstrategien	Situationsanalyse	Bedarfsanalyse	Beschaffungsmarktanalyse und -auswahl	Lieferantenanalyse und -auswahl	Lieferantenverhandlungen	Beschaffungsabwicklung
Marktorientierte Maßnahmen	5	1	5	1	1	1
Lieferantenorientierte Maßnahmen	1	1	1	5	5	1
Beschafferorientierte Maßnahmen	5	5	1	1	3	5
Schaffung von Flexibilität	5	5	5	5	5	1
Vertragliche Vereinbarungen	1	1	1	1	5	5
Versicherung	1	1	1	1	1	5
Hedging	1	1	1	1	1	5

Abb. 263. Phasengeeignete Maßnahmenbündel

Nach dieser Zuordnung kann man die Frage stellen, welche Auswahlmethoden sich dann für einzelne Risikomanagementstrategien eignen. Dies zeigt beispielhaft Abb. 264.

Auswahlmethoden / Beschaffungsspezifische Risikomanagementstrategien	Kosten-Nutzen-Analyse	Scoring-Verfahren	Entscheidungsbaumverfahren
Marktorientierte Maßnahmen	3	5	5
Lieferantenorientierte Maßnahmen	3	5	3
Beschafferorientierte Maßnahmen	3	5	3
Schaffung von Flexibilität	5	5	5
Vertragliche Vereinbarungen	5	3	1
Versicherung	5	3	1
Hedging	5	3	1

Legende: 5 Bewertung positiv 3 Bewertung durchschnittlich 1 Bewertung negativ

Abb. 264. Verknüpfung von Risikomanagementstrategien und Auswahlmethoden

Die Methoden selbst kann man den Kriterien Datenverfügbarkeit, Lösungsqualität, Mathematisierungsgrad, Anwendungsaufwand und Anwendungsfreundlichkeit messen. Das kann zu der in Abb. 265 enthaltenen Bewertung führen.

Beurteilungs-kriterien / Analyse- und Bewertungsmethoden	Datenver-fügbarkeit	Lösungs-qualität	Mathema-tisierungs-grad	Anwen-dungsauf-wand	Anwen-dungs-freundlich-keit
Kosten-Nutzen-Analyse	1	3	1	3	3
Scoring-Verfahren	3	3	3	3	3
Entscheidungsbaumverfahren	3	3	1	3	1

Legende: 5 Bewertung positiv 3 Bewertung durchschnittlich 1 Bewertung negativ

Abb. 265. Eignungsschätzung und Bewertungsmethoden

Risikovermeindung und *Risikohinnahme* stellen Extrempositionen dar. Je unbekannter und geringer die Möglichkeiten sind, Eintrittswahrscheinlichkeiten zu berechnen, um so mehr werden wir es mit der weit verbreiteten Risikohinnahme zu tun haben. Man entfaltet keine ursachen- oder wirkungsbezogene Risikovermeidungsmaßnahmen, sondern begnügt sich z. B. mit einem x%igen Risikoaufschlag auf den Beschaffungspreis, den man z.B. dem eigenen Produktionspreis gegenüberstellt. Die Risikovermeidungsstrategie unterstellt, daß es Handlungswege ohne Risiko gibt. Da Chancen Risiken in sich bergen, bedeutet das auch, daß man bei Risikovermeidung auf Chancen verzichtet. Die Reduktion des Alternativenraums begrenzt unternehmerisches Handeln und damit die Nutzung von Erfolgspotentialen.

5.25 Risikosteuerung

Der Umgang mit Risiken ist als dynamischer Prozeß zu verstehen, ständig entstehen neue Risiken, alte hat man einigermaßen im Griff, andere hat man schlecht bewältigt. Es bedarf einer Risikomanagementkontrolle, bei der die zugrunde liegenden Annahmen, die Prognosen und realisierten Ergebnisse überprüft werden. Wir können von den in Abb. 266 enthalten Kontrollbereichen ausgehen.

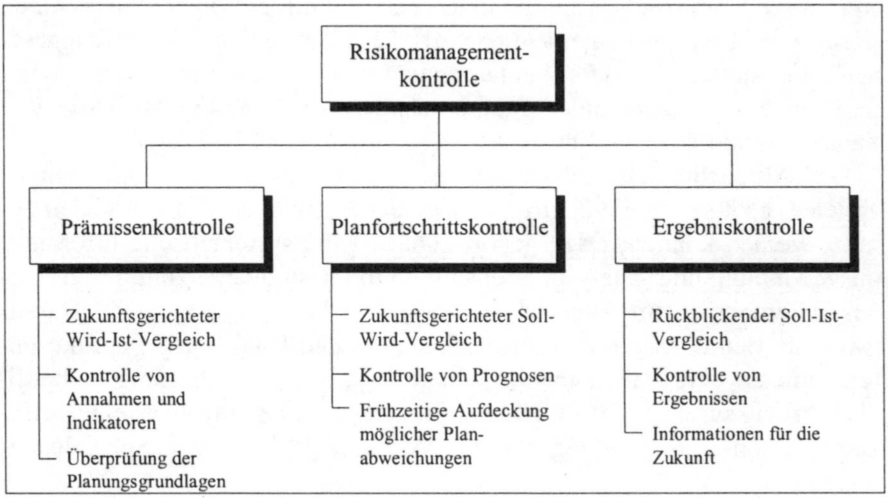

Abb. 266. Aspekte der Risikomanagementkontrolle

In der *Prämissenkontrolle* als dem Wird-Ist-Vergleich geht es um die Überprüfung der Planungsgrundlagen: Gelten Sie noch, haben sich Änderungen ergeben? Hier geht es um Vollständigkeit der zu beachtenden Risikoeinflüsse. Sie müssen nach ihrer Wirkungsbedeutsamkeit gewichtet werden. Aktualität und Präzision der Beschreibung sind wichtige Forderungen, ebenso das Bemühen um die Offenlegung inhaltlicher Beziehungen.

Die *Planfortschrittskontrolle* kann als Soll-Wird-Vergleich aufgefaßt werden. Hier wird die Prognose bezüglich möglicher Planabweichungen kontrolliert, um möglichst frühzeitig gegensteuern zu können. Bezüglich der Risiken muß an die Kontrolle der Eintrittswahrscheinlichkeiten, der Wirkungen und der Ursachen-Wirkungsketten gedacht werden. Bezüglich der Maßnahmen geht es um die Vollständigkeit, Zielgerichtetheit, Wirksamkeit und Kosten (→ Kosten-Nutzenverhältnis).

Die *Ergebniskontrolle* als rückblickender Soll-Ist-Vergleich dient dazu, aus den Ergebnissen Schlüsse für die Zukunft zu ziehen. Es werden die gleichen Risiken wie in der Planfortschrittskontrolle geprüft. Auch die Kontrollmaßnahmen sind die gleichen.

5.25 Installation

Die Bedeutung der Risiken für das Unternehmenshandeln kann dazu führen, daß man das Risikomanagement institutionalisiert. Dies wird eher in großen, facettiert strukturierten Unternehmen eine Rolle spielen (→ weltweit tätige Konzerne). Während in kleinen und mittelgroßen Unternehmen (KMU) das Risikomanagement eher als Teilaufgabe des Beschaffers gesehen wird, stellt sich bei Großunternehmen nicht nur die Frage der Installation eines eigenenständigen Risikomanagements, sondern auch die von Zentralität und Dezentralität.

Um Arbeitsdoppelungen zu vermeiden, möglichst hohe Synergien zu erzielen, geht es um die *Zentralisierung* der Aktivitäten, die von vielen genutzt werden können. Dazu gehört zunächst die systematische Informationsgewinnung und -analyse. Ebenso muß die Risikovernetzung im gesamten Unternehmen im Auge behalten werden, koordiniert werden. Daraus folgt das Bemühen um den unternehmensweiten Risikoausgleich, die unternehmensweite Maßnahmenkoordination sowie die Schaffung einheitlicher Arbeitssysteme (Informations-, Planungs- und Kontrollsysteme). Hinzutreten kann die Beratung, die zur Verfügungstellung von Spezialistenwissen.

Aufgrund des spezifischen, situationsbedingten Handlungswissens können dann *dezentral* auf der *Funktionsebene* Beschaffung die spezifischen beschaffungsorientierten Tätigkeitsschritte (Risikoidentifikation, Risikoanalyse und Bewertung, Ziel- und Strategiewahl, Risikobewältigung und Risikokontrolle) vollzogen werden. Neben der Funktionsdezentralität kann auch die *Ortsdezentralität* eine Rolle spielen, indem die Teilunternehmen vor Ort Risikomaßnahmen planen, die den situativen Bedingungen Rechnung tragen. Dann kann der Beschaffungszentrale koordinierende Funktion zukommen. Im Verhältnis zum zentralen Risikomanagement übernimmt dann das funktionspezifische Beschaffungsmanagement die Aufgabe, mit den ortsdezentralen Beschaffungsabteilungen dafür Sorge zu tragen, daß der Risikoaspekt professionell gemanagt wird.

6 Beschaffungsorganisation und Personalkonsequenzen

Die bisherigen Ausführungen konzentrieren sich auf ablauforganisatorische (→ prozeßorientierte) Fragestellungen. Nun soll geprüft werden, an welcher Stelle die Beschaffungsarbeiten verrichtet werden.

6.1 Organisationsstrukturen

Mehrere Grundmodelle stehen zur Verfügung:

- Funktionalorganisation (Handlungsprinzip)
- Spartenorganisation (Objektprinzip)
- Regionalorganisation (Marktprinzip)

Diese Modelle hat Frese (1998, S. 381 ff.) ausführlich beschrieben. Rühli (1993, Sp. 3031 ff.) spricht ähnlich von Verrichtungszentralisation, Objektzentralisation und geographischer Gliederung.

(1) Zunächst muß der Aufgabenumfang festgelegt und dann geprüft werden, wer welche Aufgaben übernimmt. Die Aufgaben haben wir in Kap. 4 ausführlich beschrieben. Wenn wir unterstellen, daß die Prozeßabwicklung als Schnittstelle zwischen Beschaffung und Logistik auch dort angesiedelt werden soll, dann wäre die aus Abb. 267 hervorgehende funktionsinterne Gliederung denkbar:

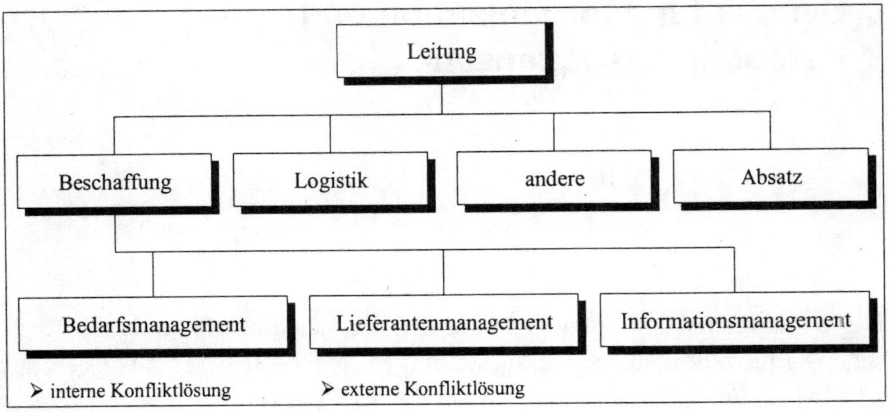

Abb. 267. Funktionale Organisation

Dem Bedarfsmanagement käme die Aufgabe der optimierenden Bedarfs*generierung*, dem Lieferantenmanagement die Optimierung der Bedarfs*erfüllung* und dem Informationsmanagement die geeignete Informationszurverfügungstellung zu, um optimale Bedarfe zu generieren und zu erfüllen.

Diese funktionelle Struktur weicht deutlich von anderen Vorschlägen ab, so z.B. Köglmayr/Strub (1998, S. 49), die folgende Auflistung vornehmen:

- Beschaffungsmarktforschung
- Disposition
- Beschaffungsmarketing
- Angebotsbearbeitung
- Bestellwesen
- Terminüberwachung
- Wareneingang und Kontrolle
- Beschaffungscontrolling

Diese heterogene Auflistung befriedigt nur begrenzt, da die inhaltliche Reichweite und der Abstraktionsgrad sehr unterschiedlich ausfallen.

Für die hier vorgeschlagene Dreiteilung der Beschaffungsaufgabe sprechen die unterschiedlichen Aufgabenschwerpunkte und Tätigkeitsorte. Der *Beschaffungsmanager* sorgt durch seine unternehmensinterne Kenntnis und sein Netzwerk innerhalb des Unternehmens für eine optimale Bedarfsgenerierung. Das Gesamtunternehmen steht im Mittelpunkt des Interesses; Einzelinteressen bilden den Ausgangspunkt für den internen Abstimmungsprozeß, dessen Ergebnis dem ökonomischen Prinzip gehorchen muß. Meist folgt man dem Minimalprinzip: Minimaler Aufwand zur Erreichung eines gesetzten Zieles. Bei der Entwicklung eines neuen Produktes muß der Beschaffungsmanager mit den geschilderten Fragen nach der Notwendigkeit, den Alternativen und der Kundenwirkung mit den anderen Funktionsträgern zu tragfähigen unternehmensinternen und zu markttauglichen Kompromissen gelangen. Dagegen kommt dem *Lieferantenmanager,* aufbauend auf dem bisher festgestellten Bedarfsmix, die Aufgabe zu, nach den bestmöglichen Lieferanten zu suchen, die Verhandlungen zu koordinieren (Buying-team), den Verhandlungsabschluß zu tätigen und diesen Lieferanten zumindest während der Vertragsdauer zu pflegen, Beziehungsstörungen frühzeitig zu entdecken und auszuräumen. Weitsichtiger ist die Funktionserfüllung, wenn sich die Pflege auch auf präsumtive Lieferanten erstreckt, wenn zukünftig interessant erscheinende Lieferanten aufgebaut und entwickelt werden und man den Kontakt zu bisherigen Lieferanten nicht abreißen läßt.

Während beim Bedarfsmanager die unternehmensinterne Prozeßsicht dominiert, legt der Lieferantenmanager Wert auf Markt- und Lieferantenkenntnis. Er pflegt Beziehungen (→ supplier-relationship-Management), insbesondere bei komplexen Interaktionsobjekten muß er Vertrauen schaffen, um opportunistisches Verhalten zu vermeiden. Gleichzeitig ist er Impulsgeber für Informationen über jetzige und zukünftige Liefermöglichkeiten, um sowohl kreativ wie auch reaktiv auf die Bedarfsgenerierung einzuwirken.

Und der *Informationsmanager* steht schließlich für eine professionelle Informationsversorgung zur Verfügung. Zum einen geht es um die Informationen, die Bedarfsmanager und Lieferantenmanager für ihre Funktionserfüllung benötigen. Dies muß auf einem Qualitätsniveau erfolgen, wie wir es aus dem Absatzbereich gewohnt sind. Und zum anderen können die Informationsmanager aufgrund ihrer stärkeren Methodenorientierung auch Hilfen in der Methodenwahl und -schulung in den einzelnen geschilderten Prozeßschritten zur Verfügung stellen. Dem Informationsmanager kommt hohe Bedeutung für die Leistungsmessung in der Beschaffung zu.

(2) Weitet sich das Produktprogramm eines Unternehmens stark aus (→ Angebotsdifferenzierung), dann kann es sinnvoll sein, ein Gliederungsprinzip hinzutreten zu lassen, das *Objektprinzip*. Das kann zur Divisionalisierung führen. Es werden mehr oder minder selbständige Unternehmenseinheiten geschaffen (z.B. Bayer AG: Health-Care/Crop-Science/Polymers/Chemicals). Innerhalb dieser faktischen oder virtuellen Unternehmen sind dann wieder unterhalb der Sparten-/Divisionsleitung funktionale Gliederungen anzutreffen. Das kann dann dazu führen, daß die bisherige Beschaffungsabteilung zu einem großen Teil auf die neuen Unternehmenseinheiten verteilt wird. Dies erscheint relativ problemlos zu

sein, wenn schon bisher objektspezifisch beschafft wurde und wenn sich dies mit der neuen Aufteilung deckt. Problematisch wird es dann, wenn ein Beschaffungsobjekt für mehrere Divisions beschafft wird. Bisherige Bündelungseffekte gingen verloren, wenn jeder nur auf sich achten würde. Es läßt sich auch die Synergiefrage stellen. Einerseits werden Fesselungskräfte gelockert, es kann neue Dynamik entstehen. Andererseits gehen Größendegressionsvorteile und damit vielfach verbundene Spezialisierungsvorteile verloren. Eine Einkaufsorganisation in Shanghai rechnet sich möglicherweise für nur eine Division nicht, in der gemeinsamen Nutzung macht sie dagegen Sinn. Die Divisionalisierung erfordert die Lösung des Problems „zentral-dezentral". Aufgabe der Zentrale kann es sein, für Beschaffungssynergien zwischen den verschiedenen Divisions zu sorgen. Das kann sich auf gleiche Beschaffungsobjekte, auf gleiche Lieferanten, die Unterschiedliches liefern, auf gleiche Märkte erstrecken. Hinzutreten können gemeinsame Aufgaben der Personen- und Methodenentwicklung, der Öffentlichkeits- und Gremienarbeit (z.B. Entwicklung von Standards) usw. Eine besondere Form der Lösung des Konflikts zentral-dezentral stellt der *Mandatseinkauf* dar. Der mit dem Mandat, ein Beschaffungsobjekt für alle im Konzern zu beschaffen, ausgestattete Mandatsträger befindet sich nicht unbedingt in der Zentrale, sondern irgendwo in einem Unternehmensteil. Dort hat er nachgewiesen, daß er das Beschaffungsobjekt X besonders zielkonform einkauft. Er übernimmt Bündelungsanstrengungen und hält die zentrifugalen Kräfte in Schach.

(3) Meist an die Stelle des Objektprinzips kann das *Marktprinzip* treten. In der Region werden selbständige Unternehmenseinheiten gebildet, um eigenverantwortlich die Marktnähe zu nutzen. Im Beschaffungsbereich spielt dies Prinzip weniger als übergeordnetes, allenfalls als hinzutretendes Organisationsprinzip eine Rolle.

(4) Häufiger findet man das Bemühen, zwei Aspekte in Form einer *Matrixorganisation* miteinander zu verbinden. Quer zu einer funktionsorientierten Struktur sind Produkte/Produktgruppen angeordnet. Man kann sie auch als Projekte verstehen. Die in dem jeweiligen Projekt Mitwirkenden kommen aus den benötigten Funktionsbereichen und konzentrieren sich auf die Lösung der Probleme, die das jeweils erfaßte Projekt stellt. Ob die Projekteinheiten unmittelbare Weisungsbefugnis gegenüber den in den Funktionsabteilungen verbleibenden Mitarbeitern haben, die sie für die Projektmitarbeit benötigen, spielt für uns hier eine geringere Rolle. Diese Matrixorganisation ist im Absatzmarketing durch das *Produktmanagement* seit langem bekannt.

6.2 Personalkonsequenzen

Die bisher geschilderten Inhalte und Strukturen stellen Anforderungen an die im Beschaffungsmarketing Tätigen, die in manchen Fällen weit über das bisher praktizierte Handeln hinausgehen.

Im Rahmen eines größeren Forschungsvorhabens geht Fröhlich (2004) der Frage nach, welche Personalkonsequenzen eine stark veränderte Beschaffungsstruktur nach sich ziehen wird. Wir wollen uns hier auf Konsequenzen für die Kompetenz konzentrieren.

(1) Fachkompetenz

„Skills" sind gefragt. Sie können durch Erfahrung erworben oder theoretisch gelernt werden. Erfahrung dauert länger, hinterläßt dafür nachhaltigere Spuren. Theoretisches Lernen greift auf Erfahrungen und Wissen anderer zurück, es ist zugleich „dichter" lernbar und weniger „spurenreich", „blasser" also.

Erfahrung greift auf Erlerntes im Beruf, in der Branche, mit Produkten zurück. Job-Rotation soll dazu beitragen, durch Erfahrungstransfer crossfunktionale Sichtweisen zu ermöglichen. Dazu kann auch der Unternehmenswechsel beitragen. „Kamin-Karrieren" bergen die Gefahr in sich, vorgestern Erfahrenes morgigem Handeln zugrunde zu legen. Wechseln kann „Scheuklappeneffekte" verringern.

Theoretisches Wissen für das Beschaffungshandeln erwirbt man in verschiedenen Disziplinen. Beschaffungsmarketingaufgaben kann man sich von verschiedenen Seiten zuwenden. Je nachdem von welcher Seite man sich nähert, das jeweils Andere muß an Wissen erworben werden. Im Mittelpunkt stehen betriebswirtschaftliche Inhalte im Unternehmenskontext. Aufgrund der hier unterstellten crossfunktionalen Teamsicht hat der Beschaffungsmanager um so größeren Erfolg, je mehr er sich um Wissen über den unmittelbaren Zusammenhang (Management, Marketing, Finanzen) und entferntere Bereiche (Volkswirtschaftslehre, Vertragsrecht, produkt- und produktionstechnische Aspekte) kümmert. Im Falle des Global-, multinational-, international-Sourcing spielen Fremd*sprachenkenntnisse* und das Verständnis für fremde *Kulturen* eine zunehmend wichtige Rolle. Im Rahmen der Karriereplanung gewinnt der Auslandsaufenthalt an Bedeutung. *Computerkenntnisse* seien am Rande erwähnt – sie gelten prinzipiell für jeden Beruf.

(2) Methodenkompetenz

Beginnend mit der empirisch gemachten Feststellung, daß die Methodentoolbox der Beschaffungsmanager eher überschaubar sortiert ist, haben wir in den einzelnen Abschnitten des 4. Kap. jeweils vor dem Hintergrund des methodisch Möglichen einige wichtige Methoden erläutert (prozeßbezogene Methodenfelder). Dort haben wir uns darum bemüht zu zeigen, was welche Methoden bei welchen Teilaspekten leisten können. Wenig gesagt haben wir dagegen zu den personenbezogenen Methodenfeldern. Hingewiesen haben wir auf Eignungsaspekte der Auswahl von *Informationsmethoden* (-quellen). Auch auf Interaktionsstrategien, Interaktionsstile und *Verhandlungstaktiken* sind wir eingegangen. Dort interessierte vor allem, wie Verhandlungen gefördert, Störungen vermieden werden können, wenn unterschiedliche Verhaltensweisen aufeinander prallen. Hier ist es nun wichtig, darauf hinzuweisen, daß es auch möglich ist, zusätzlich zu dem eigenen Stil usw. andere zu erlernen, um ggf. flexibel reagieren zu können.

(3) Sozialkompetenz

Selbst wenn man in einem Umfeld arbeitete, in dem sich alle Beteiligten bemühten, die aufgabenspezifische Sozialkompetenz zu erwerben und sie aktiv zu nutzen, wäre man zwar einen Schritt zur Optimierung des Umgangs miteinander weiter, aber noch nicht auf einer „Insel der Seligen". Hierarchie, Zeitdruck und gesetzte Ziele mögen in vielen Konfliktfällen hilfreich sein, es muß jedoch Mehreres hinzutreten, das wir bereits andeuteten.

Zur Sozialkompetenz gehört zunächst die *Interaktionsfähigkeit* (Informationsübermittlungsfähigkeit, Kommunikationsfähigkeit). Jeder hat in seinem Funktionsbereich Spezifisches gelernt. Da ist er mehr oder minder sicher. Das einem anderen, der Anderes gelernt hat, so verständlich zu machen, daß der – Verstehensbereitschaft vorausgesetzt – diese Aussagen in seine Überlegungen einbezieht, bereitet häufig so große Schwierigkeiten, daß keine Kommunikation zustande kommt. Und wie soll man dann ein crossfunktionales Optimum schaffen? Sozialkompetenz erfordert von allen Beteiligten Interaktionsfähigkeit und –willigkeit.

Einen anderen Akzent setzen wir mit der *Teamfähigkeit*, einem der wichtigsten Schlüssel für den Erfolg der Arbeit im Buying-Selling-Team. Die Kooperationsfähigkeit setzt voraus, den anderen als Partner anzuerkennen, mit dem nur gemeinsam zufriedenstellende Lösungen längerfristig möglich sind. Auf Konflikte haben wir mehrfach hingewiesen; unterschiedliche Ziele, unterschiedliche Bewertungen führen zwangsläufig zu Konflikten. Man muß sie aushalten können und bereit sein, Lösungsmöglichkeiten aus der Perspektive des Gesamtoptimums zu suchen. Dies bereitet insbesondere dann große Probleme, wenn Sprache, Gestus usw. nicht zueinander passen. Wer reagiert wie? Können Menschen, die es binnen kurzem schaffen, andere zu „verprellen", lernen, dies zu vermeiden? Das Bemühen um einen funktionsintegrierenden Bedarfsanforderungspool (s. Abschn. 4.331) sollte ja auch dazu dienen, Konflikte auf sachrationaler Ebene zu lösen, affektive Konflikte zu umgehen. Kritikfähigkeit erfaßt nicht nur die Kritik an anderen, sondern auch gegenüber sich selbst. Wenn es gelingt, Kritik als aufbauend, weiterentwicklungsorientiert zu betrachten, das Lernen in den Vordergrund und die Empfindlichkeit in den Hintergrund treten zu lassen, ist schon manches gewonnen. Wenn man dann auch noch erkennt, wo und wann man selbst oder der andere empfindlich ist, dann kann man Maßnahmen zur Kritikbewältigung ergreifen. Die Führungsfähigkeit in einem Team gilt als besonders schwierige Kunst, wenn das Team mit „Primadonnen" besetzt ist, Menschen, die selbst zu führen gewohnt sind. Führen erfordert, sich führen zu lassen. Der Projektteamleiter muß führen; dies wird ihm um so besser gelingen, je mehr die Geführten den Eindruck des Moderators gewinnen, je mehr sie den gemeinsamen Nutzen erkennen. Ein Team muß weiterhin zur Eigenleistung, zur Mitwirkung motiviert werden. Zum Motivationsvermögen gehört es, eine Atmosphäre schaffen zu können, in der die Mitwirkung am Problemlösungsprozeß intrinsische Freude bereitet. Sicherlich auch in Verbindung mit erlebter Fach- und Methodenkompetenz ist die Überzeugungsfähigkeit zu sehen. Schlüssige Argumentationen, das Gefühl, selbst verstanden und mit seiner Meinung integriert worden zu sein, erleichtert dem Teamleiter die Zustimmung seiner Mitglieder, wie auch der Mitglieder im Kreis. Nicht enden wollende Warum-Fragen (→ Problem der kritischen Rationalität) haben nicht nur mit den Mängeln der anderen, sondern auch damit zu tun, daß die eigene Überzeugungsfähigkeit noch der Verbesserung bedarf.

Und schließlich wird die Sozialkompetenz durch ethisches Verhalten, Sensibilität und Toleranz geprägt (*normenidentisches Verhalten*). Während man einem „Schlitzohr" mißtraut, glaubt man demjenigen eher, der als fair erlebt wurde, denn „wenn zwei das Gleiche sagen, ist es noch immer nicht das Gleiche". Sensible Personen bemerken frühzeitig Stimmungstrübungen und können eher darauf reagieren, um sie zu reduzieren, auszuräumen usw. Wenn es erst einmal zu einem Eklat gekommen ist, erfordert das Heilen einen großen Aufwand. Wünschenswert ist es, zu einem Sachverhalt eine Meinung zu haben, sie zu äußern und zu vertreten. Schwierig wird es, wenn gleiche Sachverhalte unterschiedlich gesehen, unterschiedlich interpretiert werden. Zur Toleranz gehört es, die Meinung des anderen neben der eigenen bestehen zu lassen, ohne sie akzeptieren zu müssen, um dann im Meinungswettbewerb nach einer Lösung aus dem Meinungskonflikt zu suchen.

(4) Selbstkompetenz
Zunächst lassen sich mannigfaltige *Persönlichkeitsmerkmale* nennen, die zur Selbstkompetenz beitragen. Aus dem Strauß der Begriffe Urteilsvermögen, Flexibilität, Entscheidungsfreudigkeit, Verantwortungsbewußtsein, Risikobereitschaft, Belastbarkeit, Ausstrahlungskraft, Konzentrationsvermögen, Organisationsfähigkeit, Mobilitätsbereitschaft wollen wir nur einige herausgreifen. Entscheidungsfreudigkeit auf der einen Seite und Verantwortungsbewußtsein andererseits erleichtern die Teammitwirkung, weil man weniger befürchten muß, daß „Entscheidungsschnellschüsse" getroffen werden. Die charismatische Ausstrahlungskraft steigert die Mitwirkungsmotivation, das Engagement. Die Urteilskraft einer Person, das richtige Erfassen und „Auf-den-Punkt-bringen" der eigenen Meinung vermindert nicht nur die Scheu, auch unliebsame Standpunkte einzubringen, es reduziert auch den Zeitaufwand im Meinungsfindungsprozeß.

Einen weiteren Bereich der Selbstkompetenz bilden *kognitiv-konzeptionelle* Merkmale. Dazu gehören kreatives, visionäres, ganzheitliches Denken und Innovationsfreude, was gerade in den entscheidungssichernden Gefilden der Ökonomie als eher suspekt empfunden wird. Nur wer im Wettlauf der Ideen frühzeitig den Zukunftszipfel erhascht, kann Innovationsrenten im Schumpeterschen Sinne erzielen. Dazu gehört auch die Transferfähigkeit, die mittels lateralem Denken Problem- und Wissensgrenzen überschreitet.

Und schließlich muß die *Entwicklungskompetenz* bedacht werden. Dazu gehört die Fähigkeit zur Introspektion, zur Selbstanalyse. Nur wer eigene Fehler erkennt, kann sich weiterentwickeln; Selbstzufriedenheit führt zur Stagnation. Den nächsten Schritt selbst motiviert zu gehen (intrinsische Motivation), hinterläßt im Regelfall tiefere Spuren, als unter Termin- oder Hierarchiedruck sich in Bewegung zu setzen. Wer, ohne sich zu überschätzen, auf sich selbst vertraut, wagt eher Schritte ins Neuland als der ständig an sich selbst Zweifelnde. Lernfähigkeit, Neugierde und Lernbereitschaft sind ebenfalls wichtige Bausteine, die eigene Entwicklung voranzubringen.

Diese Kompetenzen müssen geschaffen und gestärkt werden. Vielfältige Instrumente stehen dafür zur Verfügung. Darauf können wir hier allerdings nicht mehr eingehen.

Mit dem Hinweis auf die Personalkonsequenzen schließt sich der Kreis eines neuartigen Konzepts des Beschaffungsmarketing, ohne daß es im Nebel des „nice to have" herumwabern müßte.

Abbildungsverzeichnis

Abb. 1.	Beziehungsgefüge eines Unternehmens	1
Abb. 2.	Das Unternehmen im Markt	3
Abb. 3.	Produktkategorien der Beschaffung	4
Abb. 4.	Einkaufsentscheidungen in Deutschland	12
Abb. 5.	Einkaufsentscheidungen in Frankreich	12
Abb. 6.	Einkaufsentscheidungen in Spanien	13
Abb. 7.	Informationsquellen des Einkaufs	13
Abb. 8.	Nutzung von Analysemethoden	14
Abb. 9.	E-Purchasing	14
Abb. 10.	Beschaffung in Low-Cost-Countries	15
Abb. 11.	Erfolgspotentialsteigerungen	15
Abb. 12.	Ausbildungsniveau	16
Abb. 13.	Bestimmungsfaktoren der Beschaffungsmodellbildung	17
Abb. 14.	Das Webster/Wind-Modell	19
Abb. 15.	Einfluß der einzelnen Rollen in den Entscheidungsphasen im Webster/Wind-Modell	20
Abb. 16.	Das Kaufverhaltensmodell von Sheth	21
Abb. 17.	Die Dimensionen der Berufsrollen	22
Abb. 18.	Die Rolle des Verkäufers	23
Abb. 19.	Anspruchsschwerpunkte von Berufsrollen	24
Abb. 20.	Das integrierte Modell von Johnston/Lewin zum organisationalen Beschaffungsverhalten	26
Abb. 21.	Das Interaktionsmodell der IMP-Group	27
Abb. 22.	Alternative Beschaffungsverhaltensweisen	28
Abb. 23.	Der Beschaffer als Agent	28
Abb. 24.	Das Beschaffungsverhalten bestimmende Größen	33
Abb. 25.	Zur Identifikation strategischer Arbeitsfelder I	34
Abb. 26.	Zur Identifikation strategischer Arbeitsfelder II	35
Abb. 27.	Planung, Steuerung und Kontrolle als Führungstätigkeiten in der Unternehmung	37
Abb. 28.	Engpaßorientierte Problemanalyse	38
Abb. 29.	Facetten der Problemanalyse	39
Abb. 30.	Facetten der Problemlösungsphase	40
Abb. 31.	Facetten der Supportphase	41

Abb. 32.	Ein Beschaffungsprozeßmodell	42
Abb. 33.	Der Phasenzusammenhang	43
Abb. 34.	Zur internen Prozeßvernetzung	44
Abb. 35.	Zur externen Prozeßvernetzung	45
Abb. 36.	Kaufklassen	47
Abb. 37.	Eine mögliche Grundform der Entscheidungsmatrix	48
Abb. 38.	Beschaffungsobjekttypen	49
Abb. 39.	Entscheidungsbezogene Produktmerkmale	50
Abb. 40.	Zur Diskriminierung der Beschaffungsobjektmerkmale	52
Abb. 41.	Zuordnung von Beschaffungsobjekten zu Beschaffungsobjektmerkmalen	52
Abb. 42.	Problemtypen für den Methodeneinsatz	56
Abb. 43.	Zur Ableitung von Handlungsempfehlungen für den Methodeneinsatz im Beschaffungsmarketing	57
Abb. 44.	Struktur der Methodenzuordnung im Beschaffungsmarketing	58
Abb. 45.	Das bipolare Beziehungsgefüge zwischen Beschaffer und Lieferer als Bedarfsrealisationsbasis	60
Abb. 46.	Beschaffung als Anreiz-Beitrags-Konzept	62
Abb. 47.	Die Unternehmung als Koalition	66
Abb. 48.	Netzwerktheorie zwischen Markt und Hierarchie	69
Abb. 49.	Zur Charakterisierung von Netzwerken	70
Abb. 50.	Klassen der Informationsasymmetrie	72
Abb. 51.	Theoretische Bezüge von Entscheidungsmerkmalen	75
Abb. 52.	Zum Wandel der Marketingbegriffe	78
Abb. 53.	Charakterisierung des Marketing	79
Abb. 54.	Zur Komplexität der Agentenfunktion	80
Abb. 55.	Beschaffungsmarketing als Teil des Business-Marketing	81
Abb. 56.	Beschaffung im Handel	84
Abb. 57.	Der Beschaffungsprozeß als Teil des Entwicklungsprozesses	85
Abb. 58.	Beispiel einer dimensionalen Umweltsegmentierung	87
Abb. 59.	Beschaffungskonstellation	89
Abb. 60.	Konstellationsauswirkungen	93
Abb. 61.	Auswirkungen von Beschaffungskonstellationen	96
Abb. 62.	Zum Umgang mit Beschaffungskonstellationen	97
Abb. 63.	Merkmalsspezifische Konstellationsauswirkungen	98
Abb. 64.	Methodeneignung in der Konstellationsanalyse	100
Abb. 65.	Zum Zusammenhang zwischen Zielen, Strategien und Maßnahmen	106
Abb. 66.	Ein dreistufiges Zielinhaltesystem	109
Abb. 67.	Einige wichtige Basisziele	110

Abb. 68. Einige Funktionsbereichsziele 112
Abb. 69. Qualitätsaspekte der Beschaffung 115
Abb. 70. Risikoaspekte der Beschaffung 116
Abb. 71. Risikoaspekte der Beschaffung 117
Abb. 72. Flexibilitätsziele 119
Abb. 73. Gemeinwohlorientierte Ziele 120
Abb. 74. Einige Instrumentalziele der Beschaffung 122
Abb. 75. Beschaffungsstrategien 124
Abb. 76. Eine Auswahlmatrix 131
Abb. 77. Funktionsbereichsziele determinieren Produktziele 133
Abb. 78. Zur situationsabhängigen Auswahl von Beschaffungsstrategien 134
Abb. 79. Funktionsbereichsziele determinieren Beschaffungsstrategien 135
Abb. 80. Zusammenhang zwischen Produktabsatz- und -beschaffungszielen 137
Abb. 81. Zur dominanten Strategie "simultaneous engineering“ und einigen akzessorischen Strategien passende beschaffungspolitische Maßnahmen 140
Abb. 82. Unternehmenspotentiale 143
Abb. 83. Ein möglicher Potentialanalyseprozeß 144
Abb. 84. Methoden in der Potentialanalyse 146
Abb. 85. Eine mehrstufige Checkliste 147
Abb. 86. Ein Scoring-Modell 148
Abb. 87. Ein mögliches Potentialprofil als Polaritätsprofil 149
Abb. 88. Ein mögliches Polarprofil 150
Abb. 89. Potentialabhängigkeiten 150
Abb. 90. Normprofil „Spezialprodukt“ 151
Abb. 91. Ist-Profil „Spezialprodukt“ 152
Abb. 92. Beschaffung als Input-Outputprozeß 154
Abb. 93. Kernfrage der Bedarfsermittlung 154
Abb. 94. Das bipolare Beziehungsgefüge zwischen Beschaffer und Lieferer als Bedarfsrealisationsbasis 155
Abb. 95. Bedarfsmanagement als Agententätigkeit 156
Abb. 96. Funktionenkonflikte 157
Abb. 97. Bedarfsanforderungsgewinnungsprozeß 159
Abb. 98. Gruppierung der Bedarfsanforderungen 160
Abb. 99. Bedarfsanforderungen 169
Abb. 100. Fenster- und Heilungsfragen 173
Abb. 101. Von Bedingungen abhängig hierarchisierte Bedarfsanforderungen 176

Abb. 102. Das bipolare Beziehungsgefüge zwischen Beschaffer und Lieferer als Bedarfsrealisationsbasis 177
Abb. 103. Beschafferleistungen 179
Abb. 104. Der situative Einfluß auf die Wahl von Beschafferleistungen 181
Abb. 105. Methoden in der Bedarfsanalyse 182
Abb. 106. ABC-Analyse 183
Abb. 107. Materialarten nach Leistungsbedeutsamkeit klassifiziert... 184
Abb. 108. XYZ/ABC-Analyse 184
Abb. 109. Konsequenzen der XYZ/ABC-Analyse 185
Abb. 110. Kosten-Leistungsmatrix 186
Abb. 111. Wertanalyseschritte 187
Abb. 112. Kreativitätstechniken 188
Abb. 113. Methoden der Bedarfsmengenbestimmung 189
Abb. 114. Analytische Stücklistenauflösung 190
Abb. 115. Zeit und Bestellmenge 191
Abb. 116. Ein Bestellrhythmusverfahren 192
Abb. 117. Zum Verfahren der Einkaufskostenanalyse 194
Abb. 118. Gründe für Eigenfertigung/Fremdbezug 199
Abb. 119. Zahlabhängige Marktformen 205
Abb. 120. Marktseitenverhältnisse nach Theisen 206
Abb. 121. Produkte-Märkte-Matrix 207
Abb. 122. Kriterien der Marktanalyse 209
Abb. 123. Ein Modell zur Beschaffungsmarktwahl 210
Abb. 124. Kriterien der Marktauswahl 213
Abb. 125. Machtaspekte auf Märkten 215
Abb. 126. Der Länderauswahlprozeß 216
Abb. 127. Systematisierung von Länderrisiko-Beurteilungskonzepten 217
Abb. 128. Konzepte zur Beurteilung von Landesrisiken 218
Abb. 129. Kriterien des BERI-Index 219
Abb. 130. Unternehmensindividuelles Scoring-Modell 220
Abb. 131. Marktrisikoprofil 221
Abb. 132. Zur Situationsabhängigkeit der Märktemerkmale 222
Abb. 133. Bewertungskriterien für Machtaspekte 223
Abb. 134. Abgrenzung der Unternehmenstypen 224
Abb. 135. Modell für Global Sourcing 225
Abb. 136. Suchraum der Aufgabenverteilung 226
Abb. 137. Einflußgrößen im Global Sourcing 228
Abb. 138. Vorteils-/Nachteilsaspekte des Global Sourcing 229
Abb. 139. Methoden in der Marktanalyse 231
Abb. 140. Märktematrix nach Leistungen und Kosten 232

Abb. 141. Marktanforderungspolarität 233
Abb. 142. Marktanforderungsprofil „Billigprodukt“ & „Spitzenprodukt" 233
Abb. 143. Ein Trichtermodell für die Lieferantenauswahl 235
Abb. 144. Struktur eines Selbstauskunftsfragebogens 238
Abb. 145. Lieferanteneingrenzung durch Selbstauskunft 241
Abb. 146. Lieferantenpositionierungswürfel 243
Abb. 147. Merkmalsspezifische Lieferantenleistungen 244
Abb. 148. Merkmalsspezifische Marktleistungen 245
Abb. 149. Lieferantenanforderungen bei einem Spitzenprodukt 246
Abb. 150. Zur dynamischen Lieferantenauswahl 247
Abb. 151. Liefererforderungen im Anreiz-Beitrags-Kontext 249
Abb. 152. Anforderungen des Lieferanten 250
Abb. 153. Zur Auswahl der Lieferantenanforderungen 251
Abb. 154. Kosten-Leistungs-Matrix 253
Abb. 155. Komplexität-Ergebniswirkungs-Matrix 254
Abb. 156. Kosten-Lieferantenalternativen-Matrix 254
Abb. 157. Der Beschaffer als Agent 255
Abb. 158. Grundpositionen des Beziehungsmarketing 256
Abb. 159. Zielaspekte 257
Abb. 160. Beziehungsatmosphäre 258
Abb. 161. Zur Pflege von Geschäftsbeziehungen 258
Abb. 162. Beziehungsschwerpunkte 259
Abb. 163. Beschwerdeinformationen 260
Abb. 164. Methoden der Lieferantenanalyse 261
Abb. 165. Quantitative und qualitative Lieferantenbewertungsverfahren 262
Abb. 166. Polaritätenmodell zur Lieferantenbewertung 263
Abb. 167. Scoring-Modell der Lieferantenbewertung 264
Abb. 168. Lieferantenbewertung durch Fuzzy Logic 266
Abb. 169. Berechnung der Lieferantenkennzahl 267
Abb. 170. Der Matrix-Approach zur Lieferantenbewertung 268
Abb. 171. Arbeitsschritte der Nutzwertanalyse zur Lieferantenbewertung 270
Abb. 172. Ansatzpunkte für die Schaffung von Beschaffungsmarketinginstrumenten 273
Abb. 173. Analogien zwischen Absatz- und Beschaffungsinstrumenten 274
Abb. 174. Von den Absatz- zu den Beschaffungsinstrumenten 275
Abb. 175. Produktpolitische Instrumentalvariablen und Variablenausprägungen 276

Abb. 176. Servicepolitische Instrumentalvariablen und Variablenausprägungen 282
Abb. 177. Bezugspolitische Instrumentalvariablen und Variablenausprägungen 286
Abb. 178. Berechnung der optimalen Bestellmenge 287
Abb. 179. Entgeltpolitische Instrumentalvariablen und Variablenausprägungen 293
Abb. 180. Kommunikationspolitische Instrumentalvariablen und Variablenausprägungen 297
Abb. 181. Strategiebezogene Instrumentalmixe 301
Abb. 182. Zur Struktur der Mixentscheidungen 304
Abb. 183. Zur Kombination der Beschaffungsinstrumente 305
Abb. 184. Hierarchisierung der produktpolitischen Variablenausprägungen 306
Abb. 185. Hierarchisierung der servicepolitischen Variablenausprägungen 308
Abb. 186. Hierarchisierung der bezugspolitischen Variablenausprägung 309
Abb. 187. Hierarchisierung der entgeltpolitischen Variablenausprägungen 310
Abb. 188. Hierarchisierung der kommunikationspolitischen Variablenausprägungen 311
Abb. 189. Zu Gruppen hierarchisierte Variablenausprägungen für das Merkmal Spitzenprodukt 313
Abb. 190. Zur Operationalisierung der Macht I 315
Abb. 191. Zur Operationalisierung der Macht II 316
Abb. 192. Geschäftsbeziehungsportfolio 322
Abb. 193. Beispielhafte Zuordnung von Beschaffungsobjekten zu Strategien 323
Abb. 194. Verhandlungsstrategien und Beziehungstypen 324
Abb. 195. Beziehungstypen und Beschaffungsobjekttypen 325
Abb. 196. Vorbereitungsüberlegungen in Abhängigkeit vom Geschäftsbeziehungstyp 326
Abb. 197. Mögliche Anpassungen der Verhandlungsstrategie 328
Abb. 198. Verhandlungsstilanpassungen 328
Abb. 199. Zusammenfassung des Verhandlungsprozesses 331
Abb. 200. Entsorgung im Kreislaufprozeß 336
Abb. 201. Teilbereiche des Abfallmanagements 337
Abb. 202. Methoden externer Informationsgewinnung I 339
Abb. 203. Inputprozesse als Ausgangspunkt der Beschaffungsmarktforschung 339
Abb. 204. Zum Feld der Beschaffungsmarktforschung 341

Abb. 205. Kosten und Leistungsmatrix ... 345
Abb. 206. Abhängigkeiten der Beschaffungsbedeutsamkeit von Beschaffungsbedingungen ... 346
Abb. 207. Beschaffungsinformationsfelder ... 347
Abb. 208. Lieferantenleistungsinformationen ... 348
Abb. 209. Informationen über Anforderungen des Lieferanten ... 349
Abb. 210. Lieferantenpotentialanalyse ... 350
Abb. 211. Zur Identifikation von Beschafferkonkurrenten ... 351
Abb. 212. Eine Verwendungsbereichsbilanz ... 352
Abb. 213. Märkteinformationen ... 353
Abb. 214. Zur Auswahl der Leistungsinformationen ... 355
Abb. 215. Zur Auswahl der Anforderungsinformationen ... 356
Abb. 216. Zur Auswahl der Märkteinformationen ... 357
Abb. 217. Methoden externer Informationsgewinnung ... 358
Abb. 218. Informationsquellen der Beschaffungsmarktforschung ... 359
Abb. 219. Informationsquellen für Leistungsinformationen ... 360
Abb. 220. Informationsquellen für Anforderungsinformationen ... 362
Abb. 221. Informationsquellen für Märkteinformationen ... 363
Abb. 222. Zur Quelleneignung ... 365
Abb. 223. Datenverarbeitungsmöglichkeiten ... 366
Abb. 224. Möglichkeiten der Informationsdarstellung ... 367
Abb. 225. Stadien der Früherkennung ... 369
Abb. 226. Merkmale der Früherkennungsgeneration ... 370
Abb. 227. Frühindikatoren zu Veränderung der Leistungsfähigkeit aktueller Lieferanten ... 371
Abb. 228. Informationsmanagement der Früherkennung ... 372
Abb. 229. Zur Abgrenzung von Scanning und Monitoring ... 373
Abb. 230. Informationsquellen der Früherkennung ... 374
Abb. 231. Beispiele für Informationsquellen der Früherkennung ... 375
Abb. 232. Einige Prognosemethoden ... 376
Abb. 233. Abgrenzung von Kontrolle und Revision ... 378
Abb. 234. Stufen des Kontrollprozesses ... 380
Abb. 235. Charakterisierung von Skalierungsarten ... 382
Abb. 236. Arten von Kennzahlen ... 383
Abb. 237. Beziehungen zwischen den Kontrollmethoden ... 384
Abb. 238. Bedarfsbezogene Kontrollkennzahlen ... 385
Abb. 239. Beispielhafte Kontrollkennzahlen ... 386
Abb. 240. Funktionszielbezogene Kennzahlen I ... 387
Abb. 241. Funktionszielbezogene Kennzahlen II ... 388
Abb. 242. Funktionszielbezogene Kennzahlen III ... 389
Abb. 243. Instrumentalzielbezogene Kennzahlen ... 390
Abb. 244. Benchmarkingtypen nach Vergleichmaßstab ... 391

Abb. 245. Phasenmodell für das Benchmarking in der Beschaffung. 392
Abb. 246. Benchmarkingkennzahlen der Bedarfsanalyse 393
Abb. 247. Vernetzungsmatrix und Systemgrid zur Entwicklung eines Benchmarkingkennzahlensystems 394
Abb. 248. Vernetzungsmatrix und Systemgrid der Bedarfsanalyse.... 396
Abb. 249. Auswahlprofil zur Identifizierung eines Benchmarkingpartners 397
Abb. 250. Gap-Analyse 397
Abb. 251. Sollgrößen in der Bedarfsanalyse 398
Abb. 252. Analysefeldausprägungen der Bedarfsanalyse 399
Abb. 253. Interdependenzen zwischen Benchmarkingkennzahlen und Analysefeldern der Bedarfsanalyse 400
Abb. 254. Interdependenzen zwischen Benchmarkingzielgrößen und Benchmarkingkennzahlen 400
Abb. 255. Ansätze im Risikomanagement 404
Abb. 256. Der Risikomanagementprozeß in der Beschaffung 405
Abb. 257. Risikoidentifikation 406
Abb. 258. Relevante Analysefelder 407
Abb. 259. Risikowirkungen 408
Abb. 260. Methoden der Risikoidentifikation 409
Abb. 261. Methodeneignung der Risikoidentifikation entsprechend den Phasen des Beschafferprozesses 410
Abb. 262. Methodeneignungsprüfung 411
Abb. 263. Phasengeeignete Maßnahmenbündel 413
Abb. 264. Verknüpfung von Risikomanagementstrategien und Auswahlmethoden 413
Abb. 265. Eignungsschätzung und Bewertungsmethoden 414
Abb. 266. Aspekte der Risikomanagementkontrolle 415
Abb. 267. Funktionale Organisation 418

Anhang

Bedarfsanforderung: Gestaltungsmittelakzeptanz	
Fensterfragen	Heilungsfragen
1. Verfügen die Mitarbeiter des Lieferanten in den Bereichen Entwicklung, Konstruktion, Qualitätssicherung und Vertrieb über den von uns geforderten Basiskenntnisstand?	1. Ist der Lieferant i. d. L., in für uns angemessener Zeit in den genannten Bereichen qualifiziertes Personal zu beschaffen?
	1. Ist der Lieferant i. d. L. in angemessener Zeit seinen Mitarbeitern den von uns geforderten Kenntnisstand durch externe oder interne Schulung zu vermitteln?
2. Nehmen die Mitarbeiter des Lieferanten an bereichsspezifischen Weiterbildungsmaßnahmen teil?	2. Ist der Lieferant i. d. L., mit unserer Hilfe ein internes Weiterbildungssystem einzurichten?
	2. Ist der Lieferant i. d. L., auf Dienste externer Anbieter von Weiterbildungsmaßnahmen zurückzugreifen?
3. Hat der Lieferant nachweisbare Erfahrungen oder besteht Bereitschaft in projektteamorientierter Bearbeitung von Kundenanforderungen?	3. Ist der Lieferant i. d. L., mit unserer Hilfe in angemessener Zeit einen Arbeitskreis "Projektteamorientierte Bearbeitung von Kundenanforderungen" aufzubauen, um seinen Mitarbeitern dieses Wissen durch externe Berater zukommen zu lassen?

Bedarfsanforderung: Gestaltungsleistungsakzeptanz	
Fensterfragen	Heilungsfragen
1. Verfügen die Mitarbeiter des Lieferanten über genügend Erfahrung und Kreativität, um eigene Lösungen zur Erreichung der Leistungsvorgaben zu entwickeln?	1. Ist der Lieferant i. d. L., in für uns angemessener Zeit in den genannten Bereichen qualifiziertes Personal zu beschaffen?

Bedarfsanforderung: Gestaltungsleistungsakzeptanz	
Fensterfragen	Heilungsfragen
	1. Ist der Lieferant i. d. L., in angemessener Zeit seinen Mitarbeitern den von uns geforderten Kenntnisstand durch externe oder interne Schulung zu vermitteln?
	1. Ist der Lieferant i. d. L., mit unserer Hilfe ein internes Weiterbildungssystem einzurichten?
	1. Ist der Lieferant i. d. L., auf Dienste externer Anbieter von Weiterbildungsmaßnahmen zurückzugreifen?
	1. Ist der Lieferant i. d. L., mit unserer Hilfe in angemessener Zeit einen Arbeitskreis "Projektteamorientierte Bearbeitung von Kundenanforderungen" aufzubauen, um seinen Mitarbeitern dieses Wissen durch externe Berater zukommen zu lassen?

Bedarfsanforderung: Gestaltungsmittelveränderbarkeit	
Fensterfragen	Heilungsfragen
1. Verfügt der Lieferant über geeignete Personal und maschinelle Voraussetzungen, um gewünschte Gestaltungsmitteländerungen durchzuführen?	1. Ist der Lieferant i. d. L., durch Zukauf neuer Maschinen sowie Weiterbildungsmaßnahmen seiner Mitarbeiter die notwendigen Voraussetzungen für uns bereitzustellen?
	1. Ist der Lieferant i. d. L., sich die Personalien sowie maschinellen Voraussetzungen extern zu erwerben (z. B. Maschinen-/ Mitarbeiterleasing)?
2. Verfügt der Lieferant über ein breites, für uns relevantes Produktsortiment mit ggf. modalem Aufbau?	2. Ist der Lieferant i. d. L., in angemessener Zeit ein breites, für uns relevantes Produktsortiment mit ggf. modalem Aufbau zu realisieren?

Bedarfsanforderung: Gestaltungsmittelveränderbarkeit	
Fensterfragen	Heilungsfragen
3. Verfügt der Lieferant über ein schnelles Zeichnungsänderungswesen mit entsprechender Dokumentation und Umsetzung?	3. Ist der Lieferant i. d. L., ein entsprechendes Zeichnungsänderungswesen in angemessener Zeit zu implementieren?
4. Reagiert der Lieferant schnell auf technische Änderungen und informiert er frühzeitig/ selbständig über zu erwartende Stück- und Werkzeugkosten?	4. Ist der Lieferant i. d. L., seine Reaktionsgeschwindigkeit auf technische Änderungswünsche unsererseits zu erhöhen (z. B. durch organisationale Umstrukturierung, Verbesserung der Datenübertragung usw.)?
	4. Ist der Lieferant i. d. L., seine Kalkulationsmethoden zu verbessern, um uns über Stück- und Werkzeugkosten schnellstmöglich zu informieren?
5. Ist der Lieferant in der Lage, Baugruppen zu Designer und bis zur Serienreife zu betreuen?	5. Ist der Lieferant i. d. L., entsprechende Designkapazitäten in angemessener Zeit bereitzustellen?
	5. Ist der Lieferant i. d. L., das Design von Baugruppen durch die Inanspruchnahme externer Designbüros zu gewährleisten?

Bedarfsanforderung: Leistungsveränderbarkeit	
Fensterfragen	Heilungsfragen
1. Verfügen die Mitarbeiter des Lieferanten über genügend Kreativität und Erfahrung, um eigene Leistungen zur Erziehung veränderter Wirkungen zu gewährleisten?	1. Ist der Lieferant i. d. L., durch Einstellung besser qualifizierter Mitarbeiter die Veränderbarkeit zu sichern?
	1. Ist der Lieferant i. d. L., durch anspruchsvolle Weiterbildungsmaßnahmen die Veränderbarkeit zu sichern?

Bedarfsanforderung: Langlebigkeit	
Fensterfragen	Heilungsfragen
1. Gewährleisten verwendete Materialien und Fertigungsprozesse eine Produktlanglebigkeit?	1. Können die verwendeten Materialien in angemessener Zeit durch solche ersetzt werden, die eine Produktlanglebigkeit gewährleisten?
1. Gibt es über die herzustellenden/zu liefernden Produkte Referenzen? Wenn ja, welche?	1. Kann der Lieferant auf Fertigungsprozesse umrüsten, die eine Produktlanglebigkeit gewährleisten?
	2. Besteht intern die Möglichkeit, die Langlebigkeit zu beurteilen (Tests, Überprüfung der Materialspezifikationen)?

Bedarfsanforderung: Leistungskonstanz	
Fensterfragen	Heilungsfragen
1. Sind die Fragestellungen des Qualitätsaudits (firmenspezifisch) positiv beantwortet?	1. Ist der Lieferant i. d. L., in für uns angemessener Zeit ein leistungsadäquates Qualitätssicherungswesen einzurichten?
2. Führt der Lieferant Total Quality Management in eigener Verantwortung durch?	2. Ist der Lieferant i. d. L., einen Arbeitskreis "QM" einzurichten, um Seinen Mitarbeitern das geforderte Wissen durch externe Berater zukommen zu lassen?
3. Sagt der Lieferant zu, Änderungen des BO nur mit unserer Zustimmung durchzuführen und übermittelt uns der Lieferant hierzu eine Abschrift mit dem Einsatzdatum und der Erstauslieferung?	
4. Übermittelt der Lieferant uns seine internen FMEA-Studien?	4. Entwickelt der Lieferant Maßnahmen, die analog den FMEA-Ergebnissen seine Leistungsfähigkeit dokumentieren und ist er bereit, uns darüber zu informieren?

Bedarfsanforderung: Einsatzvariabilität	
Fensterfragen	Heilungsfragen
1. Kann das jeweilige Beschaffungsobjekt in weiteren Beschaffer-Produkten eingesetzt werden? Wenn ja, in welchen?	1. Kann der Lieferant zu wirtschaftlich vertretbaren Bedingungen das BO so umgestalten, daß es in weiteren Beschaffer-Produkten eingesetzt werden kann?

Bedarfsanforderung: Leistungssichtbarkeit	
Fensterfragen	Heilungsfragen
1. Ist der Lieferant kontinuierlich in der Lage, die geforderte optische Qualität zu realisieren?	1. Ist der Lieferant i. d. L., die von uns geforderte optische Qualität kontinuierlich in für uns angemessener Zeit zu realisieren?

Bedarfsanforderung: hoher Technologiestand	
Fensterfragen	Heilungsfragen
1. Sind die jetzt bzw. zukünftig notwendigen technischen Hilfsmittel (z. B. CAD-, CAM-Systeme, Laboreinrichtungen) verfügbar?	1. Kann der Lieferant die für uns notwendigen technischen Hilfsmittel in angemessener Zeit zur Verfügung stellen? (Kauf oder Leasing)
2. Sind die notwendigen Produktions- (interne Logistik) und externen Logistikeinrichtungen vorhanden?	2. Ist der Lieferant i. d. L., die für uns notwendige interne und externe Logistik in angemessener Zeit zu implementieren?
	2. Ist der Lieferant i. d. L., seinen Mitarbeitern das hierfür notwendige Wissen durch externe Berater zukommen zu lassen?
3. Besitzt der Lieferant ein EDV-gestütztes PPS-System?	3. Ist der Lieferant i. d. L., ein EDV-gestütztes PPS-System in für uns angemessener Zeit einzusetzen?
4. Befinden sich die Produkte des Lieferanten auf hohem technischen Niveau?	4. Ist der Lieferant i. d. L., die von uns geforderten Produkte auf hohem technischen Niveau in für uns angemessener Zeit zu entwickeln?
5. Verfügt der Lieferant über innovative Fertigungstechniken?	5. Ist der Lieferant i. d. L., innovative Fertigungstechniken in für uns angemessener Zeit zu realisieren?

Bedarfsanforderung: hoher Technologiestand	
Fensterfragen	Heilungsfragen
6. Ist das Unternehmen nach modernen Fertigungsgesichtspunkten aufgebaut und eingerichtet?	6. Ist der Lieferant i. d. L., seine Produktion in für uns angemessener Zeit nach modernen Fertigungsgesichtspunkten aufzubauen und einzurichten?
7. Ist der Lieferant in der Lage, alle notwendigen technischen Erfordernisse für Langzeitverträge zu erfüllen?	7. Ist der Lieferant i. d. L., alle notwendigen technischen Erfordernisse für Langzeitverträge in für uns angemessener Zeit zu realisieren?

Bedarfsanforderung: Werkzeugherstellungsfähigkeit	
Fensterfragen	Heilungsfragen
1. Verfügt der Lieferant über ein planmäßiges Werkzeugbau-instandhaltungskonzept?	1. Ist der Lieferant i. d. L., ein Werkzeugbauinstandhaltungskonzept aufzubauen?
2. Besteht die Möglichkeit, die Betriebsmittelkonstruktion für unsere BO termingerecht durchzuführen?	2. Ist der Lieferant i. d. L., seine Betriebsmittelkonstruktion in angemessener Zeit so umzustrukturieren (intern/extern), daß Betriebsmittel für unsere BO termingerecht erstellt werden können?
3. Entspricht die Leistungsfähigkeit der Maschinen den gestellten Anforderungen zur Herstellung der Werkzeuge?	3. Ist der Lieferant i. d. L., in Maschinen zu investieren, die unseren Anforderungen zur Herstellung der Werkzeuge genügen?
	3. Besteht Bereitschaft beim Lieferanten, die notwendigen Werkzeuge bei Dritten zu erwerben?
	3. Ist der Lieferant i. d. L., seinen Mitarbeitern durch externe oder interne Weiterbildung das geforderte Qualifikationsniveau zukommen zu lassen?
4. Entspricht die Qualifikation der Mitarbeiter in Betriebsmittelbau und -konstruktion unseren Anforderungen?	4. Ist der Lieferant i. d. L., Mitarbeiter mit dem geforderten Wissen einzustellen also extern zu beschaffen (Mitarbeiterleasing)?

Bedarfsanforderung: Werkzeug- und Materialbeistellungsakzeptanz	
Fensterfragen	Heilungsfragen
1. Sind unsere Werkzeugkosten niedriger als die des Lieferanten?	1. Wollen wir in die kostengünstiger Werkzeugherstellung investieren?
2. Sind unsere Werkzeuge präziser und haltbarer als die des Lieferanten?	2. Wollen wir eine bessere Werkzeugherstellung ermöglichen?
3. Sind unsere Materialkosten günstiger als die des Lieferanten?	3. Ist die gemeinsame Materialversorgung kostengünstiger?

Bedarfsanforderung: kurze Entwicklungszeit	
Fensterfragen	Heilungsfragen
1. Reicht die freie Kapazität des Lieferanten aus, um unsere Entwicklungswünsche (Termin, Leistung, Muster, O-Serien) zu realisieren?	1. Ist der Lieferant i. d. L., in für uns angemessener Zeit Kapazitäten aufzubauen bzw. extern zuzulaufen, um unseren Entwicklungswünschen gerecht zu werden?
2. Verfügt der Lieferant über einen eigenen Muster-/Prototypenbau?	2. Ist der Lieferant i. d. L., in für uns angemessener Zeit einen Muster-/ Prototypenbau aufzubauen? 2. Ist der Lieferant i. d. L., einen Muster- /Prototypenbau extern zu erwerben?
3. Praktiziert die Organisation des Lieferanten bereits "simultaneous engineering"?	3. Ist der Lieferant i. d. L., "simultaneous engineering" einzuführen und seinen Mitarbeitern durch interne oder externe Schulung den notwendigen Wissensstand zu vermitteln?

Bedarfsanforderung: kurze Produktionszeit	
Fensterfragen	Heilungsfragen
1. Entspricht die Durchlaufzeit beim Lieferanten unseren Anforderungen?	1. Ist der Lieferant i. d. L., unsere Durchlaufzeitforderungen in für uns angemessener Zeit zu realisieren?
2. Ist der Lieferant in der Lage, die von uns gewünschten Mengensteigerungen/Mengenreduktionen in der erforderlichen Zeit zu realisieren?	2. Ist der Lieferant i. d. L., Maßnahmen zu ergreifen, um von uns gewünschte Mengensteigerungen in für uns angemessener Zeit zu realisieren?

Bedarfsanforderung: kurze Lieferzeit	
Fensterfragen	Heilungsfragen
1. Besitzt der Lieferant bei unflexibler Produktion ein Pufferlager/eine strategische Reserve?	1. Ist der Lieferant i. d. L., für uns in angemessener Zeit eine strategische Reserve einzurichten?
2. Können durch geeignete Transportmaßnahmen seitens des Lieferanten kurze Transportzeiten sichergestellt werden? (Kombiverkehr, Selbstabholung, Gleisanschluß)	2. Kann der Lieferant in für uns angemessener Zeit geeignete Transportmaßnahmen entwickeln (intern/ extern), um kurze Lieferzeiten sicherzustellen?
3. Verfügt der Lieferant über nahe Produktionsstätten/ Lager zur Sicherstellung kurzer Transportzeiten?	3. Ist der Lieferant i. d. L., durch Einrichtung naher Produktionsstätten/ Läger kurze Lieferzeiten sicherzustellen?
4. Paßt sich der Lieferant bei Bedarf an unsere Regelkreise an?	4. Ist der Lieferant i. d. L., Maßnahmen zu ergreifen, um sich unseren Regelkreisen anzupassen?
5. Verfügt der Lieferant über ein adäquates Auftragsabwicklungssystem, um kurze Lieferzeit sicherzustellen?	5. Ist der Lieferant i. d. L., Maßnahmen zu ergreifen, um zukünftig zugesagte Termine einzuhalten?
6. Hält der Lieferant zugesagte Termine exakt ein?	

Bedarfsanforderung: Bereitstellungszeitpunkteinhaltung	
Fensterfragen	Heilungsfragen
1. Ist der Lieferant durch exakte Produktionsplanung imstande, den zugesagten Bereitstellungszeitpunkt einzuhalten?	1. Ist der Lieferant i. d. L., sein Produktionsplanungssytem unserem Bestellrhythmusverfahren anzupassen?
	1. Ist der Lieferant i. d. L., eine strategische Reserve einzurichten?
2. Ist die Einhaltung des Bereitstellungszeitpunktes durch Lagerentnahme möglich?	

Bedarfsanforderung: Lieferzeitpunkteinhaltung	
Fensterfragen	Heilungsfragen
1. Verfügt der Lieferant über ein termingenaues Distributionslogistiksystem?	1. Ist der Lieferant i. d. L., in der Nähe unserer Verbrauchsstätte eine eigene Produktionsstätte zu errichten? 1. Ist der Lieferant i. d. L., seine Distributionslogistik einem erfahrenen Logistiker zu übertragen?
2. Hält der Lieferant die vereinbarten Termine ein?	

Bedarfsanforderung: flexible Termingestaltung	
Fensterfragen	Heilungsfragen
1. Ist der Lieferant in der Lage, unser Bestellrhythmusverfahren zu erfüllen?	1. Ist der Lieferant i. d. L., in für uns angemessener Zeit Maßnahmen zu ergreifen, um unser Bestellrhythmusverfahren zu erfüllen?

Bedarfsanforderung: Lagerzugänglichkeit	
Fensterfragen	Heilungsfragen
1. Besteht für mich oder für von mir beauftragte Dritte die Möglichkeit, innerhalb und außerhalb der Geschäftszeit des Lieferanten BOs aus dem Lager des Lieferanten zu entnehmen?	1. Ist der Lieferant i. d. L., uns zukünftig Zutritt zu seinem Lager auch außerhalb der Geschäftszeit zu gewähren?
2. Ist der Lieferant i. d. L., mit uns einen Konsignationsvertrag abzuschließen?	

Bedarfsanforderung: Transportmittelanbindung	
Fensterfragen	Heilungsfragen
1. Entsprechen die Verladeeinrichtungen unseren Ansprüchen der Selbstabholung? (Container-Stellplätze etc.)	1. Ist der Lieferant i. d. L., seine Verladeeinrichtungen unseren Ansprüchen entsprechend umzugestalten?

Bedarfsanforderung: Transportmittelanbindung	
Fensterfragen	Heilungsfragen
2. Entsprechen die Transportwegeanbindungen unseren Ansprüchen? (Gleisanschluß, Autobahnanbindung)	2. Besteht in absehbarer Zeit die Möglichkeit, daß sich Transportwegeanbindungen verbessern?
3. Besteht die Möglichkeit, im Austauschverfahren gleichartige Transportbehältnisse zu übernehmen?	3. Ist der Lieferant i. d. L., entsprechende Maßnahmen zu ergreifen, um einen Austausch von gleichartigen Transportbehältnissen zu realisieren?

Bedarfsanforderung: Lieferortakzeptanz	
Fensterfragen	Heilungsfragen
1. Kann und will der Lieferant an unsere Produktionsstätte liefern?	
2. Ist der Lieferant in der Lage, variierende Lieferortbestimmungen einzuhalten?	
3. Verfügt der Lieferant über ein geeignetes Transportlogistiksystem?	3. Ist der Lieferant i. d. L., ein unseren Ansprüchen entsprechendes Transportlogistiksystem in für uns angemessener Zeit aufzubauen?

Bedarfsanforderung: Lieferzuverlässigkeit	
Fensterfragen	Heilungsfragen
1. Gewährleistet der Lieferant hohe Versorgungssicherheit bezüglich Lieferqualität (Referenzen)?	1. Ist der Lieferant i. d. L., Maßnahmen zu ergreifen (Pufferlager), um die Versorgungssicherheit bezüglich der Lieferqualität in für uns angemessener Zeit sicherzustellen?
2. Hält sich der Lieferant auch während des Entwicklungsprozesses an seine Terminzusagen bezüglich des BO?	2. Ist der Lieferant i. d. L., seine Entwicklungsabteilung in für uns angemessener Zeit so umzustrukturieren, daß er Terminzusagen einhalten kann?
	2. Ist der Lieferant i. d. L., ein Entwicklungsbüro zu beauftragen, um seine Terminzusagen einzuhalten?

Bedarfsanforderung: Lieferzuverlässigkeit	
Fensterfragen	Heilungsfragen
3. Ist der Lieferant in der Lage, das BO an unterschiedlichen Standorten (Inland/Ausland) zu produzieren?	3. Ist der Lieferant i. d. L., in für uns angemessener Zeit unterschiedliche Standorte aufzubauen?
4. Benennt der Lieferant konkrete und geeignete Maßnahmen, um eine Verschiebung des Serienanlaufs zu verhindern?	4. Ist der Lieferant i. d. L., konkrete Vorschläge in für uns angemessener Zeit zu entwickeln und/oder unsere Vorschläge entsprechend umzusetzen, um eine Verschiebung des Serienanlaufs zu verhindern?

Bedarfsanforderung: Verpackungs- und Transportschutz	
Fensterfragen	Heilungsfragen
1. Kann der Lieferant den notwendigen Verpackungs- und Transportschutz sicherstellen?	1. Ist der Lieferant i. d. L., den für uns notwendigen Verpackungs- und Transportschutz in für uns angemessener Zeit zu entwickeln?
2. Verwendet der Lieferant flexible Verpackungseinheiten (Volumenaspekt bei Leergut)?	2. Ist der Lieferant i. d. L., flexible Verpackungseinheiten zu verwenden?

Bedarfsanforderung: Verarbeitungsgerechte Anlieferung	
Fensterfragen	Heilungsfragen
1. Kann das Produkt unmittelbar in seiner Transportverpackung (kein Umpacken, kein Einfetten, Auspacken etc.) in unseren Fertigungsprozeß eingebracht werden?	1. Ist der Lieferant i. d. L., seine Transportverpackung in angemessener Zeit so zu modifizieren, daß das BO unmittelbar in den Fertigungsprozeß eingebracht werden kann?
2. Liefert der Lieferant auch bei wechselnden Losgrößen das BO verarbeitungsgerecht an?	2. Ist der Lieferant i. d. L., durch geeignete Maßnahmen in für uns angemessener Zeit eine Verarbeitungsgerechte Beisetzung des BO auch bei wechselnden Losgrößen zu realisieren?

Bedarfsanforderung: Vorrangbelieferung	
Fensterfragen	Heilungsfragen
1. Sichert uns der Lieferant vorrangige Belieferung zu akzeptablen Bedingungen im Krisenfall zu?	1. Kann ein Zweitlieferant gegebenenfalls ausfallende Mengen in für uns angemessener Zeit zur Verfügung stellen?
	1. Kann das BO in kurzer Zeit substituiert werden?

Bedarfsanforderung: Exklusivbelieferung	
Fensterfragen	Heilungsfragen
1. Verpflichtet sich der Lieferant, das BO ausschließlich an uns zu liefern?	1. Ist der Lieferant i. d. L., die Lieferung dieses BO nur außerhalb unserer Branche zuzusichern?
2. Sichert uns der Lieferant für Verbesserungen/Modifikationen des BO ebenfalls Exklusivität zu?	2. Reicht eine Teilexklusivität für uns aus und ist der Lieferant i. d. L., diese vertraglich zuzusichern?
3. Entspricht der zugesicherte Zeitraum der Exklusivität unseren Erwartungen?	3. Wird diese Teilexklusivität auch für Verbesserungen/Modifikationen des BO zugesichert?
4. Ist der Lieferant in der Lage, Sonderserien für uns zu realisieren?	4. Ist der Lieferant i. d. L., in für uns angemessener Zeit Sonderserien zu realisieren?

Bedarfsanforderung: Lieferantensicherheit	
Fensterfragen	Heilungsfragen
1. Besteht eine solide Kapitalausstattung? (z. B. wieviel Eigenkapital?)	1. Ist der Lieferant i. d. L., in für uns angemessener Zeit und in akzeptablem Umfang eine Verbesserung seiner Kapitalausstattung herbeizuführen?
2. Berücksichtigt das Budget des Lieferanten in ausreichendem Maße neue Entwicklungen und bestehen Rückstellungen für neue Produktionsanlagen?	2. Ist der Lieferant i. d. L., das Entwicklungsbudget in einem für uns akzeptablem Maße aufzustocken?
	2. Ist der Lieferant i. d. L., in ausreichendem Maße Rückstellungen für neue Produktionsanlagen zu bilden?

Bedarfsanforderung: Lieferantensicherheit	
Fensterfragen	Heilungsfragen
3. Besteht eine gute Gewinnsituation? (Umsatzrentabilität)	3. Besteht die Aussicht, daß sich die Gewinnsituation des Lieferanten in für uns angemessener Zeit verbessert?
4. Gab es umfangreiche Investitionen in den dem BO zuzuordnenden Produktbereichen?	4. Sind umfangreiche Investitionen in den dem BO zuzuordnenden Produktbereichen geplant?
5. Handelt es sich bei dem BO um einen Imageträger des Lieferanten?	5. Besteht die Möglichkeit, daß sich das BO zum Imageträger beim Lieferanten entwickelt?
6. Handelt es sich um ein für den Lieferanten bedeutendes strategisches Geschäftsfeld?	6. Besteht die Möglichkeit, daß das BO sich zu einem strategischen Geschäftsfeld beim Lieferanten entwickelt?
7. Sind die Umsatzanteile von uns beim Lieferanten bedeutsam?	7. Wird sich unser Umsatzanteil beim Lieferanten in absehbarer Zeit wesentlich erhöhen?

Bedarfsanforderung: Bereitschaft zur Kostenanalyse	
Fensterfragen	Heilungsfragen
1. Ist das Kalkulationsschema des Lieferanten für uns nachvollziehbar?	1. Ist der Lieferant i. d. L., in für uns angemessener Zeit seine Kalkulation so darzustellen, daß sie für uns nachvollziehbar ist?
2. Sind die Angebote des Lieferanten aussagefähig, d.h. sowohl spezifiziert nach Material-, Lohn- und Lohnnebenkosten als auch nach Entwicklung- und Konstruktionsstunden?	2. Ist der Lieferant i. d. L., in für uns angemessener Zeit sein Angebot unseren Spezifikationen anzupassen?
3. Sagt der Lieferant uns die Beteiligung an realisierten Produktivitätssteigerungen zu?	3. Ist der Lieferant i. d. L., uns anteilig an Produktivitätssteigerungen zu beteiligen?
4. Untersucht der Lieferant mit Unterstützung der Einkaufskostenanalyse nichtproduktive Produktionsbereiche und reduziert damit jährlich Preissteigerungen auf ein Minimum?	4. Ist der Lieferant i. d. L., in angemessener Zeit gemeinsam mit uns eine Einkaufskostenanalyse durchzuführen?

Bedarfsanforderung: Bereitschaft zur Kostenanalyse	
Fensterfragen	Heilungsfragen
5. Gleicht das Lieferangebot den Zielkostenvorstellungen?	5. Ist der Lieferant i. d. L., sein Angebot an unsere Zielpreise anzupassen?
6. Ist der Lieferant mit einer Budgetierung der Entwicklungskosten einverstanden und sagt die Abrechnung nach Meilensteinen unter jeweiligem Nachweis der tatsächlich entstandenen Kosten zu?	

Bedarfsanforderung: Preissicherheit	
Fensterfragen	Heilungsfragen
1. Sagt der Lieferant zu, seine Preisänderungen frühzeitig bekannt zu geben?	1. Ist der Lieferant i. d. L., Preisänderungen mit einem Vorlauf von z. B. 3 Monaten wirksam werden zu lassen?
2. Ist der Lieferant i. d. L., auf Preissicherungswünsche einzugehen?	
3. Ist der Lieferant i. d. L., in Ecu zu kontrastieren?	3. Ist der Lieferant i. d. L., eine andere, unserem Sicherheitsbedürfnis entsprechende Währung zu akzeptieren?

Bedarfsanforderung: lange Zahlungsziele	
Fensterfragen	Heilungsfragen
1. Ist der Lieferant so liquide, daß er lange Zahlungsziele (Kredite) einräumen kann?	1. Kann sich der Lieferant eher als ich verschulden?
2. Räumt der Lieferant lange Zahlungsziele ohne Berechnung ein?	

Bedarfsanforderung: Leasingmöglichkeiten	
Fensterfragen	Heilungsfragen
1. Ist Leasing branchenüblich?	
2. Ist der Lieferant für Leasingverträge offen?	2. / 3. Kann der Lieferant Leasing-Kooperationen gestalten?
3. Sind die Leasingkonditionen konkurrenzfähig?	

Bedarfsanforderung: leistungsbezogene Rabattstaffelung	
Fensterfragen	Heilungsfragen
1. Verfügt der Lieferant über ein transparentes Rabattsystem?	1. Entwickelt der Lieferant ein leistungsbezogenes Rabattsystem? 1. Besteht der Wille und die Aussicht auf Durchsetzung?
2. Werden alle Abnehmer bei gleichen Leistungen gleich behandelt?	

Bedarfsanforderung: Mindermengenzuschlagsverzicht	
Fensterfragen	Heilungsfragen
1. Verzichtet der Lieferant auf Preiszuschläge bei Kleinstmengen?	1. Besteht der Lieferant nicht auf Bezahlung fakturierter Mindermengenzuschläge?
2. Begnügt sich der Lieferant mit einer auf "Normal"-Mengen ausgerichteten Rabattstaffelung?	

Bedarfsanforderung: Kundendienstbereitschaft	
Fensterfragen	Heilungsfragen
1. Besteht die Bereitschaft und Fähigkeit zum Installationsservice zu marktüblichen Bedingungen?	1. / 2. / 3. / 4. / 5. Ist der Lieferant i. d. L., einen eigenen Kundendienst aufzubauen?
2. Besteht die Bereitschaft und Fähigkeit zum Reparaturservice?	1. / 2. / 3. / 4. / 5. Ist der Lieferant willens, Kundendienstdefizite auszuräumen?
3. Besteht die Bereitschaft und Fähigkeit zum Wartungsservice?	

Bedarfsanforderung: Kundendienstbereitschaft	
Fensterfragen	Heilungsfragen
4. Steht der Kundendienst schnell zur Verfügung?	
5. Verfügt der Lieferant über eine adäquate Notfallorganisation?	

Bedarfsanforderung: Recyclingbereitschaft	
Fensterfragen	Heilungsfragen
1. Sind die verwendeten Werkstoffe/ Verpackungen recycelbar?	1. Ist der Lieferant i. d. L., ein für uns günstiges Konzept für die Substitution der bisher nicht recycel-fähigen Werkstoffe/Verpackungen einzuführen?
2. Führt der Lieferant die recycel-fähigen Werkstoffe konsequent der Wiederverwertung zu?	2. Ist der Lieferant i. d. L., ein dafür geeignetes Fachunternehmen in für uns angemessener Zeit zu beauftragen?
3. Verwendet der Lieferant Sortenwerten Werkstoffe?	3. Ist der Lieferant i. d. L., zukünftig sortenreine Werkstoffe für die Produktion des BO einzusetzen?
4. Identifiziert der Lieferant die verwendeten Werkstoffe?	4. Ist der Lieferant zur Werkstoffumstellung in der Lage?

Bedarfsanforderung: erweiterte Objektgarantie	
Fensterfragen	Heilungsfragen
1. Sichert der Lieferant eine Objektgarantie von z. B. 36 Monaten vertraglich zu?	1. Ist der Lieferant i. d. L., eine für uns noch akzeptable Objektgarantie vertraglich zuzusichern?
2. Sichert der Lieferant darüber hinaus bei Eintritt eines Serienfehlers eine Garantie von z. B. 48 Monaten zu?	2. Ist der Lieferant i. d. L., bei Eintritt eines Serienfehlers eine für uns noch akzeptable Garantie zu gewähren? Wenn ja, in welcher Höhe?
3. Beteiligt sich der Lieferant bei Eintritt eines Serienfehlers an den Kundendienstkosten?	3. Schließt der Lieferant für den Fall des Eintritts eines Serienfehlers eine Schadensfallversicherung ab?

Bedarfsanforderung: erweiterte Objektgarantie	
Fensterfragen	Heilungsfragen
4. Übernimmt der Lieferant anteilige Kosten, wenn durch den Ausfall des von ihm gelieferten BO andere Baugruppen in ihrer Funktion beeinträchtigt/zerstört werden?	4. Schließt der Lieferant eine Schadensfallversicherung für den BO-bedingten Ausfall von Baugruppen ab?

Bedarfsanforderung: Nachkaufsicherheit	
Fensterfragen	Heilungsfragen
1. Gewährleistet der Lieferant eine Nachkaufsicherheit für einen Zeitraum von z. B. 15 Jahren nach Auslauf der Serienfertigung bei uns? Sichert der Lieferant dieses vertraglich zu?	1. Ist der Lieferant i. d. L., mit geeigneten Maßnahmen die Nachkaufsicherheit für einen für uns akzeptablen Zeitraum vertraglich zuzusichern (Lagerhaltung/ Unterlieferanten/ Werkzeugabtretung)?
2. Gilt die Zusicherung der Nachkaufsicherheit auch für Produkte, die während ihrer Laufzeit konstruktiv überarbeitet wurden und nicht rückwärtig kompatibel sind?	2. Ist der Lieferant i. d. L., mit geeigneten Maßnahmen die Nachkaufsicherheit für einen für uns akzeptablen Zeitraum zuzusichern?

Bedarfsanforderung: Servicekapazität	
Fensterfragen	Heilungsfragen
1. Verfügt der Lieferant über eine hohe Prüfkapazität?	1. / 2. / 3. Ist der Lieferant i. d. L., für uns wichtige Servicekapazitäten aufzubauen?
2. Verfügt der Lieferant über eine hohe Lagerkapazität?	
3. Verfügt der Lieferant über eine hohe Entsorgungskapazität?	

Bedarfsanforderung: Informationskompetenz	
Fensterfragen	Heilungsfragen
1. Verfügt der Lieferant über ein hohes, für uns wichtiges Know-how?	1. Investiert der Lieferant überproportional in Know-how-Zunahme?

Bedarfsanforderung: Informationsbereitschaft	
Fensterfragen	Heilungsfragen
1. Ist der Lieferant i. d. L., uns an seinem Wissensvorsprung teilhaben zu lassen (Know-how-Transfer)?	
2. Findet man höchstwahrscheinlich für diesen Transfer eine gute Vertragsgrundlage?	

Bedarfsanforderung: Problemlösungsbereitschaft	
Fensterfragen	Heilungsfragen
1. Ist der Lieferant i. d. L., mit uns gemeinsam ein für uns wichtiges Problem zu lösen?	
2. Ist das Problem auch für ihn wichtig, und wird das von ihm auch so gesehen?	
3. Besitzt der Lieferant eine hoch leistungsfähige Entwicklungs-/ Konstruktionsabteilung, an der wir teilhaben können?	
4. Ist der Lieferant i. d. L., mit uns gemeinsam eine Kosten- und Wertanalyse der BO unter Berücksichtigung der Entwicklungs-, Konstruktions-, Qualitäts- und Produktionsaspekte durchzuführen?	4. Besteht die Chance, in absehbarer Zeit gemeinsam mit dem Lieferanten eine Kosten- und Wertanalyse der BO unter Berücksichtigung der Entwicklungs-, Konstruktions-, Qualitäts- und Produktionsaspekte zu realisieren?
	4. Befindet sich der Lieferant mit seinem Preis-/ Leistungsverhältnis in einer wettbewerbsfähigen Position?
5. Verfügt der Lieferant über Kommunikationseinrichtungen, die unseren Anforderungen (Telefax, Telex, DFB etc.) entsprechen?	5. Ist der Lieferant i. d. L., in für uns angemessener Zeit die notwendigen Kommunikationseinrichtungen zu beschaffen?
6. Reagiert der Lieferant schnell und ggf. unkonventionell bei Problemen?	6. Ist der Lieferant i. d. L., uns einen adäquaten Ansprechpartner zur schnellen und unkonventionellen Lösung von Problemen zur Verfügung zu stellen?

Bedarfsanforderung: Problemlösungsbereitschaft	
Fensterfragen	Heilungsfragen
7. Stellt der Lieferant ein Team zur Bewältigung systembedingter Probleme (Kostenverfolgung, Timing, Durchführbarkeit etc.) zur Verfügung?	7. Ist der Lieferant i. d. L., ein Team zur Bewältigung systembedingter Probleme in für uns angemessener Zeit aufzubauen?
8. Reagiert der Lieferant auf Anfragen mit einem aussagefähigen Angebot innerhalb kurzer Zeit?	8. Ist der Lieferant i. d. L., seine Angebotsbearbeitung in für uns angemessener Zeit so umzustrukturieren, daß er innerhalb kurzer Zeit mit einem aussagefähigen Angebot reagieren kann?

Bedarfsanforderung: Geheimhaltung	
Fensterfragen	Heilungsfragen
1. Beliefert der Lieferant auch die Konkurrenten?	
2. Ist der Lieferant zu Geheimhaltungsverträgen mit empfindlichen Pönalen bereit?	
3. Zieht der Lieferant organisatorische Konsequenzen bei geheimzuhaltenden Arbeiten?	3. Ist der Lieferant i. d. L., durch Schulung seiner Mitarbeiter für Geheimhaltung zu sorgen? 3. Ist der Lieferant i. d. L., durch harte Sanktionen Geheimhaltungsverletzungen zu unterbinden?
4. Sind Geheimhaltungsverletzungen des Lieferanten bekannt?	

Bedarfsanforderung: Marktinformationen	
Fensterfragen	Heilungsfragen
1. Verfügt der Lieferant über aktuelle Informationen über Lieferländer, Lieferanten, Lieferkonditionen und Leistungen, die für uns neu sind?	1. Ist der Lieferant zu Kooperationen bei der Beschaffungsmarktforschung i. d. L.bereit?

Bedarfsanforderung: Marktinformationen	
Fensterfragen	Heilungsfragen
2. Ist der Lieferant i. d. L., uns die Informationen zur Verfügung zu stellen?	
3. Können wir sicher sein, daß die Informationen vollständig und wenig verzerrt sind?	

Bedarfsanforderung: Anwendungsberatung	
Fensterfragen	Heilungsfragen
1. Wird seitens des Lieferanten kompetente Anwendungsberatung durchgeführt?	1. Ist der Lieferant i. d. L., in für uns angemessener Zeit, eine kompetente Anwendungsberatung aufzubauen?
2. Sind die Anwendungsberater in angemessenem Zeitraum verfügbar?	2. Ist der Lieferant i. d. L., die Zahl seiner Anwendungsberater zu erhöhen, um eine schnelle Durchführung zu gewährleisten?
3. Informiert der Lieferant uns über neue Anwendungsmöglichkeiten der eingesetzten BOs?	
	4. Ist der Lieferant i. d. L., in für uns angemessener Zeit ein Systemanalysesystem aufzubauen?
4. Unterstützt uns der Lieferant in allen Entwicklungsphasen mit Hilfe von Systemanalysen und werden in allen Phasen Durchführbarkeitsprüfungen und Funktionsanalysen kontrolliert und dokumentiert?	4. Ist der Lieferant ebenfalls i. d. L., ein adäquates Dokumentationssystem aufzubauen?

Bedarfsanforderung: Marketingzusammenarbeit	
Fensterfragen	Heilungsfragen
1. Ist der Lieferant zur Marketingkooperation bereit? 2. Ist der Lieferant zur gemeinsamen Markenpolitik bereit?	1. / 2. / 6. Baut der Lieferant seine Marketingaktivitäten aus?
4. Unterstützt uns der Lieferant in allen Entwicklungsphasen mit Hilfe von Systemanalysen und werden in allen Phasen Durchführbarkeitsprüfungen und Funktionsanalysen kontrolliert und dokumentiert?	4. Ist der Lieferant ebenfalls i. d. L., ein adäquates Dokumentationssystem aufzubauen?

Bedarfsanforderung: Marketingzusammenarbeit	
Fensterfragen	Heilungsfragen
3. Ist das Beschaffungsobjekt für den Lieferanten werbegeeignet? 4. Ist es aus unserer Sicht interessant, daß der Lieferant sich mit Werbung für ein Beschaffungsobjekt an unsere Kunden wendet? 5. Ist der Lieferant für besondere Leistungen bekannt, an denen man partizipieren kann?	

Literaturverzeichnis

- Adams, D.: Planung und Entscheidung: Modelle - Ziele - Methoden, 3. Aufl., Wiesbaden 1993
- Albach, H.: Beiträge zur Unternehmensplanung, 5. erw. Aufl., Wiesbaden 1979
- Albach, H.: Gutenberg und die Zukunft der Betriebswirtschaftslehre, in: Zeitschrift für Betriebswirtschaft, 67. Jg. (1997), S. 1257-1283
- Ansoff, H.J./Leontiades, J.L.: Strategic Portfolio-Management, in: European Institute for Advanced Studies in Management, Working Paper 76-16, Brüssel, Mai 1976
- Ansoff, I.: A Model for Diversification, in : Management Science 1958
- Ammer, D. S.: Materials Management and Purchasing, 4. Aufl., Homewood, Illinois, 1980
- Arnold, P.: Marktforschung in den Beschaffungsmärkten, in: Handbuch der praktischen Marktforschung, hrsg. v. W. Ott, München 1972
- Arnold, U.: Beschaffungsinformation, in: HWB, Bd. 1, 5. Aufl., hrsg. v. W. Wittmann et al., Stuttgart 1993
- Arnold, U.: Beschaffungsmanagement, Stuttgart 1995
- Arnolds, H./Heege, F./Tussing, U.: Materialwirtschaft und Einkauf, 10. Aufl., Wiesbaden 1998
- Arnolds, H.: Versorgungs- und Vorratswirtschaft: logistische und dispositive Aspekte, Wiesbaden 1992
- Backhaus, K.: Investitionsgüter-Marketing, München 1982
- Baily, P./Farmer, D.: Purchasing Principles and Techniques, 3. Aufl., London 1977; 4. Aufl., London 1979
- Baily, P.: Purchasing and Supply Management, 4. Aufl., London 1978
- Baily, P.: Purchasing Systems and Records, 2. Aufl., Aldershot 1983
- Bamberg, G./ Coenenberg, A. G.: Betriebswirtschaftliche Entscheidungslehre, 9. Auflage, München 1996
- Banse, K.: Beschaffung, in: HWB, hrsg. v. H. Nicklisch, 2. Aufl., Stuttgart 1938
- Barker, D. D./Farrington, B.: The Basic Arts of Buying, London 1976

- Barnard, C.: The Functions of the Executive, Cambridge 1938
- Barney, J.B./Arikan A.: The Resource-bared View: Origins and Implications, in: The Blackwell Handbook of Strategic Management, Malden 2001, S. 124-188
- Bäuerle, P.: Zur Problematik der Konstruktion praktikabler Entscheidungsmodelle, in: ZfB, Heft 2, 1989, S. 175 ff.
- Beckerath, E. v./Kloten, N./Kühn, H.: Wirtschaftswissenschaft: Methodenlehre, in: HDSW, Bd. 12, hrsg. v. E. Beckerath et al., Göttingen 1965
- Behrendt, J. W. G.: Nur exakte Lieferantenanalyse schützt vor Versorgungslücken, in: MM, 84 (1978) 83, S. 1621-1623
- Bell, D. E. (Hrsg.): Decision Making: Descriptive, Normative and Prescriptive Interactions, Cambridge 1988
- Benz, H.: Rationeller Einkauf - optimale Lagerhaltung, Köln/Frankfurt a. M. 1970
- Benz, H.: Beschaffungsplanung, in: Handbuch der Rationalisierung, Bd. 10, hrsg. v. Rationalisierungskuratorium der Deutschen Wirtschaft (RKW), Heidelberg 1967
- Benz, H.: Prüfliste Beschaffungswesen, hrsg. v. Rationalisierungskuratorium der Deutschen Wirtschaft (RKW), Frankfurt 1976
- Berens, J.S.: Decision Matrix Approach to Supplier Selection, in: Journal of Retailing, Heft 4, 47. Jg., Winter 1971-1972, S. 47-53
- Berg, C. C.: Materialwirtschaft, Stuttgart/New York 1979
- Berg, C. C.: Beschaffungsmarketing, Würzburg/Wien 1981
- Berning, R.: Beschaffungsmarketing, Wiesbaden 1996
- Berr, U.: Stichwort: Materialbedarfsplanung mit Stücklistenauflösung, in: HWProd, hrsg. v. W. Kern, Stuttgart 1979
- Berthel, J.: Betriebliche Informationssysteme, Stuttgart 1975
- Beste, T.: Das Beschaffungswesen, in: HdW, hrsg. v. K. Hax u. T. Wessels, Bd. I, 2. Aufl., Köln/Opladen 1966
- Bichler, K.: Beschaffungs- und Lagerwirtschaft, 5. Aufl., Wiesbaden 1990
- Bidlingmaier, J.: Unternehmerziele und Unternehmerstrategien, Wiesbaden 1964
- Bidlingmaier, J./Schneider, D.J.G.: Ziele, Zielsysteme und Zielkonflikte, in: HWB, hrsg. v. E. Grochla u. W. Wittmann, Bd. 3, Stuttgart 1976 Sp. 4731 - 4740
- Biergans, B.: Zur Entwicklung eines marketingadäquaten Ansatzes und Instrumentariums für die Beschaffung, Bd. 1 der Schriftenreihe "Beiträge zum Beschaffungsmarketing", hrsg. v. U. Koppelmann, Köln 1984

- Bleicher, K./Meyer, E.: Führung in der Unternehmung, Reinbeck bei Hamburg 1976
- Bliesener, M./Scharff, G.: Marktforschung. Lehrwerk industrielle Beschaffung, Bd. 11, Frankfurt a. M. 1970
- Bloech, J./Cordts, J.: Materialmanagement, Frankfurt 1985
- Bloech, J./Rottenbacher, S.: Materialwirtschaft, Stuttgart 1986
- Blom, F.: Industrielle Beschaffungsmarktforschung, in: Der Betriebswirt, Heft 2, 1981
- Blom, F.: Punktbewertungsverfahren in der Beschaffungsmarktforschung, in: ba, Heft 2, 1981
- Blum, J. W.: Beschaffungsmarktforschung, in: Handbuch der Marktforschung, hrsg. v. K. Chr. Behrens, Wiesbaden 1977
- Bogaschewsky, R.: Dynamische Materialdisposition im Beschaffungsbereich - Simulation und Ergebnisanalyse, Frankfurt a. M. 1988
- Brand, G. T.: The industrial buying decision, London 1972
- Braun, H.: Risikomanagement: Eine spezifische Controllingsaufgabe, Darmstadt 1984
- Brauns, R.: Die Einkaufspraxis, Halberstadt 1927
- Brink, H.-J.: Strategische Beschaffungsplanung, in: ZfB, Heft 11, 1983
- Brodersen, K.: Beschaffungsmarktwahl, noch unveröffentlichte Dissertation, Köln 1999
- Brückner, G.: Ablaufplanung im Beschaffungsbereich unter besonderer Berücksichtigung der EDV, Diss., Gießen 1974
- Budde, R.: Lieferantenbeurteilung mit dem Computer, in: Management Zeitschrift io, Heft 6, 52. Jg., 1983, S. 238-241
- Burt, D. N./Soukup, W. R.: Purchasing's role in new product development, in: HBR, Sept./Okt. 1985
- Burt, D. N.: Proactive Procurement, Englewood Cliffs, New Jersey 1984
- Busch, H. F.: Systematische Lieferantenwahl, in: Marketing Journal, Heft 3, 1978, S. 241-243
- Busch, H. F.: Materialmanagement in Theorie und Praxis, Lage 1984
- Buttle, F.: Relationship marketing, in: Relationship marketing: theory and practice, hrsg. v. F. Buttle, London 1996, S. 1-16
- Camp, R. C.: Benchmarking, München u. a. 1994
- Carter, R.L.: Risk Management: A British Point of View, in: Zeitschrift für Versicherungswissenschaft und Versicherungspraxis, 1-2/1978, S. 135-156
- Cavinto, J. L.: Purchasing and Materials Management, St. Paul 1984
- Coase, R. H.: The nature of the firm; Original erschienen in Economica

Vol. 4, 1937, S. 386-405; wiederabgedruckt in: Stigler, G. J./ Boulding, K. E.: Readings in price theory, S. 331-351; London 1953
- Colsman, P.: Global Sourcing als eine Beschaffungsstrategie für globale Unternehmen, Diss., Köln 1999
- Colton, R.: Industrial Purchaising - Principles and Practices, Columbus/Ohio 1962
- Colton, R. R./Rohrs, W. F.: Industrial Purchasing and Effective Materials Management, Reston 1985
- Cordts, J.: Materialwirtschafts-Kosten, hrsg. v. Bundesverband Materialwirtschaft und Einkauf (BME), Frankfurt 1970
- Cordts, J.: Beschaffungsmarktforschung, in: Einkaufsleiterhandbuch, hrsg. v. G. Bretschneider, München 1974
- Corvey, D. O. et al.: Purchasing Management, in: Aljian's Purchasing Handbook, Section 1, hrsg. v. G. W. Aljian u. P. V. Farrell, New York 1981
- Cyert, R. M./March, J. G.: A Behavioral Theory of the Firm, Englewood Cliffs 1963
- Czekalla, H.: Die Einkaufsabteilung, Berlin/Wien 1925
- Darby, M. R./ Karni, E.: Free competition and the optimal amount of fraud, in: Journal of Law and Economics, vol. 16, 1973, S. 67-88
- de Vries, H.: Lieferantenbewertung, in: ba, Heft 4, 1989, S. 26-28
- Demarchi, C.: Beschaffungsmarketing, 1. Aufl., Düsseldorf/Wien 1974
- Dennstedt, D.: Möglichkeiten der Automation eines beschaffungspolitischen Entscheidungsprozesses, dargestellt am Beispiel der Auswahl der optimalen Lieferanten, Diss., Berlin 1978
- Diehm, G.: Grundzüge des industriellen Einkaufs, Wiesbaden 1959
- Diller, H.: Kundenbindung als Zielvorgabe im Beziehungs-Marketing, Arbeitspapiere des Lehrstuhls für Marketing an der Universität Erlangen-Nürnberg, Nr. 40, Nürnberg 1995, S. 19
- Dinkelbach, W.: Entscheidungstheorie, in: Handwörterbuch der Betriebswirtschaft, Bd. 1, hrsg. v. E. Grochla, 4. Aufl., Stuttgart 1974, Sp. 1290
- Dobler, D. W./Lee, R./Burt, D. N.: Purchasing and Materials Management, 4. Aufl., New York 1984
- Dorloff, F.-D.: Gewinnreserven im integrierten Materialmanagement, in: Handelsblatt Nr. 232, v. 01.12.1983
- Dörsch, W.: Kaufabwicklung und Altmaterialverwertung, Frankfurt a. M. 1969
- Doyle, P./Woodside, A. G./Michell, P.: Organizational Buying in New Task and Rebuy Situations, in: IMM, Heft 8, 1979

- Dreger, W.: Genaue Lieferantenbewertung ermöglicht der Vergleich konkurriereder Zulieferer, in: MM, 90 (1984) 22, S. 535-538
- Drexel, G.: Strategische Unternehmensführung im Handel, Berlin/New York 1981
- Dudenhöffer, F.: Outsourcing, Plattform-Strategien und Badge Engineering, in WiSt, Heft 3, 1997
- Duschek, K. E.: Führung der Einkaufsabteilung durch Vorgabe von Zielen, in: Betriebswirtschafts-Magazin, Wiesbaden 1975
- Eisele, R.: Beschaffungsprozesse in der Unternehmung als Grundlage der Absatzpolitik von Produktionsgüter-Handelsbetrieben, Diss., Mannheim 1974
- Eisenführ, F./ Weber, M.: Rationales Entscheiden, 3. Aufl., Heidelberg 1994
- Ellram, L.M.: The Supplier Selection Decision in Strategic Partnership, in: Journal of Purchasing and Materials Management, Heft 4, 26. Jg., Fall 1990, S. 8-14
- Engelhardt, W. H./Günter, B.: Investitionsgüter-Marketing, Stuttgart u. a. 1981
- Engelmann, G.: Die richtige Lieferantenauswahl sollte im Einfluß der Geschäftsleitung stehen, in: Maschinenmarkt, Heft 44, 86. Jg., 1980, S. 861-862
- Ericsson, D.: Material-Management, Logistik, Gernsbach 1975
- Ernst, A.: Methoden im Beschaffungsmarketing, , Bd. 12 der Schriftenreihe "Beiträge zum Beschaffungsmarketing", hrsg. v. U. Koppelmann, Köln 1995
- Eschenbach, R.: Erfolgspotential Materialwirtschaft, Wien/München 1990
- Eucken, W.: Die Grundlagen der Nationalökonomie, 6. Aufl., Berlin/Göttin-gen/Heidelberg 1950
- Ewald, A./Schneider, H./Wittwer, W./Menges, K.-H.: Lehrwerk industrielle Beschaffung. Die Beschaffung von Anlagen, Reserveteilen und Energie, Frankfurt a. M. 1970
- Fäh, B.: Einkaufskontrolle, in: Beschaffungspolitik und Einkaufstechnik, hrsg. v. H. Ulrich, Bern 1964
- Fäßler, K./Kupsch, P. U.: Beschaffungs- und Lagerwirtschaft, in: Industriebetriebslehre, Entscheidungen im Industriebetrieb, hrsg. v. E. Heinen, 6. Aufl., Wiesbaden 1978
- Farrington, B.: Industrial Purchase Price Management, Hampshire 1984
- Fearon, H. E./Hoagland, J. H.: Purchasing Research in American Industry, New York 1963

– Fearon, H. E.: Organizational relationchips in purchasing, in: JPMM, Heft 4, 1988
– Findeisen, F.: Organik, Leipzig 1931
– Flatten, U.: Controlling in der Materialwirtschaft, Bergisch Gladbach/Köln 1986
– Franken, R.: Materialwirtschaft, Stuttgart u. a. 1984
– Frese, E.: Grundlagen der Organisation, 7.Aufl., Wiesbaden 1998
– Frese, E./Blies, P.: Konsequenzen der Internationalisierung für Organisationen und Management der Muttergesellschaft, in: Handbuch Internationales Management, Wiesbaden 1997
– Fröhlich, E.: Zur Entwicklung und Festigung von Berufsbildern in der Beschaffung, noch unveröffentlicht, Köln 2004
– Fröhlich, O./Stankiewicz, M. J.: Strategische Unternehmensführung, Bd. 4, in: Beschaffungs- und Materialmanagement, hrsg. v. G. Kienbaum, München 1976
– Geider, C. H.: Beschaffungsverhalten in der industriellen Unternehmung, Bd. 4 der Schriftenreihe "Beiträge zum Beschaffungsmarketing", hrsg. v. U. Koppelmann, Köln 1986
– Gedicke, S.: Anforderungsprofile an Beschaffungsmanager, unveröffentlichte Diplomarbeit, Köln, 1993
– Gerth, E.: Hauptprobleme der Bedarfsforschung für Produktivgüter, in: Der Marktforscher, Heft 8, 1969
– Geyer, Th.: Der Prozeß der Bedarfsgestaltung in industriellen Unternehmungen, Berlin 1970
– Glantschnig, E.: Merkmalsgestützte Lieferantenbewertung, , Bd. 11 der Schriftenreihe "Beiträge zum Beschaffungsmarketing", hrsg. v. U. Koppelmann, Köln, Köln 1994
– Glaser, H.: Beschaffungsplanung, in: HWB, 4. Aufl., Stuttgart 1974
– Glaser, H.: Stichwort "Materialbedarfsvorhersagen" in: HWProd., hrsg. v. W. Kern, Stuttgart 1979, Sp. 1202 - 1210
– Golle, H.: Mit Kennzahlen Einkauf steuern und Materialwirtschaft kontrollieren, Nürnberg 1983
– Gregory, R. E.: Source Selection: A Matrix Approach, in: JPMM, Summer 1986
– Grochla, E./Albers, F.: Grundformen der Aufbauorganisation, in: WISU, Heft 6, 1985
– Grochla, E./Fieten, R./Puhlmann, M./Vahle, M.: Erfolgsorientierte Materialwirtschaft durch Kennzahlen, Baden-Baden 1983
– Grochla, E./Schönbohm, P.: Beschaffung in der Unternehmung, Stuttgart 1980

- Grochla, E.: Grundlagen der Materialwirtschaft, 3. Aufl., Wiesbaden 1978
- Grochla, E.: Einführung in die Organisationstheorie, Stuttgart 1978
- Grönroos, C.: The marketing strategy continuum: Towards a marketing concept for the 1990´s, in: Management Decision, H. 1, 1991, S. 7-13
- Grün, O.: Handwörterbuch der Organisation, hrsg. v. E. Grochla, 1. Aufl., Stuttgart 1969, 2. Aufl.; Stuttgart 1979, Sp. 480/481
- Grün, O.: Materialwirtschaft, Kontrolle und Revision der, in: HWRev, hrsg. v. A. G. Coenenberg u. K. v. Wysocki, Stuttgart 1983
- Grunwald, H.: Erfolgreicher einkaufen und disponieren, 3. Aufl., Freiburg i. Br. 1993
- Guilford, J. P.: Persönlichkeit, Weinheim 1964
- Gutenberg, E.: Grundlagen der Betriebswirtschaftslehre, Bd. 1., 24. Aufl., Berlin u. a. 1983; Bd 2., 1. Aufl., Berlin u. a. 1954
- Hänggi, R.: Risikomanagement und Simultaneous Engineering, Diss., St. Gallen 1996
- Hagedorn, W.: Angebotsanalyse - Entscheidungsverfahren bei der Auswahl von Lieferanten, in: DBW, Heft 2, 1975
- Hahn, D.: Planung und Kontrolle, in: HdB, Band 2, 5. Aufl., Stuttgart 1993, Sp. 3185 ff.
- Haller, M.: Risiko-Management – Eckpunkte eines integrierten Konzeptes, in: Jacob, H. (Hrsg.): Risikomanagement - Schriften zur Unternehmensführung, Bd. 33, Wiesbaden 1986, S. 5-43
- Hamel, W.: Zielsysteme, in: Handwörterbuch der Organisation, hrsg. v. E. Grochla, 3. Aufl., Stuttgart 1992, Sp. 2634 ff.
- Hammann, P.: Entscheidungsanalyse im Marketing, Berlin 1975
- Hammann, P./Erichson, B.: Marktforschung, Stuttgart/New York 1978
- Hammann, P./Lohrberg, W.: Beschaffungsmarketing, Stuttgart 1986
- Hammer, R.: Unternehmensplanung, München u. a. 1982
- Hansen, U.: Absatz- und Beschaffungsmarketing des Einzelhandels. Eine Aktionsanalyse, Teil 1 u. 2, Göttingen 1976
- Hansen, U.: Absatz- und Beschaffungsmarketing des Einzelhandels. Eine Aktionsanalyse, 2.Aufl., Göttingen 1990
- Harlander, N./Platz, G.: Beschaffungsmarketing und Materialwirtschaft, Stuttgart 1978; 2. Aufl., Stuttgart 1982; 4. Aufl., Stuttgart 1989
- Harlander, N./ Blom, F.: Beschaffungsmarketing, 6. Aufl., Renningen-Malmsheim 1996
- Harrmann, A.: Der Lieferant unter der Lupe, in: ba, Heft 4, 1984, S. 22-28
- Harting, D.: Lieferanten-Wertanalyse, 2. Aufl., Stuttgart 1994

- Hartmann, H.: Materialwirtschaft, 4. Aufl., Gernsbach 1988; 6. Aufl., Gernsbach 1993
- Hartmann, H./Pahl, H.-J./Spohrer, H.: Lieferantenbewertung - aber wie? Lösungsansätze und erprobte Verfahren, Gernsbach 1992
- Hauschildt, J.: Entscheidungsziele, Tübingen 1977
- Heege, F.: Lieferantenportfolio, Nürnberg 1987
- Heidelberger, E.: Lieferantenbewertung und Lieferantenbeurteilung, in: ba, Heft 6, 1978, S. 25-26
- Heinen, E.: Betriebswirtschaftliche Entscheidungen, 2. Aufl. Wiesbaden 1971
- Heinritz, S. F./Farrell, P. V.: Purchasing, Principles and Applications, 5. Aufl., Englewood Cliffs, New Jersey 1971; 6. Aufl., Englewood Cliffs, N. J. 1981
- Helfert, G.: Teams im Relationship Marketing, Wiesbaden 1998
- Helm, R. et al.: Die Vertrauensproblematik bei zwischenbetrieblichen Kooperationen in der mittelständischen Industrie, in: ZP Zeitschrift für Planung, Band 7, 1996, S. 76
- Hessenberger, M./Bölstler, H.: So finden Lieferanten Eingang, in: asw, Heft 4, 22. Jg., 1979, S. 66-70
- Hill, J.: Selecting Sources of Supply, in: Purchasing Handbook, hrsg. v. G. Alijan, 3. Aufl., New York 1973
- Hiromoto, T.: Management Accounting in Japan, in: Controlling, 1. Jg., Heft 6, 1989
- Hofstede, G.: Interkulturelle Zusammenarbeit: Kulturen - Organisationen - Management, Wiesbaden 1993
- Homans, G. C.: Theorie der sozialen Gruppe, 3. Aufl., Köln/Opladen 1968
- Homans, G. C.: Social behavior: Ist elementary forms, New York 1961
- Huppertsberg, B./Kirsch, W.: Beschaffungsentscheidungen auf Investitionsgütermärkten, München 1977
- Hüttner, M.: Grundzüge der Marktforschung, 3. Aufl., Wiesbaden 1977
- Imai, M.: KAIZEN, Der Schlüssel zum Erfolg - Der Japaner im Wettbewerb, 8. Aufl., München 1993
- Inman, G.W./Schoenberger, R.: Selecting Sources of supply, in: Purchasing Handbook, hrsg. v. G. W. Aljan und R. V. Farrell, 4. Aufl., New York u.a. 1982, S. 6-1 - 6-37
- Jetter, O.: Einkaufsmanagement: Qualitätsprodukte kostengünstig einkaufen in Europa und weltweit, Landsberg/Lech 1990
- Jorion, P./Khoury, S.J.: Financial Risk Management: Domestic and International Dimensions, Cambridge/Massachusetts 1996

- Kahle, E.: Betriebliche Entscheidungen, 4. Aufl., München 1997
- Kaiser, H.: Gut, besser, hervorragend, in: ba, Heft 4, 1993, S. 27-29
- Kaufmann, L.: Marketing für Produktivdienstleistungen, Zürich/Frankfurt a. M./Thun 1977
- Kaufmann, L.: Strategisches Sourcing, in: Zfbf, Heft 3, Jg. 47, 1995, S. 275-296
- Kern, W.: Industrielle Produktionswirtschaft, 5. Aufl., Stuttgart 1992
- Kern, F.: Einkaufsmarketing, Freiburg 1991
- Kienzle, W.: Früherkennung im Beschaffungsmarketing, Diss., Köln 1999
- Kieser, A./Kubicek, H.: Organisation, Berlin/New York 1977; 2. Aufl., Berlin/New York 1983
- Kirsch, W./Kutschker, M.: Das Marketing von Investitionsgütern: Theoretische und empirische Perspektiven eines Interaktionsansatzes, Wiesbaden 1978
- Klein, H.: Beschaffungsmarktforschung, in: Der industrielle Einkauf, Heft 4 bis 6, 1972
- Klein, H.: Bilanzanalyse - ein Hilfsmittel zur Lieferantenbeurteilung, in: Einkaufsleiter-Handbuch, hrsg. v. G. Bretschneider, München 1974
- Klein, H. K./Wahl, A.: Zur Logik der Koordination interdependenter Entscheidungen in komplexen Organisationen, Teil II, in: Kommunikation, 6. Jg. 1970
- Klinger, K.: Die Einkaufstechnik der Industrieunternehmungen, in: ZfB, 7. Jg., 1930
- Klinger, K.: Der Einkauf im Industriebetrieb, Essen 1950
- Köckmann, P.: Anbieter-Analyse, in: ba, Heft 5, 1986, S. 39-42
- Köglmayr, H.G./Strub, M.F.: Einkaufsorganisation, in: Das grosse Handbuch Einkaufs- und Beschaffungsmanagement, hrsg. v. Strub, M.F., Landsberg 1998, S. 39 ff.
- Köhler-Frost, W. (Hrsg.): Outsourcing, 4. Aufl., Berlin 2000
- Koppelmann, U.: Beschaffungsmanagement und Risk Management, in: Handbuch Risk Management, hrsg. v. Spinnarke, J., Heidelberg 1988
- Koppelmann, U.: Outsourcing, im Auftr. der Schmalenbach-Gesellschaft, Stuttgart 1996
- Koppelmann, U.: Procurement Marketing, Berlin u.a. 1998
- Koppelmann, U.: Produktmarketing - Entscheidungsgrundlage für Produktmanager, 4. Aufl., Heidelberg u. a. 1993
- Koppelmann, U.: Strategien zur Vorbeugung beschaffungsbedingter Betriebsunterbrechungen, in: BFuP, Heft 5, 1980, S. 426 - 444
- Koppelmann, U.: Total Quality und Marketing, in: Total Quality

Management, hrsg. v. Berndt R., Heft 6, Berlin 1995, S. 173 ff
- Kopsidis, R. M.: Materialwirtschaft: Grundlagen, Methoden, Techniken, Politik, 2. Aufl., München/Wien 1992
- Kosiol, E.: Die Unternehmung als wirtschaftliches Aktionszentrum, Reinbeck
- Kotke, E.: Kritische Analyse der optimalen Beschaffungsmenge, Berlin 1964
- Kotler, Ph./Bliemel, F.: Marketing-Management, 7. Aufl., Stuttgart 1992
- Kotler, Ph.: A Generic Concept of Marketing, in: JM, Vol. 36, April 1972
- Kotler, Ph./Levy, S. H.: Buying is Marketing Tool, in: JM, Vol. 37, Januar 1973
- Kraljic, P.: Vom Einkaufs- zum Liefermanagement, in: ba, Heft 4 u. 5, 1982
- Kraljic, P.: Neue Wege im Beschaffungsmarketing, in: MM, Heft 11, 1977
- Kreikebaum, H.: Strategische Unternehmensplanung, Stuttgart u. a. 1981
- Kreikebaum, H.: Das Prestigeelement im Investitionsgüterverhalten, Diss., Köln 1961
- Kroeber-Riel, W.: Beschaffung und Lagerung. Betriebswirtschaftliche Grundfragen der Materialwirtschaft, Wiesbaden 1966
- Küpper, H.-U.: Beschaffung, in: Vahlens Kompendium der Betriebswirtschaftslehre, Bd. 1, München 1984
- Kutek, W.: Beschaffungsmarktforschung aus der Praxis, in: Der Beschaffungsmarkt 1982, Sonderheft ba 10/1982
- Kutschker, M./Roth, K.: Das Informationsverhalten vor industriellen Beschaffungsentscheidungen, Mannheim 1975
- Lamberson, L. R./Diederich, D./Wouri, J.: Quantitative Vendor Evaluation, in: Journal of Purchasing and Materials Management, Heft 1, 12. Jg., Spring 1976, S. 19-28
- Layer, G. B.: In der Lieferantenauswahl zeigt sich die Entscheidungsfreiheit des Einkäufers, in: ba, Heft 4, 1985, S. 52-53
- Lee, L./Dobler, D. W.: Purchasing and Materials Management, 3. Aufl., New York u. a. 1977
- Leenders, M. R./Blenkhorn, D. L.: Reverse-Marketing, Frankfurt a. M./New York 1989
- Leenders, M. R./Fearon, H. E./England, W. B.: Purchasing and

Materials Management, 8. Aufl., Homewood, Illinois 1985
- Lehmeier, H.: Grundzüge der Marktforschung, Stuttart/Berlin/ Köln/Mainz 1979
- Lewin, K.: Feldtheorie in den Sozialwissenschaften, Bern/Stuttgart 1963
- Lindner, T.: Strategische Entscheidungen im Beschaffungsbereich, Diss., München 1983
- Lippmann, H.: Besonderheiten der Beschaffungsmarktforschung, in: Handbuch Marketing, Bd. II, hrsg. v. J. Koinecke, Gernsbach 1978
- Lippmann, H.: Beschaffungsmarketing - Grundlagen einer einzelwirtschaftlichen-funktionalen Beschaffungslehre, Schriftenreihe Schwerpunkt Marketing, Bd. 15, Bielefeld/Köln 1980
- Lohmeier, H.: Grundzüge der Marktforschung, Stuttgart u. a. 1979
- Lohrberg, W.: Grundprobleme der Beschaffungsmarktforschung, Diss., Bochum 1978
- Lummerzheim, R.: Kennzahlen - Wertmesser und Kontrollinstrument, in: Einkaufsleiter-Handbuch, hrsg. v. G. Bretschneider, München 1974
- Mag, W.: Literaturüberblick Entscheidungstheorie, in: WiSt 1990, Heft 11, S. 582
- Magyar, K. M.: Marktziele einer neuzeitlichen Unternehmenspolitik, Rorschach 1969
- Mai, A.: Lieferantenwahl. Die ziel- und bedingungsorientierte Gestaltung der Beschaffer-Lieferanten-Beziehung, Thun/Frankfurt a. M. 1982
- Männel, W.: Produktions- und absatzwirtschaftliche Konsequenzen qualitätspolitischer Entscheidungen im Rahmen der Beschaffung, in: ZfbF, 32. Jg., 1980
- Männel, W.: Eigenfertigung und Fremdbezug, 2. Aufl., Stuttgart 1981
- March, J. G./Simon, H. A.: Organisation, New York 1958
- March, J. G./Simon, H. A.: Organisation und Individium - Menschliches Verhalten in Organisatonen, Bd. 3/Serie 3 der Schriftenreihe des interdisziplinären Instituts für Unternehmensführung an der Wirtschaftsuniversität Wien, hrsg. v. M. Hofmann, Wiesbaden 1976
- Meadows, D. et al.: Die Grenzen des Wachstums, Bericht des Club of Rome zur Lage der Menschheit, Stuttgart 1972
- Meffert, H.: Marketing, 7. Aufl., Wiesbaden 1986
- Mehr, R.I./Hedges, B.A.: Risk Management, Illinois 1963
- Meinecke, H.: Checklisten für Einkaufsleiter, München 1976
- Mellerowicz, K.: Unternehmenspolitik, Bd. 2, 2. Aufl., Freiburg i. Br. 1963
- Melzer-Ridinger, R.: Materialwirtschaft, München 1989; 2. Aufl., Mün-

chen 1991
- Menze, T.: Strategisches Internationales Beschaffungsmarketing, Diss., Stuttgart 1993
- Merk, G.: Wissenschaftliche Marktforschung, Berlin 1962
- Mertens, J.: Konstellationsadäquate Beschaffungspolitik im Handel, Bd. 6 der Schriftenreihe "Beiträge zum Beschaffungsmarketing", hrsg. v. U. Koppelmann, Köln 1986
- Meyer, C.: Beschaffungsziele, Bd. 5 der Schriftenreihe "Beiträge zum Beschaffungsmarketing", hrsg. v. U. Koppelmann, Köln 1986
- Mikus, B.: Make-or-buy-Entscheidungen in der Produktion, Führungsprozesse – Risikomanagement – Modellanalysen, Diss., Wiesbaden 1998
- Miles, L. D.: Value engineering, München 1964
- Munz, M.: Beschaffung und Beschaffungsplanung im Industriebetrieb, Wiesbaden 1959
- Nehlsen, D.: Die langfristige Beschaffung metallischer Rohstoffe, Diss., Saarbrücken 1976
- Nieschlag, R./Dichtl, E./Hörschgen, H.: Marketing, 17. Aufl., Berlin 1994
- Nydick, R. L./Hill, R. P.: Using the Analytic Hierarchy Process to Structure the Supplier Selection Proceduc, in: JPMM, Spring 1992
- Oeldorf, G./Olfert, L.: Materialwirtschaft, 3. Aufl., Ludwigshafen 1983; 6. Aufl., Ludwigshafen 1993
- Oertel, B.: Die Planung des Produktes unter Berücksichtigung der Humanisierungs- und Umweltschutzproblematik, Frankfurt/Bern 1982
- Parsons, T.: The social system, Glencoe 1951
- Parsons, W. J.: Improving Purchasing Performance, Aldershot 1982
- Pekayvaz, B.: Strategische Planung in der Materialwirtschaft, Frankfurt a. M. u. a. 1985
- Pfeffer, J./Salancik, G. G.: The External Control of Organizations, New York 1978
- Pfisterer, J.: Beschaffungskontrolle, Bd. 7 der Schriftenreihe "Beiträge zum Beschaffungsmarketing", hrsg. v. U. Koppelmann, Köln 1988
- Picot, A.: Transaktionskostenansatz, in HWB, 5. Aufl., Stuttgart 1993, Sp. 4195-4196
- Piontek, J.: Internationales Beschaffungsmarketing, Stuttgart 1993
- Pooler, V. H.: The purchasing man and his job, New York 1964
- Popper, K. R.: Logik der Forschung, 2. Aufl., Tübingen 1966
- Powell, W. W.: Weder Markt noch Hierarchie: Netzwerkartige Organisationsformen, in: Organisation und Netzwerke: Institutionelle Steue-

rung in Wirtschaft und Politik, hrsg. v. P. Kenis/ V. Schneider, Frankfurt/Main 1996
- Porter, M. E.: Wettbewerbsvorteile, Frankfurt a. M./New York 1986
- Preß, B.: Kaufverhalten in Geschäftsbeziehungen, in: Geschäftsbeziehungsmanagement, hrsg. v. M. Kleinaltenkamp/ W. Plinke, Berlin u. a. 1997, S. 63-111
- Puhlmann, M.: Die organisatorische Gestaltung der integrierten Materialwirtschaft in industriellen Mittelbetrieben, Bergisch Gladbach/Köln 1985
- Raffée, H.: Marketing und Umwelt, Stuttgart 1979
- Raffée, H.: Gegenstand, Methoden und Konzepte der Betriebswirtschaftslehre, in: Vahlens Kompendium der Betriebswirtschaftslehre, 3. Aufl., hrsg. v. M. Bitz/K. Dellmann/M. Domsch/H. Egner, München 1993
- Reddewig, G./Dubberke, H.-A.: Einkaufsorganisation und Einkaufsplanung, Wiesbaden 1959
- Rembeck, M./Eichholz, G. P.: Leitfaden für die industrielle Beschaffungsmarktforschung. Mit Beispiel, hrsg. v. RKW/BIE, Frankfurt a. M. 1976
- Risse, W.: Der Begriff des Marketing und seine Stellung im System der Betriebswirtschaftslehre, in: ZfB, Heft 5, 1972, S. 337-360
- Robinson, P. J./Faris, C. W./Wind, Y.: Industrial Buying und Creative Marketing, Boston 1967
- Rodeck, K.: Die Aufgabe der Beschaffungsführung, Winterthur 1968
- Rühli, E.: Organisationsformen, in: Handwörterbuch der Betriebswirtschaftslehre, 2. Bd., 5. Aufl., Stuttgart 1993, Sp. 3031-3046
- Sandig, C.: Grundriß der Beschaffung, in: "Die Betriebswirtschaft, Zeitschrift für Handelswissenschaft und Handelspraxis", Heft 8 - 10, 28. Jg., Stuttgart 1935
- Sandig, C.: Betriebswirtschaftspolitik, Stuttgart 1953
- Sandig, C.: Methodenprobleme, betriebswirtschaftliche, in: HWB, Bd. 3, 3. Aufl., hrsg. v. H. Seischab/K. Schwantag, Stuttgart 1960
- Sandig, C.: Beschaffungspolitik, in: HWB, hrsg. v. E. Grochla u. W. Wittmann,
  4. Aufl., Stuttgart 1974
- Schäfer, E./Knoblich, H.: Grundlagen der Marktforschung, 5. Aufl., Stuttgart 1978
- Schäfer, E.: Betriebswirtschaftliche Marktforschung, Essen 1955
- Schaefer, P.: Einzelbetriebliche Beschaffung oder Beschaffung durch Kooperationsgemeinschaften bei Einzelhandelsbetrieben, Diss., Regensburg 1972

- Schanz, G.: Grundlagen der verhaltenstheoretischen Betriebswirtschaftslehre, Tübingen 1977
- Schanze, E.: Contract, Agency and the delegation of decision making, in: Spremann, K./ Bamberg, G. (Hrsg.): Agency theory, information and incentives, S. 461-471; Berlin, Nachdruck 1989
- Schär, J. F.: Allgemeine Handelsbetriebslehre, 4. Aufl., Leipzig 1921
- Scherer, J.: Zur Entwicklung und zum Einsatz von Objektmerkmalen als Entscheidungskriterien in der Beschaffung, Bd. 9 der Schriftenreihe "Beiträge zum Beschaffungsmarketing", hrsg. v. U. Koppelmann, Köln 1991
- Scheuing, E. E.: Purchasing Management, Englewood Cliffs 1989
- Schlesinger, A.: Zur Analyse des Beschaffungsbedarfs, Bd. 10 der Schriftenreihe "Beiträge zum Beschaffungsmarketing", hrsg. v. U. Koppelmann, Köln 1991
- Schmidt, A.: Operative Beschaffungsplanung und -steuerung, Köln 1985
- Schmidt-Sudhoff, U.: Unternehmensziele und unternehmerisches Zielsystem, Wiesbaden 1967
- Schober, E.: Der industrielle Einkauf in der betrieblichen Praxis, Frankfurt a. M. 1965
- Schröder, M.: Internationales Beschaffungsmarketing der Industrieunternehmung zur Gestaltung internationaler und interkultureller Beschaffungsbeziehungen, Göttingen 1993
- Schubert, M.: Risikomanagement in der Beschaffung, noch unveröffentlichte Dissertation, Köln 2004
- Schult, E.: Allgemeine Betriebswirtschaftslehre, Freiburg i. Br. 1980
- Schütze, R.: Kundenzufriedenheit – After-Sales-Marketing auf industriellen Märkten, Wiesbaden 1992
- Schupp, F.: Ein modulares Entscheidungsmodell zur Ableitung von Versorgungsstrategien in der Logistik, Diss., Berlin 2003
- Schweitzer, M.: Die methodologischen und entscheidungstheoretischen Grundfragen der betriebswirtschaftlichen Prozeßstrukturierung, in: ZfbF, 19 Jg., 1967, S. 279 - 296
- Seggewiß, K. H.: Die Organisation der Materialbeschaffung in Großunternehmungen, Frankfurt a. M. u. a. 1985
- Seidenschwarz, W.: Target costing: marktorientiertes Zielkostenmanagement, München 1993
- Seiffert, H.: Einführung in die Wissenschaftstheorie, München 1971
- Seiffert, H.: Methode, in: Handlexikon zur Wissenschaftstheorie, hrsg. v. H. Seiffert u. G. Raduitzky, München 1989

- Seifert, H.: Ein Beitrag zur Systematisierung und Integration der Materialbeschaffung in Unternehmen der Investitionsgüterindustrie, Diss., Aachen 1979
- Seiler, H.: System- und entscheidungstheoretischer Modellansatz zur industriellen Beschaffungspolitik, Diss., St. Gallen 1977
- Senti, R.: Internationale Rohprodukte-Abkommen, Diessenhofen 1978
- Seifert, H.: Ein Beitrag zur Systematesierung und Integration der Materialbeschaffung in Unternehmen der Investitionsgüterindustrie, Diss., Aachen 1979
- Seyffert, R.: Die Handelskette, in: Die Betriebswirtschaft, Zeitschrift für Handelswissenschaft und Handelspraxis, 24. Jg., Stuttgart 1931
- Sheth, J. N.: A Model of Industrial Buyer Behavior, in: JM, Oct. 1973
- Sieben, G.: Gemeinsamkeiten betriebswirtschaftlicher Entscheidungsmodelle (I), in: WISU, Heft 7, 1985, S. 343 ff.
- Sieben, G./ Schildbach, T.: Betriebswirtschaftliche Entscheidungstheorie, 4. Aufl., Düsseldorf 1994
- Siebert, H.: Perspektiven der internationalen Arbeitsteilungs- Thesen zum deutschen Außenhandel, in: Marketing ZFP, Heft 2, 7. Jg., 1985
- Simon, H. A.: A Behavioral Model of Rational Choice, in: Quaterly Journal of Economics, 69 (February), 1955
- Simon, H. A.: On the Concept of Organizational Goals, in: Administrative Science Quarterly, IX, 1964, S. 1 - 22
- Smytka, D. L./Clemens, M. W.: Total Cost Supplier Selection Model: A Case Study, in: JPMM, Winter 1983
- Soukup, W. R.: Supplier Selection Strategies, in: Journal of Purchasing and Materials Management, Heft 2, 23. Jg., Summer 1987, S. 7-11
- Spiegel-Verlag (Hrsg.): Die industrielle Einkaufsentscheidung, Hamburg 1972
- Spiegel-Verlag (Hrsg.): Der Entscheidungsprozeß bei Investitionsgütern, Hamburg 1982
- Spinner, H. F.: Pluralismus als Erkenntnismodell, Frankfurt a. M. 1974
- Spremann, K.: Asymmetrische Information, in: Zeitschrift für Betriebswirtschaft, Bd. 60, 1990, S.561-586
- Stahlmann, V.: Umweltorientierte Materialwirtschaft, Wiesbaden 1988
- Stangl, U.: Beschaffungsmarktforschung - Ein heuristisches Entscheidungsmodell, Bd. 2 der Schriftenreihe "Beiträge zum Beschaffungsmarketing", hrsg. v. U. Koppelmann, Köln 1985
- Stark, H.: Beschaffungsführung. Grundlagen marktkonformen und zielorientierten Verhaltens in der Beschaffung, Stuttgart 1974
- Stark, H.: Beschaffungsmarktforschung und Beschaffungsmarketing, in:

Der Beschaffungsmarkt, 1982, Sonderheft ba
- Stark, H.: Beschaffungsplanung und Budgetierung, BME Studientexte, Frankfurt a. M., o. J.
- Stark, H.: Lieferantenwahl, in: ba, Heft 3, 1989, S. 26-30
- Steinbrüchel, M.: Die Materialwirtschaft der Unternehmung, Diss., Bern/Stuttgart 1971
- Stephany, T.: Beschaffungsverhandlungen, noch unveröffentlichte Dissertation, Köln 2004
- Stölzle, W.: Industrial Relationship, München/Wien 1999
- Strache, H.: Preise senken - Gewinn einkaufen, 3. Aufl., Lage 1975
- Strache, H.: Preisarbeit, Nürnberg 1981
- Strache, H.: Beschaffungsmarktforschung, Wiesbaden 1982
- Strothmann, K.-H.: Marktorientierung im Beschaffungswesen, Frankfurt a. M. 1967
- Strothmann, K.-H.: Das Informations- und Entscheidungsverhalten einkaufsentscheidender Fachleute der Industrie als Erkenntnisobjekt der industriellen Werbeforschung, in: Der Markt als Erkenntnisobjekt der empirischen Wirtschafts- und Sozialforschung, hrsg. v. M. Rembeck u. G. P. Eichholz, Bern/Stuttgart 1968
- Stüwe, B./ Küthe, E.: Von der Kunst der Reduktion – Entscheidungsbezüge im Marketing, in: Angewandtes Produkt- und Beschaffungsmanagement, hrsg. v. U. Koppelmann, Köln 1997
- Sundhoff, E.: Grundlagen und Technik der Beschaffung von Roh-, Hilfs- und Betriebsstoffen, Essen 1958
- Szyperski, N.: Das Setzen von Zielen - Primäre Aufgabe der Unternehmensleitung, in: ZfB, Heft 10, 41. Jg., 1971, S. 649 ff.
- Tanew, G.: Controlling in der Materialwirtschaft - Planung, Steuerung und Messung des materialwirtschaftlichen Erfolges, in: Zeitschrift Interne Revision, Heft 4, 1979
- Tanew, G.: Lieferantenbewertungssystme - Entscheidungshilfe für die günstige Beschaffungsquelle, Teil 1, in: ba, Heft 12, 1981, S. 10-17
- Haseborg, F.: Simultane Lieferantenwahl und Lagerhaltung, in: ZfB, Heft 7, 50. Jg., 1980, S. 737-771
- Theisen, P.: Beschaffung und Beschaffungslehre, in HWB, 1974
- Theisen, P.: Grundzüge einer Theorie der Beschaffungspolitik, Berlin 1970
- Theisen, P.: Die Ausschöpfung von Angebotsdifferenzen - Lieferantenwahl mit Hilfe der mathematischen Programmierung, in: ZfbF, 27. Jg., 1975, S. 774-784
- Thompson, K. N.: Vendor Profile Analysis, in: Journal of Purchasing

and Materials Management, Heft 1, 26. Jg., Winter 1990, S. 11-18
- Tietz, B.: Beschaffung, in: HdWW, Bd. 1, hrsg. v. W. Albers et al., Stuttgart 1957
- Tietz, B.: Grundlagen des Marketing, Bd. 2, München 1975
- Timmermann, E.: An Approach to Vendor Performance Ecaluation, in: JPMM, Winter 1986
- Trautmann, W. P.: Die Wertanalyse im Einkauf, Berlin/Baden-Baden 1960
- Trautmann, W. P.: Erfolgskontrolle und Leistungsrechnung im Einkauf, Ludwigshafen-Rheingönheim 1969
- Trautmann, W. P.: Beschaffungsmarktforschung, in: Marketing-Enzyklopädie, Bd. 1, München 1974
- Trautmann, W. P.: Die Prüfung der wirtschaftlichen Gestaltung der Einkaufsfunktion, in: Zeitschrift Interne Revision, 3a/1985
- Treis, B.: Die Beschaffung landwirtschaftlicher Produkte durch Unternehmen der Ernährungswissenschaft, Berlin 1970
- Treis, B.: Das beschaffungspolitische Instrumentarium, in: Der Markt, o. Jg., 1971
- Treis, B.: Beschaffungsmarketing, in: Marketing-Enzyklopädie, Bd. 1, München 1974
- Treis, B.: Der mittelständische Einzelhandel im Wettbewerb, größenbedingte Vor- und Nachteile, München 1981
- Trompenaars, F.: Handbuch globales Managen: Wie man kulturelle Unterschiede im Geschäftsleben versteht, Düsseldorf u. a. 1993
- Trux, W. R.: Einkauf und Lagerdisposition mit Datenverarbeitung, Frankfurt a. M. 1968
- Trux, W. R.: Einkauf und Lagerdisposition mit Datenverarbeitung, 2. Aufl., München 1972
- Umminger, P.: Einsatzmöglichkeiten qualitativer Prognoseverfahren im Produktmarketing, Bd. 16 der Schriftenreihe "Beiträge zum Produktmarketing", hrsg. v. U. Koppelmann, Köln 1990
- Verein Deutscher Ingenieure (Hrsg.): HDI-Handbuch Materialfluß und Fördertechnik, VDI-Richtlinie 2519 Blatt 1, Entwurf, Düsseldorf 1996
- Vester, F./ Hesler v., A.: Sensitivitätsmodell, Frankfurt am Main 1980
- Weber-Hax: Arbeitskreis der Schmalenbach-Gesellschaft: Der Einkauf im Industriebetrieb als unternehmerische und organisatorische Aufgabe, Köln/Opladen 1960
- Webster, F. E./Wind, Y.: Organizational Buying Behavior, Englewood Cliff 1972
- Webster, F. E./Wind, Y.: A General Model for Understanding

Organizational Buying Behavior, in: JPMM, Vol. 36, April 1972
- Wendler, F. E.: Die Beschaffungsmarktforschung als betriebswirtschaftliche Aufgabe, in: Der Marktforscher, 12. Jg., 1968
- Wenger, E.: Beschaffungsmarktforschung, in: ba, Heft 4, 1979
- Wenger, E.: Checkliste - Kontaktaufnahme mit neuen Lieferanten, in: ba, Heft 4, 1984, S. 28
- Westermann, H.: Marktnah entwickeln - vorteilhaft einkaufen - gezielt verkaufen, Stuttgart 1971
- Westermann, H.: Gewinnorientierter Einkauf, 3. Aufl., Berlin 1982
- Westermann, H.: Optimale Lieferantenwahl, in: ba, Heft 11, 1989
- Westing, J. H./Fine, J. V./Zens, G. J.: Purchasing Management, 4. Aufl., Santa Barbara, California 1976
- Wild, J.: Methodenprobleme in der Betriebswirtschaftslehre, in: HWB, Bd. 2, 4. Aufl., hrsg. v. E. Grochla u. W. Wittmann, Stuttgart 1975
- Williamson, O. E.: Die ökonomischen Institutionen des Kapitalismus: Unternehmen, Märkte, Kooperationen; Tübingen 1990 (Originaltitel: The economic institutions of capitalism, New York 1985)
- Winand, U./Welters, E.: Beschaffung und strategische Unternehmungsführung, in: Beschaffung und Unternehmungsführung, Stuttgart 1982
- Wissebach, B.: Beschaffung und Materialwirtschaft, Herne/Berlin 1977
- Witte, E.: Stichwort "Entscheidungsprozesse", in: Handwörterbuch der Organisation, hrsg. v. E. Grochla, 2. Aufl., Stuttgart 1980
- Wittekopf, F.: Systematischer Einkauf in Handel und Industrie, 2. Aufl., Leipzig 1926
- Zangenmeister, C.: Nutzwertanalyse i. d. Systemtechnik, 4. Aufl., München 1976
- Zäpfel, G.: Entscheidungsprobleme bei der Beschaffung von Stoffen für ein vorgegebenes Fertigungsprogramm, Diss., Karlsruhe 1970
- Zeigermann, J. R.: Elektronische Datenverarbeitung in der Materialwirtschaft, Stuttgart 1970

Index

A

Abbau von Lieferantenmacht 314
ABC-Analyse 181
Abfallbehandlung 335
Abfallregelungen 194
Abholen 281
Abkommen
  plurilaterale 228
Abnahmebereitschaft 281
Abnahmetoleranz 281
Abnahmezuverlässigkeit 281
absatzgerechte Anpassung 282
Absatzmarkt 88
Abstraktionsstufen 270
Ab-Werk-Erfüllungsort 288
Abwicklung 40
Agent 154
Agentenfunktion 78
A-Komponenten-Sourcing 123
Aktionspläne 398
Allgemeine Märkte-
  informationen 351
Alternativen 46
Alternativenkataloge 46
Alternativenraum 48
Analogieverfahren 375
Analyse 371
Analytic Hierarchy Process 263
Änderungsentscheidungen 195
Anforderungen 155, 345
  Entgeltanforderungen 164
  Informationsanforderungen 162
  Lieferanforderungen 163
  Ortsanforderungen 162
  Serviceanforderungen 165
  Zeitanforderungen 161
Anforderungserfüllungs-
  unsicherheit 70
Anforderungsinformationen 347
Anforderungsumsetzung 191
Angebotsdistanz 53
Angebotsleistungswandel 53
Angebotsmodus 296
Angebotsstruktur 53
Ankunftsortbestimmung 288, 289
Anlieferung
  verarbeitungsgerechte 164
Anpassung
  absatzgerechte 281
  produktionsgerechte 281
Anpassungsanalyse 83
Anreiz-Beitrags-Charakter 270
Anreiz-Beitrags-Theorie 60
Anwendungsberatung 163
Anwendungsfunktion 169
Arbeitskosten 211
Arbeitsleistungen 212
Aufnahme-/Treuerabatt 293
Auswahl der Informationen über
  die Liefereranforderungen 352
Auswahl der
  Leistungsinformationen 352

B

badge-engineering 124
Bankenhilfe 212
Baukastensystemen 123
Bedarfsanalyse 22, 393
Bedarfsanforderungen 241, 379, 380
Bedarfsbezogene
  Kontrollkennzahlen 383
Bedarfsdominanzkonflikt 168

Bedarfsdringlichkeit 53
Bedarfserfüllungskontrolle 384
Bedarfsermittlung
  synthetische 188
Bedarfsfixierungskonrolle 384
Bedarfsmenge 283
Bedarfsmengenprognose 188
Bedarfsstetigkeit 53
Bedarfswerbung 298
Bedeutsamkeit 343
Beeinflussungsinstrumente 269
Beeinflussungsstruktur 269
Begrifflichkeitsproblem 159
Belieferungsprämie 293
Benchmarking 239
Benchmarkinganalyse 395
Benchmarkinggedanken 390
Berechnungsmodus 296
Bereitstellungszeitpunkt 162
Beschafferkonkurrenz-
  informationen 349
Beschaffermarkierung 276
Beschafferreferenz 297, 298
Beschaffung 5
Beschaffungsbedingungen 113
Beschaffungsflexibilitäts-
  steigerung 116
Beschaffungsfunktionsziel-
  bezogene Kontrollkennzahlen 384
Beschaffungsgrundsätze 105
Beschaffungskooperation 128
Beschaffungskostensenkung 110
Beschaffungsleitlinien 65, 105
Beschaffungsmanagement 5, 75
Beschaffungsmanager 415
Beschaffungsmarketing 6, 75
Beschaffungsmarkt 86
Beschaffungsmarkt-
  konstellationen 86
Beschaffungsobjekt 113
Beschaffungsobjektkategorien 52
Beschaffungsprozess 30
Beschaffungsprozeßkosten 111
Beschaffungsqualität steigern 112
Beschaffungsrisikosenkung 113
Beschwerdemanagement 31
  257 328
Bestell-/Stornierungsmodus 296
Bestellmenge 283
Bestellmengeneinhaltung 286
Bestellrhythmusverfahren 189
Beziehungsstruktur 253
Beziehungstypen 321
Beziehungszahlen 382
Bezug 283
Bezugslogistikpolitik 289
Bezugsmengenpolitik 283
Bezugsmodalitätspolitik 288
Bezugsorganpolitik 286
Bezugspolitik 271
Bezugspolitische
  Variableneignungen 305
Bezugsstrategien 124
Bilanzanalyse 258
Billigprodukt 51
Branche 234
Bruttobedarf 186
Business-to-Business-
  Marketing 18, 79
Buying Center 25

C

Checklisten 262
Commitment 31
Computerkenntnisse 418
Corporate Identity 104

D

Delphi-Verfahren 375
Detaillierungsgrad 139
Devisenverfügbarkeit 212
Differenzen 382
Dimensionsnormierung 395
Disposition 40
dritte Leitungsebene 202
Drittentwicklung 275
Drittreferenz 298
Druckpolitik 292

Durchführungsplanung............... 391
Dynamikproblem........................ 301

E

Eigenentwicklung....................... 275
Einkaufsabwicklungsmodalitäten
.... 296
Einkaufskooperationen............... 287
Einkaufsmesse/Musterschau...... 296
Einkaufsniederlassung........ 286, 287
Einkaufsreisende........................ 287
Einkaufsvertreter/-makler/-
kommissionäre....................... 287
Einsatzvariabilität...................... 161
Endprodukt.................................. 96
Entgeltanforderungen................ 164
Entgeltpolitik............................. 272
Entgeltpolitische
Variableneignungen.............. 307
Entscheidungshintergrund........... 83
entscheidungssituations-
abhängige Kriterien............... 211
entscheidungssituations-
abhängige Makrokriterien...... 219
entscheidungssituations-
unabhängige Kriterien............ 209
Entsorgung................................. 335
Entwicklungskompetenz............ 421
Entwicklungskooperation... 121, 136
Entwicklungszeit....................... 161
Erfahrung.................................. 418
Erfahrungsgüter............................ 70
Erfüllung................................... 415
Ergebnisfeststellungsfunktion.... 377
Ergebniskontrolle.............. 398, 412
Ermittlung des Informations-
bedarf.................................... 340
Ersatzteilversorgung.................. 282
erste Leitungsebene................... 200
Exklusivbelieferung.................. 164
Exklusivbezug.................. 288, 289
externes Aufgabenumfeld.......... 404

F

faire Partnerschaft....................... 66
Fairpreisstrategie............... 130, 136
Fensterfragen..................... 168, 169
Festpreispolitik.......................... 292
Financial Risk Management....... 401
Finanzpotential.......................... 149
Fixhandelsbezug......... 162, 288, 289
fixierter Preis............................. 164
Fixierung der
Kommunikationstechnik........ 290
Flexibilitätsaspekt...................... 197
Flexibilitätsbedeutsamkeit......... 344
Frachtführerübergabebestimmung
.... 288, 289
Fremdlagerbezug............... 289, 290
Früherkennung............................. 41
Führungsfunktion....................... 377
Funktionsebene.......................... 413

G

Gap-Analyse.............................. 395
Garantiedauer............................ 282
Garantieleistung......................... 282
Garantiepolitik........................... 282
Garantieumfang.......................... 282
Geheimhaltung........................... 297
Geheimhaltungswunsch............. 163
Geldwertmethode....................... 267
Gemeinwohlorientierte
Beschaffungsziele.................. 117
Gemeinwohlorientierte Ziele...... 109
Geringe Gestaltungstoleranzen... 276
Geringe Realisationstoleranzen.. 277
Gestaltungsanalyse...................... 83
Gestaltungsbereich..................... 237
Gestaltungsleistungsakzeptanz... 160
Gestaltungsmittelakzeptanz........ 160
Gestaltungsmittelveränderbarkeit
.... 160
Gestaltungsvorschriften............. 276
Gleichteile.................................. 277
Gliederungszahlen...................... 382

global sourcing 125
graphische Bewertungsmethoden 146
graphische Darstellungen 261
Gratifikationen 61
Gratifikationstheorie 61

H

Handel 81
Handlungsmaxime 66
Handlungszusammenhang 91
Heilungsfragen 168, 170
Heuristik 48
Hierarchieprinzips 43
hohe Mengenflexibilität 159
hohe Mengenkonstanz 160
Holdup-Problematik 72

I

Identifikation 350
Imagepotential 149
Implementierungsplanungen 397
Indikatorverfahren 374
Indizienbeobachtung 99
Industriegütermarketing 75
Informationen 40
Informationsanforderungen 162
Informationsaufbereitung und -speicherung 341
Informationsbereitschaft 163
Informationsbeschaffung 341
Informationsdarstellungsmöglichkeiten 364
Informationsgewinnung 369
Informationskompetenz 162
Informationsmanager 416
Informationsmethoden 418
Informationspflege 139
Informationsquellen 372, 393
Informationsumgang 363
Informationsweitergabe 341
Infrastruktur 212
Inputversorgung 338
Insourcing 196
Instrumentaldifferenzen 325
Instrumentaltoolbox 270
Instrumentalzielbezogene Kontrollkennzahlen 388
Instrumentalziele 379
Instrumentenbezogene Maßnahmen 315
Instrumentenpools 30
Instrumentierung 323
Interaktionsbeziehung 154
Interaktionsfähigkeit 419
Interaktionsklima 319
Interaktionsstile 319
  aggressive-konfliktäre 319
  analytisch-partizipativen 319
  arrogant-aggressiven 319
  rational-diskursiver 319
Interaktionsstrategien 318
Interaktionstheorie 61
Interdependenzproblem 300
Interessenslage 29
international sourcing 125
intuitives Verfahren 374
Investitionen 72
Ist-Profile 230

J

Just-in-Time-Strategie 162
just-in-time-Versorgung 127

K

Kapazitätsreservierung 288, 289
Kapitalbeteiligung 294
Kapitalleistungsaspekt 212
Kapitalverfügbarkeit 212
Kardinalskalen 381
Katalogprodukte 51
Kaufsituation 318
Kennzahlen 381
Kennzahlenverfahren 260, 380
Kiekert-Fall 86
Kleine Bezugsmengen 285

Know-how-Schutz 193
Know-how-Transfer 136
Know-how-Transferpolitik 297
Know-how-Verlustproblem 198
Kommunikationskosten 211
Kommunikationsleistungen 212
kommunikationspolitische Variableneignungen 309
kommunikationspolitische Variablen 271
Kommunikationstechnik-fixierung 289
Kompetenz 32
Kompetenzkonflikt 168
Komplexitätsproblem 47, 300
Komplexitätsreduktion 47
Konfliktvermeidungsfunktion 168
Konkurrenzinformationen 352
Konkurrenzpreispolitik 292
Konkurrenzüberlegungen 345
Konsignationsbezug 288, 289
Konsignationslager 162
Konstellationsanalyse 38
Konstellationskonfigurationen 90
Konstellationsprognose 99
Konsumgütermarketing 75
Kontaktbereitschaft 295, 296
Kontaktmodalitätspolitik 295
Kontrollfunktionen 376
Kontrollintensivierung 130
Kontrollproblem 199
Kosten 30
Kostenanalyse 165
Kostenanalysemethoden 191
Kostenbedeutsamkeit 343
Kostendegressionseffekte 161
Kostenentscheidungsanalyse 260
Kostenentwicklung 191
Kostenübernahmebestimmung 288, 289
Kreativitätstechniken 184
Kreditpolitik 294
Kulanz 283
Kulturen 418
Kundendienstbereitschaft 165
Kundendienstpolitik 281
Kundendienstübernahme 282

L

Lagerzugänglichkeit 162
Langlebigkeit 161
Lastenheft 160
Leasingmöglichkeiten 165
Leistungen 30, 155, 345
Leistungsanalysemethoden 184
Leistungsänderungen 91
Leistungsanforderungen 160
Leistungsbedeutsamkeit 181, 343
Leistungsbedeutung 53
Leistungsdelegation 129
Leistungskonstanz 112
Leistungsniveau 51
Leistungsnormierungen 227
Leistungspreispolitik 292
Leistungssicherungspolitik 283
Leistungssichtbarkeit 161
Leistungssteigerung 112
Leistungsüberwachung 332
Leistungsveränderbarkeit 160
Leistungsverfügbarkeit 53
Leistungsvorschriften 276
Lern- und Motivationsfunktionen 377
Lieferanforderungen 163
Lieferanten 25
Lieferantenanalyse 232
Lieferantenauswahl 232
Lieferantenbewertung 232
Lieferantenentwicklung 275
Lieferantenkreditforderung 294
Lieferantenkreditgewährung 294
Lieferantenleistungsinformationen 347
Lieferantenmanager 415
Lieferantenmarkierung 276
Lieferantenpflege 333
Lieferantenreferenz 297, 298
Lieferantensicherheit 164
Lieferantentag 296
Lieferantentypologie 262
Lieferantenunterstützungspolitik 279

Lieferantenverhandlung 232, 233
Lieferantenwettbewerbe 298
Lieferbereitschaft 281
Liefereranforderungs-
informationen 359
Liefererkonkurrenz-
informationen 348
Liefererleistungsinformationen .. 357
Lieferortakzeptanz 162
Lieferortvariabilität 162
Lieferqualitätseinhaltung 281
Lieferungspolitik 281
Lieferzeit 162
Lieferzeitpunkt 162
Lieferzuverlässigkeit 163;281
local sourcing 124
Logistik 5
Logistikkosten 211
Logistikleistungen 212
Logistiktechnik 212
Lösung 36
Lösungsinstrumenten 39

M

Machtabbau 315
Machtaspekte 213
Machtaufbau 314, 315
Machtverhinderung 315
Makroauswahl 209, 214
Managementkosten 211
Managementleistungen 212
Mandatseinkauf 286, 287, 417
Marketing 5
Marketingzusammenarbeits-
bereitschaft 163
Markt 67
Markt-/Lieferantenanalyse 356
Marktanalyse 83
Marktanforderungsprofils 230
Marktbedeutsamkeit 351
Marktdurchschnittspreisen 130
Märkteinformationen . 346, 352, 361
Märktekonzentration 125
Märktemischung 125
Markterkundung 336
Marktfeldstrategien 124
Marktforschung 40, 336
Marktinformationen 163; 297
Marktprinzip 417
Maßstäbe 46
Material 3
Materialbeistellung 277
Materialbeistellungsakzeptanz ... 161
Materialwirtschaft 2, 3, 5
Matrix-Approach 266
Matrixorganisation 417
Medienadäquanz 295
Mengenanalysemethoden 186
Mengenänderungen 92, 96
Mengenanforderungen 159
Mengenbedeutung 53
Mengeninformationen 351
Mengenprämie 293
Mengenrabatt 293
Mengenüberwachung 332
Mengenumfang 159
Mengenveränderbarkeit 159
Mengenverfügbarkeit 53
Merkmalskatalog 48
Methoden
der Kostenanalyse 191
der Leistungsanalyse 184
der Mengenanalyse 186
der Preisanalyse 191
der Zeitanalyse 189
Methodenarsenal 54
Methodenverständnis 54
Mikroauswahl 220
Mikrokriterien 213
Mindermengenzuschläge 165
Mindermengenzuschlagsverzicht 293
Minimalpreises 130
Minimalprinzip 153
Mittelwerte 382
Mixpolitik 278
Modalitätsnormierungen 223
Modalitätsüberwachung 332
modular sourcing 122; 136
Monitorer 370
Montage/Entwicklung/
Probelauf 281, 282

N

Nachfrageorientierung.................75
Nachfragestruktur.........................53
Nachkaufsicherheit....................166
Nettobedarf.................................186
Netzwerktheorie..........................67
Neuentwicklung 275
Neuigkeitsgrad 51
Nichterhältlichkeit.....................114
Niederlassungsbezug.........289, 290
Nominalskalierung 380
normenidentisches Verhalten.....420
Normenidentität.........................212
Normprodukte 51
Normprofil 149
Nullfehler-Konzeptionen.... 124, 136
Numerische Bewertungs-
methoden 145
numerisches Verfahren..............262
Nutzen...32
Nutzwertanalyse........................267

O

Objektersetzbarkeit.....................53
Objektgarahtie, erweiterte..........166
Objektgefährdung........................53
Objektivität................................380
Objektprinzip 416
Offertenresonanz.......................296
ökonomisches Prinzip 61
Operatoren..................................48
opportunistisches Verhalten.........72
Optimierung 260
Ordinalskalen 381
Organisationsaspekt 390
Organisationspotential...............148
Organisationsstruktur 30
Ortsanforderungen.....................162
Ortsdezentralität........................413
Ortsveränderungen 93
Outsourcing.............. 111, 139, 195
Outsourcingentscheidungen 176

P

Partnerbeziehung.........................67
Partnerentwicklung 275, 310
Personal- und Sachhilfen...........282
Personalhilfen............................282
Personalpotential.......................148
Personenadäquanz.....................295
Persönlichkeitsmerkmale 420
Planfortschrittskontrolle............412
Planung..2
Planungspotential......................149
Plattformstrategie 123
Polaritätsprofil...........................146
Polarprofil 147
Pönalienpolitik 293
Portfoliotechnik.........................262
Potentialabbau...........................139
Potentialanalyse.........................176
Potentialaufbau..........................139
Potentiale.....................32, 155, 345
Potentialumbau..........................139
Prämienpolitik...........................293
Prämissenkontrolle....................412
Preisanalysemethoden...............191
Preisänderungen....................92, 97
Preisanpassungspolitik..............292
Preisbedeutung............................53
Preisbewilligungspolitik............292
Preisdruckpolitik...............291, 292
Preisentscheidungsanalyse.........258
Preisniveau..................................51
Preispolitik 291
Preissetzungspolitik...................292
Preissicherheit...........................165
Preissogpolitik...........................292
Preisstabilität...............................53
Preisstrategien 130
Primärbedarf..............................186
Primärforschung................356, 374
Principal-Agent-Beziehung..........72
Prioritätsbestimmungsmethoden 181
Problemanalyse 36, 45
Problemaustausch......................297
Problemlösungsbereitschaft 163

Problemlösungsphase 39, 44
procurement marketing 6
Produktanpassung 276, 277
Produktanwendungsberatung 297
Produktausstrahlungseffekt 49
Produktdifferenzierung 277
Produkteinpassung 276
Produktentwicklungspolitik 275
Produktgestaltungspolitik 276
Produktgestaltungszusagen 278
Produkthaftung 193
Produktherstellungspolitik 277
produktionsgerechte Anpassung 282
Produktionskosten 211
Produktionsprozeß 96
Produktionszeit 161
Produktleistungskonstanz ... 277, 278
Produktleistungsveränderbarkeit 277, 278
Produktmanagement 417
Produktmarketing
  absatzgerichtet 75
Produktmixpolitik 278
Produktmodifikationspolitik 277
produktpolitische
  Instrumentalvariablen 271
Produktpolitische
  Variableneignungen 304
Produktprogrammpolitik 278
Produktselektionspolitik 278
Produktstrategien 121
Produktveränderung 277
Produktvereinheitlichung 277
Produktverwendungspolitik 278
Produktverwendungszusagen 278
Prognose 372
Prognosemethoden 374
Programmbreitenpolitik 278
Programmtiefenpolitik 278
Punktbewertungssysteme 262

Q

Qualitative Verfahren 260
Qualitätsauditierung 283
Qualitätsdokumentation 283
Qualitätsunsicherheit 70

R

Rabattpolitik 293
Rabattstaffelungen 165
Rahmenauftrag 288, 289
Rahmenplanung 390
Rationalität 36
Realisationsbezüge 40
Recycling 282
Recyclingbereitschaft 166
Recyclinghilfen 282
Referenzpolitik 297
Regelungsfunktion 377
Reklamations-/Streitmodus 296
relationale Beschaffung 27
Relationship-Marketing 31
Reliabilität 380
Risiko 205
Risikohinnahme 411
Risikokriterien 210
Risikomanagement
  im engeren Sinne 401
Risikomanagement
  im weiteren Sinne 401
Risikominderung 409
Risikoüberwälzung 409
Risikovermeindung 411

S

Sachhilfen 282
Sachpotential 149
Scanner 370
Scouts 370
Sekundärbedarf 186
Sekundärforschung 356, 374
Selbstauskunft 235, 345
Selbstauskunftsfragebogen 349
Selektionspolitik 278
Selektivität 46
Selling-Team 18
Serviceanforderungen 165
Servicekapazität 166

Servicepolitik 272
Servicepolitische
Variableneignungen 305
Servicestrategien 129
Sicherheitsbedeutsamkeit 343
Situationstheorie 48
Skalierungsverfahren.................. 380
Skonto 293
Sogpolitik 292
Soll-Profile 230
Sonderleistungsprämie 293
Sonderleistungsrabatt 293
Spezialprodukte.................... 51, 321
Spezifizierungsfunktion 168
Spitzenprodukte.................... 51, 321
Spot 27
Sprachenkenntnisse 418
Sprungwerbung 298
Stammlieferant 250
Standardisierungsgrad 51
Steuerungsproblem..................... 199
Strategieketten............................ 136
Strategievernetzungen 136
Strategische Maßnahmen 315
Stücklisten 187
Stücklistenauflösung
analytische 187
Subcontracting 288, 289
Subjektivität 46
Suchgüter 71
Suchphase...................................... 39
Support 45
Supportphase 40
Synergieproblem 200
Systemfähigkeit........................... 237
Szenario-Technik 375

T

Taktik
Gesprächs-.............................. 319
Teamfähigkeit 419
Technik.. 212
Technologiestand 161; 212
Teileverwendungsnachweise...... 188
Termingestaltung, flexible 162
Terminologische Abgrenzung 375
Tertiärbedarf............................... 186
Theoretisches Wissen 418
Totalmodelle 19
TQM.. 283
Transaktionskostentheorie......... 123
Transformationsprozesse 1
Transparenz 36
Transportführervorschriften 289
Transportmittel-, -führer- und
-wegevorschriften.................. 290
Transportmittelanbindung 162
Transportmittelvorschrift 289
Transportwegevorschriften......... 289

U

Umwelthaftung........................... 194
Ungewißheit 46
Ungewißheitsproblem 300
unit sourcing 122
Unternehmen 1
Unternehmensberatung.............. 297
Unternehmensziele 107
Ursachenkomplex....................... 377

V

Variable Bezugsmengen............. 285
Veränderungsinformationen....... 369
Verarbeitungsverfahren 364
verbale Darstellungsverfahren.... 262
Verfahren
systematisch-analytische 374
Vergleichsprofil.......................... 393
Verhältniszahlen......................... 382
Verhandlung 324
Verhandlungsergebnis 328
Verhandlungspartner 318
Verhandlungsstrategien 321
Verhandlungstaktiken................. 418
Verhandlungsteam...................... 323
Verläßlichkeit 32
Vernetzungswissen 37

Verpackungs- und Transportschutz 164
Vertragserfüllung 328
Vertragspflege 328
Vertrauen 29, 66, 67
Vertrauensgüter 70
Vielfältigkeitsproblem 299
Vorauswahl 209, 213
Vorrangbelieferung 164
Vorratshaltung 127, 128, 136

W

Wartung/Reparatur/Instandhaltung 282
Wechsellieferant 250
Weiterentwicklung 275, 276
Werbepolitik 298
Werkseinkauf 286, 287
Werkzeugbeistellung 277
Werkzeugbeistellungsakzeptanz 161
Werkzeugherstellungsfähigkeit 161
Werkzeuginstandhaltungsfähigkeit 161
Wertanalyse 184
Wertbedeutung 342
Wertgestaltung 184
Wertstoff-/Abfallrücknahme 289
Wertstoffverkaufskooperation 287, 288
Wertverbesserung 184

X

XYZ-Methode 182

Z

Zahlungsmittelpolitik 294
Zahlungsmodalitätspolitik 294
Zahlungsorganpolitik 294
Zahlungssicherungspolitik 294
Zahlungsterminpolitik 294
Zahlungswegepolitik 294
Zahlungsziel 165
Zeitanalyse, Methoden der 139
Zeitänderungen 93
Zeitanforderungen 161
Zeitkontrolle 283
Zeitprämie 293
Zentraleinkauf 286, 287
Zentralisierung 413
Zentrallager 290
Zentrallagerbezug 289
Ziele 32, 38, 345
  erwerbswirtschaftliche 107
  Sicherungs- und Einfluß- 108
Zielinhalt 102
Zieloperationalität 102
Zukunftsmärkte 202
Zustellung 281
Zuverlässigkeit 281
zweite Leitungsebene 200